# 石油石化工程 HSE 作业规程

中国石油工程建设有限公司 ◎ 编

石油工业出版社

## 内 容 提 要

本书介绍了石油石化工程 HSE 作业规程，包括岗位工种、施工与安装、设备设施、危险作业活动、职业健康及劳动防护、HSE 应急处置六个方面的作业规程，每项规程以流程表格的形式呈现。

本书适合于石油石化工程建设企业 HSE 管理人员、工程建设一线员工进行培训学习。

### 图书在版编目（CIP）数据

石油石化工程 HSE 作业规程 / 中国石油工程建设有限公司编 . -- 北京：石油工业出版社，2024.8. -- ISBN 978-7-5183-6802-0

Ⅰ . TE65

中国国家版本馆 CIP 数据核字第 2024KQ3087 号

出版发行：石油工业出版社
（北京安定门外安华里 2 区 1 号　100011）
网　　址：www.petropub.com
编辑部：（010）64222430
图书营销中心：（010）64523633
经　　销：全国新华书店
印　　刷：北京晨旭印刷厂

2024 年 8 月第 1 版　2024 年 8 月第 1 次印刷
787×1092 毫米　开本：1/16　印张：26.5
字数：640 千字

定价：120.00 元
（如出现印装质量问题，我社图书营销中心负责调换）
版权所有，翻印必究

# 《石油石化工程 HSE 作业规程》

## ::: 编委会 :::

主　任：李小宁（中国石油工程建设有限公司）
副主任：邱少林（中国石油集团质量健康安全环保部）
　　　　刘中民（中国石油工程建设有限公司）
　　　　刘　凯（中国石油工程建设有限公司）
　　　　敖日其楞（中国石油工程建设有限公司）
委　员：高克辉（中国石油工程建设有限公司质量健康安全环保部）
　　　　王永庆（中国石油工程建设有限公司项目管理部）
　　　　昌　亮（中国石油工程建设有限公司质量健康安全环保部）
　　　　曹　阳（中国石油工程建设有限公司第一建设公司）
　　　　周旭东（中国石油工程建设有限公司第一建设公司）
　　　　蔡伟东（中国石油工程建设有限公司第一建设公司）
　　　　王云峰（中国石油工程建设有限公司第一建设公司）
　　　　刘明国（中国石油工程建设有限公司第一建设公司）

## ::: 编写组 :::

组　长：
　　　　王振坤（中国石油工程建设有限公司第一建设公司）
成　员：
　　　　石文东　李　嵩　薛中明　马静敏　宋　乐　李　彬　王　伟
　　　　袁　恬　师　玥　朱　烨　徐　楠　汪富杰　高文轩　郑应帅
　　　　任锋锋　孙龙飞　卫高滕　李保伟　王浩旭　李跃峰　郑伟力
　　　　刘　咏　许　磊　何永耀　宋思远　周　勇　陈　亮　张凤先
　　　　凌娱乐　常志刚　孙　政　卢　伟　金成哲　李延平　张明柳

# 序一

习近平总书记强调,"要始终把人民生命安全放在首位,以对党和人民高度负责的精神,完善制度、强化责任、加强管理、严格监管,把安全生产责任制落到实处,切实防范重特大安全生产事故的发生。""中央企业要带好头做表率。"《中华人民共和国安全生产法》规定,"建立健全全员安全生产责任制和安全生产规章制度"。《石油石化工程HSE作业规程》(以下简称"规程")是国内首次将石油化工工程建设领域有关操作规程进行了最系统地制修订,涉及油田地面、储运、石油化工装置等所有类型,而且内容上把岗位应急处置规程化、标准化。所以,《规程》的编辑出版,是中国石油工程建设有限公司学习贯彻习近平总书记关于安全生产重要指示的生动体现,是认真实施《中华人民共和国安全生产法》的实际行动。

法规和标准是人类文明进步的成果。"欲知平直,则必准绳;欲知方圆,则必规矩。"从古至今,健全法规提升标准的推动力往往来自惨痛的教训,法规标准和制度都是历史经验教训的高度总结。实践证明:操作规程是企业管理制度的重要组成部分,是企业安全生产的基本保障,是企业科学管理的具体体现,是企业员工安全行为和实施安全生产工作责任考核的主要依据,也是与世界各国加强交流合作的重要技术基础。放眼世界,系统完善、精准细致的一项项操作规程,往往成为国际先进企业真正的软实力。

党的二十大报告强调,"坚持安全第一、预防为主,建立大安全大应急框架,完善公共安全体系,推动公共安全治理模式向事前预防转型。"石油化工能源安全,既关系着国家安全和经济社会发展,又关系着人民群众的衣食住行和安居乐业,是安全生产必须加强的重点行业、重点领域。《规程》的编辑出版，对构建石油化工领域的安全风险分级管控和隐患排查治理双重预防机制，落实全员安全生产责任制提供了必修课程和教学参考书，也为其他领域的安全生产工作提供了有益的借鉴。

当然，随着生产力要素的优化，特别是生产工艺流程的不断改进，《规程》也应当适时修订完善。衷心希望编辑出版单位能够充分听取读者的意见和建议，坚持世界眼光、国际标准、高点定位、中国特色，使《规程》不断与时俱进，并适时嵌进一些典型案例，使之图文并茂、更加生动活泼。衷心祝愿中国石油工程建设有限公司早日建设成为基业长青的国际一流能源工程公司。

2024 年 6 月 16 日

# 序二

欣闻闪老亲自为本书作序，不胜感激。闪老是原国务院参事、国务院应急管理专家组组长、国家安全生产监督管理局副局长，他平易近人、严谨治学，是业内当之无愧、首屈一指的安全管理专家。闪老能为本书作序，并提出宝贵意见和建议，更加坚定了我们加快建设基业长青的世界一流国际能源工程公司的信心与底气。闪老对本书在专业层面给出了"六个定位"，即基层制度、作业规范、考核依据、技术基础、经验总结、培训教材；结合公司战略目标提出了"四个期望"，即世界眼光、国际标准、高点定位、中国特色，使我们醍醐灌顶、深受鼓舞。

公司深入学习贯彻习近平总书记关于安全生产的重要论述，坚持人民至上、生命至上，始终把员工的生命安全置于首位。编辑出版本书的初衷是为了将安全生产责任制落实到全员，把双重预防机制落实到班组，让每个岗位、每位员工的基本操作有法可依，让安全理念内化于心、外化于行。诚如闪老所言，这是公司"学习贯彻习近平总书记关于安全生产重要指示的生动体现，是认真实施《中华人民共和国安全生产法》的实际行动"。

公司所从事的石油石化工程建设领域，属于非常典型的高危行业，人员密集、设备机具种类繁多、多专业协同、周边环境和自然环境复杂。辩证地看，国际先进企业、一流能源工程公司，没有一家是低风险的。风险是企业生产经营与可持续发展必须面对的不利因素，只有善于应对风险、有效管控风险，企业才能够实现稳定可持续发展。《石油石化工程 HSE 作业规程》涵盖了公司全业务链的风险管控措施，是打通安全管理"最后一米"、提升本质安全水平的有效手段。

九层之台起于累土，千里之行始于足下。多年的企业和工程项目管理实践经验告诉我们，再高耸的建筑，再复杂的装置，均是一项项基础工作、一个个管理标准的累积。本书规范了油田地面、储运、石油化工装置等上、中、下游全领域作业工序、作业岗位、作业环境，包括了常规作业、非常规作业和应急处置等三类情景，是全体员工苦干实干的心血结晶，也是公司高质量发展的成果展现。希望公司全体员工进一步树牢安全发展理念，认真学习、执行规程，不断提出改进意见和建议，使其持续完善。

2024 年 6 月 18 日

# 前言

HSE管理体系是国际先进企业尤其是石油天然气行业共同遵守的健康、安全与环境管理准则，操作规程不仅是企业管理制度的重要组成部分，而且是HSE管理体系运用于基层的重要载体。其初衷是为了规范人的行为，目的是为了防范事故的发生，阐释实现"一切事故都是可以避免的"理念的实践做法。

本书以习近平新时代中国特色社会主义理论为指引，坚持"以人为本、安全第一、环保优先"。本书在编排上有以下特点：首先是适用对象明确，即以"人"为核心，无论是岗位工种、作业活动、职业健康及劳动防护乃至应急处置，全部围绕"人"这一基本要素；第二是主题突出，与石油石化工程业务相关的人、机、料、法、环诸因均不离"风险"这一主题；第三是思路清晰，所有的描述遵循流程化的作业步骤，或依据常规做法，符合习惯行为；第四是直观明了，语言尽可能简洁，杜绝套话和比较晦涩的用词，能量化的不会含糊其辞，便于员工理解、掌握。

本书同时借鉴了国际先进企业的做法，除作业活动、设备设施等常见操作规程外，增加了危险作业、职业健康及劳动防护和应急处置三大类。其中，危险作业类规程又分为两个方面，一是站在管理的角度，将作业许可管理按照管理程序进行流程化、规范化描述；二是站在操作的角度，围绕危险作业基本步骤形成规程。职业健康及劳动防护类规程也分为两个方面，一是常用劳动防护用品的使用，二是防止健康损害的听力、视力、呼吸保护。应急处置类规程则是把工作中常见的遭遇人员意外伤害的急救、逃生等要求进行了梳理、总结，将处置方案进行了规程化处理。

本书在编写过程中，得到了中国石油工程建设有限公司领导和专家的大力支持和悉心指导，中国石油天然气第一建设有限公司组织具有丰富实践经验的一线管理人员执笔，并面向基层班组员工开展了意见征集，在此一并表示感谢。

由于编者水平有限，疏漏和错误在所难免，敬请读者批评指正。

编者

2024 年 6 月

# 目 录

## 1　岗位工种 HSE 作业程序

| | | | |
|---|---|---|---|
| 1.1　铆工 | /2 | 1.13　筑炉、衬里工 | /8 |
| 1.2　管工 | /3 | 1.14　防腐工 | /8 |
| 1.3　电焊工 | /4 | 1.15　保温工 | /8 |
| 1.4　电工 | /4 | 1.16　瓦工 | /9 |
| 1.5　仪表工 | /5 | 1.17　木工 | /9 |
| 1.6　钳工 | /5 | 1.18　钢筋工 | /10 |
| 1.7　起重工 | /5 | 1.19　混凝土工 | /10 |
| 1.8　吊车司机 | /6 | 1.20　抹灰工 | /10 |
| 1.9　车辆驾驶员 | /6 | 1.21　力工 | /11 |
| 1.10　维修工 | /7 | 1.22　天车工 | /11 |
| 1.11　探伤工 | /7 | 1.23　机床操作工 | /12 |
| 1.12　架子工 | /7 | | |

## 2　施工与安装 HSE 作业程序

| | | | |
|---|---|---|---|
| 2.1　测量与放线作业 | /18 | 2.3　人工挖孔灌注桩作业 | /23 |
| 2.2　场地平整作业 | /19 | 2.4　螺旋钻孔灌注桩作业 | /25 |

| | | |
|---|---|---|
| 2.5 | 钻井液护壁回转钻孔灌注桩作业 | /28 |
| 2.6 | 振冲碎石挤密桩作业 | /31 |
| 2.7 | 预制桩（打桩）作业 | /35 |
| 2.8 | （人工）土方开挖与回填作业 | /40 |
| 2.9 | （机械）土方开挖与回填作业 | /43 |
| 2.10 | 降水作业 | /46 |
| 2.11 | 模板支护与拆除作业 | /48 |
| 2.12 | 混凝土浇筑作业 | /53 |
| 2.13 | 砌筑（扣件式钢管模板支撑搭拆）作业 | /56 |
| 2.14 | 屋面施工作业 | /60 |
| 2.15 | 房屋外墙装饰作业 | /61 |
| 2.16 | 表面处理（喷砂）作业 | /63 |
| 2.17 | 表面处理（抛丸）作业 | /65 |
| 2.18 | 表面处理（打磨）作业 | /68 |
| 2.19 | 场内运输作业 | /69 |
| 2.20 | 等离子切割作业 | /71 |
| 2.21 | 坡口加工、切割下料作业 | /73 |
| 2.22 | 组对作业 | /75 |
| 2.23 | 螺栓连接作业 | /78 |
| 2.24 | 布管、运输作业 | /81 |
| 2.25 | 顶管穿越作业 | /83 |
| 2.26 | 夯管穿越作业 | /86 |
| 2.27 | 定向钻穿越作业 | /90 |
| 2.28 | 管道跨越作业 | /93 |
| 2.29 | 长输管道沉管下沟作业 | /95 |
| 2.30 | 长输管道吊管下沟作业 | /97 |
| 2.31 | 长输管道及集输管道清管通球作业 | /100 |
| 2.32 | 管道下沟及稳管组对作业 | /103 |
| 2.33 | 焊接作业 | /106 |
| 2.34 | 碳弧气刨作业 | /108 |
| 2.35 | 内件安装作业 | /109 |
| 2.36 | 内件拆除作业 | /111 |
| 2.37 | 内部表面处理与防腐作业 | /112 |
| 2.38 | 热处理作业 | /113 |
| 2.39 | 无损检测（射线机RT）作业 | /117 |
| 2.40 | 无损检测（源机RT）作业 | /120 |
| 2.41 | 无损检测（X射线管道爬行器）作业 | /126 |
| 2.42 | 无损检测（PAUT/TOFD）作业 | /132 |
| 2.43 | 无损检测（UT）作业 | /136 |
| 2.44 | 无损检测（MT）作业 | /139 |
| 2.45 | 无损检测（PT）作业 | /143 |
| 2.46 | 气压试压作业 | /147 |
| 2.47 | 水压试压作业 | /150 |
| 2.48 | 管道吹扫作业 | /153 |
| 2.49 | 设备安装与橇装设备组装作业 | /157 |
| 2.50 | 盘柜安装作业 | /159 |
| 2.51 | 电仪设备安装作业 | /161 |
| 2.52 | 电气、气（液）动管路安装作业 | /163 |
| 2.53 | 电缆敷设作业 | /165 |
| 2.54 | 接线（含电缆头制作）作业 | /167 |
| 2.55 | 电气试验作业 | /169 |
| 2.56 | 仪表校验作业 | /172 |
| 2.57 | 仪表系统调试作业 | /173 |

| | | | |
|---|---|---|---|
| 2.58 （外电）塔架安装作业 | /175 | 2.65 保温、保冷作业 | /190 |
| 2.59 （外电）架线作业 | /176 | 2.66 承重脚手架搭设与拆除作业 | /193 |
| 2.60 （外电）投电作业 | /178 | 2.67 脚手架搭设作业 | /198 |
| 2.61 试车、投产保运作业 | /179 | 2.68 脚手架拆除作业 | /202 |
| 2.62 衬里作业 | /183 | 2.69 设备故障维修（通用）作业 | /205 |
| 2.63 防腐（外部）作业 | /186 | 2.70 机械设备单机调试作业 | /207 |
| 2.64 表面处理（酸洗/钝化/脱脂）作业 | /188 | 2.71 汽车式起重机作业 | /209 |
| | | 2.72 离心泵检修作业 | /213 |

# 3 设备设施 HSE 操作程序

| | | | |
|---|---|---|---|
| 3.1 钢筋套丝机 | /219 | 3.19 门式起重机 | /255 |
| 3.2 钢筋切断机 | /221 | 3.20 履带式起重机组装拆除 | /258 |
| 3.3 钢筋弯曲机 | /223 | 3.21 吊管机 | /260 |
| 3.4 钢筋调直机 | /225 | 3.22 桥式起重机 | /262 |
| 3.5 压路机 | /227 | 3.23 单梁门式起重机（电动葫芦） | /264 |
| 3.6 混凝土路面切割机 | /230 | 3.24 叉车 | /266 |
| 3.7 混凝土输送泵 | /231 | 3.25 电动平车 | /267 |
| 3.8 混凝土输送泵车 | /232 | 3.26 卷扬机 | /269 |
| 3.9 混凝土摊铺机 | /236 | 3.27 机加工设备（普通车床） | /271 |
| 3.10 液压弯管机 | /238 | 3.28 机加工设备（普通立式车床） | /272 |
| 3.11 履带式起重机 | /240 | 3.29 机加工设备（数控立式车床） | /273 |
| 3.12 汽车式起重机 | /242 | 3.30 机加工设备（平面磨床） | /274 |
| 3.13 塔吊 | /244 | 3.31 机加工设备（万能升降台铣床） | /276 |
| 3.14 手动倒链 | /247 | 3.32 机加工设备（带锯床） | /277 |
| 3.15 滚板机 | /250 | | |
| 3.16 液压剪板机 | /252 | | |
| 3.17 活塞空压机 | /253 | | |
| 3.18 发电机（移动式） | /254 | | |

| | | |
|---|---|---|
| 3.33 | 机加工设备（立式升降台铣床） | /278 |
| 3.34 | 机加工设备（牛头刨床） | /280 |
| 3.35 | 机加工设备（卧式双主轴数控深孔钻床） | /281 |
| 3.36 | 机加工设备（摇臂钻床） | /283 |
| 3.37 | 机加工设备（数控落地铣镗床） | /284 |
| 3.38 | 机加工设备（板料边缘刨床） | /286 |
| 3.39 | 高空作业车 | /287 |
| 3.40 | 液氧站 | /290 |
| 3.41 | 杜瓦瓶 | /291 |
| 3.42 | 源库管理 | /293 |
| 3.43 | 脚手架 | /295 |
| 3.44 | 管道带锯床 | /298 |
| 3.45 | 管道数控相贯线切割机 | /301 |
| 3.46 | 管道自动焊（卡盘式）焊机 | /303 |
| 3.47 | 管道自动焊（压臂式）焊机 | /306 |
| 3.48 | 全位置气保自动焊机 | /309 |
| 3.49 | 管道数控端面坡口机 | /311 |
| 3.50 | 临时用电系统 | /313 |

# 4 危险作业活动 HSE 程序

| | | |
|---|---|---|
| 4.1 | 动火作业 | /318 |
| 4.2 | 进入受限空间作业 | /321 |
| 4.3 | 高处作业 | /323 |
| 4.4 | 管线/设备打开作业 | /326 |
| 4.5 | 上锁挂牌作业 | /328 |
| 4.6 | 临时用电安装与维护作业 | /330 |
| 4.7 | 吊装作业 | /335 |
| 4.8 | 夜间作业 | /338 |
| 4.9 | 挖掘动土作业 | /340 |
| 4.10 | 吊篮作业 | /342 |
| 4.11 | 格栅作业 | /345 |
| 4.12 | 临边作业 | /347 |
| 4.13 | 管道设备不停输堵漏维修作业 | /350 |
| 4.14 | 动火作业管理 | /352 |
| 4.15 | 进入受限空间作业管理 | /353 |
| 4.16 | 高处作业管理 | /354 |
| 4.17 | 管线/设备打开作业管理 | /356 |
| 4.18 | 上锁挂牌作业管理 | /357 |
| 4.19 | 临时用电安装与维护作业管理 | /359 |
| 4.20 | 吊装作业管理 | /361 |
| 4.21 | 射线作业管理 | /362 |
| 4.22 | 夜间作业管理 | /364 |
| 4.23 | 挖掘动土作业管理 | /366 |
| 4.24 | 吊篮作业管理 | /367 |
| 4.25 | 格栅作业管理 | /369 |
| 4.26 | 临边作业管理 | /371 |

# 5　职业健康及劳动防护规程

5.1　安全带使用　　　　　/374
5.2　安全帽使用　　　　　/375
5.3　正压式呼吸器使用　　/376
5.4　听力保护　　　　　　/379
5.5　视力保护　　　　　　/381
5.6　呼吸保护　　　　　　/383
5.7　手部保护　　　　　　/386

# 6　HSE应急处置规程

6.1　创伤急救　　　　　　/390
6.2　烧伤急救　　　　　　/392
6.3　化学灼伤急救　　　　/393
6.4　触电急救　　　　　　/394
6.5　食物中毒急救　　　　/396
6.6　中暑急救　　　　　　/397
6.7　心肺复苏急救　　　　/398
6.8　有毒有害气体中毒急救　/400
6.9　火灾应急处置　　　　/401
6.10　交通意外应急处置　　/402
6.11　源机失控、丢失应急处置　/404
6.12　源机故障应急处置　　/405

# 1 岗位工种 HSE 作业程序

本部分 HSE 作业程序是以石油石化工程建设项目所从事员工岗位工种和全生命周期作业活动的施工工艺和工序为基础,以满足 HSE 风险可控为目的,遵循作业活动普遍规律而对作业活动提出的要求。

(1)工种定义包括以下内容:

| 序号 | 工种 | 定义 |
| --- | --- | --- |
| 1.1 | 铆工 | 操作锁铆、压铆设备及工具,铆接加工金属板材、型材零件的人员 |
| 1.2 | 管工 | 使用机械设备和专用工具,铺设、安装、拆除和封堵工艺管线、管网及附属设备的人员 |
| 1.3 | 电焊工 | 使用焊机或焊接设备,焊接金属工件的人员 |
| 1.4 | 电工 | 使用工具、量具和仪器、仪表,安装、调试与维护、修理机械设备电气部分和电气系统线路及器件的人员 |
| 1.5 | 仪表工 | 使用工具、检测设备和工艺装备,维护、修理、改装、调试与检测仪器仪表或自动化控制系统的人员 |
| 1.6 | 钳工 | 使用工具、量具和仪器、仪表,维护和修理设备机械部分的人员 |
| 1.7 | 起重工 | 使用工具、装置或指挥吊车,吊、移物体的人员 |
| 1.8 | 吊车司机 | 操作起重、装卸、吊运等机械设备,吊运、装卸物料的人员 |
| 1.9 | 车辆驾驶员 | 驾驶机动车,运送乘客、运输货物并提供服务的人员 |
| 1.10 | 维修工 | 使用工、夹、量具和仪器仪表、检修设备,维护、修理和调试汽车及特种车辆的人员 |
| 1.11 | 探伤工 | 使用超声波、射线、磁粉、渗透、涡流等无损检测仪器设备,对材料、构件、零部件、设备、建筑设施等进行非破坏性检测及判定的人员 |
| 1.12 | 架子工 | 使用装拆、维护工具,架设、维护、拆卸施工现场操作架、防护架、支撑架、高处作业吊篮的人员 |
| 1.13 | 筑炉、衬里工 | 使用喷砂、喷涂、衬里、电化学保护等设备、工具和材料,运用防腐蚀技术,进行防腐蚀作业的人员 |
| 1.14 | 防腐工 | 操作专用设备和辅助工具,进行工件表面喷涂、浸涂、滚涂、刷涂等处理,以及特种功能涂层涂覆的人员 |
| 1.15 | 保温工 | 利用保温材料对管道进行保温处理,以减少能量损耗、防止冷凝、避免结露等问题出现的人员 |

续表

| 序号 | 工种 | 定义 |
|---|---|---|
| 1.16 | 瓦工 | 使用专业工具，进行建筑物和构筑物块体砌筑、屋面挂瓦、块材饰面粘贴的人员 |
| 1.17 | 木工 | 操作木工机械，将木材加工制成木制半成品或成品的人员 |
| 1.18 | 钢筋工 | 使用工具、机具、设备进行钢筋加工、骨架预制、钢筋连接和钢筋安装的人员 |
| 1.19 | 混凝土工 | 操作混凝土搅拌等设备，进行混凝土的配料与搅拌、浇筑、养护和缺陷修补的人员 |
| 1.20 | 抹灰工 | 使用工具、机具或手工，进行建筑物、构筑物等表面和内部空间喷、涂、抹、填、镶贴、艺术处理，以及制作、安装装饰构件的人员 |
| 1.21 | 力工 | 拥有基本的操作技能，能胜任普通工作的人员 |
| 1.22 | 天车工 | 操作起重、装卸、吊运等机械设备，吊运、装卸物料的人员 |
| 1.23 | 机床操作工 | 从事工件冷加工、热加工、表面处理及工装工具制造的人员 |

（2）基本要求包括以下内容：

① 作业人员上岗前须接受岗前履职能力评估，人员能力满足岗位需要。

② 作业人员作业前须接受对应规程及所使用的相关设备、劳动防护、急救规程培训和现场技术交底。

③ 特种设备作业人员、特种作业人员及其他需持证上岗的人员，应持有效操作证方可上岗操作。

④ 作业人员不得带病上岗和存在岗位禁忌证。

⑤ 作业人员要正确穿戴、使用劳动防护用品，具体可参照第 5 部分执行。

⑥ 作业人员在作业时，须严格遵守本单位安全生产规章制度与操作规程，具体可参照第 2 部分至第 4 部分执行。

⑦ 作业人员在作业中如遇突发意外情况，在保证自身安全的前提下，可采取应急处置措施进行处置，具体可参照第 6 部分执行。

## 1.1 铆工

| 序号 | 工作步骤 | 主要风险 | 防控措施<br>（对应的 HSE 程序/规程） |
|---|---|---|---|
| 1 | 作业前检查 | 其他伤害 | — |
| 2 | 材料搬运 | 物体打击、其他伤害 | 2.19 |

续表

| 序号 | 工作步骤 | 主要风险 | 防控措施（对应的 HSE 程序/规程） |
|---|---|---|---|
| 3 | 切割下料 | 机械伤害、火灾、物体打击、灼烫 | 2.20、2.21 |
| 4 | 组对、安装 | 物体打击、高处坠落、职业性耳鼻喉口腔疾病 | 2.22、2.49、5.4 |
| 5 | 小型吊装 | 机械伤害、物体打击、其他伤害 | 4.20、3.14 |
| 6 | 配合吊装 | 起重伤害、物体打击 | 4.20 |
| 7 | 设备内部件拆装 | 中毒和窒息、其他伤害 | 2.35、2.36 |
| 8 | 试压 | 物体打击、容器爆炸 | 2.46、2.47、2.48 |
| 9 | 意外情况处置 | | 6.1、6.2、6.7、6.8、6.9 |

## 1.2　管工

| 序号 | 工作步骤 | 主要风险 | 防控措施（对应的 HSE 程序/规程） |
|---|---|---|---|
| 1 | 作业前检查 | 其他伤害 | |
| 2 | 材料搬运 | 物体打击、其他伤害 | 2.19 |
| 3 | 切割下料 | 机械伤害、火灾 | 2.20、2.21、3.44、3.45 |
| 4 | 组对、安装 | 物体打击、高处坠落、职业性耳鼻喉口腔疾病 | 2.22、2.32、5.4 |
| 5 | 小型吊装 | 机械伤害、物体打击、其他伤害 | 4.7、3.14 |
| 6 | 配合吊装 | 起重伤害、物体打击 | 4.7、3.21、2.30 |
| 7 | 设备内部件拆装 | 中毒和窒息、其他伤害 | 2.35、2.36 |
| 8 | 试压 | 物体打击、容器爆炸 | 2.46、2.47、2.48、2.31 |
| 9 | 意外情况处置 | | 6.1、6.2、6.7、6.8、6.9 |

## 1.3 电焊工

| 序号 | 工作步骤 | 主要风险 | 防控措施（对应的HSE程序/规程） |
|---|---|---|---|
| 1 | 作业前检查 | 其他伤害 | |
| 2 | 焊接 | 火灾、其他爆炸、灼烫、触电、职业性尘肺病及其他呼吸系统疾病、职业性化学中毒、职业性眼病 | 2.33、2.34、3.46、3.47、3.48、5.5、5.6 |
| 3 | 转场 | 物体打击、其他伤害 | 2.19 |
| 4 | 表面处理 | 机械伤害 | 2.18 |
| 5 | 返修 | 火灾、其他爆炸、灼烫、触电 | 2.33、2.34、3.46、3.47、3.48、2.18 |
| 6 | 不停输带压焊接作业 | 触电、其他爆炸 | 2.33、2.34、3.46、3.47、3.48、2.18 |
| 7 | 意外情况处置 | | 6.1、6.2、6.4、6.7、6.8、6.9 |

## 1.4 电工

| 序号 | 工作步骤 | 主要风险 | 防控措施（对应的HSE程序/规程） |
|---|---|---|---|
| 1 | 作业前检查 | 其他伤害 | |
| 2 | 电气设备、盘柜安装 | 物体打击、起重伤害、机械伤害、触电、其他伤害 | 2.49、2.50 |
| 3 | 预制、安装电缆桥架、支架、接地 | 物体打击、起重伤害、机械伤害、触电、其他伤害 | 2.33 |
| 4 | 电缆接线 | 中毒和窒息、触电、其他伤害 | 2.54 |
| 5 | 电缆敷设 | 高处坠落、机械伤害、其他伤害 | 2.53 |
| 6 | 盘柜、电缆调试试验及投电 | 触电、其他伤害 | 2.55、2.60 |
| 7 | 单机试运 | 触电、其他伤害 | 2.70 |
| 8 | 意外情况处置 | | 6.1、6.4、6.7 |

## 1.5 仪表工

| 序号 | 工作步骤 | 主要风险 | 防控措施（对应的HSE程序/规程） |
|---|---|---|---|
| 1 | 作业前检查 | 其他伤害 | |
| 2 | 搬运、安装仪表盘、箱 | 起重伤害、车辆伤害、物体打击、其他伤害 | 2.19、4.7 |
| 3 | 仪表安装 | 触电、高处坠落、中毒和窒息 | 2.51 |
| 4 | 仪表校验与调试 | 中毒和窒息、爆炸、触电 | 2.56、2.57 |
| 5 | 意外情况处置 | | 6.1、6.4、6.7 |

## 1.6 钳工

| 序号 | 工作步骤 | 主要风险 | 防控措施（对应的HSE程序/规程） |
|---|---|---|---|
| 1 | 作业前检查 | 其他伤害 | |
| 2 | 设备解体、检修、回装 | 物体打击、其他伤害 | 2.69 |
| 3 | 材料、工装、工件及半成品搬运 | 物体打击、其他伤害 | 2.19、4.7 |
| 4 | 设备安装 | 物体打击、其他伤害 | 2.49 |
| 5 | 设备试运转 | 机械伤害、触电 | 2.61、2.70 |
| 6 | 配合吊装 | 起重伤害、物体打击 | 4.7、3.14 |
| 7 | 设备、阀门试压 | 物体打击、机械伤害 | 2.46、2.47 |
| 8 | 意外情况处置 | | 6.1、6.3、6.7 |

## 1.7 起重工

| 序号 | 工作步骤 | 主要风险 | 防控措施（对应的HSE程序/规程） |
|---|---|---|---|
| 1 | 作业前检查 | 其他伤害 | |
| 2 | 确认和沟通指挥信号 | | |

续表

| 序号 | 工作步骤 | 主要风险 | 防控措施<br>（对应的 HSE 程序/规程） |
|---|---|---|---|
| 3 | 地基处理 | 机械伤害 | 2.2、2.8、2.9 |
| 4 | 捆扎重物 | 起重伤害、其他伤害 | 2.71、4.7、3.13 |
| 5 | 指挥吊装 | 起重伤害、物体打击、触电 | 2.71、4.7、3.13 |
| 6 | 摘取索具 | 起重伤害、高处坠落 | 2.71、4.7、3.13 |
| 7 | 意外情况处置 | | 6.1、6.4、6.7 |

## 1.8 吊车司机

| 序号 | 工作步骤 | 主要风险 | 防控措施<br>（对应的 HSE 程序/规程） |
|---|---|---|---|
| 1 | 作业前检查 | 其他伤害 | |
| 2 | 支车 | 起重伤害、物体打击 | 3.11、3.12、4.7 |
| 3 | 确认和沟通指挥信号 | | |
| 4 | 配合吊装 | 起重伤害、物体打击、触电 | 3.13、4.7 |
| 5 | 收车 | 起重伤害、物体打击 | 4.7 |
| 6 | 意外情况处置 | | 6.1、6.4、6.7、6.10 |

## 1.9 车辆驾驶员

| 序号 | 工作步骤 | 主要风险 | 防控措施<br>（对应的 HSE 程序/规程） |
|---|---|---|---|
| 1 | 作业前检查 | 其他伤害 | 2.19 |
| 2 | 车辆驾驶 | 车辆伤害、道路交通事故 | 2.19 |
| 3 | 意外情况处置 | | 6.1、6.7、6.10 |

## 1.10 维修工

| 序号 | 工作步骤 | 主要风险 | 防控措施<br>（对应的 HSE 程序/规程） |
|---|---|---|---|
| 1 | 作业前检查 | 其他伤害 | |
| 2 | 顶起、吊起或架空车辆 | 起重伤害、物体打击、其他伤害 | 4.7 |
| 3 | 车辆修理 | 机械伤害、物体打击、火灾、灼烫、其他伤害 | 2.69 |
| 4 | 意外情况处置 | | 6.1、6.7 |

## 1.11 探伤工

| 序号 | 工作步骤 | 主要风险 | 防控措施<br>（对应的 HSE 程序/规程） |
|---|---|---|---|
| 1 | 作业前检查 | 其他伤害 | |
| 2 | 检测作业 | 高处坠落、中毒和窒息、触电、职业性放射性疾病、其他伤害 | 2.39、2.40、2.41、2.42、2.43、2.44、2.45 |
| 3 | 转移检测位置 | 物体打击、其他伤害 | |
| 4 | 作业关闭 | 其他伤害 | |
| 5 | 意外情况处置 | | 6.11、6.12 |

## 1.12 架子工

| 序号 | 工作步骤 | 主要风险 | 防控措施<br>（对应的 HSE 程序/规程） |
|---|---|---|---|
| 1 | 作业前检查 | 其他伤害 | |
| 2 | 材料倒运 | 起重伤害、物体打击、其他伤害 | 2.19 |
| 3 | 脚手架搭拆 | 高处坠落、坍塌、物体打击、中毒和窒息、其他伤害 | 2.66、2.67、2.68、3.43 |
| 4 | 意外情况处置 | | 6.1、6.7 |

## 1.13 筑炉、衬里工

| 序号 | 工作步骤 | 主要风险 | 防控措施<br>（对应的HSE程序/规程） |
|---|---|---|---|
| 1 | 作业前检查 | 其他伤害 | |
| 2 | 施工准备 | 物体打击 | 2.19 |
| 3 | 金属表面除锈 | 机械伤害、中毒和窒息、触电 | 2.16、2.17、2.18 |
| 4 | 配合吊装 | 起重伤害、物体打击 | 4.7 |
| 5 | 小型吊装 | 机械伤害、物体打击、其他伤害 | 4.7、3.14 |
| 6 | 筑炉、衬里 | 高处坠落、物体打击、中毒和窒息、物理因素所致职业病、职业性尘肺病及其他呼吸系统疾病 | 2.62、5.6 |
| 7 | 意外情况处置 | | 6.1、6.4、6.6、6.7 |

## 1.14 防腐工

| 序号 | 工作步骤 | 主要风险 | 防控措施<br>（对应的HSE程序/规程） |
|---|---|---|---|
| 1 | 作业前检查 | 其他伤害 | |
| 2 | 备料 | 中毒和窒息、机械伤害、其他伤害 | 2.37、2.63 |
| 3 | 金属表面除锈 | 机械伤害、中毒和窒息、触电、职业性尘肺病及其他呼吸系统疾病 | 2.16、2.17、2.18、2.64、5.6 |
| 4 | 防腐作业 | 中毒和窒息、火灾、其他爆炸、高处坠落 | 2.37、2.63 |
| 5 | 意外情况处置 | | 6.1、6.2、6.7、6.8、6.9 |

## 1.15 保温工

| 序号 | 工作步骤 | 主要风险 | 防控措施<br>（对应的HSE程序/规程） |
|---|---|---|---|
| 1 | 作业前检查 | 其他伤害 | |
| 2 | 切割下料 | 机械伤害、火灾、其他伤害 | |

续表

| 序号 | 工作步骤 | 主要风险 | 防控措施（对应的 HSE 程序/规程） |
|---|---|---|---|
| 3 | 材料搬运 | 车辆伤害、物体打击、其他伤害 | 2.19 |
| 4 | 保温作业 | 高处坠落、中毒和窒息、机械伤害、职业性尘肺病及其他呼吸系统疾病 | 2.65、5.6 |
| 5 | 意外情况处置 | | 6.1、6.7、6.8 |

## 1.16 瓦工

| 序号 | 工作步骤 | 主要风险 | 防控措施（对应的 HSE 程序/规程） |
|---|---|---|---|
| 1 | 作业前检查 | 其他伤害 | |
| 2 | 材料堆放、转运 | 坍塌、车辆伤害、其他伤害 | 2.19 |
| 3 | 配合吊装 | 起重伤害、物体打击 | 4.7 |
| 4 | 砂浆搅拌 | 机械伤害、触电 | |
| 5 | 砌筑、铺贴、挂瓦 | 高处坠落、物体打击、坍塌、其他伤害 | 2.13 |
| 6 | 意外情况处置 | | 6.1、6.7 |

## 1.17 木工

| 序号 | 工作步骤 | 主要风险 | 防控措施（对应的 HSE 程序/规程） |
|---|---|---|---|
| 1 | 作业前检查 | 其他伤害 | |
| 2 | 模板加工预制 | 机械伤害、触电、其他伤害 | |
| 3 | 材料堆放、转运 | 坍塌、车辆伤害、其他伤害 | 2.19 |
| 4 | 模板支护 | 火灾、机械伤害、高处坠落、物体打击 | 2.11 |
| 5 | 过程巡检 | 高处坠落、机械伤害 | 4.3 |
| 6 | 意外情况处置 | | 6.1、6.7、6.9 |

## 1.18 钢筋工

| 序号 | 工作步骤 | 主要风险 | 防控措施（对应的HSE程序/规程） |
|---|---|---|---|
| 1 | 作业前检查 | 其他伤害 | |
| 2 | 配合吊装 | 起重伤害、物体打击 | 4.7 |
| 3 | 钢筋加工预制 | 机械伤害、触电、火灾、灼烫、其他伤害 | 3.1、3.2、3.3、3.4 |
| 4 | 材料堆放、转运 | 坍塌、车辆伤害、其他伤害 | 2.19、4.7 |
| 5 | 绑扎组对 | 高处坠落、机械伤害、其他伤害 | 4.3 |
| 6 | 意外情况处置 | | 6.1、6.7 |

## 1.19 混凝土工

| 序号 | 工作步骤 | 主要风险 | 防控措施（对应的HSE程序/规程） |
|---|---|---|---|
| 1 | 作业前检查 | 其他伤害 | |
| 2 | 材料搬运 | 坍塌、车辆伤害、其他伤害 | 2.19、4.7 |
| 3 | 混凝土搅拌 | 机械伤害、触电、其他伤害 | |
| 4 | 混凝土浇筑 | 坍塌、机械伤害、物体打击、高处坠落、触电、车辆伤害 | 2.12、3.7、3.8、3.9 |
| 5 | 养护 | 高处坠落、触电 | |
| 6 | 意外情况处置 | | 6.1、6.7 |

## 1.20 抹灰工

| 序号 | 工作步骤 | 主要风险 | 防控措施（对应的HSE程序/规程） |
|---|---|---|---|
| 1 | 作业前检查 | 其他伤害 | |
| 2 | 砂浆搅拌 | 机械伤害、触电 | |
| 3 | 材料运输 | 物体打击、高处坠落、车辆伤害、其他伤害 | 2.19 |

续表

| 序号 | 工作步骤 | 主要风险 | 防控措施（对应的 HSE 程序/规程） |
|---|---|---|---|
| 4 | 抹灰 | 高处坠落、物体打击、坍塌 | |
| 5 | 意外情况处置 | | 6.1、6.7 |

## 1.21 力工

| 序号 | 工作步骤 | 主要风险 | 防控措施（对应的 HSE 程序/规程） |
|---|---|---|---|
| 1 | 作业前检查 | 其他伤害 | |
| 2 | 手持工机具使用 | 机械伤害、触电、其他伤害 | |
| 3 | 材料搬运 | 车辆伤害、起重伤害、高处坠落、其他伤害 | 2.19 |
| 4 | 挖填土作业 | 坍塌、机械伤害、触电、高处坠落 | 2.8 |
| 5 | 挖扩桩孔作业 | 坍塌、中毒、触电、窒息、机械伤害、高处坠落 | 2.3 |
| 6 | 配合其他各工种作业 | 高处坠落、其他伤害 | |
| 7 | 意外情况处置 | | 6.1、6.7 |

## 1.22 天车工

| 序号 | 工作步骤 | 主要风险 | 防控措施（对应的 HSE 程序/规程） |
|---|---|---|---|
| 1 | 作业前检查 | 其他伤害 | |
| 2 | 起步、行走 | 起重伤害、物体打击、触电、机械伤害、其他伤害 | 3.22 |
| 3 | 落物 | 起重伤害、物体打击、触电、机械伤害、其他伤害 | 3.22 |
| 4 | 停车 | 起重伤害、物体打击、触电、机械伤害、其他伤害 | 3.22 |
| 5 | 意外情况处置 | | 6.1、6.4、6.7 |

## 1.23　机床操作工

| 序号 | 工作步骤 | 主要风险 | 防控措施<br>（对应的 HSE 程序/规程） |
|---|---|---|---|
| 1 | 作业前检查 | 其他伤害 | |
| 2 | 操作机床 | 机械伤害、物体打击、触电、火灾、其他伤害 | 3.27、3.28、3.29、3.30、3.31、3.32、3.33、3.34、3.35、3.36、3.37、3.38 |
| 3 | 停车 | 触电、机械伤害、物体打击 | |
| 4 | 意外情况处置 | | 6.1、6.4、6.7 |

# 2 施工与安装 HSE 作业程序

本部分 HSE 作业程序是以石油石化工程建设项目全生命周期作业活动的施工工艺和工序为基础,以满足 HSE 风险可控为目的,遵循作业活动普遍规律,对作业活动提出了要求。

(1) 适用范围包括以下内容:

| 序号 | 名称 | 适用范围 |
| --- | --- | --- |
| 2.1 | 测量与放线作业 | 适用于按照工业与民用建筑设计图纸上建(构)筑物的平面尺寸,根据主轴线桩将建筑施工用线放样到实地的测量工作,包含工业与民用建筑工程控制测量、施工测量、变形测量、竣工测量等测绘工作 |
| 2.2 | 场地平整作业 | 适用于所有通过机械或人工挖高填低,将天然地面改造成满足施工需求的场地平面作业 |
| 2.3 | 人工挖孔灌注桩作业 | 适用于人工挖孔灌注桩作业活动安全技术指导 |
| 2.4 | 螺旋钻孔灌注桩作业 | 适用于螺旋钻孔灌注桩施工 |
| 2.5 | 钻井液护壁回转钻孔灌注桩作业 | 适用于钻井液护壁回转钻孔灌注桩施工 |
| 2.6 | 振冲碎石挤密桩作业 | 适用于振冲碎石挤密桩作业 |
| 2.7 | 预制桩(打桩)作业 | 适用于工业建筑、民用建筑中预制桩的沉桩施工 |
| 2.8 | (人工)土方开挖与回填作业 | 适用于作业面较狭窄的小型基坑、管沟及土方量少或地下情况复杂、危险性较大的施工场所 |
| 2.9 | (机械)土方开挖与回填作业 | 适用于非爆破、淤泥等特殊土质的建构筑物基坑、道路路基及管沟土方开挖与回填作业,主要是指使用推土机、挖掘机等施工机械,通过移除泥土形成沟、槽、坑或凹地的挖土及土方回填 |
| 2.10 | 降水作业 | 适用于在地下水位较高时,为降低地下水位,提高边坡的稳定性,减少地下水的渗透压力,采用管井井点降水作业 |
| 2.11 | 模板支护与拆除作业 | 适用于混凝土现浇施工时模板支撑结构的支护和拆除的作业过程 |
| 2.12 | 混凝土浇筑作业 | 适用于混凝土浇筑入模直至塑化的作业过程 |

续表

| 序号 | 名称 | 适用范围 |
| --- | --- | --- |
| 2.13 | 砌筑（扣件式钢管模板支撑搭拆）作业 | 适用于砌筑（扣件式钢管模板支撑架）的搭设、拆除等操作过程 |
| 2.14 | 屋面施工作业 | 适用于屋面工程施工的各个阶段，包括前期准备、屋面施工、意外处理等环节 |
| 2.15 | 房屋外墙装饰作业 | 适用于建筑工程的外墙或外立面的装修装饰等作业 |
| 2.16 | 表面处理（喷砂）作业 | 适用于压入式干喷射式喷砂设备（移动喷砂机）处理钢材表面氧化皮、铁锈等施工作业 |
| 2.17 | 表面处理（抛丸）作业 | 适用于使用履带通过式抛丸机处理钢材表面氧化皮、铁锈等施工作业 |
| 2.18 | 表面处理（打磨）作业 | 适用于表面处理（打磨）岗位的生产车间或作业场所，使物体表面更加平滑、光滑，提高外观质量的作业 |
| 2.19 | 场内运输作业 | 适用于企业内部、场地范围内的所有运输活动，包括场内机动车、客货车、吊车、挂车、自卸吊、拖拉机、牵引车等用于所有运输活动的车辆和驾驶人员 |
| 2.20 | 等离子切割作业 | 适用于等离子切割机对金属材料进行切割加工的作业 |
| 2.21 | 坡口加工、切割下料作业 | 适用于新建装置、长输/集输管道、场站及检维修等工艺管线施工过程中使用手持坡口机、磨光机、无齿锯、割炬等工具进行材料切割、坡口加工的作业。主要是指用机械切割的方法将管材、管件等材料按要求进行加工，以得到焊接操作所需坡口的作业 |
| 2.22 | 组对作业 | 本书适用于各类原材料、半成品、成品部件的组对安装过程，不适用于格栅板、机械、电气、仪表等各类成套设备的安装 |
| 2.23 | 螺栓连接作业 | 本书适用于管道或设备上的螺栓连接活动；钢结构工程中高强度螺栓连接的施工与验收 |
| 2.24 | 布管、运输作业 | 适用于线路施工运管、布管作业 |
| 2.25 | 顶管穿越作业 | 适用于顶管机道路（公路、高速公路、铁路、机耕道等）顶管穿越（挖掘、水磨钻取心），不适用于定向钻穿越 |
| 2.26 | 夯管穿越作业 | 适用于夯管穿越道路、高速公路、立交桥、铁路、河流及其他不宜进行大开挖施工地段的作业活动 |
| 2.27 | 定向钻穿越作业 | 适用于定向钻穿越铁路、公路、河流等作业活动 |
| 2.28 | 管道跨越作业 | 适用于各类管道跨越作业 |
| 2.29 | 长输管道沉管下沟作业 | 适用于采用常规技术措施管沟难以成形的地段（如流塑—软塑的黏性土、松散的粉土或砂土、淤泥质土、淤泥、泥炭质土、泥炭的水稻田段、水网段、河流穿越段等不适于普通管沟开挖方式的区域），长输管道下沟需采用沉管下沟施工作业 |

续表

| 序号 | 名称 | 适用范围 |
|---|---|---|
| 2.30 | 长输管道吊管下沟作业 | 适用于长输管道吊管下沟作业 |
| 2.31 | 长输管道及集输管道清管通球作业 | 适用于长输管道及集输管道的清管通球作业 |
| 2.32 | 管道下沟及稳管组对作业 | 适用于集输线路、长输线路和场站埋地管道作业，适用对象为参与管道下沟及稳管人员与其他土建施工人员 |
| 2.33 | 焊接作业 | 适用于手工电弧焊作业，不适用于水下焊接 |
| 2.34 | 碳弧气刨作业 | 适用于在焊接作业后，用碳弧气刨的方法刨槽、消除焊缝缺陷和背面清根的作业 |
| 2.35 | 内件安装作业 | 适用于新建装置、场站工程、储罐安装等检维修、维保作业设备内件安装，适用对象为参加设备内件安装作业所有人员 |
| 2.36 | 内件拆除作业 | 适用于新建装置、场站工程、储罐安装等检维修、维保作业设备内件拆除，不包含火焊切割通用要求，适用对象为参加设备内件拆除作业所有人员 |
| 2.37 | 内部表面处理与防腐作业 | 适用于所有从事内部表面处理与防腐作业的人员，包括操作人员、监护人员和管理人员 |
| 2.38 | 热处理作业 | 适用于石油化工装置、油田地面工程工艺管道热处理作业，适用人员为参与热处理的操作人员和管理人员 |
| 2.39 | 无损检测（射线机 RT）作业 | 适用于使用 X 射线机对各类特种设备、常压储罐、钢结构进行射线检测的现场作业过程，不包括暗室处理和底片评定过程 |
| 2.40 | 无损检测（源机 RT）作业 | 适用于使用丹东阳光仪器有限公司生产的 YG-75、YG-192B、YG-60A 型 γ 射线探伤机对各类特种设备、常压储罐、钢结构进行射线检测的现场作业过程，不包括暗室处理和底片评定过程，使用其他厂家生产的源机时也可参考使用 |
| 2.41 | 无损检测（X 射线管道爬行器）作业 | 适用于使用 X 射线管道爬行器对油气长输管道对接焊缝进行射线检测的现场作业过程，不包括暗室处理和底片评定过程，炼化装置预制直管段和油气田地面集输管道也可参考使用 |
| 2.42 | 无损检测（PAUT/TOFD）作业 | 适用于使用相控阵超声设备和衍射时差法超声设备对各类特种设备、常压储罐、钢结构进行超声检测的现场作业过程，不包括评定过程 |
| 2.43 | 无损检测（UT）作业 | 适用于使用普通超声波探伤仪对各类特种设备、常压储罐、钢结构进行超声检测的现场作业过程，不包括评定过程 |
| 2.44 | 无损检测（MT）作业 | 适用于使用便携磁轭式磁粉探伤机、移动式磁粉探伤机和多功能磁粉探伤机对各类特种设备、常压储罐、钢结构的铁磁性材料进行磁粉检测的现场作业过程，不包括评定过程 |

续表

| 序号 | 名称 | 适用范围 |
|---|---|---|
| 2.45 | 无损检测（PT）作业 | 适用于使用溶剂去除型渗透检测剂对各类特种设备、常压储罐、钢结构的非多孔性材料进行渗透检测的现场作业过程，不包括评定过程 |
| 2.46 | 气压试压作业 | 适用于装置、场站等设备、管道系统气压压力试验。不适用于负压试验 |
| 2.47 | 水压试压作业 | 适用于装置、场站等设备、管道系统水压压力试验 |
| 2.48 | 管道吹扫作业 | 适用于装置、场站等管道系统吹扫 |
| 2.49 | 设备安装与橇装设备组装作业 | 适用于各类整体式设备、分体式设备及橇装设备组装过程安装，不适用电气/仪表成套设备的安装 |
| 2.50 | 盘柜安装作业 | 适用于所有新建装置和检维修工程的盘柜安装作业 |
| 2.51 | 电仪设备安装作业 | 适用于所有新建装置和检维修工程的电气、仪表设备安装作业 |
| 2.52 | 电气、气（液）动管路安装作业 | 适用于所有新建装置和检维修工程的电气、气动管路安装作业 |
| 2.53 | 电缆敷设作业 | 适用于所有新建装置和检维修工程的电缆敷设作业 |
| 2.54 | 接线（含电缆头制作）作业 | 适用于所有新建装置和检维修工程的低压端的接线作业 |
| 2.55 | 电气试验作业 | 适用于所有新建装置和检维修工程的电气试验作业 |
| 2.56 | 仪表校验作业 | 适用于所有新建装置和检维修工程的仪表校验作业 |
| 2.57 | 仪表系统调试作业 | 适用于所有新建装置和检维修工程的仪表系统调试作业 |
| 2.58 | （外电）塔架安装作业 | 适用于所有铁塔架设作业，包括新建铁塔、铁塔改造和维护等各个环节 |
| 2.59 | （外电）架线作业 | 适用于所有对外线架空线路进行操作、检修、施工及其他安全作业的工作人员 |
| 2.60 | （外电）投电作业 | 适用于装置、场站等投电作业 |
| 2.61 | 试车、投产保运作业 | 适用于在装置单机试运、机械完工、中交之后开始进行。投产保运各阶段要严格服从操作方指挥，按照操作方的部署要求进行作业，有情况应按程序及时反馈，严禁私自处理。投产保运也是对装置设计工艺、采购、安装质量的验证。适用人员为参加投产保运的管理和作业人员 |
| 2.62 | 衬里作业 | 适用于新建装置和检修工程的衬里作业。适用对象为衬里工 |
| 2.63 | 防腐（外部）作业 | 适用于型材、板材、管材、设备表面防腐作业。适用对象为涂装工 |

续表

| 序号 | 名称 | 适用范围 |
|---|---|---|
| 2.64 | 表面处理（酸洗/钝化/脱脂）作业 | 适用于各类不锈钢管道酸洗/钝化/脱脂工艺处理 |
| 2.65 | 保温、保冷作业 | 适用于设备和管道保温、保冷作业，适用对象为保温工 |
| 2.66 | 承重脚手架搭设与拆除作业 | 适用于承重脚手架的搭设与拆除 |
| 2.67 | 脚手架搭设作业 | 适用于为施工作业提供平台和安全防护而搭设的扣件式钢管脚手架的操作，适用对象为架子工 |
| 2.68 | 脚手架拆除作业 | 适用于扣件式钢管脚手架拆除作业，适用对象为架子工 |
| 2.69 | 设备故障维修（通用）作业 | 适用于电气设备、机械设备等故障维修 |
| 2.70 | 机械设备单机调试作业 | 适用于石油化工装置、油田地面工程运转设备机械完工（某个系统、设备的安装工作进行详细的完整性检查，从而确认系统、设备的安装符合项目要求，及相关图纸和规格书的要求，并处于安全的调试状态，为调试做好充分的准备工作）后、中交前的单机调试（包含压缩机、泵、风机不包含电气调试、仪表系统调试），适用对象为参与设备调试的管理人员、操作人员 |
| 2.71 | 汽车式起重机作业 | 适用于所有使用公司自有或租赁的汽车式起重机进行吊装的作业 |
| 2.72 | 离心泵检修作业 | 适用于离心泵检修作业 |

（2）基本要求包括以下内容：

① 作业人员须接受对应规程及所使用的相关设备、劳动防护、急救规程培训、现场技术交底。

② 特种设备作业人员、特种作业人员及其他需持证上岗的人员，应持有效操作证方可上岗操作。

③ 作业人员不得带病上岗和存在岗位禁忌证。

④ 作业人员要正确穿戴、使用劳动防护用品。

⑤ 作业所使用设备的性能、使用范围应满足最大作业工况。

⑥ 涉及使用的计量器具应在校准或检定有效期内。

⑦ 设备使用前应经过完好性检查，若有损坏应及时报修，相关电气设备要做到"一机一闸一保护"。

⑧ 自制工机具或首次使用的设备和工机具在使用前应经过批准、必要时做相应检测。

⑨ 设备所使用的燃料应来自正规途径加注。

⑩ 作业过程中需远距离联动作业时，应配备对讲机等通信工具，确保联络通畅。

⑪ 作业过程中使用的可能存在能量意外释放的设备宜设置在平整、空旷、人员易操作位置，防止雨水积聚影响。

⑫ 作业过程中使用的自制工机具或首次使用的设备和工机具在使用前应经过批准、必要时做相应检测。

⑬ 作业环境存在易燃、可燃物时，作业点周围应安放消防器材，严禁在封闭的易燃环境中同时进行可能产生明火或电火花的作业。

⑭ 不得使用存在质量缺陷或未经质量验收的原材料、半成品、成品部件。

⑮ 当作业活动需要执行方案时，方案应经过书面确认和批准。

⑯ 当作业属于危险性较大作业活动时，需办理作业许可后方可作业。

⑰ 当存在影响作业活动的恶劣天气时，不宜进行作业，若须进行作业必须经过批准。

⑱ 当周边环境影响作业活动时，不宜进行作业，若须进行作业必须经过批准。

⑲ 如需夜间施工，必须保证足够的照明设施。

## 2.1　测量与放线作业

| 作业步骤 | 风险 | | 注意事项 |
|---|---|---|---|
| 作业前 | | 1 | 检查测量仪器等设备外观完好、性能良好 |
| | | 2 | 进入施工现场检查劳保着装穿戴符合现场安全要求 |
| 测量与放线 | 火灾、机械伤害、物体打击、车辆伤害、淹溺、高处坠落、触电、坍塌 | 1 | 山区作业时，应遵守护林防火规定，严禁烟火，并应采取防止有些动物、植物伤人的措施 |
| | | 2 | 作业时必须避让机械，躲开坑、槽、井，选择安全的路线和地点 |
| | | 3 | 测量完需要钉长桩前，应确认地下管线等障碍在钉桩过程中处于安全状况，方可作业 |
| | | 4 | 测量作业钉桩前应检查锤头的牢固性，作业时与其他人员协调配合。不得正对人员抢锤，扶桩人员应站位于锤击方向的侧面 |
| | | 5 | 现场测量作业必须避离施工机械。需在施工机械附近作业时，应协调好让施工机械暂停运行 |
| | | 6 | 在道路、公路上作业时必须遵守交通规则，并根据现场情况采取防护、警示措施，避让车辆，必要时设专人监护。应符合下列要求：<br>（1）作业点必须设人疏导交通；<br>（2）作业人员应穿具有反光标志的安全背心；<br>（3）作业后应立即拆除标志设施，恢复原况；<br>（4）作业前应经交通管理部门同意，并应避开交通高峰时间作业；<br>（5）现场必须划定作业区，周围设安全标志，必要时设警示灯；<br>（6）需在道路、公路设测量桩时，桩不得高于路面 |
| | | 7 | 使用卷尺、盘尺测量放线时收放要小心匀速，防止过快回收割伤手指 |

续表

| 作业步骤 | 风险 | | 注意事项 |
|---|---|---|---|
| 测量与放线 | 火灾、机械伤害、物体打击、车辆伤害、淹溺、高处坠落、触电、坍塌 | 8 | 用白石灰放线时需戴防护手套或使用专门撒灰工具 |
| | | 9 | 需在河流、湖泊等水中测量作业前,必须先征得主管单位的同意,掌握水深、流速等情况,并根据现场情况采取防溺水措施 |
| | | 10 | 高处作业必须走安全通道,临边作业时必须采取防坠落的措施 |
| | | 11 | 测量标尺找点时应注意附近高、低压电线,保持安全距离当心触电伤害 |
| | | 12 | 基坑、沟槽内测量、放线,必须先检查是否有坍塌危险 |
| | | 13 | 应重视对仪器设备的爱护,严禁仪器随意放置,测量仪器应放置平稳安全位置,注意防晒、防潮、防震、防盗、防磁 |
| 转场、临时休息 | | 1 | 转场时测量仪器设备轻拿轻放,运输过程中捆绑稳固,注意交通安全 |
| | | 2 | 临时休息点应选安全的地点,应避免在高压电区、峭壁高地、幽深丛林和闹市区休息 |
| 应急处置 | | 1 | 野外严禁酒后、穿拖鞋作业,穿长袖长裤,携带防蚊虫、毒蛇等应急急救药品 |
| | | 2 | 如有身体不适应及时报告,遇到突发事情应及时报告,拨打当地急救电话等 |
| 清洁与维护 | 触电 | 1 | 每项作业完成及时关闭设备,及时给设备充电或更换电池 |
| | | 2 | 每次作业完成收工,应对所有设备进行清点,以防遗漏 |
| | | 3 | 每次作业完应对设备及时进行清洁保养,按设备说明书按时对设备进行维护保养 |

## 2.2 场地平整作业

| 作业步骤 | 风险 | | 注意事项 |
|---|---|---|---|
| 作业应具备的条件 | | 1 | 作业前须对设备的安全性能检查,确认其制动、转向、信号及安全装置齐全有效。机械设备启动前应查看设备活动范围内有无障碍物或人员,鸣笛示警后方可进行作业。运土车辆倒车时,应设专人指挥 |
| | | 2 | 使用强夯机进行土方回填作业时,担任强夯作业的主机应按照强夯等级的要求经过计算选用,用履带式起重机作主机的,应执行履带式起重机的有关规定 |
| | | 3 | 场地平整应满足总体规划、生产施工工艺、交通运输和场地排水等要求,尽量使土方挖填平衡,减少运土量和重复挖运 |

续表

| 作业步骤 | 风险 | | 注意事项 |
|---|---|---|---|
| 作业应具备的条件 | | 4 | 作业前应根据土方调配规划,使用警戒线合理划分出车辆行驶通道、挖方作业区和填方作业区。基坑(槽)边沿须做好防护措施并设置醒目的警示标识 |
| | | 5 | 现场的测量控制点如坐标桩、水准基点等,应采取相应的保护措施,防止在场地平整过程中受破坏。应定期进行复测校核,保证其准确性 |
| | | 6 | 场地平整过程中和场地平整完成后,均应保持排水系统畅通,防止地面积水或场地泥泞,影响施工作业 |
| | | 7 | 土方开挖作业时,应对挖掘出的渣土进行遮盖等防尘处理,现场的弃土及施工垃圾应及时清运出厂 |
| 施工准备 | 坍塌、机械伤害、触电、车辆伤害、物体打击、淹溺 | 1 | 组织相关单位进行图纸会审,核对平面尺寸和标高,审查地基处理措施和基础设计,了解工程规模、特点、工序和质量要求。熟悉作业区域的土层地质、水文勘察资料,确认地下构筑物、隐蔽电气、管网等设施的分布情况 |
| | | 2 | 场地平整施工前,技术人员进行现场勘察,测量设计场地平面和标高控制网,按照施工要求增设平面控制点和高程控制点 |
| | | 3 | 应做好材料的计划、采购和进场组织工作,进场后按施工平面图要求在指定地点存放 |
| | | 4 | 施工用施工机械、机具和电气设备必须经验收,确认机械状况良好、能安全运行,才准许投入使用。机械使用期间,应当指定专人负责维护、保养,保证其机械设备的完好率和使用率及安全运作 |
| | | 5 | 在场地平整前,应清除地面树木、建筑垃圾等附着物及地下障碍物,排除地面积水 |
| | | 6 | 施工区域应布置坐标方格控制网。布置坐标方格网的原则为先整体后局部,高精度控制低精度。控制点要选在约束度大、安全、易保护和通视条件好的位置 |
| | | 7 | 场地平整前,应规划好现场的排水泄洪设施,对于地下水位较低或有水流经的厂区,可设置地下排水盲沟、排水涵管或排水明沟 |
| 施工机械选择 | | 1 | 推土机操作灵活需工作面小,行驶速度快。适用于运距在100m以内的堆土,开挖深度≤1.5m的基坑(槽),堆筑高1.5m内的路基或堤坝。可短距离移挖作填,回填基坑(槽)、管沟并压实,配合装载机从事集中土方、清理场地、修路开道等 |
| | | 2 | 铲运机操作不受地形限制,能独立完成铲土、运土、卸土、填筑、压实等工序。适用于运距在800~1500m内,坡度在20°以内的大面积场地平整、压实。可用于开挖大型基坑(槽)、管沟,填筑路基等,不适用于砾石层、冻土地带及沼泽地区使用 |

续表

| 作业步骤 | 风险 | | 注意事项 |
|---|---|---|---|
| 施工机械选择 | | 3 | 挖掘机操作灵活，在实际施工中应用广泛，按照不同的构造特性可分为以下几类：<br>（1）正铲挖掘机，多用于挖掘地表以上的物料。土方外运应配备自卸汽车，工作面应有推土机配合平土、集中土方进行联合作业。<br>（2）反铲挖掘机在施工中较为常见，可用于停机作业面以下的挖掘作业。最大挖土深度为4～6m，较大较深的基坑可用多层接力挖土。土方外运应配备自卸汽车，工作面应有推土机配合推到附近堆放。<br>（3）拉铲挖掘机也称索铲挖土机，可用于开挖较深较大的基坑（槽）、管沟，填筑路基、堤坝，挖掘河床等。土方外运须配备自卸汽车、推土机，创造施工条件。<br>（4）抓铲挖掘机也称抓斗挖土机，可用于开挖直井或沉井土方，适用于土质比较松软，施工面较狭窄的深基坑、基槽。土方外运时，按运距配备自卸汽车 |
| | | 4 | 强夯机用于夯实地基，加速沉降，确保地基更牢固。施工中常见的强夯机种类有：<br>（1）蛙跳式夯机，适用于夯实灰土、素土地及场地平整，不适用于坚硬或软硬不均，以及混有碎石、碎砖的土地；<br>（2）振动式冲击夯适用于黏性土、砂及砾石等散状物料的压实，不得在水泥路面和其他坚硬地面上作业；<br>（3）吊重锤击式夯机即用起重设备反复将80～400kN的锤起吊到8～25m高处，然后利用自动脱钩释放载荷或带锤自由落下，其动能在土中形成强大的冲击波和高应力，从而提高地基的强度、降低压缩性、改善其抵抗振（震）动液化能力、消除湿陷性。适用于处理碎石土、砂土、低饱和度的粉土与黏性土、湿陷性黄土、素填土和杂填土等 |
| | | 5 | 压路机以机械本身的重力作用，适用于各类路面压实作业。施工中常见的压路机种类有：<br>（1）轮胎式压路机。适用于压实各种材料的基础层、次基础层、填方及沥青面层，是沥青混合料复压的主要机械。<br>（2）钢轮式压路机。可有效压实各类砂土、砾石等非黏性土壤、碎石、块石、堆石等不同类型的铺层，也可用于路基、次路基和稳定层等的压实 |
| 土方开挖 | 坍塌、机械伤害、车辆伤害、高处坠落 | 1 | 土方开挖应根据施工测量放样的边线自上而下开挖，挖出物应距基坑（槽）边沿＞1m，堆积高度应＜1.5m，坡度＜45°。应根据土质的类别，结合施工实际合理设置斜坡和台阶、支撑和挡板等保护系统 |
| | | 2 | 挖至接近地面设计标高时要加强测量，其方法如下：在挖方区边界根据方格桩设置高程控制桩，并在控制桩上挂线，挂线时要预留一定的碾压下沉量3～5cm，使其碾压后的高程正好与设计高程一致 |
| | | 3 | 影响工程质量的软弱土层、淤泥、腐殖土及不宜作回填土的稻田湿土、冻土等应结合施工情况采取全部挖除、设排水沟疏干、抛填块石、砂砾等方法进行妥善处理 |

续表

| 作业步骤 | 风险 | 注意事项 | |
|---|---|---|---|
| 土方回填 | 坍塌、机械伤害、车辆伤害、物体打击、高处坠落 | 1 | 土方回填前应将基坑（槽）底或地坪上的垃圾等杂物清理至基础底面标高，将回落的松散垃圾、砂浆、石子等杂物清除干净 |
| | | 2 | 检验回填土的质量，有无杂物，粒径是否符合规定，以及回填土的含水量是否在控制的范围内；如含水量偏高，可采用翻松、晾晒或均匀掺入干土等措施；如遇回填土的含水量偏低，可采用预先洒水润湿等措施 |
| | | 3 | 底层土处理经相关人员检查合格后，回填土分层进行铺摊和夯实。回填时应均匀、对称，每层铺摊后，根据实际情况采用机械或人工夯实 |
| | | 4 | 深浅两基坑（槽）相连时，应先填夯深基础，填至浅基坑相同的标高时，再与浅基础一起填夯。基坑（槽）回填应在相对两侧或四周同时进行 |
| | | 5 | 回填土每层填土夯实后，应按《建筑地基基础工程施工质量验收标准》（GB 50202—2018）规定进行环刀取样，测出干土的质量密度。达到要求后，再进行上一层的铺土 |
| | | 6 | 土方填筑时常用的压实方法包括：<br>（1）碾压法是利用机械滚轮的压力压实土壤，使之达到所需的密实度，适用于大面积的场地平整和路基、堤坝工程。<br>（2）夯实法是利用夯锤自由下落的冲击力来夯实土壤，土体孔隙被压缩，土粒排列得更加紧密。人工夯实所用的工具有木夯、石夯等；机械夯实常用的有内燃夯土机、蛙式打夯机、夯锤等。适用于黏性较低的土，基坑（槽）、管沟部位小面积的回填土的夯实，也可配合压路机对边缘或边角碾压不到之处进行夯实。<br>（3）振动压实法是将振动压实机放在土层表面，在振动作用下使土颗粒发生相对位移，从而达到紧密状态。适用于爆破石渣、碎石类土、杂填土和轻亚黏土等非黏性土，尤其是大型土石方压实 |
| | | 7 | 填土预留一定的下沉高度，以备在堆重或干湿交替等自然因素作用下，土体逐渐沉落密实。如使用机械分层夯实，应预留其下沉高度＜填方高度的3% |
| | | 8 | 填土深度须按设计规定执行，同时要考虑最后一层挖土顶面的平整碾压。表面须挂线找平并根据压实度、土质及现场试压结果预留一定的碾压下沉量，一般为3～5cm |
| 验收检测 | | 1 | 平整后的场地表面应逐点检查，检查点为每100～400m² 取1点，总共不少于10点；长度、宽度和边坡均为每20m取1点，每边不少于1点 |
| | | 2 | 土方回填完工后，应根据《建筑地基基础工程施工质量验收规范》（GB 50202—2018）对回填部位进行自检，自检合格后报至业主进行验收 |

## 2.3 人工挖孔灌注桩作业

| 作业步骤 | 风险 | | 注意事项 |
|---|---|---|---|
| 作业应具备的条件 | | 1 | 场地平整，做好现场排水，并做到水通、电通、道路通 |
| | | 2 | 查阅有关档案资料，调查了解施工现场地上、地下的障碍物。如地下电缆、上下水管道、旧墙基、旧人防工程等及其分布情况，并针对情况提出预防事故的方案 |
| | | 3 | 熟悉桩基础工程设计图纸、说明及施工要求，以及完整的地质勘察报告书，以掌握施工区域各层土质的物理力学性质，桩持力层的岩土特征及埋深、地下水位及分布情况 |
| | | 4 | 在熟悉了现场情况，设计图纸及承包合同的要求之后，编制人工挖孔桩施工方案，其施工方案首先要保证安全施工，要有全面、切实可行的安全技术措施 |
| | | 5 | 按施工方案要求，备齐挖孔施工机具、气体检测仪、模板、通风机、水泵、照明及动力电器及土建钢筋混凝土工程的施工机具等。并明确各种机具的安全使用规程 |
| | | 6 | 绘制桩基施工及安全设施平面布置图，制订挖孔桩施工工期控制计划 |
| | | 7 | 人工挖孔桩应由具有相应资质的专业队伍施工。明确项目技术负责人和专职安全员，挖孔桩工程的现场负责人，必须熟练掌握人工挖孔的施工方法、法规、操作规程、安全生产技术知识 |
| | | 8 | 按施工方案中制订的安全技术措施，以及有关的安全技术规范、规程的要求，开工前由项目经理部向全体管理人员和操作人员进行安全技术交底。并做好书面的交底工作 |
| | | 9 | 除遵守本规程，还应遵守挖掘作业、受限空间作业、临时用电作业等相关管理规定 |
| | | 10 | 参加挖孔作业的工人应身体健康，事先必须进行身体检查，凡患有精神病、高血压、心脏病、癫痫病、聋哑及其他不宜井下作业的人等不能参与施工 |
| 挖孔桩施工安全操作要点 | 坍塌、物体打击、高处坠落、放炮、机械伤害、淹溺、触电、中毒和窒息 | 1 | 多孔同时开挖施工时，应采取间隔开挖的方法 |
| | | 2 | 桩孔下挖过程中，必须按照挖一节土（每挖深50～80cm），做一节护壁或安放一次工具式钢筋防护笼，护壁强度达到一定强度后，方可继续施工。桩孔垂直度和直径尺寸应每挖一节检查一次，发现偏差及时纠正，以免误差积累过大，造成倾斜或塌方 |
| | | 3 | 挖孔桩孔口应设水平活动安全盖板。当吊桶提升到离地面高1.8m左右（超过人高）时推活动盖板关闭孔口，手推车推至盖板上，卸土后再开盖板下吊桶吊土，以防土块和工具掉入孔内伤人。最上一节混凝土护壁在井口处高出地面25cm（厚度与护壁相同），以防地面水流入井孔内或脚踢杂物入孔内。孔井口边1m范围内不得有任何杂物，堆土应在孔井口边1.5m以外 |

续表

| 作业步骤 | 风险 | | 注意事项 |
|---|---|---|---|
| 挖孔桩施工安全操作要点 | 坍塌、物体打击、高处坠落、放炮、机械伤害、淹溺、触电、中毒和窒息 | 4 | 桩底扩孔应间隔削土，留一部分土作支撑，待浇筑混凝土前再挖，此时宜加钢支架支护，浇筑混凝土前再拆除 |
| | | 5 | 挖孔桩施工一般不得在孔内放炮破石，若遇特殊情况，非在孔内放炮不可时，需制订专项安全技术措施，并报请主管部门审批，经批准后方可实施 |
| | | 6 | 挖孔、成桩必须严格按图施工，若发现问题需要变更，应及时与设计负责人联系，孔桩护壁后在无可靠的安全技术措施条件下，严禁破石修孔。挖孔、扩孔完成后，应及时组织验收并浇筑混凝土，特别是孔壁为砂土、松散填土、软土等不良土壤时，不得隔夜浇筑混凝土，以免塌孔。护壁混凝土拆模，须经现场技术负责人批准 |
| | | 7 | 正在开挖的井孔，每天上班前应随时注意检查卷扬机、支腿、钢丝绳、挂钩（保险钩）、提桶超高限位装置等，应对井壁、混凝土护壁的状况进行检查，发现问题及时采取措施 |
| | | 8 | 挖孔人员上下孔井，必须使用安全爬梯；井下需要工具，应该用提升设备递送，禁止向井内抛掷。井孔上、下应有可靠的通话联络，如对讲机等 |
| | | 9 | 挖孔桩作业人员下班休息时，必须盖好孔口，或用高于80cm的护身栏将井口封闭围挡 |
| | | 10 | 夜间一般禁止挖孔作业，如遇特殊情况需夜间挖孔作业时，须经现场负责人同意，并有安全员在场 |
| | | 11 | 井下操作人员连续工作时间不宜超过4h，应及时轮换 |
| | | 12 | 现场施工人员必须佩戴安全帽、安全带，安全带接绳由孔上人员负责随作业而加长，井下有人操作时，井上配合作业人员必须坚守岗位，不得擅离职守 |
| | | 13 | 孔底如需抽水时，必须在全部井下作业人员上地面后进行 |
| | | 14 | 井孔内一律采用12V安全电压和防水带罩灯照明。现场用电均须安装漏电保护装置 |
| | | 15 | 挖井至4m以下时，下井之前，应用气体检测仪对井内空气进行抽样检测并作好记录，发现有害气体含量超过允许值，应用鼓风机向孔底通风（必要时送氧气），然后方能下井作业。在医院或其他有毒物质存放区施工，应先检查有毒物质对人体的伤害程度，再确定是否采用人工挖孔的施工方法 |
| 成孔验收 | 高处坠落 | 1 | 桩孔挖至设计标高时，对井孔进行遮盖或围护，并做好警示 |
| | | 2 | 桩孔挖至设计标高时，由建设单位、设计单位、勘察单位、施工单位及挖孔桩专业施工队共同按设计要求进行验收 |
| | | 3 | 参加验收的各方人员，应认真作好记录，按检验报告要求签字后方可进行下道工序的施工 |

续表

| 作业步骤 | 风险 | | 注意事项 |
|---|---|---|---|
| 桩身钢筋混凝土浇筑 | 物体打击 | 1 | 桩孔验收合格后,立即进行桩身钢筋笼吊装就位,钢筋笼入孔吊装时要防止碰撞破坏孔壁 |
| | | 2 | 浇筑第一步混凝土时待下料高出扩孔部分顶标高 30cm 左右再振捣,以后每步浇 1.5m 高,随浇随振捣密实。在浇筑混凝土过程中(对无护壁桩而言)如发现孔壁土有塌落现象,须及时采取措施后再继续浇筑 |
| | | 3 | 每根桩的混凝土,必须当天连续浇筑完。当孔壁有砂土层时,应将混凝土浇筑超过砂土层再振捣。孔内振捣混凝土应该用绳系牢振捣器,放到孔内振捣,禁止人下到孔内振捣 |
| | | 4 | 正在浇筑混凝土的桩孔周围 10m 半径内,其他桩内不能有人作业 |

## 2.4 螺旋钻孔灌注桩作业

| 作业步骤 | 风险 | | 注意事项 |
|---|---|---|---|
| 作业应具备的条件 | | | (1)施工前,全面了解、摸排、熟知地下障碍物。<br>(2)排水设施做全面规划,布置合理。<br>(3)要有足够的作业空间。<br>(4)应备有灭火器等消防设备,夜间施工应有充分的照明设施。<br>(5)作业区域现场设置的安全警示及防护围栏、硬质围挡、孔洞铺设硬质盖板封闭。<br>(6)临边作业时应正确系挂安全带 |
| 准备工作 | | 1 | 场地平整,做好现场排水,并做到水通、电通、道路通 |
| | | 2 | 查阅相关现场施工布局和土质勘察报告资料,调查了解施工现场施工时存在的障碍物。如:地下电缆、油气管道、天然气管道等分布情况,并针对不同的地下情况提出应急方案 |
| | | 3 | 熟悉桩基础工程设计图纸、说明及施工要求,以及完整的地质勘察报告书,以掌握施工区域各层土质的物理力学性质,桩持力层的岩土特征及埋深、地下水位及分布情况 |
| | | 4 | 在熟悉了现场情况,设计图纸及承包合同的要求之后,编制螺旋钻孔灌注桩的施工方案,上报审批完成,并进行技术交底,其施工方案首先要保证安全施工,要有全面、切实可行的安全技术措施 |
| | | 5 | 按施工方案要求配置相应的设备、施工机具等,并明确各种设备、机具的安全操作规程 |
| | | 6 | 绘制桩基施工及安全设施平面布置图,螺旋钻孔灌注桩施工工期控制计划 |
| | | 7 | 校核施工测量放线、定位桩及高程 |

续表

| 作业步骤 | 风险 | | 注意事项 |
|---|---|---|---|
| 准备工作 | | 8 | 检查工机具和设备的完整性、润滑情况、电源开关情况、用电设备接地情况、燃料情况等 |
| | | 9 | 核对作业许可票证措施落实情况 |
| | | 10 | 检查周边作业环境是否存在不安全因素 |
| 测量、放线 | | 1 | 提前掌握地形地貌，熟悉施工图纸 |
| | | 2 | 灌注桩桩位按坐标法测放，依据建筑测量控制网资料和设计图纸测定桩位 |
| 设备就位 | 坍塌 | 1 | 桩机就位前场地平整，桩机就位后调整水平，钻头尖、转盘、护筒（桩位）三点一线，确保桩的偏差和垂直度符合要求 |
| | | 2 | 要求桩机下垫实、垫稳，不得产生位移和沉陷，然后调节下部导向圈、调直钻杆，确保桩机开钻后不发生晃动、偏斜，否则易导致发生斜孔，甚至发生孔坍塌 |
| 钻孔 | 坍塌、物体打击、高处坠落、机械伤害 | 1 | 相邻的桩不能同时钻孔，必须待相邻桩孔浇灌完混凝土之后才能钻孔，以保证土壁稳定 |
| | | 2 | 钻孔机就位：认真校正，并保持平稳，不发生偏斜、位移。为准确控制钻孔深度，应在机架上或机管上做出控制的尺寸，以便在施工中进行观测、记录 |
| | | 3 | 钻孔：先调直机架挺杆，对好桩位；启动钻机先钻0.5～1m的孔深，检查一切正常后，再继续钻进，土块随螺栓叶片上升排出孔口，土块排出孔口不容许站人，防止人员发生物体打击；钻机钻进过程中，排出孔口的土块应随时清理，并统一倒运到指定区域 |
| | | 4 | 加装护筒，钻进孔深5m左右，提钻杆，往孔内吊放护筒（钢制护筒为宜），护筒中心与孔桩中心偏差不大于50mm，护筒壁与孔壁间应用黏土填实，防止发生塌孔现场。护筒埋设深度应严格按照施工工艺要求埋设 |
| | | 5 | 钻孔至设计标高时，应在原厚度处空转清土，清土完成后，提钻杆移至孔外（钻杆移动时停止转动），如清孔时少量浮土钻井液不易清除，可投入25～60mm厚的卵石或碎石插实，以挤密土体 |
| | | 6 | 雨天不宜进行钻孔施工，如需施工时，施工现场应采取有效防雨、排水设施，防止地面水流入槽内，造成边坡塌方或基土沉陷、钻机倾斜等 |
| | | 7 | 经现场业主、监理及项目技术人员的成孔检查，并确认合格后，应填写好桩孔施工记录，钻孔完毕浇筑之前孔口铺设硬质盖板或硬围护隔离，防止发生人员坠落的安全事故 |

续表

| 作业步骤 | 风险 | 注意事项 | |
|---|---|---|---|
| 清孔 | 坍塌、机械伤害 | | 成孔后,将钻头提高距孔底20cm左右,开机使其慢速空转,将孔底沉渣细磨,同时注入优质钻井液把孔内含有钻渣的钻井液通过循环置换出来,以钻井液性能达到规范的要求为止 |
| 成孔验收及桩身钢筋混凝土浇 | 坍塌、起重伤害、物体打击、机械伤害 | 1 | 清孔完毕后复查孔深、孔径、孔壁、垂直度及孔底虚土厚度。有不符合质量标准要求时,应处理合格后,再进行下道工序 |
| | | 2 | 吊放钢筋笼时,要对准孔位,吊直扶稳,缓慢下沉,避免碰撞孔壁,必要时可用导向钢筋导向。钢筋笼放到设计位置后,应立即固定。钢筋笼过长时,应分段吊装,焊接连接 |
| | | 3 | 为防止成孔发生坍塌,钢筋就位后,需灌注混凝土(混凝土塌落度一般为80~100mm;为保证混凝土和易性及坍落度,应适当调整砂率和粉煤灰等) |
| | | 4 | 混凝土浇筑应采用串筒送料,桩身混凝土的浇筑应连续进行,分层振捣密实,分层振捣密实高度一般不超过0.5m,混凝土浇筑到桩顶时,应超过桩顶设计标高500mm以上,以保证在凿除浮浆后,桩顶标高符合设计要求 |
| | | 5 | 桩顶插筋要垂直插入,有足够的保护层和锚固长度,防止插偏和插斜 |
| | | 6 | 桩身混凝土应按规范要求留置混凝土试块 |
| | | 7 | 冬期当温度低于0℃以下灌注混凝土时,应采取加热保温措施,浇筑时,混凝土的温度按冬季施工方案进行。在桩顶未达到设计强度50%以前不得受冻。当气温高于30℃时,应根据具体情况对混凝土采取缓凝措施 |
| 意外情况处置 | 坍塌、机械伤害 | 1 | 地质不良导致钻孔灌注桩的抗拔、承载能力不足时,要及时调整钻孔点位置或根据设计要求对灌注桩采取加固措施,施工过程中要及时对钻孔孔壁进行检测,以及严格按照设计图纸及规范要求施工,确保工程质量 |
| | | 2 | 出现偏孔情况时,调整施工场地,对于松软的地基应进行换填或加固,重新调整钻机垂直度,根据不同地层调整转速、配重等参数;轻微偏孔用翼片较多的钻头轻压慢钻,从偏斜处上方往下扫孔,反复多次修直;当纠正困难时,直接回填孔斜部位,捣实后再用钻头减压钻进 |
| | | 3 | 出现孔壁坍塌时,应及时补浆、堵漏,不严重时,可采取增大钻井液相对密度、黏度和提高钻井液面;上部坍塌时,加长护筒,并在四周填好黏土,下部坍塌时,向孔内填入黏土,填实静置,稳定后重新钻孔 |
| | | 4 | 造成卡钻埋钻后,如在冲积层,将钻具降至原来位置,然后边转边提,直至钻具提出;如在基岩层,应先判明卡钻原因和程度,对于轻微的卡钻可以采用千斤顶或绞车等辅助提出钻具;较严重的卡钻采用锤击振动的方式 |

续表

| 作业步骤 | 风险 | | 注意事项 |
|---|---|---|---|
| 意外情况处置 | 坍塌、机械伤害 | 5 | 断桩情况处置：原位复桩，即发现断桩后，先清理残料，然后在原来的位置重新浇筑；接桩，出现断桩后，先拔出导管，通过超声波检测判定断桩位置，再用混凝土护壁，之后人工凿毛，最后浇筑接桩；桩心凿井法，即在缺陷桩中心凿井，深度超度缺陷部位，然后封闭清洗，放置钢筋笼，浇筑混凝土；对有疑问的桩复打，使断桩部位顶紧，再补全完整桩身至设计标高 |
| 完工 | 坍塌 | 1 | 所有作业完成后，系统拆除连接，设备撤场；按照钻机、钻井液系统、动力系统、机具钢板排等顺序依次撤离施工现场 |
| | | 2 | 施工完毕待设备全部撤离后，将钻井液池中的剩余钻井液用专用的钻井液罐车拉运到当地环境保护部门指定的钻井液填埋场 |
| | | 3 | 清除场地上的杂物，用单斗及人工回填开挖的沟、渠等，分层压实，将已剥离的表层耕植土恢复到表层，填土方高出地表300mm |
| | | 4 | 完工后应按保养手册的规定对设备、工器具进行清洗、保养 |
| | | 5 | 作业完毕后，由批准人（或授权委托人）现场核查确认后，在批准人、作业负责人留存的作业许可票证上签字予以关闭 |

## 2.5 钻井液护壁回转钻孔灌注桩作业

| 作业步骤 | 风险 | | 注意事项 |
|---|---|---|---|
| 作业应具备的条件 | | | （1）当出现以下情况（包括但不限于）时必须经过书面确认和批准：<br>① 当行走路径距离道路边缘较近存在车辆伤害风险时；<br>② 当作业环境条件受到限制时（如交叉作业、较大坡度、防爆区域、自然保护区、不良地质等环境敏感区域）。<br>（2）施工前，全面了解、摸排、熟知地下障碍物。<br>（3）排水设施做全面规划，布置合理。<br>（4）要有足够的作业空间。<br>（5）应备有灭火器等消防设备，夜间施工应有充分的照明设施。<br>（6）作业区域现场设置的安全警示及防护围栏、硬质围挡、孔洞铺设硬质盖板封闭。<br>（7）临边作业时应正确系挂安全带 |
| 准备工作 | | 1 | 场地平整，做好现场排水，并做到水通、电通、道路通 |
| | | 2 | 查阅相关现场施工布局和土质勘察报告资料，调查了解施工现场施工时存在的障碍物。如地下电缆、油气管道、天然气管道等分布情况，并针对不同的地下情况提出应急方案 |
| | | 3 | 熟悉桩基础工程设计图纸、说明及施工要求，以及完整的地质勘察报告书，以掌握施工区域各层土质的物理力学性质，桩持力层的岩土特征及埋深、地下水位及分布情况 |

续表

| 作业步骤 | 风险 | | 注意事项 |
|---|---|---|---|
| 准备工作 | | 4 | 在熟悉了现场情况，设计图纸及承包合同的要求之后，编制钻井液护壁钻孔灌注桩的施工方案，上报审批完成，并进行技术交底，其施工方案首先要保证安全施工，要有全面、切实可行的安全技术措施 |
| | | 5 | 按施工方案要求备齐施工机具、动力电器、渣土运输机具及钢筋加工机具和灌注混凝土所用的施工机具等。并明确各种机械设备的安全操作规程 |
| | | 6 | 绘制桩基施工及安全设施平面布置图，制订钻井液护壁回转钻孔灌注桩施工工期控制计划 |
| | | 7 | 校核施工测量放线、定位桩及高程 |
| | | 8 | 检查工机具和设备的完整性、润滑情况、电源开关开启情况、用电设备接地情况、燃料情况 |
| | | 9 | 核对作业许可票证措施落实情况 |
| | | 10 | 检查周边作业环境是否存在不安全因素 |
| 测量、放线 | | 1 | 事前掌握地形地貌，熟悉施工图纸 |
| | | 2 | 依据建筑测量控制网资料和设计图纸测定桩位 |
| 场地布置 | 坍塌、车辆伤害、淹溺、高处坠落 | 1 | 要求场地平整，场地钻孔开挖的堆土立即清运，远离作业区域，堆土区域采用密闭式防尘网遮盖 |
| | | 2 | 设置合理的钻井液池、沉淀池、排水沟等，且钻井液池、沉淀池需作防渗处理 |
| | | 3 | 钻井液池和沉淀池人行通道清洁防滑，池边有防坠入措施 |
| | | 4 | 开挖导流沟，将可能跑、冒、流淌的钻井液引向钻井液回收池，钻井液部分循环利用 |
| | | 5 | 采用土工布将可能跑、冒、流淌钻井液的地方覆盖铺垫 |
| | | 6 | 雨季施工，应搭设防雨棚，并保障地面排水系统完好、畅通，严防地面雨水流入桩孔 |
| 设备就位 | 坍塌、机械伤害 | 1 | 桩机就位前场地平整，桩机就位后要调整水平，钻头尖、转盘、护筒（桩位）三点一线，确保桩的偏差和垂直度符合要求 |
| | | 2 | 用水平尺及测锤测量垂直度 |
| | | 3 | 其他动力系统、钻井液系统按平面布置摆放在相应的位置 |
| | | 4 | 为保证钻机的稳定，要求桩机下垫实、垫稳，否则桩机开钻后容易发生晃动、偏斜，导致发生斜孔，甚至发生孔坍塌 |

续表

| 作业步骤 | 风险 | | 注意事项 |
|---|---|---|---|
| 钻孔及注泥浆 | 坍塌、物体打击、机械伤害 | 1 | 调直机架挺杆，对好桩位，开动钻机钻进，用挖机及时清理掉钻孔时排出的土，钻进一定深度（视土质和地下水情况）停钻，孔内注入事先调制好的钻井液，且桩孔内钻井液面高出地下水位1m以上，然后继续钻进 |
| | | 2 | 加装护筒，钻进孔深5m左右，提钻杆，往孔内吊放护筒，护筒中心与孔桩中心偏差不大于50mm，护筒壁与孔壁间应用黏土填实，防止发生塌孔现场。护筒埋设深度应严格按照施工工艺要求埋设 |
| | | 3 | 继续钻孔时，防止表层土受机械振动坍塌，钻孔时应保持钻井液水位不下降。当钻至持力层后，如无特殊要求，可继续钻深1m左右，钻进过程中要经常检测钻井液的相对密度是否达到施工技术要求 |
| 清孔 | 坍塌、机械伤害 | 1 | 一次清孔，在成孔后，将钻头提高距孔底20cm左右，开机使其慢速空转，将孔底沉渣细磨，同时注入稀泥浆 |
| | | 2 | 二次清孔，钢筋笼下放后，在钢筋笼内插入导管（管内有射水装置），通过软管与高压泵连接，开动泵水即射出。利用导管将孔底沉渣清至设计规定厚度之内 |
| | | 3 | 孔底清理，针对钻孔出现的不同土质情况，按施工工艺要求控制好钻井液的相对密度 |
| 钢筋安装 | 起重伤害、坍塌 | 1 | 钢筋吊运时，要严格按照吊装作业操作规程进行，扶直钢筋人员要穿戴好劳保防护用具，防止人员发生起重伤害 |
| | | 2 | 吊放钢筋笼，钢筋笼放前应绑好砂浆垫块，吊放时要对准孔位，吊直扶稳，缓慢下沉，钢筋笼放到设计位置时，应立即固定，防止上浮 |
| 混凝土浇筑 | 坍塌、物体打击 | 1 | 浇筑混凝土，停止射水后应立即浇筑混凝土，随着混凝土的不断升高，孔内的沉渣将悬浮在混凝土上面，并同钻井液一同排回注浆槽内。混凝土在孔内的浇筑应严格按照施工工艺要求进行浇筑 |
| | | 2 | 混凝土浇筑到桩顶时，应及时拔出导管。但保证混凝土的上顶标高符合设计要求 |
| | | 3 | 插桩顶钢筋，桩顶上的插筋一定要保持垂直插入，有足够的锚定长度和保护层，防止插偏和插斜 |
| 意外情况处置 | 坍塌、机械伤害 | 1 | 地质不良导致钻孔灌注桩的抗拔、承载能力不足时，要及时调整钻孔点位置或根据设计要求对灌注桩采取加固措施，施工过程中要及时对钻孔孔壁进行检测，以及严格按照设计图纸及规范要求施工，确保工程质量 |
| | | 2 | 出现偏孔情况时，调整施工场地，对于松软的地基应进行换填或加固，重新调整钻机垂直度，根据不同地层调整转速、配重等参数；轻微偏孔用翼片较多的钻头轻压慢钻，从偏斜处上方往下扫孔，反复多次修直；当纠正困难时，直接回填孔斜部位，捣实后再用钻头减压钻进 |

续表

| 作业步骤 | 风险 | | 注意事项 |
|---|---|---|---|
| 意外情况处置 | 坍塌、机械伤害 | 3 | 出现孔壁坍塌时,应及时补浆、堵漏,不严重时,可采取增大钻井液相对密度、黏度和提高钻井液面;上部坍塌时,加长护筒,并在四周填好黏土,下部坍塌时,向孔内填入黏土,填实静置,稳定后重新钻孔 |
| | | 4 | 造成卡钻埋钻后,如在冲积层,将钻具降至原来位置,然后边转边提,直至钻具提出;如在基岩层,应先查明卡钻原因和程度,对于轻微的卡钻可以采用千斤顶或绞车等辅助提出钻具;较严重的卡钻采用锤击振动的方式 |
| | | 5 | 断桩情况处置:原位复桩,即发现断桩后,先清理残料,然后在原来的位置重新浇筑;接桩,出现断桩后,先拔出导管,通过超声波检测判定断桩位置,再用混凝土护壁,之后人工凿毛,最后浇筑接桩;桩心凿井法,即在缺陷桩中心凿井,深度超度缺陷部位,然后封闭清洗,放置钢筋笼,浇筑混凝土;对有疑问的桩复打,使断桩部位顶紧,再补全完整桩身至设计标高 |
| 完工 | 坍塌 | 1 | 所有作业完成后,系统拆除连接,设备撤场。按照钻机、钻井液系统、动力系统、机具钢板排等顺序依次撤离施工现场 |
| | | 2 | 施工完毕待设备全部撤离后,将钻井液池中的剩余钻井液用专用的钻井液罐车拉运到当地环境保护部门指定的钻井液填埋场 |
| | | 3 | 清除场地上的杂物,用单斗及人工回填开挖的沟、渠等,分层压实,将已剥离的表层耕植土恢复到表层,填土方高出地表300mm |
| | | 4 | 完工后应按保养手册的规定对设备、工器具进行清洗、保养 |
| | | 5 | 作业完毕后,由批准人(或授权委托人)现场核查确认后,在批准人、作业负责人留存的作业许可票证上签字予以关闭 |

## 2.6 振冲碎石挤密桩作业

| 作业步骤 | 风险 | 注意事项 |
|---|---|---|
| 作业应具备的条件 | | (1)施工作业前需办理作业许可,进行入场设备安全验收和打试验桩合适后,方可投入施工作业。<br>(2)打桩作业时应在正下方采取适当的防护措施,防止人员进入危险区域。<br>(3)司机室方便位置应设置急停装置。<br>(4)应装有能控制冲击速度等输出能量的装置。<br>(5)所使用的水符合施工及环保要求。<br>(6)有对水进行沉淀回收循环利用装置。<br>(7)所使用的碎石级配良好。<br>(8)当出现以下情况(包括但不限于)时必须经过书面确认和批准:<br>①当行走路径距离道路边缘较近存在车辆伤害风险时; |

续表

| 作业步骤 | 风险 | 注意事项 |
|---|---|---|
| 作业应具备的条件 | | ② 当作业环境条件受到限制时（如交叉作业、较大坡度、防爆区域、自然保护区、不良地质等环境敏感区域）。<br>（9）当出现以下情况（包括但不限于）时必须经过书面确认和批准：<br>① 当行走路径距离道路边缘较近存在车辆伤害风险时；<br>② 当作业环境条件受到限制时（如交叉作业、较大坡度、防爆区域、自然保护区、不良地质等环境敏感区域）。<br>（10）设备宜在地面平整、坚实、空旷区域作业。<br>（11）雨雪天气、光线不足、风力达6级以上等不良环境时不宜作业 |
| 准备工作 | | 1 振冲碎石挤密桩的使用场所：振冲碎石挤密桩适用于建设工程中处理砂石、粉土、粉质黏土、素填土和杂填土（生活垃圾及有机质土的含量不超过5%）地基。对于不排水抗剪强度不小于20kPa的饱和黏性土地基和黄土地基，应通过具体的检测试验确定其是否能够满足其适用性 |
| | | 2 施工场地须满足"四通一平"（四通，水通、电通、路通、通信通；一平，场地要求平整） |
| | | 3 查阅相关现场施工布局和土质勘察报告资料，调查了解施工现场施工时存在的障碍物。如地下电缆、油气管道、天然气管道等分布情况，并针对不同的地下情况编制应急预案 |
| | | 4 熟悉桩基础工程设计图纸、说明及施工要求，以及完整的地质勘察报告书，以掌握施工区域各层土质的物理力学性质，桩持力层的岩土特征及埋深、地下水位及分布情况 |
| | | 5 在熟悉了解现场情况及地下设备设施的分布情况、设计图纸及承包商合同的要求后，编制振冲碎石挤密桩的施工方案，上报审批完成，并进行技术交底，其施工方案首先要保证安全施工，要有全面、切实可行的安全技术措施 |
| | | 6 按照振冲碎石挤密桩的施工方案要求，备齐施工车辆、电气设备设施、施工机具等施工设备设施，对于需要报验的施工机械进行报验，确保施工设备处于安全状态，并张贴各类设备设施的操作规程，对操作人员进行培训，堆放好所用的碎石填料，预挖好钻井液池，并做好临边防护 |
| | | 7 绘制桩基础施工及安全设施平面布置图，制订振冲碎石挤密桩施工工期控制计划 |
| | | 8 振冲碎石挤密桩应由具有相关资质的专业队伍施工，施工负责人必须熟练掌握振冲碎石挤密桩的施工方法、操作规程、安全生产技术知识 |
| | | 9 按照施工方案制订的安全措施，以及有关的安全技术规范、规程的要求，开工前由项目部技术负责人向全体管理人员和操作人员进行安全技术交底，并做好书面的交底工作 |

续表

| 作业步骤 | 风险 | | 注意事项 |
|---|---|---|---|
| 准备工作 | | 10 | 对于进场施工人员,必须通过项目部的入场安全培训和自身的健康体检证明进场,进场作业人员必须穿戴好劳保防护用品 |
| | | 11 | 校核施工测量放线、定位桩及高程,依据建筑测量控制网资料和设计图纸测定桩位 |
| | | 12 | 检查工机具和设备的完整性、润滑情况、电源开关开启情况、用电设备接地情况、燃料情况。 |
| | | 13 | 核对作业许可票证措施落实情况 |
| | | 14 | 检查周边作业环境是否存在不安全因素 |
| 测量、放线 | | 1 | 事前掌握地形地貌,熟悉施工图纸 |
| | | 2 | 依据建筑测量控制网资料和设计图纸测定桩位 |
| 场地布置 | 坍塌、淹溺 | 1 | 要求场地平整,场地承载力满足桩机工作要求 |
| | | 2 | 设置合理的钻井液池、沉淀池、排水沟等,且钻井液池、沉淀池需做防渗处理 |
| | | 3 | 钻井液池和沉淀池人行通道清洁防滑,池边有防坠入措施 |
| | | 4 | 开挖导流沟,将可能跑、冒、流淌的钻井液引向钻井液回收池,钻井液部分循环利用 |
| | | 5 | 采用土工布将可能跑、冒、流淌钻井液的地方覆盖铺垫 |
| | | 6 | 雨季施工,应搭设防雨棚,并保障地面排水系统完好、畅通,严防地面雨水流入桩孔 |
| 设备就位 | 坍塌 | 1 | 设备就位前场地平整,就位后要调整水平,确保桩的偏差和垂直度符合要求 |
| | | 2 | 其他动力系统、钻井液系统按平面布置摆放在相应的位置 |
| | | 3 | 为保证设备的稳定,要求设备下垫实、垫稳,否则施工中容易发生晃动、偏斜,导致发生斜孔,甚至发生孔坍塌 |
| 启动 | 触电、机械伤害 | 1 | 启动水泵和振冲器:先开启供水泵(采用压力200~600kPa,供水量200~400L/min的供水泵),待振冲器下端喷水口出水后,启动振冲器 |
| | | 2 | 检查水压、电压和振冲器空振电流是否正常 |
| 振冲造孔 | 坍塌、物体打击、机械伤害 | 1 | 吊机放下振冲器,使其贯入土中,一般采用0.5~2.2m/min速度下沉造孔,造孔过程中应保持振冲器呈悬垂状态,以保证成孔垂直 |
| | | 2 | 电流值超过电机额定电流时,应减速或暂停振冲器下降或者上提振冲器,等电流值下降并满足要求后再继续造孔 |

续表

| 作业步骤 | 风险 | | 注意事项 |
|---|---|---|---|
| 振冲造孔 | 坍塌、物体打击、机械伤害 | 3 | 当造孔达到设计深度时即可终止,并将振冲器上提300~500mm。造孔时返出的水和钻井液要做好围挡、汇集、沉淀 |
| | | 4 | 造孔中,若孔口不返水,应加大供水量。施工过程中要设专人记录造孔时的电流值、造孔速度及返水情况 |
| | | 5 | 碎石桩在打桩时一般可以按一个方向推进,但对易液化的粉土地基,应采取跳打或围打 |
| 清孔 | 坍塌、机械伤害、其他伤害 | 1 | 造孔终止后,当返水中的含泥量很高,或孔口被泥土淤塞或孔中有高强黏性土,致使成孔口径变小时,需要清孔处理。清孔方法是把振冲器提出孔口,保证填料畅通 |
| | | 2 | 孔底清理,针对钻孔出现的不同土质情况,按施工工艺要求控制好钻井液的相对密度 |
| | | 3 | 冬季施工时,对供水设备须采用防冻措施,夜间停工时,要将供水管内的水排干净,振冲器应清除残留的泥土,防止冻结,及时清除返出地面的钻井液和水,防止地面结冰,滑倒施工人员 |
| 填料 | 坍塌、机械伤害 | 1 | 造孔和清孔结束后,为防止孔内坍塌,应由建设单位、设计单位、监理单位、施工单位及造孔专业施工队共同按设计要求进行验收,并按规定填写成孔记录 |
| | | 2 | 成孔验收合格后,及时向孔内填料,填料方式有连续填料和间断填料两种:<br>(1)连续填料:选用连续填料时,振冲器停留在设计孔底300~500mm以上位置,向孔内不断回填石料,并在振动中提升振冲器;<br>(2)间断填料:选用间断填料时,应将振冲器提升孔口,每往孔内倒入0.15~0.5m³石料,下降振冲器至填料中振捣一次,如此反复至制桩结束 |
| 振密成桩 | 坍塌、机械伤害 | 1 | 依靠振冲器水平振动力将填入孔中的石料不断挤向侧壁土层中,同时使填料挤密,直至满足设计要求的电流值、留振时间和填料量 |
| | | 2 | 无论采用连续填料还是间接填料,都必须保证振密从孔底开始,以每段300~500mm的长度逐段自下而上直至桩顶设计标高 |
| | | 3 | 成桩以后,应先停止振冲器运转,再停止供水泵 |
| 意外情况处置 | 坍塌、物体打击、机械伤害 | 1 | 断桩或颈缩桩,应在清孔过程中,对该部位多清几次,必要时填少量碎石,振冲清孔,将碎石挤入缩颈部位。填料时要做到一次满管,补料补足,每一次深度未达到密实电流,继续加料留振,直到规定的密实电流。桩管提出地表后要反插,并及时补料到该桩设计碎石用量 |
| | | 2 | 成孔困难,振冲器不易沉入,现场管路上加装阀门调节水压,通过加大水压,减缓振冲器下沉速度,缓慢振冲成孔;开挖取出石块;用钻井液代替清水造孔,用钻井液带出砂砾 |

续表

| 作业步骤 | 风险 | | 注意事项 |
|---|---|---|---|
| 意外情况处置 | 坍塌、物体打击、机械伤害 | 3 | 密实电流长期达不到，应减小水压，适当增加每次的填料量，反复振冲，使其符合密实电流 |
| | | 4 | 振冲器漏水、脱落，应及时进行检查修理，如防护块损坏应及时更换或修复 |
| | | 5 | 出现孔壁坍塌时，应及时补浆、堵漏，不严重时，可采取增大钻井液相对密度、黏度和提高钻井液面；下部坍塌时，向孔内填入黏土，填实静置，稳定后重新振冲成孔 |
| | | 6 | 串孔等现象导致加密时卡振冲器，应在原位增加留振时间，待碎石在振冲器的振动及自重下有松动后反复提拉，直至恢复正常 |
| | | 7 | 卡料，应将孔口土挖除；加大水压，提拉振冲器；减少每次填料量 |
| | | 8 | 无法保证桩长、充盈系数过大或其他异常情况，应及时反馈给设计人员、地质勘查人员，现场查看具体情况后研究决定，必要时重新进行地质勘查 |
| 完工 | 坍塌 | 1 | 所有作业完成后，系统拆除连接，设备撤场。按照钻机、钻井液系统、动力系统、机具钢板等顺序依次撤离施工现场 |
| | | 2 | 施工完毕待设备全部撤离后，将钻井液池中的剩余钻井液用专用的钻井液罐车拉运到当地环境保护部门指定的钻井液填埋场 |
| | | 3 | 清除场地上的杂物，用单斗及人工回填开挖的沟、渠等，分层压实 |
| | | 4 | 根据设计要求在桩顶继续铺设碎石等材料进行地基处理 |
| | | 5 | 作业完毕后，由批准人（或授权委托人）现场核查确认后，在批准人、作业负责人留存的作业许可票证上签字予以关闭 |

## 2.7 预制桩（打桩）作业

| 作业步骤 | 风险 | | 注意事项 |
|---|---|---|---|
| 作业应具备的条件 | | 1 | （1）应装有能控制冲击速度等输出能量的装置；<br>（2）应装有防止桩倾倒的装置；<br>（3）打桩作业时应在正下方采取适当的防护措施，防止人员进入危险区域；<br>（4）司机室方便位置应设置急停装置；<br>（5）所有运动零部件有可能发生人员接近的风险时，都应设置规范的防护装置；<br>（6）应配备防护顶棚，采取防护措施防止因施工中可能产生的喷射物带来的伤害；<br>（7）电力驱动的打桩机应有可靠的接地保护系统 |

续表

| 作业步骤 | 风险 | | 注意事项 |
|---|---|---|---|
| 作业应具备的条件 | | 2 | （1）当出现以下情况（包括但不限于）时必须经过书面确认和批准：<br>①当行走路径距离道路边缘较近存在车辆伤害风险时；<br>②当作业环境条件受到限制时（如交叉作业、较大坡度、防爆区域、自然保护区、不良地质等环境敏感区域）。<br>（2）施工作业前需办理作业许可，进行入场设备安全验收和打试验桩合适后，方可投入施工作业 |
| 作业应具备的条件 | | 3 | 当预制桩施工过程中涉及以下情况时必须要暂停，并及时与有关单位研究处理：<br>（1）在试桩过程中，如果发现实际地质情况与设计资料不符时；<br>（2）桩身突然发生倾斜、位移或有严重的回弹；<br>（3）桩身出现严重裂缝或破碎；<br>（4）初压时，桩身发生较大幅度移位；<br>（5）压入过程中，桩身突然下沉或倾斜；<br>（6）桩顶混凝土破坏或压桩阻力剧变 |
| 作业应具备的条件 | | 4 | 采用机械快速螺纹接桩的操作与质量应符合下列规定：<br>（1）接桩前应检查桩两端制作的尺寸偏差及连接件，无受损后方可起吊施工，其下节桩端宜高出地面0.8m；<br>（2）接桩时，卸下上下节桩两端的保护装置后，应清理接头残物，涂上润滑脂；<br>（3）应采用专用接头锥度对中，对准上下节桩进行旋紧连接；<br>（4）可采用专用链条式扳手进行旋紧，锁紧后两端板尚应有1～2mm的间隙 |
| 作业应具备的条件 | | 5 | （1）预制钢管桩：制作钢桩的材料应符合设计要求，并应有出厂合格证和实验报告，钢桩的分段长度不宜大于15m；<br>（2）预制桩的单节长度应满足桩架的有效高度、制作场地条件、运输和装卸能力；避免在桩尖接近或处于硬持力层中时接桩；<br>（3）焊条：型号、性能必须符合设计要求和有关标准规定；<br>（4）钢板：材质、规格符合设计要求，采用低碳钢；<br>（5）吊桩绳扣、滑车、索具等经计算选用 |
| 作业应具备的条件 | | 6 | （1）设备宜在地面平整、坚实、空旷区域作业；<br>（2）雨雪天气、光线不足、风力达6级以上等不良环境时不宜作业 |
| 准备工作 | 坍塌、机械伤害 | 1 | 清除障碍物、做好三通一平。打桩前应认真清除现场高空、地上和地下的障碍物，对危房或危险构筑物进行加固处理。打桩前现场（10m以内）的建筑物或构筑物全面检查，避免因打桩中的振动影响而导致倒塌。桩机进场及移动范围内的场地应平整压实，使地面平整度和承载力满足施工要求，并保证桩架的垂直度。施工场地及周围应保持排水通畅 |
| 准备工作 | 坍塌、机械伤害 | 2 | 桩基的轴线和标高均已测定完毕，并经过检查办完预检手续。桩基的轴线和高程的控制桩，设置在不受打桩影响的地点并妥善保护 |
| 准备工作 | 坍塌、机械伤害 | 3 | 打试验桩。施工前必须打试验桩，其数量不少于2根，检验打桩设备及工艺是否满足要求。了解桩的贯入深度、持力层强度及桩的承载力，以确定打桩方案 |

续表

| 作业步骤 | 风险 | | 注意事项 |
|---|---|---|---|
| 准备工作 | 坍塌、机械伤害 | 4 | 选择和确定打桩机进出路线的打桩顺序，编制施工方案，上报审批完成，并进行技术交底。所有参与预制桩施工人员必须接受技术交底，内容包括但不限于：<br>（1）作业区域、作业材料的特性、时间和工作内容及合格标准。<br>（2）作业过程中可能受到的自然环境（如天气）、周边环境变化影响及检测监测措施。<br>（3）作业过程可能涉及的相关方及其要求。<br>（4）作业风险及异常情况的判定标准和应对措施。<br>（5）作业结束后的处理措施。<br>（6）隔离警戒、监护、人员站位及应急处置要求 |
| | | 5 | 预制桩进行入场验收合格，并按打桩方案在现场布置到位 |
| | | 6 | 打桩前提前准备垫木、桩帽等材料机具等；还应做好测量记录等技术准备工作 |
| | | 7 | 打桩机的准备工作：<br>（1）了解施工任务和施工条件，以及施工中可能出现的问题和注意事项；<br>（2）根据施工需求的振动力，调整打桩机变速齿轮的位置；<br>（3）检查电缆、导线的绝缘是否良好，检查控制器触点是否良好；<br>（4）检查电源的电压是否符合要求；<br>（5）按日常保养项目对各部位进行润滑、保养 |
| 测量放线 | | 1 | 事前掌握地形地貌，熟悉施工图纸 |
| | | 2 | 依据建筑测量控制网资料和设计图纸放出轴线，再根据轴线放出桩位线，用木橛或钢筋头钉好桩位，并用白灰作标志，以便于施打 |
| 场地布置 | 触电、坍塌 | 1 | 要求场地平整，场地承载力满足桩机工作要求 |
| | | 2 | 雨季施工，应搭设防雨棚，并保障地面排水系统完好、畅通，严防地面雨水流入桩孔 |
| | | 3 | 对危房或危险构筑物进行加固处理，对临近建筑物或构筑物采取开挖隔震沟、打隔离板桩及砂井排水等隔震措施 |
| 设备就位 | 坍塌、机械伤害 | 1 | 桩机就位前场地平整，桩机就位后要调整水平，确保桩的偏差和垂直度符合要求 |
| | | 2 | 为保证桩机的稳定，要求桩机下垫实、垫稳，否则桩机开启后容易发生晃动、偏斜，导致发生斜桩 |
| | | 3 | 其他动力设备、接桩设备按平面布置摆放在相应的位置 |
| | | 4 | 打桩机工作时，有专人指挥。指挥人员与操作人员在工作前要相互核对信号。工作中应密切配合 |

续表

| 作业步骤 | 风险 | | 注意事项 |
|---|---|---|---|
| 桩机启动 | 机械伤害、物体打击 | 1 | 开始时，应用电铃或其他方式发出信号，通知周围人员离开 |
| | | 2 | 打桩机与桩帽，桩帽与管柱（或桩）平面要垫平，联结螺栓应拧紧，并应经常检查是否有松动 |
| | | 3 | 打桩机的启动应由低速挡逐挡加快到高速 |
| | | 4 | 打桩机在工作中应密切注视控制盘上电流、电压的指示情况。若发现异响或其他异常情况，应立即停机检查 |
| | | 5 | 经常检查轴承温度及轴承盖螺钉是否有松动现象，要严格检查偏心铁块联结螺钉有无松动，防止发生事故 |
| | | 6 | 下沉时，管柱（或桩）周围严禁站人 |
| 预制桩沉桩 | 机械伤害、坍塌 | 1 | 预制桩沉桩施工：<br>（1）锤击沉桩是靠打桩机的桩锤下落到桩顶产生的冲击能而将桩沉入土中的一种沉桩方法，是预制钢筋混凝土桩最常用的沉桩方法；<br>（2）静压沉桩是利用压桩机桩架自重和配重的静压力将预制桩压入土中的沉桩方法，一般在环境要求锤击振动方法不适宜时采用 |
| | | 2 | 当采用锤击沉桩时，应符合下列规定：<br>（1）桩帽或送桩帽与桩周围的间隙应为5~10mm；<br>（2）锤与桩帽、桩帽与桩之间应加设硬木、麻袋、草垫等弹性衬垫；<br>（3）桩锤、桩帽或送桩帽应和桩身在同一中心线上；<br>（4）桩插入时的垂直度偏差不得超过0.5%；<br>（5）对于密集桩群，自中间向两个方向或四周对称施打；<br>（6）当一侧毗邻建筑物时，由毗邻建筑物处向另一方向施打；<br>（7）根据基础的设计标高，宜先深后浅；<br>（8）根据桩的规格，宜先大后小，先长后短；<br>（9）送桩深度不宜大于2.0m；<br>（10）当桩顶打至接近地面需要送桩时，应测出桩的垂直度并检查桩顶质量，合格后应及时送桩；<br>（11）送桩的最后贯入度应参考相同条件下不送桩时的最后贯入度并修正；<br>（12）送桩后遗留的桩孔应立即回填或覆盖；<br>（13）当桩端位于一般土层时，应以控制桩端设计标高为主，贯入度为辅；<br>（14）桩端达到坚硬、硬塑的黏性土、中密以上粉土、砂土、碎石类土及风化岩时，应以贯入度控制为主，桩端标高为辅；<br>（15）贯入度已达到设计要求而桩端标高未达到时，应继续键击3阵，并按每阵10击的贯入度不应大于设计规定的数值确认；<br>（16）送桩作业时，送桩器与桩头之间应设置1~2层麻袋或硬纸板等衬垫，内填弹性衬垫压实后的厚度不宜小于60mm；<br>（17）施工现场应配备桩身垂直度观测仪器（长条水准尺或经纬仪）和观测人员，随时量测桩身的垂直度；<br>（18）沉桩过程中，如发生桩身倾斜、桩位位移、压桩力（贯入度）剧变、桩顶或桩身严重裂缝或破碎等异常情况，应暂停沉桩，处置后再进行施工 |

续表

| 作业步骤 | 风险 | | 注意事项 |
|---|---|---|---|
| 预制桩沉桩 | 机械伤害、坍塌 | 3 | 当采用静压力沉桩时，应符合下列规定：<br>（1）要选择桩机的型号、桩机的质量、最大压桩力等；<br>（2）第一节桩下压时垂直度偏差不应大于0.5%；<br>（3）宜将每根桩一次性连续压到底，且最后一节有效桩长不宜小于5m；<br>（4）抱压力不应大于桩身允许侧向压力的1.1倍；<br>（5）应根据现场试压桩的试验结果确定终压标准；<br>（6）终压连续复压次数应根据桩长及地质条件等因素确定，对于入土深度大于或等于8m的桩，复压次数可为2~3次；对于入土深度小于8m的桩，复压次数可为3~5次；<br>（7）稳压压桩力不得小于终压力，稳定压桩的时间宜为5~10s；<br>（8）对于场地地层中局部含砂、碎石、卵石时，宜先对该区域进行压桩；<br>（9）当持力层埋深或桩的入土深度差别较大时，宜先施压长桩、后施压短桩；<br>（10）送桩应采用专制钢质送桩器，不得将工程桩用作送桩器；<br>（11）当场地上多数桩的有效桩长小于或等于15m或桩端持力层为风化软质岩，需要复压时，送桩深度不宜超过1.5m |
| | | 4 | 当采用钢桩施工时，应符合下列规定：<br>（1）当钢桩采用锤击沉桩时，可按照预制桩锤击沉桩实施；当采用静压沉桩时，可按照预制桩静压沉桩实施；<br>（2）对敞口钢管桩，当锤击沉桩有困难时，可在管内取土助沉；<br>（3）锤击H型钢桩时，锤重不宜大于4.5t级（柴油锤），且在锤击过程中桩架前应有横向约束装置；<br>（4）当持力层较硬时，H型钢桩不宜送桩；<br>（5）当地表层遇有大块石、混凝土块等回填物时，应在插入H型钢桩前进行触探，并应清除桩位上的障碍物 |
| 预制桩接桩 | 触电、机械伤害 | 1 | 桩的连接可采用焊接、法兰连接或机械快速连接 |
| | | 2 | 采用焊接接桩除应符合《钢结构焊接规范》（GB 50661）的有关规定外，尚应符合下列规定：<br>（1）下节桩段的桩头宜高出地面0.5m；<br>（2）下节桩的桩头处宜设导向箍；接桩时上下节桩段应保持顺直，错位偏差不宜大于2mm；接桩就位纠偏时，不得采用大锤横向敲打；<br>（3）桩对接前，上下端板表面应清刷干净，坡口处应刷至露出金属光泽；<br>（4）焊接宜在桩四周对称地进行，待上下桩节固定后拆除导向箍再分层施焊；焊接层数不得少于2层，第一层焊完后必须把焊渣清理干净，方可进行第二层（的）施焊，焊缝应连续、饱满；<br>（5）焊好后的桩接头应自然冷却后方可继续锤击，自然冷却时间不宜少于8min；严禁采用水冷却或焊好即施打；<br>（6）雨天焊接时，应采取可靠的防雨措施；<br>（7）焊接接头的质量检查宜采用探伤检测，同一工程探伤抽样检验不得少于3个接头 |

续表

| 作业步骤 | 风险 | | 注意事项 |
|---|---|---|---|
| 预制桩接桩 | 触电、机械伤害 | 3 | 采用机械快速螺纹接桩的操作与质量应符合下列规定：<br>（1）接桩前应检查桩两端制作的尺寸偏差及连接件，无受损后方可起吊施工，其下节桩端宜高出地面 0.8m；<br>（2）接桩时，卸下上下节桩两端的保护装置后，应清理接头残物，涂上润滑脂；<br>（3）应采用专用接头锥度对中，对准上下节桩进行旋紧连接；<br>（4）可采用专用链条式扳手进行旋紧，锁紧后两端板尚应有 1～2mm 的间隙 |
| 意外情况处置 | 机械伤害 | 1 | 打桩时桩顶碎裂，应更换或加垫桩垫；如破损严重，将桩顶剔平补强，必要时加钢板箍，再重新沉桩。遇砂夹层或大块石，可采用预钻孔沉桩法 |
| | | 2 | 桩身断裂时，沉桩较浅可以拔出重新沉桩，已明确断桩时，采取在旁补桩 |
| | | 3 | 打桩过程中邻桩桩顶位移或上升涌起，如位移过大，应拔出、移位再打；如位移不大，可用木架校正，再慢锤打入；浮起量大的桩应重新打入，并针对施工质量有疑问的桩进行桩检 |
| | | 4 | 打桩过程中桩身倾斜，参考"意外情况处置 1、2、3"处置方式进行校正或拔出重新沉桩 |
| | | 5 | 桩身急剧下沉，应拔出检查，改正沉桩设备参数或重新接桩后重新沉桩，或在原桩旁边补桩 |
| 完工 | | 1 | 清理作业现场，将作业使用的设备、工具、拆卸下的物件、余料和废料清理运走 |
| | | 2 | 打桩机长期停用，应入库保管，电动机要做好防潮保护，控制盘上的仪表，应拆下装箱保管 |
| | | 3 | 作业完毕后，由批准人（或授权委托人）现场核查确认后，在批准人、作业负责人留存的作业许可票证上签字予以关闭 |

## 2.8 （人工）土方开挖与回填作业

| 作业步骤 | 风险 | | 注意事项 |
|---|---|---|---|
| 作业应具备的条件 | | 1 | 人工土方开挖与回填作业除遵守本规程还应遵守受限空间作业等相关管理规定 |
| | | 2 | 土方工程施工前应进行挖方、填方的平衡计算，综合考虑土方运距最短、运程合理和各个工程项目的合理施工程序等，做好土方平衡调配，减少重复挖运 |

续表

| 作业步骤 | 风险 | | 注意事项 |
|---|---|---|---|
| 作业应具备的条件 | | 3 | 土方深基坑开挖和降低地下水位过程中，应定期对其周边物体或基坑边缘进行观察和测试，是否发生变形、下沉或移位，如存在异常情况，须立即采取防护措施 |
| | | 4 | 土方工程施工前应进行挖方、填方的平衡计算，根据土方运距及施工流程等制订合理的施工方案，做好土方平的衡调配，尽量减少重复挖运 |
| | | 5 | 深基坑或沟槽应设置人员上下通道或开斜坡道，并采取相应的防滑措施 |
| | | 6 | 施工区域四周应设置明显的警示标识，必要时设置警戒线或围栏硬防护，夜间施工须安装照明设施，在危险地段设置明显标志 |
| | | 7 | 土方工程施工前，应对降水、排水措施进行设计，系统应经检查和试运转，一切正常时方可开始施工 |
| 施工准备 | | 1 | 施工用施工机械、机具和电气设备必须经验收，确认机械状况良好、能安全运行，才准许投入使用。机械使用期间，应当指定专人负责维护、保养，保证其机械设备的完好率和使用率及安全运作 |
| | | 2 | 应根据工程特点、填方土料种类、密实度要求、施工条件等，确定填方土料含水量控制范围、虚铺厚度和压实遍数等参数 |
| | | 3 | 构筑物的位置或场地的定位控制线（桩）、标准水平桩及基槽的灰线尺寸，必须经过检验合格，并办完预检手续 |
| | | 4 | 场地表面应清理平整，做好排水坡度。施工区域四周须设置临时性排水沟，如遇个别地势较高处，应设集水坑作为过渡 |
| | | 5 | 土方开挖前，须确认地下构筑物、隐蔽电气、管网等设施的分布情况，清除作业区域内的地面树木、建筑垃圾等附着物及地下障碍物 |
| | | 6 | 施工前，应做好水平高程标志布置。如大型基坑或沟边上每隔1m钉上水平桩橛或在邻近固定建筑物抄上标准高程点，大面积场地上或地坪隔一定距离钉上水平桩 |
| | | 7 | 应明确土方机械、车辆的行走路线，必要时采取加固加宽等措施 |
| 施工设备设施 | 机械伤害、物体打击 | 1 | 人工土方开挖及回填所需的基本工机具有铁锹（尖头与平头）、十字镐、锄头、撬棍、手推车等 |
| | | 2 | 土方回填后，可利用打夯机的冲击和冲击带来的振动来分层夯实土方，常见的打夯机种类有：<br>（1）火力夯与电动冲击夯。适用于各种砂、砾石、三合土的夯实平整，也适用于对沥青砾石、混凝土和黏土的夯实平整，特别适用于沟槽、狭窄场地等作业环境。火力夯相比于电动冲击夯，具有无需拉拽电源、避免带电作业可能会造成物的不安全状态等优势。<br>（2）蛙跳式夯机。适用于夯实灰土、素土地及场地平整，不适用于坚硬或软硬不均，以及混有碎石、碎砖的土地 |

续表

| 作业步骤 | 风险 | | 注意事项 |
|---|---|---|---|
| 土方开挖 | 物体打击、坍塌、高处坠落 | 1 | 开挖前，应先根据土质类别确定坡度。再按照放线定出的开挖宽度，根据基础和土质及现场出土等条件，合理设定开挖顺序，分段分层平均下挖 |
| | | 2 | 挖基坑或挖较大面积土方时，从地面下挖1m便可开始刷边，挖至距离基坑底0.5m时，应沿基坑边每隔2～3m高差打入小木桩（竹签），并注明标高，同时配备0.5m长的木（竹）标杆若干根。操作人员用标杆按设计标高找平，由两端轴线（中心线）引桩拉通线，检查槽宽，修理槽边，铲平槽底，清除虚土 |
| | | 3 | 在开挖槽边弃土时，应保证边坡和直立帮的稳定。当土质良好时，抛于槽边的土方（或材料）应距槽（沟）边缘0.8m以外，高度不宜超过1.5m。在柱基周围、墙基或围墙一侧，不得堆土过高 |
| | | 4 | 应将回填可用的土堆至合理的场地，多余的土方应一次运至弃土处，避免二次搬运 |
| | | 5 | 土方开挖作业完成后，应及时联合相关单位共同进行检验。对不符合要求的，应作出地基处理记录，认真进行处理，完全符合设计要求后，参加各方应签证隐蔽工程记录，作为竣工资料保存 |
| 土方回填 | 物体打击、坍塌、高处坠落、机械伤害 | 1 | 填土前应将基坑（槽）底或地坪上的垃圾等杂物清理干净，确保坑（槽）回填前已清理到基础底面标高，同时将回落的松散垃圾、砂浆、石子等杂物清除干净 |
| | | 2 | 检验回填土的质量有无杂物，粒径是否符合规定，以及回填土的含水量是否在控制的范围内；如含水量偏高，可采用翻松、晾晒或均匀掺入干土等措施；如遇回填土的含水量偏低，可采用预先洒水润湿等措施 |
| | | 3 | 回填土应分层铺摊。每层铺土厚度应根据土质、密实度要求和机具性能确定。一般蛙跳式夯机每层铺土厚度为200～250mm；冲击夯不大于200mm。每层铺摊后，随之耙平 |
| | | 4 | 回填土每层至少夯打三遍。打夯应一夯压半夯，夯夯相接，行行相连，纵横交叉。严禁采用水浇使土下沉的所谓"水夯"法 |
| | | 5 | 回填土每层填土夯实后，应按规范规定进行环刀取样，测出干土的质量密度。达到要求后，再进行上一层的铺土 |
| | | 6 | 填土全部完成后，应进行表面拉线找平。超过标准高层的地方，及时依线铲平，低于标准高层的地方应补土夯实 |

## 2.9 （机械）土方开挖与回填作业

| 作业步骤 | 风险 | | 注意事项 |
|---|---|---|---|
| 作业应具备的条件 | | 1 | 机械土方开挖与回填作业除遵守本规程还应遵守受限空间作业等相关管理规定 |
| | | 2 | 参与挖掘作业的人员，在施工作业前办理挖掘作业许可，正确佩戴和使用个人安全劳动防护用品。所有参与挖掘作业人员须接受本规程的培训和技术交底，技术交底内容包括但不限于：<br>（1）作业区域、作业对象、作业时间和工作内容。<br>（2）作业过程中可能受到周边环境（如气体泄漏）变化影响及检测监测措施。<br>（3）挖掘作业工机具使用要求。<br>（4）作业期间监督人员的职责。<br>（5）作业过程可能涉及的相关方及其要求。<br>（6）临边警戒措施及应急处置要求 |
| | | 3 | 当土方开挖工程中涉及以下情况（包括但不限于）时应编制专项方案：<br>（1）开挖深度超过 3m（含 3m）或虽未超过 3m 但地质条件和周边环境复杂的基坑（槽）支护、降水工程。<br>（2）开挖深度超过 3m（含 3m）的基坑（槽）的土方开挖工程。<br>当土方开挖工程中涉及以下情况（包括但不限于）时应编制专项方案，并组织专家论证：<br>（1）开挖深度超过 5m（含 5m）的基坑（槽）的土方开挖、支护、降水工程。<br>（2）开挖深度虽未超过 5m，但地质条件、周围环境和地下管线复杂，或影响毗邻建筑（构筑）物安全的基坑（槽）的土方开挖、支护、降水工程 |
| | | 4 | 土方开挖所使用的机械设备应有产品编号、制造单位及合格证书。设备在施工前必须加以检查，确认完好方能投入使用，并定期进行安检。施工中发现有问题或隐患时，必须及时解决；危及人身安全时，必须停止作业，经排除确认安全后，方可恢复生产 |
| | | 5 | 土方开挖的顺序、方法必须与设计要求和施工方案相一致，并遵循"开槽支撑，先撑后挖，分层开挖，严禁超挖"的原则。严禁在基坑（槽）及建（构）筑物周边影响范围内堆放土方 |
| | | 6 | 基坑边界周围地面应设排水沟，对坡顶、坡面、坡脚采取降排水措施 |
| | | 7 | 施工中应对平面位置、水平标高、边坡坡度、排水系统、地下水控制系统、开挖厚度、支护结构等经常复测检查，并随时观察周边环境变化 |
| | | 8 | 机械开挖前应用手工工具（例如铲子、锹、尖铲）来确认 1.2m 以内的任何地下设施的正确位置和深度。所有暴露后的地下设施都应尽快予以确认，不能辨识时，应立即停止作业，并报告施工区域负责人，采取相应的安全保护措施后，方可重新作业 |

续表

| 作业步骤 | 风险 | | 注意事项 |
|---|---|---|---|
| 作业应具备的条件 | | 9 | 开挖作业应设专人监护,属于受限空间的开挖作业,应该检查有害气体及氧气浓度,合格且手续齐全方可进入。当开挖深度超过2m的基坑,周边必须安装防护栏杆并悬挂安全警示标志。且夜间应设有警示灯 |
| | | 10 | 雨季施工时,基坑应分段开挖,挖好一段浇筑一段垫层,并应在坑顶、坑底采取有效的截水、排水措施。同时,在雨后和解冻期应经常检查边坡和支撑情况,以防止坑壁受水浸泡、干裂造成塌方 |
| 准备工作 | 坍塌、中毒和窒息 | 1 | 检查作业人员是否明确作业风险和作业要求,作业人员应按照挖掘作业许可证的要求进行作业 |
| | | 2 | 检查作业人员是否按规定正确穿戴个人防护装备,并会正确使用应急设备设施 |
| | | 3 | 检查挖掘设备机械性能是否完好,检查液压油、燃油、润滑油是否符合规定。并检查指挥人员是否到位 |
| | | 4 | 检查图纸资料是否齐全,核对平面定位和标高是否正确 |
| | | 5 | 检查机械设备行走路线基础是否可靠,如有开裂、下陷等情况,应做好相应应对措施 |
| | | 6 | 检查挖掘作业受限空间内的气体含量是否达标。夜间施工时,照明是否充足 |
| | | 7 | 检查临时排水措施是否到位 |
| 测量放线 | | 1 | 根据设计交桩,进行开挖轴线及其控制点保护桩放样 |
| | | 2 | 根据开挖坡度和设施基础宽度、工作面,计算出开挖边线,并实地放样。在放样完成区域拉设警戒线,防止无关人员进入 |
| 土方开挖 | 坍塌、物体打击、高处坠落、机械伤害、车辆伤害、淹溺 | 1 | 采用推土机开挖大型基坑(槽)时,一般应从两端或顶端开始(纵向)推土,把土推向中部或顶端,暂时堆积,然后再横向将土推离基坑(槽)的两侧。<br>采用挖掘机开挖时,其施工方法有两种:<br>(1)端头挖土法:挖土机从基坑(槽)或管沟的端头以倒退行驶的方法进行开挖。自卸汽车配置在挖土机的两侧装运土。<br>(2)侧向挖土法:挖掘机一面沿着基坑(槽)或管沟的一侧移动,自卸汽车在另一侧装运土。在机械施工挖不到的土方,应配合人工随时进行挖掘,并用手推车把土运到机械挖到的地方,以便及时用机械挖走 |
| | | 2 | 在基坑(槽)、管沟边沿1m范围内不应放置土石、材料及车辆、设备等。管沟开挖时,宜将挖出的土石方堆放到布管的对面一侧,管沟沟壁及距管沟边1m范围内不得有浮石,否则应采取防护措施。堆土高度不宜超过1.5m,粒径100mm以上的石块应稳固堆放 |

续表

| 作业步骤 | 风险 | | 注意事项 |
|---|---|---|---|
| 土方开挖 | 坍塌、物体打击、高处坠落、机械伤害、车辆伤害、淹溺 | 3 | 开挖基坑（槽）管沟不得超过基底标高。如个别地方超挖时，其处理方法应取得设计单位的同意，不得私自处理 |
| | | 4 | 基坑（槽）开挖后应尽量减少对基土的扰动。如遇基础不能及时施工时，可在基底标高以上预留30cm土层不挖，待做基础时再挖 |
| | | 5 | 基坑（槽）或管沟底部的开挖宽度和坡度，除应考虑结构尺寸要求外，应根据施工需要增加工作面宽度，如排水设施、支撑结构等所需的宽度 |
| 雨季土方施工 | 坍塌、物体打击、高处坠落、机械伤害、车辆伤害、淹溺 | 1 | 雨季施工前，应对施工场地原有排水系统进行检查保证排水设备及设施，保证水流畅通。在施工场地周围应防止地面水流入场内。在傍山、沿河地区施工，应采取必要的防洪措施 |
| | | 2 | 雨季施工的工作面不宜过大，应逐段、逐片地分期完成。挖方时并应预留20～30cm厚度，待施工垫层浇筑前挖除。重要的或特殊的土方工程，应尽量在雨期前完成 |
| | | 3 | 雨季施工时，应保证现场运输道路畅通。道路路面应根据需要加铺炉渣、沙砾或其他防滑材料，必要时应加高加固路基。道路两侧应修好排水沟，在低洼积水处应设置涵管，以利泄水 |
| 冬季土方施工 | 坍塌、物体打击、高处坠落、机械伤害、车辆伤害 | 1 | 冬季开挖土方时，可在冻结前用保温材料覆盖或将表层土翻耕耙松，其翻耕深度应根据当地气候条件确定，一般不小于0.3m。如基础垫层不能紧跟施工，应将基坑（槽）覆盖，防止基土结冻 |
| | | 2 | 破碎冻土采用的机具和方法，应根据土质、冻结深度、机具性能和施工条件等确定。当冻土层厚度较小时，可采用铲运机、推土机或挖土机直接开挖。当冻土层厚度较大时，可用松土机、破冻土犁、重锤冲击、劈土锥（楔）或爆破法破碎 |
| | | 3 | 在挖方上侧弃置冻土时，弃土堆坡脚至挖方上边缘的距离，应为常温条件下规定的距离再加上弃土堆的高度 |
| | | 4 | 运输机械和行驶道路均应采取防滑措施，以保证安全。因冻结可能遭受损坏的机械设备和降低地下水位设施等，应采取保温或防冻措施 |
| 土方回填 | 坍塌、物体打击、高处坠落、机械伤害、车辆伤害 | 1 | 土方回填前应检查基底的垃圾、树根等杂物的清理情况。测量基底标高、边坡坡率，检查验收基础外墙防水层和保护层等。回填材料应符合设计要求，并应确定回填料含水量控制范围、铺土厚度、压实遍数等施工参数 |
| | | 2 | 回填时应检查排水系统，每层填筑厚度、辗迹重叠程度、含水量控制、回填土有机质含量、压实系数等。回填施工的压实系数应满足设计要求。当采用分层回填时，应在下层的压实遍数根据土质、压实系数及压实机具确定。当无试验依据时应符合《建筑地基基础工程施工质量验收标准》（GB 50202）的规定，进行压实 |
| | | 3 | 土方回填施工结束后，应检查标高、边坡坡度、压实程度等 |

续表

| 作业步骤 | 风险 | | 注意事项 |
|---|---|---|---|
| 意外情况处置 | 坍塌、中毒和窒息、坍塌 | 1 | 开挖过程当施工现场的监护人员发现土方或毗邻建筑物有裂纹或发生异常声音时,应立即告知作业人员并停止作业,所有人员立即离开施工现场。并通知区域负责人。待情况排查及相应措施到位的情况下方可复工 |
| | | 2 | 基坑开挖时或临边倒运土方时,遇到地下管道泄漏,临边土石塌方时,人员及时躲避,并且大声呼喊撤离。基坑上方人员立即组织救援,救援过程中严禁车辆在基坑安全距离内停放,防止二次坍塌 |
| | | 3 | 在深基坑边缘开挖作业时,如有特殊气味从下方飘出,应立即停止作业,撤离作业点,并通知相关方检测,使用气体检测仪进行检测后且无异常方可继续施工。特殊情况须使用风机进行置换基坑内气体 |
| | | 4 | 作业人员进入大雨后基坑边缘作业时,如发现渗水、土石大规模掉落等情况时,应立即撤离基坑边缘,待做好相应加固措施后,并检查评估。确认无异常后方可返回继续施工 |
| 作业结束、关闭 | | 1 | 基坑开挖作业结束后,作业人员应对基坑边缘土进行清理后,进行再加固,并清理废料及工具 |
| | | 2 | 由批准人(或授权委托人)现场核查确认后,在批准人、作业负责人留存的作业许可票证上签字予以关闭 |

## 2.10 降水作业

| 作业步骤 | 风险 | | 注意事项 |
|---|---|---|---|
| 作业应具备的条件 | | 1 | 作业人员防护用品要齐全、规范完好;雨鞋必须为钢包头雨鞋 |
| | | 2 | (1)用电设备实行一机一闸一保护,配电箱内漏电保护器等元器件需能正常工作;<br>(2)降水泵等设备的金属外壳做好接地处理,接地导线应用绝缘良好的黄绿相间橡胶软线,接地电阻不得大于10Ω |
| | | 3 | (1)滤管小圆孔孔距合理,外包两层滤网,滤网采用编织布,外再包一层网眼较大的尼龙丝网,绑扎牢固;<br>(2)井点管和总管连接使用胶皮管,胶皮管采用合适铅丝进行绑扎,应扎紧以防漏气;<br>(3)降水总管用蛇形钢丝软管连接,并用专用封口膜进行封口,防止漏气、漏水;<br>(4)降水总管做好流水坡度,流向水泵方向 |
| | | 4 | (1)冬季降水作业做好降水管网防冻保温工作;<br>(2)基坑周围上部挖好水沟,防止雨水流入基坑;<br>(3)施工机械地面基础需稳固,转动部分的部件充分润滑;<br>(4)夜间作业照明灯具足够,照明线路绝缘良好、布线整齐、固定牢靠 |

续表

| 作业步骤 | 风险 | | 注意事项 |
|---|---|---|---|
| 准备工作 | | 1 | 涉及土方开挖等高风险作业时,应开具相应作业许可 |
| | | 2 | 作业许可的工作内容须接受培训或技术交底 |
| | | 3 | 工作前应检查降水泵及接地、漏电保护器等设备和工器具完好,使用的电源线做好防护措施 |
| | | 4 | 合理规划排水管排水路线,禁止排放在基坑边缘,应将水排放到附近沟渠或者业主指定位置 |
| | | 5 | 排水管需要经过道路时,必须提前考虑过路保护,或者过路段采用钢管连通,道路两端做好固定措施,避免管线滑动破裂 |
| 降水管网安装 | 坍塌 | 1 | 冲孔时保证管壁与井点管之间有一定间隙,以便于填充砂石 |
| | | 2 | 冲孔深度比滤管设计安置深度低500mm以上,以防止冲击套管提升拔出时部分土塌落,并使滤管底部存有足够的砂 |
| | | 3 | 凿孔冲击管上下移动时应保持垂直,以保证井点降水井壁垂直 |
| | | 4 | 井点管下放至井孔时,其上端应用木塞住,以防砂石或其他杂物进入 |
| | | 5 | 井点管与孔壁之间填灌密实的砂石滤层 |
| | | 6 | 胶管插入井点管底部进行注水清洗,清洗应逐根进行清洗,避免出现"死井" |
| 试抽与检查 | | 1 | 试抽时,检查有无井点管淤塞的死井,可通过管内水流声、管子表面是否潮湿等方法进行检查 |
| | | 2 | 检查集水干管与井点管连接的胶管的各个接头的密封性 |
| 正式降水 | 坍塌 | 1 | 抽水应连续进行,避免间断抽水导致滤管堵塞和土方边坡坍塌 |
| | | 2 | 在抽水过程中,应经常检查和调节离心泵的出水阀门以控制流水量 |
| | | 3 | 夜间降水作业持续进行时,必须安排专人值班,检查降水泵工作情况,发现问题立即上报处理 |
| 意外处理 | 触电 | 1 | 排水管因意外破损时应及时更换,并做好相应防护措施 |
| | | 2 | 降水泵如有漏电现象,应立即切断电源,通知电工检修 |
| 完工 | | 1 | 工作结束后,应切断电源,场地及时清理,保持场地整洁,安全通道畅通 |
| | | 2 | 关闭作业许可证 |
| | | 3 | 工具及设备归位,拆除的降水管等施工材料及时归拢清理,收回库房 |

## 2.11 模板支护与拆除作业

| 作业步骤 | 风险 | | 注意事项 |
|---|---|---|---|
| 作业应具备的条件 | 高处坠落、坍塌、物体打击 | 1 | （1）对患有精神病、癫痫病、高血压、视力和听力严重障碍的人员，不得上脚手架作业；<br>（2）参与模板支护与拆除作业人员要正确穿戴劳动防护用品，作业前应穿软底鞋，穿着宽松灵便的工作服 |
| | | 2 | （1）为保证模板结构的承载能力，应根据模板体系的实际情况，选用适合的架杆、钢材、板材，至少应满足以下条件：<br>①模板的支架材料宜优先选用钢材；<br>②不得使用有严重锈蚀、弯曲、压扁及裂纹的钢管；<br>③支护结构的木材选用应根据受力种类或用途，按要求选用相应的木材材质等级，首选天然缺陷和干燥缺陷少、耐腐朽性较好的木材；<br>④木材应有经过认可的认证标识，并应符合国家商检规定。<br>（2）模板应具有足够的承载能力、刚度和稳定性，应能可靠承受新浇混凝土自重和侧压力及施工过程中所产生的荷载；<br>（3）当层间高度大于5m时，应选用架支模或钢管立柱支模，当层间高度小于或等于5m时，可采用木立柱支模；<br>（4）下列情况的模板承重结构和构件，不应采用Q235沸腾钢：<br>①工作温度低于-20℃承受静力载荷的受弯及受拉的承重结构；<br>②工作温度低于或等于-30℃的所有承重结构或构件 |
| | | 3 | 当方案中涉及以下情况时必须编制专项施工方案并经专家论证，完成审批手续：<br>（1）搭设高度5m及以上、跨度10m及以上的混凝土模板支撑工程；<br>（2）施工总荷载10kN/m² 及以上；<br>（3）集中线荷载15kN/m及以上；<br>（4）高度大于支撑水平投影宽度且相对独立无联系构件的混凝土模板支撑工程 |
| | | 4 | （1）施工区域应有足够的照明，使用的临时用电照明不得超过36V，特别潮湿环境不得超过12V；<br>（2）高大模板支撑体系应设置避雷措施；<br>（3）寒冷地区冬季施工采用钢模板时，不宜采用电热法加热混凝土，否则应采取防触电措施；<br>（4）当遇大雨、大雾、沙尘、大雪或6级以上大风等恶劣天气时，应停止露天高处作业；5级及以上风力时，应停止高空吊运作业；雨、雪停止后，应及时清除模板和地面上的积水及冰雪 |
| 准备工作 | | 1 | 检查、验收脚手架地基、基础及生根部位是否牢固，确定基础防水、排水措施是否有效 |
| | | 2 | 检查作业人员要配带工具袋，工具放于袋中，严禁乱扔材料和工具 |
| | | 3 | 对钢管、扣件抽检进行型式检测，脚手架杆、扣件、脚手板、可调托撑等进行检查验收，所有材料合格后方能使用 |

续表

| 作业步骤 | 风险 | | 注意事项 |
|---|---|---|---|
| 准备工作 | | 4 | 钢管应平直光滑，无裂缝、结疤、分层、错位、硬弯、毛刺、压痕和深的划道。钢管应有产品质量合格证，钢管必须涂有防锈漆并严禁打孔 |
| | | 5 | 检查扣件使用前应进行质量检查，扣件无裂缝、气孔，无疏松砂眼等铸造缺陷，必须更换出现滑丝的螺栓。宜采用可锻铸铁，表面应进行防锈处理。扣件螺栓拧紧扭力矩应在 40N·m～65N·m 之间，达到最大值时扣件不得发生破坏 |
| | | 6 | 拉设生命线所用钢丝绳做好防锈处理，严禁使用扭曲、断股、锈蚀严重的钢丝绳 |
| 材料进场 | 起重伤害 | 1 | 吊运模板时，必须符合下列规定：<br>（1）作业前应检查绳索、卡具、模板上的吊环，必须完整有效，在升降过程中应设专人指挥，统一信号，密切配合。<br>（2）吊运大块或整体模板时，竖向吊运不应少于 2 个吊点，水平吊运不应少于 4 个吊点。吊运必须使用卡环连接，并应稳起稳落，待模板就位连接牢固后，方可摘除卡环。<br>（3）吊运散装模板时，必须码放整齐，待捆绑牢固后方可起吊。<br>（4）严禁起重机在架空输电线路下面工作。<br>（5）遇 5 级及以上大风时，应停止一切吊运作业。 |
| | | 2 | 木料应堆放在下风向，离火源不得小于 30m，且料场四周应设置灭火器材 |
| 模板支护安装 | 高处坠落、坍塌、物体打击 | 1 | 脚手架每根立杆底部应设置底座和垫板，垫板采用长度不小于 2 跨，厚度 50mm 的木板 |
| | | 2 | 支撑梁、板的支架立柱构造与安装应符合下列规定：<br>（1）梁和板的立柱，其纵横向间距应相等或成倍数。<br>（2）木立柱底部应设垫木，顶部应设支撑头。<br>（3）钢管立柱底部应设垫木和底座，顶部应设可调支托，U 形支托与楞梁两侧间如有间隙，必须楔紧，其螺杆伸出钢管顶部不得大于 200mm，螺杆外径与立柱钢管内径的间隙不得大于 3mm，安装时应保证上下同心。<br>（4）在立柱底距地面 200mm 高处，沿纵横水平方向应按纵下横上的程序设扫地杆。可调支托底部的立柱顶端应沿纵横向设置一道水平拉杆。扫地杆与顶部水平拉杆之间的间距，在满足模板设计所确定的水平拉杆步距要求条件下，进行平均分配确定步距后，在每一步距处纵横向应各设一道水平拉杆。当层高在 8～20m 时，在最顶步距两水平拉杆中间应加设一道水平拉杆；当层高大于 20m 时，在最顶两步距水平拉杆中间应分别增加一道水平拉杆。所有水平拉杆的端部均应与四周建筑物顶紧顶牢。无处可顶时，应在水平拉杆端部和中部沿竖向设置连续式剪刀撑。 |

续表

| 作业步骤 | 风险 | | 注意事项 |
|---|---|---|---|
| 模板支护安装 | 高处坠落、坍塌、物体打击 | 2 | （5）木立柱的扫地杆、水平拉杆、剪刀撑应采用40mm×50mm木条或25mm×80mm的木板条与木立柱钉牢。钢管立柱的扫地杆、水平拉杆、剪刀撑应采用φ48mm×3.5mm钢管，用扣件与钢管立柱扣牢。木扫地杆、水平拉杆、剪刀撑应采用搭接，并应采用铁钉钉牢。钢管扫地杆、水平拉杆应采用对接，剪刀撑应采用搭接，搭接长度不得小于500mm，并应采用2个旋转扣件分别在离杆端不小于100mm处进行固定 |
| | | 3 | 模板及支架在安装过程中，必须设置有效防倾覆的临时固定设施 |
| | | 4 | 现浇混凝土梁、板，当跨度大于4M时，模板应按设计要求起拱，当设计无要求时，起拱高度宜为全跨长度的1/1000～3/1000 |
| | | 5 | 现浇多层或高层房屋和构筑物，安装上层模板及其支架应符合下列规定：<br>（1）下层楼板应具有承受上层施工荷载的承载能力，否则应加设支撑支架；<br>（2）上层支架立柱应对准下层支架立柱，并应在立柱底铺设垫板；<br>（3）当采用悬臂吊模板、桁架支模方法时，其支撑结构的承载能力和刚度必须符合设计构造要求 |
| | | 6 | 拼装高度为2m以上的竖向模板，不得站在下层模板上拼装上层模板。安装过程中应设置临时固定设施 |
| | | 7 | 当承重焊接钢筋骨架和模板一起安装时，应符合下列规定：<br>（1）梁的侧模、底模必须固定在承重焊接钢筋骨架的节点上；<br>（2）安装钢筋模板组合体时，吊索应按模板设计的吊点位置绑扎 |
| | | 8 | 当采用扣件式钢管作立柱支撑时，其构造与安装应符合下列规定：<br>（1）钢管规格、间距、扣件应符合设计要求。每根立柱底部应设置底座及垫板，垫板厚度不得小于50mm。<br>（2）钢管支架立柱间距、扫地杆、水平拉杆、剪刀撑的设置应符合规定。当立柱底部不在同一高度时，高处的纵向扫地杆应向低处延长不少于2跨，高低差不得大于1m，立柱距坡上方边缘不得小于0.5m。<br>（3）立柱接长严禁搭接，必须采用对接扣件连接，相邻两立柱的对接接头不得在同步内，且对接接头沿竖向错开的距离不宜小于500mm，各接头中心距主节点不大于步距的1/3。<br>（4）严禁将上段的钢管立柱与下段钢管立柱错开固定在水平拉杆上。<br>（5）满堂模板和共享空间模板支架立柱，在外侧周圈应设由下至上的竖向连续式剪刀撑 |
| | | 9 | 柱模板应符合下列规定：<br>（1）现场拼装柱模时，应适时地安设临时支撑进行固定，斜撑与地面的倾角宜为60°，严禁将大片模板系在柱子钢筋上。待四片柱模就位组拼经对角线校正无误后，应立即自下而上安装柱箍。<br>（2）若为整体预组合柱模，吊装时应采用卡环和柱模连接，不得采用钢筋钩代替。 |

续表

| 作业步骤 | 风险 | | 注意事项 |
|---|---|---|---|
| 模板支护安装 | 高处坠落、坍塌、物体打击 | 9 | （3）柱模校正（用四根斜支撑或用连接在柱模顶四角带花篮螺栓的揽风绳，底端与楼板钢筋拉环固定进行校正）后，应采用斜撑或水平撑进行四周支撑，以确保整体稳定。当高度超过4m时，应群体或成列同时支模，并应将支撑连成一体，形成整体框架体系。当需单根支模时，柱宽大于500mm应每边在同一标高上设置不得少于2根斜撑或水平撑。斜撑与地面的夹角宜为45°～60°，下端尚应有防滑移的措施。<br>（4）角柱模板的支撑，除满足上款要求外，还应在里侧设置能承受拉力和压力的斜撑 |
| | | 10 | 墙模板应符合下列规定：<br>（1）当采用散拼定型模板支模时，应自下而上进行，必须在下一层模板全部紧固后，方可进行上一层安装。当下层不能独立安设支撑件时，应采取临时固定措施。<br>（2）当采用预拼装的大块墙模板进行支模安装时，严禁同时起吊2块模板，并应边就位、边校正、边连接，固定后方可摘钩。<br>（3）安装电梯井内墙模前，必须在板底下200mm处牢固地满铺一层脚手板。<br>（4）模板未安装对拉螺栓前，板面应向后倾一定角度。当钢楞长度需接长时，接头处应增加相同数量和不小于原规格的钢楞，其搭接长度不得小于墙模板宽或高的15%～20%。<br>（5）拼接时的U形卡应正反交替安装，间距不得大于300mm；2块模板对接缝处的U形卡应满装。<br>（6）对拉螺栓与墙模板应垂直，松紧应一致，墙厚尺寸应正确。<br>（7）墙模板内外支撑必须坚固、可靠，应确保模板的整体稳定；当墙模板外面无法设置支撑时，应在里面设置能承受拉力和压力的支撑；多排并列且间距不大的墙模板，当其与支撑互成一体时，应采取措施，防止灌筑混凝土时引起临近模板变形 |
| | | 11 | 独立梁和整体楼盖梁结构模板应符合下列规定：<br>（1）安装独立梁模板时应设安全操作平台，并严禁操作人员站在独立梁底模或柱模支架上操作及上下通行；<br>（2）底模与横楞应拉结好，横楞与支架、立柱应连接牢固；<br>（3）安装梁侧模时，应边安装边与底模连接，当侧模高度多于2块时，应采取临时固定措施；<br>（4）起拱应在侧模内外楞连接前进行，单片预组合梁模，钢楞与板面的拉结应按设计规定制作，并应按设计吊点试吊无误后，方可正式吊运安装，侧模与支架支撑稳定后方准摘钩 |
| | | 12 | 楼板或平台板模板应符合下列规定：<br>（1）当预组合模板采用桁架支模时，桁架与支点的连接应固定牢靠，桁架支承应采用平直通长的型钢或木方。<br>（2）当预组合模板块较大时，应加钢楞后方可吊运。当组合模板为错缝拼配时，板下横楞应均匀布置，并应在模板端穿插销。<br>（3）单块模就位安装，必须待支架搭设稳固、板下横楞与支架连接牢固后进行。<br>（4）U形卡应按设计规定安装 |

续表

| 作业步骤 | 风险 | | 注意事项 |
|---|---|---|---|
| 模板拆除 | 物体打击、高处坠落 | 1 | 混凝土浇筑完成，混凝土强度达到规范要求，对混凝土强度进行联合验收后，方可开展拆模作业，严禁混凝土强度未达到要求就开始进行拆模作业 |
| | | 2 | 在承重焊接钢筋骨架作配筋的结构中，承受混凝土重量的模板，应在混凝土达到设计强度的25%后方可拆除承重模板，当在已拆除模板的结构上加置荷载时，应另行核算 |
| | | 3 | 脚手架拆除作业必须由上而下逐层进行，严禁上下同时作业；连接件必须随脚手架逐层拆除，一步一清，严禁先将连接件整层或数层拆除后再拆脚手架 |
| | | 4 | 拆模的顺序和方法应按模板的设计规定进行。当设计无规定时，可采取先支的后拆、后支的先拆、先拆非承重模板、后拆承重模板，并应从上而下进行拆除。拆下的模板不得抛扔，应按指定地点堆放 |
| | | 5 | 支架立柱的拆除应满足以下要求：<br>（1）当拆除钢楞、木楞、钢桁架时，应在其下面临时搭设防护支架，使所拆楞梁及桁架先落在临时防护支架上。<br>（2）当立柱的水平拉杆超出2层时，应首先拆除2层以上的拉杆。当拆除最后一道水平拉杆时，应和拆除立柱同时进行。<br>（3）当拆除4～8m跨度的梁下立柱时，应先从跨中开始，对称地分别向两端拆除。拆除时，严禁采用连梁底板向旁侧一片拉倒的拆除方法。<br>（4）对于多层楼板模板的立柱，当上层及以上楼板正在浇筑混凝土时，下层楼板立柱的拆除，应根据下层楼板结构混凝土强度实际情况，经过计算确定。<br>（5）拆除平台、楼板下的立柱时，作业人员应站在安全处。<br>（6）对已拆下的钢楞、木楞、桁架、立柱及其他零配件应及时运至指定地点。对有芯钢管立柱运出前应先将芯管抽出或用销卡固定 |
| | | 6 | 拆除条形基础、杯形基础、独立基础或设备基础的模板时，应符合下列规定：<br>（1）拆除前应先检查基槽（坑）土壁的安全状况，发现有松软、龟裂等不安全因素时，应在采取安全防范措施后，方可进行作业。<br>（2）模板和支撑杆件等应随拆随运，不得在离槽（坑）上口边缘1m以内堆放。<br>（3）拆除模板时，施工人员必须站在安全地方。应先拆内外木楞、再拆木面板；钢模板应先拆钩头螺栓和内外钢楞，后拆U形卡和L形插销，拆下的钢模板应妥善传递或用绳钩放置地面，不得抛掷。拆下的小型零配件应装入工具袋内或小型箱笼内，不得随处乱扔 |
| | | 7 | 柱模拆除应分别采用分散拆和分片拆2种方法：<br>（1）分散拆除的顺序应为：拆除拉杆或斜撑、自上而下拆除柱箍或横楞、拆除竖楞，自上而下拆除配件及模板、运走分类堆放、清理、拔钉、钢模维修、刷防锈油或脱模剂、入库备用。<br>（2）分片拆除的顺序应为：拆除全部支撑系统、自上而下拆除柱箍及横楞、拆掉柱角U形卡、分2片或4片拆除模板、原地清理、刷防锈油或脱模剂、分片运至新支模地点备用 |

续表

| 作业步骤 | 风险 | | 注意事项 |
|---|---|---|---|
| 模板拆除 | 物体打击、高处坠落 | 8 | 拆除墙模应符合下列规定：<br>（1）墙模分散拆除顺序应为：拆除斜撑或斜拉杆、自上而下拆除外楞及对拉螺栓、分层自上而下拆除木楞或钢楞及零配件和模板、运走分类堆放、拔钉清理或清理检修后刷防锈油或脱模剂、入库备用。<br>（2）预组拼大块墙模拆除顺序应为：拆除全部支撑系统、拆卸大块墙模接缝处的连接型钢及零配件、拧去固定埋设件的螺栓及大部分对拉螺栓、挂上吊装绳扣并略拉紧吊绳后，拧下剩余对拉螺栓，用方木均匀敲击大块墙模立楞及钢模板，使其脱离墙体，用撬棍轻轻撬大块墙模板使全部脱离，指挥起吊、运走、清理、刷防锈油或脱模剂备用。<br>（3）拆除每一大块墙模的最后2个对拉螺栓后，作业人员应撤离大模板下侧，以后的操作均应在上部进行。个别大块模板拆除后产生局部变形者应及时整修好。<br>（4）大块模板起吊时，速度要慢，应保持垂直，严禁模板碰撞墙体 |
| | | 9 | 拆除梁、板模板应符合下列规定：<br>（1）梁、板模板应先拆梁侧模，再拆板底模，最后拆除梁底模，并应分段分片进行，严禁成片撬落或成片拉拆；<br>（2）拆除时，作业人员应站在安全的地方进行操作，严禁站在已拆或松动的模板上进行拆除作业；<br>（3）拆除模板时，严禁用铁棍或铁锤乱砸，已拆下的模板应妥善传递或用绳钩放到地面；<br>（4）严禁作业人员站在悬臂结构边缘敲拆下面的底模；<br>（5）待分片、分段的模板全部拆除后，方允许将模板、支架零配件等按指定地点运出堆放，并进行拔钉、清理、整修、刷防锈油或脱模剂，入库备用 |
| 意外情况处置 | 坍塌、物体打击 | | 模板支护和拆除过程中发生大面积坍塌时，应立即撤出作业人员，切断电源，不得盲目施救，确认未有继续坍塌危险的情况下，采取措施抢救人员 |
| 完工 | | 1 | 工作结束后，应切断电源，清理好现场 |
| | | 2 | 作业许可须关闭 |

## 2.12 混凝土浇筑作业

| 作业步骤 | 风险 | | 注意事项 |
|---|---|---|---|
| 作业应具备的条件 | 触电 | 1 | 涉及混凝土浇筑作业的设备和工机具，其性能和数量应满足混凝土连续浇筑需要 |
| | | 2 | 大体积浇筑混凝土需求量大，由多家混凝土供应站向同一工程供应混凝土材料时，应确保胶凝材料和外加剂、配合比应一致，制备工艺和质量控制水平应基本相同 |

续表

| 作业步骤 | 风险 | | 注意事项 |
|---|---|---|---|
| 作业应具备的条件 | 触电 | 3 | （1）当方案中涉及以下情况时必须编制专项施工方案并经专家论证：混凝土模板支撑工程，搭设高度5m及以上；搭设跨度10m及以上；施工总荷载10kN/m² 及以上；集中线荷载15kN/m及以上；高度大于支撑水平投影宽度且相对独立无联系构件的混凝土模板支撑工程；<br>（2）当组对作业属于危险性较大作业活动时，需办理作业许可后方可作业（如高处、交叉、夜间作业）；<br>（3）混凝土浇筑作业在如下情况时，作业前由供方和承包商对泵上设备的性能和作业人员的防护用品进行再确认：<br>① 加入化学物质的特种混凝土时（需特别注意对泵送能力和操作者健康的影响）；<br>② 泵送泡沫混凝土和加气混凝土时（需特别注意输送管道堵塞情况）；<br>③ 水下灌注作业；<br>④ 灌注桩作业 |
| | | 4 | （1）混凝土的入模温度宜控制在5℃～30℃；<br>（2）雨雪天不宜露天浇筑混凝土，需施工时，应采取混凝土质量保证措施；<br>（3）严禁雨水直接冲刷新浇筑的混凝土；<br>（4）布料设备在出现雷雨、风力大于6级等恶劣天气时，不得作业；<br>（5）泵送和清洗过程中产生的废弃混凝土或清洗残余物，应进行妥善处理并不得影响周围环境；<br>（6）如需夜间作业，应确保照明充足 |
| 准备工作 | | 1 | 检查工机具和设备的完整性，泵送车支腿应牢固，使用的电源线应拉设到作业区域，使用S钩架起 |
| | | 2 | 检查作业人员操作平台是否安全 |
| | | 3 | 检查临边位置是否搭设安全防护措施 |
| | | 4 | 夜间进行浇筑作业时，浇筑作业点和人员安全通道必须有足够的照明条件 |
| | | 5 | 检查周边作业环境是否存在不安全因素 |
| 混凝土运输 | 车辆伤害 | 1 | 应考虑预拌混凝土供应运输距离、设备数量、供应能力、材料批次、环境温度等因素，确保混凝土连续浇筑需要，供应能力不宜低于单位时间所需量的1.2倍 |
| | | 2 | 混凝土搅拌运输车的施工现场行驶道路，应符合下列规定：<br>（1）宜设置环形车道，并满足重车行驶要求；<br>（2）车辆出入口宜设安全指挥人员；<br>（3）夜间施工，现场交通出入口和运输道路上应有良好照明，危险区域应设安全标志 |
| | | 3 | 混凝土搅拌运输车装料前，应排净拌桶内积水 |

续表

| 作业步骤 | 风险 | | 注意事项 |
|---|---|---|---|
| 混凝土运输 | 车辆伤害 | 4 | 运输过程补充外加剂进行调整时，搅拌运输车应快速搅拌，搅拌时间不应小于120s |
| | | 5 | 运输和浇筑过程中，不应通过向拌合物中加水的方式调整其性能 |
| | | 6 | 混凝土搅拌运输车向混凝土泵卸料时，应符合下列规定：<br>（1）为了使混凝土拌合均匀，卸料前应高速旋转拌筒；<br>（2）应配合泵送过程均匀反向旋转拌筒向集料斗内卸料；<br>（3）集料斗内的混凝土应满足最小集料量的要求；<br>（4）搅拌运输车中断卸料阶段，应保持拌筒低速转动；<br>（5）泵送混凝土卸料作业应由具备相应能力的专职人员操作 |
| 混凝土浇筑 | 高处坠落、触电、物体打击 | 1 | 泵送施工现场，应配备通信联络设备，并应设专人指挥，确保混凝土泵送设备和浇筑点间能有效沟通 |
| | | 2 | 泵送混凝土前，要用水泥砂浆润滑管壁 |
| | | 3 | 泵送开始后，保持泵送连续工作，并且泵的进料口内混凝土始终保持充满状态，以免吸入空气堵管 |
| | | 4 | 专人在混凝土放料情况，当发现大块物料时，立即捡出 |
| | | 5 | 混凝土不能连续供料时，要放慢泵送速度，以确保连续浇捣 |
| | | 6 | 当罐车供料脱节时，泵机每隔5min使泵机反转两个冲程，把物料从管道内抽回重新拌和，再泵入管道，以免管道内拌和料结块或沉淀 |
| | | 7 | 混凝土的浇筑顺序，应符合下列规定：<br>（1）当采用输送管输送混凝土时，宜由远而近浇筑；<br>（2）同一区域的混凝土，应按先竖向结构后水平结构的顺序分层连续浇筑 |
| | | 8 | 混凝土的布料方法，应符合下列规定：<br>（1）混凝土输送管末端出料口宜接近浇筑位置；<br>（2）浇筑竖向结构混凝土，布料设备的出口离模板内侧面不应小于50mm；<br>（3）应采取减缓混凝土下料冲击的措施，保证混凝土不发生离析；<br>（4）浇筑水平结构混凝土，不应在同一处连续布料，应水平移动分散布料 |
| | | 9 | 混凝土振捣必须遵守快插慢拔的原则，避免拔出过快造成空洞 |
| | | 10 | 插点间距控制在350mm以内，采用二次振捣，每一插点振捣30s左右，不允许在一个地方强振或漏振某一地方，振捣至混凝土不再显著下沉或者表面呈浮浆即可 |

续表

| 作业步骤 | 风险 | | 注意事项 |
|---|---|---|---|
| 混凝土浇筑 | 高处坠落、触电、物体打击 | 11 | 分层浇筑时,在下面一层混凝土初凝前,必须浇筑上一层混凝土,振捣时,振动棒插入下层50～100mm左右,水平方向前后作业区交叉350～500mm振捣 |
| | | 12 | 振捣随下料进度,均匀有序地进行,不可漏振 |
| 意外情况处置 | 物体打击 | 1 | 浇筑过程中突遇大雨或大雪天气时,应及时在结构合理部位留置施工缝,并应中止混凝土浇筑;对已浇筑还未硬化的混凝土应立即覆盖 |
| | | 2 | 工作过程中输送管突然发生堵塞,应先对堵塞部位混凝土进行卸压,混凝土彻底卸压后方可进行拆卸管夹。为防止混凝土突然喷射伤人,拆卸人员不应直接面对输送管管夹进行拆卸 |
| 完工 | 机械伤害 | 1 | 混凝土浇筑完毕后,收面不得少于三次。<br>(1)第一次收面在混凝土浇筑完以后,用木模子对混凝土表面进行泌水清理及平整;<br>(2)第二次在混凝土浇筑以后40min左右,用木模子搓平 |
| | | 2 | 砼浇灌完毕,经表面处理后,在其表面先覆盖一层塑料薄膜,再覆盖棉毡,塑料薄膜间应相互搭接好,使薄膜下面水气不会外逸 |
| | | 3 | 工作结束后,应切断电源,清理好现场 |
| | | 4 | 作业许可须关闭 |

## 2.13 砌筑(扣件式钢管模板支撑搭拆)作业

| 作业步骤 | 风险 | 注意事项 |
|---|---|---|
| 作业应具备的条件 | | (1)进场模板支撑架材料、垫板、底座、可调托座等经检查验收并分类摆放,设置验收合格允许使用标志牌和验收不合格禁止使用牌;<br>(2)各类材料应按品种、规格堆码整齐、稳妥,不得乱堆乱放和超高堆放;<br>(3)应备有灭火器等消防及急救设施;<br>(4)模板支撑架专项施工方案已审批,对于超过一定规模的危大工程,施工单位应当组织召开专家论证会对专项施工方案进行论证并通过;<br>(5)操作人员必须熟悉模板支撑架拆搭流程、基本要求及注意事项等;<br>(6)雨、雪、雾天应停止脚手架的搭设和拆除作业;<br>(7)雷雨天气、6级及以上强风天气应停止架上作业,雨、雪、霜后上架作业应采取有效的防滑措施,并应清除积雪;<br>(8)必须和输电线路保持安全距离,安全距离不够时必须采取相应的安全措施后方可作业 |

续表

| 作业步骤 | 风险 | | 注意事项 |
|---|---|---|---|
| 准备工作 | | 1 | 模板支架搭设前，应由项目技术负责人向全体操作人员进行安全技术交底。安全技术交底内容应与模板支架专项施工方案统一，交底的重点为搭设参数、构造措施和安全注意事项。安全技术交底应形成书面记录，交底方和全体被交底人员应在交底文件上签字确认 |
| | | 2 | 作业监护人经过专项培训，掌握模板支撑架搭设搭拆过程中存在的风险、风险控制措施及应急处置措施 |
| | | 3 | 模板支撑架地基已经处理完成并通过验收 |
| | | 4 | 清除搭设场地杂物，平整搭设场地，并应使排水畅通 |
| | | 5 | 按照施工组织设计或专项方案的要求放线定位 |
| 搭设作业 | 物体打击、高处坠落、起重伤害 | 1 | 底座安放应符合下列规定：<br>（1）底座、垫板均应准确地放在定位线上；<br>（2）垫板厚度不小于50mm的木垫板，也可采用槽钢 |
| | | 2 | 立杆接长除顶步可采用搭接外，其余各步接头必须采用对接扣件连接。对接、搭接应符合下列规定：<br>（1）立杆上的对接扣件应交错布置，两根相邻立杆的接头不应设置在同步内。<br>（2）搭接长度不应小于1m，应采用不少于2个旋转扣件固定，端部扣件盖板的边缘至杆端距离不应小于100mm |
| | | 3 | 纵向横向扫地杆搭设应符合如下构造规定：<br>（1）模板支架必须设置纵、横向扫地杆。纵向扫地杆应采用直角扣件固定在距底座上表面不大于200mm处的立杆上，横向扫地杆亦应采用直角扣件固定在紧靠纵向扫地杆下方的立杆上。<br>（2）当模板支架立杆基础不在同一高度上时，必须将高处的纵向扫地杆向低处延长两跨与立杆固定，高低差不应大于1m。靠边坡上方的立杆轴线到边坡的距离不应小于500mm |
| | | 4 | 模板支架高度超过4m应按下列规定设置剪刀撑：<br>（1）模板支架四边满布竖向剪刀撑，中间每隔四排立杆设置一道纵、横向竖向剪刀撑，由底至顶连续设置；<br>（2）模板支架四边与中间每隔4排立杆从顶层开始向下每隔2步设置一道水平剪刀撑 |
| | | 5 | 剪刀撑的构造应符合下列规定：<br>（1）每道剪刀撑宽度不应小于4跨，且不应小于6m，剪刀撑斜杆与地面倾角宜在45°~60°之间。倾角为45°时，剪刀撑跨越立杆的根数不应超过7根。倾角为60°时，则不应超过5根。<br>（2）剪刀撑斜杆的接长应采用搭接。<br>（3）剪刀撑应用旋转扣件固定在与之相交的横向水平杆的伸出端或立杆上，旋转扣件中心线至主节点的距离不宜大于150mm。<br>（4）设置水平剪刀撑时，有剪刀撑斜杆的框格数量应大于框格总数的1/3 |

续表

| 作业步骤 | 风险 | | 注意事项 |
|---|---|---|---|
| 搭设作业 | 物体打击、高处坠落、起重伤害 | 6 | 扣件安装应符合下列规定：<br>（1）扣件规格必须与钢管外径相匹配；<br>（2）螺栓拧紧扭力矩不应小于40N·m，且不应大于65N·m；<br>（3）在主节点处固定横向水平杆、纵向水平杆、剪刀撑等用的直角扣件、旋转扣件的中心点的相互距离不应大于150mm；<br>（4）对接扣件开口应朝上或朝内；<br>（5）各杆件端头伸出扣件盖板边缘的长度不应小于100mm |
| | | 7 | 场内通道、出入建筑物通道、于坠落半径内或处于塔吊起重臂回转范围内时，必须设置防护棚及防护通道，防护棚、防护通道的搭设应符合下列要求。<br>（1）防护通道、防护棚应采用建筑施工钢管扣件脚手架或其他型钢材料搭设，严禁采用竹木杆件搭设防护棚。<br>（2）防护通道及防护棚的顶部严密铺设双层正交竹串片脚手板或双层正交50mm厚度木垫板的硬质水平防护。<br>（3）安全通道净空高度和宽度应根据通道所处位置及人、车通行要求确定，高度一般不低于3.5m，宽度一般不低于3m。高度在15m以下建筑物，其进出口通道长度不低于3m。高度在15～30m的建筑物，其进出口通道长度不低于4m，高度超过30m的建筑物，其进出口通道长度不低于5m。通道长度自脚手架外排立杆起算。<br>（4）安全通道、防护棚的立杆基础必须硬化处理，通道使用期内不得发生地面沉陷，立杆必须沿通行方向通长设置扫地杆和剪刀撑。<br>（5）常规安全通道立杆纵距不应超过1200mm，防护棚悬挑尺寸为300～500mm，双层防护棚层间距为500～600mm。<br>（6）宽度超过3.5m或高度超过4m的安全通道，立杆间距应加密或使用双立杆、型钢、脚手架管格构式立柱，纵向横杆应采用型钢制作或搭设承重脚手架。<br>（7）安全通道两侧应设置隔离栏杆，引导行人从安全通道内通过，必要时满挂密目网封闭或全封闭 |
| 拆除作业 | 高处坠落、物体打击 | 1 | 底模及其支架拆除时的混凝土强度应符合设计要求 |
| | | 2 | 模板支架拆除前应由项目技术负责人对所有拆除人员进行技术交底，并做好交底书面手续 |
| | | 3 | 模板支架拆除时，应按专项施工方案确定的方法和顺序进行 |
| | | 4 | 拆除作业必须由上而下逐步进行，严禁上下同时作业。分段拆除的高度差不应大于2步。设有附墙连接件的模板支架，连接件必须随支架逐层拆除，严禁先将连接件全部或数步拆除后再拆除支架 |
| | | 5 | 多层建筑的模板支架拆除时，应保留拆除层上方不少于2层的模板支架 |
| 意外处理 | 高处坠落、物体打击 | 1 | 大雨后登高作业前，应对脚手架地基、架体进行检查，攀爬脚手架之前刮净鞋底上的烂泥，确认安全后再作业。作业层有积雪、霜，将积雪、霜清除干净后再作业 |

续表

| 作业步骤 | 风险 | | 注意事项 |
|---|---|---|---|
| 意外处理 | 高处坠落、物体打击 | 2 | 高处作业过程中如遇六级及其以上的强风、雷雨、下雪、沙暴等恶劣天气，必须停止室外高处作业。在保证安全的前提下，将高处材料妥善固定后下架躲避 |
| | | 3 | 高处作业过程中如遇扭伤、磕、碰、眩晕等意外情况，在确保自身安全的情况下，应及时下架处置。不能确保自身安全时应挂好安全带、抓牢架杆并立即向同伴或监护人员求救等待救援 |
| 收工转场 | 物体打击 | 1 | 下班前应检查并做到以下2点：<br>（1）支撑架禁用牌宜悬挂在醒目位置、警戒区域封闭且悬挂禁止入内标志牌；<br>（2）确认支撑架高处无悬浮或无固定的脚手架、模板材料 |
| | | 2 | 转场前应检查并做到以下3点：<br>（1）所搭设的支撑架已通过检查验收或拆除完毕；<br>（2）剩余或拆除的支撑架、模板材料已清理或摆放到适当的位置；<br>（3）承装扣件的编织袋、绑扎铁丝等杂物已清理干净 |
| 支撑架的安全管理 | 触电、坍塌、火灾、物体打击、高处坠落 | 1 | 雷雨季节处于防雷设施保护范围外的模板支撑架应及时进行防雷接地处理 |
| | | 2 | 作业层上的施工荷载应符合设计要求，不得超载。脚手架不得与模板支架相连 |
| | | 3 | 模板支架使用期间，不得任意拆除杆件 |
| | | 4 | 当模板支架基础下或相邻处有设备基础、管沟时，在支架使用过程中不得开挖，否则必须采取加固措施 |
| | | 5 | 混凝土浇筑过程中，应派专人观测模板支撑系统的工作状态，观测人员发现异常时应及时报告施工负责人，施工负责人应立即通知浇筑人员暂停作业，情况紧急时应采取迅速撤离人员的应急措施，并进行加固处理 |
| | | 6 | 混凝土浇筑过程中，应均匀浇捣，并采取有效措施防止混凝土超高堆置 |
| | | 7 | 在模板支架上进行电、气焊作业时，防火措施、动火监护人必须到位 |
| | | 8 | 模板支架拆除时，应在周边设置围栏和警戒标志，并派专人监护，严禁非操作人员入内 |
| 材料日常维护管理 | | 1 | 施工现场应设置专人对支架材料进行管理、修整和维护，建立钢管、扣件使用台账，详细记录钢管、扣件的来源、数量和质量检验等情况 |
| | | 2 | 施工现场应有专用的模板支撑架材料堆放场地且堆放场地内不得有积水 |

续表

| 作业步骤 | 风险 | | 注意事项 |
|---|---|---|---|
| 材料日常维护管理 | | 3 | 拆除下来的钢管应进行如下检查和处理：<br>（1）钢管表面应平直光滑，不应有裂缝、结疤、分层、错位、硬弯、毛刺、压痕和深的划道；<br>（2）钢管外径、壁厚、端面等的偏差；钢管表面锈蚀深度；钢管的弯曲变形应符合规范要求；<br>（3）钢管应进行防锈处理 |
| | | 4 | 拆除下来的扣件应进行如下检查和处理：<br>（1）扣件有裂缝、变形或螺栓出现滑丝的扣件应及时进行处理；<br>（2）扣件应进行防锈处理 |
| | | 5 | 经检验合格的钢管、扣件应按品种、规格分类，堆放整齐、平稳并在醒目位置设置"检查合格允许使用"标志牌 |
| | | 6 | 经检查确认有修复价值的不合格的钢管、扣件应按品种、规格分类，堆放并在醒目位置设置"待修复材料禁止使用"标志牌 |
| | | 7 | 经检查确认没有修复价值的钢管、扣件应设置专门的堆放区域，并在项目位置设置"报废材料严禁使用"标志牌 |

## 2.14 屋面施工作业

| 作业步骤 | 风险 | | 注意事项 |
|---|---|---|---|
| 作业应具备的条件 | | | （1）各类材料应按品种、规格堆码整齐、稳妥，不得乱堆乱放和超高堆放。<br>（2）应备有灭火器等消防及急救设施。<br>（3）施工作业方案已按要求获得审批，涉及专家论证的，专家论证已通过。<br>（4）员工清楚施工要求及注意事项，应遵守高处作业安全操作规定。<br>（5）施工前对屋面孔洞进行封堵、覆盖等防护措施，脚手架上的物料放置稳定不得超重。<br>（6）雨雪天气、光线不足、风力达5级以上等不良环境时不宜进行室外屋面施工 |
| 准备工作 | 高处坠落、触电、火灾、其他爆炸 | 1 | 作业前须办理与作业内容相对应的作业许可和高处作业许可 |
| | | 2 | 作业前对作业人员进行安全技术培训和技术交底 |
| | | 3 | 对所使用的工器具进行全面检查，电动工具壳体不得漏电、电源线不得破损，氧气乙炔带不得破损漏气；脚手架跳板固定稳固，通道通行无阻挡。并检查作业人员劳保着装及安全措施是否到位 |
| | | 4 | 对施工区域进行警示标识，并拉设警戒线，设置安全监护人。夜间施工，应保证照明充足 |
| | | 5 | 高处作业脚手架须指定专人负责搭设，保证可靠牢固。脚手架经过检查通过后，挂绿牌方可使用 |

续表

| 作业步骤 | 风险 | | 注意事项 |
|---|---|---|---|
| 准备工作 | 高处坠落、触电、火灾、其他爆炸 | 6 | 高空作业人员使用的工具应设置防坠绳，防止高空落物，高空作业人员必须系好安全带（绳）。安全带（绳）必须系挂牢固，并不得低挂高用 |
| | | 7 | 高空作业施工人员上下时一步一挂，双大钩交替系挂 |
| 屋面施工 | 坍塌、高处坠落、触电、物体打击 | 1 | 混凝土楼面浇筑由专人统一指挥，统一调度。设专人监护，要保证通信可靠、畅通。施工中注意检查屋面下脚手架，防止脚手架崩塌 |
| | | 2 | 防水涂料、油漆涂刷施工应远离明火，防止火灾发生 |
| | | 3 | 临边作业要采取防坠落措施，人员按要求系挂安全带，墙体外侧设防坠落网，防止出现人员、物料坠落 |
| | | 4 | 使用中注意振捣器、焊机和其他电动工具外壳是否完整，应保证无漏电情况，用电设备电源线无破损。高处动火，清理周边可燃物，做好接火措施，防止焊接飞溅引燃周围可燃易燃物品 |
| | | 5 | 采取防滑措施防止人员和物体沿着屋面斜坡滑落 |
| 意外处理 | 触电、高处坠落 | 1 | 遇到大雨或雷电引起停电现象，必须由专业电工逐级检查故障，恢复正常再逐级送电，处理配电箱故障问题时，必须悬挂作业警示牌 |
| | | 2 | 遇有六级以上大风、雷雨大雾等天气时，严禁高空作业 |
| | | 3 | 施工过程中如突发高处坠落情况时，应立即按高处坠落应急预案进行抢救 |
| 清洁与维护 | 火灾 | 1 | 工作结束后，应清理好现场 |
| | | 2 | 仔细检查工作场地周围，确认不会引起火灾后，方可离开现场 |
| | | 3 | 作业许可须关闭 |

## 2.15 房屋外墙装饰作业

| 作业步骤 | 风险 | | 注意事项 |
|---|---|---|---|
| 作业应具备的条件 | | 1 | 施工前对孔洞要采取围挡、覆盖有效防护措施；脚手架上的物料放置稳定不得超重 |
| | | 2 | 6级以上大风、雨雪天禁止进行高处作业 |
| | | 3 | 应备有灭火器等消防设备 |
| 准备工作 | | 1 | 作业前必须办理作业许可证、高处作业票，以及与作业内容相对应的作业票 |
| | | 2 | 作业许可的工作内容须对施工人员进行培训或技术交底 |

续表

| 作业步骤 | 风险 | | 注意事项 |
|---|---|---|---|
| 准备工作 | | 3 | 对所使用的工器具进行全面检查，电动工具壳体不得漏电、电源线不得破损，动火工具不得破损漏气；脚手架跳板固定稳固，通道通行无阻挡 |
| | | 4 | 作业人员进行入场安全培训和专项安全交底 |
| | | 5 | 作业人员每天参加班前会活动，掌握每日工作内容、了解工作存在的风险和采取的控制措施 |
| | | 6 | 现场负责人向进入本施工范围的所有工作人员明确交代本次施工设备状态、作业内容、作业范围、进度要求、特殊项目施工要求、作业标准、安全注意事项、危险点及控制措施、危害环境的相应预防控制措施、人员分工等 |
| | | 7 | 现场负责人负责办理相关的工作许可手续，开工前做好现场施工防护围蔽警示措施，夜间施工的，须有足够的照明 |
| | | 8 | 现场负责人组织检查确认进入本施工范围的所有工作人员正确使用劳保用品和着装，并带领施工作业人员进入作业现场 |
| | | 9 | 施工负责人检查核实风险控制措施的落实情况，并在班前会上对全体作业人员进行安全交底，接受交底的作业人员负责将安全措施落实到各作业任务和步骤中 |
| | | 10 | 高处作业脚手架须指定专人负责搭设，保证可靠牢固 |
| | | 11 | 高空作业必须设置安全监护人 |
| | | 12 | 高空作业人员使用的工具应设置腕绳，防止高空落物，高空作业人员必须系好安全带（绳）。安全带（绳）必须系挂牢固，并不得低挂高用 |
| | | 13 | 高空作业施工人员上下时一步一挂，双大勾交替系挂 |
| 窗户安装施工（保温层施工—挂网—抹灰—真石漆） | 高处坠落、物体打击 | 1 | 窗框安装时不要将窗框置于墙洞外，保持稳定可靠，及时固定，人员不得将身体上半身全部探出窗框外 |
| | | 2 | 对于重量较大窗框要设置拉固绳，防止窗框在固定之前重心失稳发生向外坠落 |
| | | 3 | 玻璃窗扇安装时注意防止碰碎玻璃 |
| | | 4 | 需要两人配合安装窗扇，动作协调一致，防止坠落 |
| | | 5 | 在窗户洞口作业身体要保持平衡，若洞口外无防护设施，施工人员要穿好安全带，系挂点要牢固可靠 |
| | | 6 | 现场破碎的玻璃及时清理，防止碎裂刺破鞋底造成脚部伤害 |
| | | 7 | 窗扇玻璃碎裂要及时更换，避免伤人 |
| | | 8 | 窗框集中侧立放置要倾斜靠立，防止倾倒伤人 |
| | | 9 | 窗框边角锋利，施工时穿戴防护用具，防止刮伤身体 |

续表

| 作业步骤 | 风险 | | 注意事项 |
|---|---|---|---|
| 意外处理 | 触电、高处坠落 | 1 | 遇到大雨或雷电引起停电现象，必须由专业电工逐级检查故障，恢复正常再逐级送电，处理配电箱故障问题时，必须悬挂作业警示牌 |
| | | 2 | 遇有六级以上大风、雷雨大雾等天气时，严禁高空作业 |
| | | 3 | 施工过程中如突然发生高处坠落情况时，应立即按高处坠落应急预案进行抢救 |
| 清洁与维护 | 火灾 | 1 | 工作结束后，应清理好现场 |
| | | 2 | 仔细检查工作场地周围，确认不会引起火灾后，方可离开现场 |
| | | 3 | 作业许可须关闭 |

## 2.16 表面处理（喷砂）作业

| 作业步骤 | 风险 | 注意事项 |
|---|---|---|
| 作业应具备的条件 | | （1）喷砂作业应设专人操作，不得用硬器敲打砂罐，喷砂枪不能对向有人的地方，以免伤人，喷砂作业应安排替换人员，严禁疲劳作业。<br>（2）参与作业的人员如出现身体不适、情绪不稳定、服用对神经有抑制或兴奋作用的药物后，必须向主管领导说明，主管领导得知情况后不得安排其上岗。<br>（3）储气罐、空压机宜设置在平整、空旷、宜操作位置，防止雨水积聚影响操作。<br>（4）空压机的机械性能应满足喷砂需求。空压机及相关电气设备要做到"一机一闸一保护"。<br>（5）且空压机需安装速差传感器和自动防护保护装置，防止皮带发生打滑和摩擦时，保护装置能确保自动停机。<br>（6）砂料的堆放场地要搭设防雨棚防止砂料雨淋、受潮或混入杂质。喷砂颗粒应与工作要求相适应，一般在10~20号之间适用，喷砂时应使用干燥的砂料。<br>（7）受限空间内施工时要有可靠的送排风系统、进入受限空间前应先开启排风系统20min，施工人员才可进入。且要保障内部照明充足，照明设备设施要使用防爆灯具，并有可靠的接地。<br>（8）空压机工作期间必须有专人值守，严禁无关人员操作。<br>（9）施工作业场所应设置专属区域进行施工，远离人员密集区域。工作场所四周搭设围栏、围挡，并设警示线和警示标语（非施工人员，禁止入内）、配备消防设施。<br>（10）钢材喷砂工作灰尘较大，为防止污染环境，宜在施工现场搭设隔离围墙，喷砂作业在隔离围墙内进行。<br>（11）恶劣天气时停止喷砂作业，并对已进行喷砂的钢材进行覆盖。待恶劣天气过后，如有返锈情况发生应重新进行喷砂处理 |

续表

| 作业步骤 | 风险 | | 注意事项 |
|---|---|---|---|
| 准备工作 | 职业性尘肺病及其他呼吸系统疾病 | 1 | 参与喷砂的作业人员，应正确佩戴和使用个人安全劳动防护用品。使用前作业人员须接受本规程的培训和技术交底，内容包括但不限于：<br>(1) 作业区域、作业材料的特性、钢材标号移植、工作内容及合格标准；<br>(2) 作业过程中可能受到的自然环境（如天气、湿度、温度）、周边环境（如气体泄漏）变化影响及检测监测措施；<br>(3) 作业过程可能涉及的相关方及其要求；<br>(4) 异常情况的判定标准及应对措施；<br>(5) 作业结束后的处理措施 |
| | | 2 | 喷砂作业前，明确作业风险和作业要求，作业人员应按照技术方案和相应作业许可证的要求进行作业 |
| | | 3 | 检查作业人员是否按规定正确穿戴个人防护装备，并询问作业人员是否掌握喷砂设备使用要领 |
| | | 4 | 检查钢材上是否有油污，如有油污则用有机溶剂除去油污 |
| | | 5 | 检查通风管及喷砂机门是否密封，工作5min前，须打开通风除尘设备，通风除尘设备失效时，禁止喷砂作业 |
| | | 6 | 检查各机件是否有异常，检查各管路连接处是否紧固。不得将任何除规定磨料以外的其他物品掉入工作舱内，以免影响磨料的循环。被加工工件表面必须是干燥的 |
| | | 7 | 喷砂作业前进行试喷，检查压缩空气是否干燥清洁，不得含有水分和油污 |
| | | 8 | 检查受限空间内气体含量是否达标，照明设施是否正常 |
| | | 9 | 检查警戒隔离及警示标识是否均已设置完成，且防尘措施是否到位 |
| 装砂、设备开启、运行过程、设备关闭 | 物体打击 | 1 | 首先关闭开放式喷砂机底部料阀、进气阀，打开排气阀，并向开放式喷砂机料筒内装入少量干燥的砂料 |
| | | 2 | 启动空压机，关闭排气阀，开启储气罐两端的气源阀门，缓慢开启移动喷砂机进气阀，进气口气压不超过0.8MPa，待密封顶锥完全顶上之后，打开喷砂机底部料阀，打开气源开关，气源进入喷砂胶管内，扭动胶管端部卡扣，根据技术文件要求调整出砂量，对准工件开始进行喷砂作业 |
| | | 3 | 喷砂机工作时，喷枪必须指向安全方向，以防止伤害人员及设备设施 |
| | | 4 | 喷枪角度易为30°~75°，喷嘴至加工面的最佳距离为80~200mm，施工时易采用自上而下，从左到右的顺序进行喷射 |
| | | 5 | 喷砂作业完成后，关闭进气阀，并关闭相应的空压机及储气罐阀门，打开移动式喷砂机排气阀将机体内压缩空气排除，然后泄出机体内多余砂料 |

续表

| 作业步骤 | 风险 | | 注意事项 |
|---|---|---|---|
| 机器维护 | | 1 | 新机第一次使用或换砂料时要将喷砂机体内清理干净,防止残留的铁屑、杂物等伤害设备 |
| | | 2 | 喷嘴口径磨损与喷嘴材质相关联,喷嘴具体使用时间参考设备说明书内容 |
| | | 3 | 喷砂储气罐、压力表、安全阀要定期校验。储气罐每两周排放一次灰尘,沙罐里的过滤器每月检查一次。定期检查空压机润滑油液位 |
| 意外情况处置 | 物体打击 | 1 | 胶管或设备管路被异物或过多砂料阻塞时,先关闭进气阀,打开排气阀后,待压力排空后,将喷嘴套取下,砂量调节阀完全关闭,然后打开进气阀使机器在通气的情况下完全打开砂料推力阀门,利用压缩空气将管内异物及砂料吹出(若无效,则需拆下砂管清理或更换),此过程必须在安全防护措施到位的情况下才可进行 |
| | | 2 | 发生砂料潮湿时,先将砂量调节阀全开,砂料推力阀全闭,让压缩空气将阻塞的砂料挤出,同时将砂料推力阀瞬间开、关协助清理管内潮湿的砂料(若无效,可将砂量调节阀拆下,将砂料清理后再次组装使用),此过程必须在安全防护措施到位的情况下才可进行 |
| | | 3 | 当发生下列任何一种情况时,现场监护人员应及时取消作业,终止相关作业许可证,并通知批准人。若要继续作业应重新办理许可证:<br>(1)作业内容的变化(如作业对象、数量的变化)。<br>(2)作业人员的变化。限于票证上和接受技术交底的人员。<br>(3)作业环境的变化。如自然环境(天气的变化)、周边环境(气体发生泄漏)、无关人员进入(作业活动受到干扰)。<br>(4)作业条件的变化。如作业点范围扩大或缩小、停电、位置发生改变,作业方式改变,作业时间由原定白天改为傍晚。<br>(5)发现有可能发生危及生命的违章行为。<br>(6)现场作业人员发现重大安全隐患。<br>(7)作业许可证超过有效期限 |
| 作业结束 | | 1 | 作业完成后清理作业现场,回收地上砂料并保存,可以用于二次喷砂。并将其他余料、废料清理运走 |
| | | 2 | 作业完毕后,由批准人(或授权委托人)现场核查确认后,在批准人、作业负责人留存的作业许可票证上签字予以关闭 |

## 2.17 表面处理(抛丸)作业

| 作业步骤 | 风险 | 注意事项 |
|---|---|---|
| 作业应具备的条件 | | (1)参与作业的人员如出现身体不适、情绪不稳定、服用对神经有抑制或兴奋作用的药物后,必须向主管领导说明,主管领导得知情况后不得安排其上岗。 |

续表

| 作业步骤 | 风险 | 注意事项 |
|---|---|---|
| 作业应具备的条件 | | （2）作业人员劳动防护用品要穿戴齐全并配备好降噪劳保防护（耳塞、耳罩、防冲击护目镜等），涉及高处作业的人员应佩戴安全带。<br>（3）抛丸机宜设置在平整、空旷、便于操作位置（必要时浇筑混凝土地坪后再放置相应设备）。<br>（4）受限空间内施工时要有可靠的送排风系统、进入受限空间前应先开启排风系统20min，施工人员才可进入。且要保障内部照明充足，照明设备设施要使用防爆灯具，并有可靠的接地。<br>（5）施工作业场所应设置专属区域进行施工，远离人员密集区域。工作场所四周搭设围栏、围挡并设警示线和警示标语（非施工人员，禁止入内）并配备消防设施。<br>（6）抛丸工作灰尘较大，为防止污染环境，宜在施工现场搭设隔离围墙，喷砂作业在隔离围墙内进行。<br>（7）恶劣天气时停止抛丸作业，并对已抛丸的钢材进行覆盖。待恶劣天气过后，如有返锈情况发生应重新进行喷砂处理 |
| 准备工作 | 物体打击 | 1. 参与抛丸作业人员，应正确佩戴和使用个人安全劳动防护用品。使用前作业人员须接受本规程的培训和技术交底，内容包括但不限于：<br>（1）作业区域、作业材料的特性、钢材标号移植、工作内容及合格标准；<br>（2）作业过程中可能受到的自然环境（如天气、湿度、温度）、周边环境（如气体泄漏）变化影响及检测监测措施；<br>（3）作业过程可能涉及的相关方及其要求；<br>（4）异常情况的判定标准及应对措施；<br>（5）作业结束后的处理措施 |
| | | 2. 抛丸作业前，明确作业风险和作业要求，作业人员应按照技术方案和相应作业许可证的要求进行作业 |
| | | 3. 检查作业人员是否按规定正确穿戴个人防护装备，并询问作业人员是否掌握抛丸设备使用要领 |
| | | 4. 检查钢材上是否有油污，如有油污则用有机溶剂除去油污 |
| | | 5. 检查抛丸机各耐磨部件（抛丸器叶片、室内挡板、工装）的磨损松动情况，发现异常及时处理。检查各运动部件的配合，螺栓连接是否松动，及时紧固 |
| | | 6. 检查抛丸室内是否存在泄漏，及时查漏补缺，是否有杂物落入机内，及时清除以防止堵塞各输送环节造成设备故障 |
| | | 7. 检查确认粉尘储存器、钢丸储存漏斗、筛网、抛丸机室内等已清理干净，无大块状物体，无工件掉落，待一切检查无问题后，才可开机作业 |
| | | 8. 检查确认抛丸室内部是否有人及检修门已关闭，启动前，无关人员禁止在机器附近逗留 |

续表

| 作业步骤 | 风险 | | 注意事项 |
|---|---|---|---|
| 准备工作 | 物体打击 | 9 | 检查警戒隔离及警示标识是否均已设置完成，且防尘措施是否到位 |
| 试运转 | 机械伤害、物体打击 | | 新机第一次运行前应进行空载试运转，检查内容包含但不限于：<br>（1）检查并拧紧各零部件连接螺栓；<br>（2）检查并调整斗式提升机皮带的松紧度；<br>（3）检查抛丸器等部件运转是否正常；<br>（4）调整牵引钢丝绳的松紧程度；<br>（5）空运转时间不少于10min |
| 设备开启、运行过程、设备关闭 | 物体打击、机械伤害、其他伤害（滑跌） | 1 | 送电—响警铃—启动除尘风机—打开传送器—打开抛丸室阀门—打开抛丸器 |
| | | 2 | 启动机器前要发出信号，使机器附近的人员离开，待确认室内无人时，接通电源，检查抛丸机操作面板各按钮及相应分部件是否运转灵活，且运转到位，如存在异常情况必须及时处理 |
| | | 3 | 将待抛丸工件整齐放置履带之前，必须确保工装焊接处无严重磨损，禁止放置超过工装和起吊装置载重量进行工作，以免造成设备损坏或人员受伤，潮湿和有油污的工件严禁进入抛丸室进行抛丸处理。并检查抛丸材料是否受到污染，如有污染则更换或清理污染物 |
| | | 4 | 抛丸机运行时，观察抛丸器运行电流是否平衡，注意抛丸器运转过程中的振动和音响是否正常，轴承和电动机的升温是否正常，当出现异常时，应停机检查，排除故障或更换叶片，等到故障排除后，再开机运行 |
| | | 5 | 设备正常使用时，不可随意扳动控制面板上的手动、点动、自动旋钮，以免发生危险 |
| | | 6 | 根据清理工件的清理要求调整履带速度，调整抛丸器定向套窗口位置，保证抛射角度正确。当工件进入清理室后开启供丸阀门，工件离开清理室时及时关闭供丸阀门 |
| | | 7 | 在工件在履带上未完全通过清理室时严禁逆向运行 |
| | | 8 | 抛丸结束后，继续开启风机3min，等待抛丸室内粉尘除净后，关闭风机，大型电除尘器设备如有需要则打开振打模式5min，提升除尘效果，同时打开门退出工装，取下工件整齐堆放，禁止工件堆积过高，以防意外碰触造成工件滑落，引起不必要的伤害事故 |
| | | 9 | 工作结束后切断总电源，清扫电气控制箱上的灰尘，并把抛丸机及周边场地打扫干净，抛丸机本体及检修通道和抛丸机周围的各通道上严禁有丸料，防止有人滑倒 |
| 意外情况处置 | 触电、物体打击、机械伤害 | 1 | 当提升轴停止运转时，可能是筛网堵塞或硬物卡死轴承，必须立即关闭电源，停止设备工作，必须在控制柜上悬挂"禁止任何操作标识"后，才能清理筛网或硬物，以免有人在不清楚的情况下操作设备，造成人员受伤。清理抛丸室内过多钢丸时，禁止直接用手清理，必须用专用工具清理，以防钢丸减少时皮带回转造成人员伤害 |

续表

| 作业步骤 | 风险 | | 注意事项 |
|---|---|---|---|
| 意外情况处置 | 触电、物体打击、机械伤害 | 2 | 工作时如有异响，应按急停按钮，使整机停止工作，查明原因排除故障后方可重新开机 |
| | | 3 | 当突发停电时要切断总电源，关闭压缩空气开关，悬挂标识牌 |
| 作业结束 | | 1 | 作业完成后清理作业现场，回收地上钢丸并保存，可以用于二次抛丸。并将其他余料、废料清理运走 |
| | | 2 | 作业完毕后，由批准人（或授权委托人）现场核查确认后，在批准人、作业负责人留存的作业许可票证上签字予以关闭 |

## 2.18 表面处理（打磨）作业

| 作业步骤 | 风险 | | 注意事项 |
|---|---|---|---|
| 作业应具备的条件 | | | （1）操作人员必须按规定穿戴劳动保护用品，不得穿宽松衣服或佩戴饰品，涉及高处作业的人员应佩戴安全带；<br>（2）在作业前检查磨光机有无检验合格标签并在有效期内，使用时必须戴面罩、安全护目镜，按照所要打磨零件的具体要求，选择合适的打磨片；<br>（3）在每次使用前要检查附件，各连接部位是否有松动等；如果电动工具或附件发生摔碰，应检查是否有损坏或松动；磨光机电源线不得私自改接，磨光机电源线不宜超过5m；<br>（4）不准私自拆卸磨光机，磨光机防护罩破损、损坏不准使用；禁止拆掉防护罩打磨工件；<br>（5）不得将电动工具暴露在雨中或潮湿环境中；<br>（6）确保操作区域通风良好，避免吸入有害物质；<br>（7）严禁在易燃易爆环境，如有易燃液体、气体或粉尘的环境 |
| 作业前检查 | 物体打击、触电 | 1 | 检查待打磨件是否能满足打磨要求 |
| | | 2 | 检查工具插头插座电缆是否有破损 |
| | | 3 | 检查所使用的磨光片是否有破损，检查并安装合适的砂轮片，安装砂轮片时必须切断电源 |
| | | 4 | 检查作业人员是否穿戴好防护用具、眼镜、口罩、手套等 |
| | | 5 | 检查开关是否是断开状态，接通电源调试设备是否有抖动状态 |
| 操作 | 物体打击 | 1 | 打磨的工件需放置平稳，小件需加以固定，以免在打磨时移位损坏工件 |
| | | 2 | 正确地使用角磨片，及时更换磨损严重的磨片 |
| | | 3 | 打磨时应握紧工具，砂轮片与工件保持15°～30°夹角，循序渐进A—B面反复操作不得用力过猛导致工件表面凹陷 |

续表

| 作业步骤 | 风险 | 注意事项 | |
|---|---|---|---|
| 操作 | 物体打击 | 4 | 焊缝粗磨时，工件表面焊缝不得低于母材，打磨时严禁将产品拖拉，以免划伤 |
| | | 5 | 两人在同一方向工作时，严禁面对面工作，以防意外发生 |
| | | 6 | 在打磨过程中发现有漏焊、气孔、裂纹、焊缝低于母材等缺陷，应通知焊工补焊 |
| | | 7 | 注意薄板打磨时不得将打磨机压在工件上来回处理，修边角时圆弧角应该和产品一致，不应该有凹陷及凸出，应该是平滑过渡 |
| 意外情况处置 | 物体打击、机械伤害 | 1 | 在正常情况下，磨光机本身的重量已足够使加工表面磨出较好的光洁度，如果所加的压力过大，则使磨光片的转速下降，加工表面光洁度变坏，甚至使电动机过载。也有可能使磨光片断裂飞出伤人。此时立即联系应急小组人员，如果伤势严重立即联系医院进行急救 |
| | | 2 | 工作时如磨光机有异响，应按急停按钮，查明原因排除故障后方可重新开机使用 |
| | | 3 | 当突发停电时要切断总电源，关闭开关。防止来电造成人员机械伤害 |
| 作业结束 | | 作业完成后关闭电源清理作业现场。并将其他余料、废料清理运走，关闭作业许可 | |

## 2.19 场内运输作业

| 作业步骤 | 风险 | 注意事项 | |
|---|---|---|---|
| 作业应具备的条件 | | 1 | （1）驾驶员必须持有车辆监管部门颁发的驾驶证，同时持有内部准驾证方可驾驶，确保证照齐全，驾驶员不得驾驶与证件不符的车辆；<br>（2）驾驶人员必须严格遵守道路交通法规及公司相应规章制度，并同时遵守作业场所限速规定，严禁超速超载，严禁酒后驾驶，严禁疲劳驾驶；<br>（3）驾驶员应驾驶业务熟练，具有一定驾龄；<br>（4）驾驶员上岗时要按规定穿戴工作服、安全帽等个人防护用品 |
| | | 2 | （1）各类运输车辆应按规定定期进行维护保养、年检，确保车辆状况性能良好，制动器、灯光等安全附件齐全；<br>（2）车辆进入已经开车的装置区域必须配带防护罩或阻火器；<br>（3）严禁车辆停放在作业场所主道路中间或消防专用通道，阻碍消防车进出 |
| | | 3 | 运输超宽、超高和超长的设备和构件，除严格遵守交通部门的有关规定外，还必须事先研究妥善的运输方法，制订安全措施 |
| | | 4 | （1）装运易燃、易爆或其他危险品时，应遵守有关安全行车规定；<br>（2）运输车辆严禁人货混装，货车车厢内严禁载人 |
| | | 5 | 运输车辆在运输过程中货物必须固定牢固 |

续表

| 作业步骤 | 风险 | | 注意事项 |
|---|---|---|---|
| 行车前 | 物体打击、起重伤害 | 1 | 必须在关好车门后，才能开始行驶，在离开车辆时必须从点火开关上取下钥匙，起步前必须系好安全带，座椅与安全气囊应保持一定的安全距离 |
| | | 2 | 发动车以前应将变速杆放在空挡位置，并拉紧手制动器 |
| | | 3 | 严格执行例行保养，并仔细查方向机及制动器是否灵敏可靠，各部门机件螺栓是否紧固、轮胎气压是否合乎标准 |
| | | 4 | 车辆启动时，每次时间不得超过5~8s，禁止连续启动 |
| | | 5 | 发动后应检查各种仪表、方向机构、制动器、灯光等是否灵敏可靠，并确认周围无障碍物后，方可鸣号起步 |
| | | 6 | 发动机启动后应详细监视发动机的运转情况，倾听有无异常响声，保持怠速运转5~10min后观看四周有无障碍物，若无障碍物方可用低速挡起步 |
| | | 7 | 装载构件和其他货物时，宽度左右各不得超出车厢20cm，从地面算起不得超过4m，长度前后共不得超过车身2m，超出部分不得触地，并应摆放平稳，捆扎牢固，如装运异型特殊物件，应备专用搁架 |
| | | 8 | 按照规定的吨位和高度装货物，运输物件要放平稳（绑牢） |
| | | 9 | 使用吊车、自卸车等进行材料、设备装卸过程中应遵守其作业安全规程 |
| 行驶中 | 车辆伤害 | 1 | 车辆起步后温度未达到70℃时不准挂高速挡 |
| | | 2 | 变速应逐渐增加，正常使用离合器进行增速和减速，避免挂挡时发生冲击，新车和大修后的车辆，应严格按机械设备走合使用规定执行 |
| | | 3 | 车辆行驶应遵守场内各区域限速规定，不得超速行驶；正常行驶中，应与前车保持安全距离，不得无故猛踩制动器 |
| | | 4 | 车辆通过泥泞路面时，应保持低速行驶，不得急刹车 |
| | | 5 | 在冰面雪路面上行驶时，应装防滑链条，下坡时不得滑行，并用低速挡控制速度，禁止急刹车 |
| | | 6 | 汽车涉水和通过漫水桥时，应事先查明行车路线，并需有人引车；如水深超过排气管时，不得强行通过；严禁熄火 |
| | | 7 | 严禁在山区及陡坡地段熄火空挡滑行 |
| | | 8 | 由前进挡换倒挡或由倒挡换前进挡时，需待车完全停稳后方可换挡 |
| | | 9 | 发现路面狭窄或有障碍物时不得强行通过 |
| | | 10 | 重车下坡和转弯应减速慢行。下坡应提前换挡，不得中途换挡 |
| | | 11 | 雾天及粉尘较大时，应开亮车前黄灯行驶；遇视野不清时，须减速行驶，在弯道、坡道和接班出车时，严禁超车 |

续表

| 作业步骤 | 风险 | | 注意事项 |
|---|---|---|---|
| 行驶中 | 车辆伤害 | 12 | 在厂区和车间行驶,只准走规定的道路,不得从传送带、工程脚手架和低垂的电线下通过 |
| 意外情况处置 | 车辆伤害 | 1 | 在坡道上被迫熄火停车,应拉紧制动器,下坡挂倒挡,上坡挂前越挡,并将前后轮楔牢 |
| | | 2 | 行车中发动机过热或缺水,应停车,待温度降低后才能加注冷却水,禁止温度很高时就加注冷水 |
| 收车后 | | 1 | 车辆回场后应及时切断电源,停车时不准猛踩油门,冬季0℃以下时,如未更换防冻液应将发动机的冷却水放净后方能离开 |
| | | 2 | 严格做好清洁保养工作,将车辆擦洗干净,经常清除轮胎上的油污和夹石等物 |

## 2.20 等离子切割作业

| 作业步骤 | 风险 | | 注意事项 |
|---|---|---|---|
| 作业应具备的条件 | 火灾、职业性尘肺病及其他呼吸系统疾病 | | (1)小车、工件应放在适当位置,切割工作面下应设有熔渣坑;<br>(2)切割工件应在通风良好的环境中进行,在通风不良或在容器内进行切割时,应另外采取加强通风的措施;<br>(3)切割作业附近无易燃易爆物品 |
| 准备工作 | 触电 | 1 | 检查并确认电源、气源、水源无漏电、漏气、漏水 |
| | | 2 | 检查电源线及保护接地良好,工件地线与工件接触良好,接通气源,排放积水 |
| 启动 | | 1 | 闭合设备总电源开关,检查散热风机朝向是否向内;检查冷却液是否充足(夏季可使用纯净水作为冷却液),冷却泵是否工作正常 |
| | | 2 | 电源接通,电源指示灯亮,此时应有压缩空气从割炬中流出。注意过滤减压阀压力表指针应在0.2~0.4MPa位置。若压力不符,应在气体流动的情况下,调节过滤减压阀压力表上部旋钮(顺时针转动为增压,反之降压),让气体流通数分钟,除去焊炬中的冷凝水汽 |
| 运行控制 | 灼烫、物体打击、触电 | 1 | 根据工件材质、种类和厚度选择喷嘴孔径 |
| | | 2 | 切割时,操作人员应站在上风处操作,可从工作台下部抽风 |
| | | 3 | 割炬与工件接触,按下按钮即可切割。可以从工件边缘开始切割,板材厚度不大时,也可在工件任何一点开始切割。割炬可垂直于工件或向一侧略微倾斜,但在工件中间开口时,割炬应略向一侧倾斜,以便吹除熔化金属,割穿金属 |

续表

| 作业步骤 | 风险 | | 注意事项 |
|---|---|---|---|
| 运行控制 | 灼烫、物体打击、触电 | 4 | 将手把按钮按下并保持主电路接通，同时高频振荡器工作，直至切割电弧形成，高频振荡器即停止工作。此后可依靠割炬的移动来进行切割，同时切割指示灯亮 |
| | | 5 | 切割时必须割穿金属后方能均匀移动，移动速度过快或过慢将影响切割质量 |
| | | 6 | 切割气压的调整：气压过高，流量过大，影响切割厚度；气压过小将影响喷嘴的使用寿命 |
| | | 7 | 提起割炬离开工件前，必须松开手把按钮，此时等离子弧熄灭，切割过程停止 |
| | | 8 | 切割过程中，因割炬离开工件超过 2mm 而熄弧时，需重新起弧 |
| | | 9 | 因连接工作时间太长造成主变压器温度超过 110℃ 时，热控保护开关动作，设备将自动关闭，待变压器冷却后可重新启动 |
| | | 10 | 及时排除过滤减压阀中的积水（即逆时针旋转最下部螺栓，排除积水后再拧紧）；若压缩空气中含水量过多，可在过滤减压阀与气源间另加一只过滤阀 |
| | | 11 | 设备通电后不得拆卸箱壳及接触带电零件（包括喷嘴）；更换割炬零件前，必须切断电源总开关 |
| | | 12 | 未进行切割工件时，尽量少按动割炬按钮，以免损坏机件 |
| 意外情况处置 | | | 遇到异常情况应立即停止作业，查找原因并排除故障，如故障无法排除，应报修进行故障排除 |
| 完工 | 触电、物体打击 | 1 | 当班切割作业结束后，切断电源开关和气源阀，将割炬归位，清理作业现场 |
| | | 2 | 日常清理与维护：<br>（1）割炬应经常进行维护，及时清洗割炬的连接螺纹。在更换消耗件或日常维修检查时，一定要保证割炬内、外螺纹清洁，如有必要，应清洗或修复连接螺纹。更换损耗件时注意所有零件配合良好，确保气体及冷却气流通。<br>（2）发现切割质量下降时，及时检查、更换消耗件。<br>（3）及时清洗电极和喷嘴的接触面。<br>（4）应经常检查，确认保护接地良好。<br>（5）每半年至少对设备内部进行一次吹扫，在断开总电源情况下打开外壳，用风带将内部灰尘吹扫干净 |

## 2.21 坡口加工、切割下料作业

| 作业步骤 | 风险 | 注意事项 |
|---|---|---|
| 作业应具备的条件 | | （1）按照动火作业的相关管理要求，办理相应的作业许可；<br>（2）作业区域设置安全警示及警戒维护；<br>（3）作业区域安全通道保持通畅；<br>（4）作业区域配置相应的消防器材（主要为灭火器，其规格型号及数量按照方案要求进行配置）；<br>（5）夜间施工应有充足的照明设施 |
| 准备工作 | | 1　切割下料：<br>（1）下料前看清图纸或下料单上的材质、规格、尺寸及数量等；<br>（2）核对材质、规格与图纸或下料单要求是否相符，材料代用必须严格履行材料变更手续；<br>（3）查看材料外观质量（疤痕、夹层、变形、锈蚀等）是否符合有关质量规定；<br>（4）工件断面不规则的管材下料时必须将不规则部分割除；<br>（5）号料时应考虑下料方法，留出切口余量；<br>（6）将不同工件所有相同材质、规格的料单集中，考虑能否套料 |
| | | 2　坡口加工：坡口加工前，熟悉焊接工艺规程，清楚坡口角度、尺寸等相关要求 |
| | | 3　（1）检查工机具及设备的完整性、润滑情况、电源开关情况、用电设备接地情况；<br>（2）核对作业许可票证措施的落实情况；<br>（3）清除作业区域及附近堆放的易燃易爆物，清除作业区域影响作业人员操作的杂物；<br>（4）检查周边作业环境是否存在其他不安全因素 |
| 坡口加工、切割下料 | 机械伤害、其他伤害 | 使用手持式坡口机作业：<br>（1）对于大而笨重的工件，坡口机使用手工导向，即工具移动，工件不动；对于小工件，则坡口机固定，手推工件前进。<br>（2）对于凸形、圆形工件开坡口时，将带有两个小轮的可调支架装于模板端面，小轮沿工件表面滚动；对于平板工件，可将一导向轮装于模板端面。<br>（3）加工时，工具轴线要基本平行于工件边缘，同时应用导向支座上的辅助手柄，使工具压向工件边。<br>（4）刀具必须保持锋利。刀具有两个刃口，当磨钝一面时，可调换另一面使用。当两面都磨钝了，则拆下重磨。总的重磨长度为10mm，当刀具全长短于95mm，则不能使用。<br>（5）当坡口机使用200～300h后，必须对齿轮箱进行拆洗加油，对电动机进行维修 |

续表

| 作业步骤 | 风险 | 注意事项 |
|---|---|---|
| 坡口加工、切割下料 | 机械伤害、物体打击、其他伤害 | 使用无齿锯作业：<br>（1）作业时应站在切割机的一侧，不能正对切割机进行切割；<br>（2）更换切割片时应该切断电源，轴孔不适合不要安装，待完全停转后，插上止回销方可进行操作；<br>（3）应均匀平稳地操作，不能用力过猛，以免过载或砂轮崩裂；<br>（4）无齿锯的防护罩必须完好、有效，使用时前方必须设防火星飞溅的挡板，挡板应采用不燃材料制作；<br>（5）切割前必须确认被切割型材已在夹钳中夹紧（决不允许用手直接抓住），方可切割；并根据切割材质确定给进速度；<br>（6）停机时应让锯片自然停止，不要用手去刹 |
| | 火灾、触电、灼烫 | 使用割炬作业：<br>（1）根据工件的厚度，选择适当的割炬及焊割嘴，避免使用焊炬切割较厚的金属，应用小割嘴切割厚金属。<br>（2）使用前检查割炬的射吸能力。割炬射吸检查正常后，进行接头连结时必须与氧气橡皮管连接牢固，而乙炔进气接头与乙炔橡皮管不应连结太紧，以不漏气并容易接插为宜。对老化和回火时烧损的皮管不准使用。<br>（3）短时间休息时，必须把焊炬（或割炬）的阀门闭紧，不准将焊炬放在地上。较长时间休息或离开工作地点时，必须熄灭焊炬，关闭气瓶球形阀，除去减压器的压力，放出管中余气，并停止供水，然后收拾软管和工具。<br>（4）熄灭火焰时，割炬应先关切割氧，再关乙炔和预热氧气阀门。当回火发生后，若胶管或回火防止器上出现喷火，应迅速关闭割炬上的氧气阀和乙炔阀，再关上一级氧气阀和乙炔阀，然后采取灭火措施。<br>（5）操作焊炬和割炬时，不准将橡胶软管背在作业人员背上操作。禁止使用焊炬（或割炬）的火焰来照明。<br>（6）使用过程中，如发现气体通路或阀门有漏气现象，应立即停止工作。消除漏气后才能继续使用。<br>（7）作业场地必须通风良好，容器切割时应采用机械通风。气源管路通过人行通道时，应加罩盖保护，注意与电气线路保持安全距离 |
| | 机械伤害、物体打击、其他伤害 | 使用锯床作业：<br>（1）作业人员严禁操纵锯床时戴手套操作，装卡原材料、工件时可戴手套作业；<br>（2）合上电源，启动机床空转约2min，检查自动进给限位开关是否正常，冷却液是否通畅，确认无误后方可进行作业；<br>（3）虎钳夹持型材或工件应确保安全可靠，慎防工件松动而崩坏锯条、损坏设备及造成人身伤害；<br>（4）锯切过程中，根据原材料、工件材质特性均速进给切割，不得在锯切过程中随意调整速度和进给量；<br>（5）锯床作业运转时，严禁作业人员脱离作业现场，若工作需要离开现场，应停止作业，关闭电源 |

续表

| 作业步骤 | 风险 | 注意事项 | |
|---|---|---|---|
| 意外情况处置 | 机械伤害、物体打击、其他伤害 | （1）作业过程中发现异响或故障，应立即停机检查，切断电源，关闭开关，由专人进行维修检查，合格后方可送电，试运转正常后方可重新使用；<br>（2）作业过程中发生物体打击或机械伤害事件时，应立即停止作业，并切断电源，然后通知现场负责人，执行应急预案相关要求 | |
| 完工 | | 1 | 切断电源、配电箱上锁，设备及工机具归位，作业区域及时清理，保持场地整洁，安全通道畅通 |
| | | 2 | 原材料、成品及半成品分类摆放整齐并做好标识，管口做好封堵保护 |

## 2.22 组对作业

| 作业步骤 | 风险 | 注意事项 | |
|---|---|---|---|
| 作业应具备的条件 | | 1 | （1）参与组对作业的电焊工、气焊切割工、起重工等人员应持有效操作证方可上岗操作；<br>（2）组对宜设置在平整、空旷、宜操作位置，防止因雨水等其他原因影响操作；<br>（3）雨雪天气、光线不足、风力达5级以上等不良环境时不宜进行室外组对 |
| | | 2 | （1）当方案中涉及以下情况（包括但不限于）时必须经过书面确认和批准：<br>① 当采用专用卡具、自制工具及设备进行组对时；<br>② 组对作业环境条件受到限制时（如高处、受限空间、交叉作业、防爆区域）；<br>③ 在环境温度高于或低于一定程度可能影响到组对质量、工机具和设备性能时；<br>④ 不间断连续作业超过人体承受能力时；<br>⑤ 需要增加临时吊耳或需大型吊装设备配合时；<br>⑥ 组对的施工方法会对原设计有影响时。<br>（2）当组对作业属于危险性较大作业活动时，需办理作业许可后方可作业（如高处、受限空间、交叉作业） |
| 准备工作 | | 1 | 检查工机具和设备的完整性、润滑情况、电源开关开启情况、用电设备接地情况 |
| | | 2 | 原材料、半成品、成品部件表面处理情况、外观保护情况 |
| | | 3 | 核对作业许可票证措施落实情况 |
| | | 4 | 检查周边作业环境是否存在不安全因素 |
| 搬运 | 物体打击、起重伤害、车辆伤害 | 1 | 搬运重物之前，检查物体上是否有钉、尖片等凸出物体，以免造成损伤 |

续表

| 作业步骤 | 风险 | | 注意事项 |
|---|---|---|---|
| 搬运 | 物体打击、起重伤害、车辆伤害 | 2 | （1）在搬运过程前要确认工件摆放顺序、位置；<br>（2）工件运输过程中须由专人统一进行指挥 |
| | | 3 | 使用小型辅助机具前应检查其完好性及安全性，确保小型辅助机具安全、可靠 |
| | | 4 | 使用大型吊装机具进行大型预制材料搬运时，要预留其行动区域范围 |
| | | 5 | 对较大、较重的预制工件材料，需多次搬运到位时，防止造成材料的磕碰及损伤，在搬运前对材料进行相应的防护措施，保证其产品的完好性 |
| | | 6 | 拼装组对好的工件，在吊装过程中可能会发生强度不够而造成变形，所以在吊装、搬运、翻转过程前应提前对工件采取加固措施，防止变形的发生 |
| 组对 | 物体打击、触电 | 1 | 钢制平台在铺设前应对其基础、形变及完好性进行检查，使其能够保证组对技术方案要求 |
| | | 2 | 检查设备是否正常运行，确保电源、气源等连接稳定，避免在操作过程中出现意外 |
| | | 3 | 选择适合的小型工机具、工装和限位块，确保工具的质量可靠，能够满足工作的要求 |
| | | 4 | 在进行微调、切割、修补等操作前，必须进行精确地测量，使用合适的测量工具，确保数据的准确性，避免因测量误差导致的操作失误 |
| | | 5 | 遵循相应的操作规程，按照规定的步骤进行操作，避免出现违规操作导致的安全事故或质量问题 |
| | | 6 | 在完成组对后，检查设备的运行状态、材料的质量、连接处的紧密度等，确保组对的质量符合要求 |
| | | 7 | 工件焊接变形的处理。工件在焊接过程中会产生焊接变形，在组对过程可以对焊接变形的形式进行预判，采用反变形措施，防止工件发生焊接变形，避免造成工件变形尺寸无法满足设计要求而无法使用 |
| 临时固定 | 物体打击 | 1 | 根据材料类型和厚度，选择合适的焊材，确保焊点牢固可靠 |
| | | 2 | 根据结构要求和工作条件，选择适当的螺栓类型和规格，使用扭矩扳手或拉伸器确保螺栓预紧力一致 |
| | | 3 | 根据工作负载和环境条件，选择适当的缆风绳类型和规格，确保缆风绳的固定点稳固可靠，能够承受预期的工作负载 |
| | | 4 | 根据工作条件和结构要求，选择适当的垫块材料，确保垫块放置在正确的位置，能够承受结构的重量和防止其移动 |

续表

| 作业步骤 | 风险 | | 注意事项 |
|---|---|---|---|
| 临时固定 | 物体打击 | 5 | 确保限位块的设计合理，能够限制结构的移动范围并防止其变形，在安装限位块时，确保其安装精度和位置准确，以满足结构要求 |
| | | 6 | 特别注意在不同班次之间，重新检查临时固定的稳定性和完整性，确保其正常工作 |
| 固定 | 触电、物体打击、职业性眼病 | 1 | （1）选择合适的焊接参数，如电流、电压和焊接速度；<br>（2）固定完成后检查焊缝的外观质量，确保无裂纹、气孔和未熔合等缺陷 |
| | | 2 | （1）选择合适的螺栓和螺母，确保规格和材质符合要求；<br>（2）检查螺栓和螺母是否完好无损，无锈蚀或损伤；<br>（3）检查螺栓的紧固情况，确保无松动或脱落现象 |
| | | 3 | （1）选择合适的垫块材料，确保其具有足够的强度和稳定性；<br>（2）检查垫块尺寸和形状，确保与工件匹配；<br>（3）检查垫块与工件的接触情况，确保无间隙或晃动 |
| | | 4 | （1）根据工件尺寸和形状选择合适的限位块；<br>（2）检查限位块是否完好无损，无锈蚀或损伤；<br>（3）检查限位块与工件的接触情况，确保无间隙或晃动 |
| 意外情况处置 | 机械伤害、物体打击、职业性眼病、物理因素所致职业病 | 1 | 在工作中发现设备运转有异响时，应立即停机检查，通知相关人员进行处理 |
| | | 2 | （1）一旦发生伤害，立即将受伤部位远离伤害源，并进行初步的急救处理；<br>（2）对于眼部伤害，用清洁的水冲洗眼睛至少15min，并尽快就医；<br>（3）对于手部伤害，根据伤口情况进行清洗、止血、包扎等初步处理，并及时就医 |
| | | 3 | （1）感到腰部不适，应立即停止工作并休息；<br>（2）可以尝试冷敷或热敷来缓解疼痛和肌肉紧张；<br>（3）若疼痛持续或加重，应及时就医并进行专业治疗 |
| | | 4 | （1）在意外情况发生时，首先确保员工及自身的安全，并采取紧急措施防止事态恶化；<br>（2）立即启动应急预案，组织人员进行救援和处置；<br>（3）根据意外情况的具体类型，采取相应的急救措施，如灭火、人员紧急撤离等；<br>（4）及时报告上级管理部门，并配合相关部门进行调查和处理 |
| 完工 | | 1 | （1）经相关方检查确认合格后，设备复位，切断电源；<br>（2）工件摆放整齐，场地及时清理，保持场地整洁，安全通道畅通；<br>（3）工具及设备归位，将产生的废弃物分类放入指定的回装地点 |
| | | 2 | 关闭作业许可 |

## 2.23 螺栓连接作业

| 作业步骤 | 风险 | | 注意事项 |
|---|---|---|---|
| 作业应具备的条件 | | 1 | （1）参与螺栓连接作业人员要正确穿戴劳动防护用品，应佩戴防冲击护目镜；<br>（2）参与螺栓连接作业人员不得站在螺栓的中心线位置；<br>（3）螺栓连接应在宜操作位置，防止狭小空间等其他原因影响操作 |
| | | 2 | （1）当方案中涉及以下情况（包括但不限于）时必须经过书面确认和批准：<br>① 当采用专用卡具、自制工具及设备进行螺栓连接时；<br>② 螺栓连接作业环境条件受到限制时（如高处、受限空间、交叉作业、防爆区域）；<br>③ 在环境温度高于或低于一定程度可能影响到螺栓连接质量、工机具和设备性能时；<br>④ 不间断连续作业超过人体承受能力时；<br>⑤ 对易燃、易爆介质的压力容器和管道，换装垫片时；<br>⑥ 螺栓连接的施工方法会对原设计有影响时。<br>（2）当螺栓连接作业属于危险性较大作业活动时，需办理作业许可后方可作业（如高处、受限空间、交叉作业）。<br>（3）当设备、管线有压力或者内部介质不明时，严禁对其法兰螺栓进行拆除作业 |
| 准备工作 | 物体打击 | 1 | 检查工机具和设备的完整性、润滑情况、电源开关开启情况、用电设备接地情况 |
| | | 2 | 检查垫片、法兰、螺栓、螺母等部件表面处理情况、外观保护情况及符合规格情况 |
| | | 3 | 核对作业许可票证措施落实情况 |
| | | 4 | 检查周边作业环境是否存在不安全因素 |
| | | 5 | 确保现场施工位置已隔离，达到施工条件 |
| 搬运 | 物体打击、机械伤害、起重伤害 | 1 | 搬运重物之前，检查物体上是否有钉、尖片等凸出物体，以免造成损伤 |
| | | 2 | （1）在搬运过程前要确认工件摆放顺序、位置；<br>（2）工件运输过程中须由专人统一进行指挥 |
| | | 3 | 使用小型辅助机具前应检查其完好性及安全性，确保小型辅助机具安全、可靠 |
| | | 4 | 使用大型吊装机具进行大型预制材料搬运时，要预留其行动区域范围 |
| | | 5 | 对较大、较重的工件、材料，需多次搬运到位时，防止造成材料的磕碰及损伤，在搬运前对材料进行相应的防护措施，保证其产品的完好性 |
| | | 6 | 螺栓连接好的工件，在吊装过程中可能会发生强度不够而造成变形，所以在吊装、搬运、翻转过程前应提前对工件采取加固措施，防止变形的发生 |

续表

| 作业步骤 | 风险 | | 注意事项 |
|---|---|---|---|
| 螺栓连接 | 物体打击 | 1 | 螺柱、螺栓和螺母的润滑：<br>（1）螺栓和螺母使用前必须进行润滑处理，使螺栓紧固时有低的摩擦系数及提高螺栓螺母的抗滑丝、抗腐蚀性能。<br>（2）螺柱螺纹、螺母螺纹和接触面在使用涂润滑油前必须脱脂和干燥。<br>（3）对螺栓螺纹、螺母螺纹、螺母承载面、垫圈、法兰上的螺母支撑面应正当地使用统一的润滑油 |
| | | 2 | 法兰安装：<br>（1）对标准法兰而言，螺栓能自由穿入螺栓孔即认为是对中的。<br>（2）在管道与管道法兰安装中，松开相邻管道支撑并且调整至正确的对中。当安装管道至设备时，只调节管道。<br>（3）在任何情况下都不能调节设备来到达对中。<br>（4）在螺栓孔直径及螺栓直径符合标准的情况下，不用其他工具可将螺栓自由地穿入螺栓孔为合格。<br>（5）安装前应清点使用的工具和材料，防止遗落在管道（设备）内 |
| | | 3 | 螺栓、垫片安装：<br>（1）垫片与法兰密封面应清洗干净，不得有任何影响连接密封性能的划痕、斑点等缺陷存在。<br>（2）垫片外径应比法兰密封面外径小，垫片内径应比管道内径稍大，两内径的差一般取垫片厚度的2倍，以保证压紧后，垫片内缘不致伸入容器或管道内，以免妨碍容器或管道中流体的流动。<br>（3）用4个螺栓以水平垂直交叉十字型给垫片进行定位，确保垫片中心在突缘边沿以内，紧固这4个螺栓，垫片预紧力不应超过设计规定，以免垫片过度压缩丧失回弹能力。<br>（4）接着插入其他螺柱螺栓并手紧使其载荷平衡，确保螺母两端每端至少露出2个螺纹在外。<br>（5）螺母和平垫圈装配时，螺母和垫圈均反面靠近被连接件，螺母标有字样的一面为正面，垫圈圆滑一面的为正面 |
| 临时固定 | 物体打击 | 1 | 根据结构要求和工作条件，选择适当的螺栓类型和规格，使用扭矩扳手或拉伸器确保螺栓预紧力一致 |
| | | 2 | 根据工作负载和环境条件，选择适当的缆风绳类型和规格，确保缆风绳的固定点稳固可靠，能够承受预期的工作负载 |
| | | 3 | 根据工作条件和结构要求，选择适当的垫块材料，确保垫块放置在正确的位置，能够承受结构的重量和防止其移动 |
| | | 4 | 确保限位块的设计合理，能够限制结构的移动范围并防止其变形，在安装限位块时，确保其安装精度和位置准确，以满足结构要求 |
| 螺栓紧固 | 物体打击 | 1 | （1）单头螺栓的螺母通常安在上端面，便于操作；特殊情况下，螺母安在下端（如深井泵管法兰螺栓），螺母露出螺杆2～4倍螺距的长度，按对称交叉的方法将螺母拧紧。 |

续表

| 作业步骤 | 风险 | | 注意事项 |
|---|---|---|---|
| 螺栓紧固 | 物体打击 | 1 | （2）紧固螺钉的头部应拧入圆锥孔内或沟槽内；圆锥孔不宜太深，必须使螺钉头与圆锥孔面间有一定的摩擦力。<br>（3）装配扭剪型高强度螺栓时应分两次拧紧，直至将尾部卡头拧掉为止。<br>（4）高压容器设备的装配螺栓应分三次拧紧：第一次用对称法紧固，紧固程度达70%，第二次用间隔法紧固，紧固程度达90%；第三次用顺序法紧固，紧固程度达100%。有热紧要求的按100%的力再紧两边。<br>（5）高强度螺栓及其紧固件应配套使用，拧紧时，应分两次进行。初拧力矩值不得小于终拧力矩值的30%。终拧力矩应符合设计要求。对于大型节点应分初拧、复拧和终拧。<br>（6）扭紧安装完成后，螺栓螺纹应比螺母突出2.5圈。<br>（7）螺栓紧固完毕后，在螺栓头部做标记。<br>（8）对每条螺栓进行检查，对漏拧、虚拧加以紧固到目标值 |
| | | 2 | （1）按先中间、后两边、对角、顺时针方向依次、分阶段紧固。<br>（2）一般分两段紧固：第一步拧50%左右的力矩；第二步拧100%的力矩。<br>（3）螺栓末端应露出螺母外1～3个螺距。<br>（4）高压容器设备的装配螺栓应分三次拧紧：第一次用对称法紧固，紧固程度达70%，第二次用间隔法紧固，紧固程度达90%；第三次用顺序法紧固，紧固程度达100%。<br>（5）有热紧要求的按100%力再紧两边 |
| 意外情况处置 | 物体打击、物理因素所致职业病 | 1 | 在工作中发现设备运转有异响时，应立即停机检查，通知相关人员进行处理 |
| | | 2 | （1）一旦发生伤害，立即将受伤部位远离伤害源，并进行初步的急救处理；<br>（2）对于手部伤害，根据伤口情况进行清洗、止血、包扎等初步处理，并及时就医 |
| | | 3 | （1）感到腰部不适，应立即停止工作并休息；<br>（2）可以尝试冷敷或热敷来缓解疼痛和肌肉紧张；<br>（3）若疼痛持续或加重，应及时就医并进行专业治疗 |
| | | 4 | （1）在意外情况发生时，首先确保员工及自身的安全，并采取紧急措施防止事态恶化；<br>（2）立即启动应急预案，组织人员进行救援和处置；<br>（3）根据意外情况的具体类型，采取相应的急救措施，如灭火、人员紧急撤离等；<br>（4）及时报告上级管理部门，并配合相关部门进行调查和处理 |
| 完工 | | 1 | （1）经相关方检查确认合格后，设备复位，切断电源；<br>（2）工件摆放整齐，场地及时清理，保持场地整洁，安全通道畅通；<br>（3）工具及设备归位，将产生的废弃物分类放入指定的回装地点 |
| | | 2 | 关闭相关的作业许可 |

## 2.24 布管、运输作业

| 作业步骤 | 风险 | | 注意事项 |
|---|---|---|---|
| 作业应具备的条件 | | 1 | 管道管口周长误差不大于5mm，前后管道管口椭圆度相近 |
| | | 2 | （1）勘察运输道路，根据道路情况选择合适运输车辆和吊装车辆。<br>（2）现场临时堆管或作业带内布管，应按设计技术要求采取保护措施，避免损伤防腐管或发生危险。<br>（3）防腐管应同向分层码垛堆放，堆放高度不应大于1.5m。不同规格、材质的防腐管应分开堆放。<br>（4）布管前，应熟悉掌握施工段的设计图纸及技术要求、测量放线资料及现场定桩情况、现场通行道路及地形地质情况 |
| 准备工作 | 车辆伤害、物体打击 | 1 | 准备好运布管用的吊具、垫管用的沙袋等 |
| | | 2 | 施工人员接受培训或安全技术交底，包含危险因素及控制措施等 |
| | | 3 | 了解并掌握沿线伴行公路、运管通道、作业带内沟边便道的情况，制订合理的运布管线路 |
| | | 4 | 准备吊管、布管专用吊具、锁具等机具。吊装作业区域要警示围护和挂安全警示牌 |
| | | 5 | 检查吊车支腿是否稳当牢固符合安全要求。信号工、司索工、安全监护等人员到位 |
| | | 6 | 管材拉运前，在管段中转站与业主办理管段转接检验手续，对防腐管壁厚度、圆度、坡口逐根验对。拒收不合格的管段，防腐层有损坏的地方，及时通报业主或监理，采取相应补救措施 |
| | | 7 | 运管材的车辆中速行驶，避免急刹车以防止管子移动、滑落伤人 |
| 运管作业 | 车辆伤害、物体打击、起重伤害 | 1 | 运管时，拖车与驾驶室之间设置止推挡板，立柱齐全，与管道接触面有厚度不小于10mm的橡胶板 |
| | | 2 | 装管高度不超过3层，管道伸出车后的长度不超过2m。装管后采用外套橡胶管或其他软质管套的捆绑绳捆绑，捆绑不少于2处，捆绑绳与管道接触处加橡胶板或其他软材料衬垫；或用尼龙带、绳捆扎。热煨弯头采用拖板车拉运 |
| | | 3 | 当通用的运管车辆不能到达作业带时，可在道路末端设集散地，利用乡间土路进行一次倒运。采用改制的单车背架或轮式拖拉机改制的炮车拖管。当上述乡间土路也无法接近作业带且土壤承载能力较低时，可在路末端设集散地，由湿地牵引车牵引宽脚爬犁或船形爬犁进行二次倒运，将钢管运至作业带 |
| | | 4 | 管材装卸车采用经监理批准使用的吊具与吊带，尾沟宽度为100mm，弧度与管口弧度吻合；吻合处加垫橡胶衬垫或其他弹性材料；尾沟吊绳与管线夹角大于30°，以减少对管口的横向拉力 |
| | | 5 | 装卸管时，各工种严格执行其操作规程，轻吊轻放，严禁摔、撞、磕、碰损坏防腐层 |

续表

| 作业步骤 | 风险 | | 注意事项 |
|---|---|---|---|
| 运管作业 | 车辆伤害、物体打击、起重伤害 | 6 | 汽车吊、吊管机司机按操作规程起吊作业，起吊设备工作时，非操作人员不得在起吊设备上，起吊管时吊臂下面不得有人 |
| | | 7 | 弯管（弯头）的拉运采用专用胎具，竖向放置；弯头必须横卧单层放置；管件与胎具或车体接触点加垫胶皮或装有谷糠的尼龙袋，对防腐层进行有效防护；运输中超宽车辆应设置警示标志；弯头、弯管采用两点吊装 |
| 布管作业 | 起重伤害、物体打击、车辆伤害、触电 | 1 | 施工人员依据设计图纸，共同确认不同壁厚、防腐层类型的管段分界点，打上管理桩、标识明显，保证与图纸分界点的误差小于12m |
| | | 2 | 布管在施工作业带的组装一侧进行，布管前用灰线放出布管中心线和定位的十字线 |
| | | 3 | 布管时保持首尾衔接，相邻两管口呈锯齿形分开，并在一侧距管端1.2～1.8m设置管垛，支墩为细土筑成的管墩或沙袋、装填软质物的编织袋等；半自动焊作业时，支墩高度为0.5～0.7m；另一侧距管端1.2～1.8m处用沙袋垫高0.3m，使管道不与地面接触。管端与管沟边线的距离≥1m，并根据土壤承载力及沟深的不同适当调整增大 |
| | | 4 | 布管过程中，每15～20根核查一次管道的位置、壁厚、防腐结构等，发现问题及时调整 |
| | | 5 | 坡地布管时，加大支撑物宽度，管道摆放平整；当坡度大于5°而小于15°时，在每根管道的低端设置支挡物，如土墩或锚固桩；当坡度大于15°时，则不得提前布管，而是将管道堆放于坡顶或坡脚，待组装时随用随取 |
| | | 6 | 吊管过程中，控制起降速度，做到"轻起轻落"；管道在空中时保持水平，不得斜拉歪吊；管道不允许在地面上拖拉，吊运过程中不得碰撞起吊设备、其他管道及周围物体 |
| | | 7 | 遇水渠、道路等构筑物时，将管道摆放于位置宽阔的一侧 |
| | | 8 | 布管时使用的设备应尽量躲开输电线路，吊车空载行走时应将吊杆收回原位，以免发生碰撞事故，在输电线路附近布管时，设专人进行指挥、监护 |
| | | 9 | 采用沟下组装施工工艺，要在管沟开挖、验收及焊接操作坑开挖后进行。布管时，用挖掘机逐根将管道吊到沟下管沟中心位置。沟下布管时有专人指挥，将管道放在管沟中心。管道与管道之间首尾相连，管内清理、洗口、管口打磨在管道吊起时进行 |
| 意外情况处置 | 起重伤害、物体打击、车辆伤害、道路交通事故 | 1 | 运布管时发现管道存在滑落倾向，应缓慢匀速降低管道吊起高度，禁止人员进入管道正下方及滑落方向范围内，合理使用牵引绳，将管道放置到平缓地段，重新绑扎固定 |
| | | 2 | 布管时如果遇到电杆或电线等障碍物，应将挖机或吊车空载行走，将吊杆收回原位，以免发生碰撞事故 |

续表

| 作业步骤 | 风险 | | 注意事项 |
|---|---|---|---|
| 意外情况处置 | 起重伤害、物体打击、车辆伤害、道路交通事故 | 3 | 运管发生交通事故时，应立即停车，放置警示警戒标志，检查管道固定情况，后续按照交通事故进行处理 |
| | | 4 | 作业中突然发生挖机等机械故障情况，机长应先停止挖机行走，将管道缓慢放置平缓地面，然后关闭挖机动力，随后通知负责人，进行故障排查，现场继续进行隔离警戒 |
| 完工 | 起重伤害 | 1 | 工作结束后，吊车臂和吊管机臂收回到安全位置，清理好现场 |
| | | 2 | 仔细检查工作场地周围，确认车辆停放在安全位置，方可离开现场 |
| | | 3 | 作业许可须关闭 |
| | | 4 | 施工现场必须做到 5S 管理 |

## 2.25 顶管穿越作业

| 作业步骤 | 风险 | | 注意事项 |
|---|---|---|---|
| 作业应具备的条件 | | 1 | 现场预留试块，及时预留、养护，及时送检 |
| | | 2 | （1）顶管穿越作业施工方案审批手续齐全；<br>（2）当方案变更时，应再次履行审批手续；<br>（3）穿越铁路、公路、高速公路等工程，在施工之前应和相关主管部门取得联系，办理好审批手续；<br>（4）顶管穿越作业需办理作业许可后方可作业（如临时用电、吊装、动土作业等） |
| | | 3 | （1）施工前，全面了解、摸排、熟知地下障碍物；<br>（2）清理作业面、规划好作业区域（设备摆放区、耕植土堆放区、顶进坑、接收坑、材料堆放区、弃土临时堆放区、机具设备作业面等），各个区域布置合理、排水通畅；<br>（3）顶管用的燃油设备要做好防漏防渗处理，做好环保措施；<br>（4）应备有灭火器等消防设备，夜间施工应有充分的照明设施；<br>（5）顶管穿越作业区域现场设置的安全警示及防护围栏、硬质围挡；<br>（6）顶管穿越作业受限空间作业、临边作业时应正确系挂安全带、合理布置逃生梯；<br>（7）施工弃土、垃圾运输到指定区域 |
| 准备工作 | | 1 | 穿越公路、铁路、高速公路前，应取得地方相关部门批准的施工许可手续 |
| | | 2 | 作业前应根据工程需要与相关单位、部门联系，掌握地下及周边设施管道、线缆、建（构）筑物等情况 |
| | | 3 | 穿越施工方案、应急预案等作业策划性文件应按要求完成编制、审查、审批等 |

续表

| 作业步骤 | 风险 | | 注意事项 |
|---|---|---|---|
| 准备工作 | | 4 | 警戒隔离及警示标识、硬围护均已设置完成 |
| | | 5 | 起重作业人员应持有效特种作业、特种设备作业人员资格证，实际操作项目应与证书准操项目一致 |
| | | 6 | 确认作业前检查现场"三通一平"已经满足施工要求 |
| | | 7 | 针对作业环境可能存在坍塌、涌水、沉降、滑坡等风险，开展检查、检测和监测工作 |
| | | 8 | 对作业人员进行安全技术交底，含穿越和危险因素及控制措施等 |
| 顶进坑、接收坑和后背墙的制作 | 坍塌、机械伤害、车辆伤害、物体打击、淹溺 | 1 | 根据定位放线确定顶进坑、接收坑位置，合理布局机械设备摆放位置 |
| | | 2 | 若开挖深度较浅，可采用分层开挖，放连续坡；深度较深的情况下可进行台阶式放坡；无论采用哪种方法放坡，开挖完成后均要搭设逃生梯 |
| | | 3 | 顶进坑和接收坑采用履带式挖掘机开挖，人工清理的方式。开挖的弃土需运至坑边3m以上堆放，防止井顶周围堆土引起地面超载，影响井壁的安全稳定性 |
| | | 4 | 开挖完成后需在坑底设置集水坑，坑内放置滤水混凝土套管，套管外包裹一层布和钢丝网，坑底碎石，以便过滤泥土。施工过程中必须保证排水顺畅并随时将集水坑中的水排出工作井外。在施工过程中如地下水位高，应安排专人24h值班抽水，抽水工作从降水开始直至回填土施工完毕 |
| | | 5 | 顶进坑、接收坑和后背墙，严格按照设计文件施工和验收；坑底部应平整夯实，基面应采取垫枕木或做混凝土基面等处理，井底板高程允许偏差应不大于30mm |
| | | 6 | 后背墙的结构必须满足顶管最大允许顶力和设计要求。装配式后背墙宜采用方木、型钢或钢板等组装，底端宜在工作井底以下且不小于50cm。组装构件应规格一致、紧贴固定。后背土体壁面应与后背墙贴紧，有孔隙时应采用砂石料填塞密实 |
| | | 7 | 工作井空间较小，各作业人员作业时观察周围人员情况再进行作业，防止误伤 |
| 设备就位、调试 | 起重伤害、触电、物体打击、机械伤害 | 1 | 设备吊装就位前应将吊车支腿垫好垫木或钢板，检查吊具是否完好；严禁超重起吊作业，严禁违章指挥与操作 |
| | | 2 | 设备、套管下井时严禁超重起吊作业，严禁违章指挥与操作，并设置专人监护，下井完成前井内禁止站人 |
| | | 3 | 设备做好接地，防护措施牢固可靠，作业过程中注意对电线电缆的保护 |
| | | 4 | 顶管机、发电机就位后做好接地并进行检测，检查电缆是否有破损，避免触电 |

续表

| 作业步骤 | 风险 | | 注意事项 |
|---|---|---|---|
| 设备就位、调试 | 起重伤害、触电、物体打击、机械伤害 | 5 | 导轨用2根工字钢制作，导轨支撑使用方木，根据地基承载力和地下水位情况，也可采用碎石方木进行支撑；导轨等材料堆放严禁超高，保持码放间距并要求稳固平稳堆放，防止出现晃动失稳 |
| | | 6 | 联机调试应确保液压、电气、通风、冷却水、排渣系统、润滑系统、机械系统均正常 |
| | | 7 | 多人配合进行装配作业时，应加强指挥，并相互询问和协调作业步骤，严禁不按指挥随意作业 |
| 顶进、出渣 | 坍塌、淹溺、触电、中毒和窒息 | 1 | 顶进前对现场进行实地踏勘，与地勘报告予以比较，避免地下积水造成顶管作业时透水塌方 |
| | | 2 | 管径小于或等于800mm时，不得采用人工方法掘进；人员掘进作业时采用头戴式矿灯；人工挖土，土质为砂、砂砾石时，应采用工具管或注浆加固土层的措施 |
| | | 3 | 采用敞开式顶管机时，应将地下水位降至管底以下不小于0.5m处，并采取措施，防止水源进入顶管的管道 |
| | | 4 | 施工过程中应按监控量测方案的要求布设监测点，设专人对施工影响区内的地面、地下管线和建（构）筑物的沉降、倾斜、裂缝等进行观察量测并记录，确认正常；发现异常应及时上报监理及业主 |
| | | 5 | 顶管切入土层后，应自上而下分层开挖，严防正面坍塌。必要时可以采用注浆加固等措施，以保证土体稳定。顶管机迎面的超挖量应根据土质条件确定。在管道下时钟的4～8点位置不宜超挖，管顶部超挖量≤15mm。管前超挖应根据具体情况确定，并制订安全保护措施。顶进作业时，宜在套管外壁涂润滑剂 |
| | | 6 | 采用四轮平板小推车运土，从工作面挖下来的土，要及时通过管内用小推车水平运输至工作井内，然后垂直提升至地面；泥土堆放不得阻碍交通和掉落到干渠内 |
| | | 7 | 起吊小推车时，井内作业人员不得在小推车下方，小推车装渣不得超过车斗边缘 |
| | | 8 | 作业前加强通风，配备气体检测，作业时跟踪监测，使用对讲机通话并确认通信畅通。现场临时用电应符合《施工现场临时用电安全技术规范》（JGJ 46）相关规定 |
| 纠偏、注浆 | 坍塌 | 1 | 当偏差为10～20mm时，采用超挖纠偏，超挖纠偏时避免过度超挖引起坍塌 |
| | | 2 | 当偏差大于20mm时，采用顶木纠偏与超挖纠偏结合作业，纠偏前应确保所撑的钢板或木板牢固 |
| | | 3 | 根据顶管施工过程中钢筋混凝土管节外壁空隙情况分别采用地面注浆、管内注浆；管内注浆时注意观察空隙情况，发生松土时及时退出；注浆时戴好护目镜，避免水泥入眼 |

续表

| 作业步骤 | 风险 | | 注意事项 |
|---|---|---|---|
| 顶出贯通 | 坍塌、机械伤害 | 1 | 当顶管贯通后,进入接收井的顶管机和管端下部应设枕垫 |
| | | 2 | 管道两端露在工作井中的长度不宜小于0.5m,且不得有环形焊口 |
| | | 3 | 工作井中露出的混凝土管道端部应及时浇筑混凝土基础 |
| 意外情况处置 | 起重伤害、机械伤害、坍塌 | 1 | 吊装过程中发生吊物脱落时,吊车应立即停止吊装,负责人确认吊机、吊物稳固后对吊具、吊物状况进行检查,若可以继续吊装则重新进行吊装,若无法继续吊装则应按照应急预案程序上报领导小组 |
| | | 2 | 当发生以下情况都应停机检查、处理后再进行作业:<br>(1)顶管机前方遇到障碍物。<br>(2)后背墙严重变形。<br>(3)顶铁发生扭曲现象。<br>(4)管位偏差过大,无法纠正。<br>(5)顶管周围地势变形量超出正常范围 |
| | | 3 | 顶管中突然发生顶管机故障或停电情况,机长应先关闭顶管机,然后关闭电源,随后通知负责人,进行故障排查,现场继续进行隔离警戒 |
| | | 4 | 顶管过程中,发生坍塌、灌水等情况时,及时按照应急预案进行处置,先停止作业,人员转移到紧急集合点;统一指挥,处理突发事件 |
| 完工 | | 1 | 所有作业完成后,系统拆除连接,设备撤场 |
| | | 2 | 工具及设备归位,将产生的废弃物分类放入指定的回装地点 |
| | | 3 | 完工后应按保养手册的规定对设备、工器具进行清洗、保养 |
| | | 4 | 完工后地貌恢复符合地方上相关部门管理规定和设计要求 |
| | | 5 | 关闭作业许可 |
| | | 6 | 做好顶管记录、隐蔽资料,报监理完善签字等 |

## 2.26 夯管穿越作业

| 作业步骤 | 风险 | | 注意事项 |
|---|---|---|---|
| 作业应具备的条件 | | 1 | (1)供气管路应连接牢靠、布置合理,紧急泄压设施应完好;<br>(2)穿孔机、空压机等设备使用、保养实行机长制,专机专用,定期进行保养、维修并形成维护保养记录 |
| | | 2 | 钢管壁厚符合设计要求,成品钢管及外防腐层质量检验合格 |
| | | 3 | (1)夯管穿越作业施工方案审批手续齐全;<br>(2)当方案变更时,应再次履行审批手续; |

续表

| 作业步骤 | 风险 | | 注意事项 |
|---|---|---|---|
| 作业应具备的条件 | | 3 | （3）穿越铁路、公路、河流等工程，在施工之前应和相关主管部门取得联系；<br>（4）夯管穿越作业需办理作业许可后方可作业（如临时用电、吊装、动土作业等）；<br>（5）穿越城市道路，覆土厚度不小于2倍管径，且不得小于1.0m；<br>（6）地层中最大卵砾石粒径或最大块状物的尺寸不得超过0.5倍的夯进管外径 |
| | | 4 | （1）施工前，全面了解、摸排、熟知地下障碍物；<br>（2）排水设施做全面规划，布置合理，当地下水位较高时，应降水至管底500mm以下，工作井口比周围地面高300mm以上；<br>（3）合理设置设备区域、材料区域、作业区域，避免相互影响；<br>（4）应备有灭火器等消防设备，夜间施工应有充分的照明设施；<br>（5）夯管穿越作业区域现场设置的安全警示及防护围栏、硬质围挡；<br>（6）工作场地通道畅通，满足车辆、人员通行要求 |
| 准备工作 | 机械伤害 | 1 | 动土作业、危险区域动火、吊装作业、进入受限空间等须办理作业许可 |
| | | 2 | 作业许可的工作内容须接受培训或技术交底 |
| | | 3 | 工作前应检查挖掘机械、运输车辆、吊车、空压机、穿孔机等设备和工作系统完好 |
| | | 4 | 夯进前，检查连接器与穿孔机、钢管刚性连接牢固、位置正确、中心轴线一致 |
| | | 5 | 检查工作区域内无非施工人员滞留，确认环境无隐患威胁 |
| | | 6 | 夯进时，指挥人员统一下达启动信号，设备操作人员依序启动空压机、打开供气阀 |
| 工作井开挖 | 坍塌、机械伤害、物体打击、高处坠落 | 1 | 开挖应按设计和施工方案的要求，分层、分段、均衡开挖 |
| | | 2 | 开挖过程，应安排专人指挥，指挥挖掘、出土，检查井壁、支护结构的稳定情况 |
| | | 3 | 人员、机械配合作业，应保持一定安全距离 |
| | | 4 | 施工机具、运输车辆距工作井边缘距离，应根据土质、井深、支护情况和地面荷载并经验算确定，且最外着力点与井边距离不得小于1.5m |
| | | 5 | 开挖出的土方应及时清理，堆置土方和材料距离井口应保持2m以上 |
| | | 6 | 井口作业区设置封闭硬隔离围挡，无关人员不得进入 |
| | | 7 | 工作井内设置宽度不少于1.0m的安全梯或梯道，人员应通过安全梯或梯道进出 |

续表

| 作业步骤 | 风险 | | 注意事项 |
|---|---|---|---|
| 工作井开挖 | 坍塌、机械伤害、物体打击、高处坠落 | 8 | 采取先开挖后支护方法时，支护结构必须在达到设计要求的强度后，方可开挖下层土方，严禁提前开挖和超挖 |
| | | 9 | 基坑开挖应采取措施防止碰撞支护结构 |
| | | 10 | 当采用机械在软土场地作业时，应采取铺设渣土或砂石等硬化措施 |
| | | 11 | 雨季施工，应搭设防雨棚，并保障地面排水系统完好、畅通 |
| 管靴、钢管间焊接 | 触电、灼烫、物体打击、中毒和窒息、坍塌 | 1 | 身体避免与金属直接接触 |
| | | 2 | 更换焊条应戴电焊手套 |
| | | 3 | 管靴、钢管等材料应固定牢靠，防止滚动、滑动伤人 |
| | | 4 | 工作井内焊接时，作业空间应满足操作要求 |
| | | 5 | 工作井内焊接作业，应安排一人于上方配合，进行电焊机操作、焊把线调整，观察井壁和支护稳定情况 |
| | | 6 | 在有水或潮湿的环境进行焊接作业，须加垫干燥木板或绝缘板等安全设施 |
| 设备、钢管吊装 | 起重伤害、坍塌 | 1 | 设置拉绳，控制吊物摆动 |
| | | 2 | 钢管吊装，应采取 2 个以上吊点起吊，每点的吊索与水平线的夹角不宜小于 60° |
| | | 3 | 吊索系挂点应符合专项施工方案要求 |
| | | 4 | 吊运易散落物件时，应使用专用吊笼 |
| | | 5 | 起重机作业时，任何人不应停留在起重臂、吊物下方，吊物不应从人的正上方通过 |
| | | 6 | 随时检查吊物、吊索具、起重机运行状态，观察环境变化，避免设备故障、土方坍塌、地基沉陷等影响 |
| | | 7 | 禁止无关人员进入吊装作业区域 |
| | | 8 | 起重机支腿距离工作井坑边缘距离，应根据土质、井深、支护情况和地面荷载并经验算确定，且最外着力点与井边距离不得小于 1.5m |
| | | 9 | 工作井内吊装，人员必须撤离至安全位置，待吊物下降稳定后才可靠近 |
| | | 10 | 调整吊物时，人员必须撤离至安全位置，待吊物固定牢靠后才可靠近，人员不得在悬吊物下停留或通过 |
| | | 11 | 吊物被掩埋时，应进行清理后起吊 |
| | | 12 | 工作井内视线不佳时，应安排一名指挥人员于井内指挥，严格控制吊运速度 |

续表

| 作业步骤 | 风险 | | 注意事项 |
|---|---|---|---|
| 连接器与钢管连接、分离 | 机械伤害、物体打击、坍塌 | 1 | 人员应处于安全位置，禁止站立于连接器、钢管的前后端，禁止站立于锤击作业的前后方 |
| | | 2 | 避免身体与连接器、钢管接触 |
| | | 3 | 保留足够操作空间，避免被连接器或钢管挤压 |
| | | 4 | 做好连接器、钢管稳固，严防出现滑动、滚动 |
| | | 5 | 安排专人配合，确保管道轴线方向，检查井壁稳定情况 |
| 钢管夯进 | 机械伤害、坍塌、物体打击 | 1 | 控制供气量慢速试夯3～5m，确认设备运行工作情况、控制管道轴线位置 |
| | | 2 | 严格按照专项方案控制气动压力、夯进速率，气压必须控制在穿孔机工作气压的定值内 |
| | | 3 | 及时检查导轨变形情况及设备运行、连接器连接、导轨面与滑块接触情况等，靠近检查时应暂停夯管 |
| | | 4 | 及时检查地层、邻近建（构）筑物等周围环境的变形情况，出现变形超控制值立即停夯 |
| | | 5 | 夯进过程，严禁靠近供气管线、连接器、钢管、工作井等作业影响区域 |
| | | 6 | 钢管出洞前，严禁人员进入工作井 |
| | | 7 | 空压机、穿孔机等设备操作人员严禁脱离岗位 |
| | | 8 | 严禁无关人员进入设备运行区域，严禁非操作人员对设备进行操作 |
| 外防腐层补口 | 物体打击、机械伤害、火灾 | 1 | 钢管稳定牢靠，严防出现滚动、滑动、下坠等情况伤人 |
| | | 2 | 除锈作业，应佩戴防护眼镜、防尘口罩、耳塞、防护手套 |
| | | 3 | 刷漆作业，应佩戴防护口罩、防护手套，配置消防器材，油漆不得置于工作井内 |
| | | 4 | 人员应避免进入钢管下方作业，必要时应确认钢管支架稳固 |
| 排土 | 坍塌、机械伤害 | 1 | 气压、水压法排土，人员不得处于作业点前后方，严禁无关人员靠近影响区域 |
| | | 2 | 清理土方，应防止对井壁、支护结构造成碰撞 |
| | | 3 | 有水或潮湿环境，人员应穿戴雨靴、防水服 |
| | | 4 | 钻井液等废料不得随意排放 |

续表

| 作业步骤 | 风险 | | 注意事项 |
|---|---|---|---|
| 意外情况处置 | 机械伤害、坍塌、物体打击 | 1 | 设备无法正常运行或损坏，导轨、工作井变形时，应立即停止工作，检查原因、解决问题后继续作业 |
| | | 2 | 气动压力超过规定值，立即停止作业、泄放气压，检查问题、解决问题后继续作业 |
| | | 3 | 穿孔机在正常的工作气压、频率、冲击功等条件下，管节无法夯入或变形、开裂时，应立即停止作业，检查原因，制订措施后继续作业 |
| | | 4 | 钢管夯入速率突变时，应立即停止作业，检查原因、制订措施后继续作业 |
| | | 5 | 连接器损伤、管节接口破坏时，应立即停止作业，排查原因、制订措施、更换或维修后继续作业 |
| | | 6 | 遇到未预见的障碍物或意外的地质变化时，应立即停止作业，制订措施后继续作业 |
| | | 7 | 地层、邻近建（构）筑物等周围环境的变形量超出控制值时，应立即停止作业，排查原因、制订措施后继续作业 |
| 完工 | | 1 | 经相关方检查确认合格后（无残留气压、液压存在），设备复位，切断电源 |
| | | 2 | 废弃物分类放入指定的回装地点，施工现场必须做到5S管理 |
| | | 3 | 检查工作场地周围，确认坑洞防护到位、警示标识齐全，方可离开现场 |
| | | 4 | 作业许可须关闭 |

## 2.27 定向钻穿越作业

| 作业步骤 | 风险 | | 注意事项 |
|---|---|---|---|
| 作业应具备的条件 | | 1 | （1）定向钻穿越作业施工方案审批手续齐全；<br>（2）当方案变更时，应再次履行审批手续；<br>（3）穿越铁路、公路、河流等工程，在施工之前应和相关主管部门取得联系；<br>（4）定向钻穿越作业需办理作业许可后方可作业（如临时用电、吊装、动土作业等） |
| | | 2 | （1）施工前，全面了解、摸排、熟知地下障碍物；<br>（2）排水设施做全面规划，布置合理；<br>（3）要有足够的作业空间；<br>（4）应备有灭火器等消防设备，夜间施工应有充分的照明设施；<br>（5）定向钻穿越作业区域现场设置的安全警示及防护围栏、硬质围挡；<br>（6）定向钻穿越作业高处作业、临边作业时应正确系挂安全带 |

续表

| 作业步骤 | 风险 | | 注意事项 |
|---|---|---|---|
| 准备工作 | | 1 | 穿越公路、河流、水渠、水域、堤防建筑物前，应取得地方相关部门批准的施工许可手续 |
| | | 2 | 在河流、水渠、水域大开挖穿越时应与当地防汛、气象、水务部门保持联系，掌握汛情等 |
| | | 3 | 作业前应根据工程需要与相关单位、部门联系，掌握地下及周边设施管道、线缆、建（构）筑物等情况 |
| | | 4 | 穿越施工方案、应急预案等作业策划性文件应按要求完成编制、审查、审批等 |
| | | 5 | 警戒隔离及警示标识均已设置完成 |
| | | 6 | 针对作业环境可能存在坍塌、涌水、沉降、滑坡等风险，开展检查、检测和监测工作 |
| | | 7 | 对作业人员进行安全技术交底，含穿越和危险因素及控制措施等 |
| 测量放线 | 其他伤害、淹溺 | 1 | 事前掌握地形地貌，熟悉施工图纸 |
| | | 2 | 踏勘时要走动前先停止工作，认真看路 |
| | | 3 | 进入水域作业时应正确穿戴涉水作业服、救生衣 |
| 场地布置 | 坍塌、淹溺 | 1 | 场地开挖的堆土高度不能超过1.5m，远离作业区域，且需要采用密闭式防尘网遮盖 |
| | | 2 | 设置合理的钻井液池、沉淀池、排水沟等，且钻井液池、沉淀池需作防渗处理 |
| | | 3 | 钻井液池和沉淀池人行通道清洁防滑，池边有防坠入措施 |
| | | 4 | 地面的承压小于接地比压时，应采取措施 |
| | | 5 | 开挖导流沟，将可能跑、冒、流淌的钻井液引向钻井液回收池，钻井液部分循环利用 |
| | | 6 | 采用土工布将可能跑、冒、流淌钻井液的地方覆盖铺垫 |
| | | 7 | 雨季施工，应搭设防雨棚，并保障地面排水系统完好、畅通 |
| 设备就位 | 机械伤害、坍塌 | 1 | 将钻机就位在穿越中心线位置上，钻机就位完成后，测量控向参数、钻井液配制、试运转设备是否正常 |
| | | 2 | 根据设计图纸提供的入土角调整钻机高度，使钻机的行走轨道与水平面的夹角与设计的入土角相吻合 |
| | | 3 | 其他动力系统、钻井液系统按平面布置摆放在相应的位置 |
| | | 4 | 为保证钻机的稳定，需要对钻机基础采取加固处理措施（钻机下面铺垫路基板） |

续表

| 作业步骤 | 风险 | | 注意事项 |
|---|---|---|---|
| 测量控向参数 | 机械伤害 | 1 | 在施工作业带内无外界干扰的情况下，控向参数的测量尽量在设备进场前测量放线后完成 |
| | | 2 | 采用在入、出土点两侧沿中心线多测几点取平均值的方法，确定初步控向参数 |
| | | 3 | 直接用探测器测量控向参数，再取平均值并与上一个平均值进行比较，如差异很小，可取平均值获得实际的控向参数，如相差很大，分析原因后重新测量 |
| | | 4 | 实际测量获得最佳控向参数后，作好原始记录 |
| 试钻 | 机械伤害 | 1 | 设备各项技术性能及参数达到铭牌标准 |
| | | 2 | 设备运行平稳、无振动和异响，操作灵活可靠 |
| | | 3 | 各种安全防护、制动、限位和换向等装置完好、有效 |
| | | 4 | 设备的清洁、润滑、紧固、调整和防腐等达到要求 |
| | | 5 | 设备零部件、附件和工具齐全、完好 |
| 导向 | 机械伤害、坍塌 | 1 | 钻杆拆装时，应在钻杆的螺纹部位涂抹螺纹油 |
| | | 2 | 钻杆旋转时，任何人员不应接触钻杆 |
| | | 3 | 一般每钻进1m距离时，对钻头定位测量一次 |
| | | 4 | 摆动推进过程中钻杆有松动现象时，应下转数圈后再继续摆动推进 |
| 扩孔及洗孔 | 机械伤害、坍塌 | 1 | 扩孔及洗孔过程中，主机操作人员在没有得到操作指令时，不能操作定向钻机 |
| | | 2 | 扩孔及洗孔时，要保持钻井液泵有足够的排量，保证钻井液流速达到携带岩屑的能力，施工过程中根据实际情况调整钻井液性能及排量 |
| | | 3 | 扩孔根据各地层的抗压强度的不同变化灵活的控制扭矩，尽可能保证扩孔速度的均匀和钻井液排量、钻井液压力的均匀，保持洞口返浆容量较大和流速基本不变，避免返浆倒灌入孔道内 |
| | | 4 | 若扩孔时局部扭矩过大，应当立即降低扩孔进尺速度，同时加大钻井液排量和钻井液压力，确定扩孔器重新切削后逐步降低钻井液流量和压力到平均速度 |
| | | 5 | 洗孔时，增加钻井液流量20%～30%，尽量携带多的砂屑，并在遇到局部塌方地段，重新扩孔成形 |
| | | 6 | 若一次洗孔未能降低扭矩和推拉力，可以进行第二次清孔 |
| 回拖 | 机械伤害、起重伤害 | 1 | 检查确定洗孔的钻杆扭矩无异常变化后，方可进行回拖工作 |
| | | 2 | 回拖时必须按照要求报审得到监理检查合格允许回拖方可回拖 |

续表

| 作业步骤 | 风险 | | 注意事项 |
|---|---|---|---|
| 回拖 | 机械伤害、起重伤害 | 3 | 回拖时进行连续作业，避免因停工造成阻力增大，管线回拖前要仔细检查各连接部位是否牢固 |
| | | 4 | 回拖前对钻机、钻井泵、钻杆等设备钻具进行保养和小修，尽可能避免其回拖过程中存在问题 |
| 意外情况处置 | 机械伤害、坍塌、触电 | 1 | 钻进过程中推进或旋转压力突变时，应立即停机分析和查明原因 |
| | | 2 | 遇探棒无信号、信号不变、信号突变、水和气不通畅等情况时，应立即停机分析和查明原因 |
| | | 3 | 回拖过程中遇异常情况，如卡钻、水气路堵塞、旋转和回拖压力突变、地面和构筑物出现变化时，应立即停机检查分析，必要时开挖检查 |
| | | 4 | 作业中突然发生钻机故障或停电情况，机长应先关闭钻机，然后关闭电源，随后通知负责人，进行故障排查，现场继续进行隔离警戒 |
| 完工 | | 1 | 所有作业完成后，系统拆除连接，设备撤场 |
| | | 2 | 工具及设备归位，将产生的废弃物分类放入指定的回装地点 |
| | | 3 | 完工后应按保养手册的规定对设备、工器具进行清洗、保养 |
| | | 4 | 完工后地貌恢复符合地方上相关部门管理规定和设计要求 |
| | | 5 | 关闭作业许可 |

## 2.28 管道跨越作业

| 作业步骤 | 风险 | | 注意事项 |
|---|---|---|---|
| 作业应具备的条件 | | 1 | （1）当方案中涉及以下情况（包括但不限于）时必须经过书面确认和批准：<br>① 管道跨越作业环境条件受到限制时（如高处、动土、吊装、交叉作业、防爆区域）；<br>② 不间断连续作业超过人体承受能力时；<br>③ 需要增加临时吊耳或需大型吊装设备配合时。<br>（2）当管道跨越作业属于危险性较大作业活动时，需办理作业许可后方可作业（如高处、吊装、交叉作业、动土作业） |
| | | 2 | 雨雪天气、光线不足、风力达5级以上等不良环境时不宜进行室外作业 |
| 准备工作 | | 1 | 任务划分：在施工中以土建和综合安装作业队为主，以保证该作业队不间断作业为前提，进行其他队种的合理配置 |
| | | 2 | 进场施工便道修筑：根据施工现场实际情况，进行进场施工便道修筑 |

续表

| 作业步骤 | 风险 | | 注意事项 |
|---|---|---|---|
| 准备工作 | | 3 | 施工用电：除引入动力电外，设置发电机，以备急用 |
| | | 4 | 场地平整：根据施工需要，在跨越段两岸布设现场钢结构预制场、存料场、施工驻地等，进行场地平整 |
| | | 5 | 施工前办理好各项地方部门许可 |
| | | 6 | 配备满足施工需要的完好的机具、设备，并对自制的施工机具进行检验 |
| | | 7 | 施工前必须作好焊接工艺评定，并根据合格的焊接工艺评定编制焊接工艺规程和焊接作业指导书 |
| | | 8 | 施工区域拉好警戒线，放置好警戒标志，非施工人员禁止进入施工区域。同时安全员随时巡视检查。现场设置硬维护和软维护，并派专人值守 |
| | | 9 | 危险区域动火、高处作业、进入受限空间等须办理作业许可 |
| 土建施工 | 坍塌、其他伤害 | 1 | 土方开挖：按规定进行放坡，人员严禁靠近基坑边；严格按操作规程作业，无关人员远离施工设备 |
| | | 2 | 基础、锚固墩施工：手工弯曲钢筋时，板子应夹紧、拖平和握紧。脚要站稳，用力不应过猛。弯曲钢筋时，禁止非操作人员站在附近，尽量不在高空和脚手架上弯料作业 |
| 综合安装 | 高处坠落、物体打击、起重伤害 | 1 | 高空作业必须系上安全带，为高空作业搭设的脚手架必须牢固可靠，侧面应有栏杆，扶手或用防护网进行隔离。高空作业所用的工具，零件应放在工具袋内，上下传递物件不准抛丢，应系在绳子上吊上或放下 |
| | | 2 | 管道焊接时应使用专用的卡具，防止地线与钢管外壁碰撞、接触产生的电火花烧伤母材 |
| | | 3 | 吊装作业前熟悉吊装方案，仔细检查、核对钢丝绳、吊带等吊具的承载能力和安全性能，在吊装作业范围内设安全监督岗，划定警戒线，确保吊装安全 |
| 清管试压 | 物体打击、容器爆炸 | 1 | 清管和试压用临时装置，如临时收发球筒、试压封头等现场制作完成后，应经试压合格，方可用于跨越段管道清管及试压 |
| | | 2 | 在进行强度和严密性试压过程中，任何人员不得上跨越管桥从事任何作业，且不得带压修理缺陷 |
| 意外情况处置 | 触电 | 1 | 在焊接过程中如突然发生停电现象，应立即按程序切断设备电源 |
| | | 2 | 机械设备如有漏电现象，应立即切断电源，通知电工检修 |
| 完工 | | 1 | （1）经相关方检查确认合格后，设备复位，切断电源；<br>（2）工件摆放整齐，场地及时清理，保持场地整洁，安全通道畅通；<br>（3）工具及设备归位，将产生的废弃物分类放入指定的回装地点 |
| | | 2 | 关闭作业许可 |

## 2.29 长输管道沉管下沟作业

| 作业步骤 | 风险 | | 注意事项 |
|---|---|---|---|
| 作业应具备的条件 | | 1 | （1）应保持设备间安全距离。特殊的狭窄空间移动设备或吊装作业，应有专人指挥，设备间不应有人员通行；<br>（2）操作各种设备须经专业培训，如用挖掘机、全站仪、电火花检漏仪应设专人进行操作 |
| | | 2 | （1）作业施工方案审批手续齐全；<br>（2）当方案变更时，应再次履行审批手续；<br>（3）穿越河流时，在施工之前应和相关主管部门取得联系；<br>（4）需办理作业许可后方可作业（如：吊装、动土作业等） |
| | | 3 | （1）施工前，全面了解、摸排、熟知地下障碍物；<br>（2）下沟作业时，作业区范围内不应有无关人员进入；<br>（3）施工设备与电力线的安全距离应符合《油气长输管道工程施工及验收规范》（GB 50369）的规定；<br>（4）施工现场应设置足够数量的安全警示标志牌，夜间施工应有充分的照明设施；<br>（5）掌握水文气象资料，避免洪水、大雨（暴雨）时施工作业；<br>（6）合理规划作业面，标明管道中心线、挖机行走作业带、排水沟等整体作业位置 |
| 准备工作 | 机械伤害、物体打击、车辆伤害 | 1 | 施工前应进行现场调查，了解施工现场工程地质、水文地质、生态环境及受影响的相邻工程等情况 |
| | | 2 | 挖掘作业、吊装作业、进入受限空间等须办理作业许可 |
| | | 3 | 作业许可的工作内容须接受培训或安全技术交底 |
| | | 4 | 工作前应检查挖掘机械、运输车辆等设备工作系统完好 |
| | | 5 | 沉管前应确定管道中心线测量无误，确保管道敷设按照图纸要求进行 |
| | | 6 | 检查确认地下隐蔽设施性质、深度、走向等信息，并对无法机械开挖的区域进行标注 |
| | | 7 | 挖掘沉管作业时设置专人对管道两侧的挖机挖掘进度、深度、位置进行监控，确保管道不均匀受力发生倾斜和防腐层破损等现象 |
| | | 8 | 对作业带表层淤泥进行清理 |
| | | 9 | 作业带内应设置挡水坝和横向、纵向排水沟，形成排水网络，将作业带表层积水排出 |
| | | 10 | 靠近交通要道时，应设置警示标识，夜间设置红灯示警 |
| | | 11 | 挖机作业带应铺设合适的钢板，以便行走在淤泥路段不发生下陷和倾斜侧翻 |

续表

| 作业步骤 | 风险 | | 注意事项 |
|---|---|---|---|
| 开挖沉管作业 | 车辆伤害、物体打击、机械伤害 | 1 | 开挖时管道两侧挖机确保行走在铺设的钢板中心位置，避免钢板受力倾斜，导致挖机侧翻 |
| | | 2 | 开挖过程，应安排专人指挥，确保挖掘进度同步，深度满足设计要求 |
| | | 3 | 在对管道侧下方土方挖掘时应确保管道防腐层不被破坏，必要时将斗铲靠管道一侧固定胶皮 |
| | | 4 | 挖出土方应根据土层情况分开放置，以便在回填时区分生熟土质，后期不影响复垦工作 |
| | | 5 | 两侧挖机挖掘进度不同步时，应要求挖机立即进行调整，直至达到管道下方土方堆积高度一致 |
| | | 6 | 经过地下隐蔽设施时应标明，并与属地方进行沟通，确认开挖方式 |
| | | 7 | 在无法确认地下隐蔽设施而遭到破坏时，应立即停止施工，通知属地单位或个人准备抢修 |
| | | 8 | 雨季施工，应搭设防雨棚，并保障地面排水系统完好、畅通 |
| | | 9 | 发生地下水上涌时应立即在管道方向两端设置挡水坝，并用抽水泵进行抽水，以防后期因积水过多造成漂管现象 |
| 防腐层检漏、管沟深度测量 | 车辆伤害、物体打击、机械伤害 | 1 | 开挖长度达到沉管距离15m处应安排专人进行电火花检测，此时挖机应处于停止工作状态 |
| | | 2 | 开挖长度达到沉管距离15m处应安排专人进行管沟深度进行检测，此时挖机应处于停止工作状态 |
| | | 3 | 管道在地上长度不得低于一根管的长度 |
| | | 4 | 管沟深度不足时应调回挖机重新对管沟进行挖掘，直至深度满足设计需求 |
| | | 5 | 发生防腐层损坏时，根据防腐层破损大小采用补伤棒、补伤带、防腐套进行防腐作业 |
| 管沟小回填、警示带铺设 | 物体打击、高处坠落、坍塌、机械伤害 | 1 | 沉管长度达到100m时由第三台挖机对管道进行回填，覆土深度达到500mm |
| | | 2 | 由专人对挖机进行指挥，回填时应先将生土进行首层回填以便后期复垦工作 |
| | | 3 | 人员应利用逃生斜道或逃生梯进入管沟内作业 |
| | | 4 | 沟下作业人员必须由沟上监护人监护下进入管沟内作业 |
| | | 5 | 警示带应按照气流方向进行铺设，保证平整 |

续表

| 作业步骤 | 风险 | | 注意事项 |
|---|---|---|---|
| 管沟小回填、警示带铺设 | 物体打击、高处坠落、坍塌、机械伤害 | 6 | 管沟内存在石方时，应由施工人员配合挖机将其清理出管沟，避免对防腐层造成损坏 |
| | | 7 | 石方清理时，人员站位及作业尽量在挖机手视线范围内，并有专人对挖机进行指挥，避免造成机械伤害 |
| 管沟大回填 | 物体打击、机械伤害、车辆伤害 | 1 | 待警示带铺设完毕后，由挖机对管沟进行大回填 |
| | | 2 | 回填时应将最上方覆盖熟土 |
| | | 3 | 回填高度应超过地表面300mm，以便后续因雨水等其他作业导致沉降 |
| | | 4 | 作业产生的淤泥、石方等无法回填的应及时拉运出作业带 |
| 意外处理 | 物体打击、机械伤害 | 1 | 在挖掘过程中如遇地下水决堤，应及时安排机械和人员对挡水堤进行加固 |
| | | 2 | 在施工前期应多配置几台抽水泵避免因钻井液堵塞，导致无法正常工作时，应及时进行更换 |
| | | 3 | 挖掘机因液压管破裂导致液压系统失效时应立即停止作业，组织维修人员对液压系统进行检查并修复 |
| | | 4 | 电火花检漏仪应配备两台，对比检测，避免在一台出现故障时无法分辨 |
| 完工 | | 1 | 经相关方检查确认合格后，设备复位，切断电源，工具及设备撤离、归位 |
| | | 2 | 分段回填结束后，应能保证复垦，并经相关单位进行确认签字 |
| | | 3 | 施工遗留垃圾或废弃物及时清理，施工现场必须做到5S管理 |
| | | 4 | 关闭作业许可 |

## 2.30 长输管道吊管下沟作业

| 作业步骤 | 风险 | | 注意事项 |
|---|---|---|---|
| 作业应具备的条件 | | 1 | （1）配合作业的起重设备等特种设备作业人员应持有有效的特种作业操作证件；<br>（2）操作各种设备须经专业培训，如用吊管机、挖机、电火花检漏仪、全站仪应设专人进行操作 |
| | | 2 | （1）起重设备、电火花检漏仪等应检测、测试合格；<br>（2）起重设备供油、供电、液压、机械、安全装置等部位应保证正常工作； |

续表

| 作业步骤 | 风险 | | 注意事项 |
|---|---|---|---|
| 作业应具备的条件 | | 2 | （3）吊装作业使用的钢丝绳、吊带、卡扣应保证完好，无破损、断股、变形等现象；<br>（4）配备满足施工需要的完好的机具、设备，并对自制的施工机具进行检验 |
| | | 3 | （1）当方案中涉及以下情况（包括但不限于）时必须经过书面确认和批准：<br>① 长输管道吊管下沟作业环境条件受到限制时（如吊装、较大坡度、交叉作业）；<br>② 行走路径距离道路边缘较近存在车辆伤害风险时；<br>（2）当长输管道吊管下沟属于危险性较大作业活动时，需办理作业许可后方可作业（如吊装、交叉作业、较大坡度） |
| | | 4 | （1）雨雪天气、光线不足、风力达5级以上等不良环境时不宜进行室外作业；<br>（2）应对起重设备根据计算出的最小钢管弯曲半径和一次性下沟管线长度确定设备站位；<br>（3）应提前对起重设备吊管及行走的作业面进行平整、压实；<br>（4）应同时规划两条并行起重设备行走、吊管作业带；<br>（5）平原、山地等地面较为坚实能够承载起重器械行走的路面 |
| 准备工作 | | 1 | 应对吊管下沟作业区域拉设临时警戒线 |
| | | 2 | 吊装作业、进入受限空间等须办理作业许可 |
| | | 3 | 工作前应检查起重设备工作系统完好 |
| | | 4 | 管线下沟前应对管道防腐层进行电火花检漏，对防腐层破损的位置应进行补伤 |
| | | 5 | 管线下沟前应对管沟内坚硬物体进行清理，确保管道防腐层不被损坏 |
| | | 6 | 应对管沟内金属物进行清理，避免在后期PCM检测时出现误报等情况 |
| | | 7 | 检查吊装索具是否固定牢靠，安全卡扣是否安全可靠 |
| | | 8 | 管沟下沟作业前应对管沟每隔50m设置沟内挡墙一座，避免意外溜管造成长距离管段下滑 |
| | | 9 | 管线下沟前应安排专人对作业区域进行巡检，禁止无关人员进入 |
| | | 10 | 管线下沟至少保证3台起重负荷（根据管段长度、规格、一次性下沟长度计算所得满足需求的起重设备同时协作） |
| 吊管下沟 | 起重伤害、坍塌、车辆伤害 | 1 | 第1台起重设备起吊后离地0.3~0.5m后，第2台开始起吊管段 |
| | | 2 | 当第2台起重设备起吊后，两台起重设备之间管段全部离开地面后，第1台起重设备吊管向管沟中心线移动 |

续表

| 作业步骤 | 风险 | | 注意事项 |
|---|---|---|---|
| 吊管下沟 | 起重伤害、坍塌、车辆伤害 | 3 | 第2台起重设备保持起吊控制状态，第3台起重设备起吊 |
| | | 4 | 第2起重设备起重与第3台起重设备之间管段全部离开地面后，第2台吊管向管沟中心线移动 |
| | | 5 | 第1台起重设备缓慢将管段放置在管沟中心线，人工打开索具后向第3台起重设备后方移动，成为最后1台起重设备，以此类推重复直至全部管段下沟完成 |
| | | 6 | 整个起吊下管过程必须由至少2人进行监控指挥 |
| | | 7 | 管线下管起吊过程必须距管沟边缘500mm以上，避免防腐层破损 |
| | | 8 | 管沟边缘有障碍物时，起吊高度应绕过障碍物，若障碍物高度大于计算起吊高度时应及时移除 |
| | | 9 | 整个吊装过程必须有2台起重机械同时受力，承载负荷。如果1台起重机械出现故障，另外1台能够满足分段起吊重量 |
| | | 10 | 如果管线距管沟边缘过近，造成管沟塌方溜管时，应及时安排挖机对停止溜管处增设挡墙 |
| | | 11 | 在陡坡进行下管作业时应提前设置吊装设备操作平台，或防溜车设施 |
| 防腐层检漏、管沟深度测量 | 高处坠落、坍塌、机械伤害、物体打击 | 1 | 待整体管段下沟后人员由逃生通道或逃生斜道进入管沟内进行防腐层检测 |
| | | 2 | 待整体管段下沟后人员由逃生通道或逃生斜道进入管沟内进行标高复测 |
| | | 3 | 管段下沟后，由于沟底不平整，导致管线悬空，应安排挖机进行细土填实 |
| | | 4 | 发生防腐层损坏时，根据防腐层破损大小采用补伤棒、补伤带、防腐套进行防腐作业 |
| | | 5 | 管线整体下沟后应对标高进行复测，保证埋深满足设计要求；如果不足，应安排人工或挖机对不足处进行挖掘或清理 |
| 管沟回填和其他要求 | 坍塌、触电 | 1 | 全程管道下沟后在达到回填条件后要及时进行回填 |
| | | 2 | 全部管段回填后安排人员对两侧管口焊接临时盲板，防止异物进入管线内 |
| | | 3 | 管线下沟后应及时回填，避免管沟长时间暴晒或雨水浸泡塌方 |
| | | 4 | 对无法及时回填的管沟应设置隔离措施和警示标识牌 |
| 意外情况处置 | 起重伤害、坍塌、物体打击 | 1 | 吊索具破损崩断应立即停止作业，设置临时挡墙，将管线放置在挡墙处对吊索具进行更换 |

续表

| 作业步骤 | 风险 | | 注意事项 |
|---|---|---|---|
| 意外情况处置 | 起重伤害、坍塌、物体打击 | 2 | 起重设备因液压管破裂导致液压系统失效时应立即停止作业,组织维修人员对液压系统进行检查并修复 |
| | | 3 | 电火花检漏仪应配备2台,对比检测,避免在1台出现故障时无法分辨 |
| | | 4 | 如整段管线无法全部下沟时,应在末端设置挡墙,避免管线溜管 |
| 完工 | | 1 | (1)经相关方检查确认合格后,设备复位,切断电源;<br>(2)工件摆放整齐,场地及时清理,保持场地整洁,安全通道畅通;<br>(3)工具及设备归位,将产生的废弃物分类放入指定的回装地点 |
| | | 2 | 关闭作业许可 |

## 2.31 长输管道及集输管道清管通球作业

| 作业步骤 | 风险 | | 注意事项 |
|---|---|---|---|
| 作业应具备的条件 | | 1 | (1)收球筒和发球筒装置应保证压力等级满足现场管线压力要求;<br>(2)施工现场工机具堆放整齐,下垫、上盖标识清楚 |
| | | 2 | 清管通球宜选用复合式清管器,管径较小时也可选用清管球,清管球充水后直径过盈量应为管内径的5%~8% |
| | | 3 | (1)清管通球作业施工方案和应急预案审批手续齐全;<br>(2)当方案变更时,应再次履行审批手续;<br>(3)清管通球应在试压前,清管介质应用空气,清管次数不应少于2次,以开口端不再排出杂物为合格;<br>(4)在人口稠密区域施工,在施工之前应通知相关部门村社人员;<br>(5)清管通球作业需办理作业许可后方可作业(如临时用电、起重作业、试压作业等) |
| | | 4 | (1)线路上的截断阀不应参加清管通球,管道清管前应将不参与试压的设备、仪表和附件等加以隔离或拆除。加置盲板的部位应有明显的标志和记录,待试压后复位;<br>(2)清管通球应在管道大范围回填后进行;<br>(3)收球场地应设置在地势开阔的地方,50m内不得有居民和建筑物;<br>(4)高处作业、临边作业时应正确系挂安全带;<br>(5)应备有灭火器等消防设备,夜间施工应有充分的照明设施;<br>(6)清管通球作业区域现场应设置安全警示及防护围栏、硬质围挡;<br>(7)清管通球作业应统一指挥,并配备必要的交通工具,通信及医疗救护设备 |

续表

| 作业步骤 | 风险 | | 注意事项 |
|---|---|---|---|
| 准备工作 | 物体打击 | 1 | 作业人员进行安全技术交底，包括各工序准备及施工过程的危险因素及控制措施等 |
| | | 2 | 针对清管通球作业可能存在物体打击、爆炸等风险，按要求开展了监护工作 |
| | | 3 | 清管通球期间管线左右两侧30m、两端50m内按照相关要求设置警示标识、警示立杆、警示带 |
| | | 4 | 临时连通线接头固定应采用正式的紧固件，管道焊口应进行100%无损检测并合格 |
| | | 5 | 空压机宜设置在平整、空旷、宜操作位置，防止雨水积聚影响操作。空压机的机械性能应满足增压需求。空压机及相关电气设备要做到"一机一闸一保护" |
| | | 6 | 空压机工作期间必须有专人值守，严禁无关人员操作，值守人员定期检查空压机润滑油液位、控制系统等运行状况 |
| | | 7 | 发球端的空压机与发球筒系统连通，空压机运行状况符合要求 |
| | | 8 | 收球端关闭快开盲板，打开收球筒排气阀，检查通球指示仪压力表位置是否正确及运行状况是否正常 |
| | | 9 | 检查收球筒体的基础固定、所连管道固定状况，收球筒区域隔离警戒状况 |
| 装球 | 物体打击、起重伤害 | 1 | 检查清管器质量，外观无损伤、核对质量证明文件，测量清管器外径与管道内径是否匹配 |
| | | 2 | 打开发球筒装入清管器，确保方向正确。关闭发球筒盲板及筒体上阀门 |
| | | 3 | 使用起重机安装清管器时应遵守起重操作规程 |
| 升压及通球 | 物体打击、容器爆炸 | 1 | 准备开启空压机前，发球端负责联络人员告知收球端联络人做好相应准备。先打开进气阀，发球端打开放气阀，再开启空压机，观察压力表 |
| | | 2 | 清管器运行速度宜控制在4～5km/h为宜，工作压力宜为0.15～0.2MPa。必要时应加背压减小行进速度 |
| | | 3 | 清管器如遇阻可提高其工作压力，但不得超过管道设计压力和管材最小屈服强度的30%或临时发送筒的规定试验压力中的最小压力值 |
| | | 4 | 在增压期间收球端人员需始终保持在岗状态，观察排气阀位置是否有气体排出，严禁打开快开盲板、人员站立在收球筒前方"枪口"位置 |

续表

| 作业步骤 | 风险 | | 注意事项 |
|---|---|---|---|
| 升压及通球 | 物体打击、容器爆炸 | 5 | 当收球端人员发现通球指示仪指针发生变化和/或排气阀气量突然增大时,表示清管器进入收球筒,立刻告知发球端关闭空压机。发球端空压机长接到指令后关闭空压机、打开排气阀,待压力表指针归零后,告知收球端 |
| 取球 | 物体打击、容器爆炸 | 1 | 收球端首先确认排气阀无气体排出,压力表归零、谛听无气流声音,方可从收球筒侧面打开快开盲板,取球作业人员需始终处于收球筒侧面位置 |
| | | 2 | 清管器取出之后告知发球端。由技术人员通知相关方检查清管器状态确认通球质量 |
| 测径 | 物体打击、容器爆炸 | 1 | 在管道清管后,如果有设计要求进行管道测径,宜利用测径清管器进行管道测径。测径圆盘的直径不应小于测径分段内设计最小管径的 90% |
| | | 2 | 测径宜采用铝质测径板,测径后应检查测径板,如无明显变形、弯曲或大的划痕,则测径合格;如测径板有明显变形,则应分析管道变形原因及存在变形的位置,并应对管道进行整改,然后重新进行测径,直至合格为止 |
| 意外情况处置 | 物体打击、容器爆炸 | 1 | 当增压期间压力表超过管道设计压力和管材最小屈服强度的 30% 或临时发送筒的规定试验压力中的最小压力值。安全阀开始放空时,表示清管器处于卡顿状态、此时应关闭空压机,打开发球端阀门进行排气,确认压力归零。通过清管器探测仪需寻找卡顿部位。找到卡顿部位之后再次确认压力是否归零,办理作业许可后,方可处理卡顿 |
| | | 2 | 当发现收球端排气阀持续排气,但气量不大时,表示清管器可能处于收球筒内卡顿状态,此时应谛听连接部气流声音,确定卡顿之后,告知发球端关闭空压机、排气、泄压。待压力表归零、谛听无气流声音、排气阀无气体排出之后,方可打开快开盲板,取球作业人员需始终处于收球筒侧面位置 |
| | | 3 | 作业中突然发生压缩机故障或停电情况,应先关闭压缩机,然后关闭电源,随后通知负责人,进行故障排查,现场继续进行隔离警戒 |
| 完工 | | 1 | 待通球结束之后,拆除空压机与发球端系统连通。关闭快开盲板和相关阀门 |
| | | 2 | 拆除发球筒、收球筒和管道系统连接 |
| | | 3 | 工具及设备归位,将产生的废弃物分类放入指定的回装地点 |
| | | 4 | 完工后应按保养手册的规定对设备、工器具进行清洗、保养 |
| | | 5 | 完工后地貌恢复符合地方上相关部门管理规定和设计要求 |
| | | 6 | 关闭相关的作业许可 |

## 2.32 管道下沟及稳管组对作业

| 作业步骤 | 风险 | | 注意事项 |
|---|---|---|---|
| 作业应具备的条件 | | 1 | 自制工机具或首次使用的设备和工机具在使用前应经过批准 |
| | | 2 | （1）沟上焊后，在管沟旁，进行稳管组对、焊接、无损检测、防腐作业，然后管道整体下沟，吊装宜使用吊管机，严禁使用推土机或撬杠等非起重机具。<br>（2）沟下焊，单根管下沟，在管沟里进行稳管组对作业等。当采用溜放等方式下管时，应做好防腐层损伤和管沟垮塌的防护措施；单根管下沟严禁用撬杠或其他非起重工具，以及推管方式使管道直接滚入管沟。<br>（3）管道下沟前，先验沟、布置沙袋（土袋），下沟的管道两端进行封口处理 |
| | | 3 | 在危险区域（环境）进行动火、高处作业、沟下作业、进入受限空间等作业时须办理作业许可，并接受培训和安全、技术交底，作业人员穿戴好劳动保护用品 |
| 管道下沟 | 起重伤害、车辆伤害、机械伤害 | 1 | 管道下沟应由起重工、操作手、警戒人员、安全监督员、防腐工等共同配合完成，且应由专人统一指挥；下沟时，管道不应少于3~4台吊管机（具体数量应通过试验确定），严禁单机作业，以免发生滚沟事故 |
| | | 2 | 吊装前检查吊装带、卡具是否安全、可靠，管子支撑是否牢固，不得强力组对；吊装作业时，沟下作业时吊管机靠近管沟一侧的履带边缘距沟边距离不宜小于2m；吊管机等施工设备在纵坡和横坡上作业或行走时，应满足设备安全使用要求；各种施工机具和设备，其任何部位与架空电力线路应保持一定安全距离。吊装前检查吊带等吊索具，吊带完好无损，吊钩保险扣锁好然后缓慢起吊、移动、放下；缓慢移动机械设备，并鸣笛；吊装作业时，人员与挖机保持2m以上距离；不得在其作业半径内；不得在履带边沿；人体任何部位禁止位于两管口之间 |
| | | 3 | 管道下沟时，应注意避免与沟壁刮碰，必要时应在沟壁垫上木板或草袋，以防擦伤防腐层；吊具宜使用尼龙吊带，严禁直接使用钢丝绳，使用前，应对吊具进行吊装安全测试；起吊点距管道环焊缝距离不应小于2m，起吊高度以1m为宜，吊带与管道的夹角应在45°以上，每根吊带的安全工作负荷必须大于管道重量，且起吊点间距不应超过18m；严禁使用可能造成管子弯折或永久性变形的吊装方法和拉推强力下沟方法 |
| 稳管 | 坍塌 | 1 | 稳管地段应按设计要求进行稳管；管道下沟前检查沟内放置的沙袋是否规整，管子放置时沙袋是否有滑落的现象；管道下沟后，管道应与沟底表面贴实且放到管沟中心位置，在不受外力的情况下妥善就位，如出现管底局部悬空应用细土填塞密实；管道下沟后应对管顶标高进行复测，在竖向曲线段应对曲线的始点、中点和终点进行测量，不得出现浅埋 |

续表

| 作业步骤 | 风险 | | 注意事项 |
|---|---|---|---|
| 稳管 | 坍塌 | 2 | 穿越公路,管道从顶管套管或者开挖套管内通过,要提前安装固定滑块,滑块间距按设计要求布置;根据现场条件,可在套管内填充砂等填充材料或在套管一端安装通气管,套管两端宜封堵 |
| | | 3 | 穿越水塘鱼塘,采用开挖埋设,马鞍式压重块进行稳管,间隔2.5m/组,若地层为岩石类,则采用混凝土满槽浇筑稳管 |
| | | 4 | 穿越小型河流沟渠,管道埋深应在冲刷线以下≥1m;当河床为基岩且在设计洪水下不被冲刷时,管顶应嵌入基岩深度不小于0.5m或在河床稳定层下1.0m(管顶距稳定层表面),并根据具体河(渠)段的工程地质条件进行护岸和稳管;对于基岩性河床,均采用现浇混凝土的方式稳管;对于冲刷较大的土质河床,首先要确定冲刷深度,将管道埋设在冲刷线以下≥1m,并根据具体的工程地质条件进行护岸和稳管;管段下沟前,应先浇200mm厚的混凝土垫层;管沟回填时,现浇混凝土封顶 |
| 组对 | 物体打击、起重伤害、火灾、其他爆炸、机械伤害、触电、中毒和窒息 | 1 | 沟下组对作业采用四木搭作支撑时,四木搭的制作和强度应符合要求,须有防四木搭失稳的有效安全措施;连续使用四木搭数量不宜超过4个,防止因四木搭使用过多失稳引发整体倾倒;对于变坡点和坡度较大的地段,不宜使用四木搭进行沟下吊装作业;禁止使用三木搭和"人字"架进行沟下吊装作业 |
| | | 2 | 施工现场氧气瓶、乙炔瓶之间的摆放距离不得小于5m,并离动火点距离不得小于10m,乙炔瓶不得倒置摆放,必须有防倾倒措施;施工现场配置灭火器、急救设施;乙炔瓶必须安装阻火器;液化气瓶必须安装减压阀;预热时烤把前严禁站人,定期检查气带是否老化并及时更换;气瓶上悬挂装有肥皂水的检漏瓶,作业前检查是否漏气 |
| | | 3 | 管口切割与管口打磨:穿戴好劳动保护用品,尤其是护目镜、手套;打磨气割作业时,飞溅区域无人员靠近或设置挡板;并现场配置灭火器、烫伤膏;在纵向坡度地段组对应根据地质情况,对管子和施工机具采取稳固措施;管口与作业人员保持0.5m以上距离;脚、手、躯干不位于钢管与泥土之间;每日砂轮机使用前进行试运行,并查看状态,使用前检查砂轮片、钢丝刷,不应有缺陷,配备防护面具、口罩;砂轮片有无发潮、裂痕、是否过期;砂轮机与砂轮片的转速相匹配,安装砂轮片时使用扳手,严禁拆开砂轮机护罩,打磨作业时,双手要握稳,侧位站立;断电后才能进行维修、保养、交接砂轮机;作业时设置专人监护;在土质不稳定沟下组对时,检查是否按设计对管沟进行了放坡及采取必要的处理措施,同时设置防塌箱,配备逃生梯,安排专人监护;废弃的焊条头、焊渣、砂轮片和管道下料小件废弃物等应放在台班携带的回收桶内 |
| | | 4 | 对口时应有专人指挥,任何人不应站在两管口之间,装卸外对口器时,应注意配合,防止砸伤人员 |

续表

| 作业步骤 | 风险 | | 注意事项 |
|---|---|---|---|
| 组对 | 物体打击、起重伤害、火灾、其他爆炸、机械伤害、触电、中毒和窒息 | 5 | 当沟上焊时，管道组焊应在距管沟边缘 1.5m 外的区域进行；当沟下焊时，动设备距管沟边缘不应小于 1.5m，静设备距管沟边缘不应小于 1m；当在纵向坡度大于 7°或横向坡度大于 10°的坡地进行组焊时，应对施工机具采取锚固或牵引等措施，以防止发生位移。沟下组对焊接作业时，禁止清沟、管道下沟等交叉作业，非焊接人员应撤出管沟，并做好监护工作；焊接二线搭接为避免因引弧烧伤母材，应采用特制的专用二线搭接器，严禁在母材上搭接引弧；保温桶应放置在焊工作业附近的适当位置，应随取随关，禁止敞盖使用；保温桶内存放的焊条不宜超过 4h，当天未用完的焊条应回收存放，重新烘干后首先使用；进入管内检查焊口时，须持有审批的受限空间作业票，配备绳子、通信和低压照明工具，外部设专人监护，随时联系，防中暑、晕倒和窒息 |
| | | 6 | 大件废弃物（如钢管短节、废弃木材等）应堆放在施工现场的临时堆放点，集中回收处理 |
| | | 7 | 严禁在钢管上行走，在横跨管道时，管道两侧要设置梯子，通过管道时要注意防滑以确保安全；对于管道分段施工的起点和终点，管口要采取有效封堵，防止异物进入；当天施工结束时，不得留未焊完的焊口；对已组焊完管段，每天收工前或工休超过 2h 管口应做临时封堵 |
| | | 8 | 在组对管道前，清理管内的杂物等 |
| 意外情况处置 | 坍塌 | 1 | 管道下沟吊装过程中发生吊物脱落时，吊车应立即停止吊装，负责人确认吊机、吊物稳固后对吊具、吊物状况进行检查，若可以继续吊装则重新进行吊装，若无法继续吊装则应按照应急预案程序上报领导小组 |
| | | 2 | 沟下过程中，管沟发生坍塌、灌水等情况时，及时按照应急预案进行处置，先停止作业，人员转移到紧急集合点；统一指挥，处理突发事件 |
| 完工 | | 1 | 所有作业完成后，清理现场，设备撤场 |
| | | 2 | 工具及设备归位，将产生的废弃物分类放入指定的回装地点 |
| | | 3 | 完工后应按保养手册的规定对设备、工器具进行清洗、保养 |
| | | 4 | 关闭作业许可 |
| | | 5 | 做好组对记录、隐蔽资料，报监理完善签字等 |

## 2.33 焊接作业

| 作业步骤 | 风险 | 注意事项 |
|---|---|---|
| 作业应具备的条件 | | （1）电焊工应持有特种作业证，从事特种设备焊接的人员，必须同时持有特种设备操作证。当从事特殊环境焊接作业时，须执行《动火作业规程》或执行专项方案，并办理作业许可。电焊工在焊接作业前，应接受技术交底，内容包括但不限于：<br>① 作业点位置、周边环境及相应的劳动防护用品；<br>② 焊接工艺参数，须执行经过批准的焊接工艺规程（WPS）；<br>③ 可能遇到的意外情况及处置措施；<br>④ 合格标准、质量控制要求及工序交接等注意事项。<br>（2）焊接作业可能会因电焊工呼吸、视力防护不当造成电焊工尘肺、电光性眼炎等，也可能会发生触电等伤害，劳动防护用品要齐全、规范完好。工作服和劳保手套必须保持绝缘、干燥，焊接面罩应无漏光。作业人员应佩戴防尘口罩，从事有色金属焊接时，必须佩戴过滤式防护面罩防范有毒有害烟气。电焊工每年接受一次职业健康体检，确保无岗位禁忌证及其他影响焊接作业的疾病方可作业。<br>（3）电焊机使用、保养，实行由电焊工负责的机长制，负责事项包括但不限于：<br>① 电焊机应摆放在通风干燥处，放置平稳，设防雨、防晒棚，避免雨水浸泡或暴晒，应备有灭火器材（电气火灾）。<br>② 要做到"一机一闸一保护"，机壳做接地（接地电阻≤10Ω），电源线、漏电保护器、启动开关、接地线等必须由专业电工安装和拆卸，所有接线要牢固有效。<br>③ 电源线、焊钳与电焊把线必须绝缘良好，连接牢固，无破损，握柄应绝缘、耐热，二次线原则上就近拉至作业点工件位置，不得将钢丝绳或机电设备与焊接电流形成回路（尤其是途径危险介质的区域），形成事实上的焊机二次线。避免因局部发热、打火而成为点火源或熔断器。焊接作业使用的磨光机应使用Ⅱ类手持电动工具，防护罩安全可靠并配有辅助握把。<br>（4）对焊接作业所使用焊材的要求，包括但不限于：<br>① 应保持焊材库内空气相对湿度在60%以下、温度在5℃以上。同时，焊材应存放于架子上，架子离地面高度和墙壁距离均应≥300mm，利于通风、避免受潮。<br>② 检验合格后的焊材，注意按种类、牌号、规格、批号和入库时间分类堆放、标识清晰、防止错用。<br>③ 焊条不宜多次重复烘干使用，应始终保存在有保温和加热功能的焊条筒内，不允许手持备用焊条。<br>（5）一般情况下，环境湿度应≤90%，作业场所通风良好，但焊条电弧焊风速≤8m/s，氩弧焊风速≤2m/s。<br>（6）当环境因素不满足WPS所限定的条件时，应采取除湿、防风、局部加热等辅助措施。<br>（7）当环境温度较高时，应考虑对焊工的身体影响，避免出汗导致身体电阻的降低，继而与焊接系统形成回路导致触电事故的发生 |
| 焊前准备 | 触电 | 1 | （1）提前向作业点属地单位提出作业申请，办理作业许可，确认所有的风险控制措施已得到落实。 |

续表

| 作业步骤 | 风险 | | 注意事项 |
|---|---|---|---|
| 焊前准备 | 触电 | 1 | （2）重点检查确认作业区域（包括受限空间内焊接、高处焊接、在运行装置内焊接）、作业对象（包括危险介质清洗置换质量）的符合性及周边环境的安全性，检查上锁挂牌及隔离警戒的设置、可燃气体浓度等，周边不得存在可能引起火灾爆炸事故的其他作业 |
| | | 2 | 检查个人劳动防护用品穿戴齐全、规范，在做好视力和呼吸防护的同时，以焊工的手和身体不易随便接触二次回路的导电体（如焊钳或焊枪的带电部位、工作平台和焊件等）为宜 |
| | | 3 | （1）检查电焊机外壳接地是否完好、可靠；<br>（2）检查电源线、电焊把线和二次线是否完好、连接牢固，所经之处无尖锐部位损伤隐患，无与其他电缆、气带纠缠；<br>（3）电焊把线长度以自由铺设后略有余量为宜，不宜过长（耗能），未铺设部分不宜盘起（易产生电磁感应效应耗能） |
| | | 4 | （1）检查焊接工件的外观质量（洁净、无浮锈）、尺寸、坡口角度、工装限位及点焊质量；<br>（2）对于点焊固定部位，检查有无开裂等表面缺陷，关注现状对焊接质量的影响，也要防止工件从连接（卡具或点焊）处突然分离造成意外伤害；<br>（3）确认母材材质和焊接材料的型号是否与技术文件（包括但不限于WPS、技术措施）相符，确认焊条烘干情况，按需领取焊条 |
| | | 5 | 检查焊接作业平台（工作面）是否稳固、可靠。如存在晃动、转动的可能时，须采取辅助稳固措施或监护措施 |
| | | 6 | 将电焊把线牵引至焊接作业点附近，牵引过程中，电源须处于关闭状态。启动电焊机应戴绝缘手套，头部躲开、脸向侧面，合上空气开关 |
| 焊接 | 触电、物体打击、灼烫、火灾 | 1 | 每次取用1根焊条，注意使用焊接手套取用，防止电焊把钳夹持焊条时，另一端与身体或其他金属导体接触产生触电或打火 |
| | | 2 | 焊接引弧时，注意尽可能避免伤及母材。如果引弧过程中发生焊条与焊件黏连，通过晃动不能取下焊条时，应立即将焊钳与焊条脱离，待焊条冷却后取下 |
| | | 3 | 焊接过程中，如果需要调节电流、电压时，应尽可能双人配合调节，注意不得超范围调节。每次调节幅度不宜过大，以1A、1V为单位微调。不得在母材上试验 |
| | | 4 | 焊工须结合工件（施焊对象）的特点，对焊接过程中产生的热能、光辐射、变形所产生的变化有所预判，避免使自己处于危险之中（如结构的变形拉裂或应力释放） |
| | | 5 | 焊工须掌握焊接线能量（$Q=IU/v$）与焊接质量之间的关系，在合理控制焊接速度的前提下，尽可能采取小电流焊接 |
| | | 6 | 避免焊条浪费，应使用至3~4cm时更换。换焊条时，不应随意抛弃焊条头防止残余温度成为点火源或烫伤他人 |

续表

| 作业步骤 | 风险 | | 注意事项 |
|---|---|---|---|
| 表面处理 | 物体打击 | 1 | 焊接过程中,使用磨光机、直磨机等手持电动、风动工具清理焊道表面时,须双手紧握、适度用力,配套砂轮片的额定线速须高于磨光机转速。避免砂轮片突然崩裂破损或受到焊缝的导向作用引起反弹伤及自身(注意:焊接现场常见的受伤害形式,严重时可致命) |
| | | 2 | 待焊道表面冷却后,使用刨锤清理焊渣药皮时,须戴护目镜或使用焊接面罩防护,防止药皮的微小颗粒飞溅物伤害眼睛(注意:焊工现场常见的受伤害形式) |
| 移位 | 触电 | 1 | 当工作位置变换需要移位时,焊工应首先确认下一位置的安全性 |
| | | 2 | 移位过程中,须防止电焊把钳、把线及二次线在拖拽过程中对其他物品造成损坏。如距离较远,应首先关闭电焊机电源(注意:焊接把钳在非工作状态不允许夹持焊条或焊条头) |
| 意外情况处置 | 触电、火灾、其他爆炸 | 1 | 当突然停电时,应首先关闭电焊机电源,不允许在未关闭电源情况下将电焊把钳裸露部分(或连同焊条)与金属物接触,防止突然来电造成打火,然后通知电工进行检查 |
| | | 2 | 当突然下雨或刮大风时,应首先关闭电焊机电源。复工前,应首先检查电焊把钳、把线等是否与金属物接触构成其他回路,然后再为电焊机送电 |
| | | 3 | 当发生可燃气体意外泄漏时,首先应停止焊接作业,妥善放置把钳(松开焊条)防止打火,至于是否关闭电源,执行应急预案的要求(须注意非防爆设备在关闭电源过程中,可能产生电火花继而引起更大事故) |
| 关机 | 火灾 | 1 | 作业完毕,应首先从把钳上取下剩余焊条头,然后关闭电焊机电源(由电工关闭上一级配电箱),再整理把线和二次线 |
| | | 2 | 仔细检查工作场地周围,确认无残留热量,方可离开现场 |

## 2.34 碳弧气刨作业

| 作业步骤 | 风险 | 操作要求 |
|---|---|---|
| 作业应具备的条件 | | (1)应选用功率较大的直流焊机,防止过载。<br>(2)使用的压缩空气应清洁干燥,必要时采取过滤装置,压力一般在0.4~0.6MPa,流量为0.85~1.7m³/min,气流方向应远离人或其他易受伤害的物品。<br>(3)工作场地应通风良好,必要时采用焊烟净化装置,减少粉尘危害;在密闭空间内作业时除加强通风外,必须有排烟除尘措施,并设专人监护,防止中毒或窒息。<br>(4)露天作业时,风速超过六级或雨天不得进行气刨作业 |

续表

| 作业步骤 | 风险 | | 操作要求 |
|---|---|---|---|
| 工作前检查 | | 1 | 工作前必须检查确认空压机、各分管接头及气刨把钳处于安全状态 |
| | | 2 | 气路连接应安全可靠、畅通，无泄漏现象 |
| | | 3 | 清理工作场地，在10m范围内应无易燃、易爆物品，在确认安全的前提下才能开始气刨工作 |
| | | 4 | 开工前，检查二次线及各种接线绝缘是否良好，气刨所用电源接零是否可靠 |
| 工作中注意事项 | 火灾、高处坠落、物体打击、触电 | 1 | 气刨时，应随时注意焊机及电缆把钳是否有过载现象，气刨时间不宜过长，防止焊机过载发热而损坏或产生火灾隐患 |
| | | 2 | 发现立体交叉作业时，应清空下层作业人员，并设监护人，防止熔渣落下伤人，以保护下层作业人员的安全 |
| | | 3 | 登高作业时，必须全程系好安全带，工作中严禁向下乱扔杂物，所有的工具、碳棒不得散落于吊板上 |
| | | 4 | 调换碳棒，必须带绝缘电焊手套，不得用手直接更换碳棒 |
| | | 5 | 移动工作地点时应关闭风阀，不得将出风口对准任何人员；在潮湿地点工作时，需做好防止触电的工作 |
| 应急处理 | | | 出现紧急情况，立即切断焊接电源和气源开关 |
| 清理及维护 | 火灾 | 1 | 工作完毕，切断电源，关闭气源（空压机电源开关或管道压缩空气阀门），整理好设备和场地，确认无火种后方可离开 |
| | | 2 | 气刨结束后，应及时切断电源，关闭风机，检查气刨现场，清除余火和氧化渣 |

## 2.35 内件安装作业

| 作业步骤 | 风险 | 注意事项 |
|---|---|---|
| 作业应具备的条件 | | （1）现场用电需符合施工用电要求，照明电源设置12V安全电源，或使用充电式照明灯具；操作人员佩戴绝缘防护用品。<br>（2）电线电缆与容器本体接触部位应有隔离或绝缘保护措施。<br>（3）进入检修容器进行安装或更换内件作业，必须提前确认系统已停止运行并置换合格；容器内作业时应通风良好，一般在容器上下人孔各设置一台轴流风机。<br>（4）用于人员进出的人孔等开口处，不得封闭或有阻挡物，容器内部作业人员配置对讲机，容器外部应设置专人监护，且不少于2名。 |

续表

| 作业步骤 | 风险 | | 注意事项 |
|---|---|---|---|
| 作业应具备的条件 | | | （5）焊接和气割作业时，应清除杂物及内部可燃物品，并配备消防器材。<br>（6）施工区域应设置人员进出及上下通道，在已安装完成的直径较大或高度较高的立式容器内作业，需按要求搭设安全牢固的脚手架。<br>（7）塔内件安装时，人员应站在梁、框架等安全可靠位置，不得将体重直接加在塔内件的连接板上 |
| 工作前检查 | | 1 | 工作前必须进行方案交底和安全技术交底 |
| | | 2 | 检查气路连接应可靠、畅通、无泄漏现象；电线电路安全可靠，无破损外漏情况 |
| | | 3 | 进入已安装的封闭容器内部作业前，检查容器内部氧气浓度或介质情况等状况 |
| | | 4 | 进入容器内部作业前，需在人孔处悬挂作业警示牌，说明作业内容等信息 |
| | | 5 | 开工前，检查内部通道梯子、脚手架等是否安全可靠 |
| 工作中注意事项 | 物体打击、中毒和窒息、高处坠落、触电 | 1 | 内件安装时，需注意周围情况，物料、机具需放置可靠，避免坠物伤人 |
| | | 2 | 受限空间作业期间，作业人员每隔1~2h需从容器内部到外部休息至少5~10min，避免长时间作业导致身体不适 |
| | | 3 | 尽量避免交叉作业，确需交叉作业时应采取可靠的安全措施，必要时设置防护网等 |
| | | 4 | 登高作业时，必须系好安全带，工作中严禁向下乱扔杂物，所有的工具、物料不得散落于作业平台上 |
| | | 5 | 电动设备插接牢固，不得在安全距离外随意拖拽 |
| | | 6 | 通风情况应保持正常，夏季炎热天气作业时，注意做好补水等防暑降温措施，身体出汗部位及出汗致衣服潮湿时，避免接触带电部位 |
| 应急处理 | | | 出现紧急情况，应立即切断焊接电源和气源开关，并疏散人员，设置隔离区域 |
| 清理及维护 | 火灾、坍塌 | 1 | 工作完毕，切断电源，关闭气源，收回所有工机具，清理杂物后方可离开 |
| | | 2 | 作业全部完工后，拆除脚手架等临时设施，清理作业区域 |

## 2.36 内件拆除作业

| 作业步骤 | 风险 | 注意事项 | |
|---|---|---|---|
| 作业应具备的条件 | | 所有参与作业人员，须接受本书的培训和安全技术交底，交底内容包括但不限于：<br>（1）作业区域、作业对象、时间和工作内容及安全注意事项。<br>（2）作业过程中可能受到的自然环境（如天气）、周边环境（如气体泄漏）变化影响及检测监测措施。<br>（3）作业过程中隔离警戒及作业监护人的相关要求。<br>（4）作业过程可能涉及的相关方及其要求。<br>（5）异常情况的判定标准及应急措施。<br>（6）作业结束后的处理措施 | |
| 作业前准备 | | 1 | 应与设备属地单位共同检查、确认设备隔离、置换情况，上锁挂牌，并办理书面交接手续 |
| | | 2 | 应编制设备内件拆除施工方案和工作内容清单，并向作业人员进行宣贯 |
| | | 3 | 应编制设备内件拆除风险分析，制订削减措施，并向作业人员进行交底 |
| | | 4 | 提前向作业点属地单位提出作业申请，办理作业许可。确认作业许可要求的风险控制措施已得到落实 |
| | | 5 | 检查作业使用工机具及安全附件的完整性、安全性，测量仪器器具的有效性 |
| | | 6 | 检查个人安全劳动防护用品、应急救护装备和消防器材 |
| 内件拆除 | 中毒和窒息、物体打击、高处坠落、触电、火灾 | 1 | 作业人员进入设备内，应先观察作业点周围环境情况，核对工作清单，检查安全措施合格后，方可开始作业 |
| | | 2 | 设备内空间有限，拆除的内件应及时倒运出设备，保持安全合适的作业面 |
| 意外情况处置 | | 当发生以下情况时，须停止作业待重新确认后方可继续：<br>（1）作业内容的变化；<br>（2）作业人员的变化；<br>（3）作业环境的变化，如自然环境（天气的变化）、周边环境（发现残存物料、隔离不完全）、无关人员进入（作业活动受到干扰）；<br>（4）作业条件的变化，如作业点范围扩大或缩小、作业位置、作业方式、作业时间的变化；<br>（5）动火作业许可证超过有效期限；<br>其他可能导致意外情况发生的条件出现变化 | |
| 作业结束 | 中毒和窒息、物体打击、火灾 | 1 | 内件拆除完毕，对照工作清单，核对工作任务是否完成 |
| | | 2 | 内件拆除后清理现场，不得存在对后续工作产生影响的情况 |
| | | 3 | 工作完成后，设备封闭前，按照登记表清点人员、工具是否有遗漏 |
| | | 4 | 由作业许可批准人（或授权委托人）现场核查确认后，在批准人、作业负责人留存的作业许可票上签字予以关闭 |

## 2.37 内部表面处理与防腐作业

| 作业步骤 | 风险 | | 注意事项 |
|---|---|---|---|
| 作业应具备的条件 | | | （1）操作人员应提前了解作业空间的结构，作业中可能遇到的风险隐患和应急处理、救护方法等。<br>（2）内部表面处理和防腐作业时，应有专用场地，未经允许无关人员禁止进入此区域，在此区域从事其他作业时必须制订方案并经过批准 |
| 内部表面处理和防腐前准备 | | 1 | 表面处理工作现场应有安全措施，工作开始之前应做好安全防护工作。对监护人和作业人员进行安全教育，包括作业空间的结构，作业中可能遇到的意外和处理、救护方法等 |
| | | 2 | 在有尘埃危害的地方，作业人员应戴上过滤式空气除尘器。因锈对眼睛有害，作业人员应戴护目镜 |
| | | 3 | 容器出入口内外不得有障碍物，应保证其畅通无阻，以便人员出入和应急疏散 |
| | | 4 | 进入容器内应使用安全电压和安全行灯照明，在容器内作业，其安全行灯电压应为12V以下且绝缘良好。进入容器内作业的人员、工具、材料要登记，作业后应逐一清点，防止遗留在作业点内 |
| | | 5 | 作业现场应配备一定数量且符合规定的应急救护器具和灭火器材 |
| | | 6 | 受限空间作业前要办理"受限空间作业许可证" |
| 内部表面处理和防腐过程 | 触电、中毒和窒息、火灾、其他爆炸 | 1 | 内部表面处理和防腐作业时，工作人员应带好安全防护用具，以防人身受到伤害。施工时使用手持电动工具应有漏电保护功能，应使用直流低压照明灯具 |
| | | 2 | 容器内作业人员应安排轮换作业或休息，每次作业时间不宜过长 |
| | | 3 | 内部表面处理和防腐作业时，可采用自然通风，必要时可采取强制通风方法，使用防爆风机（严禁向有限空间内通入氧气） |
| | | 4 | 内部表面处理和防腐作业时，容器内外要保持通信畅通，监护人要随时了解容器内作业人员的状况 |
| 内部表面处理和防腐后 | 中毒和窒息、火灾、其他爆炸 | 1 | 内部表面处理和防腐作业结束后，对进入容器内作业的人员、工具、材料进行清点，防止遗留在作业点内 |
| | | 2 | 必要时在作业结束后，继续使用防爆风机进行强制通风一段时间 |
| | | 3 | 在清理容器内少量可燃物残渣、沉淀物时，必须使用不产生火花的工具（木质、铜质工具），严禁用铁器敲击、碰撞 |
| | | 4 | 受限空间作业后要及时关闭"受限空间作业许可证" |
| | | 5 | 内部表面处理和防腐作业场地应在作业完成后，打扫收拾干净，将物品摆放整齐 |

续表

| 作业步骤 | 风险 | | 注意事项 |
|---|---|---|---|
| 意外情况处理 | 中毒和窒息 | 1 | 在设备容器内部施工时,要有良好的通风设施、足够的照明和灵敏的联络信号,作业人员要佩戴安全可靠的防护面具,设备外应有专职监护人员 |
| | | 2 | 夏季高温施工时,设备容器内部要采取降温措施(如强制通风、放置冰块等),施工人员如出现恶心、头晕等症状,应立即到空气新鲜、通畅处休息,严重者应及时送医治疗 |
| | | 3 | 发生中毒、窒息的紧急情况,抢救人员必须佩戴隔离式防护器具进入作业空间,并至少留一人在外做监护和联络工作 |
| 日常维护 | 触电 | 1 | 每班:对电器设备进行检查,保证接地良好及电线绝缘良好;检查个人防护用品,保证其能起到防护作用 |
| | | 2 | 每月:对电器设备进行检查,保证接地良好及电线绝缘良好;保持专用场地清洁,物品摆放整齐,不得堆放杂物 |
| | | 3 | 每年:对电器设备进行检查,保证接地良好及电线绝缘良好;保持专用场地清洁,物品摆放整齐,不得堆放杂物 |

## 2.38 热处理作业

| 作业步骤 | 风险 | | 注意事项 |
|---|---|---|---|
| 作业应具备的条件 | | 1 | 热处理作业前办理相关作业票,且所有参与热处理人员须接受本规程培训且取得相应的资格证书。所有人员严禁带病上岗,严禁脱岗。劳动防护用品要穿戴齐全 |
| | | 2 | 所有参与热处理作业人员必须接技术交底,内容包括但不限于:<br>(1)人员职责分工。<br>(2)热处理对象的材质、数量及不同材质的热处理参数。<br>(3)热处理设备的功率、操作范围、使用方法。<br>(4)加热器的布置、固定与测温点的布置、固定。<br>(5)保温材料的品种、规程及铺设。<br>(6)预热、后热、绝热、加热的方式、方法。<br>(7)热处理后对焊口硬度的检测方式方法、要求。<br>(8)热处理前对热处理部位做必要的加固措施。<br>(9)热处理前对工件周围应设置警戒标志,并做一定的防风、防雨、防火措施。<br>(10)异常情况处理办法 |
| | | 3 | 热处理控制柜和仪表件应安装在单独的工具房内,且做好相应接地措施。在运输时应防震、防颠,防止冲击性的碰撞 |

续表

| 作业步骤 | 风险 | | 注意事项 |
|---|---|---|---|
| 作业应具备的条件 | | 4 | 热处理相关电气设备要做到"一机一闸一保护"。工作期间必须有专人值守，严禁无关人员操作，值守人员定期检查热处理设备控制系统等运行状况。热处理区域尽量选择场地平整、空旷区域并做好防风、防雨措施。对于狭小、人员密集区域要做好警示标识、拉设警戒带 |
| | | 5 | 热处理施工前备齐易损件及各种保温材料、各种作业工具等 |
| | | 6 | 以下区域（包括但不限于）应设置有效隔离并设置警示标识：<br>（1）无法封闭的人员通道处。<br>（2）控制柜周边及配电箱周围 5m 处。<br>（3）人员易触摸位置。<br>（4）大口径管件、管道临时支撑周围。<br>（5）无法避开的易燃、易爆区域。<br>在热处理期间应通过现场警戒、书面告知或其他方式，避免人员通过热处理区域 |
| | | 7 | 当环境恶劣时（大风、大雨），严禁施工。突发恶劣天气热处理无法停止时，则立即对相应工件进行防护，防止工件材质金属性能变化，造成工件报废 |
| 准备工作 | | 1 | 热处理前应具备的条件包括但不限于：<br>（1）热处理前对需要热处理的焊接接头资料进行检查。<br>（2）焊接热处理设备和保温材料在使用前应检查相关质量证明文件是否齐全。<br>（3）检查控温仪的打点记录仪、钳型电流/电压表、热电偶及硬度测试仪应经过校准并在有效周期内。<br>（4）检查所有焊接工作是否已完成，焊缝外观成形良好，焊肉饱满，飞溅、药皮等杂物已清除干净。<br>（5）检查热处理管道内部是否有液体、可燃、易爆、有毒气体。<br>（6）热处理前焊道应无损检测合格，所有焊接工作必须完工，热处理后不得在管线表面进行施焊。且有再热裂纹倾向的焊接接头在焊后热处理后应进行无损检测，检测比例符合相关技术文件要求。<br>（7）焊缝的表面无损检测（磁粉检测、渗透检测等）需在焊缝热处理工作完成且硬度检测合格后进行。<br>（8）管道固定管支架需在管线所有焊缝的热处理工作完成后进行安装。<br>（9）热处理前必须拆除焊缝附近的所有螺栓连接阀门、仪表元件等。焊接阀门焊口处热处理，阀门应处于打开状态。<br>（10）热处理设备到场后对设备进行试检，查看控制系统显示的温度与自动记录仪记录的温度是否一致。<br>（11）检查加热器是否严禁重叠使用，如绳式加热器多出部分应散放出来，并作临时固定。热电偶与加热器之间应采用绝热类材料隔离，加热器不得直接加热电偶热端。<br>（12）检查热处理工件焊接接头两端是否垫实、支撑牢固，防止高温下变形且被处理件的内部不得有穿堂风、积水或蒸汽。 |

续表

| 作业步骤 | 风险 | | 注意事项 |
|---|---|---|---|
| 准备工作 | | 1 | （13）检查施工现场四周有无漏水、漏油处，严禁有水珠或油珠溅落在加热片或被加热区上。<br>（14）保温材料保持干燥，不得受潮 |
| | | 2 | 一次电缆敷设完毕，电源控制柜接线完毕，二次电缆经短路及断路检查合格。加热器经检查完好，电阻带无断头、断股现场、瓷管、套管无破损、松动现场 |
| | | 3 | 加热器的电阻丝应与管子或其他导体用耐火硅酸铝隔离，以防加热器短路烧毁而断路。包扎完成后，对所用输电线应进行检查，无破损、裸露、漏电情况 |
| | | 4 | 热处理前警戒隔离及警示标识均已设置完成，热处理区域应当配置相应消防设施 |
| 预热 | 灼烫 | 1 | 预热采用电加热时，升温应缓慢而均匀，防止局部温度过热。同种钢焊接时，如按规范要求需进行预热，焊接前应先预热，然后进行焊接。当环境温度低于0℃时，除奥氏体不锈钢外，无预热要求的钢种，在始焊处100mm范围内应预热到15℃以上 |
| | | 2 | 预热应在坡口两侧均匀进行，预热范围应以对口中心线为基准，两侧各不小于壁厚的3倍，有淬硬倾向或易产生延迟裂纹的材料如铬钼钢等两侧各不小于壁厚的5倍，且不小于100mm，加热区域以外的100mm范围应予以保温 |
| | | 3 | 预热温度宜在距对口中心50～100mm范围内进行测量 |
| | | 4 | 异种钢预热温度应按淬硬倾向较大的母材要求确定，且不低于该母材要求预热温度的下限值 |
| 后热 | 灼烫 | 1 | 后热应在焊接完成后立即进行，管道焊接完成后能立即进行焊后热处理时可不进行后热 |
| | | 2 | 后热应采用电阻加热法，均匀加热到300～350℃后保温缓冷，保温时间不应小于0.5h |
| | | 3 | 后热加热范围为焊缝两侧各不少于焊缝宽度的3倍，且不少于25mm。后热加热范围以外100mm应保温 |
| 焊后热处理 | 灼烫 | 1 | 铬钼耐热钢管道焊后热处理应符合《石油化工铬钼钢焊接规范》（SH/T 3520）规定，低温钢管道焊后热处理符合《石油化工低温钢焊接规范》（SH/T 3525）规定，异种钢管道焊后热处理应符合《石油化工异种钢焊接规范》（SH/T 3526）规定，不锈钢复合钢管道焊后热处理应符合《石油化工铬镍不锈钢、铁镍合金、镍基合金及不锈钢复合钢焊接规范》（SH/T 3523）规定，其他管道焊后热处理符合《石油化工金属管道工程施工质量验收规范》（GB 50517）规定 |
| | | 2 | 管道焊后热处理的温度、保温时间应参考技术文件和相关规范制订，不可随意制订 |

续表

| 作业步骤 | 风险 | | 注意事项 |
|---|---|---|---|
| 焊后热处理 | 灼烫 | 3 | 对接焊缝的焊后热处理厚度为焊接接头处较厚的工件厚度，支管连接的焊后热处理厚度为主管或支管厚度的较大值 |
| | | 4 | 支管连接焊接接头的焊后热处理均温带、加热带和保温带应环绕支管、主管全周 |
| | | 5 | 管道名义厚度小于或等于 50mm 时，均温带宽度为焊缝宽度加 2 倍管道壁厚厚度。名义厚度大于 50mm 时，均温带宽度为 100mm。加热带宽度宜为均温带宽度加 50mm，且不少于 5 倍管道壁厚厚度。保温宽度宜不小于加热带宽度加 200mm |
| | | 6 | 测温点应沿管道焊缝圆周均匀分布。水平管道在焊缝底部优先布置 1 个点，垂直管道在焊缝下方布置测温点。当采用多个回路加热同一焊接接头时，每个回路加热器应至少布置 1 个测温点 |
| | | 7 | 焊后热处理采用电阻加热法，其加热速度及冷却速度应符合下列要求（包含但不限于）：<br>（1）升温至 300℃ 后，加热速度应按 5125/$T$（℃/h）计算，且不大于 220℃/h（$T$ 为焊后热处理厚度）；<br>（2）保温后的冷却速度应按 6500/$T$（℃/h）计算，且不大于 260℃/h，300℃ 后可自然冷却（$T$ 为焊后热处理厚度） |
| | | 8 | 焊后热处理保温期间各测温点的温度均应在热处理规定温度范围内，最高温度与最低温度差值不得大于 50℃ |
| | | 9 | 焊接接头返修后进行焊后热处理时，均温带应环绕包括返修部位在内的全周长焊接接头 |
| 检测 | | 1 | 热处理合格后，再进行无损检测，如果焊道无损检测不合格，对焊缝进行返修合格后，重新进行热处理 |
| | | 2 | 除奥氏体不锈钢外，焊后热处理管道焊接接头应进行 100% 硬度检测。硬度检测区域包括焊缝和热影响区（异种钢焊接接头包含两侧热影响区），检验数量为焊接接头总数的 20%，且不少于一个焊接接头。每个焊接接头检查不少于一处，每处三点，焊缝、热影响区、母材各一点 |
| | | 3 | 热处理后测得的硬度值应符合设计文件规定，当设计文件无明确规定时，热处理后焊缝的硬度值不宜超过母材标准布氏硬度值加 100HB。且应符合合金总含量小于 3%，不大于 270HB |
| 意外情况处置 | 灼烫、触电 | 1 | 保温过程中温度小于热处理规定温度范围值时，应重新加热至规定值，累计有效保温时间不得低于工艺要求的保温时间 |
| | | 2 | 保温过程中温度超过热处理规定温度范围值且小于材料的下临界温度时，应冷却至规定值，累计有效保温时间不得低于工艺要求保温时间。焊后热处理完成后应对此部位增加金相检验。部分材料下线临界温度近似值应符合要求 |

续表

| 作业步骤 | 风险 | | 注意事项 |
|---|---|---|---|
| 意外情况处置 | 灼烫、触电 | 3 | 保温过程中温度超过材料的下临界温度时，此管段应按报废处理。冷却速度大于规定要求时，应重新进行热处理 |
| | | 4 | 热电偶失效时，应及时切换备用热电偶或停止焊后热处理作业更换热电偶，在此之前所有工作都应在断电之后进行，并对电箱做上锁挂牌措施 |
| | | 5 | 热处理过程中发现管件、管道变形时，应立即停止热处理。断电上锁挂牌后，检查管件、管道情况 |
| 恢复、清理 | | 1 | 工作结束后，依次关闭电源 |
| | | 2 | 及时回收各种热处理材料、物品，做到工完料净场地清 |
| | | 3 | 关闭相应作业许可 |

## 2.39 无损检测（射线机 RT）作业

| 作业步骤 | 风险 | | 注意事项 |
|---|---|---|---|
| 作业应具备的条件 | 职业性放射疾病、高处坠落、物体打击 | 1 | 检测作业人员应取得射线检测Ⅰ级及以上资格证书，并经生态环境部门组织的核技术利用辐射安全考核（X射线探伤类别）合格 |
| | | 2 | 检测作业人员每两年应至少参加一次职业健康检查，确认无职业禁忌证，每季度进行个人剂量监测 |
| | | 3 | 检测作业人员应正确穿戴劳动防护用品，每组作业人员至少配备一台便携式辐射剂量仪，并在检定有效期内；工作时应随身佩带个人剂量片、射线报警器，采用距离、屏蔽等防护 |
| | | 4 | 作业现场应设置监督区及控制区，设立警示牌等，禁止非操作人员进入；必须办理射线作业许可，如果涉及受限空间和高处作业，须同时办理专项许可 |
| | | 5 | 被检工件不应位于试压危险区域或吹扫区域内 |
| | | 6 | 潮湿环境不宜长时间作业，在有水或潮湿的环境进行检测作业，须使用防爆电源插头，操作箱应有良好的接地 |
| | | 7 | 夜间作业要保证作业场地具有充足的照明条件，作业前应熟悉被检工件附近人员行走线路上的障碍信息，必要时移除或选择能够避开障碍物的路线行走 |
| | | 8 | 根据X射线机的性能及待检工件的规格和位置，判断确定使用定向曝光或周向曝光 |
| | | 9 | 寒冷地区使用的暗袋应使用人造革类材质，避免使用塑料类材质造成断裂及漏光 |

续表

| 作业步骤 | 风险 | | 注意事项 |
|---|---|---|---|
| 准备工作 | 职业性放射疾病、高处坠落、物体打击 | 1 | 对劳动防护用品和携带工具的检查：<br>（1）检查人员基本劳保着装是否正确佩戴；<br>（2）夜间作业检查头灯、手电等自用照明器具是否充电充足；<br>（3）检查个人剂量片是否正确佩戴；<br>（4）检查辐射剂量仪、个人报警器的完好性和/或有效性；<br>（5）如涉及登高作业必须做好坠落防护 |
| | | 2 | 对工件及附属设施的检查：<br>（1）检查受检工件的稳定性；<br>（2）检查受检工件是否存在坠物可能；<br>（3）检查托辊、行车（如有）的完好性，并防止电源线及高压电缆被挤伤或缠绕；<br>（4）检查工件表面情况是否存在造成人身划伤的风险（如保温钉及在工件表面焊接的工卡具或其他尖锐物体等） |
| | | 3 | 对作业环境的检查：<br>（1）对于透照室内作业，检查铅门、警告标识的完整性；<br>（2）检查脚手架、梯子等涉及高处作业设施的完整性；<br>（3）夜间作业检查现场照明设施是否满足作业需要；<br>（4）检查受限空间作业条件（如气体监测、内部构件、照明、电气工艺隔离等）；<br>（5）检查作业场所通道是否畅通，提前踏勘行走路线；<br>（6）检查电源线和高压电缆布置是否存在被异物砸伤的可能 |
| | | 4 | 控制箱应设置在合适位置，考虑与射线发生器和被检物体的距离、照射方向、时间和屏蔽条件等因素，以便高压开启后操作人员迅速采用距离、屏蔽等方式防护，尽可能降低操作人员的受照射剂量 |
| | | 5 | X射线发生器和控制箱应连接正确、放置平稳、固定牢固，并进行以下检查：<br>（1）检查电源电压是否与射线机允许使用的电压相符，是否具有漏电保护装置，若电源电压波动超过额定电压的±10%时，应配备稳压电源；<br>（2）设备使用时务必将设备的接地端用接地线可靠接地，严禁与焊接中的地线相连，防止焊接高频电流逆流，造成设备故障；<br>（3）采用的电源线、高压电缆应与射线机配套，电源线不宜过长防止压降过大，高压电缆长度不应大于20m；<br>（4）X射线发生器$SF_6$压力指示低于0.35MPa以下时，严禁使用；<br>（5）高处作业时应保证检测设备牢靠的固定，必要时应采用锁紧器对设备进行固定；<br>（6）X射线发生器和控制箱应同一厂家、同一型号配套使用，严禁同一厂家不同型号、不同厂家同一型号混用；<br>（7）检查X射线发生器、控制箱周围环境，冷却风扇距离物体100mm以上，防止水和其他物品吸入引起设备故障；<br>（8）X射线机接通电源后，确认控制箱、射线发生器的冷却风扇是否正常运转 |

续表

| 作业步骤 | 风险 | | 注意事项 |
|---|---|---|---|
| 准备工作 | 职业性放射疾病、高处坠落、物体打击 | 6 | 移动场所送高压前,将预估射线剂量当量率大于15μSv/h的区域划为控制区,在控制区边界上合适的位置设置电离辐射警告标志并悬挂清晰可见的"禁止进入射线工作区"警告牌。透照室内作业时确认无人逗留 |
| | | 7 | 将预估射线剂量当量率大于2.5μSv/h的区域划为监督区,监督区边界拉上警戒线,并在其边界上设置电离辐射警告标志并悬挂清晰可见的"无关人员禁止入内"警告牌,必要时设专人警戒 |
| | | 8 | 在监督区外进行巡视,确保无非射线工作人员后执行训机程序,检测中所使用的管电压,必须在X射线管最大峰值电压的90%以下 |
| | | 9 | 训机过程中巡视人员按照实际剂量对监督区和控制区进行必要的调整,确保满足剂量要求 |
| | | 10 | 核实拟采用的检测方法是否符合检测操作指导书(工艺卡)的要求 |
| 检测操作 | 职业性放射疾病、高处坠落、物体打击 | 1 | 曝光前,合理布置射线底片,确保底片和受检工件固定牢靠,不发生倾倒或掉落等情况 |
| | | 2 | 根据检测操作指导书将控制箱面板上的"kV""时间"预置到规定位置;设置检测参数时,旋钮或按钮的操作应平顺、轻柔 |
| | | 3 | 按下"高压"通开关,曝光指示灯闪烁、计时器工作。X射线发生器高压工作期间,严禁直接关闭电源(紧急情况除外)。曝光过程中,如发现异常,可按下"高压"断开关,切断高压,查明原因后,可考虑是否继续进行曝光 |
| | | 4 | 曝光设置时间结束后,报警器蜂鸣、计时器回位、曝光指示灯熄灭、高压切断。应遵守工作和休息时间1:1的原则,严禁高压停止后立刻切断电源 |
| | | 5 | 重复上述步骤,完成待检工件其他部位或临近位置其他工件的透照工作 |
| 转场 | 职业性放射疾病、高处坠落、物体打击 | 1 | 更换X射线作业地点时,应切断电源,拔掉高压电缆和电源线 |
| | | 2 | 工作中搬运设备时,要轻拿轻放,放置在较为稳固的位置,不要让设备受到冲击、震动 |
| | | 3 | 人工搬运时,应采用抬、扛或拐等合适的方式,严禁采用滚、拖等方式 |
| | | 4 | 机械搬运时,应采用水平或垂直的方式放置,底部且应保证100mm左右的缓冲减震材料,原则推荐使用原运输包装 |
| | | 5 | 吊运时,应采用垂直系挂保险杠的方式吊运 |
| | | 6 | 再次曝光前需重新确认控制区和监督区的范围及人员清场情况 |
| | | 7 | 再次操作应按本节"准备工作"和"检测操作"环节进行 |

续表

| 作业步骤 | 风险 | | 注意事项 |
|---|---|---|---|
| 意外情况处置 | | 1 | 当现场突然出现暴雨、大风等恶劣天气时,在确保人身安全的情况下,应立即停止作业,对射线机进行保护,防止丢失、受损或受潮 |
| | | 2 | 当发现有人员意外闯入时,应立即进行制止,并根据具体情况确定是否终止当班作业 |
| | | 3 | 当设备出现故障报警时,首先要切断高压,此时应切断电源开关,休息2~3min后,再接通电源。如果反复出现同一类故障,应当停止工作,检查原因 |
| | | 4 | 现场只允许检查设备保险及处理电源电缆和高压电缆的故障,处理时应断开设备电源,不能解决时应停止当班工作或更换X射线机 |
| | | 5 | 已触发设备保护装置工作的故障,严禁再次强行启动,应根据不同机型的故障代码初步判断故障类型,上报设备管理部门送修 |
| 完工 | | 1 | X射线底片等不得任意乱放,作业结束后应带回项目部统一存放 |
| | | 2 | 解除警戒并清理现场杂物后方可关闭作业许可 |
| | | 3 | X射线机应存放在通风干燥场所,避免高温、潮湿、腐蚀等环境 |
| | | 4 | 施工现场每月应对探伤机至少进行一次检查维护;存放在库房内的设备应至少每半年训机一次,设备在异地转移前应进行训机检查,确保完好 |

## 2.40 无损检测(源机RT)作业

| 作业步骤 | 风险 | | 注意事项 |
|---|---|---|---|
| 作业应具备的条件 | 职业性放射疾病、高处坠落、物体打击 | 1 | 以下情况应尽可能避免放射源作业:<br>(1)使用普通X射线机能够满足检测要求时;<br>(2)当监督区范围影响到必须要进行巡检的重要运行装置时;<br>(3)居民区处于监督区内或距离较近且没有合适的防护措施时 |
| | | 2 | 单台源机应至少2人操作,检测作业人员应取得射线检测Ⅰ级及以上资格证书,并经生态环境部门组织的核技术利用辐射安全考核(γ射线探伤类别)合格 |
| | | 3 | 检测作业人员每两年应至少参加一次职业健康检查,确认无职业禁忌证,每季度进行个人剂量监测 |
| | | 4 | 每个作业伙设1名专职安全人员,该人员应接受与作业人员等同的辐射安全培训;未单独设专职安全员时,每个作业伙的伙长为该伙的安全员,负责现场辐射安全,发现安全问题应立即叫停探伤作业 |

续表

| 作业步骤 | 风险 | 注意事项 | |
|---|---|---|---|
| 作业应具备的条件 | 职业性放射疾病、高处坠落、物体打击 | 5 | 检测作业人员应正确穿戴劳动防护用品，每台源机至少配备一台便携式辐射剂量仪，并在检定有效期内；工作时应随身佩带个人剂量片、射线报警器，采用距离、屏蔽等防护 |
| | | 6 | 现场作业和非放射源透照室内作业必须办理射线作业许可，如果涉及受限空间，须同时办理专项许可 |
| | | 7 | 作业现场应设置监督区及控制区，设立警示牌等，禁止非操作人员进入。区域设置首先使用计算法确定（控制区剂量当量率应小于15μSv/h，监督区应小于2.5μSv/h），并最终以实测进行调整 |
| | | 8 | 应根据检测对象的材质、厚度选用放射源种类及活度合适的含源探伤机。除全景曝光外，采用其他方法曝光时必须使用曝光准直器 |
| | | 9 | 联接及拆除源机与输源管、源机与控制缆时，必须在源机侧面操作，避免射线直接照射人体，减少人体接收辐射剂量 |
| | | 10 | 每次出入库时应对源机表面剂量进行监测并填写出入库记录，出入库监测部位应相同，宜在源机铭牌表面、电离辐射警告标识位置表面等 |
| | | 11 | 潮湿环境不宜长时间作业，避免源机贫化铀受潮变形 |
| | | 12 | 寒冷地区使用的暗袋应使用人造革类材质，避免使用塑料类材质造成断裂及漏光 |
| 准备工作 | 高处坠落、物体打击 | 1 | 对劳动防护用品和携带工具的检查：<br>（1）检查人员基本劳保着装是否正确佩戴；<br>（2）夜间作业检查头灯、手电等自用照明器具是否充电充足；<br>（3）检查个人剂量片是否正确佩戴；<br>（4）检查辐射剂量仪、个人报警器的完好性和/或有效性；<br>（5）如涉及登高作业必须做好坠落防护 |
| | | 2 | 对源机及附属设施的检查：<br>（1）目视检查源机、输源管、驱动装置的完整性和配套性，输源管最大有效工作长度应至少比控制缆长度短0.4m，否则会出现控制缆钢丝掉道现象，输源管及控制缆导管应无破损、弯折、压扁现象；需要加长输源管或连接其他附件，应遵循规则：当有10m长的标准控制缆时，最大曝光长度不应超过9.6m；<br>（2）手动检查控制缆快速接头、输源管快速接头及曝光头联接是否牢固；<br>（3）手动检查输入端安全锁（即光闸快门，下同）是否转动灵活，对于YG-60A源机还应检查拉销和压销是否动作灵活、是否具有锁定作用；<br>（4）将控制缆和输源管对接空摇，确认传动装置的完好性，同时确认传输距离（摇动圈数）并作为出源和收源依据；<br>（5）检查采用的曝光准直器是否适宜；<br>（6）使用电控器操作前，还应检查控制器的输入电压必须满足AC220V±10%，必要时使用不间断电源，以保证电控器能够正常运行、不至损坏。 |

续表

| 作业步骤 | 风险 | | 注意事项 |
|---|---|---|---|
| 准备工作 | 高处坠落、物体打击 | 3 | 对工件及附属设施的检查：<br>（1）检查受检工件的稳定性；<br>（2）检查受检工件是否存在坠物可能；<br>（3）检查托辊、行车（如有）的完好性，并防止控制缆导管和输源管与工件缠绕；<br>（4）检查工件表面情况是否存在造成人身划伤的风险（如保温钉及在工件表面焊接的工卡具或其他尖锐物体等） |
| | | 4 | 对作业环境的检查：<br>（1）对于移动作业，在监督区边界设置警戒线、警戒灯和电离辐射警告标牌等警示标识，控制区边界上合适的位置设置电离辐射警告标志并悬挂清晰可见的"禁止进入放射工作场所"标牌；<br>（2）对于透照室内作业，检查铅门、警告标识的完整性；<br>（3）检查脚手架、梯子等涉及高处作业设施的完整性；<br>（4）夜间作业检查现场照明设施是否满足作业需要；<br>（5）检查受限空间作业条件（如气体监测、内部构件、照明、电气工艺隔离等）；<br>（6）检查作业场所通道是否畅通，提前踏勘行走路线；<br>（7）检查输源管和控制缆导管布置是否存在被异物砸伤的可能；<br>（8）确认控制缆摇柄位置，保证摇源人员处于最利于个人防护的位置（按优先顺序选择容器、水泥墙、钢结构等掩体）；<br>（9）巡视检查监督区（或透照室）内是否有无关人员逗留；<br>（10）YG-60A源机电控器使用位置周围不得有腐蚀性气体，保持地面干燥，切勿潮湿、雨淋、接近高温 |
| | | 5 | 核实拟采用的检测方法是否符合检测操作指导书（工艺卡）的要求 |
| 源机联接 | 职业性放射疾病 | 1 | 针对透照对象，选择平整位置，平稳放置源机 |
| | | 2 | 将输源管曝光头（或曝光准直器）固定在检测工艺要求的曝光焦点处，放好胶片及标记带，注意曝光头（或曝光准直器）与输源管连接处的弯曲度尽可能大（弯曲半径应大于500mm） |
| | | 3 | 移动源机至联接输源管的合适位置，并平稳放置。将传输机构的控制缆导管铺直，如源机与传输机构不在同一水平面时，控制缆导管尽可能做到顺直，但一般不得与源机上下垂直联接。高处作业时，如果控制缆导管下垂，须用合适的工具将其支撑起来以免弯曲半径过小。情况允许的话，最好用较短的控制缆导管，以免不必要的弯折 |
| | | 4 | 为防止在联接时误操作引起的源组件在输源管外脱落，应遵循先联接源机与输源管、再联接源机与控制缆的顺序 |
| | | 5 | 联接源机与输源管：<br>（1）卸下源机输出端的保护帽，露出源机输出端孔。 |

续表

| 作业步骤 | 风险 | | 注意事项 |
|---|---|---|---|
| 源机联接 | 职业性放射疾病 | 5 | （2）卸下输源管护套，手握住输源管接头外套后拉，对准源机输出端连接器插入，让输源管端面与源机输出端连接器端面紧密接触，松手使输源管接头外套复位，将输源管接头内的弹子压入源机输出端连接器凹槽内，听到弹子复位声响，则输源管接头与源机输出端联接完毕。对于YG-60A源机，可将输源管接头直接插入源机输出端连接器，并听到复位声。<br>（3）用手握住输源管后拉，检查是否能拉脱，验证输源管接头是否与源机连接牢固 |
| | | 6 | 联接源机与控制缆（不使用电控器时）：<br>（1）一名操作人员卸下源机输入端保护帽，露出源组件尾端，同时卸下控制缆导管接头护套。目视检查源组件球窝，如果有磨损、碎裂或变形，应停止当班工作，并进行退库封存后报企业主管部门。<br>（2）另一名操作人员在控制缆摇柄处（顺时针方向）转动半圈至一圈，使控制缆导管内钢丝阳极接头露出，露出长度为150～250mm，同时目视检查球端与控制缆之间不应有断裂或磨损过度痕迹，否则应更换控制缆。对于YG-60A源机，应转动超过一圈，钢丝阳极接头露出长度为300mm以上。<br>（3）对于YG-75、YG-192B源机，用手转动源组件使凹槽孔向上，另一手握住控制缆钢丝，垂直插入源组件球窝内，沿凹槽向后滑动球头并拉平至与组件成直线，用手拉动控制缆钢丝，检查源组件与球头连接是否牢固。握住控制缆快速接头，通知摇柄处人员将摇柄逆时针方向转动，此时用手指后拉快速接头外套，对准源机输入端连接器，使快速接头内弹子压入连接器凹槽内，放手让快速接头外套内弹簧复位，如能听到复位声响，则控制缆管接头与源机输入端联接完毕。<br>（4）对于YG-60A源机，用手转动源组件使凹槽孔向上，用手握住控制缆钢丝球头上端，球头自上而下垂直插入源组件球窝（由于源组件露出长度很短，此动作可能需要重复多次），后拉放平，通知控制缆摇柄处人员将摇柄逆时针方向转动，直至控制缆钢丝插入源机输入端，并能听到复位声。<br>（5）用手握住控制缆导管向后拉，检查是否能拉脱，验证控制缆快速接头是否与源机输入端联接牢固。<br>（6）将源机输出端保护帽放入输入端保护帽内，防止遗落和丢失 |
| | | 7 | 联接源机与控制缆（使用电控器时）：<br>（1）将电动光闸与源机输入端正确联接；<br>（2）将光闸电缆线与电动光闸连接；<br>（3）同上述不使用电控器时的（1）～（6）步骤；<br>（4）将电源电缆线与电控器后面板电源插座相连并将插头插入电源插座；<br>（5）透照室内作业时，将铅门连锁插头与电控器后面板铅门插座相连，进行门机连锁；现场作业时将该插头两根线直接短路；<br>（6）将光闸电缆线另一端插头与电控器后面板光闸插座相连；<br>（7）拆除驱动器摇柄，将控制缆驱动器与控制器电机输出轴正确连接并旋紧锁紧螺钉 |

续表

| 作业步骤 | 风险 | | 注意事项 |
|---|---|---|---|
| 出源操作 | 职业性放射疾病 | 1 | 出源前再次巡查确认监督区内是否有无关人员逗留 |
| | | 2 | 不使用电控器时，按如下步骤：<br>（1）用专用钥匙打开源机输入端安全锁开关，转动安全锁至"开"位置，使源组件通道打开；<br>（2）依据对接空摇确定的圈数进行出源操作（按顺时针方向），注意开始一圈和最后一圈应稍慢，防止源组件离开源机时不顺畅及源组件与曝光头（曝光准直器）碰撞过猛。摇动过程中严禁用力过度造成控制缆损坏；<br>（3）用计时设备（如秒表、手机、手表等）开始计时射线源曝光时间，同时人员快速撤离至安全区域 |
| | | 3 | 使用电控器操作时，操作步骤如下：<br>（1）电控器与源机安装完毕后，将电控器面板上的钥匙开关拨至"自动"挡，此时电控器有一次收源动作并鸣响一声，待自检完毕后，触摸屏显示"欢迎使用伽马射线探伤机控制器"；<br>（2）按照触摸屏显示的功能键操作菜单设置出源距离、透照时间等参数；<br>"读取上次运行参数"说明，当每一次曝光过程结束后，操作者均可以通过点击此触摸屏按钮来读取刚刚结束的曝光过程中的各项运行参数，如出源距离、曝光时间等，如果发现与实际要求的参数不符，可以及时采取补救措施（此功能只对正常曝光过程参数有效，如遇故障收源，所读参数仍为上一次工作过程的参数）<br>（3）按下触摸屏中的出源功能键，进入自动控制模式 |
| | | 4 | 监测人员同时监测剂量变化情况，并在首次摇源时与安全员共同确认监督区和控制区边界的剂量率是否满足标准要求，必要时进行调整 |
| | | 5 | 操作过程中安全员保持对现场巡视，防止无关人员进入监督区 |
| 收源操作 | 职业性放射疾病 | 1 | 当一次曝光完毕后，依据对接空摇确定的圈数进行收源操作（按逆时针方向），注意最后一圈应稍慢，防止源组件进入源机时不顺畅，摇动过程中严禁用力过度造成控制缆损坏 |
| | | 2 | 监测人员使用辐射剂量仪监测剂量变化情况，确认放射源已经返回至源机内 |
| | | 3 | 手动转动安全锁至"关"位置，使源组件通道关闭 |
| | | 4 | 使用电控器操作时，不用实施上述步骤，曝光完毕后源组件自动收回，电动关闸自动将安全锁至"关"位置，使源组件通道关闭 |
| 拆除联接 | 职业性放射疾病 | 1 | 为防止在拆除联接时误操作引起的源组件在输源管外脱落，应遵循先拆除源机与控制缆联接、再拆除源机与输源管联接的顺序，需近距离挪动主机但不需要拆除控制缆时，可先拆除源机与输源管，但必须封好源机输出端保护帽 |

续表

| 作业步骤 | 风险 | | 注意事项 |
|---|---|---|---|
| 拆除联接 | 职业性放射疾病 | 2 | 拆除源机与控制缆（不使用电控器时）：<br>（1）用辐射剂量仪监测源机表面剂量，确认放射源已经返回至源机内；<br>（2）对于YG-75、YG-192B源机，一名操作人员握住控制缆快速接头往后拉动，另一名操作人员在控制缆摇柄处（顺时针方向）转动摇柄半圈至一圈，使快速接头脱离源机接头，此时露出的控制缆钢丝长度约为150~250mm。将控制缆端部球头沿源组件凹槽方向竖起90°，推动至球窝处取出，并通知控制缆摇柄处操作人员逆时针方向转动摇柄，使控制缆钢丝球头收回到软管内；<br>（3）对于YG-60A源机，一只手向下拉动位于源机输入端连接器下方的拉销，另一只手同时向外拉动输源管，同时通知另一名操作人员在控制缆摇柄处（顺时针方向）转动摇柄超过一圈，在钢丝阳极接头露出长度为300mm左右时，将控制缆端部球头沿源组件凹槽方向竖起90°，推动至球窝处取出，并通知控制缆摇柄处操作人员逆时针方向转动摇柄，使控制缆钢丝球头收回到软管内；<br>（4）封好控制缆保护套及源机输入端保护帽 |
| | | 3 | 拆除源机与控制缆（使用电控器时）：<br>（1）用辐射剂量仪监测源机表面剂量，确认放射源已经返回至源机内；<br>（2）关闭电控器电源，将控制器面板上的钥匙开关拨至"关闭"挡，拆除电控器电源连接线；<br>（3）拆除光闸与电控器后面板与光闸连接的电缆线；<br>（4）松开控制缆驱动器与电控器电机输出轴连接的螺钉，拆除驱动器与电控器连接；<br>（5）安装驱动器摇柄；<br>（6）同上述不使用电控器时的（2）~（4）步骤；<br>（7）拆除电动光闸端的光闸电缆线；<br>（8）拆除电动光闸与源机主机，并妥善放置好光闸 |
| | | 4 | 拆除源机与输源管：<br>（1）对于YG-75、YG-192B源机，手握住输源管快速接头外套向后拉，使输源管与源机脱离；<br>（2）对于YG-60A源机，一只手向上推动位于源机输出端连接器下方的压销，另一只手同时向外拉动输源管，使输源管与源机脱离；<br>（3）封好输源管保护套及源机输出端保护帽 |
| 改变作业位置 | 职业性放射疾病 | 1 | 仅需要移动曝光头位置或转动/移动工件时，收源后重新固定曝光头（曝光准直器） |
| | | 2 | 需要移动源机时，收源后拆除联接，并将输源管及控制缆导管卷起盘好，严禁在地面拖拉造成损坏。盘卷控制缆导管前应先将钢缆摇出30mm左右，再进行盘卷，否则盘卷后钢缆一直处于紧绷受力状态 |
| | | 3 | 再次出源前需重新确认控制区和监督区的范围及人员清场情况 |
| | | 4 | 再次操作应按本节"源机联接""出源操作""收源操作""拆除联接"环节进行 |

续表

| 作业步骤 | 风险 | | 注意事项 |
|---|---|---|---|
| 意外情况处置 | 职业性放射疾病 | 1 | 当现场突然出现雨雪、大风等恶劣天气时，在确保人身安全的情况下，应立即收回放射源，对源机及其附属设施进行保护，防止丢失、受损或受潮 |
| | | 2 | 当发现有人员意外闯入控制区或接到相关方停止作业通知时，应立即收回放射源，并根据具体情况确定是否终止当班作业 |
| | | 3 | 当出源及收源过程中，以及其他意外情况导致卡源情况发生，见《源机故障应急处置规程》和《源机失控应急处置规程》 |
| 完工 | | 1 | 解除警戒并清理现场杂物后方可关闭作业许可 |
| | | 2 | 当班工作结束后应及时办理源机退库手续 |
| | | 3 | 设备每次使用后，应进行清理，保持零部件清洁完整，并对输源管和控制缆导管的进出口应包扎，以免异物进入和磨损 |
| | | 4 | 盘卷好的输源管和控制缆导管应单独平放，不得悬挂，防止变形 |
| | | 5 | 每个月应对源机及其配套装置进行检查维护，但当手摇控制缆感觉比上次使用（或上次清洗后）吃力时（即摇动阻力增大时），应停止作业，立即对控制缆和输源管进行清洗 |
| | | 6 | 每3个月应至少对控制缆和驱动齿轮清洗一次，发现问题应及时维修。安装控制缆齿盘时应注意齿盘方向不能装反（凸面朝外，凹面朝内） |

## 2.41 无损检测（X射线管道爬行器）作业

| 作业步骤 | 风险 | | 注意事项 |
|---|---|---|---|
| 作业应具备的条件 | 职业性放射疾病、坍塌 | 1 | 检测作业人员应取得射线检测Ⅰ级及以上资格证书，并经生态环境部门组织的核技术利用辐射安全考核（X射线探伤类别）合格 |
| | | 2 | 检测作业人员每两年应至少参加一次职业健康检查，确认无职业禁忌证，每季度进行个人剂量监测 |
| | | 3 | 检测作业人员应能熟练掌握并正确判断爬行器在管道内的运行状态，正确控制爬行器定位、行走方向 |
| | | 4 | 检测作业人员应正确穿戴劳动防护用品，每组作业人员至少配备一台便携式辐射剂量仪，并在检定有效期内；工作时应随身佩带个人剂量片、射线报警器，采用距离、屏蔽等防护 |
| | | 5 | 根据X射线管道爬行器的性能及待检管道的坡度和弯度，判断确定能否使用爬行器作业，如不能使用，必须使用便携式X射线机作业 |

续表

| 作业步骤 | 风险 | | 注意事项 |
|---|---|---|---|
| 作业应具备的条件 | 职业性放射疾病、坍塌 | 6 | 作业现场应设置监督区及控制区，设立警示牌等，作业地点与施工机组或居民应保持足够的安全距离，否则应采取屏蔽防护措施；必须办理射线作业许可，如果涉及受限空间，须同时办理专项许可 |
| | | 7 | 爬行器入口位置应无积水以防止设备短路，贴片位置应易于操作，并使用适当的工具进行修整，有积水时应进行抽排，焊口正下方距离地面过近时应张贴铅板等屏蔽材料以减少背散射 |
| | | 8 | 沟下作业时，管沟应无塌方危险，上下通道应畅通，并指定专人监护 |
| | | 9 | 炎热天气应避开高温时段，宜在早晚进行检测，防止设备过热损坏和人员中暑 |
| | | 10 | 寒冷地区使用的暗袋应使用人造革类材质，避免使用塑料类材质造成断裂及漏光 |
| 准备工作 | | 1 | 检查被检管道，同时与施工单位充分沟通，确认管道内部应无杂物、积水等，以免造成设备不必要的损坏 |
| | | 2 | 检查爬行器各部件，包括X射线发生器、电池组、驱动车、控制部分、连接线、磁定位指令控制器、接收器等是否配套、齐全和完好 |
| | | 3 | 根据检测管道规格，确定轮距扩展轴长度，扩展轴要配对、对称 |
| | | 4 | 检查射线发生器气压是否满足工作要求，电池组和指令控制器是否充电充足 |
| | | 5 | 检查人员基本劳保着装是否正确佩戴 |
| | | 6 | 夜间作业检查头灯、手电等自用照明器具是否充电充足 |
| | | 7 | 检查个人剂量片是否正确佩带 |
| | | 8 | 检查辐射剂量仪、个人报警器的完好性和/或有效性 |
| | | 9 | 核对作业许可票证措施落实情况 |
| | | 10 | 检查周边作业环境是否存在不安全因素 |
| | | 11 | 射线发生器在车内运输过程中，应采用弹性物质对其进行必要的减震处理，竖直放置并进行有效固定，避免过于颠簸而损坏。射线发生器搬运时要轻拿轻放，避免震动引起射线管松动或损坏 |
| | | 12 | 爬车部分在车内运输过程中应避免重物砸压、强烈冲击或震荡，特别是其输入设备及控制系统放置在爬行器尾部顶端，虽然有保护翻盖，但其上面严禁放置任何重物 |
| | | 13 | 禁止整机搬抬和运输 |

续表

| 作业步骤 | 风险 | | 注意事项 |
|---|---|---|---|
| 组装和调试 | 机械伤害、触电 | 1 | 操作注意事项：<br>（1）指令控制器和接收器必须轻拿轻放，避免碰摔，接收器波段开关内部是塑料结构，在转动时需要特别注意，不要用力过猛致使损毁。指令控制器不使用时及时关闭电源开关，严禁将电池电量用尽。<br>（2）注意通电、关电顺序，禁止带电插拔，遵循连接时"先连其他、后接电源"，拆卸时"先拆电源、后拆其他"的顺序。即通电时先将射线发生器与爬行器连接线连接，再将电池线连接，先打开X射线系统开关，最后打开爬行器开关；关电时先将爬行器开关关闭，再将X射线系统发生器开关关闭，拔掉电池连接线，最后拔掉射线发生器与爬行器连接线。<br>（3）插、拔连接线时应用手抓住壳体和金属插头操作，严禁直接手持线缆插拔，防止插头松动造成短路事故 |
| | | 2 | 初次使用爬行器或改变壁厚、管径时，应在正式检测前按以下顺序做好定位调试及透照参数确定工作：<br>（1）找一根单管，将管口附近的母材作为模拟管道焊缝；<br>（2）确定射线发生器和车体上的电源开关处于关闭状态后，方可对爬行器进行组装；<br>（3）将爬行器四轮垫高不接触地面，各部件正确牢固连接，安装磁定位接收器（一般为距管壁80～100mm，不同型号爬行器不同）；<br>（4）调整射线发生器的焦点位于预计的管道中心位置，并检查各操作按钮、车轮、升降滑板、升降支板、紧固螺钉、定位螺钉等是否在正确位置上，如有松动必须拧紧；<br>（5）连接各电缆接头，最后连接电源线，检查各个连接电缆位置的插头插座是否接触紧密、无松动；<br>（6）打开电源开关后，控制面板仪表应显示正常，射线发生器冷却风扇应工作正常；<br>（7）按照产品说明书使用指令控制器模拟爬行器在管道内的前进、停止等待、曝光、后退等操作，正常后方可进行下一步操作（不同厂家指令控制器的使用方法略有不同，操作人员必须非常熟悉所用设备指令控制器的使用方法） |
| | | 3 | 当X射线发生器、管道壁厚、管道管径、磁定位接收器灵敏度调节挡位、接收器高度等任意一项有变动时均需重新调整校验定位尺寸：<br>（1）关闭电源后，将组装好的爬行器放置于管道内部；<br>（2）根据管道壁厚调整磁定位接收器灵敏度挡位，注意不同型号爬行器的指令接收器的挡位不同；<br>（3）打开电源，使用指令控制器进行控制，爬行器应反应灵敏，能正确执行控制器所发出各种命令；<br>（4）通过多次调整，使射线发生器的曝光标志与模拟焊缝相重合，以此时指令控制器与模拟焊缝之间的距离作为定位参考尺寸；<br>（5）在管口模拟焊缝环向每隔90°贴一张胶片，并在模拟焊缝处横向贴一张胶片，横向胶片的中心位于模拟焊缝处；<br>（6）根据壁厚和管径设置合适的曝光电压和曝光时间，通过指令控制器进行曝光操作，并进行暗室处理； |

续表

| 作业步骤 | 风险 | | 注意事项 |
|---|---|---|---|
| 组装和调试 | 机械伤害、触电 | 3 | （7）通过环向胶片的黑度判断X射线发生系统的场强是否均匀，通过横片两侧部位黑度的长度来确认实际曝光中心点，以此来确定实际定位尺寸；<br>（8）根据定位尺寸制作适当的定位尺，或在卷尺或钢直尺上确定定位标志 |
| 检测操作 | 职业性放射疾病 | 1 | 确定停车位置：以待检焊缝中心为参考，使用定位尺测量出停车位置，并用记号笔做出记号 |
| | | 2 | 布片：一次检测多道焊缝时，可以同时布若干道焊口，提高工作效率 |
| | | 3 | 将爬行器置入管道入口，可靠连接射线发生器与车体、接收器与车体电缆插头，确保车轮与管壁完全接触，观察车体在管道内是否放置平稳 |
| | | 4 | 打开爬行器电源开关，按启动按钮，进入工作状态，开始训机操作。对于无自动训机功能的爬行器，停放时间在3d至3周内每增加10kV所需要曝光1min，停放时间在3周以上每增加10kV所需要曝光2min |
| | | 5 | 训机结束后，预置好曝光时间、曝光电压 |
| | | 6 | 给一次信号（在接收器上方，打开控制器开关，再次关闭控制器开关或移开控制器），爬行器前进（蜂鸣器持续间断长音），将控制器移至待检焊口定位标记处放置好并对正 |
| | | 7 | 爬行器行进至控制器下方并接收到信号后，立即停车进入等待状态，移开或关闭控制器则开始进入曝光前延时（此时操作人应该立刻远离，也可根据实际情况选择将控制器在原处打开或直接放到下一道口进行曝光），延时结束开始曝光，曝光期间蜂鸣器高频率间隔连续鸣响 |
| | | 8 | 曝光结束，爬行器继续前进，并发出间断长音。进行下一道焊口曝光时，将控制器移至待检焊口定位标记处放置好并对正，重复第7步骤 |
| | | 9 | 当拍片工作结束（即最后一道焊缝），给出倒退指令，爬行器开始倒退并伴有蜂鸣短音。只有在确认爬行器后退之后，操作人员才能到管口待机，防止设备自行落地摔坏 |
| 意外情况处置 | 职业性放射疾病 | 1 | 应经常留意爬行器运行时的各种情况所反映出来的问题，如发现异常声响，应立即停车检查，及时观察找到问题所在，否则会因小问题导致设备的大故障 |
| | | 2 | 当现场突然出现暴雨、大风等恶劣天气时，在确保人身安全的情况下，应立即停止作业，对爬行器进行保护，防止丢失、受损或受潮 |
| | | 3 | 当发现有人员意外闯入控制区时，应立即进行制止，并根据具体情况确定是否终止当班作业 |

续表

| 作业步骤 | 风险 | | 注意事项 |
|---|---|---|---|
| 意外情况处置 | 职业性放射疾病 | 4 | 当不能确认爬行器是否受控时，包括蜂鸣器无声、指令按钮失控或程序混乱，或者当作业人员听到爬行器高频率间隔连续鸣响时，射线发生器可能会提前进入曝光程序，对工作人员造成辐射伤害，处置程序如下：<br>（1）作业人员应迅速反向撤离，使用剂量仪监测曝光状态；<br>（2）作业人员通知指令控制器人员到安全距离处（通过剂量仪），将指令控制器放在爬行器行走路线某位置等待；<br>（3）指令控制器人员通过移开或关闭指令控制器发出"倒车"指令，再发出"停车"指令；<br>（4）指令控制器人员谛听是否处于停车状态，确认正常后重新测试前进、曝光、倒退指令信号；<br>（5）如正常可进行下一道口的曝光，如不正常按下属滞留场景处置 |
| | | 5 | 行进途中指令控制器人员接收不到信号（可能的原因：管道内积水导致电路短路，突然断电，下坡时速度过快造成失控，过弯时翻车造成损坏），或指令控制器人员听到蜂鸣提示音与实际运行不符（可能的原因：驱动轮电机损坏，爬坡能力不足，管内异物阻碍行进），说明爬行器已经滞留在管道内，处置程序如下：<br>（1）指令控制器人员应迅速反向撤离，并通知其他人员疏散撤离至安全距离（通过剂量仪）范围外。<br>（2）应首先使用辐射剂量仪和报警器确认处于非曝光状态。如果处于曝光状态，须待电池耗尽、检测确认合格后方可处置。<br>（3）用控制器命令其退出管道，如果爬行器不能正常退出，则用救护车进入管道将设备拖出。使用程序如下：<br>① 开机上电：将钥匙开关拨到第一挡，救护车自检，即先升到位再降到位，此时鸣响一声，说明工作正常，可进行下一步操作。<br>② 实施救护：将钥匙开关拨到第二挡，救护车前进，实施救护任务。<br>③ 收车：救护车将爬行器救回到管口时，将钥匙开关拨回第一挡，其自动将爬行器降低，待鸣响一声后，任务结束，收车。<br>（4）如果不能使用救护车时，应征得相关方同意后，在爬行器滞留附近将管道切割，再将爬行器拖出 |
| 完工 | | 1 | 工作结束后，应让冷却风扇继续运转5min左右使射线发生器完全冷却，先关闭车体电源，再拔掉相关连接线，清除泥屑等杂物，擦拭车体，整理环境，附件妥善保管 |
| | | 2 | X射线底片等不得任意乱放，作业结束后应带回项目部统一存放 |
| | | 3 | 解除警戒并清理现场杂物后方可关闭作业许可 |
| 日常维护 | 机械伤害、触电 | 1 | 射线发生器：<br>（1）经常检查压力表指针是否降至警戒线以下，如发现压力降低，应立即停止使用并及时返厂补充气体；<br>（2）经常清理风扇罩壳里面的灰尘，否则将引起风扇转速下降，易造成机头过热保护，致使拍片过程终止，设备因保护而退车； |

续表

| 作业步骤 | 风险 | | 注意事项 |
|---|---|---|---|
| 日常维护 | 机械伤害、触电 | 1 | （3）经常检查机头插座是否固定良好，有无松动痕迹，插针是否完好，有断裂需要立即更换。及时清除插座内尘土，保证插座内部干净无杂质；<br>（4）射线发生器应放置在干燥或相对干燥的环境中，长时间闲置不用时，应竖直存放在安全不容易碰倒的地方，启用时需要对其进行训机 |
| | | 2 | 爬车部分：<br>（1）经常检查爬车的螺钉有无松脱。<br>（2）经常检查电缆插头连线部分是否有开焊或折断现象，发现应及时处理。<br>（3）连续使用期间，每个月应开启保护盖板检查内部螺钉有无松脱、连线有无虚焊。发现问题及时处理，使设备故障降至最低。<br>（4）经常检查车轮的磨损情况，如磨损严重，应及时换新。<br>（5）将电池放入爬行器电池槽里时，应平稳并匀速放置，切勿因为放置不稳而损坏电池旁边的输入设备。<br>（6）清理爬行器外壳污迹时应使用拧干的湿毛巾擦拭，禁止用水冲洗。<br>（7）爬行器前端有遇水检测探头，应经常检查并清理上面的泥沙，使其保持干燥，不至于产生误动作。<br>（8）禁止私自拆开爬行器电气线路或擅自拆开减速箱添加润滑油，出现故障时，应在厂家技术人员的指导下处理，需要时请厂家技术人员到现场或返厂维修。<br>（9）爬行器在不用时，应放置在阴凉干燥的地方，防止因潮湿使其内部元器件损坏 |
| | | 3 | 指令控制器：<br>（1）使用后应及时充电，充电时应采用与之配套的充电器。严禁过放电，使电池受损，严重情况导致设备在管道内无法控制。<br>（2）经常检查按钮开关是否灵活、工作正常，如发现无法自锁应及时更换按钮开关。<br>（3）控制器端面为橡胶密封，应注意防止橡胶脱落。<br>（4）应及时清理因磁铁转动而吸引的铁屑 |
| | | 4 | 电池组：<br>（1）电池在使用后需要及时充电，一般充电时间不超过 10h，充电时应采用与设备配套的充电器；<br>（2）电池应放置在干燥不潮湿的环境中，严禁与易燃易爆物质存放在一起；<br>（3）电池禁忌大电流放电，严禁将其正负极短路，切忌将电池倒置存放；<br>（4）经常检查电池盒上的沉头螺钉，防止脱落后端盖无法固定造成短路事故；<br>（5）电池长期不用时，应充满电保管，以免影响电池寿命 |

续表

| 作业步骤 | 风险 | 注意事项 | |
|---|---|---|---|
| 日常维护 | 机械伤害、触电 | 5 | 充电器：<br>（1）充电前，应检查空载时的充电电压是否在设定值内，插上电池插头，接入220V电源后，调到电流挡，观察充电电流的大小，调整至设备说明书要求的大小；<br>（2）电池充满电后，应及时断电，尽管充电器有悬浮充电功能，但因电网的不确定性，不可预知的导致损坏设备情况时有发生。对于电压经常不稳定的地区，应配备稳压器对充电器进行交流稳压，保证充电器的安全工作，提高其使用效率和使用寿命 |

## 2.42 无损检测（PAUT/TOFD）作业

| 作业步骤 | 风险 | 注意事项 | |
|---|---|---|---|
| 作业应具备的条件 | 机械伤害、高处坠落、中毒窒息 | 1 | 检测作业人员应取得持有PAUT/TOFD相应检测方法Ⅱ级及以上检测资格证书 |
| | | 2 | 检测作业人员的单眼或者双眼裸视力或者矫正视力应不低于4.8，且应一年检查一次 |
| | | 3 | 检测作业人员应正确穿戴劳动防护用品，搬运试块时应佩戴手套 |
| | | 4 | 应根据检测技术要求选用合适型号的PAUT/TOFD超声波探伤仪，检测设备应经过校准合格并在有效期内，使用时应根据相应检测方法标准的要求进行每次检测前核查及运行核查 |
| | | 5 | 试块应在适当部位编号，以防混淆。试块在使用和搬运过程中应注意保护，以防碰伤或擦伤 |
| | | 6 | 仪器调校时应尽量使用试块托架，翻转时防止划伤和砸伤，且应在工作台托盘中调校，避免耦合剂污染 |
| | | 7 | 所使用的耦合剂不应对工件造成腐蚀或损伤 |
| | | 8 | PAUT/TOFD波探伤仪属高精密电子设备，应避免在强磁场干扰、强腐蚀的环境下的场所使用 |
| | | 9 | 在役检测时，高温部件应有隔热措施，运转设备应有隔离措施 |
| | | 10 | 检测带电的设备时必须切断设备电源 |
| | | 11 | 高处作业应具有牢固的作业平台，确保满足检测空间及检测设备的安全放置空间 |
| | | 12 | 在受限空间内检测时，应有良好的通风措施，作业前应进行有害气体检测，合格后方可进入；优先采用连续监测方式，如采用间断性监测，间隔不应超过2h，并应设监护人，确保检测安全 |
| | | 13 | 如果涉及高处作业和受限空间，应办理专项许可 |

续表

| 作业步骤 | 风险 | | 注意事项 |
|---|---|---|---|
| 准备工作 | | 1 | 对劳动防护用品和携带工具的检查：<br>（1）检查人员基本劳保着装是否正确佩戴；<br>（2）夜间作业检查头灯、手电等自用照明器具是否充电充足；<br>（3）如涉及进入受限空间作业必须做好隔离、通风、气体检测等措施；<br>（4）如涉及登高作业必须做好坠落防护 |
| | | 2 | 对PAUT/TOFD检测设备及附属配件的检查及仪器调校：<br>（1）检查仪器按钮面板和显示屏是否完好，检查仪器操作系统是否工作正常；<br>（2）检查附件是否齐全完好，如探头、楔块、连接电缆、扫查器、编码器、随机工具、供水装置、电池、试块、系挂背带、充电器和电源适配器等；<br>（3）检查仪器电池电量是否充足，电池锁定装置是否完好；若电池电量不足，应更换电池或外接交流电源，电源波动大的场所严禁使用适配器供电工作；<br>（4）用交流电源或电池供电时，应将仪器上转换开关调到相应的位置；<br>（5）检查耦合剂、试块、探头是否符合检测工艺要求；<br>（6）检查扫查器是否行走正常，且符合工艺要求的探头组布置要求 |
| | | 3 | 对工件及附属设施的检查：<br>（1）检查受检工件的稳定性；<br>（2）检查受检工件是否存在坠物可能；<br>（3）检查托辊、行车（如有）的完好性，并防止电源线和设备线缆被挤伤或缠绕；<br>（4）检查工件表面情况是否存在造成人身划伤的风险（如保温钉及在工件表面焊接的工卡具或其他尖锐物体等）；<br>（5）检查受检工件应具有PAUT/TOFD检测所必需的扫查面和操作空间；<br>（6）检查受检工件表面，不允许有锈蚀、斑点、氧化层、油漆和焊接飞溅物等污物存在，以免影响检测质量 |
| | | 4 | 对作业环境的检查：<br>（1）检查脚手架、梯子等涉及高处作业设施的完整性；<br>（2）检查现场照明设施是否满足作业需要；<br>（3）检查受限空间作业条件（如气体监测、内部构件、照明、电气工艺隔离等）；<br>（4）检查作业场所通道是否畅通，提前踏勘行走路线；<br>（5）检查电缆线布置是否存在被异物砸伤的可能 |
| | | 5 | 核实拟采用的检测方法是否符合检测操作指导书（工艺卡）的要求 |
| 检测操作 | 机械伤害、高处坠落、中毒窒息 | 1 | 根据检测工艺要求，正确选择探头、楔块和扫查器类型 |
| | | 2 | 清洁探头晶片和楔块接触面，不能有颗粒等杂物，并涂抹耦合剂（黄油、机油或凡士林等），组装探头和楔块。组装时扭力应适当，避免晶片受力过大发生碎裂 |

续表

| 作业步骤 | 风险 | 注意事项 | |
|---|---|---|---|
| 检测操作 | 机械伤害、高处坠落、中毒窒息 | 3 | 组装扫查器，按照工艺要求设置探头组，安装编码器。扫查架安放时要小心轻放，避免磁性轮夹手或挤手 |
| | | 4 | 主机连接探头和编码器，线缆接头连接应严格按操作说明书操作，严禁野蛮连接，造成插头接线针变形 |
| | | 5 | 工作中的插、拔、旋和按等操作，应轻柔、平顺，在拔插电缆连线时，应抓住插头的根部，严禁抓住电缆线拔、插或拽。旋转或按下按钮时不宜用力过猛，尤其在旋钮极限位置，防止旋钮错位或损坏 |
| | | 6 | 开机后仪器自检，进入设备设置程序，根据被检对象规格，调用对应的检测工艺，完成相关参数设置。触摸屏操作时应用力轻柔，或用专用笔操作 |
| | | 7 | 用标准试块和对比试块完成仪器和探头的调校、测定和检测灵敏度的设置 |
| | | 8 | 检测操作每组应三人以上操作，分别负责设备监视、扫查器操作和耦合剂施加 |
| | | 9 | 检测耦合剂可能增加湿滑的风险，应规范涂布范围，高处作业时应有使用可密封器皿盛装或采取其他放倾洒措施 |
| | | 10 | 耦合剂采用自动施加时，耦合剂自动施加装置应放置或固定牢固，防止倾洒。耦合剂采用压力喷壶手动施加时，加压应适当，防止爆裂 |
| | | 11 | 检测过程中，严禁将耦合剂液体接触设备各类电路接口，造成设备故障。探头组、前置放大器和编码器接口应做适当防水措施，手动施加耦合剂时，严禁直接向探头组、前置放大器和编码器喷洒或浇注 |
| | | 12 | 应使用设备专用系挂装置，无系挂检测时应保证超声检测设备放置稳固，防止设备坠落。检测时应时刻注意主电缆，防止主电缆缠绕或阻拌，造成设备或人员安全事故 |
| | | 13 | 严禁磕碰显示器，造成显示器故障；严禁磕碰按钮面板，损坏按钮面板的密封性 |
| | | 14 | 检测过程中，应随时注意仪器和探头性能等有无异常变化，如果有异常应及时处理 |
| | | 15 | 工作结束前，应对系统性能进行复核 |
| | | 16 | 工作结束后，应先关闭设备，再断开探头连接；关机5s后，方可再次开机，切忌反复开、合电源开关，以防损坏仪器元器件 |
| | | 17 | 连接打印机或计算机时，必须在关机的状态下操作 |

续表

| 作业步骤 | 风险 | | 注意事项 |
|---|---|---|---|
| 转场 | 机械伤害、高处坠落 | 1 | 仪器的搬运原则上使用设备原主机、附件专用箱，避免摔跌及强烈振动、撞击和雨雪淋溅 |
| | | 2 | 试块在使用和搬运过程中应注意保护，以防碰伤或擦伤 |
| | | 3 | 高处作业改变作业位置时应使用肩带，禁止手持仪器行走 |
| 意外情况处置 | | 1 | 耦合不良及行走困难，应检查扫查架及探头连接 |
| | | 2 | 探伤仪如出现电池电量不足时应关机充电，切勿低压操作 |
| | | 3 | 探头线缆出现接触不良时，应关机停止工作，检查线缆；若更换线缆，应重新调校设备 |
| | | 4 | 仪器出现程序性故障应立即关闭电源，及时送专业机构维修 |
| | | 5 | 仪器为精密电子设备，除连接电缆及查架结构性故障外，严禁随意拆卸，防止故障扩大 |
| 完工 | | 1 | 工作结束后，应首先切断电源，再断开设备连接，然后清理好现场 |
| | | 2 | 涉及高处作业或进入受限空间作业的，应及时关闭作业许可 |
| | | 3 | 每次工作结束后，应对设备及附件进行清洁和检查，严禁用具有溶解性的物质擦拭外壳：<br>（1）检查和清洁各种连接电缆，切忌扭曲探头线及数据线；<br>（2）检查连接电缆接头，严禁挤、碰，防止接头变形；<br>（3）检查和清洁设备及附件接口的插孔；<br>（4）检查磁性轮，保持清洁和润滑；<br>（5）检查和清洁扫查器结构件上耦合剂污染，防止腐蚀；<br>（6）检查和清洁面板按钮及旋钮，避免破损后液体渗入，引起电路故障 |
| | | 4 | 仪器长期不使用时，应根据仪器说明书规定的时间间隔开机通电，并给电池充满电，以免仪器内的元器件受潮和保养蓄电池，延长电池的使用寿命 |
| | | 5 | 仪器应存放在专门的设备库，保持干燥通风，远离高温、潮湿和腐蚀气体环境 |
| | | 6 | 使用试块时应注意清除反射体内的油污和锈蚀。常用蘸油细布将锈蚀部位抛光，或用适用的去锈剂处理。平底孔在清洗干燥后用尼龙塞或胶合剂封口。试块长时间存放要涂敷防锈剂 |

## 2.43 无损检测（UT）作业

| 作业步骤 | 风险 | | 注意事项 |
|---|---|---|---|
| 作业应具备的条件 | 机械伤害、高处坠落、中毒窒息 | 1 | 检测作业人员应取得超声检测Ⅰ级及以上资格证书，进行检测结果评定时应持有Ⅱ级及以上超声检测资格证书 |
| | | 2 | 检测作业人员的单眼或者双眼裸视力或者矫正视力应不低于4.8，且应一年检查一次 |
| | | 3 | 检测作业人员应正确穿戴劳动防护用品，搬运试块时应佩戴手套 |
| | | 4 | 检测设备应经过校准合格并在有效期内，使用时应根据检测方法标准的要求进行每次检测前核查及运行核查 |
| | | 5 | 试块应在适当部位编号，以防混淆。试块在使用和搬运过程中应注意保护，以防碰伤或擦伤 |
| | | 6 | 仪器调校时应尽量使用试块托架，翻转时防止划伤和砸伤，且应在工作台托盘中调校，避免耦合剂污染 |
| | | 7 | 使用的耦合剂不应对工件造成腐蚀或损伤 |
| | | 8 | 超声波探伤仪属高精密电子设备，应避免在强磁场干扰、强腐蚀的环境下的场所使用 |
| | | 9 | 在役检测时，高温部件应有隔热措施，运转设备应有隔离措施 |
| | | 10 | 检测带电的设备时必须切断设备电源 |
| | | 11 | 高处作业应具有牢固的作业平台，确保满足检测空间及检测设备的安全放置空间 |
| | | 12 | 在受限空间内检测时，应有良好的通风措施，作业前应进行有害气体检测，合格后方可进入；优先采用连续监测方式，如采用间断性监测，间隔不应超过2h，并应设监护人，确保检测安全 |
| | | 13 | 如果涉及高处作业和受限空间，应办理专项许可 |
| 准备工作 | | 1 | 对劳动防护用品和携带工具的检查：<br>（1）检查人员基本劳保着装是否正确佩戴；<br>（2）夜间作业检查头灯、手电等自用照明器具是否充电充足；<br>（3）如涉及进入受限空间作业必须做好隔离、通风、气体检测等措施；<br>（4）如涉及登高作业必须做好坠落防护 |
| | | 2 | 对超声检测设备及附属配件的检查及仪器调校：<br>（1）检查仪器按钮面板和显示屏是否完好，检查仪器操作系统是否工作正常；<br>（2）检查附件是否齐全完好，如连接电缆、电池、试块、系挂背带、充电器和电源适配器等； |

续表

| 作业步骤 | 风险 | | 注意事项 |
|---|---|---|---|
| 准备工作 | | 2 | （3）检查仪器电池电量是否充足，电池锁定装置是否完好；若电池电量不足，应更换电池或外接交流电源，电源波动大的场所严禁使用适配器供电工作；<br>（4）用交流电源或电池供电时，应将仪器上转换开关调到相应的位置；<br>（5）检查耦合剂、试块、探头是否符合检测工艺要求 |
| | | 3 | 对工件及附属设施的检查：<br>（1）检查受检工件的稳定性；<br>（2）检查受检工件是否存在坠物可能；<br>（3）检查托辊、行车（如有）的完好性，并防止电源线和设备线缆被挤伤或缠绕；<br>（4）检查工件表面情况是否存在造成人身划伤的风险（如保温钉及在工件表面焊接的工卡具或其他尖锐物体等）；<br>（5）检查受检工件应具有超声检测所必需的扫查面和操作空间；<br>（6）检查受检工件表面，不允许有锈蚀、斑点、氧化层、油漆和焊接飞溅物等污物存在，以免影响检测质量 |
| | | 4 | 对作业环境的检查：<br>（1）检查脚手架、梯子等涉及高处作业设施的完整性；<br>（2）检查现场照明设施是否满足作业需要；<br>（3）检查受限空间作业条件（如气体监测、内部构件、照明、电气工艺隔离等）；<br>（4）检查作业场所通道是否畅通，提前踏勘行走路线；<br>（5）检查电缆线布置是否存在被异物砸伤的可能 |
| | | 5 | 核实拟采用的检测方法是否符合检测操作指导书（工艺卡）的要求 |
| 检测操作 | 机械伤害、高处坠落、中毒窒息 | 1 | 根据检测工艺要求，正确选择探头 |
| | | 2 | 连接探头后开机，仪器自检后进入设置程序，完成相关参数设置 |
| | | 3 | 用标准试块和对比试块完成仪器和探头的调校、测定和检测灵敏度的设置 |
| | | 4 | 工作中的插、拔、旋和按等操作，应轻柔、平顺，在拔插电缆连线时，应抓住插头的根部，严禁抓住电缆线拔、插或拽。旋转或按下按钮时不宜用力过猛，尤其在旋钮极限位置，防止旋钮错位或损坏 |
| | | 5 | 检测耦合剂可能增加湿滑的风险，应规范涂布范围，高处作业时应有使用可密封器皿盛装或采取其他放倾洒措施 |
| | | 6 | 检测过程中严禁将耦合剂等液体接触设备各类电路接口，造成设备故障 |
| | | 7 | 应使用设备专用系挂装置，无系挂检测时应保证超声检测设备放置稳固，防止设备坠落 |

续表

| 作业步骤 | 风险 | | 注意事项 |
|---|---|---|---|
| 检测操作 | 机械伤害、高处坠落、中毒窒息 | 8 | 严禁磕碰显示器,造成显示器故障;严禁磕碰按钮面板,损坏按钮面板的密封性 |
| | | 9 | 检测过程中,应随时注意仪器和探头性能等有无异常变化,如果有异常应及时处理 |
| | | 10 | 工作结束前,应对系统性能进行复核 |
| | | 11 | 工作结束后,应先关闭设备,再断开探头连接;关机5s后,方可再次开机,切忌反复开、合电源开关,以防损坏仪器元器件 |
| | | 12 | 连接打印机或计算机时,必须在关机的状态下操作 |
| 转场 | 机械伤害、高处坠落 | 1 | 仪器的搬运原则上使用设备原主机、附件专用箱,避免摔跌及强烈振动、撞击和雨雪淋溅 |
| | | 2 | 试块在使用和搬运过程中应注意保护,以防碰伤或擦伤 |
| | | 3 | 高处作业改变作业位置时应使用肩带,禁止手持仪器行走 |
| 意外情况处置 | | 1 | 仪器出现故障应立即关闭电源,及时送专业机构维修 |
| | | 2 | 精密电子设备严禁随意拆卸,防止故障扩大和发生事故 |
| 完工 | | 1 | 工作结束后,应首先切断电源,再断开设备连接,然后清理好现场 |
| | | 2 | 涉及高处作业或进入受限空间作业的,应及时关闭作业许可 |
| | | 3 | 每次工作结束后,应对设备面板、显示器、接口、电缆和探头进行清洁和检查,然后放置于室内干燥通用处。严禁用具有溶解性的物质擦拭外壳 |
| | | 4 | 为保护探伤仪及电池,每个月至少开机通电1~2h,并给电池充电,以免元器件受潮或电池过放而影响使用寿命 |
| | | 5 | 电池严禁存放在高温和潮湿的环境中,并要求洁净,切不可有油污、腐蚀液体等,尤其注意电池的正负极部位不要与金属物品等接触 |
| | | 6 | 电池在运输和使用过程中应避免电池跌落、撞击、刺穿、水浸、雨淋等情况发生 |
| | | 7 | 使用试块时应注意清除反射体内的油污和锈蚀。常用蘸油细布将锈蚀部位抛光,或用适用的去锈剂处理。平底孔在清洗干燥后用尼龙塞或胶合剂封口。试块长时间存放要涂敷防锈剂 |

## 2.44 无损检测（MT）作业

| 作业步骤 | 风险 | 注意事项 | |
|---|---|---|---|
| 作业应具备的条件 | 火灾、高处坠落、中毒和窒息、触电 | 1 | 检测作业人员应取得磁粉检测Ⅰ级及以上资格证书，进行检测结果评定时应持有Ⅱ级及以上磁粉检测资格证书 |
| | | 2 | 检测作业人员的单眼或者双眼裸视力或者矫正视力应不低于5.0，不得有色盲，且应一年检查一次 |
| | | 3 | 检测作业人员应正确穿戴劳动防护用品，磁化操作应佩戴绝缘手套，防止意外电击 |
| | | 4 | 应根据受检工件的规格选用合适型号的磁粉探伤机，磁粉检测时使用的照明设备应采用安全电压，设备供电电源应采用防爆电源 |
| | | 5 | 严禁用电缆拖拽磁粉探伤机，喷洒磁悬液时应注意观察，严禁喷洒电源插头部位 |
| | | 6 | 使用的白光照度计和黑光照度计应经校准合格，且在有效期内。黑光灯设备应完好，滤光片不得有裂纹，黑光灯不宜用于高尘环境 |
| | | 7 | 磁粉检测设备的电流表，至少每半年校准一次，当设备进行重要电气修理或大修后，或者设备停用一年以上应重新进行校准 |
| | | 8 | 电磁轭的提升力至少半年核查一次，磁轭损伤修复后应重新核查；用于核查提升力的试块重量应进行校准，使用、保管过程中发生损坏，应重新进行校准 |
| | | 9 | 非荧光磁粉检测，一般情况下工件被检表面可见光照度不低于1000lx，现场检测时由于条件所限工件被检表面可见光照度不低于500lx；荧光磁粉检测，暗黑区室或暗处可见光照度应不高于20lx，工件被检表面的黑光辐照度应不低于1000μW/cm² |
| | | 10 | 处于温度低于零下20℃或高于40℃，空气相对湿度大于85%或粉尘、易燃或腐蚀气体环境之一时，禁止使用触头法 |
| | | 11 | 高处作业应具有牢固的作业平台，确保满足检测空间以及检测剂和设备的安全放置空间 |
| | | 12 | 在受限空间内检测时，应有良好的通风措施，作业前应进行有害气体检测，合格后方可进入；优先采用连续监测方式，如采用间断性监测，间隔不应超过2h，并应设监护人，确保检测安全 |
| | | 13 | 如果涉及高处作业和受限空间，应办理专项许可 |
| 准备工作 | | 1 | 对劳动防护用品和携带工具的检查：<br>（1）检查人员基本劳保着装是否正确佩戴；<br>（2）夜间作业检查头灯、手电等自用照明器具是否充电充足；<br>（3）如涉及进入受限空间作业必须做好隔离、通风、气体检测等措施；<br>（4）如涉及登高作业必须做好坠落防护 |

续表

| 作业步骤 | 风险 | | 注意事项 |
|---|---|---|---|
| 准备工作 | | 2 | 对磁粉探伤机及附属设施的检查：<br>（1）磁轭设备：目视外观检查线圈绝缘保护层是否完好；检查电源插口是否完好；检查磁轭充磁开关的绝缘性能是否良好、开关功能是否完好；检查磁化活动关节是否灵活，磁化接触面是否平整；具有辅助照明功能的设备，照明设备是否完好；检查磁轭提升力是否满足标准要求；检查电源电压是否符合设备要求、稳定，是否具有接地端子；检查单直流蓄电池供电磁轭的电池是否完好，电量是否充足；检查逆变式蓄电池供电磁轭的逆变系统是否完好，电量是否充足。<br>（2）便携式多功能磁粉机：检查电源电压是否与设备要求电压相匹配；检查主电源保险，检查是否具有接地端子；检查仪表是否正常，指示灯是否完好；检查开关、转换开关是否完好；检查输入、输出接口及电源连接线是否完好；检查探头外观应无破损、线圈绝缘保护层是否完好；检查磁轭充磁开关的绝缘性能和开关功能是否完好；检查磁极接触面是否平整，辅助轮是否转动灵活；具有辅助照明功能的设备，检查照明设备是否完好。<br>（3）移动式磁粉探伤机：检查电源是否满足设备功率要求；检查设备主机保险、电源开关、工作选择开关、磁化电流调节器、保险和仪表是否完好；检查手动磁化开关或脚踏磁化开关是否完好；检查磁化电缆快速接头是否良好；检查支杆连接接头是否完好；检查支杆防烧垫是否完好；检查设备接地是否正确可靠。<br>（4）黑光灯：检查滤光片是否安装或是否完好，严禁使用无滤光片的黑光灯；检查黑光灯保护支架是否安装；检查镇流器是否完好正常。<br>（5）检查磁悬液配置是否符合标准要求，磁悬液施加装置（喷壶）是否完好 |
| | | 3 | 对工件及附属设施的检查：<br>（1）检查受检工件的稳定性；<br>（2）检查受检工件是否存在坠物可能；<br>（3）检查托辊、转台或传送带上（如有）的完好性，并防止电线与其缠绕；<br>（4）检查工件表面情况是否存在造成人身划伤的风险（如保温钉及在工件表面焊接的工卡具或其他尖锐物体等） |
| | | 4 | 对作业环境的检查：<br>（1）检查脚手架、梯子等涉及高处作业设施的完整性；<br>（2）检查现场照明设施是否满足作业需要；<br>（3）检查受限空间作业条件（如气体监测、内部构件、照明、电气工艺隔离等）；<br>（4）检查作业场所通道是否畅通，提前踏勘行走路线；<br>（5）检查磁粉探伤机电缆线布置是否存在被异物砸伤的可能 |
| | | 5 | 核实拟采用的检测方法是否符合检测操作指导书（工艺卡）的要求 |

续表

| 作业步骤 | 风险 | | 注意事项 |
|---|---|---|---|
| 检测操作 | 火灾、高处坠落、中毒和窒息、触电 | 1 | 便携式单磁轭探伤机操作：<br>（1）优先使用交流电磁轭，如果产品检测技术条件有要求或有必要时，可选用直流电磁轭，磁化规范应经标准试片验证；<br>（2）连接电源，选择好适当的磁极及活动角度，磁极间距控制在75～200mm之间，使磁极与被探工件表面良好接触（最大间隙不应超过0.5mm），方可进行磁化；<br>（3）磁化通电时间为1～3s，严禁长时间连续磁化或空载磁化；<br>（4）磁悬液的施加和磁痕显示的观察应在磁化通电时间内完成，且停施磁悬液至少1s后方可停止磁化；<br>（5）喷洒磁悬液时应注意观察，避免检测面上磁悬液的流速过快，影响磁痕的形成；<br>（6）有效检测宽度为两极连线两侧各1/4极距的范围内，磁化区域每次应有不少于10%的重叠；为保证磁化效果应每一受检区域至少反复磁化两次，两次磁化方向应基本垂直 |
| | | 2 | 便携式交叉磁轭探伤机操作：<br>（1）使用交叉磁轭装置时，4个磁极端面与检测面之间应保持良好贴合，最大间隙不应超过0.5mm。连续拖动检测时，检测速度应尽量均匀，一般不应大于4m/min。<br>（2）交叉磁轭必须采用移动的方式磁化工件，磁悬液施加应覆盖焊接接头的有效磁化场范围，并始终保持润湿状态，以利于缺陷磁痕的形成。<br>（3）水平焊缝时，磁悬液应喷洒在行走方向的正前方，垂直焊缝时，磁悬液应喷洒在行走方向的前上方。<br>（4）磁痕的观察应在磁化状态下进行，以避免已形成的缺陷磁痕遭到破坏。<br>（5）应使用标准试片对交叉磁轭法进行综合性能验证，验证时宜在移动的状态下进行；当移动速度、磁极间隙等工艺参数的变化有可能影响到检测灵敏度时，应进行复验 |
| | | 3 | 便携式多功能磁粉探伤机操作：<br>（1）根据工艺选择适当的探头，正确连接电源和探头，保证主机稳固，高处作业应具有防坠落措施；<br>（2）磁极应与被探工件表面良好接触，其最大间隙不应超过0.5mm；<br>（3）交叉磁轭应保证辅助滚轮与工件接触时转动灵活，否则应进行调整；<br>（4）具有充磁和退磁功能的设备，磁化时应确认转换为充磁功能；<br>（5）磁轭式探头与工件接触好后方可磁化，严禁空载磁化，在探头离开被探工件表面时，应及时松开充磁开关，防止空载时电流过大而损坏仪器；<br>（6）建议充磁时间不低于3s，间歇时间超过5s，防止过热现象发生；<br>（7）主机面板上的旋钮开关切勿在充磁时调整，否则易损坏器件；<br>（8）充磁的同时，严禁关闭电源 |

续表

| 作业步骤 | 风险 | | 注意事项 |
|---|---|---|---|
| 检测操作 | 火灾、高处坠落、中毒和窒息、触电 | 4 | 移动式磁粉探伤机操作：<br>（1）设备快速接头应连接紧密，严禁松动；<br>（2）操作人员应佩戴绝缘手套、穿绝缘劳保鞋；<br>（3）应2人以上配合操作，分别负责支杆磁化操作和磁悬液施加；<br>（4）根据工艺要求选择"充磁""退磁"功能，调节磁化电流；<br>（5）支杆法应保证支杆与工件良好接触的同时起动工作键，防止打火烧损工件；<br>（6）严禁支杆直接短路，防止引起主机电路故障；<br>（7）线圈法或绕电缆法应保证电缆绝缘，严禁使用破损电缆；<br>（8）严禁长时间磁化，一次磁化时间不得超过5s，间歇时间为磁化时间的3～5倍；<br>（9）停止使用时，应先断开电源，再断开连接 |
| | | 5 | 黑光灯操作：<br>（1）连接黑光灯要求的外接电源；<br>（2）依次打开镇流器开关、风扇开关和黑光灯开关；<br>（3）黑光灯需要3～5min预热才能达到最大强度，可采用照射白纸判断黑光灯是否工作，严禁直视黑光灯；<br>（4）工作时黑光灯与被检工件距离应使用紫外辐照计测量，工件表面辐照强度应大于或等于1000μW/cm²；<br>（5）工作过程中避免将磁悬液喷溅到黑光灯上，使灯炸裂；<br>（6）严禁工作时触碰黑光灯外壳和滤光片，以免烫伤；移动使用时，动作要轻，防止电缆长度不足脱离电源，熄灯重启；<br>（7）严禁将运行的黑光灯放置在木制品或纸等易燃物品上；<br>（8）黑光灯关闭时，应先关闭黑光灯，保持风扇继续冷却5min后，才能关闭风扇和镇流器开关；<br>（9）黑光灯关闭后，至少间歇5min后才能重新开启；间歇及频繁使用时，建议不关闭黑光灯 |
| | | 6 | 工作结束前，应对系统灵敏度进行复核 |
| 转场 | 高处坠落 | 1 | 设备的移动搬运应采用设备配置的专用包装箱搬运，避免摔跌及强烈振动、撞击和雨雪淋溅 |
| | | 2 | 高处作业改变位置时应使用具有肩带的工具箱或工具包，禁止手持行走 |
| 意外情况处置 | | 1 | 整机无电源显示，应检查电源进线、开关和保险 |
| | | 2 | 保险熔断故障，应在检查电源同时检查主机 |
| | | 3 | 充磁正常，指示灯无指示时应更换指示灯 |
| | | 4 | 主电源正常，无输出时应检查保险是否完好和支杆是否接触好 |
| | | 5 | 电源正常，不能充磁时应报设备管理部门检查维修 |
| | | 6 | 磁轭非长时间通电出现异常发热现象，应停机检查送设备管理部门检查维修 |

续表

| 作业步骤 | 风险 | | 注意事项 |
|---|---|---|---|
| 意外情况处置 | | 7 | 磁轭发生漏电现象,应停机送设备管理部门检查维修 |
| | | 8 | 磁化过程中出现噪声大可能是磁极与工件接触不良造成的,应重新调整磁极角度 |
| | | 9 | 黑光灯滤光片碎裂、紫外线灯泡损坏、镇流器故障等应报设备管理部门维修,及时更换 |
| | | 10 | 黑光灯故障的检查和处置应先断开电源,黑光灯的操作前,灯泡应实现冷却 |
| | | 11 | 严禁遇到意外故障私自拆卸维修 |
| 完工 | | 1 | 工作结束后,应首先切断电源,再断开设备连接,然后清理好现场 |
| | | 2 | 涉及高处作业或进入受限空间作业,应及时关闭作业许可 |
| | | 3 | 采用磁轭式探伤机和多功能磁粉探伤机时,应将磁粉探伤机及附件清理、擦拭干净。每次工作结束后应对设备进行检查和维护,发现磁轭磁化开关的绝缘性能、电缆线、磁轭和电缆线的插头及插座有损坏时,应及时维修更换;发现磁极活动关节不灵活时应加注机油保养 |
| | | 4 | 蓄电池供电磁粉探伤机充电时应使用专用充电器,严格按照使用说明操作,充电时应有人监护 |
| | | 5 | 采用移动式磁粉探伤机时,应将磁粉探伤机及附件清理、擦拭干净。每次工作结束后应对设备进行检查和维护,发现防烧接触垫烧损、磁化电缆破损、快速接头烧损及主机指示灯、开关、保险、仪表(或显示器)有损坏时,应及时维修更换,发现支杆连接电缆松动应及时紧固 |
| | | 6 | 黑光灯维护操作应在设备断电和冷却的状态下进行。每次工作结束后,使用软布沾水及中性清洗剂清理塑料外壳污渍并擦干。用玻璃清洁布或软布清洁滤光片 |

## 2.45 无损检测(PT)作业

| 作业步骤 | 风险 | | 注意事项 |
|---|---|---|---|
| 作业应具备的条件 | 火灾、高处坠落、中毒和窒息 | 1 | 检测作业人员应取得渗透检测Ⅰ级及以上资格证书,进行检测结果评定时应持有Ⅱ级及以上渗透检测资格证书 |
| | | 2 | 检测作业人员的单眼或者双眼裸视力或矫正视力应不低于5.0,不得有色盲,且应一年检查一次 |
| | | 3 | 检测作业人员应正确穿戴劳动防护用品,还应具有防护口罩、胶皮手套、防毒防尘面具(必要时)和紫外线防护面罩(必要时)等防护器具 |

续表

| 作业步骤 | 风险 | | 注意事项 |
|---|---|---|---|
| 作业应具备的条件 | 火灾、高处坠落、中毒和窒息 | 4 | 使用的白光照度计和黑光照度计应经校准合格，且在有效期内。黑光灯设备应完好，滤光片不得有裂纹，黑光灯不宜用于高尘环境 |
| | | 5 | 渗透检测剂必须标明生产日期和有效期，并附带产品合格证和危险化学品安全技术说明书。喷罐表面不得有锈蚀，不得出现泄漏 |
| | | 6 | 渗透检测剂应置于阴暗凉爽的地方，避免烟火、热风烘烤和阳光暴晒 |
| | | 7 | 渗透检测作业场所应通风良好，远离明火和高温场所，更不应与易产生火花的作业工序同时进行，检测时应在上风向位置操作 |
| | | 8 | 工作时渗透检测剂和工件表面温度应控制在5℃～50℃范围内，否则应进行试验确定渗透和显像时间 |
| | | 9 | 在受限空间内检测时，应有良好的通风措施，作业前应进行有害气体检测，合格后方可进入；优先采用连续监测方式，如采用间断性监测，间隔不应超过2h，并应设监护人，确保检测安全 |
| | | 10 | 如果涉及高处作业和受限空间，应办理专项许可 |
| 准备工作 | | 1 | 对劳动防护用品和携带工具的检查：<br>(1) 检查人员基本劳保着装是否正确佩戴；<br>(2) 夜间作业检查头灯、手电等自用照明器具是否充电充足；<br>(3) 确认检测作业场所灭火器或其他消防设施的位置；<br>(4) 如涉及进入受限空间作业必须做好隔离、通风、气体检测等措施；<br>(5) 如涉及登高作业必须做好坠落防护 |
| | | 2 | 对检测材料和设备的检查：<br>(1) 检查渗透检测剂喷罐是否在有效期范围内，其表面不得有锈蚀，喷罐不得出现泄漏；<br>(2) 使用黑光灯时检查滤光片是否完好，严禁使用无滤光片的黑光灯；检查黑光灯保护支架是否安装；检查镇流器是否完好正常；<br>(3) 检查电源线缆和防爆插头是否完好；<br>(4) 工作前应检查喷罐是能否正常喷洒，确保喷嘴防护帽完整 |
| | | 3 | 对工件及附属设施的检查：<br>(1) 检查受检工件的稳定性；<br>(2) 检查受检工件是否存在坠物可能；<br>(3) 检查托辊、转台或传送带上（如有）的完好性，并防止电线与其缠绕；<br>(4) 检查工件表面情况是否存在造成人身划伤的风险（如保温钉及在工件表面焊接的工卡具或其他尖锐物体等） |
| | | 4 | 对作业环境的检查：<br>(1) 检查脚手架、梯子等涉及高处作业设施的完整性；<br>(2) 检查现场照明设施是否满足作业需要；<br>(3) 检查受限空间作业条件（如气体监测、内部构件、照明、电气工艺隔离等）；<br>(4) 检查作业场所通道是否畅通，提前踏勘行走路线 |

续表

| 作业步骤 | 风险 | | 注意事项 |
|---|---|---|---|
| 准备工作 | | 5 | 核实拟采用的检测方法是否符合检测操作指导书（工艺卡）的要求 |
| 检测操作 | 火灾、高处坠落、中毒和窒息 | 1 | 预处理：<br>（1）表面准备：<br>① 工件被检表面不得有影响渗透检测的铁锈、氧化皮、焊接飞溅、铁屑、毛刺及各种防护层；<br>② 被检工件机加工表面粗糙度 $Ra \leqslant 25\mu m$；被检工件非机加工表面的粗糙度可适当放宽，但不得影响检测结果；<br>③ 局部检测时，准备工作范围应从检测部位四周向外扩展25mm。<br>（2）预清洗：<br>① 在进行表面清理之后，应进行预清洗，以去除检测表面的污垢；<br>② 清洗时，可采用溶剂、洗涤剂等进行；<br>③ 清洗后，检测面上遗留的溶剂和水分等必须干燥，且应保证在施加渗透剂前不被污染 |
| | | 2 | 施加渗透剂：<br>（1）渗透剂施加方法：<br>喷涂渗透剂时应保证被检部位完全被渗透剂覆盖，并在整个渗透时间内保持润湿状态。<br>（2）渗透时间及温度：<br>① 在10~50℃的温度条件下，渗透剂持续时间一般不应少于10min；<br>② 在5~10℃的温度条件下，渗透剂持续时间一般不应少于20min或者按照说明书进行操作；<br>③ 当渗透检测不可能在5~50℃温度范围内进行时，应使用铝合金试块对检测方法做出鉴定 |
| | | 3 | 去除多余的渗透剂：<br>（1）去除多余的渗透剂时，应注意防止过度去除而使检测质量下降，同时也应注意防止去除不足而造成对缺陷显示识别困难；<br>（2）用荧光渗透剂时，可在紫外灯照射下边观察边去除；<br>（3）不得往复擦拭，不得用清洗剂直接在被检面上冲洗 |
| | | 4 | 干燥处理：<br>（1）施加显像剂前，检测面应在室温下自然干燥；<br>（2）干燥时间通常为5~10min |
| | | 5 | 施加显像剂：<br>（1）在被检面经干燥处理后，将显像剂喷洒到被检面上，然后进行自然干燥；<br>（2）显像剂在使用前应充分摇动均匀，显像剂施加应薄而均匀；<br>（3）喷涂显像剂时，喷嘴离被检面距离为300~400mm，喷涂方向与被检面夹角为30°~40°；<br>（4）显像时间取决于需要检测的缺陷大小及被检工件温度等，一般应不小于10min，且不大于60min |

续表

| 作业步骤 | 风险 | | 注意事项 |
|---|---|---|---|
| 检测操作 | 火灾、高处坠落、中毒和窒息 | 6 | 观察：<br>（1）着色渗透检测时，缺陷显示的评定应在可见光下进行，通常工件被检面处可见光照度应大于或等于1000lx；当现场采用便携式设备检测，由于条件所限无法满足时，可见光照度可以适当降低，但不得低于500lx。<br>（2）荧光渗透检测时，缺陷显示的评定应在暗室或暗处进行，暗室或暗处可见光照度应不大于20lx，被检工件表面的辐照度应大于或等于1000uW/cm²。检测人员进入暗区，至少经过5min的黑暗适应后，才能进行荧光渗透检测。检测人员不能佩戴对检测结果有影响的眼镜或滤光镜。<br>（3）使用黑光灯时需要3～5min预热才能达到最大强度，严禁直视黑光灯，严禁工作时触碰黑光灯外壳和滤光片，严禁将运行的黑光灯放置在木制品或纸等易燃物品上。<br>（4）辨认细小显示时可用5～10倍放大镜进行观察。必要时应重新进行处理、检测 |
| | | 7 | 缺陷显示记录：可用照相、录像、可剥性塑料薄膜中的一种或数种方式记录，同时标示于草图上 |
| | | 8 | 后清洗：<br>（1）工件检测完毕应进行后清洗，以去除对以后使用或对材料有害的残留物。<br>（2）残留物的清除可采用溶剂浸泡、擦洗、水冲洗或其他有效方法去除 |
| 转场 | 高处坠落 | 1 | 工作中搬运渗透检测剂（或喷灌）时，应轻拿轻放，放置在稳固的位置，不要让渗透检测剂受到猛烈冲击或剧烈震动，严禁采用滚、拖或掷等方式搬运渗透检测剂（或喷灌） |
| | | 2 | 高处作业改变作业位置时应使用肩带式工具包，禁止手持渗透试剂（或喷灌）行走 |
| | | 3 | 黑光灯的转运应在包装箱中转运 |
| 意外情况处置 | | 1 | 照明设备或通风设施损坏时，应立即停止工作，维修或更换后才能继续工作 |
| | | 2 | 当渗透检测作业区域有焊接、打磨等宜产生火花的作业时，应立即停止作业 |
| | | 3 | 黑光灯紫外线灯泡损坏、镇流器故障、滤光片碎裂等情况时应当立即停止工作，维修或更换后才能继续工作 |
| 完工 | | 1 | 作业结束后应进行清理废弃垃圾，不得随意丢弃 |
| | | 2 | 涉及高处作业或进入受限空间作业，应及时关闭作业许可 |
| | | 3 | 废弃的检测喷罐应先做泄压处理，再将喷罐、废旧棉纱等清理至指定地点集中处理 |

续表

| 作业步骤 | 风险 | | 注意事项 |
|---|---|---|---|
| 完工 | | 4 | 试块使用后要用丙酮进行彻底清洗，清除试块上的残留渗透检测剂。清洗后，再将试块放入装有丙酮或者丙酮和无水酒精的混合液体（体积混合比为1∶1）中浸渍30min，干燥后保存，或用其他有效方法保存 |
| | | 5 | 黑光灯维护操作应在设备断电和冷却的状态下进行。每次工作结束后，使用软布沾水及中性清洗剂清理塑料外壳污渍并擦干；用玻璃清洁布或软布清洁滤光片 |

## 2.46　气压试压作业

| 作业步骤 | 风险 | | 注意事项 |
|---|---|---|---|
| 作业应具备的条件 | 物体打击 | 1 | 当试压方案中涉及以下情况（包括但不限于）时必须经过书面确认和批准：<br>（1）当采用空压机以外的试压设备进行试压时；<br>（2）当试压介质为规定（干燥洁净空气、氮气或其他不易燃和无毒的气体）以外介质时；<br>（3）使用阀门做隔离时（一切阀门皆有泄漏可能）；<br>（4）管道与设备无法断开需要联合试压时；<br>（5）公称直径>300mm且试验压力>1.6MPa时；<br>（6）当周边有运行装置时，或离居民区较近，距离≤30m时；<br>（7）在室内进行试压时；<br>（8）在环境温度较低条件下，材料机械性能容易发生脆断或强度明显降低时；<br>（9）当试压气体用于其他用途时（如吹扫、气密、灭火）；<br>（10）如果同一区域同时进行2台及以上设备试压时；<br>（11）当气压试验温度比管道系统材料的最低允许金属温度低17℃时，且材料的最低允许金属温度不明时（试验温度不得低于17℃） |
| | | 2 | 当设备、管道依设计文件施工安装完毕后，在气体试验情况下能量释放部位为系统最薄弱点的部位，包含但不限于：<br>（1）连接部位。按照连接方式释放概率从高到低为：螺纹连接形式>快速接头连接>卡套连接形式>法兰连接形式>焊接形式。<br>（2）盲端部位。<br>（3）临时安装部件。<br>上述能量释放部位易发生容器爆炸、物体打击事故，应作为试压前检查、过程防护、系统恢复的重点部位 |
| | | 3 | 所有参与气压试验操作人员必须接受技术交底，内容包括但不限于：<br>（1）试压范围、试压介质及试压参数、合格标准；<br>（2）盲板材质、盲板厚度的选择，以及盲板添加位置和临时垫片的选择；<br>（3）试压设备、管道及空压机连通方式、方法； |

续表

| 作业步骤 | 风险 | | 注意事项 |
|---|---|---|---|
| 作业应具备的条件 | 物体打击 | 3 | （4）压力表型号及位置；<br>（5）试压时应进行预试验，预试验压力≤0.2MPa；<br>（6）脆性材料管道组成件使用要求（参与气压试验前需先经过水压试验）；<br>（7）连接面检查及漏点处置要求；<br>（8）隔离警戒、人员站位及应急处置要求 |
| | | 4 | 气压试验系统应设置压力缓冲罐、超压泄压装置。<br>压力缓冲罐的设计压力不低于系统试验压力的 2 倍，应按压力容器进行设计和制造，罐体上设置不少于 2 块压力表及罐体超压泄压装置，并应经过检定标定。<br>试压系统超压泄压装置的设计压力不高于系统试验压力的 1.1 倍，并应经过检定标定 |
| | | 5 | 试压压力表设置不得少于 2 块，且试压区域最高点、最低点和空压机出口位置都应设置压力表。压力表宜设置在便于观察位置，量程选择应为试验压力的 1.5~2 倍，精度根据设计文件具体要求而定，并在检定有效期内。压力表与控制阀之间须设置压力表缓冲管，控制阀压力等级不低于试验压力 |
| | | 6 | 焊缝及其他需要检查的部位，不得进行防腐、隔热等施工作业 |
| | | 7 | （1）以下区域（包括但不限于）应设置有效隔离并设置警示标识：<br>① 无法封闭的人员通道处；<br>② 空压机（试压源）周边及配电箱周围 10m 处；<br>③ 距离试压区域 30m 处；<br>④ 临时添加的外盲板、盲端位置；<br>⑤ 能量释放方向前方 50m 处。<br>（2）在试压期间应通过现场警戒、书面告知、专人监护或其他方式，避免人员通过能量释放区域 |
| | | 8 | 碳素钢和低合金钢设备进行气压试验时气体温度不得低于 15℃ |
| 准备工作 | | 1 | 盲板加设。盲板的密封形式应与管道系统密封形式保持一致。并为盲板编号制作台账 |
| | | 2 | 空压机与试压系统连通，空压机运行状况符合要求。临时连通线焊接工艺与同材质规格管道焊接工艺相同。当采用高压软管的连接方式时，接头的固定应采用正式的紧固件，严禁使用铁丝等临时紧固措施 |
| | | 3 | 对试压设施系统完整性进行目视检查，内容包括但不限于：<br>（1）参与试压的设备容器、管道全部施工完毕，与本体相关的焊接作业全部结束、所有支吊架（含临时加固措施）全部安装完成，相应的附属构件安装结束；<br>（2）对试压区域内受影响设备设施的防护情况；<br>（3）与运行装置的隔离情况；<br>（4）设备设施人孔闭合情况；<br>（5）对具有易燃介质的老旧设备、管道清洗和置换情况检查 |

续表

| 作业步骤 | 风险 | | 注意事项 |
|---|---|---|---|
| 准备工作 | | 4 | 对试压工艺系统（气体充斥空间）完整性进行目视检查，内容包括但不限于：<br>（1）阀门开关情况；<br>（2）所有盲板厚度、材质、位置，临时垫片使用情况；<br>（3）不参与试压的零部件拆除或隔离情况；<br>（4）可能存在的能量释放部位：<br>① 放空、排凝阀门关闭情况及管帽紧固情况；<br>② 连接部位紧固密封情况（包括法兰螺栓紧固、卡套紧固、螺纹密封）；<br>③ 压力表完好情况及位置；<br>④ 盲端法兰形式及设置情况；<br>⑤ 临时安装的部件 |
| | | 5 | 试压前警戒隔离及警示标识均已设置完成 |
| 预试压（管道） | 物体打击 | 1 | 先打开所有放空阀、排凝阀及与本体连接的仪表一次阀，开启气源与空压机缓慢进气，并保持试压范围内阀门开启 |
| | | 2 | 待有气体排出且无杂物，依次关闭上述阀门并安装相应管帽（丝堵）。待压力升至 0.2MPa，使用发泡剂检查系统有无泄漏 |
| 升压及稳压 | 物体打击 | 1 | （1）当压力上升至试压压力的 50% 时，停止升压并开始稳压，同时采用目测和使用发泡剂对管道系统各连接点（螺纹连接处、卡套连接处、法兰连接处、放空点、排凝点、快速接头连接处）进行检查，稳压时间以检漏工作完成时间而定，检查时人员站立在能量释放点的侧前方位置，避开"枪口"位置。<br>（2）设备气压试验，打开所有放空阀、排凝阀及与本体连接的仪表一次阀，开启气源与空压机缓慢进气，且无杂物排除后，依次关闭上述阀门并安装相应管帽（丝堵）。开始缓慢升压，升至试验压力的 10%，且不超过 0.05MPa，稳压时间不少于 5min。<br>对所有焊缝及连接部位使用发泡剂检查有无泄漏，检查时人员站立在能量释放点的侧前方位置，避开"枪口"位置 |
| | | 2 | （1）管道气压试验初次泄漏检查如无异常，继续按照试验压力的 10% 逐级升压，稳压时间以检漏工作完成时间而定。稳压时对所有连接部位使用目测或使用发泡剂检查有无泄漏。<br>（2）设备气压试验初次泄漏检查如无异常，继续缓慢升压至试验压力的 50%，如无异常，继续按试验压力的 10% 逐级升压，直到试验压力。稳压时目测或使用发泡剂检查有无泄漏，检查时避开"枪口"位置 |
| | | 3 | 当达到设计压力后，空压机机长先停止空压机运行，再关闭进气阀，并通知相关试压人员。稳压期间机长对临时管道连接部位、润滑油液位、设备控制系统进行目视检查和使用发泡剂检查，检查时候防止临时连接部位断开 |

续表

| 作业步骤 | 风险 | | 注意事项 |
|---|---|---|---|
| 升压及稳压 | 物体打击 | 4 | 达到试验压力后，管道试压稳压10min，设备试压稳压不少于30min，检查有无异常。<br>如无异常，管道试压压力降至设计压力，设备试压压力降至试验压力的87%，使用发泡剂检查连接部位，无泄漏、无变形、不降压、无异响，经技术人员及相关方检查后为合格 |
| 降压 | 物体打击 | 1 | 经相关方确认试压合格后，开始进行排气泄压。首先确认空压机关闭，然后缓慢打开放空阀、排凝阀及所有可打开的阀门。气体排放应选取空旷区域，避开施工区域、人员密集区域 |
| | | 2 | 泄压期间，作业人员应佩戴耳塞 |
| 意外情况处置 | 物体打击 | 1 | 气压试验期间如发现泄漏点，必须泄压后再做处理，不允许带压封堵或紧固作业 |
| | | 2 | 一旦发生停电，机长先关闭系统进气阀，并切断空压机电源。然后通知试压负责人，按试压作业继续做好隔离警戒 |
| | | 3 | 当发生意外情况，其他人员需要进入试压区域时，需经试压负责人同意 |
| 完工 | | 1 | 待试压本体气体排完后，按试压技术文件对添加的盲板进行拆除，关闭放空阀、排凝阀，对试压前拆除的零部件、仪表等进行恢复，并按图纸打通正常工艺流程 |
| | | 2 | 试压工作结束后，应切断电源，清理现场 |
| | | 3 | 试验用压力表应妥善保管，不允许乱放，以保持压力表的灵敏、准确、可靠 |
| | | 4 | 关闭相关的作业许可 |

## 2.47 水压试压作业

| 作业步骤 | 风险 | | 注意事项 |
|---|---|---|---|
| 作业应具备的条件 | 物体打击 | 1 | 当试压方案中涉及以下情况（包括但不限于）时必须经过书面确认和批准：<br>（1）当采用专用试压泵以外的试压设备进行试压时；<br>（2）试压介质非淡水时；<br>（3）使用阀门做隔离时；<br>（4）管道与设备无法断开需要联合试压时；<br>（5）试压区域内存在其他工作时；<br>（6）在环境温度低于5℃时；<br>（7）与相关方沟通后确认的水源和排水点设置；<br>（8）设备、管道试验压力较高时（$d \leqslant 2$in 时，$p \geqslant 10$MPa；$d > 2$in 时，$p > 6$MPa）； |

续表

| 作业步骤 | 风险 | | 注意事项 |
|---|---|---|---|
| 作业应具备的条件 | 物体打击 | 1 | （9）管道压力试验系统内包含成套设备（橇装设备）一起试验时，且成套设备中已装填填料的设备；<br>（10）管道压力试验系统内含有设备（容器）且需一起试验，试验压力高于或低于设备试验压力时 |
| | | 2 | 所有参与水压试验操作人员必须接受技术交底，内容包括但不限于：<br>（1）试压范围、试压介质、试压参数、稳压时间及合格标准；<br>（2）盲板材质、盲板厚度的选择，以及盲板添加位置；<br>（3）试压设备、管道及试压泵连通方式、方法；<br>（4）压力表测量范围、精度等级及安装位置；<br>（5）系统注水点、水压注入点、排水点、放空点；<br>（6）漏点处置要求（见本节"意外情况处置"第1条）；<br>（7）需要做基础沉降观测的要求（对容积大于100m³的设备需要在充液前、充液1/3时、充液2/3时、充满时）；<br>（8）隔离警戒、监护、人员站位及应急处置要求 |
| | | 3 | 试压用压力表应满足以下要求（包含但不限于）：<br>（1）试压压力表设置不得少于2块，且试压区域的最高点、最低点和试压泵出口位置都应设置压力表；<br>（2）压力表宜设置在便于观察位置；<br>（3）管道试压压力表量程选择应为试验压力的1.5~2倍，精度根据设计文件具体要求而定，并在检定有效期内；<br>（4）设备压力表要求为常压设备试压时压力表精度不低于2.5级，中压及高压设备压力表精度不低于1.5级。试验用压力表量程不应小于1.5倍且不大于3倍的试验压力。压力表直径不小于100mm[参考《石油化工静设备安装工程施工技术规程》（SH/T 3542—2007）]；<br>（5）压力表与控制阀之间须设置压力表缓冲管，控制阀压力等级不低于试验压力 |
| | | 4 | 焊缝及其他需要检查的部位，不得进行防腐、隔热等施工作业 |
| | | 5 | 奥氏体不锈钢管道试压水中氯离子含量不得超过50mg/L |
| | | 6 | （1）以下区域（包括但不限于）应设置有效隔离并设置警示标识：<br>①无法封闭的人员通道处；<br>②试压泵（试压源）周边及配电箱周围3m处；<br>③临时添加的外盲板、盲端位置；<br>（2）在试压期间应通过现场警戒、书面告知、专人监护或其他方式，避免人员通过能量释放区域 |
| | | 7 | 雨雪天气不宜进行室外压力试验，一般环境温度不宜低于5℃。低合金钢设备液压试验时，液体温度不低于15℃ |
| 准备工作 | | 1 | 盲板加设，并为盲板编号制作台账。系统注水点、水压注入点、排水点、放空点设置完成，试压泵与试压系统连通，试压泵润滑油液位符合要求 |

续表

| 作业步骤 | 风险 | | 注意事项 |
|---|---|---|---|
| 准备工作 | | 2 | 对试压设施系统完整性进行目视检查，内容包括但不限于：<br>（1）参与试压的设备容器、管道全部施工完毕，与本体相关的焊接作业全部结束、所有支吊架（含临时加固措施）全部安装完成，相应的附属构件安装结束；<br>（2）对试压区域内受影响设备设施的防水、防护情况；<br>（3）与运行装置的隔离情况；<br>（4）设备设施人孔闭合情况 |
| 准备工作 | | 3 | 对试压工艺系统完整性进行目视检查，内容包括但不限于：<br>（1）阀门开关情况；<br>（2）所有盲板厚度、材质、位置；<br>（3）不参与试压的零部件拆除或隔离情况；<br>（4）放空、排凝阀门关闭情况及管帽紧固情况；<br>（5）连接部位紧固密封情况（包括法兰螺栓紧固、卡套紧固、螺纹密封、快速接头）；<br>（6）压力表完好情况及位置 |
| 准备工作 | | 4 | 试压前警戒隔离及警示标识均已设置完成 |
| 进水 | | 1 | 先打开放空阀、排凝阀，再缓慢打开上水阀，当排凝处有水流出后，关闭上水阀、排凝阀并安装相应管帽（丝堵） |
| 进水 | | 2 | 使用上水泵缓慢进水。当水上至本体大约 1/2～2/3 时停止上水，检查支吊架、基础、管段空气积聚情况，如果正常则继续上水。待高点有水溢出，关闭进水阀，再次检查支吊架、基础、管段空气积聚情况，确认之后补水且空气排净后关闭放空阀 |
| 升压及稳压 | 物体打击 | 1 | 压力试验系统水上满后，关闭上水泵及进出口阀门。依次打开试压泵进水阀、试压系统进水阀，再打开试压泵开始缓慢升压，升压过程中需要对管道、设备连接部位检查。检查时人员避开连接部位正前方，不允许站在"枪口"位置。当升至较高压力时，不宜进行检查（除非发现明显泄漏点，此时应停止试压泵运行，泄压后处理漏点） |
| 升压及稳压 | 物体打击 | 2 | 当达到强度试验压力后试压泵机长先停止试压泵运行，再关闭试压系统进水阀，并通知相关试压人员。管道试压稳压 10min，设备试压稳压不小于 30min，在此期间对设备、管道连接部位逐一目视检查，检查时候避开"枪口"位置 |
| 升压及稳压 | 物体打击 | 3 | 管道试压则稳压 10min 后无异常现象，打开泄压阀降压至严密性试验压力（即设计压力）再稳压 30min，经业主、监理、EPC 总承包单位（若有时）、施工单位等相关方检查无泄漏、无变形、不降压，则系统压力试验合格。<br>设备试压则稳压不小于 30min 后，将压力将至试验压力的 80%，经业主、监理、EPC 总承包单位（若有时）、施工单位等相关方检查无泄漏、无变形、不降压，则系统压力试验合格 |

续表

| 作业步骤 | 风险 | | 注意事项 |
|---|---|---|---|
| 降压及排水 | 物体打击 | 1 | 经相关方确认试压合格后,开始进行排水泄压。缓慢打开进水阀、排凝阀或放空阀进行缓慢泄压。泄压排水点选取应在空旷位置,避开施工区域、人员密集区域。高处排水必须接相应的排水带,排放到指定地点,不可在高处随意排放 |
| | | 2 | 当最高点压力表数值归零时,及时打开各个高点放空阀,并根据放水进程打开其他部位放空阀。保证设备、管道不受负压影响 |
| | | 3 | 排水时避免对自然水体造成污染、避免水土流失情况发生 |
| 意外情况处置 | | 1 | 水压试验期间如发现泄漏点、异常声音、油漆剥落、加压设备异常等情况,必须立刻停止试压,泄压后再做处理,不允许带压封堵或紧固作业 |
| | | 2 | 当试压时发现基础沉降超标,必须立即停止上水,停止试压,立即报告管理人员 |
| | | 3 | 一旦发生停电,先关闭系统进水阀,并切断试压泵电源。然后通知试压负责人,按试压作业继续做好隔离警戒 |
| | | 4 | 当发生意外情况,其他人员需要进入试压区域时,需经试压负责人同意 |
| 系统恢复 | | 1 | 待压力试验系统积液排完后,按试压技术文件对添加的盲板进行拆除,关闭放空阀、排凝阀,对试压前拆除的零部件、仪表等进行恢复,并按图纸打通正常工艺流程 |
| | | 2 | 根据技术文件及业主需求对试压完的设备、管道进行积液吹扫 |
| | | 3 | 试压工作结束后,应切断电源、水源,清理现场 |
| | | 4 | 试验用压力表应妥善保管,不允许乱放,以保持压力表的灵敏、准确、可靠 |
| | | 5 | 关闭相关的作业许可 |

## 2.48 管道吹扫作业

| 作业步骤 | 风险 | | 注意事项 |
|---|---|---|---|
| 作业应具备的条件 | 物体打击 | 1 | 当吹扫方案中涉及以下情况(包括但不限于)时必须经过书面确认和批准:<br>(1)当采用空压机或装置生产气源以外的设备进行吹扫时;<br>(2)当吹扫介质为规定(干燥洁净空气、氮气或其他不易燃和无毒的气体)以外介质时;<br>(3)使用阀门做隔离时(一切阀门皆有泄漏可能);<br>(4)使用装置生产的气源时; |

续表

| 作业步骤 | 风险 | | 注意事项 |
|---|---|---|---|
| 作业应具备的条件 | 物体打击 | 1 | （5）管道与设备无法断开需要联合吹扫时；<br>（6）当吹扫压力＞设计压力时；<br>（7）当周边有运行装置时，或离居民区较近，距离≤30m时；<br>（8）在室内或受限空间内进行吹扫时；<br>（9）当吹扫气体用于其他用途时 |
| | | 2 | 当管道依设计文件施工安装完毕后，在进行吹扫情况下能量释放部位为系统最薄弱点的部位，包含但不限于：<br>（1）连接部位。按照连接方式释放概率从高到低为：螺纹连接形式＞快速接头连接＞卡套连接形式＞法兰连接形式＞焊接形式。<br>（2）盲端部位。<br>（3）临时安装部件。<br>（4）吹扫排气口。<br>上述能量释放部位易发生容器爆炸、物体打击事故，应作为吹扫前检查、过程防护、系统恢复的重点部位 |
| | | 3 | 所有参与吹扫操作人员必须接受技术交底，内容包括但不限于：<br>（1）吹扫的范围、先后顺序（按主管、支管、排放管依次进行）、吹扫使用的介质及参数、合格标准；<br>（2）盲板材质、盲板厚度的选择，以及盲板添加位置、临时垫片厚度及爆破膜厚度的选择；<br>（3）吹扫管道及空压机连通方式、方法，或者使用装置生产的气源连接方式、方法；<br>（4）吹扫前对系统的必要检查点进行告知，不参加吹扫的阀门及仪表件的拆除；<br>（5）各操作人员岗位职责及通信要求；<br>（6）隔离警戒、人员站位及应急处置要求 |
| | | 4 | 吹扫也可利用装置中的大型容器蓄气，进行间断性的吹扫。一般规定如下（包含但不限于）：<br>（1）空气吹扫压力不得超过容器和管道的设计压力，流速不宜小于20m/s；<br>（2）空气吹扫忌油管道应使用无油压缩空气或不含油的气体进行吹扫；<br>（3）空气爆破吹扫气体压力不得超过0.5MPa；<br>（4）空气爆破吹扫时，应采取在排放口安装消音器等降噪措施；<br>（5）空气爆破口宜设置在管道最底部；<br>（6）蒸汽吹扫前所有绝热工程已完工；<br>（7）蒸汽吹扫应先进行暖管，并密切观察管道热位移，且吹扫管道上及附近严禁摆放易燃易爆物品；<br>（8）蒸汽吹扫应以大流量蒸汽进行吹扫，流速不应小于30m/s；<br>（9）蒸汽吹扫应按加热、冷却、再加热的顺序循环进行 |
| | | 5 | 如采用空压机、临时缓冲罐时则该设备设施宜设置在平整、空旷、宜操作位置，防止雨水积聚影响操作。空压机的机械性能应满足升压需求。空压机及相关电气设备要做到"一机一闸一保护"。空压机工作期间必须有专人值守，严禁无关人员操作，值守人员定期检查空压机润滑油液位、控制系统等运行状况 |

续表

| 作业步骤 | 风险 | | 注意事项 |
|---|---|---|---|
| 作业应具备的条件 | 物体打击 | 6 | 压力表宜设置在便于观察位置，量程选择应为试验压力的 1.5～2 倍，精度根据设计文件进行选择，并在检定有效期内 |
| | | 7 | （1）以下区域（包括但不限于）应设置有效隔离并设置警示标识：<br>① 无法封闭的人员通道处；<br>② 空压机（引气源）周边 10m 处；<br>③ 距离吹扫区域 30m 处；<br>④ 临时添加的外盲板、盲端位置；<br>⑤ 能量释放方向前方 50m 处。<br>（2）在吹扫期间应通过现场警戒、书面告知或其他方式，避免人员通过能量释放区域 |
| 准备工作 | | 1 | 按技术工艺流程图进行盲板加设。盲板的密封形式应与管道系统密封形式保持一致。并做好盲板加设标记及安装、拆除记录 |
| | | 2 | 空压机或装置生产的气源与系统连通，空压机运行状况符合要求，装置气源应保证供应及压力稳定。临时连通线采用相同规格的法兰、螺纹、卡扣形式进行连接。当采用高压软管的连接方式时，接头的固定应采用正式的紧固件，并加设防绷绳，严禁使用铁丝等临时紧固措施 |
| | | 3 | 对设施系统完整性进行目视检查，内容包括但不限于：<br>（1）参与吹扫的管道全部施工完毕，与本体相关的焊接作业全部结束、所有支吊架（含临时加固措施）全部安装完成，相应的附属构件安装结束；<br>（2）对吹扫区域内受影响设备设施的防护情况；<br>（3）与运行装置的隔离情况；<br>（4）泄漏性试验前检查设备设施人孔、管道阀门开关的闭合情况；<br>（5）具有易燃介质的老旧管道清洗和置换情况 |
| | | 4 | 对吹扫工艺系统（气体充斥空间）完整性进行目视检查，内容包括但不限于：<br>（1）阀门开关情况。<br>（2）所有盲板厚度、材质、位置，临时垫片使用情况。<br>（3）不参与吹扫的构件是否拆除完毕。<br>（4）可能存在的能量释放部位：<br>① 放空、排凝阀门关闭情况及管帽紧固情况；<br>② 连接部位紧固密封情况（包括：法兰螺栓紧固、卡套紧固、螺纹密封）；<br>③ 压力表完好情况及位置；<br>④ 盲端法兰形式及设置情况；<br>⑤ 临时安装的部件 |
| | | 5 | 吹扫前警戒隔离及警示标识均已设置完成。泄压口前段 20m 处不得有人 |

续表

| 作业步骤 | 风险 | | 注意事项 |
|---|---|---|---|
| 吹扫（升压、停压、排气、恢复） | 物体打击 | 1 | 打开系统进气阀，对系统进行缓慢进气升压 |
| | | 2 | 待压力表压力达到技术文件要求的吹扫压力时（一般压力不超过0.5MPa），关闭进气阀并告知排气口人员可以开始进行排气吹扫 |
| | | 3 | 空气吹扫空气流速不得小于20m/s，吹扫过程中应在排放口用白布作为靶板进行检查，在5min内靶板上无铁锈及其他杂物为合格 |
| | | 4 | 检查时人员应站立在能量释放点（排放口）的侧前方位置，不允许站在"枪口"位置。排气期间，作业人员应佩戴耳塞 |
| | | 5 | 吹扫合格后，应及时恢复拆除的构件和拆除临时联通管线，并填写相应的系统吹扫记录 |
| 意外情况处置 | 物体打击 | 1 | 吹扫过程中发生突然停气或者停电情况，机长先关闭系统进气阀，并切断空压机电源。然后通知吹扫负责人，按试吹作业继续做好隔离警戒 |
| | | 2 | 空压机故障时，应关闭空压机开关、切断电源、关闭连接供气管线供气阀，并进行上锁挂牌，利用空压机处的泄放装置进行泄压后对空压机进行维修 |
| | | 3 | 临时供气管路出现泄漏时，应关闭空压机开关、切断电源、关闭连接管道系统的控制阀，并进行上锁挂牌，利用空压机处的泄放装置进行泄压后对空压机进行维修 |
| | | 4 | 管道系统法兰或螺纹连接处出现泄漏时，应关闭空压机暂停送气、关闭泄漏点上下游阀门，并进行上锁挂牌，利用泄漏点附近的排放口进行泄压后对泄漏点进行处理 |
| | | 5 | 当发生意外情况，其他人员需要进入吹扫区域时，需经负责人同意 |
| 系统恢复 | | 1 | 待吹扫系统气体排完后，按技术文件对添加的盲板进行拆除，关闭放空阀、排凝阀，对吹扫前拆除的零部件、仪表等进行恢复，并按图纸打通正常工艺流程 |
| | | 2 | 及时检查处理空压机等设备跑冒滴漏现象，地面应做好防渗处理 |
| | | 3 | 作业产生的废料应做好处理，严禁随意排放 |
| | | 4 | 施工现场必须做到5S管理 |
| | | 5 | 关闭作业票 |

## 2.49 设备安装与橇装设备组装作业

| 作业步骤 | 风险 | 注意事项 | |
|---|---|---|---|
| 作业应具备的条件 | | （1）当方案中涉及以下情况（包括但不限于）时必须经过书面确认和批准：<br>① 当采用专用卡具、自制工具及设备进行安装时；<br>② 安装作业环境条件受到限制时（如高处、受限空间、交叉作业、防爆区域）；<br>③ 在环境温度高于或低于一定程度可能影响到设备安装及组装质量、工机具和设备性能时；<br>④ 不间断连续作业超过人体承受能力时；<br>⑤ 需要增加临时吊耳或需大型吊装设备配合时；<br>⑥ 安装过程中需要对橇装设备拆卸时；<br>⑦ 安装的施工方法与厂家安装说明书不一致时；<br>（2）当设备安装作业属于危险性较大作业活动时，需办理作业许可后方可作业（如高处、受限空间、交叉作业） | |
| 准备工作 | | 1 | 作业前进行安全风险分析，落实安全控制措施 |
| | | 2 | 在安装前检查工机具和设备的完好性、润滑情况、电源开关开启情况、机械设备性能、用电设备接地情况 |
| | | 3 | 安装前设备所使用的零部件均应检验合格，提前对安装部位的毛刺、污垢进行清理 |
| | | 4 | 核对相关作业许可票证措施落实情况 |
| | | 5 | 检查周边作业环境是否存在不安全因素 |
| 设备安装 | 起重伤害、物体打击 | 1 | 在使用扳手时，应注意以下几点：<br>（1）扳手钳口上及螺栓上避免有油脂以防扳手滑脱；<br>（2）扳手和螺栓要紧密贴合，防止使用时打滑脱落；<br>（3）扳手不能代替手锤使用，使用可调节扳手（活扳手）时把扳手的呆扳唇作为力点、活扳唇作为辅助面，避免损坏扳手或伤人；<br>（4）严禁使用活扳唇变形及扳口损坏的扳手；<br>（5）严禁在扳口处加垫或在扳把上接管 |
| | | 2 | 设备吊装安装作业时，应注意以下几点：<br>（1）作业前，认真检查工作场地，以及所用工具、设备的性能是否良好、可靠；<br>（2）多人操作时，应由一人负责指挥，起重工应熟悉各种指挥手势、信号旗语；<br>（3）根据物体重量、体积、形状，采用适当的吊运方法和选用适当工具设备，严禁斜吊，严禁吊装固定或掩埋不明物件，严禁超负荷吊装及超负荷使用各类起重工具，且吊装前应进行设备试吊；<br>（4）吊物下方严禁有人员停留或通过，吊物上严禁有人站立或人与吊物一起吊运； |

续表

| 作业步骤 | 风险 | | 注意事项 |
|---|---|---|---|
| 设备安装 | 起重伤害、物体打击 | 2 | （5）严禁随意在钢梁、设备及楼板上焊接吊环和开凿吊孔，必要时要经过有关部门同意，经计算后，方可进行吊耳焊接，焊接完成后应对吊耳焊缝做相应的检测；<br>（6）各吊装孔上必须有牢固盖板或周围有防护栏杆，并加设醒目标志，以防人员跌落；<br>（7）严禁在不坚固的建筑物或其他物体上，固定滑轮、葫芦、卷扬机等作为吊物的承力点；<br>（8）各种起重工具都要符合检验要求，并定期检查、检修，当维护电动葫芦时，必须作超载20%的试吊试验，试吊合格后方可继续使用；<br>（9）设备安装前必须明确吊物吨位。并检查信号装置、安全自动装置是否灵活可靠；<br>（10）当吊钩表面有裂纹或缺陷时，严禁继续使用；当钩环变形，挂绳处断面磨损超过高度10%应予以更换 |
| | | 3 | 高处安装作业时，应注意以下几点：<br>（1）高处设备安装作业前，应在设备安装范围内设立危险警示标志，拉设警戒线，设置专人进行监护。<br>（2）高处设备安装作业前，需佩戴好劳保物品和安全带，安全带高挂低用，并拴在结实可靠的构件上，严禁拴在有尖锐棱角的物件上，以免被其割断造成事故。<br>（3）高处设备安装作业时，特别要注意周围环境、电缆及机械设备、管道、支架等，施工过程中如有不安全行为及不安全现象，应立停止工作。<br>（4）高处设备安装作业使用梯子登高时，梯子中间不得缺层，且支撑点应牢固。梯子上严禁2人同时攀爬，梯子下方需安排人员进行扶梯。<br>（5）高处设备安装作业时，氧气瓶、乙炔瓶需远离动火点电焊，且气割等动火作业必须设接火措施。<br>（6）高处设备安装作业时，应将手持工具、小型材料放置在工具袋内或固定在牢固可靠的位置，防止掉落伤人；使用工具时需采取防坠落措施。<br>（7）高处设备安装作业时，材料和工具应用绳索或起重工具传递，不可向下投掷或向上抛送物件。<br>（8）遇大雨、大雪、光线不足、风力达6级以上等不良环境时，在固定好设备后停止设备安装工作 |
| | | 4 | 安装过程中，所有零部件及使用工具应妥善放置。当作业点无法放置工具时，应提前准备工具包，使用的工具应放置工具包内 |
| 固定、就位 | 起重伤害、物体打击 | 1 | 当使用螺栓进行固定时，螺栓必须紧固牢固，不可只安装螺母不紧固 |
| | | 2 | 当使用缆风绳进行固定时，应选用安全承载力和耐久性合格的缆风绳。缆风绳锚点设置应选择牢固、可靠的承载点。缆风绳与地面的夹角宜为30°，最大不宜超过45° |
| | | 3 | 当使用临时挡块或垫块固定时，应选用大小合适的材料，必要时可进行焊接固定 |

续表

| 作业步骤 | 风险 | | 注意事项 |
|---|---|---|---|
| 固定、就位 | 起重伤害、物体打击 | 4 | 设备就位前应检查确认设备与就位位置的匹配程度，防止设备落下后与位置尺寸形式不匹配 |
| | | 5 | 设备就位后，临时固定前，不得松钩、解开吊装索具。设备固定后，应检查连接牢固和稳定情况，当连接确定安全可靠，才可拆除临时固定工具和进行下步工序 |
| | | 6 | 当设备安装无特殊需要，不得长时间将设备悬吊在空中，在设备起吊停留空中时，操作人员不得离开现场 |
| | | 7 | 在设备固定前更换作业班组，必须对当班人员进行现场交底，了解现场设备安装情况 |
| 意外情况处置 | | 1 | 当设备安装过程中出现设备吊点重心偏移时，应立即联系现场指挥人员，对偏移情况进行检查，待设备缓慢放置地面、重新调整吊点后再进行吊装 |
| | | 2 | 当设备安装过程中出现挤压人员情况时，作业人员大声呼救，现场人员应在保证自身安全的情况下进行救援，不可盲目施救 |
| 完工 | | 1 | （1）工件摆放整齐，场地及时清理，保持场地整洁，安全通道畅通；<br>（2）工具及设备归位，将产生的废弃物分类放入指定的回装地点 |
| | | 2 | 关闭作业许可 |

## 2.50 盘柜安装作业

| 作业步骤 | 风险 | | 注意事项 |
|---|---|---|---|
| 作业应具备的条件 | | 1 | 盘、柜安装在有震动场所，应采取防震措施 |
| | | 2 | 不准在盘、柜周围堆放产生腐蚀性气体的化学物品 |
| | | 3 | 作业场地保持光线充足、整洁、防尘、通风良好 |
| | | 4 | 作业现场按消防要求配置有效消防器材 |
| 准备工作 | | 1 | 按需编制盘、柜等设备的吊装运输及安装施工方案，经审核、批准后，向施工人员做详细交底 |
| | | 2 | 作业许可的工作内容须接受培训或技术交底 |
| | | 3 | 勘察运输路线，清除障碍物，填平沟坑，保证运输安全 |
| | | 4 | 按设备的重量配备运输车辆、吊车或其他起重机具 |
| | | 5 | 备齐吊装的绳索、滚杠、道木、木板（保护室内地面）等材料待用 |

续表

| 作业步骤 | 风险 | | 注意事项 |
|---|---|---|---|
| 搬运 | 起重伤害、车辆伤害 | 1 | 吊装时由专人统一指挥，吊起、落下要平稳 |
| | | 2 | 车辆起运前要用绳索封车 |
| | | 3 | 无包装箱的盘柜，必须使用棕绳，绳与设备接触部位用破布垫好，防止震动损伤设备 |
| | | 4 | 盘、柜在搬运时，应采取防震、防潮、防止框架变形和漆面受损等保护措施，必要时可将装置性设备和易损元件拆下单独包装搬运 |
| | | 5 | 装卸作业场地应平整、坚固，并具有足够的作业空间 |
| | | 6 | 往室内运送仪表盘柜，应按安装的先后顺序搬运，以便于安装 |
| 安装 | 物体打击 | 1 | 仪表盘、柜安装在多尘、潮湿、有腐蚀气体或爆炸和火灾危险环境，应按设计文件规定选项，并应采取密封措施 |
| | | 2 | 盘、柜在安装过程中，应防止变形和表面油漆损伤 |
| | | 3 | 安装、组对及搬运仪表盘、箱、柜时，盘柜吊耳应牢固 |
| | | 4 | 安装及加工中严禁使用气焊、电焊开孔，应采用机械或液压开孔器开孔，仪表盘柜安装固定不应采用焊接方式 |
| | | 5 | 仪表盘柜的安装宜使用液压升降小车，安装时应采用铺设钢板、胶皮等保护地面的措施，防止地面损伤 |
| | | 6 | 盘、柜之间和盘、柜内各设备构件之间，以及盘、柜与槽钢底座之间连接应牢固，安装用的紧固件应为防锈材料，不得在盘、柜底板用火焊或电焊开、扩孔，仪表盘、柜安装固定不应采用焊接方式 |
| | | 7 | 盘、柜安装就位后应立即紧固基础螺栓，防止倾倒，多台盘、柜并列就位时，手指不得放在连接处 |
| | | 8 | 防止电气误操作的"五防"装置齐全，各部分联锁与机械分合关系正确，安全隔离板开启灵活 |
| | | 9 | 高压开关柜安装的带电显示装置应显示、动作正确 |
| | | 10 | 手车在工作位置时，动、静触头中心线应一致，触头接触应紧密 |
| | | 11 | 在多尘、潮湿、有腐蚀气体或爆炸和火灾危险区域内安装的就地仪表盘柜（箱），应按设计文件检查确认其密封性和防爆性能满足使用要求 |
| | | 12 | 盘、柜对外的孔洞和电缆管口应做好可靠的防火封堵 |
| | | 13 | 严禁在盘顶和仪表上放置工具等物件，用开孔锯开孔时，盘后不得有人靠近 |
| | | 14 | 装有电器的可开启盘、柜门应用不小于4mm²的软铜线压接终端后接地 |

续表

| 作业步骤 | 风险 | | 注意事项 |
|---|---|---|---|
| 安装 | 物体打击 | 15 | 柜内接地母线与主接地网应可靠连接,每段柜连接不少于2处 |
| 关机 | | 1 | 工作结束后,应切断临时电源,清理好现场 |
| | | 2 | 仔细检查工作场地周围,确认不会引起火灾后,方可离开现场 |
| | | 3 | 作业许可须关闭 |
| 清洁与维护 | | 1 | 施工现场必须做到5S管理 |
| | | 2 | 安装过程中应有专人指挥,配合协调,以免发生事故 |

## 2.51 电仪设备安装作业

| 作业步骤 | 风险 | | 注意事项 |
|---|---|---|---|
| 作业应具备的条件 | 高处坠落 | 1 | 设计文件规定需要脱脂的仪表,应脱脂合格后安装 |
| | | 2 | 工作场所的井坑、孔洞等,均应设置有效防护措施 |
| 准备工作 | | 1 | 将作业内容依照设计文件及相关质量验收规范,向作业人员做安全技术交底 |
| | | 2 | 作业许可的工作内容须组织作业人员进行工作前安全分析,作业人员需掌握风险防控措施 |
| | | 3 | 设备到达现场后,应及时验收检查,其外包装及密封良好,型号、规格应符合设计要求,附件、备件应齐全 |
| 搬运及保管 | 车辆伤害 | 1 | 电仪设备应轻拿轻放 |
| | | 2 | 变压器、电抗器在装卸和运输过程中,不应有严重冲击和震动,运输倾斜角不得超过15° |
| | | 3 | 变压器、电抗器装卸及就位应使用产品设计的专用受力点,并应采取防滑、防溜措施,牵引速度不应超过2m/min |
| | | 4 | 干式变压器在搬运途中,应采取防雨及防潮措施 |
| | | 5 | 六氟化硫断路器、真空断路器在装卸过程中,不得倒置、碰撞或受到剧烈震动 |
| 安装 | 高处坠落、机械伤害 | 1 | 严禁带压拆卸、换装带压设备 |
| | | 2 | 设备安装过程中,严禁在任何电气设备上实施焊接、切割等作业 |
| | | 3 | 安装电动仪表时同时还应遵守电工安全技术操作规程 |
| | | 4 | 在蒸汽等高温条件下作业,现场周围必须加设必要的隔热防护设施,以防灼伤或烫伤和仪表过热 |

续表

| 作业步骤 | 风险 | | 注意事项 |
|---|---|---|---|
| 安装 | 高处坠落、机械伤害 | 5 | 严禁带电拆装仪表，必须带电作业时，应与有关部门联系，采取相应的安全措施并确认安全可靠后，方可拆装 |
| | | 6 | 电器设备严禁安装在阀门和管线下面，防止因滴漏损坏设备或引发触电事故 |
| | | 7 | 放射性物位计发射源装置未抵现场之前，必须预先同保卫、安全、卫生部门联系，确定保存地点，明确保管责任 |
| | | 8 | 放射性物位计安装中的安全防护措施必须符合产品说明书的要求，安装现场应设明显的警示标识 |
| | | 9 | 核辐射式仪表安装前应编制具体的安装方案，安装中的安全防护措施应符合国家现行有关放射性同位素工作卫生防护标准的规定。在安装现场应有明显的警戒标识 |
| | | 10 | 设备传感器、转换器的接地必须可靠 |
| | | 11 | 节流装置应随同工艺系统一起进行压力试验 |
| | | 12 | 火焰探测器的警示灯应安装在便于人员观察的方位 |
| | | 13 | 防爆型仪表不仅必须把接线盖旋紧，而且还应用密封件将入线口密封严实 |
| | | 14 | 在仪表和电气设备上严禁放置导体和磁性物品 |
| | | 15 | 对仪表和仪表电源设备进行绝缘电阻测量时，应有防止弱电设备及电子元件被损坏的措施 |
| | | 16 | 六氟化硫断路器的安装，应在无风沙、无雨雪的天气下进行；灭弧室检查组装时，空气相对湿度应小于80%，并采取防尘、防潮措施 |
| | | 17 | 电气设备所有保险丝的额定电流应与其负荷容量相适应。禁止其他金属线代替保险丝（片） |
| | | 18 | 在梯子上作业时，梯顶一般不应低于工作人员腰部，切忌站在梯子或高凳最高处或最上面一二级踏板上工作。工作过程中必须有专人扶梯和监护 |
| | | 19 | 设备安装就位后应立即紧固基础螺栓，防止倾倒 |
| | | 20 | 设备所用的阀门必须经试压、检漏合格后方可使用 |
| | | 21 | 直接安装在设备或管道的仪表，宜在管道吹扫后安装。当与管道同时安装时，在管道吹扫前应将仪表拆下 |
| | | 22 | 严禁在盘顶和仪表上放置工具等物件，用开孔锯开孔时，盘后不得有人靠近 |
| | | 23 | 仪表盘、箱、柜应有可靠接地且接地电阻值符合设计要求 |

续表

| 作业步骤 | 风险 | | 注意事项 |
|---|---|---|---|
| 安装 | 高处坠落、机械伤害 | 24 | 供电电压高于36V的现场仪表的外壳，仪表盘、柜、箱、支架、底座等正常不带电的金属部分，均应做保护接地 |
| | | 25 | 管道吹洗时拆下的仪表应采取保护措施，防止损伤设备 |
| 关机 | | 1 | 工作结束后，应切断临时电源，清理好现场 |
| | | 2 | 仔细检查工作场地周围，确认不会引起火灾后，方可离开现场 |
| | | 3 | 作业许可须关闭 |
| 清洁与维护 | | 1 | 施工现场必须做到5S管理 |
| | | 2 | 当天未能及时安装的设备应当天入库妥善保存 |
| | | 3 | 现场电仪设备安装就位后应采取防护措施 |

## 2.52 电气、气（液）动管路安装作业

| 作业步骤 | 风险 | | 注意事项 |
|---|---|---|---|
| 作业应具备的条件 | 火灾爆炸 | 1 | 进入有害、有毒场所工作时，应穿戴适用的防护用品并采取相应的安全措施 |
| | | 2 | 安装在爆炸和火灾危险环境的仪表线路及材料必须有质量证明文件，其规格型号及安装方式必须符合设计文件规定，且具有国家授权机构发给的产品防爆合格证，材料的外部应无损伤和裂纹 |
| 准备工作 | | 1 | 按照施工规范，向施工人员做详细交底 |
| | | 2 | 在现场施工安装中，如需高空作业和焊接仪表管道，必须按规定办理登高作业许可证和动火作业许可证 |
| | | 3 | 作业许可的工作内容须接受培训或技术交底 |
| | | 4 | 管道试压方案应已经批准，并应进行技术和安全交底 |
| | | 5 | 电源线、焊把线要绝缘良好，不能有破皮漏电现象 |
| | | 6 | 所有施工用电设备必须可靠接地，用电设备要加装漏电保护器 |
| | | 7 | 管道试压前，对不允许超压的仪表设备应已隔离 |
| 搬运 | 车辆伤害 | | 管子堆放、搬运时，严禁野蛮装卸、重压和碰撞，以免管子变形 |
| 安装 | 高处坠落、火灾爆炸 | 1 | 仪表导压管打压时，围好警戒线，做好压力释放安全措施 |
| | | 2 | 在蒸汽等高温条件下作业，现场周围必须加设必要的隔热防护设施，以防灼伤或烫伤和仪表过热 |

续表

| 作业步骤 | 风险 | 注意事项 | |
|---|---|---|---|
| 安装 | 高处坠落、火灾爆炸 | 3 | 在梯子上作业时，梯顶一般不应低于工作人员腰部，切忌站在梯子或高凳最高处或最上面一二级踏板上工作。工作过程中必须有专人扶梯和监护 |
| | | 4 | 电缆保护管之间及保护管与连接件之间，应涂导电性防锈脂，保持管路的电气连续性 |
| | | 5 | 电缆保护管应本着避开高温管道及设备、避开油管线、避开振动设备、美观整齐、便于安装的原则进行施工 |
| | | 6 | 电缆保护管（金属导管）严禁对口熔焊连接，镀锌和壁厚小于或等于2mm的钢管不得套管熔焊连接 |
| | | 7 | 仪表管道埋地敷设时，必须经过试压合格和防腐处理后再埋入 |
| | | 8 | 直接埋地的管道连接时必须采用焊接，并应在穿过道路、沟道及进出地面处设置保护套管 |
| | | 9 | 当管道穿过不同等级的爆炸危险区域、火灾危险区域和有毒场所的分隔间壁时，保护套管或保护罩密封 |
| | | 10 | 仪表管道焊接时，不得损伤仪表设备 |
| | | 11 | 低温管及合金管下料切断后，必须移植原有标识 |
| | | 12 | 薄壁管、低温管及钛管，严禁使用钢印做标识 |
| | | 13 | 当仪表管道引入安装在有爆炸和火灾危险、有毒、有害及有腐蚀性物质环境的仪表盘、柜、箱时，其管道引入孔处应密封 |
| | | 14 | 测量和输送易燃易爆、有毒、有害介质的仪表管道，必须进行管道压力试验和泄漏性试验 |
| | | 15 | 管道由防爆厂房或有毒厂房进入非防爆或无毒厂房时，在穿墙或过楼板处应进行密封 |
| | | 16 | 有毒、可燃介质的测量管道安装，应作好详细的施工记录，并在测量管道上作明显标识 |
| | | 17 | 伴热管道供汽点应设在整个蒸汽伴热管的最高点，管路不能有U型弯，应在最低点设置排放阀 |
| | | 18 | 当采用气体压力试验时，试验温度严禁接近管道材料的脆性转变温度 |
| | | 19 | 脱脂合格的仪表、管子和其他管道组件应封闭保存，并应加设标识；安装时严禁被油污染 |
| | | 20 | 施工活动架或梯子要有专人进行监护 |
| | | 21 | 使用煨弯器应注意防止煨弯时反弹力作用于操作杆上，反弹击伤操作人员 |

续表

| 作业步骤 | 风险 | | 注意事项 |
|---|---|---|---|
| 安装 | 高处坠落、火灾爆炸 | 22 | 当电缆保护管穿过不同等级爆炸危险区域的分隔间壁时,分界处电缆导管和电缆之间、电缆导管和分隔间壁之间应做充填密封 |
| | | 23 | 用于火灾危险环境的装有仪表及电气设备的箱、盒等,应采用金属或阻燃材料制品 |
| | | 24 | 本质安全电路和非本质安全电路不得穿同一根电缆导管 |
| | | 25 | 在管道压力试验过程中,如发现泄漏现象,应泄压后再修理。修复后,应重新试压 |
| | | 26 | 压力试验合格后,宜在管道的另一端泄压,检查管道不得堵塞,并应拆除用于压力试验的临时堵头或盲板 |
| 关机 | | 1 | 工作结束后,应切断临时电源,清理好现场 |
| | | 2 | 仔细检查工作场地周围,确认不会引起火灾后,方可离开现场 |
| | | 3 | 作业许可须关闭 |
| 清洁与维护 | | 1 | 作业现场垃圾每天清理,堆放在指定的地点,保持清洁 |
| | | 2 | 作业场地应保持无废料、无杂物,所有废料、杂物和垃圾应放在合适的容器中,以便最终处理 |
| | | 3 | 施工用料应做到长材不短用,加强科学下料和材料回收利用工作,减少施工废料,节约材料 |
| | | 4 | 作业完成后,做到工完、料尽、场地清,地表无污染,路面畅通 |

## 2.53 电缆敷设作业

| 作业步骤 | 风险 | | 注意事项 |
|---|---|---|---|
| 作业应具备的条件 | 触电 | 1 | 电缆通道应畅通,排水应良好 |
| | | 2 | 检查电缆额定电压、规格型号应符合设计要求 |
| | | 3 | 在带电区域内敷设电缆,应与相关方进行沟通,确保可靠断电隔离、上锁挂牌等安全措施 |
| 准备工作 | | 1 | 按照施工规范及设计文件要求,向施工人员做详细交底(安全注意事项及电缆起终点、敷设路径等内容) |
| | | 2 | 作业许可的工作内容对作业人员进行培训和安全技术交底 |
| | | 3 | 电缆放线架应防置平稳,钢轴的强度和长度应与电缆盘重量和宽度相适应 |

续表

| 作业步骤 | 风险 | | 注意事项 |
|---|---|---|---|
| 准备工作 | | 4 | 敷设电缆的机具应检查并调试正常，电缆盘应有可靠的制动措施 |
| | | 5 | 电缆敷设前，应进行外观和导通检查，并用兆欧表测量绝缘电阻，电阻值应符合规范及设计文件要求 |
| | | 6 | 外护套有导电层的电缆，应进行外护套绝缘电阻试验并合格 |
| 搬运与贮存 | 车辆伤害 | 1 | 电缆及其附件的运输应避免强烈震动、倾倒、受潮、腐蚀，确保不损坏箱体外表面及箱内部件 |
| | | 2 | 在运输装卸过程中，不得使电缆及电缆盘受到损伤；严禁将电缆盘直接由车上推下 |
| | | 3 | 电缆盘不应平放运输、平放贮存 |
| | | 4 | 运输或滚动电缆盘前，必须保证电缆盘牢固，电缆绕紧 |
| | | 5 | 滚动电缆盘时，必须顺着电缆盘上的箭头指示或电缆的缠紧方向 |
| | | 6 | 电缆终端瓷套在贮存时，应有防止受机械损伤的措施 |
| 安装 | 机械伤害、其他伤害 | 1 | 当线路周围环境温度超过65℃时，应采取隔热措施。当线路附近有火源时，应采取防火措施 |
| | | 2 | 线路从室外进入室内时，应有防水和封堵措施 |
| | | 3 | 线路进入室外的盘、柜、箱时，宜从底部进入，并应有防水密封措施 |
| | | 4 | 测量电缆电线的绝缘电阻时，必须将已连接上的设备及部件断开 |
| | | 5 | 直埋电缆在直线段每隔50～100m处、电缆接头处、转弯处、进入建筑物等处，应设置明显的方位标志或标桩 |
| | | 6 | 采用机械敷设电缆时，牵引机和导向机构应调试完好，并应有防止机械力损伤电缆的措施 |
| | | 7 | 机械敷设电缆时，应在牵引头或钢丝网套与牵引钢缆之间装设防捻器 |
| | | 8 | 电缆敷设时，电缆应从盘的上端引出，不应使电缆在支架上及地面摩擦拖拉 |
| | | 9 | 电缆上不得有铠装压扁、电缆绞拧、护层折裂等未消除的机械损伤 |
| | | 10 | 油浸纸绝缘电力电缆在切断后，应将端头立即铅封；塑料绝缘电缆应有可靠的防潮封端 |
| | | 11 | 在电缆线路路径上有可能使电缆受到机械性损伤、化学作用、腐蚀物质、虫鼠等危害的地段，应采取保护措施 |
| | | 12 | 直埋电缆回填土前，应经隐蔽工程验收合格，并分层夯实 |
| | | 13 | 对易受外部影响着火的电缆密集场所或可能着火蔓延而酿成严重事故的电缆线路，必须按设计要求的防火阻燃措施施工 |

续表

| 作业步骤 | 风险 | | 注意事项 |
|---|---|---|---|
| 安装 | 机械伤害、其他伤害 | 14 | 防火重点部位的出入口应按设计要求设置防火门或防火卷帘 |
| | | 15 | 改、扩建工程施工中,对于贯穿已运行的电缆孔洞、阻火墙,应及时恢复封堵 |
| | | 16 | 阻火墙的防火门应严密,孔洞应封堵;阻火墙两侧电缆应施加防火包或涂料 |
| 关机 | | 1 | 工作结束后,应切断临时电源,清理好现场 |
| | | 2 | 仔细检查工作场地周围,确认不会引起火灾后,方可离开现场 |
| | | 3 | 作业许可须关闭 |
| 清洁与维护 | | 1 | 施工现场必须做到5S管理 |
| | | 2 | 安装过程中应有专人指挥,配合协调,以免发生事故 |

## 2.54 接线(含电缆头制作)作业

| 作业步骤 | 风险 | | 注意事项 |
|---|---|---|---|
| 作业应具备的条件 | | 1 | 电缆终端与接头的制作,应由经过培训的熟练工人进行 |
| | | 2 | 电缆终端及接头制作时,应严格遵守制作工艺规程及厂家技术文件的要求 |
| 准备工作 | | 1 | 按照设计文件、相关施工规范及产品技术文件,对作业人员进行培训并做安全技术交底 |
| | | 2 | 按作业许可的工作内容对作业人员进行培训和安全技术交底 |
| | | 3 | 施工用机具齐全、清洁,便于操作;消耗材料齐备、塑料绝缘表面的清洁材料应符合产品技术文件的要求 |
| | | 4 | 制作电缆终端和接头前,电缆绝缘状况良好,无受潮,塑料电缆内不得进水 |
| 安装 | 其他伤害 | 1 | 严禁在雾或雨中施工 |
| | | 2 | 控制电缆不应有接头 |
| | | 3 | 切剥电缆时不应损伤线芯和保留的绝缘层 |
| | | 4 | 电缆终端和接头应采取加强绝缘、密封防潮、机械保护等措施 |
| | | 5 | 制作电缆终端与接头,从剥切电缆开始应连续操作直至完成,应缩短绝缘暴露时间 |

续表

| 作业步骤 | 风险 | | 注意事项 |
|---|---|---|---|
| 安装 | 其他伤害 | 6 | 直埋电缆接头的金属外壳及电缆的金属护层应做防腐处理 |
| | | 7 | 本质安全电路的分支接线应设在增安型防爆接线箱（盒）内 |
| | | 8 | 当对爆炸危险区域的线路进行连接时，必须在设计文件规定采用的防爆接线箱内接线 |
| | | 9 | 接线必须牢固可靠、接地良好，并应有防松和防拔脱装置 |
| | | 10 | 三芯电力电缆在电缆终端头处，电缆铠装、电缆金属屏蔽层应用接地线分别引出，并应接地良好 |
| | | 11 | 制作塑料绝缘电力电缆终端与接头时，应防止尘埃、杂物落入绝缘内 |
| | | 12 | 控制电缆终端头可采用热塑型，也可以采用塑料带、自粘带包扎，接头应有防潮措施 |
| | | 13 | 电力电缆终端上应有明显的相色标志，且应与系统的相位一致 |
| | | 14 | 在室外制作6kV及以上电缆终端与接头时，其空气相对湿度宜为70%及以下，当湿度大时，可提高环境温度或加热电缆 |
| | | 15 | 电力电缆中间接头宜采用电缆用阻燃包带或电缆中间接头保护盒封堵，接头两侧及相邻电缆长度不小于2m内的电缆应涂刷防火涂料或缠绕防火包带 |
| | | 16 | 110kV及以上高压电缆终端与接头施工时，应搭临时工棚，环境湿度应严格控制，温度宜为10～30℃ |
| | | 17 | 防爆仪表盒电气设备引入电缆时，应采用弹性密封圈挤紧或用隔离密封填料进行封固，外壳上多余的孔应做防爆密封，弹性密封圈的一个孔应密封一根电缆 |
| | | 18 | 三芯电力电缆在电缆中间接头处，其电缆铠装、金属屏蔽层应各自有良好的电气连接并相互绝缘；在电缆终端头处，电缆铠装、金属屏蔽层应用接地线分别引出，并应接地良好 |
| 关机 | | 1 | 工作结束后，应切断临时电源，清理好现场 |
| | | 2 | 仔细检查工作场地周围，确认不会引起火灾后，方可离开现场 |
| | | 3 | 作业许可须关闭 |
| 清洁与维护 | | 1 | 施工现场垃圾每天清理，对方在指定的地点保持清洁 |
| | | 2 | 施工作业场地应保持无废料、无杂物，所有废料、杂物和垃圾应放在合适的容器中，以便最终处理 |

## 2.55 电气试验作业

| 作业步骤 | 风险 | | 注意事项 |
|---|---|---|---|
| 作业应具备的条件 | 触电 | 1 | 试验环境温度不宜低于5℃，相对湿度不大于80% |
| | | 2 | 高压试验时，在作业区域内不得有造成其他人员受伤害的危险因素。作业区域内应无交叉施工、无振动、无强电场、无强电磁场干扰等妨碍试验工作的因素 |
| | | 3 | 作业人员不应少于2人 |
| | | 4 | 试验装置的金属外壳应可靠接地；高压引线应尽量缩短，并采用专用的高压试验线，必要时用绝缘物支持牢固 |
| 准备工作 | | 1 | 试验前，工作负责人确定被试电气设备已断电源，搭接临时接地线，试验工作标志牌应正确悬挂，遮挡位置应适合试验工作的要求，或派人看守 |
| | | 2 | 试验前，工作负责人应详细检查或询问清楚被试的同一电气设备（或线路）上不应有其他人员进行工作 |
| | | 3 | 按试验要求接好线后，必须经第二人检查，确保正确无误 |
| | | 4 | 当采用额定电压较高的电气设备作为加强绝缘时，按设备的额定电压进行试验 |
| | | 5 | 试验现场应装设遮栏或围栏，遮栏或围栏与试验设备高压部分应有足够的安全距离。向外悬挂"止步，高压危险！"的标志牌，并派人看守。被试设备两端不在同一地点时，另一端还应派人看守 |
| | | 6 | 开始试验前，试验负责人应向全体试验人员详细讲解试验中的安全注意事项，交代临近间隔的带电部位，以及其他安全注意事项 |
| | | 7 | 试验前，工作人员根据试验内容与环境采取必要的安全措施，并与变电所和现场人员取得联系，带好绝缘护具 |
| | | 8 | 试验接线中的高压连线，应尽可能缩短与其他用电部分及地面的距离，必要时用绝缘材料隔离式固定 |
| | | 9 | 使用梯子登高作业时，必须按高空作业规定进行，不经工作负责人允许，不得拆卸试验装置和仪表，不经现场值班人员许可，不得操作无关设备或进入其他地点 |
| | | 10 | 对大容量的设备（电机、变压器）和电容器、电缆在试验前应充分放电后，方可接线、拆卸和试验 |
| | | 11 | 试验装置开机后再接信号线，此顺序不可逆转；测试完毕，先断开测试线，再关机 |
| | | 12 | 在施加试压电气以前，参与试验的全体人员应遵照工作负责人的指示，转移到安全地带 |

续表

| 作业步骤 | 风险 | | 注意事项 |
|---|---|---|---|
| 试验 | 触电 | 1 | 合闸施压由专人进行,合闸之前,由升压人员向一切参加试验的工作人员发出升压警告,最后合闸升压 |
| | | 2 | 加压前应认真检查试验接线,使用规范的短路线,表计倍率、量程、调压器零位及仪表的开始状态均正确无误。经确认后,通知所有人员离开被试设备,并取得试验负责人许可,方可加压。加压过程中应有人监护并呼唱 |
| | | 3 | 进行耐压试验时,应将连在一起的各种设备分离开来单独试验(制造厂装配的成套设备不在此限),但同一试验电压的设备可以连在一起试验 |
| | | 4 | 进行绝缘试验时,被试品温度不应低于5℃,户外试验应在良好的天气进行,且空气相对湿度一般不高于80% |
| | | 5 | 高压试验工作人员在全部加压过程中,应精力集中,随时警戒异常现象发生,操作人员应站在绝缘垫上 |
| | | 6 | 未装接地线的大电容被试设备,应先行放电再做试验。高压直流试验时,每告一段落或试验结束时,应将设备对地放电数次并短路接地 |
| | | 7 | 高低压混杂的设备进行耐压试验时,应先区分清楚,分别连接,对应接受耐压的部分,要脱开原电路 |
| | | 8 | 操作时,必须穿绝缘靴,站在绝缘板或绝缘台上,与带电部分保持安全距离 |
| | | 9 | 试验准备工作完成后,应立即进行耐压试验。若试验中途停止再继续试验前,应对所有的准备工作重新检查一遍,无异常后,方可重新试验 |
| | | 10 | 使用携带型仪器在高压回路上进行工作,至少由2人进行 |
| | | 11 | 除使用特殊仪器外,所有使用携带型仪器的测量工作,均应在电流互感器和电压互感器的二次侧进行 |
| | | 12 | 测量用装置必要时应设遮栏或围栏,并悬挂"止步,高压危险!"的标示牌 |
| | | 13 | 雷电时,严禁测量线路绝缘 |
| | | 14 | 在带电设备附近测量绝缘电阻时,测量人员和摇表安防位置必须选择适当,保持安全距离,以免摇表引线或引线支持物触碰带电部分,移动引线时,必须注意监护,防止工作人员触电 |
| | | 15 | 拆除妨碍工作的底线或动用开关手柄时,应取得现场值班人员的同意,试验完毕,必须立即恢复 |
| | | 16 | 在对设备加压前,工作负责人必须详细检查接线是否正确,并通知全部人员离开要加压范围方可进行加压,并在加压过程中不许接近被试物 |

续表

| 作业步骤 | 风险 | | 注意事项 |
|---|---|---|---|
| 试验 | 触电 | 17 | 在加压试验升压过程中，如发现电压表指示不稳定，电流表指示急剧增加，绝缘冒烟现象，被试物放电和不正常的音响，均应停止试验查找原因 |
| | | 18 | 在继电保护盘上工作时，对被试盘及邻近的运行设备，应加明显标志或隔离，试验人员与高压带电部分的距离必须符合规定的要求 |
| | | 19 | 继电保护试验开始前，必须由工作负责人复查接线无误后方可工作。试验电源不得接地或短路，以免引起误操作 |
| | | 20 | 在未用验电笔检查交流群二次回路是否正确以前，禁止短接电流互感器二次端子。在带负荷设备上电流互感器二次短路必须牢固，并要接好地，不许用保险丝和螺丝刀去短接二次回路 |
| | | 21 | 在有感应电压的线路上测量绝缘时，必须将相关线路同时停电，方可进行 |
| | | 22 | PT（电压互感器）的变比、空载试验需在 $SF_6$ 已经充气正常后进行（因试验会在高压侧感应出高压电） |
| | | 23 | 受电应按经审批的程序进行 |
| | | 24 | GIS 受电试验时隔离开关应尽可能不带电动作 |
| | | 25 | 开关柜受电前应重新检查，相关受电设备、盘柜母线、电缆的绝缘应合格 |
| | | 26 | 电缆试验前接线端子必须已经压接完成，不能在试验后再进行端子压接的工序（特别是电动机侧）；如试验后再进行切断电缆芯线压接端子的工序，则已改变了主绝缘长度，之前所做的试验已不能准确反映电缆头的绝缘状况 |
| | | 27 | 电缆耐压试验过程应无击穿及发热现象 |
| | | 28 | 接地电阻测量前 3d 的天气宜为晴天，接地电阻值应满足设计文件的要求 |
| | | 29 | 接地装置试验，在场地竖向施工及其他开挖时，如对已安装的接地系统造成破坏，应及时进行恢复安装 |
| 关机 | | 1 | 试验结束后由专人断开试验电源，宣布电源已断，再拆除一切接线，如用直流电源做完试验后，在宣布已断开前，应先将被试验设备放电数次 |
| | | 2 | 变更接线或试验结束时，应首先断开试验电源，放电、并将升压设备的高压部分放电、短路接地 |
| | | 3 | 试验结束时，试验人员应拆除自装的接地短路线，并对被试设备进行检查，恢复试验前的状态 |

续表

| 作业步骤 | 风险 | 注意事项 | |
|---|---|---|---|
| 关机 | | 4 | 试验设备长时间不用时，应每隔3~4个月充一次电，以延长电池的使用寿命 |
| | | 5 | 电缆耐压试验结束后应对电缆进行充分放电 |
| | | 6 | 变压器绝缘测试后应对变压器进行充分放电 |
| | | 7 | 作业许可须关闭 |
| 清洁与维护 | | 施工现场必须做到5S管理 | |

## 2.56 仪表校验作业

| 作业步骤 | 风险 | 注意事项 | |
|---|---|---|---|
| 作业应具备的条件 | | 1 | 仪表校验用的电源电压、气源压力应保持稳定 |
| | | 2 | 仪表校验间内应清洁、安静、光线充足、通风良好，无振动和较强的电磁场干扰 |
| | | 3 | 设计文件规定禁油和脱脂的仪表在校准和试验时，必须按其规定进行 |
| 搬运 | 车辆伤害 | 被校表、校验设备及标准表应轻拿轻放 | |
| 校验 | 其他伤害 | 1 | 校验合格的仪表需加铅封和漆封的部位应加铅封和漆封，并贴合格证标签 |
| | | 2 | 电源设备的带电部分与金属外壳之间的绝缘电阻，当采用500V兆欧表测量时，不应小于5MΩ |
| | | 3 | 除差压流量仪表外，其他在检定周期内的流量仪表、元件，通电或通气检查各部件工作应正常 |
| | | 4 | 对事故切断阀应进行阀座密封试验 |
| | | 5 | 控制阀和执行机构的试验应进行膜头、缸体泄漏性试验及行程试验 |
| | | 6 | 事故切断阀和设计规定全行程时间的阀门，应进行全行程时间试验 |
| | | 7 | 放射性物位计的校验必须严格按照操作手册要求进行，一般协同厂商代表共同来完成 |
| | | 8 | 膜盒压力、差压变送器的校验过程中应避免膜盒受力碰撞导致变形受损 |
| | | 9 | 电动仪表上电校验前，应确认电源线的接线位置及极性是否连接正确 |
| | | 10 | 电动调节阀开关位行程开关和过扭力矩保护调校设定时要严格控制，避免执行器电动机和阀体损坏 |

续表

| 作业步骤 | 风险 | | 注意事项 |
|---|---|---|---|
| 校验 | 其他伤害 | 11 | 经校验不合格的仪表,施工单位应会同监理、业主等有关人员检查、确认后退库处理 |
| | | 12 | 与热电偶配套的温度仪表有断路保护要求时,应做断路保护试验 |
| | | 13 | 标准禁油压力表应用专用校验设备和工具,严禁压力表压力传感部件与油接触 |
| | | 14 | 双波纹管差压流量计校准前连接管线应做气密性试验 |
| | | 15 | 流量仪表检测部件随工艺管线水压试运后,应用干燥空气吹干、密封,防止生锈 |
| | | 16 | 用移动式无油空气压缩机为仪表提供校验气源时,压缩机应设置压力联锁保护系统,运行过滤器应经常排污排水 |
| | | 17 | 调节阀试验调整完毕,必须放净试验用水,并用空气吹干,然后把阀门进出口封闭,置于室内或棚屋内保存 |
| | | 18 | 仪表校验设备及标准表应有专人保管 |
| | | 19 | 对高压切断阀的密封面应加装特殊保护 |
| 关机 | | 1 | 工作结束后,应切断临时电源,清理好现场 |
| | | 2 | 仔细检查工作场地周围,确认不会引起火灾后,方可离开现场 |
| | | 3 | 作业许可须关闭 |
| 清洁与维护 | | 1 | 施工现场必须做到5S管理 |
| | | 2 | 仪表校验设备及标准表当天领取当天入库 |

## 2.57 仪表系统调试作业

| 作业步骤 | 风险 | | 注意事项 |
|---|---|---|---|
| 作业应具备的条件 | | 1 | 参加系统调试的施工人员在仪表系统调试前应熟悉相关设计文件(仪表规格书、I/O表及联锁逻辑图等) |
| | | 2 | 参加系统调试的施工人员应具有熟练操作信号发生器等调试设备的能力 |
| | | 3 | 组成系统回路的仪表设备单体校验应完成,并满足精度要求 |
| | | 4 | 系统回路中的检测元件、二次仪表和仪表线路及管道应安装完毕,规格、型号、材质及压力等级符合设计要求 |
| | | 5 | 系统送电前应检查系统电源的总开关、各分支开关容量符合设计要求 |

续表

| 作业步骤 | 风险 | | 注意事项 |
|---|---|---|---|
| 作业应具备的条件 | | 6 | 取源部件位置适当，导压管正、负正确无误，经试压、吹扫合格 |
| | | 7 | 系统回路的电源、气源和液压源应能正常供给，并应符合仪表运行的要求 |
| 准备工作 | | 1 | 按照系统 PID 图，向施工人员做详细交底，如有投运回路，禁止在"自动"位擅自调试该回路 |
| | | 2 | 作业许可的工作内容须接受培训或技术交底 |
| | | 3 | 参加系统调试的施工人员应会同监理、业主、工艺操作人员共同进行调试，并应及时作好系统调试记录 |
| | | 4 | 系统调试应配备适用的调试设备和无线电对讲机等通信联络工具 |
| | | 5 | 查看电缆绝缘电阻测试记录，必要时抽查实测 |
| 搬运 | | | 调试设备及标准表应轻拿轻放 |
| 系统调试 | 触电、其他伤害 | 1 | 系统调试中应与相关的专业配合，共同确认 PID 参数、联锁逻辑的正确性 |
| | | 2 | 报警系统的设定值不得随意改变，必须修改时，应有设计认可的文件 |
| | | 3 | 联锁保护系统应根据联锁逻辑图进行试验检查，确保系统灵敏、准确、可靠 |
| | | 4 | 机电联锁系统要组织电气、工艺及设备等专业人员共同确认 |
| | | 5 | 联锁报警系统应模拟联锁的工艺条件，检查动作的正确与可靠性 |
| | | 6 | 系统在线测试时，各回路按照工艺流程逐点开通，调试合格后现场挂牌，避免因疏忽造成现场短路而烧毁保险或设备 |
| | | 7 | 调试及运行时应确保控制系统连续供电 |
| | | 8 | 更换组件或卡件时，严格按照厂商操作程序进行 |
| | | 9 | 组态的任何增、删及修改，需作详细记录 |
| | | 10 | 为确保系统正常工作，任何无关的磁盘不能带入控制室 |
| | | 11 | 建立控制室门禁制度，专人值班，调试人员凭证出入 |
| | | 12 | 控制室内严禁吸烟，配备消防器材，预防火灾发生 |
| 关机 | | 1 | 工作结束后，应切断临时电源，清理好现场 |
| | | 2 | 仔细检查工作场地周围，确认不会引起火灾后，方可离开现场 |
| | | 3 | 系统离线测试完成后，进行系统软件、应用软件和数据库备份 |
| 清洁与维护 | | 1 | 施工现场必须做到 5S 管理 |
| | | 2 | 严禁携带无关杂物进入控制室、机柜间等重要场所 |

## 2.58 （外电）塔架安装作业

| 作业步骤 | 风险 | 注意事项 | |
|---|---|---|---|
| 作业应具备的条件 | 高处坠落 | | 6级以上大风、雨雪天禁止进行高处作业 |
| 准备工作 | 高处坠落 | 1 | 塔架安装前必须办理作业许可证、吊装作业票和高处作业票 |
| | | 2 | 作业许可的工作内容须接受培训或技术交底 |
| | | 3 | 工作前应检查吊车、五点式安全带和随身工器具完好性 |
| | | 4 | 作业人员进行入场安全培训和专项安全交底 |
| | | 5 | 作业人员每天参加班前会活动，熟悉当班风险和控制措施 |
| | | 6 | 现场负责人向进入本施工范围的所有工作人员明确交代本次施工设备状态、作业内容、作业范围、进度要求、特殊项目施工要求、作业标准、安全注意事项、危险点及控制措施、危害环境的相应预防控制措施、人员分工 |
| | | 7 | 现场负责人负责办理相关的工作许可手续，开工前做好现场施工防护围蔽警示措施，夜间施工的须有足够的照明 |
| | | 8 | 现场负责人组织检查确认进入本施工范围的所有工作人员正确使用劳保用品和着装，并带领施工作业人员进入作业现场 |
| | | 9 | 施工负责人核对风险控制措施，并在班前会上对全体作业人员进行安全交底，接受交底的作业人员负责将安全措施落实到各作业任务和步骤中 |
| 塔架组装 | 高处坠落、物体打击、起重伤害 | 1 | 塔架组装时要根据设计图纸进行组装 |
| | | 2 | 登高作业人员使用的工具应设置腕绳，防止高空落物 |
| | | 3 | 塔架组装时施工人员要注意保持安全距离，防止物体打击 |
| 铁塔组对 | 起重伤害、高处坠落 | 1 | 吊车进场进行完好性检查，并报验 |
| | | 2 | 检查锁具、钢丝绳、吊钩等完好性 |
| | | 3 | 现场负责人、技术员、起重工、吊车司机核对起重载荷，确定起重安全系数 |
| | | 4 | 试吊前检查吊车支腿情况，垫好枕木 |
| | | 5 | 吊车回转半径内严禁有人进行工作或通行，吊物下严禁有人通行 |
| | | 6 | 吊装作业严格遵守十不吊规定 |
| | | 7 | 高空作业施工人员上下时一步一挂，双大勾交替系挂 |
| | | 8 | 在附近有带电线路的吊装作业时，起重机必须接地，且接地良好，与带电线路的最小安全距离应符合安全规程的规定 |

续表

| 作业步骤 | 风险 | | 注意事项 |
|---|---|---|---|
| 铁塔组对 | 起重伤害、高处坠落 | 9 | 起吊过程中,起吊速度应均匀,缓提缓放,并随时注意吊装情况 |
| | | 10 | 铁塔就位后应紧固连接螺栓,并按力矩紧固到位 |
| 意外处理 | 物体打击、高处坠落 | 1 | 在吊装铁塔过程中如突然发生吊车吊钩断裂或钢丝绳断裂、脱落现象,应立即按起重吊装应急预案进行抢险 |
| | | 2 | 在吊装铁塔过程中如突然高处坠落情况时,应立即按高处坠落应急预案进行抢救 |
| 清洁与维护 | | 1 | 工作结束后,应清理好现场 |
| | | 2 | 仔细检查工作场地周围,确认不会引起火灾后,方可离开现场 |
| | | 3 | 作业许可须关闭 |
| | | 4 | 扳手、多余螺栓不得任意乱丢,应放入工具包,不得向下抛掷 |
| | | 5 | 施工现场必须做到5S管理 |

## 2.59 (外电)架线作业

| 作业步骤 | 风险 | | 注意事项 |
|---|---|---|---|
| 作业应具备的条件 | | | 6级以上大风、雨雪天禁止进行高处作业 |
| 准备工作 | | 1 | 架线前必须办理作业许可证、高处作业票 |
| | | 2 | 作业许可的工作内容须接受培训或技术交底 |
| | | 3 | 架线施工前对所使用的工器具进行全面检查,严禁以小代大和超负荷使用,对运到现场的导、地线进行外观检查,核对规格、长度 |
| | | 4 | 作业人员进行入场安全培训和专项安全交底 |
| | | 5 | 作业人员每天参加班前会活动,熟悉当班风险和控制措施 |
| | | 6 | 现场负责人向进入本施工范围的所有工作人员明确交代本次施工设备状态、作业内容、作业范围、进度要求、特殊项目施工要求、作业标准、安全注意事项、危险点及控制措施、危害环境的相应预防控制措施、人员分工等 |
| | | 7 | 现场负责人负责办理相关的工作许可手续,开工前做好现场施工防护围蔽警示措施,夜间施工的须有足够的照明 |
| | | 8 | 现场负责人组织检查确认进入本施工范围的所有工作人员正确使用劳保用品和着装,并带领施工作业人员进入作业现场 |

续表

| 作业步骤 | 风险 | | 注意事项 |
|---|---|---|---|
| 准备工作 | | 9 | 施工负责人核对风险控制措施，并在班前会上对全体作业人员进行安全交底，接受交底的作业人员负责将安全措施落实到各作业任务和步骤中 |
| | | 10 | 地锚的埋设位置和深度须指定专人负责，保证可靠牢固 |
| | | 11 | 高空作业必须设置安全监护人 |
| | | 12 | 高空作业人员使用的工具应设置腕绳，防止高空落物，高空作业人员必须系好安全带（绳）。安全带（绳）必须拴在防坠器上，并不得低挂高用 |
| | | 13 | 高空作业施工人员上下时一步一挂，双大勾交替系挂 |
| 放紧线施工 | 高处坠落 | 1 | 紧线施工时应保证通信清晰、畅通、可靠 |
| | | 2 | 紧放线由专人统一指挥，统一调度。除护线人员外，跨越电力线、通信线、公路和河流及对房屋、路口、外露岩石、跨越架、跨越管道滑车均应设专人看守，要保证通信可靠、畅通 |
| | | 3 | 导地线展放过程中，应控制放线速度，防止线轴飞车。应设专人传递信号，当线轴或线圈接近放空时，应放慢牵引进度。机械牵引时速度不得过快，司机应随时注意指挥信号 |
| | | 4 | 导、地线被障碍物卡住时，作业人员必须站在线弯的外侧，并应用工具处理，不得直接用手推拉 |
| | | 5 | 非施工人员不得进入施工区，工程施工人员不得站在悬空导、地线的下方。展放导、地线人员不得站在线圈内或线弯的内角侧 |
| | | 6 | 紧线前检查各相导线在放线滑车内有无跳槽现象，导线间是否有绞劲、缠绕；检查直线接续管位置和质量；被跨越物是否采取可靠安全措施；核对弧垂观测挡位置，复测观测挡挡距、高差 |
| | | 7 | 检查是否已打好反向拉线，拉力应满足紧线要求 |
| | | 8 | 放紧线时，在交叉跨越处应设立专人监护，保持通信联系，遇有导、地线不能升空需过夜时应派专人看护 |
| | | 9 | 施工人员应尽量避开导、地线下方工作，防止出现跑线情况下发生人身事故 |
| | | 10 | 高空作业的任何材料、工器具不得抛掷，应用传递绳进行传递 |
| 意外处理 | 高处坠落 | 1 | 停电作业必须由施工现场负责人填写停电作业工作票，并按《电力安全工作规程 电力线路部分》（GB 26859—2011）要求进行操作，联系停电工作，须指定专人负责 |
| | | 2 | 停电跨越时，现场负责人在未接到停电命令前，严禁任何人接近带电体，接到停电命令后方可进行验电并挂好接地，方可登杆塔作业 |

续表

| 作业步骤 | 风险 | | 注意事项 |
|---|---|---|---|
| 意外处理 | 高处坠落 | 3 | 对于重要跨越带电处，附件安装前应对导线加强防护措施，防止导线一旦脱落搭在电力线上出现恶性事故 |
| | | 4 | 遇有 5 级以上大风、雷雨大雾等天气时，严禁紧线和高空作业 |
| | | 5 | 紧线过程中，导、地线被障碍物卡住时，处理人员必须站在线弯的外侧，应用工具处理 |
| | | 6 | 在架线过程中如突然高处坠落情况时，应立即按高处坠落应急预案进行抢救 |
| 清洁与维护 | | 1 | 工作结束后，应清理好现场 |
| | | 2 | 仔细检查工作场地周围，确认不会引起火灾后，方可离开现场 |
| | | 3 | 作业许可须关闭 |
| | | 4 | 扳手、多余螺栓不得任意乱丢，应放入工具包，不得向下抛掷 |
| | | 5 | 施工现场必须做到 5S 管理 |

## 2.60 （外电）投电作业

| 作业步骤 | 风险 | | 注意事项 |
|---|---|---|---|
| 作业应具备的条件 | 触电 | | 相关方进行充分沟通，停止一切与投电有关的作业，作业人员在休息室待命 |
| 准备工作 | | 1 | 办理作业许可 |
| | | 2 | 本期工程的输电设备按照输电线路的验收规范进行验收合格，验收线路各点的电气距离满足要求，检查沿线线路标识正确，临时站用线全部解除 |
| | | 3 | 本期工程的变电设备全部按照规范要求安装完毕并验收合格，试验结果符合交接试验标准，试验报告齐全 |
| | | 4 | 启动前对线路核对相序、绝缘电阻测试应合格 |
| | | 5 | 通信、远动具备运行条件 |
| | | 6 | 整理好图纸资料，现场规程齐全，运行人员已组织学习有关规程和熟悉试运方案 |
| | | 7 | 检查启动范围 110kV GIS 设备气体压力正常，无漏气，开关机构和马达起动正常 |
| | | 8 | 检查确认待投运设备的名称、编号、相序、相色应正确，各设备外壳干净、清洁、无遗留物 |

续表

| 作业步骤 | 风险 | | 注意事项 |
|---|---|---|---|
| 准备工作 | | 9 | 启动前，复测一次设备绝缘电阻应合格 |
| | | 10 | 检查所有待投运设备保护装置定值已按定值通知单执行，压板已按压板方式表执行 |
| | | 11 | 检查 110kV 专用变电站 #1 主变保护投入正确，瓦斯继电器内应无气体，散热器及油枕的阀门已全部开启 |
| | | 12 | 检查 110kV 专用变电站试运范围内的所有开关、空开应操作正常，启动范围内全部开关、空开均在断开位置；临时站用线已全部拆除 |
| 投电 | 触电 | 1 | 合上 110kV 空开、110kV 母联开关 |
| | | 2 | 检查 110kV 线路 PT 二次电压应正常（结果正确后报启动验收委员会） |
| 意外处理 | 触电 | 1 | 在投电过程中如突然发生人员触电事故时，应立即切断电源，按触电应急预案进行抢救 |
| | | 2 | 在投电过程中如突然发生火灾事故时，应立即切断电源，按火灾应急预案进行抢险 |
| 清洁与维护 | | 1 | 仔细检查工作场地周围，确认不会引起火灾后，方可离开现场 |
| | | 2 | 作业许可须关闭 |
| | | 3 | 施工现场必须做到 5S 管理 |

## 2.61 试车、投产保运作业

| 作业步骤 | 风险 | | 注意事项 |
|---|---|---|---|
| 作业应具备的条件 | 中毒窒息、火灾爆炸 | 1 | 所有参加投产保运的人员，有持证要求的须持证上岗，进入施工现场劳保着装要穿戴正确齐全。投产保运人员应具备以下条件，内容包括但不限于：<br>（1）钳工及机械工程师必须熟悉运转设备的布局、基本原理、性能、参数，紧急停车及常见故障处置方法。<br>（2）安装工及设备工程师应熟悉静设备的布局、内部构造及工作原理、介质泄漏处置方法。<br>（3）管工及管道工程师应熟悉系统工艺流程及仪表工作原理，介质泄漏处置方法。<br>（4）电工及电气工程师应熟悉电力及电气设备布局、用电设备基本性能、投电断电程序、紧急停车及常见故障处理方法。<br>（5）仪表工及仪表工程师应熟悉工艺流程及仪表工作原理、安装位置、DCS 及 ESD 系统原理、常见仪表故障处置方法。 |

续表

| 作业步骤 | 风险 | | 注意事项 |
|---|---|---|---|
| 作业应具备的条件 | 中毒窒息、火灾爆炸 | 1 | (6) 所有人员应掌握消防器材设施（油类介质着火时采用干粉、泡沫灭火器材；电器类着火时采用 $CO_2$ 干粉灭火器材，切记不可用水对油、电灭火）、正压式呼吸器（当存在危险气体泄漏可能时）的性能及操作方法、布局。<br>(7) 所有人员应掌握气体泄漏、火灾爆炸等突发事件应急响应流程及逃生通道位置 |
| | | 2 | 所有参与投产保运人员必须接受属地方及我方的技术交底或专项培训，内容包括但不限于：<br>(1) 岗位职责及分工、值班计划、通信工具和联系方式（注意防爆和应急联络要求）。<br>(2) 工作范围（物理空间界限、保运周期）、投产流程及工艺、关键设备。<br>(3) 作业许可范围，申请、批准、监护及关闭的管理要求。<br>(4) 特殊劳动防护用品选型及使用要求（注意：防中毒、防烫、防冻伤、绝缘、防静电等要求）。<br>(5) 关键区域（包括但不限于受限空间、隐蔽区域、危险介质可能泄漏区域、防爆场所、变配电间、中控室、紧急集合点）及进入批准程序。<br>(6) 投产保运期间的 HSE 风险及防控措施。<br>(7) 应急物资储备、布局及火灾爆炸、气体泄漏应急响应流程。<br>(8) 本规程及投产保运期间的典型事故案例 |
| | | 3 | 投产保运阶段按装置运行管理、实行严格的作业属地审批制。任何人员未经属地方书面批准，不得进入关键区域。以下情况（包括但不限于）未经属地方批准不得作业：<br>(1) 管线设备打开作业，操作电气和工艺阀门开关、设备按钮；<br>(2) 操作中控室控制系统，切换运转设备，摘除、屏蔽、隔离系统联锁、安全装置；<br>(3) 动火作业（含使用非防爆设备）；<br>(4) 接入正式用电系统时；<br>(5) 恶劣天气环境或夜间作业；<br>(6) 装置区内搭设脚手架 |
| | | 4 | 投产保运期间所使用任何构成装置实体的设备、材料及施工工艺均要按正式施工期间的质量控制程序执行，包括但不限于备件安装、焊接、防腐保温 |
| | | 5 | (1) 当进入受限空间区域作业时，应首先进行气体含量检测，如不合格须扩大检测范围，发现并关闭泄漏源。凡是进入受限空间必须佩戴正压式呼吸器。<br>(2) 当登高作业时须首先确认作业平台是否完善，防止存在临边、孔洞等位置发生坠落。如无作业平台，所采取的防坠落措施须经过事前批准，防止支点不牢或随意踩踏对装置运行造成影响。<br>(3) 当进行热紧作业或其他高温设备附近作业时，须穿戴全身式劳动防护用品（包括但不限于手套、护目镜）。当作业点附近有伴热线或蒸汽胶管时，须防止任何可能情况下的能量释放伤害。 |

续表

| 作业步骤 | 风险 | | 注意事项 |
|---|---|---|---|
| 作业应具备的条件 | 中毒窒息、火灾爆炸 | 5 | （4）当存在气体压力、运转设备能量释放可能时，保运作业不要站立到"枪口"位置，应站立在安全区域以外。当存在上下交叉作业时，须对所有使用工机具采取固定措施。<br>（5）当需要排除电力或电气、仪表等带电设备故障或使用临时用电时，必须有专业电工实施，执行上锁挂牌程序 |
| 准备工作 | | 1 | 投产保运前配备好相应的施工机具及机械设备。保运期间使用的车辆、起重机械等设备进入施工现场前必须办理相关作业票 |
| | | 2 | 投产保运前按专业备齐易损件及各种抢维修施工用料、焊接材料、防腐保温衬里修复材料等 |
| | | 3 | 投产保运期间使用的工机具都应为防爆工具，用电设备做好接地措施。车辆进入投产保运区域前带好防火罩 |
| | | 4 | 投产保运前应配备好相应的消防器材、应急器材、医疗器械、正压式呼吸器、气体检测仪等 |
| 任务接收 | | 1 | 作业任务接收后与操作方进行现场踏勘，现场踏勘内容包括但不限于：<br>（1）查看现场工作地点周围环境。<br>（2）向操作人员了解工作内容。<br>（3）了解工作地点设备、管道隔离情况。<br>（4）确定使用工具及安全防护措施。<br>（5）最佳撤离路线 |
| | | 2 | 了解作业内容后进行风险分析，投产保运风险一般包括但不限于火灾爆炸、中毒和窒息、高处坠落、灼烫、物体打击、机械伤害、触电。在对风险进行分析后，确定该项任务的风险并经属地方批准后方可作业 |
| 能量隔离与上锁挂牌 | | | 具体见第4.5节 |
| 试运 | 物体打击、火灾爆炸、中毒窒息、触电 | 1 | 管道、设备冲洗、吹扫过程中，作业人员应避开"枪口"位置，并对该区域设置警示标识 |
| | | 2 | 运转设备在试运过程中，出现不正常现象（超负荷运转、刮擦、温度上升、强烈震动等）操作机长应立即通知停机，断电、隔离、泄压后对故障进行处理。故障排除后方可继续投入试运转 |
| | | 3 | 电气、仪表调试出现不正常现象时，应在电闸或电箱上张贴明显的禁止合闸标牌后，再进行检查、更换 |
| | | 4 | 试运过程中，管道、设备达到热紧温度后，作业人员应穿戴好隔热劳保用品对该区域进行热紧工作。高处作业时应佩戴好安全带 |

续表

| 作业步骤 | 风险 | | 注意事项 |
|---|---|---|---|
| 试运 | 物体打击、火灾爆炸、中毒窒息、触电 | 5 | 水联运要配合操作方人员注意严防设备超压、电机超负荷运行，控制好液位，严防机泵抽空，发现异常情况立即上报 |
| | | 6 | 水联运过程中发现过滤器堵塞或管线堵塞，应在隔离、泄压后在操作方指导下拆除清理。注意：严禁站在"枪口"位置 |
| | | 7 | 设备、管线、电气和自动控制系统在使用空气或其他安全介质进行冷（联动）试车过程中，在临时盲板、临时附属设施、能量释放点等地域应该设置警示标识，如该区域发生泄漏，应在隔离、泄压、置换后进行消漏处理 |
| | | 8 | 在热试车进入正式物料时，作业人员在没有保运任务时应远离保运装置。如有作业任务，应该按照操作人员安排进行作业。严禁私自操作 |
| | | 9 | 试运各阶段所有作业都应在隔离、泄压、检测、断电等工作后进行，不可逾越任何作业程序。所有作业都应采用防爆工具及相应安全措施，并配备好消防器材 |
| 保运 | 物体打击、火灾爆炸、中毒窒息、起重伤害、高处坠落 | 1 | 投产保运各阶段按照操作方的安排对拆除的盲板、阀门等部位进行恢复。此期间不得随意开关阀门寻求方便，听从操作方人员安排 |
| | | 2 | 投产保运过程中，现场作业区域应做好成品保护，严禁踩踏管子、仪表件、保温等易损设施 |
| | | 3 | 检查在投产保运中作业时是否留下人为隐患，整个检修作业必须做到"工完、料净、场地清"，杜绝作业人员因疏忽而无意将金属和丝织物残留在管线、容器、塔器之中，堵塞液体介质流通，造成隐患事故 |
| | | 4 | 保运过程中任何作业在施工完毕后，都应关闭作业票，不可施工完不告知情况发生 |
| 意外情况处置 | | 1 | 当装置核心设备突然停机时，现场保运人员应立即撤离。待操作方查明原因、排除风险后，配合操作方人员进行设备检查、维修 |
| | | 2 | 当保运过程中仪表件损坏造成装置运行不正常时，待操作方查明原因、排除风险后，才可进行设备更换 |
| | | 3 | 当装置突发停电时，保运人员应立即撤出装置区域，到达紧急集合点后，清点人数，等待操作方后续工作安排。在此期间不可随意离开 |
| | | 4 | 当在保运过程中，出现的设计变更或功能提升等修改项目，应在操作方对该区域进行隔离、泄压、吹扫置换后再进行作业 |
| | | 5 | 当发生易燃或可燃介质泄漏须采取动火堵漏时，应首先切断泄漏源，对残留介质采取置换清理的方式。再次检测该区域的气体含量，合格后方可动火。当采取不动火堵漏时，须使用防爆工机具和穿戴经过批准的劳动防护用品 |

续表

| 作业步骤 | 风险 | | 注意事项 |
|---|---|---|---|
| 完工 | | 1 | （1）经相关方检查确认合格后，设备复位，切断电源；<br>（2）场地及时清理，保持场地整洁，安全通道畅通；<br>（3）工具及设备归位，将产生的废弃物分类放入指定的回装地点 |
| | | 2 | 关闭作业许可 |

## 2.62 衬里作业

| 作业步骤 | 风险 | | 注意事项 |
|---|---|---|---|
| 作业应具备的条件 | 高处坠落 | 1 | 自制工机具或首次使用的设备和工机具在使用前应经过批准 |
| | | 2 | （1）高空作业（2m以上）必须正确使用安全带。<br>（2）各种车辆、设备专人专责，严禁乱动乱开，并作好设备运转记录。进入施工装置的车辆必须安装阻火器，按规定线路行走，进装置应办理作业票，不准超速行驶，不准人货混装。<br>（3）对于检修工程应该注意以下安全要求：<br>① 施工人员不准进入施工作业区以外的其他装置和生产区域，严禁乱动生产设施、电气仪表和消防设施；<br>② 为了确保进入受限空间作业安全，必须事前做好检修方案，专人监护，逐条落实。进入受限空间作业要办理作业票。必须用检测仪检测施工部位的含氧量及有无有毒有害气体；<br>③ 衬里拆除时，施工人员必须佩戴防尘面具等防护用品，且要办理动火作业票 |
| 准备工作 | | 1 | 主体设备、构件组对焊接、内构件等安装完毕，并经监理单位、甲方及施工单位三方联合检查验收合格后，签字确认交付衬里施工 |
| | | 2 | 所有参与衬里作业人员须接受本规程的培训和技术交底 |
| | | 3 | 检查工机具和设备的完整性、润滑情况、电源开关开启情况、用电设备接地情况，用电设备和照明必须安装漏电保护器，漏电保护器使用前进行试验检查，保证灵敏好用 |
| | | 4 | 根据施工平面布置，搭设材料库房、施工棚，安装施工机具，就位调试，建立衬里搅拌站，施工前应核对施工所有材料的牌号和数量 |
| | | 5 | 检查受限空间、高处作业等作业许可办理及安全措施落实情况 |
| | | 6 | 现场脚手架、作业平台、防护设施搭设、检查验收完毕 |
| | | 7 | 检查周边作业环境是否存在不安全因素 |
| 上料 | 物体打击 | 1 | 在地面施工的部位采用翻斗车或人力车运料；高空部位施工时采用卷扬机及电动葫芦运料；卷扬机操作人员必须有特种设备操作证 |
| | | 2 | 在上料的区域设置护栏和警示标志，标明禁止入内字样 |

续表

| 作业步骤 | 风险 | | 注意事项 |
|---|---|---|---|
| 上料 | 物体打击 | 3 | 运输材料时必须绑扎牢固，不得超负荷使用 |
| 喷砂除锈 | 高处坠落 | 1 | 空压机、喷砂罐及耐磨喷砂管要畅通安全可靠，密封严实。对其他构件、设备应采用遮盖的形式保护起来，避免污染 |
| | | 2 | 穿戴专业的喷砂衣，设置警戒区域，无关人员和车辆不可入内；专人随时检查系统各设备的运行状况 |
| | | 3 | 喷砂前应先启动排风除尘设备，并检查设备各部分是否正常。没有通风除尘设备或通风除尘设备发生故障时，不准进行喷砂作业 |
| | | 4 | 喷砂作业时，应先送风，后送砂，停止时先关砂，后关风 |
| | | 5 | 喷砂时，喷砂衣的玻璃要及时更换，防止操作人员因视线不好而影响其作业安全 |
| | | 6 | 喷砂过程中，如喷砂管发生堵塞时，枪口不准对人，处理时施工人员面部不要对着枪口，防止砂子喷出伤人，必要时，关闭砂、风 |
| | | 7 | 喷砂把罐人员不允许用铁锤猛力地敲打喷砂罐，敲打时应用木锤 |
| | | 8 | 喷砂用的空压机要派专人看护，如机器出现异常，立即停止，检查修理 |
| 衬里支模 | 高处坠落、机械伤害 | 1 | 模板制作非木工严禁操作，用木工电锯制作板材或木方，钉钉子时，手要离开手锤敲打的位置 |
| | | 2 | 模板在传递过程中，应接稳放牢，防止坠落伤人 |
| | | 3 | 衬里模板支设必须按工序进行，模板没有固定前，不得进行下一道工序；模板及其支撑系统在安装过程中必须设置临时固定设施，而且要牢固可靠，防止倾覆 |
| | | 4 | 支模时，模板要支设牢固，受力均匀，防止涨模情况发生（涨模现象是由于加固撑少了或限位器不牢固造成的）。模板限位器应在第二层模板支设时及时取出，防止其掉入模板内形成孔洞 |
| | | 5 | 严禁在模板的连接件和支撑上攀爬、踩踏 |
| 衬里拌料、振捣浇筑 | 机械伤害 | 1 | 衬里搅料时粉尘较大，容易对工人的呼吸系统造成伤害，必须佩戴好防尘口罩等防护用品 |
| | | 2 | 搅拌机拌料时皮带部位应设置防护装置，并确保防护装置的强度 |
| | | 3 | 衬里振捣时，应戴绝缘的防水手套；移动振动器时，应切断电源 |
| | | 4 | 振捣器停止使用时，应立即关闭电源 |
| | | 5 | 使用过程中不得硬扯电源线；振捣器使用时，软管不得有破裂；不得用振动棒的棒头当手锤使用 |

续表

| 作业步骤 | 风险 | 注意事项 | |
|---|---|---|---|
| 衬里拌料、振捣浇筑 | 机械伤害 | 6 | 作业结束后，必须断电，且做好振动棒的清理工作 |
| | | 7 | 长期使用的振动棒，应对其经常检查，防止漏电伤人 |
| 模板拆除 | 高处坠落 | 1 | 模板拆除时，要逐块进行拆除，先拆支撑，再拆加固的弧形钢筋，最后拆模板S扣 |
| | | 2 | 模板拆除时下方不得站人，或者必须采取硬隔离 |
| 衬里砌筑 | 高处坠落 | 1 | 炉膛砌筑内衬时，应戴好防护用品，防止纤维状物品扎伤皮肤 |
| | | 2 | 筑炉施工时，应尽量避免和电火焊交叉作业，及时清理材料包装等易燃物，防止电火焊火花引燃保温、耐火制品的包装箱 |
| | | 3 | 耐火砖加工时应带好手套、口罩和防护镜，无齿锯前方不允许站人，且不得2人对面同时加工；耐火砖加工时应有良好的通风，及时将粉尘排除 |
| | | 4 | 砌筑耐火砖时，砌筑人员和脚手架下方传料人员应做好呼应，防止上方掉物伤人 |
| | | 5 | 砌筑时，戴好防护用品，防止耐火泥污染皮肤，造成伤害 |
| | | 6 | 筑炉、衬里高空交叉作业，严禁随意抛物，应采取吊运方式，即用麻绳将物品绑好后，向下慢慢运到指定地点并设置安全警示绳进行围拦 |
| | | 7 | 筑炉、衬里高空作业人员应沿着马道、梯子上下，不得沿着绳索、立杆或栏杆攀登，不得站在不牢固的结构物上进行作业，不得坐在平台、孔洞边缘和躺在马道或安全网内休息，应使用工具袋，不得上下投掷工具 |
| | | 8 | 筑炉、衬里上料时，垂直运输系统（卷扬机或提升架）应安装牢固可靠，上下运输物品要绑牢固，不得超负荷使用 |
| 衬里拆除 | 高处坠落、物体打击 | | 采用风镐机械拆除与手工拆除相结合，为防止拆除的衬里废料乱掉，砸伤人员、设备和堵塞管道，应采取硬隔离保护措施 |
| 意外情况处置 | | 1 | 双层隔热耐磨衬里隔热混凝土施工时，如保温钉刮伤施工人员的脚部，或者小直径管线耐磨衬里施工时，造成施工人员膝盖及肘部受伤，应立即停止作业，对受伤人员进行救治 |
| | | 2 | 长期使用的振动棒如出现漏电伤人，应立即切断电源，救治受伤人员 |
| | | 3 | 设备运行过程中如出现不正常情况，应及时停机并切断电源，及时填写维修通知单报修 |
| | | 4 | 夏季高温施工时，设备容器内部施工人员如果出现恶心、头晕等症状应立即到空气新鲜、通畅处休息，严重者及时治疗 |

续表

| 作业步骤 | 风险 | | 注意事项 |
|---|---|---|---|
| 意外情况处置 | | 5 | 原料着火时,立即停止作业,使用灭火器灭火,进行扑救工作,并报告现场负责人。不能立即扑灭,应立即拨打火灾报警电话。当火势无法控制时,迅速撤离现场,到紧急集合点集合,等待下一步安排 |
| 作业结束 | | 1 | 衬里施工养护完毕并经有关单位检查与验收合格后方可进行脚手架拆除,拆卸脚手架时,须注意脚手架杆不得碰撞到衬里表面,否则会对衬里造成伤害 |
| | | 2 | 筑炉、衬里每一班完工后,及时清理衬里的残渣废料及其他杂物,保持场地整洁,安全通道畅通 |
| | | 3 | 工具及设备复位,切断电源 |
| | | 4 | 废料运到指定地点,禁止在现场焚烧 |
| | | 5 | 关闭相关的作业许可 |

## 2.63 防腐(外部)作业

| 作业步骤 | 风险 | | 注意事项 |
|---|---|---|---|
| 作业应具备的条件 | | 1 | 参与防腐作业的施工人员个人防护要求(包含但不限于):<br>(1)作业人员严禁带病上岗;患有呼吸道病症者,不宜参加防腐工作;<br>(2)从事生漆等易发生过敏的涂料的施工人员,施工前要作过敏性试验,过敏者不准参加施工;<br>(3)长期从事喷砂、防腐等工作人员要定期进行职业健康体检 |
| | | 2 | (1)生漆进厂要登记分期存放,先到先涂,不允许积压。<br>(2)生漆应存放在房内,不允许露天暴晒,防止油漆挥发污染环境 |
| 准备工作 | | 1 | 现场管道和设备焊道表面处理前需完成压力试验;合格后方可施工,涂料施工前进行联合检查,办理工序交接手续 |
| | | 2 | 所有参与防腐作业人员须接受本规程的培训和技术交底 |
| | | 3 | 施工用水、电、气能满足连续施工的需要,施工材料、机具、检测仪器、施工设施及场地已准备齐全,环境满足防腐要求的条件 |
| | | 4 | (1)开机前应仔细检查设备的电器装置、机械传动部分、安全防护装置是否正常,发现问题应及时报修。<br>(2)电气设备及工具要检查开关、导线等绝缘是否良好,外壳是否接地。<br>(3)在潮湿场所及易触电的设备内操作电气设备,应戴绝缘手套、穿绝缘鞋或应采用绝缘垫板等措施。<br>(4)防腐使用的各类仪器、安全阀等要定期进行校验。喷砂罐、硫化锅要定期做水压强度实验 |

续表

| 作业步骤 | 风险 | | 注意事项 |
|---|---|---|---|
| 准备工作 | | 5 | 现场脚手架、作业平台、防护设施搭设、检查验收完毕 |
| | | 6 | 核对作业许可票证措施落实情况 |
| | | 7 | 检查周边作业环境是否存在不安全因素 |
| 表面处理 | 机械伤害、物体打击、高处坠落 | 1 | 电动机械除锈时，除锈砂轮机、电缆线、开关必须检查合格后，再进行作业；作业时必须穿戴好防尘用品 |
| | | 2 | 喷射除锈时，空压机、喷砂罐、带压风管、空气过滤罐、喷砂衣、各种阀门必须检查合格，试运行后再进行使用；喷砂过程中，加强通信联络，及时信息沟通，确保各个环节操作顺畅，确保人员的人身安全 |
| | | 3 | 抛丸除锈时，抛丸机组、空压机、进出抛射机组的轨道、配合运输的吊装设备等必须设置专人负责，并设置安全警戒范围。开始工作时，无关人员必须撤离安全警戒范围以外 |
| | | 4 | 喷砂前应设置警戒隔离及警示标识 |
| | | 5 | 使用电动工具进行表面处理时要防止触电事故的发生，现场接线均应严格按"三相五线制"进行，用电设备应按规定接地良好，并设置一机一闸、安装高灵敏度的漏电保护器，电源箱挂"有人工作，严禁合闸"警告牌 |
| 涂漆 | 高处坠落、火灾爆炸、中毒窒息 | 1 | 搬动原料要轻拿轻放，不得使用铁质工具敲击、摩擦，以免产生火花引起燃爆事故，油漆桶使用后及时盖好 |
| | | 2 | 在室内施工时，要不断通风，不准在进行施工的室内储存食品或就餐，当涂漆工作使用有机溶剂在几乎密闭的环境下完成时，要提供适当的通风及照明。开始工作前应首先打开通风排气系统，接好通风管，保障工作区域空气流通 |
| | | 3 | 离地面2m以上防腐作业时，必须设置脚手板及扣挂绳索，脚手板应采取金属镂空结构等防滑措施。脚手板应牢固平衡，工具放置应固定可靠，防止坠落。高空作业必须系好安全带，由专职的安全人员检查，不合格不准进入施工现场 |
| | | 4 | 从事生漆工作地点，通风要良好。操作者要间歇施工；严禁烟火，非操作人员禁止入内 |
| | | 5 | 涂刷油漆时应与可能产生明火或火花的施工保持一定的安全距离，严禁在同一立面上同时进行涂刷作业和动火作业 |
| | | 6 | 喷涂结束，应清洗喷枪和连接管，保证下次作业使用，避免因涂料固化，使连接管压力过大而破裂，造成伤害 |
| 意外情况处置 | 高处坠落、火灾爆炸 | 1 | 处理堵塞的喷嘴时，要站在侧面。以防砂子喷出伤人，要关闭风门，不许带压拆卸，以防砂子喷出伤人 |

续表

| 作业步骤 | 风险 | | 注意事项 |
|---|---|---|---|
| 意外情况处置 | 高处坠落、火灾爆炸 | 2 | 防腐人员接触有毒、有害气体时，遇有恶心、呕吐、头昏等情况，要立即到新鲜空气处休息，严重者送医院治疗 |
| | | 3 | 生漆洒到皮肤上时，要用肥皂擦洗，禁止用汽油擦洗 |
| | | 4 | 油漆原料误黏到皮肤表面或溅到眼内，应立即用大量清水冲洗，严重者及时就医 |
| | | 5 | 设备运行过程中如出现不正常情况，应及时停机并切断电源，及时填写维修通知单报修 |
| | | 6 | 原料着火时，立即停止作业，使用灭火器灭火，进行扑救工作，并报告现场负责人。不能立即扑灭，应立即拨打火灾报警电话。当火势无法控制时，迅速撤离现场，到紧急集合点集合，等待下一步安排 |
| 完工 | | 1 | 喷砂作业结束后，清理好工作场地，关闭电源，清洁设备，按规定恢复设备各部位置，填写好交班记录 |
| | | 2 | 喷涂工作结束后，应清洗喷枪，装入稀释剂，将喷枪内残留漆液冲刷出来，并用干布擦净 |
| | | 3 | 工作完毕将工件摆放整齐，保持现场整洁，将残存的易燃、有毒物质及其他杂物清除干净；保持场地整洁，安全通道畅通； |
| | | 4 | 油漆刷使用完毕必须注意其维护和保养 |
| | | 5 | 关闭相关的作业许可 |

## 2.64 表面处理（酸洗/钝化/脱脂）作业

| 作业步骤 | 风险 | | 操作要求 |
|---|---|---|---|
| 作业应具备的条件 | | 1 | （1）进行作业的脱脂槽、酸洗槽等盛酸容器应使用塑料制品或不锈钢，符合耐酸碱要求；<br>（2）使用耐酸碱的工具和器具，各种物料及用品应固定存放；<br>（3）自制工机具或首次使用的设备和工机具在使用前应经过批准 |
| | | 2 | 用作酸洗/钝化/脱脂的化学药品和试剂应存放于荫凉通风处，避免阳光直接照射，符合技术规范要求并经过技术人员验收 |
| | | 3 | （1）酸洗钝化作业应有专用场地，应选用通风良好的室内场所，保持酸洗钝化场地清洁，物品摆放整齐，不得堆放杂物；未经允许无关人员禁止进入酸洗钝化区域，在酸洗钝化区域从事其他作业时必须制订方案并经过批准。<br>（2）当标准、图纸或协议对酸洗钝化有特殊要求时，或采用新型酸洗、钝化液（膏）时，项目技术部门应及时编制、下发特殊工艺要求及交底 |

续表

| 作业步骤 | 风险 | | 操作要求 |
|---|---|---|---|
| 酸洗钝化前准备 | | 1 | 产品在酸洗钝化前由综合车间配合技术部门按工艺要求先进行工艺试验，以确定酸洗、钝化液（膏）的性能和酸洗钝化工艺的可行性，一切满足要求后再正式进行酸洗钝化作业 |
| | | 2 | 熟悉待酸洗钝化的管路系统流程图（P&ID）及现场，将需要酸洗钝化的管道和需要移除、待替、封堵和增加的部件进行标注 |
| | | 3 | 酸洗钝化前，产品或零件应经质量部门专职检查员检查合格，检查内容为：焊缝检验合格，工件及焊缝表面的焊接飞溅、熔渣、氧化皮、焊疤、凹坑等均清理干净 |
| | | 4 | 对酸洗钝化设备、设施进行检查，应保证酸洗钝化设备、设施的完好；检查酸洗钝化场地的上下水设施，应保持状态良好 |
| | | 5 | 检查周边作业环境是否存在不安全因素，未经允许无关人员禁止进入酸洗钝化区域，在酸洗钝化区域从事其他作业时必须制订方案并经过批准 |
| 脱脂冲洗 | 其他伤害 | 1 | 严格按照技术方案质量百分比要求配制 NaOH 溶液 |
| | | 2 | 拆分需要清洗的管道设备，连接临时设备和管道，检查其连接完好性，确保无泄漏、堵塞现象 |
| | | 3 | 碱洗结束后，将废液从管道系统中吹进收集罐，待酸洗结束，酸碱中和后排放 |
| 酸液配置 | 其他伤害 | 1 | 搬运或向槽中倾注酸液时应小心，并检查酸罐有无破损。双人共同操作时，应统一指挥，协作配合好 |
| | | 2 | 配制酸液前，先向槽内加入一定量的水（视需配制的酸液浓度）并开启通风装置 |
| | | 3 | 用管子引流酸液或废液时，严禁采用口吸方式 |
| | | 4 | 待水加到位后，采用适当粗细的耐酸软管将酸缓慢引入酸洗槽，全过程有人监视。严禁先倒酸液，后加水，以防产生酸雾或飞溅伤人。随时注意酸液的温度。发现温度过高，应停止作业，以防塑料槽高温变形，发生泄漏，待温度降低后再进行 |
| 酸洗钝化 | 其他伤害 | 1 | 酸洗操作人员应严格遵守操作规程，穿戴耐酸碱的手套、胶鞋、眼罩、口罩、防护服等防护用品；防护用品破损时应及时更换，避免酸液接触皮肤、眼睛 |
| | | 2 | 钢管下槽前，先将溶液搅拌均匀，再用酸洗专用吊绳更换前一工序所用捆绑吊具，且仔细检查专用吊绳的牢固程度，出现散股或断股的立即更换新专用吊绳，并将换下的吊具摆放在规定处 |
| | | 3 | 下槽时，管子头低尾高，慢慢平稳下槽，下槽后，吊绳放酸洗槽上风侧 |

续表

| 作业步骤 | 风险 | | 操作要求 |
|---|---|---|---|
| 酸洗钝化 | 其他伤害 | 4 | 起槽时，管子应头高尾低，吊绳中心与酸洗槽纵向中心线保持一致，钢管尾部离水槽高度在300～500mm，待酸液基本流尽后，快速放进清水槽。反复将头尾上下颠倒若干次，将残酸洗清，然后放入冲洗区进行冲洗，对内孔较小的长管（18～45mm且长度≥4m的管子和内径$\phi$32～48mm且长度≥5.5m的管子）应采用毛刷进行冲洗 |
| | | 5 | 冲洗时，必须逐个进行，直到内外壁无氧化皮、无残酸、无污物为止。待确定冲洗干净后，用入槽时换掉的尼龙绳捆好，放入指定位置。冲洗完后，冲头放在固定架上，检查吊绳如有破损及时更换 |
| | | 6 | 往酸洗槽中补充酸液、药物或水时，应细心搅拌，防止槽内液体外溢 |
| | | 7 | 不准俯身在酸槽上进行观察、测温、搅拌或工作 |
| 废液排放 | | | 酸洗钝化产生的酸液、碱液应使用专用容器集中分类收集存放，对排放的酸洗液采取中和措施，达到HSE相关要求和国家排放标准后，经安全环保部门确定在指定地点以指定方式排放 |
| 意外处置 | | 1 | 若不慎被酸液溅及皮肤或眼睛，应用大量清水冲洗，切忌用手揉搓，严重者立即前往医疗机构就医 |
| | | 2 | 夏季高温施工时，设备容器内部要采取降温措施（如强制排风、放置冰块等），施工人员如果出现恶心、头晕等症状应立即到空气新鲜、通畅处休息，严重者及时治疗 |
| 完工 | | | （1）关闭冲洗泵电源；<br>（2）酸洗钝化场地应在作业完成后，用清水冲洗干净，不得有酸液遗留在场地内；<br>（3）工件摆放整齐，场地及时清理，保持场地整洁，安全通道畅通；<br>（4）工具及设备归位，将产生的废弃物分类放入指定的回装地点 |

## 2.65 保温、保冷作业

| 作业步骤 | 风险 | | 注意事项 |
|---|---|---|---|
| 作业应具备的条件 | 灼烫 | | （1）生产中的管道进行保温时，需事先了解管道内的介质，详细检查管道是否有泄漏，严禁乱动各种仪表或阀门；<br>（2）高温管道要采取隔热措施，以免烫伤；<br>（3）地下管道、设备施工时，要先进行检查确认无瓦斯、毒气、易燃易爆物及酸类等危险品，方可操作 |
| 准备工作 | | 1 | 保温、保冷施工前，应与设备、管道、电气、仪表等主要安装工种联合检查确认，设备的支吊架、固定件及伴热、仪表接管已安装完毕，压力试验及外表面除锈、防腐等工作已全部完成并经检查合格。并办理工序交接手续 |

续表

| 作业步骤 | 风险 | | 注意事项 |
|---|---|---|---|
| 准备工作 | | 2 | 施工方案已经编制、审批完毕,并已向施工班组进行技术交底和安全培训 |
| | | 3 | 材料、机具、检测仪器、施工设施及场地已准备齐全,能够满足施工要求 |
| | | 4 | 检查机具设备的电器装置、机械传动部分、安全防护装置是否正常,发现问题应及时报修;现场用电设备接线应严格按"三相五线制"进行,用电设备应按规定接地良好,并安装漏电保护器 |
| | | 5 | 现场脚手架、作业平台、防护设施搭设、检查验收完毕 |
| | | 6 | 检查高处作业等作业许可办理及安全措施落实情况 |
| | | 7 | 检查周边作业环境是否存在不安全因素,施工作业现场必须安放消防器材 |
| 保护层下料预制 | 物体打击、高处坠落 | 1 | 工作时要戴好防护用品,在使用加工机械时,严禁戴手套,以防铁皮将手套挂住 |
| | | 2 | 使用各种锤子、锥子等工具,如顶端有卷边、毛刺应清除。应经常性检查锤头,防止脱落,严禁2人对面打锤 |
| | | 3 | 使用手电钻、电炉、电剪刀等电动工具时应及时检查接头或是否破损,防止触电 |
| | | 4 | 使用折边机时,手拿工物不宜过紧,手离刀刃应大于100mm |
| | | 5 | 使用压口机时,应使机械自动拉行,不得用力推动铁皮,以免推弯发生危险。压口机严禁压1.2mm以上的铁皮。压横接口要先将咬口部分铲掉,以防损坏机械。手离压轮应大于20mm,以防压手 |
| | | 6 | 使用咬口机应将铁皮的咬口处对好再开车;风管咬口时,拉杆必须复原后才可开车,开车后手指不得放在轨道上 |
| | | 7 | 机床传动部分必须设置防护罩,使用时手应离开两压辊的缝隙,或在进料处加安全挡板 |
| | | 8 | 使用弯法兰机时,调节压辊应停车进行,手指不得靠近压辊 |
| | | 9 | 使用点焊机时,首先要检查有无漏电漏水现象;操作时应戴好焊工手套、围裙、鞋盖、墨镜等防护用品,冬季使用后要放尽冷却水 |
| | | 10 | 使用剪板机时,操作者的手指应离开压板100mm以上 |
| | | 11 | 操作电钻和半自动螺丝刀时,不得用力过猛,并要垂直于铁皮 |
| | | 12 | 进行锡焊时,应戴手套,不得仰焊。熔锡时,锡液不得着水,防止飞溅,盐酸应妥善保管 |

续表

| 作业步骤 | 风险 | | 注意事项 |
|---|---|---|---|
| 保护层下料预制 | 物体打击、高处坠落 | 13 | 金属保护层下料应实地测量，测量时不宜拉得太紧，测量后的周长应有 30～50mm 的裕量。下料后的金属薄板，横向、竖向应各有一边按需要方向压出凸筋 |
| 材料倒运 | 物体打击、高处坠落 | 1 | 利用脚手架拴绑滑轮上料时，滑轮必须固定牢固并定期检查；材料须采取加固措施，每次吊运质量不得超过 40kg；使用拉绳应结实满足承重要求，拉绳人要站在滑轮正下方 3m 以外，拉绳不应用力过猛，注意周围有无障碍物。特别防止与电线相碰接料时要等物体停稳后再接，材料应码放整齐、固定牢固，防止散落 |
| | | 2 | 接料登高作业人员应正确系挂五点式防坠落安全带，高挂低用，确保系挂点牢固 |
| 保温、保冷施工 | 物体打击、高处坠落 | 1 | 进行高处保温作业时，作业人员应全程正确系挂安全带，高挂低用，确保系挂点牢固，在不具备设置作业平台的施工点应采取设置生命线等措施确保安全带系挂点牢固 |
| | | 2 | 高处保温作业人员应沿着马道、梯子上下，不得沿着绳索、立杆或栏杆攀登，不得站在不牢固的结构物上进行作业，不得坐在平台、孔洞边缘和躺在马道或安全网内休息，应使用工具袋，不得上下投掷工具、材料 |
| | | 3 | 操作电钻和半自动螺丝刀等工具时，不得用力过猛，并要垂直于铁皮 |
| | | 4 | 仰脸进行保温工作时，要戴帽子及防护镜，并注意防止铁丝伤人 |
| | | 5 | 采用玻璃棉保温时，要铺絮厚薄均匀，剩余材料要捆好，高处作业不许向下乱扔玻璃棉 |
| | | 6 | 作业点脚手架、跳板必须搭设牢固、可靠、稳定好，在使用过程中不倾斜、不发生晃动，严禁踩蹬脚手板探头进行工作，不许 2 人站在一块独板上工作 |
| | | 7 | 保护层施工采用手电钻钻孔时，谨防钻头伤及设备及管线 |
| 意外情况处置 | | 1 | 现场保温、保冷材料发生火灾时，立即停止作业，使用灭火器灭火，进行扑救工作，并报告现场负责人。不能立即扑灭时，应立即拨打火灾报警电话。当火势无法控制时，迅速撤离现场，到紧急集合点集合，等待下一步安排 |
| | | 2 | 对运行设备或管道进行保护层施工过程中，如果钻头不慎损伤伴热线、电伴热带、主管，当管道、设备有不明液体溢出或渗出时，作业人员立即撤离并通知相关部门进行检验检测。排除风险后可继续施工。发现不明液体溢出或渗漏时，如条件允许下作业人员立即回装封堵或立即紧固螺栓，并告知相关部门，待确认内部介质种类、风险控制措施及作业许可批准后，才可继续施工。当管道、设备有不明气体溢出时，作业人员立即撤离，通知相关负责人，并疏散周边其他作业人员。待使用气体检测仪检测，确认气体无毒无害时，作业人员方可返回进行作业 |

续表

| 作业步骤 | 风险 | | 注意事项 |
|---|---|---|---|
| 意外情况处置 | | 3 | 设备运行过程中如出现不正常情况，应及时停机并切断电源，及时填写维修通知单报修 |
| | | 4 | 保冷作业过程中，如污染周围设施需立即处理 |
| 作业结束 | | 1 | 保温作业结束后，清理好工作场地，关闭电源，清洁设备，按规定恢复设备各部位置 |
| | | 2 | 关闭相关的作业许可 |

## 2.66 承重脚手架搭设与拆除作业

| 作业步骤 | 风险 | | 注意事项 |
|---|---|---|---|
| 作业应具备的条件 | | 1 | （1）从事登高架设脚手架的架子工应持有效特种作业操作证方可上岗操作。<br>（2）严禁酒后上岗；严禁高血压、心脏病、癫痫病、恐高症等作业人员在脚手架上施工。<br>（3）作业人员应正确佩戴和使用劳动防护用品（安全帽、安全带、防滑鞋、生命线、防坠器等） |
| | | 2 | 按照《建筑施工扣件式钢管脚手架安全技术规范》（JGJ 130）的规定和脚手架专项施工方案要求对脚手架材料进行验收：钢管、脚手板、扣件、可调托撑等进行检查验收，符合要求后方可使用。<br>（1）脚手架钢管：脚手架钢管符合《直缝电焊钢管》（GB/T 13793）或《低压流体输送用焊接钢管》（GB/T 3091）中 Q235 普通钢管的规定，钢管的材质符合《碳素结构钢》（GB/T 700）中 Q235 级钢的规定。<br>（2）脚手架钢管宜采用 $\phi 48.3 \times 3.6mm$ 的钢管。每根钢管的最大质量不应大于 25.8kg，同一脚手架不得混用材质不同、规格不同的钢管，钢管应涂刷防锈漆，旧钢管的表面腐蚀深度和弯曲变形应符合规范的要求，脚手架钢管上严禁随意焊接、切割及打孔。<br>（3）脚手板：脚手板一般采用钢板制作，每块质量不宜大于 30kg，钢脚手板性能应符合设计使用要求，表面应有防滑措施，脚手板材料应符合作业方案中对承载力的要求，严禁使用腐蚀或破损的脚手板，脚手板应涂刷防锈漆，脚手板应有防滑措施。<br>（4）扣件：扣件应采用可锻铸铁制作的，其材质应符合《钢管脚手架扣件》（GB/T 15831）规定。<br>（5）脚手架垫板：脚手架垫板宜采用长度不少于 2 跨、厚度不小于 50mm 的木垫板（也可采用槽钢），踢脚板高度不应小于 180mm。<br>（6）可调托撑：可调托撑螺杆外径不得小于 36mm，其与支托板焊接应牢固，与螺母旋合长度不得少于 5 扣，螺母厚度不得小于 30mm，可调托撑受压承载力设计值不应小于 40kN，支托板厚不应小于 5mm |

续表

| 作业步骤 | 风险 | | 注意事项 |
|---|---|---|---|
| 作业应具备的条件 | | 3 | 承重脚手架应严格按照《危险性较大的分部分项工程安全管理规定》（住房和城乡建设部令第37号）和《关于实施危险性较大的分部分项工程安全管理规定有关问题的通知》（建办质〔2018〕31号）的要求，编制专项方案，对于超过一定规模的危险性较大的承重脚手架，需进行专家论证［如搭设高度8m及以上，或搭设跨度18m及以上，或施工总荷载（设计值）15kN/$m^2$及以上，或集中线荷载（设计值）20kN/m及以上的模板支撑体系和用于钢结构安装，承受单点集中荷载7kN及以上的满堂支撑体系，应按要求编制专项施工方案并经专家论证］ |
| | | 4 | （1）清除搭设场地杂物，平整搭设场地，并使排水畅通；<br>（2）当有六级强风及以上风、浓雾、雨或雪天气时，应停止脚手架搭设与拆除作业，雨、雪后上架作业应有防滑措施，并应扫除积雪；<br>（3）夜间不宜进行脚手架搭设与拆除作业 |
| 地基处理与底座安装 | 物体打击、坍塌 | 1 | 脚手架的地基与基础的施工，必须根据脚手架所承受的荷载、搭设的高度、搭设场地土质情况与《建筑地基基础工程施工质量验收标准》（GB 50202—2018）的有关规定进行 |
| | | 2 | 压实填土地基应符合《建筑地基基础设计规范》（GB 50007）的相关规定。灰土地基应符合《建筑地基基础工程施工质量验收标准》（GB 50202—2018）的相关规定 |
| | | 3 | 立杆垫板或者底座底面标高宜高于自然地坪50～100mm |
| | | 4 | 脚手架基础经验收合格后，应按照施工组织设计或者专项施工方案的要求放线定位，底座安放应符合下列规定：底座、垫板均应准确地放在定位线上。垫板宜采用长度不少于2跨、厚度不小于50mm、宽度不小于200mm的木垫板，底座、垫板均应准确地放在定位线上 |
| 脚手架搭设 | 高处坠落、物体打击、坍塌 | 1 | 脚手架必须配合施工进度搭设，一次搭设高度不应超过相邻连墙件以上2步；如果超过相邻连墙件以上2步，无法设置连墙件时，应采取撑拉固定措施与建筑结构拉结 |
| | | 2 | 每搭完一步脚手架后，应按相应规范校正步距、纵距、横距及立杆的垂直度 |
| | | 3 | 立杆搭设应符合下列规定：<br>（1）相邻立杆的对接连接应符合规定：当立杆采用对接接长时，立杆的对接扣件应交错布置，两根相邻立杆的接头不应设置在同步内，同步内隔一根立杆的2个相隔接头在高度方向错开的距离不宜小于500mm。各接头中心至主节点的距离不宜大于步距的1/3。<br>（2）当立杆采用搭接接长时，搭接长度不应小于1m，并应采用不少于2个旋转扣件固定。端部扣件盖板的边缘至杆端距离不应小于100mm。<br>（3）脚手架开始搭设立杆时，应每隔6跨设置一根抛撑，直至连墙件安装稳定后，方可根据情况拆除。<br>（4）当架体搭设至有连墙件的主节点时，在搭设完该处的立杆、纵向水平杆、横向水平杆后，应立即设置连墙件 |

续表

| 作业步骤 | 风险 | | 注意事项 |
|---|---|---|---|
| 脚手架搭设 | 高处坠落、物体打击、坍塌 | 4 | 脚手架纵向水平杆的搭设应符合下列规定：<br>（1）脚手架纵向水平杆应随立杆按步搭设，并应采用直角扣件与立杆固定。<br>（2）纵向水平杆应设置在立杆内侧，单根杆长度不应小于3跨。<br>（3）纵向水平杆接长应采用对接扣件连接或搭接。并应符合下列规定。<br>① 两根相邻纵向水平杆的接头不应设置在同步或同跨内。不同步或不同跨2个相邻接头在水平方向错开的距离不应小于500mm。各接头中心至最近主节点的距离不应大于纵距的1/3。<br>② 搭接长度不应小于1m，应等间距设置3个旋转扣件固定，端部扣件盖板边缘至搭接纵向水平杆杆端的距离不应小于100mm。<br>（4）在封闭型脚手架的同一步中，纵向水平杆应四周交圈设置，并应用直角扣件与内外角部立杆固定 |
| | | 5 | 脚手架横向水平杆搭设应符合规范的构造规定：<br>（1）作业层上非主节点处的横向不平杆，宜根据支承脚手板的需要等间距设置，最大间距不应大于纵距的1/2；<br>（2）使用冲压钢脚手板、木脚手板、竹串片脚手板时，双排脚手架的横向水平杆两端均应采用直角扣件固定在纵向水平杆上。单排脚手架的横向水平杆的一端应用直角扣件固定在纵向水平杆上，另一端应插入墙内，插入长度不应小于180mm |
| | | 6 | 脚手架必须设置纵、横向扫地杆并符合规范的规定：<br>（1）纵向扫地杆应采用直角扣件固定在距底座上方不大于200mm处的立杆上，横向扫地杆应采用直角扣件固定在紧靠纵向扫地杆下方的立杆上；<br>（2）脚手架立杆基础不在同一高度上时，必须将高处的纵向扫地杆向低处延长两跨与立杆固定，高低差不应大于1m，靠边坡上方的立杆轴线到边坡的距离不应小于500mm |
| | | 7 | 扣件安装应符合下列规定：<br>（1）扣件规格必须与钢管外径相同；<br>（2）螺栓拧紧扭力矩不应小于40N·m，且不应大于65N·m；<br>（3）在主节点处固定横向水平杆、纵向水平杆、剪刀撑、横向斜撑等用的直角扣件、旋转扣件的中心点的相互距离不应大于150mm；<br>（4）对接扣件开口应朝上或朝内；<br>（5）各杆件端头伸出扣件盖板边缘长度不应小于100mm |
| | | 8 | 剪刀撑的设置：<br>（1）脚手架剪刀撑应随立杆、纵向和横向水平杆等同步搭设，不得滞后安装，每道剪刀撑的宽度不应小于4跨，且不小于6m；<br>（2）斜杆与地面的倾角宜在45°~60°之间，由底至顶连续设置，剪刀撑沿纵向连续设置 |

续表

| 作业步骤 | 风险 | | 注意事项 |
|---|---|---|---|
| 脚手架搭设 | 高处坠落、物体打击、坍塌 | 9 | 满堂支撑架立杆、水平杆的构造要求符合上述第3条至第5条的规定。满堂支撑架应根据架体的类型设置剪刀撑，并应符合下列规定：<br>（1）普通型：<br>① 在架体外侧周边及内部纵、横向每5~8m，应由底至顶设置连续竖向剪刀撑，剪刀撑宽度应为5~8m；<br>② 在竖向剪刀撑顶部交点平面应设置连续水平剪刀撑。当支撑高度超过8m，或施工总荷载大于15kN/m²，或集中线荷载大于20kN/m的支撑架，扫地杆的设置层应设置水平剪刀撑。水平剪刀撑至架体底平面距离与水平剪刀撑间距不宜超过8m。<br>（2）加强型：<br>① 当立杆纵、横间距为0.9m×0.9m~1.2m×1.2m时，在架体外侧周边及内部纵、横向每4跨（且不大于5m），应由底至顶设置连续竖向剪刀撑，剪刀撑宽度应为4跨；<br>② 当立杆纵、横间距为0.6m×0.6m~0.9m×0.9m（含0.6m×0.6m，0.9m×0.9m）时，在架体外侧周边及内部纵、横向每5跨（且不小于3m），应由底至顶设置连续竖向剪刀撑，剪刀撑宽度应为5跨；<br>③ 当立杆纵、横间距为0.4m×0.4m~0.6m×0.6m（含0.4m×0.4m）时，在架体外侧周边及内部纵、横向每3m~3.2m应由底至顶设置连续竖向剪刀撑，剪刀撑宽度应为3~3.2m；<br>④ 在竖向剪刀撑顶部交点平面应设置水平剪刀撑，扫地杆的设置层水平剪刀撑的设置应符合第1条"普通型"中第2项的规定，水平剪刀撑至架体底平面距离与水平剪刀撑间距不宜超过6m，剪刀撑宽度应为3~5m，竖向剪刀撑斜杆与地面的倾角应为45°~60°，水平剪刀撑与支架纵（或横）向夹角应为45°~60°，剪刀撑斜杆的接长采用搭接，搭接长度不应小于1m，并应采用不少于2个旋转扣件固定，端部扣件盖板的边缘至杆端距离不应小于100mm；剪刀撑应用旋转扣件固定在与之相交的水平杆或立杆上，旋转扣件中心线至主节点的距离不宜大于150mm；<br>⑤ 满堂支撑架的可调底座、可调托撑螺杆伸出长度不宜超过300mm，插入立杆内的长度不得小于150mm；<br>⑥ 满堂支撑架步距与立杆间距不宜超过《建筑施工扣件式钢管脚手架安全技术规范》（JGJ 130—2011）中表C.2至表C.5规定的上限值，立杆伸出顶层水平杆中心线至支撑点的长度$a$不应超过0.5m。满堂支撑架搭设高度不宜超过30m。<br>当满堂支撑架高宽比不满足《建筑施工扣件式钢管脚手架安全技术规范》（JGJ 130—2011）中表C.2至表C.5的规定（高宽比大于2或2.5）时，满堂支撑架应在支架四周和中部与结构柱进行刚性连接，连墙件水平间距应为6~9m，竖向间距应为2~3m。在无结构柱部位应采取预埋钢管等措施与建筑结构进行刚性连接，在有空间部位，满堂支撑架宜超出顶部加载区投影范围向外延伸布置2~3跨，支撑架高宽比不应大于3 |
| | | 10 | 满堂脚手架的搭设高度不宜超过36m，满堂脚手架施工层不得超过1层；满堂脚手架应设爬梯，爬梯踏步间距不得大于300mm；顶部的实际荷载不得超过设计规定 |

续表

| 作业步骤 | 风险 | | 注意事项 |
|---|---|---|---|
| 脚手架搭设 | 高处坠落、物体打击、坍塌 | 11 | 脚手板应铺设牢靠、严实，并应用安全网双层兜底；施工层以下每隔10m应用安全网封闭 |
| | | 12 | 单、双排脚手架、悬挑式脚手架沿墙体外围应用密目式安全网全封闭，密目式安全网宜设置在脚手架外立杆的内侧，并应与架体结扎牢固 |
| 脚手架检查 | 高处坠落、坍塌 | | 脚手架的安全检查与维护包含但不限于：<br>（1）基础完工后及脚手架搭设前；<br>（2）作业层上施加荷载前；<br>（3）每搭设完6~8m后；<br>（4）到达设计高度后；<br>（5）遇到6级强风及以上大风或大雨后，以及冻结地区解冻后；<br>（6）停用超过一个月时 |
| 脚手架的使用 | 高处坠落、物体打击、坍塌 | 1 | 在脚手架使用过程中应悬挂状态标识 |
| | | 2 | 作业层上的施工荷载应符合设计要求，不得超载。不得将模板支架、缆风绳、泵送混凝土和砂浆的输送管等固定在架体上。严禁悬挂起重设备，严禁拆除或移动架体上安全防护设施 |
| | | 3 | 在脚手架使用期间，严禁拆除下列杆件：<br>（1）主节点处的纵、横向水平杆，纵、横向扫地杆；<br>（2）连墙件 |
| 脚手架拆除 | 高处坠落、物体打击、坍塌 | 1 | 脚手架拆除应按专项方案施工，拆除前应做好下列准备工作：<br>（1）应全面检查脚手架的扣件连接、连墙件、支撑体系等是否符合构造要求；<br>（2）应根据检查结果补充完善施工脚手架专项方案中的拆除顺序和措施，经审批后方可实施；<br>（3）拆除前应对施工人员进行交底；<br>（4）应清除脚手架上杂物及地面障碍物 |
| | | 2 | 单、双排脚手架拆除作业必须由上而下逐层进行，严禁上下同时作业；连墙件必须随脚手架逐层拆除，严禁先将连墙件整层或数层拆除后再拆脚手架；分段拆除高差大于2步时，应增设连墙件加固 |
| | | 3 | 当脚手架拆至下部最后一根长立杆的高度（约6.5m）时，应先在适当位置搭设临时抛撑加固后，再拆除连墙件。当单、双排脚手架采取分段、分立面拆除时，对不拆除的脚手架两端，应先按《建筑施工扣件式钢管脚手架安全技术规范》（JGJ 130—2011）有关规定设置连墙件和横向斜撑加固。<br>（1）开口型脚手架的两端必须设置连墙件，连墙件的垂直间距不应大于建筑物的层高，并不应大于4m。<br>（2）双排脚手架横向斜撑的设置应符合下列规定：<br>① 横向斜撑应在同一节间，由底至顶层呈"之"字形连续布置，斜撑的固定：斜腹杆宜采用旋转扣件固定在与之相交的横向水平杆的伸出端上，旋转扣件中心线至主节点的距离不宜大于150mm。当斜腹杆在1跨内跨越2个步距时，宜在相交的纵向水平杆处，增设一根横向水平杆，将斜腹杆固定在其伸出端上。 |

续表

| 作业步骤 | 风险 | | 注意事项 |
|---|---|---|---|
| 脚手架拆除 | 高处坠落、物体打击、坍塌 | 3 | ② 高度在24m以下的封闭型双排脚手架可不设横向斜撑，高度在24m以上的封闭型脚手架，除拐角应设置横向斜撑外，中间应每隔6跨设置一道。<br>③ 开口型双排脚手架的两端均必须设置横向斜撑 |
| | | 4 | 架体拆除作业应设专人指挥，当有多人同时操作时，应明确分工、统一行动，且应具有足够的操作面 |
| | | 5 | 卸料时各构配件严禁抛掷至地面，运至地面的构配件应按规定及时检查、整修与保养，并应按品种、规格分别存放 |
| 意外情况处置 | 高处坠落、物体打击、坍塌 | 1 | 满堂支撑架在使用过程中，应设有专人监视施工，当出现异常情况时，应停止施工，并应迅速撤离作业面上人员。应在采取确保安全的措施后，查明原因、作出判断和处理 |
| | | 2 | 一旦发生高处坠落，根据现场情况，启用应急救援车辆及人员，立即开展救援或拨打120，请求专业救援 |
| | | 3 | 拆除脚手架时严禁抛掷，应使用溜绳或悬挂滑轮进行架杆的转移 |
| | | 4 | 若在搭、拆脚手架时遇到恶劣天气且无法及时撤离时，作业人员应立即停止作业，固定好工具、材料、拆卸物件后，寻找可靠牢固位置把自己固定好（大型设备、结构或管道上），严禁固定在临时附属结构上，待天气情况转好，在注意安全的情况下进行撤离 |

## 2.67 脚手架搭设作业

| 作业步骤 | 风险 | | 注意事项 |
|---|---|---|---|
| 作业应具备的条件 | | 1 | （1）参与脚手架作业的人员须接受本规程及所使用的相关设备、劳动防护、急救规程培训和技术交底，内容包括但不限于：<br>① 作业区域、作业材料的特性、时间和工作内容及合格标准。<br>② 作业过程中可能受到的自然环境（如天气）、周边环境（如气体泄漏）变化影响及检测监测措施。<br>③ 作业过程可能涉及的相关方及其要求。<br>④ 异常情况的判定标准及应对措施。<br>⑤ 作业结束后的处理措施。<br>（2）从事登高架设脚手架的架子工应持有效特种作业操作证方可上岗操作。<br>（3）严禁酒后上岗；严禁高血压、心脏病、癫痫病、恐高症等作业人员在脚手架上施工。<br>（4）作业人员应正确佩戴和使用劳动防护用品（安全帽、安全带、防滑鞋、生命线、防坠器等） |

续表

| 作业步骤 | 风险 | | 注意事项 |
|---|---|---|---|
| 作业应具备的条件 | | 2 | （1）脚手架搭设必须使用同一种材料，严禁混搭使用。<br>（2）脚手架搭设用的钢管、扣件和脚手板应有产品质量合格证和质量检验报告，质量要求须符合《建筑施工扣件式钢管脚手架安全技术规范》（JGJ 130）的相关内容，具体为：<br>① 搭设脚手架所使用钢管的钢材质量应符合《碳素结构钢》（GB/T 700）中 Q235 级钢的规定，脚手架钢管宜采用 $\phi 48.3 \times 3.6mm$ 钢管，每根钢管的最大质量不应大于 25.8kg。<br>② 搭设脚手架所使用的扣件应采用可锻铸铁或铸钢制作，其质量和性能应符合《钢管脚手架扣件》（GB/T 15831）的规定。<br>③ 脚手板一般采用钢板制作，材质应符合《碳素结构钢》（GB/T 700）中 Q235 级钢的规定。脚手板每块质量不宜大于 30kg，表面应有防滑措施，应涂刷防锈漆。脚手板除了用作铺设脚手架外不可他用。<br>④ 垫板应采用长度不少于 2 跨、厚度不小于 50mm 的木垫板。踢脚板高度不应小于 180mm，不得有断裂、腐蚀现象。<br>（3）设计脚手架的承重构件时，应根据使用过程中可能出现的荷载，取其最不利组合进行计算。<br>（4）脚手架的支撑脚应可靠、牢固，能够承载许用最大载荷。不得将模板支架、缆风绳、泵送混凝土和砂浆的输送管等固定在脚手架上，且严禁悬挂起重设备 |
| | | 3 | （1）脚手架搭设位置地面应平整夯实。<br>（2）脚手架搭设位置周围如存在电力设施、运转设备或对脚手架设施造成影响的其他作业，应及时告知管理人员。脚手架与架空输电线路的安全距离、工地临时用电线路架设及脚手架接地措施等按《施工现场临时用电安全技术规范》（JGJ 46）的规定执行。<br>（3）夜间禁止脚手架搭设作业；受限空间内搭设脚手架应保证照明充足。<br>（4）六级大风及恶劣天气应停止脚手架搭设作业；雨雪后应有防滑措施，清理脚手架上的积雪 |
| 准备工作 | | 1 | 检查作业人员是否按规定正确穿戴个人防护装备，并正确使用登高器具和设备 |
| | | 2 | 检查作业人员使用的工具，是否已采取防坠落措施。作业人员应佩带工具包，传递物品或上拉物品时掌握好重心，平稳作业，禁止抛、扔和把工具放在架子上，以防掉落伤人 |
| | | 3 | 检查落地脚手架基础必须有可靠的排水措施，不可出现水源聚集情况 |
| | | 4 | 检查受限空间内及夜间作业前的照明情况。并使用气体检测仪器，检查受限空间内气体含量情况 |
| | | 5 | 核对高处作业许可票和相应施工作业票措施落实情况 |
| | | 6 | 脚手架搭设时应根据作业高度确定坠落半径，合理搭设警戒线，安排专人监护，严禁非作业人员入内 |

续表

| 作业步骤 | 风险 | | 注意事项 |
|---|---|---|---|
| 准备工作 | | 7 | 检查脚手架作业点周围防护及下方监护人员是否就位。作业点下方安全警戒区警戒线和标识、标语（"非施工人员，禁止入内"）是否完整，应急设施是否齐全 |
| | | 8 | 检查周边作业环境是否存在不安全因素 |
| 基础设置 | | 1 | 按要求进行定位放线，每根立杆的底部应设置垫板，垫板准确放置在定位线上。垫板宜采用长度不少于两跨的木板或槽钢，且宜高于自然地坪50mm |
| | | 2 | 扫地杆按放线位置逐根进行摆好，并逐根树立立杆，与扫地杆扣紧 |
| 第一步搭设 | 物体打击、坍塌 | 1 | 安装第一步纵横向水平杆与各立杆扣紧，纵向水平杆设立在立杆内侧，长度不小于3跨，在每个主节点处应设置一根横向水平杆，用直角扣件与立杆相连 |
| | | 2 | 纵向扫地杆采用直角扣件固定在距离底座200mm处的立杆上；横向扫地杆固定在紧靠纵向扫地杆下方的立杆上 |
| | | 3 | 加设临时抛撑，抛撑应采用通长杆件，并用旋转扣件固定在脚手架上，抛撑应在连墙件搭设后再拆除 |
| 第二步搭设 | 物体打击、坍塌 | 1 | 安装第二步纵横向水平杆，横向水平杆应设在纵向水平杆与立杆的交点处，与纵向水平杆垂直 |
| | | 2 | 安装连墙件，必须随作业脚手架搭设同步进行。当搭设至连墙件位置时，在搭设完该处的立杆、水平杆后及时设置连墙件。连墙件应在靠近主节点位置设置，偏离主节点的距离不应大于300mm。连墙件宜采用菱形布置。连墙杆不能水平设置时，与脚手架连接的一端下斜连接，当不能设置连墙件时，应搭设抛撑，抛撑应采用通常杆件，抛撑与地面倾斜角度应在45°～60°之间 |
| | | 3 | 剪刀撑设置应采用旋转扣件固定在与之相交的横向水平杆的伸出端或立杆上，旋转扣件中心线至主节点的距离不宜大于150mm。每道剪刀撑宽度不应小于4跨，且不应小于6m，斜杆与地面的倾斜角宜在45°～60°之间 |
| 横水平杆、立杆搭设 | 物体打击、坍塌 | 1 | 纵向水平杆应设置在立杆内侧，单根杆长度不应小于3跨 |
| | | 2 | 纵向水平杆接长采用对接扣件连接或搭接应符合：<br>（1）两根相邻纵向水平杆的接头不应设置在同步或同跨内，不同步或不同跨两个相邻接头在水平方向错开的距离不应小于500mm，各接头中心至最近主节点的距离不应大于纵距的1/3。<br>（2）搭接长度不应小于1m，应在相等间距设置3个旋转扣件固定，端部扣件盖板边缘至搭接纵向水平杆杆端的距离不应小于100mm |
| | | 3 | 主节点处必须设置一根横向水平杆，用直角扣件扣接严禁拆除。作业层上非主节点处的横向不平杆，宜根据支撑脚手板的需要等间设置，最大间距不应大于纵距的1/2 |

续表

| 作业步骤 | 风险 | | 注意事项 |
|---|---|---|---|
| 横水平杆、立杆搭设 | 物体打击、坍塌 | 4 | 脚手架立杆对接或搭接应符合：<br>（1）立杆采用对接接长时，立杆的对接扣件应交错布置，两根相邻立杆的接头不应设置在同步内，同步内隔一根立杆的两个相隔接头在高度方向错开的距离不宜小于500mm，各接头中心至主节点的距离不宜大于步距的1/3。<br>（2）立杆采用搭接接长时，搭接长度不应小于1m，并采用不小于2个旋转和扣件固定。端部扣件盖板的边缘至杆端距离不应小于100mm |
| | | 5 | 脚手架立杆基础不在同一高度时，必须将高处的纵向扫地杆向低处延长两跨与立杆固定，高低差不应大于1m。靠边坡上方的立杆轴线到边坡的距离不应小于500mm |
| 作业平台搭设 | 高处坠落、物体打击、坍塌 | 1 | 作业层脚手板铺满、铺稳、铺实，离开墙面200mm。脚手板可采用对接平铺或搭接，且脚手板两端应用直径不小于4mm的镀锌钢丝箍2道并进行固定，绑扎产生的铁丝扣应砸平 |
| | | 2 | 搭设作业层栏杆和挡脚板，栏杆和挡脚板均应搭设在立杆的内侧，上栏杆高度应≥1.2m，挡脚板高度不小于180mm，中栏杆应居中设置 |
| | | 3 | 跳板应设置在三根横向水平杆上。当跳板长度小于2m时，可采用两根横向水平杆支承。脚手板采用对接平铺时，接头处应设置两横向水平，脚手板外伸长度应取130mm～150mm，两块脚手板外伸长度的和不应大于300mm；当脚手板采用搭接铺设时，接头应支在横向水平杆上，搭接长度不应小于200mm，其伸出横向水平杆的长度不应小于100mm |
| | | 4 | 作业层端部脚手板探头不应大于150mm |
| | | 5 | 作业人员上下架子，要有保证安全的扶梯、爬梯或斜道。直梯通道横道之间的间距宜为300mm，最大不得超过400mm。高于6m时，宜搭设"之"字形斜道 |
| 意外情况处置 | 高处坠落、物体打击、坍塌 | | 脚手架搭设作业时，遇到恶劣天气且无法及时撤离时，作业人员应立即停止作业，固定好工具、材料、拆卸物件后，寻找可靠牢固位置把自己固定好（大型设备、结构或管道上），严禁固定在临时附属结构上。待天气情况转好，在注意安全的情况下进行撤离 |
| 检查、验收 | 物体打击、坍塌 | 1 | 每搭设完一步架体后，架子工应按规定校正立杆间距、步距、垂直度及水平杆的水平度，并根据规范要求抽检数量规定，用扭力扳手检查扣件螺栓拧紧扭力矩，扣件螺栓扭力矩值不应小于40N·m，且不应大于65N·m。对接扣件开口应朝上或朝内 |
| | | 2 | 每搭设完6～8m高度后，应报备检查验收，合格后方可继续向上搭设 |
| | | 3 | 脚手架搭设过程中应悬挂红色禁用牌，脚手架搭设完毕并验收合格后应悬挂绿色准用牌 |

续表

| 作业步骤 | 风险 | 注意事项 | |
|---|---|---|---|
| 检查、验收 | 物体打击、坍塌 | 4 | 脚手架搭设作业当日不能完成的，在收工前应进行检查，并采取临时性加固措施。检查发现脚手架有松动、变形、损坏或脱落等现象，应立即修理完善，重新设置绿色警示牌 |
| | | 5 | 脚手架应随时进行检查维修，每次检查间隔不超过 7d |
| | | 6 | 脚手架搭设完成后必须申请相应验收。验收合格后，不得随意变更和改动，如需改动须经过批准，并在作业负责人指导下进行 |
| | | 7 | 当遇到六级强风及以上风或大雨后、冻结地区解冻后、停用超过一个月应对脚手架重新进行检查、验收 |
| 完工 | | 1 | 清理作业现场，将作业使用的工具、物件、余料和废料清理运走 |
| | | 2 | 将脚手架材料按类进行分类、保养、存放 |
| | | 3 | 作业完毕后，由批准人（或授权委托人）现场核查确认后，在批准人、作业负责人留存的作业许可票证上签字予以关闭 |

## 2.68 脚手架拆除作业

| 作业步骤 | 风险 | 注意事项 | |
|---|---|---|---|
| 作业应具备的条件 | | 1 | （1）参与脚手架作业的人员须接受本规程及所使用的相关设备、劳动防护、急救规程培训和技术交底，内容包括但不限于：<br>①作业区域、作业材料的特性、时间和工作内容及合格标准。<br>②作业过程中可能受到的自然环境（如天气）、周边环境（如气体泄漏）变化影响及检测监测措施。<br>③作业过程可能涉及的相关方及其要求。<br>④异常情况的判定标准及应对措施。<br>⑤作业结束后的处理措施。<br>（2）从事登高架设脚手架的架子工应持有效特种作业操作证方可上岗操作。<br>（3）严禁酒后上岗；严禁高血压、心脏病、癫痫病、恐高症等作业人员在脚手架上施工。<br>（4）作业人员应正确佩戴和使用劳动防护用品（安全帽、安全带、防滑鞋、生命线、防坠器等） |
| | | 2 | （1）对于房屋和建筑工程，执行《建设工程安全生产管理条例》（国务院令第393号）规定，按照危大工程进行论证批准。对石油化工工程存在以下情景时，须编制专项拆除方案，包括但不限于：<br>①拆除高度24m及以上的落地式钢管脚手架。<br>②拆除架体20m及以上的悬挑式脚手架、较高的卸料平台、异形脚手架。<br>③在运行装置区域内、可能会对装置巡检、维保、人员逃生造成影响的。 |

续表

| 作业步骤 | 风险 | | 注意事项 |
|---|---|---|---|
| 作业应具备的条件 | | 2 | ④ 拆除区域附近存在电力设施（如变压器、电缆电线、盘柜）、运转设备或对脚手架设施造成影响的其他作业（如挖掘、试压）。<br>⑤ 受限空间内脚手架拆除时。<br>⑥ 达到一定规模或有抗冲击强度、承载力要求的防护设施。<br>（2）脚手架拆除，应办理相应的作业许可（应包含高处坠落和脚手架拆除过程风险的控制）。作业人员应注意（包括但不限于）：<br>① 拆除前要正确佩戴和使用劳动保护用品（安全帽、安全带、防滑鞋、生命线、防坠器）。<br>② 拆除脚手架前，应清除脚手架上的材料、工具和杂物。<br>③ 脚手架拆除必须按规范进行，要有先后顺序，不可盲目乱拆。<br>④ 运送杆配件应尽量利用垂直运输设施或悬挂滑轮下。并绑扎牢固，尽量避免用人工层层传递或者间接抛掷。<br>⑤ 多人或多组进行拆卸作业时，应加强指挥，并相互询问和协调作业步骤，严禁不按指挥随意拆卸 |
| | | 3 | （1）受限空间和阴暗室内进行脚手架拆除作业时应架设好照明设施。<br>（2）六级大风及恶劣天气应停止脚手架搭设作业；雨雪后应有防滑措施，清理脚手架上的积雪 |
| 准备工作 | | 1 | 拆除前应勘察周围环境和脚手架整体构造情况，是否存在不安全因素。根据安全技术交底要求和作业条件制订拆除措施，明确分工。作业中严格执行拆除措施 |
| | | 2 | 检查作业人员是否按规定正确穿戴个人防护装备，并正确使用登高器具和设备 |
| | | 3 | 检查作业人员使用的工具，是否已采取防坠落措施，作业人员应佩带工具包，传递物品或上拉物品时掌握好重心，平稳作业，禁止抛、扔和把工具放在架子上，以防掉落伤人 |
| | | 4 | 拆除前必须清理干净脚手架上和周围设备及建筑物上的遗留物 |
| | | 5 | 检查脚手架作业点周围防护及下方监护人员是否就位。作业点下方安全警戒区警戒线和标识、标语（"非施工人员，禁止入内"）是否完整，应急设施是否齐全。拆除大片架子应加临时围栏 |
| | | 6 | 核对高处作业许可票和相应施工作业票措施落实情况 |
| | | 7 | 检查受限空间和阴暗室内照明设施情况。并使用气体检测仪器，检查受限空间内气体含量情况 |
| 脚手架变更 | 高处坠落、物体打击、坍塌 | 1 | 脚手架变更作业前，应先了解要更改的内容及更改顺序，并观察作业点周围情况，不可盲目进行更改工作 |
| | | 2 | 在受限空间内进行脚手架更改作业，应先调整好照明方位，严禁正对眼部。并观察作业环境，确认排除风险后可以进行施工 |

续表

| 作业步骤 | 风险 | | 注意事项 |
|---|---|---|---|
| 脚手架变更 | 高处坠落、物体打击、坍塌 | 3 | 作业人员在脚手架更改作业转场时，应先观察移动方向平台或临时设施的牢固性，且是否有足够的落脚点，确认移动方向道路安全后方可进行转场 |
| | | 4 | 脚手架变更作业完成后，与使用人员沟通，对不合适的地方进行调整 |
| 过程控制 | 高处坠落、物体打击、坍塌 | 1 | 严格遵守拆除顺序，由上而下进行拆除，先加固后拆的原则，不能上下同时作业 |
| | | 2 | 从跨边起先拆顶部扶手与栏杆柱，然后拆脚手板（或水平架）与扶梯段，再卸下水平杆加固杆和剪刀撑 |
| | | 3 | 自顶层跨边开始拆卸交叉支撑，同步拆下顶撑连墙杆与顶层门架。继续向下同步拆除第二步门架与配件。脚手架的自由悬臂高度不得超过三步，否则应加设临时拉结。脚手架与建筑物的连接杆不可提前拆除，拆除连接杆后，应立即组织人员将该处饰面修补完整 |
| | | 4 | 连续同步往下拆卸。对于连墙杆、长水平杆、剪刀撑，必须在脚手架拆卸到相关跨门架后，方可拆除 |
| | | 5 | 拆除扫地杆、底层门架及封口杆。拆除基座，运走垫板和垫块 |
| | | 6 | 脚手架作业人员必须站在临时设置的脚手板上进行拆除作业 |
| | | 7 | 作业人员上下攀登时手中不得持物。严禁将扳手等工具放置在架杆中空部位，防止忘记拿走，掉落造成物体打击 |
| | | 8 | 拆除工作中，严禁使用硬物击打、撬挖。拆下的连接杆应放入袋内，锁臂应先传递至地面并放入室内堆存 |
| | | 9 | 拆卸连接部件时，应先将锁座上的锁板与搭钩上的锁片转至开启位置，然后开始拆卸，不准硬拉，严禁敲击 |
| | | 10 | 拆除的门架、钢管与配件，应成捆和按类分堆（装入袋中）用机械吊运或悬挂滑轮传送至地面，防止碰撞，严禁抛掷 |
| | | 11 | 拆下的杆件与零配件到地面时，应随即按品种分规格堆放整理，妥善保管，有损坏的给予维修和保养 |
| | | 12 | 脚手架拆除过程中，脚手架应使用溜绳或悬挂滑轮进行架杆的转移 |
| 意外情况处置 | 高处坠落、物体打击、坍塌 | | 脚手架搭拆作业时，遇到恶劣天气且无法及时撤离时，作业人员应立即停止作业，固定好工具、材料、拆卸物件后，寻找可靠牢固位置把自己固定好（大型设备、结构或管道上），严禁固定在临时附属结构上。待天气情况转好，在注意安全的情况下进行撤离 |
| 完工 | | 1 | 清理作业现场，将作业使用的工具、拆卸下的物件、余料和废料清理运走 |
| | | 2 | 将脚手架材料按类进行分类、保养、存放 |
| | | 3 | 作业完毕后，由批准人（或授权委托人）现场核查确认后，在批准人、作业负责人留存的作业许可票证上签字予以关闭 |

## 2.69 设备故障维修（通用）作业

| 作业步骤 | 风险 | | 注意事项 |
|---|---|---|---|
| 作业应具备条件 | | 1 | 参与维修作业的电工、钳工、起重工等人员应持有效操作证方可上岗操作 |
| | | 2 | 当方案中涉及以下情况（包括但不限于）时必须经过书面确认和批准：<br>（1）当采用专用卡具、自制工具及设备进行维修时；<br>（2）维修作业环境条件受到限制时（如天气、高度、受限空间、交叉作业、防爆区域）；<br>（3）不间断连续作业超过人体承受能力时；<br>（4）需要增加临时吊耳或需大型吊装设备配合时；<br>（5）作业过程可能涉及的相关方及其要求时 |
| 准备工作 | | 1 | 提前向维修作业点属地单位提出作业申请，办理相应作业许可。所有的风险控制措施得到落实 |
| | | 2 | 维修作业的人员清楚工作方案的重要环节，并了解相关职责 |
| | | 3 | 检查个人安全劳动防护用品、应急救护装备和消防器材是否配备齐全 |
| | | 4 | 检查确认作业区域、作业对象及周边环境的安全性。如在受限空间内作业应检查气体含量与照明情况 |
| | | 5 | 检查在维修传送带、齿轮、转轴、皮带轮等有造成碾、挤、扎、刮伤等危险部位是否设置了防护装置 |
| | | 6 | 检查在维修设备时与设备相连接的管道、阀门是否清理及隔离完成 |
| | | 7 | 检查电气维修须使用的机具、设备性能是否符合要求 |
| | | 8 | 检查维修区域警示设置情况及应急设备设施的配备情况 |
| | | 9 | 维修人员检修设备时，必须先切断电源或动力源方可进行维修。要在明显的地方挂警示牌"有人作业，禁止合闸"的警示牌，并对电器安全锁上锁，防止他人中途送电。机械设备有介质的，要对阀门上锁挂签，以免他人误操作 |
| | | 10 | 如果必须带电工作时。应采取必要的安全措施如站在橡胶毡上或穿绝缘橡胶靴。附近的其他导电体或接地处都应用橡胶布遮盖。并需要有专人监护等 |
| 运行控制 | 机械伤害、触电 | 1 | 维修正在运转的设备时，严禁用手或身体接触设备运转部位。严禁维修位降至常压的设备、容器、管路等 |
| | | 2 | 维修较复杂的设备或零部件，拆卸前应做好标记，以保证装配时能顺利复原 |
| | | 3 | 因锈蚀等原因造成拆卸困难时，可浸入柴油待几小时后再拆，或事先加入适量的机油或用温差法进行拆卸 |

续表

| 作业步骤 | 风险 | | 注意事项 |
|---|---|---|---|
| 运行控制 | 机械伤害、触电 | 4 | 用锤敲打机械部件时必须垫上木块、铜棒等软质物品，轻轻敲打，并注意受力部位及尽量受力平衡 |
| | | 5 | 在维修电气设备、设施时，应检查金属外壳接地、断电情况、放电情况等。如发现问题应立即更换，并定期检查 |
| | | 6 | 合上电源时，应先合隔离开关，再合负荷开关。分断电源时，应先断开负荷开关，再断开隔离开关 |
| | | 7 | 禁止带电检修或搬动任何带电设备，检修或搬动前必须切断电源，并将导体完全放电和接地 |
| | | 8 | 在需要切断故障区域电源时，要尽量缩小停电区域范围。应尽量切断故障区域的分路开关，尽量避免越级切断电源。不准无故拆除或短接电气设备上的熔丝及过负荷继电器等保护装置 |
| | | 9 | 低压电器的触头系统磨损超过原来的1/2时应更换触头。由于电弧灼伤的触头，轻微地用细锉锉平灼伤面，不能修复的予以更换 |
| | | 10 | 拆卸保养电动机时，不得碰伤绕组。拆卸轴承应用拉具拉出，安装轴承时应用略大于轴径的套管进行敲打。轴承润滑脂应清洁，用量适度。安装端盖时螺栓紧固应匀称 |
| | | 11 | 更换开关、接触器等电气设备时，应与原型号相同。若无同型号，选用额定电流不得小于原额定电流值 |
| | | 12 | 高压设备发生接地故障时，室内不得接近故障点4m以内，室外不得接近故障点8m以内，进入上述范围的人员必须穿绝缘靴，接触设备外壳和框架时应戴绝缘手套 |
| | | 13 | 维修人员在巡视、检查和操作高压设备时，要有2人进行，且人体与带电导体之间的安全距离应大于0.8m |
| 意外情况处置 | 中毒和窒息、触电 | 1 | 维修设备时当有不明液体从管道连接口溢出或渗出时，作业人员立即撤离并通知相关部门进行检验检测。排除风险后可继续施工。发现不明液体溢出或渗漏时，在条件允许下维修人员立即紧固螺栓，并告知相关部门，待确认内部介质种类、风险控制措施及作业许可批准后，才可继续维修 |
| | | 2 | 维修作业时当周边有刺鼻气体溢出，作业人员立即撤离，通知相关负责人，并疏散周边其他作业人员。待使用气体检测仪检测，确认气体无毒无害时，作业人员方可返回进行维修 |
| | | 3 | 维修电气设备时，发现有漏电情况，应立即停止作业，从源头进行逐步寻找漏电点，找到漏电点后进行相应处理。待处理完成后整体检查漏电情况，在确保安全的情况下可继续返回维修 |
| | | 4 | 在维修过程中遇到极端恶劣天气时，人员在撤离前，须对已拆卸的机械设备、电气设备、电缆等设备设施做好必要防护才可撤离，不可裸露带电设备设施，造成人员触电伤害 |

续表

| 作业步骤 | 风险 | 注意事项 | |
|---|---|---|---|
| 完工 | | 1 | 对设备检修完毕后，告知相关方，并由操作者进行试车，严禁私自试车，以免发生事故 |
| | | 2 | 工作结束后必须全部工作人员撤离工作地点后，拆除警告牌及所有材料工具仪表等；随之撤离，原有防护装置随时安装好 |
| | | 3 | 检修后下班前清点工具，收拾好现场，严格按要求作好检修记录，并关闭作业许可 |

## 2.70 机械设备单机调试作业

| 作业步骤 | 风险 | 注意事项 | |
|---|---|---|---|
| 作业应具备的条件 | | 1 | 参与调试电工、仪表工等需持有效特种作业证上岗操作 |
| | | 2 | 所有调试作业应编制专项方案，并办理作业许可，参与调试人员需接受专项方案的技术交底。专项方案的内容包括但不限于：<br>（1）调试范围、内容、介质、参数、合格标准等。<br>（2）调试需用的仪器、仪表使用方法和要求。<br>（3）电源、水源、气源或其他能源的连接方式、保障能力及要求。<br>（4）调试产生的污染物（如污水、废油、废气、噪声）排放区域及形式。<br>（5）人员职责、分工、岗位站位及通信联络方式。<br>（6）调试区与非调试区的隔离（包括工艺、电气、仪表）形式及要求，调试区域周边安全警戒隔离形式及要求。<br>（7）质量检验要求。<br>（8）调试操作流程及应急处置安全要求。<br>（9）相关设备的厂家规定及要求 |
| | | 3 | 以下区域（包括但不限于）应设置有效隔离并设置警示标识：<br>（1）无法封闭的人员通道处。<br>（2）试运设备周边及控制开关周围 5m 处。<br>（3）临时添加的外盲板、盲端位置。<br>（4）能量释放区域。<br>在试运期间应通过现场警戒、书面告知或其他方式，避免人员通过能量释放区域 |
| 准备工作 | | | 试运前，相关方人员对调试区域运转设备连接已完工状态及措施进行联合检查，内容包括且不限于：<br>（1）经相关方（如操作方、厂家、第三方代表）确认审批的方案。<br>（2）系统设施完整性检查。与设备调试相关的基础（二次灌浆全部完成并达到设计强度，地脚螺栓紧固）、内件（安装及精对中、盘车、润滑完毕、密封完好）、工艺管道（试压吹扫完毕）、电力电气（接线校线及试验完毕）、仪表控制系统（单校及联校完毕）及配套的通信、安全设施（如消防、紧急通风、事故池等）、附属构件等均安装测试完毕，并验收合格。 |

续表

| 作业步骤 | 风险 | 注意事项 | |
|---|---|---|---|
| 准备工作 | | （3）工艺（设计）完整性检查。依据 PID 图对系统的工艺完整性进行检查，工艺系统阀门按专项方案要求关闭或打开及临时盲板添加位置、厚度的检查，仪表系统具备就地显示或远程控制的条件。<br>（4）调试需要的公用辅助系统（动力、介质、冷却、加热）、材料备件、机具、检验仪器，应符合试运转的要求。材料应供应充足，分类存放并且明确标识，以免混淆。<br>（5）不参与试运的零部件拆除和隔离检查。<br>（6）放空、排凝阀门关闭情况及管帽紧固检查。<br>（7）设备进出口压力表完好情况检查、设备进口过滤设置检查。<br>（8）轴承箱的油位和油杯油位检查。检查润滑油液位。<br>（9）调试及试运前警戒隔离及警示标识均已设置完成且消防器材配备到位，人员就位，并佩戴好劳保防护用品。通信设备检查正常 | |
| 启动、点动 | 机械伤害 | 1 | 点动电机，观察转向和其他参数是否正常，并仔细听有无异常声响 |
| | | 2 | 电动机经过单独空负荷试运合格，轴承旋转方向正确。事故按钮可靠，无卡涩。联锁试验合格。检查轴承的润滑油是否正常及冷却水是否畅通 |
| | | 3 | 确认无误后，在不少于 5min 后再次启动电动机，运行时间根据技术文件进行控制。并作好振动和温度的测量，记录完毕后由各方负责人签字确认 |
| 过程控制及测试 | 机械伤害、物体打击、触电 | 1 | 机械设备的单机调试顺序通常为：生产系统以外的辅助设备，公用系统独立运转的设备，公用系统连续运转的设备，工艺系统主流程外设备，工艺系统核心设备 |
| | | 2 | 调试过程中涉及用电执行第 3.50 节 |
| | | 3 | 调试及试运过程中检查点应包含（包括但不限于）：<br>（1）检查各固定连接部位不应有松动现象，转子及各运动部件应运转正常，不得有异常响声或摩擦现象。<br>（2）检查运转设备安全保护和电控装置及各部分仪表均应灵敏、正确、可靠。<br>（3）检查运转设备电动机电流、转速、振动情况、轴承温度、方向。<br>（4）检查运转设备各润滑点的润滑油温度、密封液，润滑油不得有渗漏、喷油现象。<br>（5）检查运转设备冷却水进水压力和温度，各连接部位不得有渗漏现象。<br>（6）检查运转设备皮带，皮带应传动良好，松紧合适、无刮擦 |
| | | 4 | 设备运转过程中，不得用手直接触碰旋转部位，不得在设备运转过程中处理漏点和其他故障。调试人员不得站在能量释放点处 |
| | | 5 | 工作期间必须有专人值守，严禁无关人员操作；当其他人员需要进入调试区域时，需经调试试运负责人同意 |

续表

| 作业步骤 | 风险 | | 注意事项 |
|---|---|---|---|
| 意外情况处置 | 触电、机械伤害 | 1 | 在试运行过程中，出现不正常现象（超负荷运转、刮擦、温度上升、强烈振动），操作机长应立即通知停机，断电、隔离、泄压后对故障进行处理。故障排除后方可继续投入试运转 |
| | | 2 | 调试间隙中，应在电闸或电箱上张贴明显的禁止合闸标牌。以防误合闸造成人身伤亡和设备损坏事故 |
| | | 3 | 一旦发生停电、停水应立即将所有控制器回调，切断总开关，关闭试运系统上的相应阀门，打开泄压阀进行泄压，并上报相关领导。待事件处理完成后，检查无误可再次开始 |
| 完工 | | 1 | 调试结束：<br>（1）经相关方检查确认合格后，缓慢关闭设备出口阀门，同时按下停止按钮，切断其电源。<br>（2）待调试设备停稳后，再关闭设备入口阀门，打开相应阀门排净介质及压力。<br>（3）待轴承转子温度降至环境温度时，关闭冷却水系统，泄掉各系统中的压力及负荷 |
| | | 2 | 系统恢复：<br>（1）空负荷试运转后，应对润滑剂的清洁度进行检查，清洗过滤器，必要时更换新的润滑剂。<br>（2）拆除试运转过程中的临时装置和恢复临时拆卸的设备部件及附属设备构件。<br>（3）清理和清扫现场，将机械设备盖上防护罩。<br>（4）整理调试过程中的各项记录。<br>（5）关闭作业许可 |

## 2.71 汽车式起重机作业

| 作业步骤 | 风险 | | 注意事项 |
|---|---|---|---|
| 作业应具备的条件 | | | （1）经汽车驾驶员岗位培训，取得国家颁发的汽车驾驶员"中华人民共和国机动车辆驾驶证"B级以上。<br>（2）经专业技术部门培训合格，取得动式起重机操作资格证。<br>（3）雨天、雪天、夜间、大雾、风速大于或等于9.8m/s（五级）以上、气温低于或等于-20℃时，不得进行吊装作业。<br>（4）工作场所应有足够的空间，确保起重机移动时能够防止触碰到障碍物，确保支腿能够完全展开；作业地面应平整、坚硬，地基承载力满足吊装需要 |
| 准备工作 | | 1 | 作业前必须办理作业许可 |
| | | 2 | 作业许可的工作内容必须进行安全技术交底 |

续表

| 作业步骤 | 风险 | 注意事项 | |
|---|---|---|---|
| 准备工作 | | 3 | 作业前，起重机支腿应按要求伸出，并在支撑板下垫好方木或路基箱 |
| | | 4 | 检查轮胎气压是否符合规定 |
| | | 5 | 工作前应检查各安全保护装置和指示仪表是否齐全完好，钢丝绳及连接部位是否符合规定，燃油、润滑油、冷却液是否充足 |
| | | 6 | 作业前要对指挥信号进行确认 |
| | | 7 | 作业区域设置警戒线，严禁无关人员进入 |
| | | 8 | 作业前应对吊索具进行检查，确保满足使用条件 |
| | | 9 | 当信号不明或不清或可能引起事故时，应立即停止操作，不能盲目开车或起吊 |
| 吊装作业 | 起重伤害、其他爆炸 | 1 | 要听从指挥人员的信号，按照指挥信号操作 |
| | | 2 | 起重机进行回转、变幅、吊钩升降等动作时，应鸣声示意 |
| | | 3 | 起重机作业时，应先将工件吊离地面100～200mm后停止提升，检查吊车的稳定性、承载地基的可靠性、重物的平稳性、绑扎的牢固性，检查臂杆、机身、地面、吊装绳扣等，经确认无误后方可继续提升 |
| | | 4 | 严禁超载作业 |
| | | 5 | 起吊物件应拉牵引绳，旋转速度要均匀，操作要平稳，禁止忽快忽慢和突然刹车 |
| | | 6 | 反向操作时，必须待起重机停稳后再换向运转，禁止突然变换方向 |
| | | 7 | 作业过程中，驾驶员不得离开操作室，禁止驾驶员离开座椅伸手操作吊车 |
| | | 8 | 起吊重物时，严禁同时进行两种及以上的操作动作 |
| | | 9 | 主臂伸缩的操作按照正确顺序进行，有负荷时严禁伸缩主臂 |
| | | 10 | 严禁歪拉斜拽吊装，严禁吊拔埋在地下或凝固在地面上的物件，严禁直接吊装氧气瓶、乙炔发生器等具有易燃易爆危险品 |
| 意外处理 | | 1 | 作业中发生故障时，必须放下重物，停止运转后方可排除故障，严禁在运转中进行维护作业 |
| | | 2 | 发生事故时，立刻切断电源、撤离现场，并向相关部门报告，设置警戒区域，严禁他人进入 |
| 停止作业 | 物体打击 | 1 | 工作结束后，将起重臂全部收回，并停放在支架上 |
| | | 2 | 上机所有控制手柄应放在零位，切断上机电源并关门上锁 |
| | | 3 | 按照顺序将起重机支腿收回 |

续表

| 作业步骤 | 风险 | 注意事项 | | |
|---|---|---|---|---|
| 停止作业 | 物体打击 | 4 | | 吊钩挂在保险杠或转盘的挂钩上，并用钢丝绳拉紧 |
| | | 5 | | 下机所有控制手柄应放在零位，切断下机电源并关门上锁 |
| | | 6 | | 作业完成后，须关闭作业许可 |
| 日常维护 | | 1 | 发动机 | （1）检查机油量和燃油量是否充足；<br>（2）检查冷却液量是否充足；<br>（3）对油水分离器进行排水 |
| | | 2 | 底盘 | （1）检查轮胎压力是否符合要求，轮胎无裂纹、无老化现象；<br>（2）检查制动系统是否可靠；<br>（3）检查转向机构是否灵活 |
| | | 3 | 仪表 | （1）检查水平仪、压力表是否正常。<br>（2）检查灯光、喇叭等信号是否正常 |
| | | 4 | 安全装置 | （1）检查力矩限制器是否完好有效；<br>（2）检查吊钩防脱钩装置；<br>（3）检查过卷保护是否灵敏可靠 |
| 一级维护 | | 1 | 发动机 | （1）检查发动机润滑系统、冷却系统、排气系统及燃油系统是否正常；<br>（2）检查发电机、起动机运行是否正常；<br>（3）吹扫空气滤芯；<br>（4）检查皮带松紧度是否适中 |
| | | 2 | 液压系统 | （1）检查液压泵、马达、油缸工作是否正常；<br>（2）检查液压管路是否有漏、渗油、老化现象；<br>（3）检查分动箱工作是否正常、齿轮油是否充足；<br>（4）检查蓄能器压力是否正常；<br>（5）检查控制系统工作压力是否正常；<br>（6）液压油是否足量 |
| | | 3 | 执行机构 | （1）检查卷扬机构是否有自动落钩或其他异常现象，离合器工作是否正常；<br>（2）检查伸缩机构是否有自动回缩现象；<br>（3）检查变幅机构是否有自动下落现象；<br>（4）检查支腿是否有自动下沉现象；<br>（5）检查各卷扬轴承润滑油是否充足，工作是否正常；<br>（6）检查各卷扬马达、回转马达的减速箱齿轮油是否充足、无变质；<br>（7）检查各执行机构工作是否正常 |
| | | 4 | 底盘 | （1）清洁变速器和减速器的通气孔，并检查润滑油平面；<br>（2）紧固传动轴支撑座固定螺栓和万向节连接螺栓，检视万向节十字轴轴承固定螺栓； |

续表

| 作业步骤 | 风险 | | 注意事项 |
|---|---|---|---|
| 一级维护 | 4 | 底盘 | （3）检查悬挂弹簧连接固定状况，紧固其螺栓；<br>（4）检查变速器、离合器连接螺栓的固定状况；<br>（5）检查车轮、轮毂轴承的工作间隙，紧固半轴突缘固定螺栓；<br>（6）各润滑部位加注润滑脂；<br>（7）检视各操纵机构的工作状况，并润滑各活动部位 |
| 一级维护 | 5 | 安全装置 | （1）检查力矩限制器功能是否正常；<br>（2）检查防过卷装置是否正常；<br>（3）检查防脱钩等装置工作情况 |
| 一级维护 | 6 | 电气设备 | （1）检查电源指示、发电机及起动机工作是否正常；<br>（2）检查灯光、喇叭等信号是否正常；<br>（3）检查电气线路排列是否整齐，电线是否破损 |
| 二级维护 | 1 | 发动机 | （1）检查发动机工作状况、检查增压器，发动机支架是否符合规定；<br>（2）更换空气滤清器；<br>（3）更换燃油滤芯、排放油箱沉淀物；<br>（4）更换机油及滤芯；<br>（5）检查散热器、风扇离合器、风扇叶片、节温器、皮带是否符合规定 |
| 二级维护 | 2 | 底盘 | （1）检查制动总泵分泵、制动器及皮碗是否符合要求；<br>（2）检查制动踏板自由行程是否符合规定；<br>（3）检查制动管路及其他元件是否工作正常；<br>（4）添加制动液，检查调整驻车制动器；<br>（5）检查转向器润滑油液面高度是否符合出厂规定，调整转向主销止推间隙，检查转向连接机构是否工作正常；<br>（6）检查离合器、变速器、传动轴、传动轴十字轴轴承、传动轴滑叉、差速器是否工作正常；<br>（7）调整主减速器间隙，添加更换润滑油；<br>（8）检查悬挂弹簧、弹簧支座、定位弹簧销、销座、吊架是否符合要求；<br>（9）检测前后车桥轴距左右差；<br>（10）检查轮胎及胎压，按规定换位；<br>（11）检查加力器、助力器、避震器，并补充添加油液，进行全车的紧固和润滑作业 |
| 二级维护 | 3 | 执行机构 | （1）检查各部机构工作压力的设定值是否符合规定；<br>（2）检查回转机构工作时是否平稳，是否有不正常的声响；<br>（3）回转制动器工作时是否正常；检查臂杆伸缩时无卡滞、爬行、跳动和噪声现象，各节伸缩顺序和速度符合要求；<br>（4）检查钢丝绳、吊钩、滑轮等工作情况；<br>（5）检查吊臂是否有裂纹、脱焊或焊缝裂损现象，调整滑块间隙 |

续表

| 作业步骤 | 风险 | | 注意事项 |
|---|---|---|---|
| 二级维护 | 4 | 液压系统 | （1）检查泵、马达、油缸、换向阀等液压元件动作状态是否正常，有无异常噪声；<br>（2）检查蓄能器工作压力是否符合规定；<br>（3）检查卷扬系统工作情况，是否能持久支持额定重物，载荷做空中启动无反向运动；<br>（4）检查制动脚踏板、离合/制动器摩擦片厚度是否符合规定，并调整间隙；<br>（5）检查变幅机构在工作时是否平稳，变幅油缸是否自动回缩；<br>（6）检查液压油是否充足，油质是否污染、劣化，液压油按说明书中要求进行更换；<br>（7）更换液压油滤芯及回油滤芯；<br>（8）检查各减速箱油量、油质，视情况添加和更换。各润滑部位加注润滑脂 |
| | 5 | 安全装置 | （1）检验力矩限制器的偏差是否符合要求；<br>（2）检查过卷限位开关是否正常；<br>（3）检查传感器安装是否牢固配备齐全；<br>（4）其他安全装置是否有故障 |
| | 6 | 电气设备 | （1）维护发电机、起动机、蓄电池；<br>（2）检查其他电器元件工作是否正常 |

## 2.72 离心泵检修作业

| 作业步骤 | 风险 | 注意事项 |
|---|---|---|
| 基本要求 | | （1）所有参与作业人员必须接受技术交底或参与风险分析，接受过维保及危险化学品抢险作业专项培训；<br>（2）特种作业和特种设备作业人员持有效证件；<br>（3）个人防护装备配备和使用遵循《维保作业基本安全管理规定》；<br>（4）所有的检测、监测和测量仪器应在检定有效期内并完整；<br>（5）必须办理作业许可，并严格遵循作业许可的延期、关闭等管理要求；<br>（6）当确认装置运行平稳、工艺参数回归正常后，方可视作泵检修作业的正式结束；<br>（7）检修现场必须设置一名明确的指挥人员，拥有现场作业的处置权。该人员应保持与装置工艺操作方和作业人员的双向沟通 |
| 作业前准备 | | 泵检修前须仔细阅读使用说明书，确认以下工作准备到位：<br>（1）作业平台及区域隔离。地面平铺清洁的PVC或橡胶板；作业区域设置隔离警戒，以不影响正常巡检和防止无关人员进入为准则。<br>（2）材料和工机具准备。包括但不限于检修机具、测量工具、备件。工具和材料须符合现场要求（如防爆）。<br>（3）检查应急设施（如灭火器、消防水带）和监测仪器配备情况。<br>（4）如果为室内或受限空间内检修，应首先开启通风设施并做好即时气体含量检测 |

续表

| 作业步骤 | 风险 | 注意事项 |
|---|---|---|
| 工艺置换 | 灼烫、触电、物体打击、中毒和窒息 | （1）隔离。执行《上锁挂签管理规定》和《管线设备打开管理规定》：<br>① 首先切断电源，并且确认机柜间电源和现场操作柱已上锁挂牌。<br>② 然后确认工艺隔离。确定是否加盲板、阀门上锁并检查放空排凝处是否有残存压力。<br>（2）蒸汽吹扫、置换。目视检查排凝处有无蒸汽排出、颜色是否正常，使用气体检测仪直到合格为止 |
| 拆解泵体 | 物体打击、机械伤害、高处坠落 | 上述检查完毕后，依次进行以下工作：<br>（1）先拆联轴器护罩，测量并记录轴窜量（记录精度达到0.01mm）。<br>（2）断开联轴器。<br>（3）拆除泵本体附属管线。<br>（4）放油。用接油盆放掉泵体轴承箱内的润滑油，并及时清理作业面内的油污，防止跌倒摔伤。<br>（5）拆泵体泵盖（大盖）。<br>① 拆泵盖之前做好标识，防止回装时装错；<br>② 用合适的扳手拆掉泵体大盖螺栓，如需要使用大锤和敲击扳手，务必使用铜锤和铜制扳手；<br>③ 当拆到剩余四分之一螺栓时使用倒链或人力提住大盖防止意外坠落；<br>④ 使用顶丝使泵盖与泵体分离；<br>⑤ 吊装过程中要按规范要求进行吊装；提起泵盖时，防止密封面受损；<br>⑥ 检查螺栓，对未受损螺栓进行保养。<br>（6）将泵体移至作业平台。使用吊装带缓慢提起平移至作业平台。<br>（7）拆卸叶轮。<br>① 首先将机封定位弹簧锁上；<br>② 拧下叶轮紧固螺帽及垫帽；<br>③ 使用拉拔器取出叶轮，防止叶轮和轴端螺纹受损，若不能正常取下，允许火焰加热；<br>④ 移出后平稳放置在作业平台 |
| 更换机封 | 物体打击、机械伤害、高处坠落 | （1）拆卸机封：<br>① 先将机封的定位盘插入到轴套上的定位槽内，保护好机封，再拆除机封紧固螺栓；<br>② 将泵大盖朝上立起来，然后用起重工具将泵体大盖缓慢抬起来；吊装过程中注意泵体大盖不得翻转；<br>③ 使用铜棒对称敲击机封外壳，使机封与轴脱离；<br>④ 将泵放倒，固定好。<br>（2）安装新机封：<br>① 检查新机封，应与在用机封同型号，安装前仔细清洁机封动静环，并涂上少量干净润滑油；<br>② 按与拆卸相反的程序回装新机封，回装过程中注意避免因机封接触缝隙狭小而挤伤划伤 |
| 更换轴承 | 物体打击、机械伤害、高处坠落 | （1）拆卸轴承：<br>① 将泵水平放倒固定好，拆下轴承箱前后压盖；<br>② 取下半联轴器，记录并在轴承上进行方向标记，测量并记录轴承内径游隙； |

续表

| 作业步骤 | 风险 | 注意事项 |
|---|---|---|
| 更换轴承 | 物体打击、机械伤害、高处坠落 | ③ 用铜棒从轴的一端向另一端轻敲，直到轴承从轴承箱里脱落。使用铜棒过程中注意协同配合，防止铜棒砸伤人；<br>④ 用拉拔器将轴承从轴上取下。注意拉拔器要固定好，三个爪要固定牢后再加力。<br>（2）清洗。取出轴承后，用煤油清洗轴上的油污。清洗过程中注意做好防护，清洗周围不得有动火作业。<br>（3）回装。回装轴承时，用轴承加热器对轴承加热（一般加热至150℃），回装过程中注意戴好绝热手套，防止烫伤。<br>（4）测量安装后轴承游隙 |
| 回装 | 起重伤害、物体打击 | 遵循与"拆解泵体"相反的步骤完成回装作业，须注意以下事项：<br>（1）起吊前检查设备吊装位置有没有异常，确认无问题方可吊装；<br>（2）回装前，检查大盖垫片应完好无损伤，安装时须做好信号沟通，防止挤伤、夹伤或碰伤手部；<br>（3）加注润滑油应通过过滤网，防止杂物进入轴承箱内；<br>（4）应将联轴器回装至拆卸前位置；<br>（5）紧固大盖螺栓时，如需使用大锤，务必使用铜质工具，且应对称、均匀紧固 |
| 试车与工艺恢复 | 物体打击、机械伤害 | （1）联轴器对中质量须经过检查确认，至少在对中后、试车前完成两次检测。<br>（2）对中完成后，首先解除电气隔离，合闸送电，完成至少1次、每次30min空转，以检测振动值和窜动量（视情况而定，非强制）。<br>（3）解除工艺隔离。确定盲板倒向完成、阀门解锁并检查放空排凝是否关闭。紧固法兰连接时要均匀用力，确保紧固质量。<br>（4）与装置工艺操作人员共同完成工艺流程切换或确认检修质量 |
| 意外情况处理 | | （1）在工艺置换过程中，一旦发现有介质不能被完全切断的情况，应立即停止作业，重新检查确认工艺隔离情况；<br>（2）当检修过程中发现部件磨损超出正常使用的情况，应立即向设备主管部门报告并组织原因分析；<br>（3）在检修过程出现如气体泄漏或其他需要撤离的紧急情况时，应立即停止作业，恢复作业前须重新检查确认上锁挂签并办理作业许可 |

# 3 设备设施 HSE 操作程序

本部分 HSE 操作程序建立在以设备设施的完整性、可靠性、可操作性为目的的基础上，对石油石化工程建设项目通用和常见设备设施的使用和维护提出了要求。

（1）适用范围包括以下内容：

| 序号 | 名称 | 适用范围 |
| --- | --- | --- |
| 3.1 | 钢筋套丝机 | 适用于钢筋加工作业活动中所使用的钢筋套丝机设备的操作和日常维护 |
| 3.2 | 钢筋切断机 | 适用于钢筋加工作业活动中所使用的钢筋切断机设备的操作和日常维护 |
| 3.3 | 钢筋弯曲机 | 适用于钢筋加工作业活动中所使用的钢筋弯曲机设备的操作和日常维护 |
| 3.4 | 钢筋调直机 | 适用于钢筋加工作业活动中所使用的钢筋调直机设备的操作和日常维护 |
| 3.5 | 压路机 | 适用于填方压实作业所使用的压路机的操作和日常维护 |
| 3.6 | 混凝土路面切割机 | 适用于对路面进行切割施工时所使用的混凝土路面切割机的操作和日常维护 |
| 3.7 | 混凝土输送泵 | 适用于将混凝土沿管道连续输送时使用的混凝土输送泵的操作和日常维护 |
| 3.8 | 混凝土输送泵车 | 适用于将混凝土沿管道连续输送时使用的混凝土输送泵车的操作和日常维护 |
| 3.9 | 混凝土摊铺机 | 适用于水泥混凝土路面摊铺、振实、整平时所使用的混凝土摊铺机的操作和日常维护 |
| 3.10 | 液压弯管机 | 适用于弯管时所用的液压弯管机的操作和日常维护 |
| 3.11 | 履带式起重机 | 适用于所有使用公司自有或租赁的履带式起重机的操作与日常维护 |
| 3.12 | 汽车式起重机 | 适用于所有使用公司自有或租赁的汽车式起重机的操作与日常维护 |
| 3.13 | 塔吊 | 适用于工业与民用建筑施工垂直运输用固定式塔式起重机（后简称"塔吊"）设备的操作和日常维护 |
| 3.14 | 手动倒链 | 适用于工厂、建筑工地、仓库等用作安装机器、起吊货物，尤其对于露天和无电源作业时所使用的手动倒链的操作和日常维护 |
| 3.15 | 滚板机 | 适用于将板料弯曲成型时所使用的滚板机的操作和日常维护 |
| 3.16 | 液压剪板机 | 适用于剪切板材时所使用的液压剪板机的操作和日常维护 |

续表

| 序号 | 名称 | 适用范围 |
|---|---|---|
| 3.17 | 活塞空压机 | 适用于需要压缩空气的作业活动中所使用的活塞空压机的操作和日常维护 |
| 3.18 | 发电机（移动式） | 适用于石油化工装置、油田地面工程工艺管道热处理作业中所使用的移动式发电机的操作和日常维护 |
| 3.19 | 门式起重机 | 适用于室外的货场、料场货、散货的装卸作业活动中所使用的门式起重机的操作和日常维护 |
| 3.20 | 履带式起重机组装拆除 | 适用于所有使用公司自有或租赁的履带式起重机的操作和日常维护 |
| 3.21 | 吊管机 | 适用于长输管道的吊管机操作与日常维护 |
| 3.22 | 桥式起重机 | 适用于车间、仓库和料场上空进行物料吊运作业活动中所使用的桥式起重机的操作和日常维护 |
| 3.23 | 单梁门式起重机（电动葫芦） | 适用于车间、仓库和料场的货物吊运中所使用的单梁门式起重机的操作和日常维护 |
| 3.24 | 叉车 | 适用于在车间、仓库、货场等用于搬运、装卸、堆垛和运输货物等作业活动中所使用的叉车设备的操作和日常维护 |
| 3.25 | 电动平车 | 适用于在各厂房之间短途运输物料等作业活动中所使用的电动平车的操作和日常维护 |
| 3.26 | 卷扬机 | 适用提升或牵引重物时所使用的桥式起重机的操作和日常维护 |
| 3.27 | 机加工设备（普通车床） | 适用于对工件进行车削加工时所使用的普通车床的操作和日常维护 |
| 3.28 | 机加工设备（普通立式车床） | 适用于对工件进行车削加工时所使用的普通立式车床的操作和日常维护 |
| 3.29 | 机加工设备（数控立式车床） | 适用于对工件进行车削加工时所使用的数控立式车床的操作和日常维护 |
| 3.30 | 机加工设备（平面磨床） | 适用于对工件表面进行磨削加工时所使用的平面磨床的操作和日常维护 |
| 3.31 | 机加工设备（万能升降台铣床） | 适用于对工件进行铣削时所使用的万能升降台铣床的操作和日常维护 |
| 3.32 | 机加工设备（带锯床） | 适用于对工件进行锯切时所使用的带锯床的操作和日常维护 |
| 3.33 | 机加工设备（立式升降台铣床） | 适用于对工件进行铣削时所使用的立式升降台铣床的操作和日常维护 |
| 3.34 | 机加工设备（牛头刨床） | 适用于加工金属板料边缘坡口角度时所使用的牛头刨床的操作和日常维护 |

续表

| 序号 | 名称 | 适用范围 |
|---|---|---|
| 3.35 | 机加工设备（卧式双主轴数控深孔钻床） | 适用于工件深孔加工时所使用的卧式双主轴数控深孔钻床的操作和日常维护 |
| 3.36 | 机加工设备（摇臂钻床） | 适用于工件钻孔、扩孔、铰孔、攻丝及修刮端面等多种形式的加工时所使用的摇臂钻床的操作和日常维护 |
| 3.37 | 机加工设备（数控落地铣镗床） | 适用于将工件固定在落地平台上进行镗孔、钻孔、铣削、切槽等加工时所使用的数控落地镗铣床的操作和日常维护 |
| 3.38 | 机加工设备（板料边缘刨床） | 适用于加工金属板料边缘坡口角度时所使用的边缘刨床的操作和日常维护 |
| 3.39 | 高空作业车 | 适用于运送工作人员和使用器材到现场并进行空中作业活动中所使用的垂直升降式（剪式）高空作业车和折臂式自行高空作业车（不含市政、电力系统常用的汽车式高空作业车）的操作和日常维护 |
| 3.40 | 液氧站 | 适用于厂区内集中供氧站房中的液氧储罐、管道、阀门等设备设施的操作和日常维护 |
| 3.41 | 杜瓦瓶 | 适用于储存、运输和使用液态气体时所使用的杜瓦瓶的操作和日常维护等 |
| 3.42 | 源库管理 | 适用于固定放射源库内人员进入和源机入库、退库操作，移动探伤工作间歇贮存设施可参考使用 |
| 3.43 | 脚手架 | 适用于作业过程中脚手架的使用。适用对象为所有脚手架上作业人员 |
| 3.44 | 管道带锯床 | 适用于工艺管道带锯床切割设备的操作和日常维护 |
| 3.45 | 管道数控相贯线切割机 | 适用于工艺管道数控相贯线切割的操作和日常维护 |
| 3.46 | 管道自动焊（卡盘式）焊机 | 适用于长输管道或工艺管道自动焊接（卡盘式）的操作和日常维护 |
| 3.47 | 管道自动焊（压臂式）焊机 | 适用于长输管道或工艺管道自动焊接（压臂式）的操作和日常维护 |
| 3.48 | 全位置气保自动焊机 | 适用于长输管道或工艺管道全位置气保自动焊接的操作和日常维护 |
| 3.49 | 管道数控端面坡口机 | 适用于工艺管道数控端面坡口机的操作和日常维护 |
| 3.50 | 临时用电系统 | 适用于临时用电系统的使用，人员包括但不限于电动设备使用者、维护电工、电气设备维修人员。临时用电是指临时性使用非标准配置（除按照标准成套配置的插头、连线、插座、接线排和接线盘以外的所有用于临时用电的电缆、电线、电气开关、设备等电气线路）、220V/380V三相四线制的低压电力系统、一般情况下使用期不超过6个月。不适用于拖拉焊等自发电设备 |

（2）基本要求包括以下内容：

① 作业人员须接受对应规程及所使用的相关设备、劳动防护、急救规程培训、现场技术交底。

② 特种设备作业人员、特种作业人员及其他需持证上岗的人员，应持有效操作证方可上岗操作。

③ 作业人员不得带病上岗和存在岗位禁忌证。

④ 作业人员要正确穿戴、使用劳动防护用品。机加工人员作业时禁止戴手套，长发要带防护帽，加工工件和磨刀时必须戴防护眼镜。

⑤ 设备的性能、使用范围应满足最大作业工况。

⑥ 涉及使用的计量器具应在校准或检定有效期内。

⑦ 设备使用前应经过完好性检查，若有损坏应及时报修。

⑧ 自制工机具或首次使用的设备和工机具在使用前应经过批准、必要时做相应检测。

⑨ 设备所使用的燃料应来自正规途径加注，否则须安全存储；机加工设备应在每次使用后检查润滑油的数量和质量，在必要时及时加注润滑油。

⑩ 不得使用存在质量缺陷或未经质量验收的原材料、半成品、成品部件。

⑪ 当作业活动需要执行方案时，方案应经过书面确认和批准。

⑫ 当作业属于危险性较大作业活动时，需办理作业许可后方可作业。

⑬ 当存在影响作业活动的恶劣天气时，不宜进行作业，若须进行作业必须经过批准。

⑭ 当周边环境影响作业活动时，不宜进行作业，若须进行作业必须经过批准。

## 3.1 钢筋套丝机

| 作业步骤 | 风险 | 注意事项 | |
|---|---|---|---|
| 作业应具备的条件 | | （1）当出现以下情况（包括但不限于）时必须经过书面确认和批准：<br>① 当作业环境条件受到限制时（如防爆区域）；<br>② 在环境温度高于或低于一定程度可能影响到钢筋质量、设备性能时；<br>③ 不间断连续作业超过人体承受能力时。<br>（2）当作业环境处于火灾、易燃易爆场所时，需办理作业许可后方可作业。<br>（3）电源禁止直接接在按钮上，应该另外安装一个控制开关对电源进行控制 | |
| 准备工作 | 触电、机械伤害、物体打击 | 1 | 检查钢筋弯曲机的完整性、润滑情况、电源开关开启情况、用电设备接地情况 |
| | | 2 | 检查钢筋原材料处理情况、固定牢靠情况 |
| | | 3 | 核对作业许可票证措施落实情况 |
| | | 4 | 检查周边作业环境是否存在不安全因素 |
| 材料搬运 | 物体打击、起重伤害 | 1 | 搬运钢筋之前，检查钢筋上是否有钉、尖片等凸出物体，以免造成损伤 |
| | | 2 | 在搬运过程前要确认钢筋摆放顺序、位置 |

续表

| 作业步骤 | 风险 | | 注意事项 |
|---|---|---|---|
| 材料搬运 | 物体打击、起重伤害 | 3 | 使用小型辅助机具前应检查其完好性及安全性,确保小型辅助机具安全、可靠 |
| | | 4 | 使用大型吊装机具进行钢筋材料搬运时,要预留其行动区域范围 |
| 启动 | | | 启动前应进行全面检查工作,并进行空运转,一切正常后方可进行作业 |
| 运行控制 | 机械伤害、物体打击、触电 | 1 | 设备必须专人负责,并持证上岗 |
| | | 2 | 加工钢筋时,必须使用无齿锯切断的钢筋,严禁使用切断机切断的钢筋,以防套丝不合格和损坏刀片 |
| | | 3 | 钢筋应先调直再加工,切口端面应与钢筋轴线垂直,断头弯曲、马蹄严重的应切去 |
| | | 4 | 两人协助把该套丝的钢筋夹住在作业台上,并加以紧固,防止钢筋伤人 |
| | | 5 | (1)套丝时必须保证冷却液的流量,并及时更换冷却液;<br>(2)冬季套丝时,需注意保温及夜间放水工作,以防止水泵电动机损坏;<br>(3)做好安全防护工作,防止铁屑溅出伤人 |
| | | 6 | 套好一个螺纹应用相应的套筒进行禁锢,根据手感进行调节板牙松紧程度,完好后大量加工 |
| | | 7 | 机械在运转过程中,严禁清扫刀片上面的积屑、杂污,发现工况不良应立即停机检查、修理 |
| | | 8 | 严禁超过设备性能规定的操作,以防发生事故 |
| | | 9 | 机械在运转过程中,严禁清扫刀片上面的积屑、杂污,发现工况不良应立即停机检查、修理 |
| | | 10 | 严禁在机械运转过程中进行不停机的设备维修保养作业 |
| | | 11 | 严格执行"十字作业法方针",确保机械处于良好工况 |
| 意外情况处置 | 物体打击、机械伤害、物理因素所致职业病 | 1 | 运转中设备颤动、电动机发热温度过高、有异响时,应立即停机检查,通知相关人员进行处理 |
| | | 2 | (1)转盘倒向时,必须在前一种转向停止后,方许倒转;<br>(2)拨动开关时必须在中间停止挡上等候停车,不得立即拨反方向挡 |
| | | 3 | (1)一旦发生伤害,立即将受伤部位远离伤害源,并进行初步的急救处理;<br>(2)对于手部伤害,根据伤口情况进行清洗、止血、包扎等初步处理,并及时就医 |
| | | 4 | (1)感到腰部不适,应立即停止工作并休息;<br>(2)可以尝试冷敷或热敷来缓解疼痛和肌肉紧张;<br>(3)若疼痛持续或加重,应及时就医并进行专业治疗 |

续表

| 作业步骤 | 风险 | | 注意事项 |
|---|---|---|---|
| 意外情况处置 | 物体打击、机械伤害、物理因素所致职业病 | 5 | （1）在意外情况发生时，首先确保员工及自身的安全，并采取紧急措施防止事态恶化；<br>（2）立即启动应急预案，组织人员进行救援和处置；<br>（3）根据意外情况的具体类型，采取相应的急救措施，如灭火、人员紧急撤离等；<br>（4）及时报告上级管理部门，并配合相关部门进行调查和处理 |
| 完工 | | 1 | （1）经相关方检查确认合格后，设备复位，切断电源；<br>（2）工件摆放整齐，场地及时清理，保持场地整洁，安全通道畅通；<br>（3）工具及设备归位，将产生的废弃物分类放入指定的回装地点 |
| | | 2 | 关闭作业许可 |

## 3.2 钢筋切断机

| 作业步骤 | 风险 | | 注意事项 |
|---|---|---|---|
| 必备条件 | | 1 | （1）当出现以下情况（包括但不限于）时必须经过书面确认和批准：<br>① 当作业环境条件受到限制时（如防爆区域）；<br>② 在环境温度高于或低于一定程度可能影响到钢筋质量、设备性能时；<br>③ 不间断连续作业超过人体承受能力时。<br>（2）当作业环境处于火灾、易燃易爆场所时，需办理作业许可后方可作业；<br>（3）电源禁止直接接在按钮上，应该另外安装一个控制开关对电源进行控制 |
| | | 2 | （1）本设备宜在地面平整、坚实、空旷区域作业；<br>（2）本设备需做好防雨、防砸措施 |
| 准备工作 | 触电、物体打击 | 1 | 检查钢筋弯曲机的完整性、润滑情况、电源开关开启情况、用电设备接地情况 |
| | | 2 | 检查钢筋原材料处理情况、固定牢靠情况 |
| | | 3 | 核对作业许可票证措施落实情况 |
| | | 4 | 检查周边作业环境是否存在不安全因素 |
| 材料搬运 | 物体打击、机械伤害、起重伤害 | 1 | 搬运钢筋之前，检查钢筋上是否有钉、尖片等凸出物体，以免造成损伤 |
| | | 2 | 在搬运过程前要确认钢筋摆放顺序、位置 |
| | | 3 | 使用小型辅助机具前应检查其完好性及安全性，确保小型辅助机具安全、可靠 |
| | | 4 | 使用大型吊装机具进行钢筋材料搬运时，要预留其行动区域范围 |

续表

| 作业步骤 | 风险 | | 注意事项 |
|---|---|---|---|
| 启动 | | | 启动前应进行全面检查工作，并进行空运转，一切正常后方可进行作业 |
| 运行控制 | 机械伤害、物体打击 | 1 | （1）机械未达到正常转速时，不得切料；<br>（2）切料时，应使用切刀的中、下部位，紧握钢筋对准刃口迅速投入，操作者应站在固定刀片一侧用力压住钢筋，应防止钢筋末端弹出伤人；<br>（3）严禁用手分刀片两边握住钢筋俯身送料 |
| | | 2 | （1）不得剪切直径及强度超过机械铭牌规定的钢筋和烧红的钢筋；<br>（2）一次切断多根钢筋时，其总截面积应在规定范围内 |
| | | 3 | 剪切低合金钢时，应更换高硬度切刀，剪切直径应符合机械铭牌规定 |
| | | 4 | 切断短料时，手和切刀之间的距离应保持在150mm以上，如手握端小于400mm时，应采用套管或夹具将钢筋短头压住或夹牢 |
| | | 5 | （1）运转中，严禁用手直接清除切刀附近的断头和杂物；<br>（2）钢筋摆动周围和切刀周围，不得停留非操作人员 |
| | | 6 | （1）液压传动式切断机作业前，应检查并确认液压油位及电动机旋转方向符合要求；<br>（2）启动后，应空载运转，松开放油阀，排净液压缸体内的空气，方可进行切筋 |
| | | 7 | 钢筋必须在刀具的中下部进行切割，非必要时不得用刀具的上部，以免机体尾部过度疲劳 |
| | | 8 | （1）固定刀片的形状为长方形（84mm×70mm/90mm×74mm）切$\phi$32mm/38mm以下钢筋时，用长边作切削刃，使用过程中注意检查刀片是否松动；<br>（2）刀片刃口崩刃后，应及时换刀刃或更换新刀片，以免刃口钝后切削阻力增大，损坏其他零件 |
| | | 9 | （1）手动液压式切断机使用前，应将放油阀按顺时针方向旋紧，切割完毕后，应立即按逆时针方向旋松；<br>（2）作业中，手应持稳切断机，并戴好绝缘手套 |
| | | 10 | （1）工作中操作者不可擅自离开岗位，取放钢筋时既要注意自己，又要注意周围的人；<br>（2）已切断的钢筋要堆放整齐，防止个别切口突出，误踢割伤 |
| 意外情况处置 | 机械伤害、物体打击、物理因素所致职业病 | 1 | 运转中设备颤动、电动机发热温度过高、有异响时，应立即停机检查，通知相关人员进行处理 |
| | | 2 | （1）转盘倒向时，必须在前一种转向停止后，方许倒转；<br>（2）拨动开关时必须在中间停止挡上等候停车，不得立即拨反方向挡 |
| | | 3 | （1）一旦发生伤害，立即将受伤部位远离伤害源，并进行初步的急救处理；<br>（2）对于手部伤害，根据伤口情况进行清洗、止血、包扎等初步处理，并及时就医 |

续表

| 作业步骤 | 风险 | | 注意事项 |
|---|---|---|---|
| 意外情况处置 | 机械伤害、物体打击、物理因素所致职业病 | 4 | （1）感到腰部不适，应立即停止工作并休息；<br>（2）可以尝试冷敷或热敷来缓解疼痛和肌肉紧张；<br>（3）若疼痛持续或加重，应及时就医并进行专业治疗 |
| | | 5 | （1）在意外情况发生时，首先确保员工及自身的安全，并采取紧急措施防止事态恶化；<br>（2）立即启动应急预案，组织人员进行救援和处置；<br>（3）根据意外情况的具体类型，采取相应的急救措施，如灭火、人员紧急撤离等；<br>（4）及时报告上级管理部门，并配合相关部门进行调查和处理 |
| 完工 | | 1 | （1）经相关方检查确认合格后，设备复位，切断电源；<br>（2）工件摆放整齐，场地及时清理，保持场地整洁，安全通道畅通；<br>（3）工具及设备归位，将产生的废弃物分类放入指定的回装地点 |
| | | 2 | 关闭作业许可 |

## 3.3 钢筋弯曲机

| 作业步骤 | 风险 | | 注意事项 |
|---|---|---|---|
| 作业应具备的条件 | | 1 | （1）当出现以下情况（包括但不限于）时必须经过书面确认和批准：<br>① 当作业环境条件受到限制时（如防爆区域）；<br>② 在环境温度高于或低于一定程度可能影响到钢筋质量、设备性能时；<br>③ 不间断连续作业超过人体承受能力时。<br>（2）当作业环境处于火灾、易燃易爆场所时，需办理作业许可后方可作业。<br>（3）电源禁止直接接在按钮上，应该另外安装一个控制开关对电源进行控制 |
| | | 2 | （1）本设备宜在地面平整、坚实、空旷区域作业；<br>（2）雨雪天气、光线不足、潮湿等不良环境时不宜进行钢筋加工作业 |
| 准备工作 | 触电、机械伤害、物体打击 | 1 | 检查钢筋弯曲机的完整性、润滑情况、电源开关开启情况、用电设备接地情况 |
| | | 2 | 检查钢筋原材料处理情况、固定牢靠情况 |
| | | 3 | 核对作业许可票证措施落实情况 |
| | | 4 | 检查周边作业环境是否存在不安全因素 |
| 材料搬运 | 物体打击、起重伤害 | 1 | 搬运钢筋之前，检查钢筋上是否有钉、尖片等凸出物体，以免造成损伤 |

续表

| 作业步骤 | 风险 | | 注意事项 |
|---|---|---|---|
| 材料搬运 | 物体打击、起重伤害 | 2 | 在搬运过程前要确认钢筋摆放顺序、位置 |
| | | 3 | 使用小型辅助机具前应检查其完好性及安全性,确保小型辅助机具安全、可靠 |
| | | 4 | 使用大型吊装机具进行钢筋材料搬运时,要预留其行动区域范围 |
| 启动 | | | 启动前应进行全面检查工作,并进行空运转,一切正常后方可进行作业 |
| 运行控制 | 机械伤害、物体打击、触电 | 1 | 对于钢筋弯曲机在加工的过程当中,切记不能清理和加油,更加不能变换角度及更换芯轴、成型轴或挡铁轴或可变挡架。芯轴直径应为钢筋直径的2.5倍。严禁在运转中加油或擦拭机械 |
| | | 2 | 在工作人员操作钢筋弯曲机的时候,一定要保持注意力的集中,并且熟悉弯曲机当中工作盘旋的方向,对于钢筋的置放,必须要和挡架及弯曲机工作盘旋转的方向相互配合,不能放在反方向 |
| | | 3 | 在钢筋弯曲机操作的时候,需要加工的钢筋必须置放在插头的相关部位。对于弯曲超截面尺寸的各种型号钢筋,它的回转方向需要保持百分百的准确,插头与手的距离切记不能小于200mm |
| | | 4 | 严禁弯曲超过机械所规定直径的钢筋,在弯曲未冷拉或带有锈皮的钢筋时,要戴好防护镜 |
| | | 5 | 禁止在弯曲机上弯曲不直的钢筋,以免发生意外 |
| | | 6 | 操作的过程中应将钢筋需要弯曲的一头正确放在转盘固定镢头的间隙内,另一端紧靠机身固定镢头,用一只手压紧,必须确定机身镢头确实安在挡住钢筋的一侧,方可开动机器 |
| | | 7 | 严禁弯曲超过机械铭牌规定直径的钢筋和吊装起重索具用的吊钩。如弯曲未经冷拉或带有锈皮的钢筋,必须戴好防护镜。弯曲低合金钢等非普通钢筋时,应按机械铭牌规定换算最大限制直径 |
| | | 8 | 弯曲较长、较多钢筋时,应设置架子支撑,并有专人配合,帮扶人员应按操作人员指挥手势进退,不得任意推送 |
| | | 9 | 弯曲钢筋的旋转半径内,和机身不设固定镢头的一侧不准站人。弯曲的半成品应码放整齐,弯钩一般不得上翘 |
| | | 10 | 工作盘倒向时,必须在前一种转向停止后,方可倒向 |
| | | 11 | 弯曲钢筋的旋转半径内和机身不设销子的一侧严禁站人 |
| | | 12 | 更换转盘上的固定镢头,应在运转停止后再更换 |
| | | 13 | 弯曲的半成品应堆码整齐,弯钩不得朝上 |
| 意外情况处置 | 物体打击、机械伤害、物理因素所致职业病 | 1 | 运转中工作盘颤动、电动机发热温度过高、有异响时,应立即停机检查,通知相关人员进行处理 |
| | | 2 | (1)转盘倒向时,必须在前一种转向停止后,方许倒转;<br>(2)拨动开关时必须在中间停止挡上等候停车,不得立即拨反方向挡 |

续表

| 作业步骤 | 风险 | | 注意事项 |
|---|---|---|---|
| 意外情况处置 | 物体打击、机械伤害、物理因素所致职业病 | 3 | （1）一旦发生伤害，立即将受伤部位远离伤害源，并进行初步的急救处理；<br>（2）对于手部伤害，根据伤口情况进行清洗、止血、包扎等初步处理，并及时就医 |
| | | 4 | （1）感到腰部不适，应立即停止工作并休息；<br>（2）可以尝试冷敷或热敷来缓解疼痛和肌肉紧张；<br>（3）若疼痛持续或加重，应及时就医并进行专业治疗 |
| | | 5 | （1）在意外情况发生时，首先确保员工及自身的安全，并采取紧急措施防止事态恶化；<br>（2）立即启动应急预案，组织人员进行救援和处置；<br>（3）根据意外情况的具体类型，采取相应的急救措施，如灭火、人员紧急撤离等；<br>（4）及时报告上级管理部门，并配合相关部门进行调查和处理 |
| 完工 | | 1 | （1）经相关方检查确认合格后，设备复位，切断电源；<br>（2）工件摆放整齐，场地及时清理，保持场地整洁，安全通道畅通；<br>（3）工具及设备归位，将产生的废弃物分类放入指定的回装地点 |
| | | 2 | 关闭作业许可 |

## 3.4 钢筋调直机

| 作业步骤 | 风险 | | 注意事项 |
|---|---|---|---|
| 作业应具备的条件 | | 1 | （1）当出现以下情况（包括但不限于）时必须经过书面确认和批准：<br>① 当作业环境条件受到限制时（如防爆区域）；<br>② 在环境温度高于或低于一定程度可能影响到钢筋质量、设备性能时；<br>③ 不间断连续作业超过人体承受能力时。<br>（2）当作业环境处于火灾、易燃易爆场所时，需办理作业许可后方可作业。<br>（3）电源禁止直接接在按钮上，应该另外安装一个控制开关对电源进行控制 |
| | | 2 | （1）本设备宜在地面平整、坚实、空旷区域作业；<br>（2）本设备需做好防雨、防砸措施 |
| 准备工作 | 触电、机械伤害、物体打击 | 1 | 检查钢筋弯曲机的完整性、润滑情况、电源开关开启情况、用电设备接地情况 |
| | | 2 | 检查钢筋原材料处理情况、固定牢靠情况 |
| | | 3 | 核对作业许可票证措施落实情况 |
| | | 4 | 检查周边作业环境是否存在不安全因素 |

续表

| 作业步骤 | 风险 | | 注意事项 |
|---|---|---|---|
| 材料搬运 | 物体打击、起重伤害 | 1 | 搬运钢筋之前，检查钢筋上是否有钉、尖片等凸出物体，以免造成损伤 |
| | | 2 | 在搬运过程前要确认钢筋摆放顺序、位置 |
| | | 3 | 使用小型辅助机具前应检查其完好性及安全性，确保小型辅助机具安全、可靠 |
| | | 4 | 使用大型吊装机具进行钢筋材料搬运时，要预留其行动区域范围 |
| 启动 | | | 启动前应进行全面检查工作，并进行空运转，一切正常后方可进行作业 |
| 运行控制 | 机械伤害、物体打击、触电 | 1 | 按步骤输入所有批次的长度、数量 |
| | | 2 | （1）设定完后，放置需调直钢筋，机器即可按照设定的长度及数量自动生产；<br>（2）根据钢筋长度和直径，调整钢筋调直机的前进位置，确保钢筋进入调直机时能够充分调整；<br>（3）将钢筋放入调直机的进料口，观察钢筋进入调直机时的情况，确保钢筋能够平稳进入；<br>（4）每批完成后自动停止并声光报警3s，停止后，继续生产下一批钢筋 |
| | | 3 | 当钢筋发生缠绕时，停止设备，剪断缠绕部分后，按"线尾处理"的步骤调直并去除机器里的钢筋 |
| | | 4 | （1）线尾处理必须两人操作。出铁及线尾3m内不要有人，以防止钢筋弹出伤人。<br>（2）钢筋直到尾部，在出线口用剪线钳钳紧钢筋，按"点动前进"，钢筋调直但不切断。<br>（3）停机后按"禁切"，显示及切断功能恢复正常，放铁即可继续生产 |
| | | 5 | 运行过程中，如需手动切断钢筋，按"切刀时间"切刀动作，钢筋自动切断 |
| | | 6 | 长度有误时，停机可进行修正 |
| | | 7 | （1）打开机盖进行调整时务必先停电动机，然后关闭机器电源，以免发生危险；<br>（2）调整好后务必把调整螺母拧紧 |
| | | 8 | 设备须由专人负责，并持证上岗 |
| | | 9 | 作业中操作者不准离开机械过远，上盘、穿丝、引头切断时都须进行停机 |
| | | 10 | 每盘钢筋调直到末尾或调直短钢筋时，应手持套管护送钢筋到导向器和调直筒，以免当其自由甩动时发生伤人事故 |
| | | 11 | 调直模未固定、防护罩未盖好前，不准穿入钢筋，以防止开动机器后，调直模飞出伤人 |

续表

| 作业步骤 | 风险 | | 注意事项 |
|---|---|---|---|
| 运行控制 | 机械伤害、物体打击、触电 | 12 | 机械在运转过程中，不得调整滚筒，严禁戴手套操作，并严禁在机械运转过程中进行维修保养作业 |
| | | 13 | 已调直、切断的钢筋，应按规格、根数分成小捆堆放整齐，不准乱堆，以防因钢筋成分、性能不同而造成质量事故 |
| | | 14 | 严格执行"十字作业方针"，确保机械处于良好工作状态 |
| 意外情况处置 | 物体打击、机械伤害、物理因素所致职业病 | 1 | 运转中设备颤动、电动机发热温度过高、有异响时，应立即停机检查，通知相关人员进行处理 |
| | | 2 | （1）转盘倒向时，必须在前一种转向停止后，方许倒转；<br>（2）拨动开关时必须在中间停止挡上等候停车，不得立即拨反方向挡 |
| | | 3 | （1）一旦发生伤害，立即将受伤部位远离伤害源，并进行初步的急救处理；<br>（2）对于手部伤害，根据伤口情况进行清洗、止血、包扎等初步处理，并及时就医 |
| | | 4 | （1）感到腰部不适，应立即停止工作并休息；<br>（2）可以尝试冷敷或热敷来缓解疼痛和肌肉紧张；<br>（3）若疼痛持续或加重，应及时就医并进行专业治疗 |
| | | 5 | （1）在意外情况发生时，首先确保员工及自身的安全，并采取紧急措施防止事态恶化；<br>（2）立即启动应急预案，组织人员进行救援和处置；<br>（3）根据意外情况的具体类型，采取相应的急救措施，如灭火、人员紧急撤离等；<br>（4）及时报告上级管理部门，并配合相关部门进行调查和处理 |
| 完工 | | 1 | （1）经相关方检查确认合格后，设备复位，切断电源；<br>（2）工件摆放整齐，场地及时清理，保持场地整洁，安全通道畅通；<br>（3）工具及设备归位，将产生的废弃物分类放入指定的回装地点 |
| | | 2 | 关闭作业许可 |

## 3.5 压路机

| 作业步骤 | 风险 | | 注意事项 |
|---|---|---|---|
| 作业应具备的条件 | 车辆伤害 | 1 | （1）设备进场前应经过检查，检查合格后张贴检查标签；<br>（2）压路机车况良好、油表、水表显示液位正常、电表显示电量正常，润滑油、液压油清洁不变质；<br>（3）车辆制动系统应施加于全部动力驱动的滚筒和车轮；<br>（4）通往司机室操作位置和平台的通道垂直高度差不超过1m；<br>（5）压路机转场应使用大板拖车运输和专职起重工、吊车配合装卸车作业，严禁设备长距离自行转移；<br>（6）装车后应在压路机前后轮使用三角木固定，并采取可靠封车措施 |

续表

| 作业步骤 | 风险 | | 注意事项 |
|---|---|---|---|
| 作业应具备的条件 | 车辆伤害 | 2 | 松铺材料厚度不应超过30cm，松铺材料尽量保持干燥，含水量适中 |
| | | 3 | 当方案中涉及以下情况时必须办理作业审批手续：<br>（1）碾压路面下方有管线、电缆等设施时；<br>（2）碾压路面较为松软或在边坡作业时；<br>（3）位于易燃易爆厂区内进行压路作业时 |
| | | 4 | （1）压路机的施工场地必须平坦、干燥、硬实；<br>（2）作业范围设置警戒线、悬挂安全警示标志牌；<br>（3）夜间在通行道路上进行作业时，应与行车路面做有效隔离，并设置明显的夜间反光警示标志；<br>（4）夜间或雾天工作要开工作灯 |
| 准备工作 | | 1 | 检查确认整个作业面是否有障碍物或其他杂物 |
| | | 2 | 在陡坡和容易产生落石的环境中作业时，检查是否有落石防护措施 |
| | | 3 | 检查压路机轮胎完好、胎压正常，喇叭、信号灯、制动齐全有效 |
| | | 4 | 检查车载灭火器是否有效 |
| 设备启动 | 车辆伤害 | 1 | 发动机启动前应做到：脱开转向锁，定好手制动，换向操纵杆与振幅选择开关在中位 |
| | | 2 | 发动机开启后应检查各处仪表读数是否正常，听发动机是否有异响，嗅发动机是否有异味，看发动机是否有异常，发现异常立即熄火停机 |
| | | 3 | 确认发动机正常后，检查各个操纵机构是否灵活，正、反实验变速、转向、油门及制动是否正常 |
| | | 4 | 压路机开动前先松开手制动，司机应坐在座椅上操作压路机 |
| | | 5 | 禁止使用拖动的方法启动发动机 |
| | | 6 | 压路机前进或倒车起步前，应认真检查车身前后、左右有无障碍物，鸣笛示警后起步 |
| 路面碾压 | 车辆伤害 | 1 | 压路机在坡道上作业时（无论上坡或是下坡）不要换挡，必须换挡时应先制动 |
| | | 2 | 压路机下坡应缓慢行驶，不得滑行或溜车，必要时可间断使用制动器降低行驶速度。机械传动压路机也可用关小油门的方法降速 |
| | | 3 | 机械传动的压路机制动时可配合使用制动器与主离合器，禁止用突然换向的方法制动压路机 |
| | | 4 | 压路机转向行驶应慢速，不得急转弯，并及时打开转向指示灯，注意观察 |
| | | 5 | 振动压路机运行时，发动机应满速运转，不允许用怠速的方法改变行驶速度 |

续表

| 作业步骤 | 风险 | 注意事项 | |
|---|---|---|---|
| 路面碾压 | 车辆伤害 | 6 | 使用振动压路机在建筑物附近施工时，应预先对建筑物的安全进行检查和确认，并遵循振动施工安全距离和不适用振动压路机工作的限制 |
| | | 7 | 使用压路机振动压实时，行走换向或振动、变幅要先停振，不要在坚硬地面上振动或原地振动，以免损坏机件 |
| | | 8 | 使用轮胎压路机作业时，应按规定保持轮胎气压。轮胎压路机不得碾压有尖利棱角的碎石块，以防扎伤轮胎 |
| | | 9 | 压路机在新铺的路基上行驶或作业时，应随时注意边坡的变化，以便及时采取措施防止事故 |
| | | 10 | 几台压路机纵向编队行驶或作业时，前后间距不得小于每秒钟行走距离的10倍，最小值为5m |
| | | 11 | 非必要时不应接合差速锁，在转弯行驶时更要先脱开差速锁 |
| | | 12 | 压路机的高速挡只适用于在平坦的路面上行驶，不得用于压实作业 |
| | | 13 | 驾驶压路机时要始终注意观察机器的运行情况，发现问题应立即停车检修 |
| | | 14 | 发动机运行期间，人不要站在前后轮上，也不要靠近铰接架 |
| 意外处理 | 车辆伤害、物体打击 | 1 | 上下坡途中如遇发动机熄火立即刹车的同时拉紧手刹，再次发动前应将前后轮用木块塞住 |
| | | 2 | 在紧急状态下应迅速闭合应急制动器 |
| | | 3 | 如遇高压油管爆裂时，应立刻停机 |
| | | 4 | 遇油路着火，立即停机后迅速拿起灭火器，站到着火点上风向，将发动机舱盖打开到灭火剂能喷入的开度后，使用灭火器扑救 |
| | | 5 | 作业时突发故障需要进入车底进行修理，先停熄发动机，并拉紧手制动、锁定转向机构、塞住前后轮并设置警示牌 |
| | | 6 | 热车状态需开启发动机水箱盖时，必须戴好手套和防护眼镜，身体和面部必须远离水箱口正上方，以防高温伤人 |
| 完工 | | 1 | 压路机工作完毕，驾驶员离机前应使机车处于制动状态，换向操纵杆处于中位，关掉振动开关，停熄发动机 |
| | | 2 | 压路机应停放在宽阔平坦的地面上。停放在坡道上时，应用三角木块塞住前后轮 |
| | | 3 | 寒冷季节，停车后要放掉所有的冷却水、配重水及洒水，以防冰冻 |

## 3.6 混凝土路面切割机

| 作业步骤 | 风险 | | 注意事项 |
|---|---|---|---|
| 作业应具备的条件 | 机械伤害 | 1 | 作业区域位于防火防爆区时,作业前必须经过书面确认和批准 |
| | | 2 | (1)雨天禁止露天进行混凝土路面切割作业;<br>(2)作业点附近有方便取用的水源 |
| 准备工作 | | 1 | 检查切割机的防护罩、切割片是否完好、切割片安装是否牢固,绝缘手柄是否完好,是否有损坏或松动部位 |
| | | 2 | 切割作业前检查作业面牢固性和平整度,避免因工作面不牢固或凹凸不平引起事故 |
| | | 3 | 作业前检查混凝土路面切割机的电源开关、漏电断路器是否正常、接零保护线连接是否牢靠、橡胶护套线绝缘是否完好 |
| | | 4 | 检查切割片冷却水流量是否正常,冷却水是否喷洒在切割片的进刀位置 |
| 设备就位 | 机械伤害 | 1 | 根据需要切割的材料和切割要求,设定切割深度,并调整切割机的切割刀片到适当的位置 |
| | | 2 | 根据需要调整切割片角度到合适位置 |
| | | 3 | 启动切割机并空载运行(注意初次运行时人员应站在设备侧方启动),检查确认切割片运转方向正确、升降机构灵活,运行中无异常、异响 |
| 路面切割 | 机械伤害 | 1 | 切割机启动后,操作人员应双手紧握绝缘手柄缓慢下压,使切割片受力均匀逐步达到要求切割厚度后,稳步向前推进,不得强力进刀 |
| | | 2 | 切割机最大的切割厚度不得超过切割机铭牌上标定的厚度 |
| | | 3 | 将混凝土切割机的切割片轻轻放置在切割工作面上,不应使用蛮力猛推猛拉,开始切割作业 |
| | | 4 | 切割过程中,应注意观察作业面的力变化,预防夹锯、卡锯现象发生 |
| | | 5 | 切割过程中,要不断喷水冷却刀片和切割工作面 |
| 意外情况处置 | 机械伤害 | 1 | 切割过程中发生冲击、跳动及异响时,立即停机检查,排除故障后方可继续作业 |
| | | 2 | 切割过程如突发停电应立即切断设备电源 |
| | | 3 | 作业如发生漏电现象应立即切断设备电源,联系维护电工检修 |
| | | 4 | 作业过程中如发生切割片崩口或需要更换时,应立即切断设备电源,更换切割片 |
| 完工 | | 1 | 作业结束后,切断切割机电源,锁好开关箱,盘起电源线 |
| | | 2 | 关闭切割机水源开关,使用防雨布覆盖 |
| | | 3 | 关闭作业许可 |

## 3.7 混凝土输送泵

| 作业步骤 | 风险 | 注意事项 | |
|---|---|---|---|
| 作业应具备的条件 | 机械伤害、物体打击 | 1 | （1）操作人员必须服从施工现场安全管理，按要求佩戴安全帽、绝缘手套、绝缘水鞋、防噪耳塞、工作服，夜间作业时应穿着警示反光衣，转动部位附近严禁佩戴手套操作；<br>（2）操作和维护必须由专业人员进行，其他人员不得擅自进行操作和维护，以免对人身或机器造成伤害 |
| | | 2 | （1）料斗上的格网是保证机械和人身安全的重要部件，不能随意去掉；<br>（2）检查液压油油位、油质，视情况添加或更换；<br>（3）检查输送泵润滑脂是否充足、润滑系统工作是否正常，水箱加2/3清水和1/3液压油或机油，液压系统是否有漏油、渗油现象；<br>（4）检查分配阀换向、搅拌装置正反转是否正常动作；<br>（5）确认输送泵的出口压力应满足泵送量的要求；<br>（6）输送泵若长时间不用，要清洗机身各处的混凝土块、灰浆、泥水等，润滑处喷涂机油，放尽油箱的液压油和水箱的污水，并用风筒布将机身盖好 |
| | | 3 | 混凝土泵送作业在如下情况时，作业前由供方和承包商对泵上设备的性能和作业人员的防护用品进行再确认：<br>（1）加入化学物质的特种混凝土时（需特别注意对泵送能力和操作者健康的影响）；<br>（2）泵送泡沫混凝土和加气混凝土时（需特别注意输送管道堵塞情况）；<br>（3）水下灌注作业；<br>（4）灌注桩作业 |
| | | 4 | 雨天禁止露天进行混凝土输送泵操作 |
| 准备工作 | | 1 | 输送泵启动前检查控制电动机的漏电断路器是否正常、电动机的接零保护线连接是否牢靠 |
| | | 2 | 检查料斗隔网安装是否牢固、紧急开关是否有效 |
| | | 3 | 检查连接的输送管道，支承和固定必须良好，杜绝泵体承载管道重量或其他外力 |
| | | 4 | 启动电动机，使油泵空载运行，若环境温度较低，要适当延长空转时间，使液压油的温度升至15℃以上才能泵送 |
| 混凝土输送 | 物体打击、机械伤害 | 1 | 将料斗注满清水，开正泵将水打入输送管道中，以湿润管道；启动搅拌器，向料斗加入水泥砂浆1～3斗，开正泵打入管道中，使管道润滑 |
| | | 2 | 完成料斗、输送管道润滑程序后，方可往料斗内加入成品混凝土，进行正常泵送混凝土工作，否则会造成堵管 |
| | | 3 | 为减小泵送阻力，在输送管道连接时，泵出口接3m以上的水平直管，然后再接弯管 |

续表

| 作业步骤 | 风险 | | 注意事项 |
|---|---|---|---|
| 混凝土输送 | 物体打击、机械伤害 | 4 | 料斗中的混凝土平面维持在搅拌轴以上10～20cm高度，供料不足时，要暂停泵送。暂停时间不得超过15min，暂停期间每隔3～5min作两个冲程反泵和正泵操作，防止混凝土沉积堵管 |
| | | 5 | 垂直向上的泵送中断后再次泵送时，要先进行反泵，把分配阀内的混凝土吸回搅拌后再泵送 |
| | | 6 | 禁止调高泵送和搅拌溢流阀压力，否则会损坏机器 |
| 意外情况处置 | 物体打击 | 1 | 泵送过程中，发生搅拌轴卡住时，要暂停泵送，及时排除故障 |
| | | 2 | 泵送过程中，发现料斗中的混凝土有离析倾向时，暂停泵送并立即清除分离骨料或补充砂浆，或打开底部的排料阀，放掉多余的石子，否则会造成堵管 |
| | | 3 | 泵送过程中，发现压力表异常压力显示或异常声音时，要马上停机检查或进行反泵、反搅拌操作；如果反泵、正泵几次仍不能消除异常，应立即拆开管路排除堵塞 |
| 完工 | | 1 | 关泵前应将泵、输送管道清洗干净 |
| | | 2 | 洗泵时，应打开阀窗，开泵作空载推送动作，同时从料斗和阀箱冲水，直到料斗、阀箱、混凝土缸、输送管道全部洗净 |
| | | 3 | 将泵、输送管道清洗干净后，拆除输送泵电源、输送管道及管道支撑 |

## 3.8 混凝土输送泵车

| 作业步骤 | 风险 | | 注意事项 |
|---|---|---|---|
| 作业应具备的条件 | 车辆伤害 | 1 | （1）操作者必须熟悉混凝土输送泵车的结构、性能、工作原理，熟练操作混凝土泵和布料臂，信号员应掌握基本指示信号手势；<br>（2）作业人员必须服从施工现场安全管理，按要求佩戴安全帽、安全靴、防水手套、防护眼镜、工作服，夜间作业时应穿着警示反光衣；<br>（3）混凝土输送泵车的维修、维护，应由有资质的专业技术人员和售后服务人员完成 |
| | | 2 | （1）出入工作现场的通道应满足设备外形尺寸和转弯半径要求；<br>（2）设备应按照指定路线驶入指定位置，司机应提前考察路线，尽量避免反复倒车，如确需频繁调整车辆位置或者倒车，应有车辆引导人员协助，避免发生碰撞事故；<br>（3）混凝土泵的出口压力、泵送垂直和水平距离、每小时泵送输出量应满足泵送要求 |
| | | 3 | 混凝土浇筑过程中，禁止向混凝土中加水 |

续表

| 作业步骤 | 风险 | | 注意事项 |
|---|---|---|---|
| 作业应具备的条件 | 车辆伤害 | 4 | （1）混凝土泵送作业在如下情况时，作业前由供方和承包商对泵上设备的性能和作业人员的防护用品进行再确认：<br>① 加入化学物质的特种混凝土时（需特别注意对泵送能力和操作者健康的影响）；<br>② 泵送泡沫混凝土和加气混凝土时（需特别注意输送管道堵塞情况）；<br>③ 水下灌注作业；<br>④ 灌注桩作业。<br>（2）占用炼油厂、化工厂消防道路必须办理道路占用许可，并逐条落实占道票上的安全措施 |
| | | 5 | （1）严禁在风速超过 13.8m/s（六级风）或有暴风雨、龙卷风时作业；<br>（2）在有输电线路的场地作业时，泵车及臂架必须和输电线路保持安全距离，严禁泵车臂架跨越输电线路作业；<br>（3）在严寒的冬季，为防结冰，应将水箱、水泵清理干净 |
| 准备工作 | | 1 | 泵车车况良好、油表、水表显示液位正常、电表显示电量正常，润滑油、液压油清洁不变质，同时检查所有控制和安全装置的功能，确保其能正常工作 |
| | | 2 | 泵车轮胎完好、胎压正常，喇叭、信号灯、制动齐全有效 |
| | | 3 | 车载灭火器有效，急救包常规应急药品齐全有效 |
| | | 4 | 进入炼油厂、化工厂前发动机排气管必须安装阻火器 |
| 设备就位 | 物体打击 | 1 | 泵车进入施工现场展开支腿前，应拉下手刹，并用轮挡固定车轮。支车时车体须保持水平状态，前后、左右相对于水平面的倾斜小于 3°。收支腿前必须将臂架收拢放于臂架主支撑上。操作臂架前，应确认设备支腿已经支撑妥当，操作臂架必须按照设备操作与使用手册规定的顺序进行 |
| | | 2 | 移动臂架和展开支腿前，应检查周围是否有障碍物。需防止臂架或支腿触及建筑物或其他障碍物。当操作员所在位置不能观察到整个作业区或不能准确判定泵车外伸部与相邻物体之间距离时，应配引导员指挥 |
| | | 3 | 打开支腿前须确认地基支承能力是否足够，如地基不足以支承时，须在支腿底部加支承板及辅助方木条后再安装支腿 |
| | | 4 | 支车时，须防止身体被夹入支腿与其他物体之间 |
| | | 5 | 支腿支承地面应平整，严禁支承在电缆沟、管沟、阀井、窨井、坡上，支腿底部应与路面边缘、电缆沟、管沟、阀井、窨井保持一定安全距离 |
| | | 6 | 设备启动之前，操作者应与浇筑点施工人员代表就信号规则达成一致 |

续表

| 作业步骤 | 风险 | | 注意事项 |
|---|---|---|---|
| 混凝土泵送 | 物体打击、机械伤害 | 1 | 混凝土泵送时，如果采用遥控器控制时，应切断其他操作方式 |
| | | 2 | 进行遥控操作时，操作者应选择对工作有利且安全的位置 |
| | | 3 | 泵送过程中设备操作者无法看到混凝土泵送终端的情况下，信号员应确保与操作者保持有效联系 |
| | | 4 | 用遥控器操作前，先打开遥控器开关，检查遥控器上的急停按钮应处于松开状态，当遥控器接通指示灯闪绿光时，表示遥控器处于正常工作状态，再按下启动按钮，遥控器准备就绪，所有按钮均进入工作状态，可进行操作 |
| | | 5 | 按下控制面板上遥控/近控切换按钮，当按钮左上角信号灯亮时，表示系统处于遥控状态，可进行操作 |
| | | 6 | 当遥控器进入工作状态后，任意扳动臂架操作摇杆，发动机自动升速到1200~1300r/min，同时对应的臂架开始动作。摇杆向外推，对应的臂架展开，摇杆向内扳，对应的臂架收拢。操作的方式及注意事项与手动操作一样。尤其注意启动与停止的缓慢过渡 |
| | | 7 | 在遥控器的工作状态下，拧动正泵或反泵操作旋钮，发动机转速自动升到设定的工作转速，然后系统开始正泵或反泵工作 |
| | | 8 | 在没有任何臂架动作、没有正泵/反泵操作，也没有手动升、降速操作的情况下，延时10s后，发动机转速自动降至怠速 |
| | | 9 | 臂架动作的速度可通过遥控器上"快速/慢速"开关进行选择 |
| | | 10 | 频道选择按钮选定遥控器的工作频率，用来避免无线信号的同频干扰 |
| | | 11 | 按下"搅拌反转"按钮，搅拌自动反转以后再恢复正常；当搅拌压力过高时，搅拌自动反转8s以后再恢复正转 |
| | | 12 | 扳动排量调节摇杆，可遥控调节泵送的排量 |
| | | 13 | 按下"紧急停止"按钮，与泵送有关的所有动作如泵送、臂架动作、支腿动作等都将停止，同时，发动机降至怠速状态。紧急停止时，文本显示器上提示"紧急停车！"信息 |
| | | 14 | 泵启动时，应在末端软管处设置危险区域，所有人员与布料臂和末端软管保持安全距离（安全距离以末端软管长度的两倍为宜） |
| | | 15 | 使用泵车臂架浇灌混凝土时，只能使用低压泵送；使用高压泵送时应另设输送管道 |
| | | 16 | 在建筑物边缘作业时，操作人员应站在安全位置用适当的辅助工具引导末端软管，禁止站在建筑物的边缘手握末端软管，以防软管或臂架的摇摆导致操作人员坠落 |
| | | 17 | 严禁随意加大混凝土输送管的直径。末端软管的长度不可超过3m，作业时需注意防止软管折弯堵塞，严禁末端软管没入混凝土中 |

续表

| 作业步骤 | 风险 | | 注意事项 |
|---|---|---|---|
| 混凝土泵送 | 物体打击、机械伤害 | 18 | 泵车运转时，不可打开料斗筛网、水箱盖板等安全防护设施；不可将手伸进料斗、搅拌装置、水箱内；作业临时停止时一定要关闭发动机，按下急停按钮 |
| | | 19 | 泵送时，必须保证料斗内的混凝土在脚板轴的位置之上，防止因吸入气体而引起的混凝土喷射 |
| | | 20 | 作业时应先固定相应的臂架再打开臂架液压锁，否则有臂架下坠伤人的危险 |
| | | 21 | 泵送作业开始后，搅拌器应时刻保持运转 |
| | | 22 | 暂停作业时，应进行短暂的逆向的泵送，以降低管内压力；应经常进行正泵/反泵操作（约15～30min一次循环）；不得在管内保持压力的情况下放置不管 |
| | | 23 | 对和易性较低的混凝土进行浇筑时，应降低泵送速度 |
| | | 24 | 严禁拆除设备上的任何保护装置，在确认料斗筛网已关闭前不得进行作业 |
| 意外处理 | 物体打击 | 1 | 如果在浇筑过程中突然发生堵管，操作者应立即停止泵送，通知工作人员转移到安全位置，须防范混凝土瞬间喷射 |
| | | 2 | 如果遇到突发情况需要拆开混凝土输送管路来清除堵塞时，应注意以下事宜：<br>（1）应执行反泵操作释放管路中的压力；<br>（2）操作者应始终将输送管路按照带压情况处理；<br>（3）拆开输送管路前，应佩戴合适的手套和防护眼镜；<br>（4）任何情况下现场人员均不得拆开带压输送的管路 |
| | | 3 | 如果在浇筑过程中出现稳定性降低或臂架不正常的动作，应立即按下急停按钮，收拢臂架，由专业维护人员查明原因，排除以下几种可能出现的因素，确认安全后重新按要求支承：<br>（1）雨、雪水或其他水源引起的地面条件变化；<br>（2）支承腿一侧地面下沉；<br>（3）支腿油缸有泄漏 |
| | | 4 | 遥控器在遭受同频干扰时，会自动封锁，此时，臂架动作停止，须重新按启动按钮，遥控器才能再次进入工作状态 |
| | | 5 | 紧急停止后，遥控器自动断电，解除紧急停止后，需将遥控器上"反泵/0/正泵"旋钮旋回至停止位置，并按遥控器上"启动"按钮，方可再次启动遥控器 |
| 完工 | 物体打击 | 1 | 泵送完成后，应将管道、料斗内的混凝土清洗干净。残留的混凝土凝固后会引起堵管 |
| | | 2 | 清洁输送管时，应尽可能将臂架展开以便海绵球容易通过。在海绵球未被吸入时，须防范管内残余混凝土和海绵球瞬间喷射造成人体伤害 |

续表

| 作业步骤 | 风险 | | 注意事项 |
|---|---|---|---|
| 完工 | 物体打击 | 3 | 不允许用压缩空气清洗管道及清除堵塞。不能将海水或含盐水加入洗涤室及水箱 |
| | | 4 | 泵送完成后,将臂架放平,打开料斗放料门,放净余料;洗涤时,不可打开栅板进行 |
| | | 5 | 打开反泵泄压,打开铰链弯管 |

## 3.9 混凝土摊铺机

| 作业步骤 | 风险 | | 注意事项 |
|---|---|---|---|
| 作业应具备的条件 | | | (1)摊铺机油表、水表显示液位正常,电表显示蓄电池电量正常。<br>(2)发动机工作正常,转向、传动机构工作正常,润滑良好。<br>(3)摊铺机进场应对设备各部件完好性进行检查,合格后张贴检查标签,包括但不限于:<br>① 检查过滤器真空表及报警器,如果真空表度数超过 0.2bar 或报警器有报警,必须更换相应的过滤器滤芯;<br>② 检查发动机柴油油位、机油油位、冷却液液位 |
| 摊铺机启动操作 | 机械伤害 | 1 | 接通电源总开关 |
| | | 2 | 将操纵台上发动机启动开关向右旋动,发动机启动 |
| | | 3 | 发动机空运行 5min,检查发动机的运行状态 |
| | | 4 | 将调速器手柄移动到发动机怠速位置,运转 3~5min |
| | | 5 | 把启动开关钥匙左转,关闭发动机 |
| | | 6 | 取出启动开关钥匙 |
| | | 7 | 切断电源总开关 |
| | | 8 | 将行走速度控制电位计顺时针方向转动,摊铺机就可以无级调速至行走所需要的速度 |
| | | 9 | 向右转向时,向右转动转向电位计 |
| | | 10 | 向左转向时,向左转动转向电位计 |
| | | 11 | 将行走控制手柄拨到中位,摊铺机停止行驶 |
| | | 12 | 将摊铺机面向作业方向放在路基上 |
| | | 13 | 将摊铺机侧板按要求对准位置,在起点装好转向传感器 |
| | | 14 | 调整传感器支臂使找平传感器与样线水平距离保持在 150~200mm |
| | | 15 | 将摆杆及配重块装在传感器轴上(注意:找平传感器与转向传感器安装方法不同) |

续表

| 作业步骤 | 风险 | | 注意事项 |
|---|---|---|---|
| 摊铺机启动操作 | 机械伤害 | 16 | 调整找平传感器的轴，使摆杆在水平方向上下摆动时机身能同步动作。然后将支臂及摆杆上的螺栓旋紧 |
| | | 17 | 调整转向传感器支臂，使摊铺机方向控制传感器摆杆与样线及地面垂直。旋紧传感器轴到合适位置，使摊铺机能够精准转向后将支臂及摆杆上的螺栓旋紧 |
| | | 18 | 调整车身高度，使摸平板地面与路面标高大致相同（注意在调整过程中四个升降立柱必须交替上升，尽量保持相同的升降幅，以避免机架过度扭曲） |
| | | 19 | 摇动找平升降器手柄，使找平传感器的高度与样线大致相同 |
| | | 20 | 把摆杆挂在样线（钢丝绳）上方，将自动找平打开 |
| | | 21 | 摇动找平升降器手柄，精确调整车身高度，使摸平板底面与路面标高一致 |
| | | 22 | 调整车身高度，使摸平板底面与路面标高大致相同（在调整过程中四个升降立柱必须交替上升，尽量保持相同的升降幅，以避免机架过度扭曲） |
| | | 23 | 摇动找平升降器手柄，使找平传感器的高度与样线大致相同 |
| | | 24 | 把摆杆挂在样线（钢丝绳）上方，将自动找平打开 |
| | | 25 | 摇动找平升降器手柄，精确调整车身高度，使摸平板底面与路面标高一致 |
| | | 26 | 如果路面分两幅及以上摊铺，就要用到边传力杆插入器。将边传力杆安装到车架和侧模上，接好油管。摊铺前将油缸安装好 |
| | | 27 | 操纵左、右侧挡板油缸操纵阀，将侧模顶紧。再旋动侧模顶紧螺栓，使侧模板与抹平板的间隙大小调整在恰好使侧模板能上下活动为佳 |
| | | 28 | 检查螺旋布料机、刮平器、振捣棒架、捣固杆、钢筋插入器操作是否灵活、平稳 |
| 摊铺作业 | 机械伤害 | 1 | 首先打开自动找平开关，然后打开转向传感器开关 |
| | | 2 | 在摊铺机螺旋布料器前倾卸混凝土，操作螺旋布料器均匀布料 |
| | | 3 | 摊铺机以工作速度前进 |
| | | 4 | 当振捣棒和捣固杆接触混凝土时，启动振捣棒和捣固杆（注意提前启动振捣棒将导致振捣棒过热而损坏） |
| | | 5 | 打开控制面板上传力杆插入器开关，按照工作要求打入传力杆 |
| 意外情况处置 | | | 吸油滤芯上的压力表指针指向超出绿色区域、压力超过 0.02MPa 或有滤芯报警器报警，关闭发动机更换压力表对应的滤芯 |

续表

| 作业步骤 | 风险 | | 注意事项 |
|---|---|---|---|
| 完工 | | 1 | 关闭自动找平,并将传感器控制阀关闭 |
| | | 2 | 关闭发动机,取下钥匙,并关闭总电源 |
| | | 3 | 摊铺工作结束,用高压水枪将螺旋布料器、挂平板、振动棒、捣固杆、抹平板底面、机身、侧模板(注意清洗时必须将侧模板顶紧油缸和螺钉松开,使侧模板处于浮动状态)冲洗干净,防止混凝土凝固在机器上 |
| | | 4 | 使用完后,如需长期封存设备,应彻底清洗摊铺机,加注润滑脂,用油布将摊铺机覆盖 |

## 3.10 液压弯管机

| 作业步骤 | 风险 | | 注意事项 |
|---|---|---|---|
| 工作前检查 | 坍塌、物体打击、机械伤害 | 1 | 检查弯管机周围环境的安全情况,地面上不得有油污以免滑倒,工作场地清洁,无影响工作的物件,工件堆放要整齐牢固,以防倒塌伤人 |
| | | 2 | 检查电源线、开关、电动机、油泵、液压活塞、液压油管、胎具等是否完好,各部螺钉有无松动,机器金属外壳接地是否良好,发现问题及时修理、更换后方可使用 |
| | | 3 | 检查各润滑点是否缺油,运动机构是否松动,安全防护装置是否可靠,待确认后方可操作 |
| | | 4 | 以上检查确认正常后,再启动油泵并空车试运转,检查机械运转是否正常,电器开关是否灵敏好用。一切正常后,再进行工作 |
| 各步操作方法及顺序 | 物体打击、机械伤害 | 1 | 按被弯管子外径选装弯管模,并插上定位插销进行固定 |
| | | 2 | 按不同管径选装不同支持轮插销孔和退管挡销插孔,插销孔和退管挡销要相对应,不得插错,否则弯管模将会碰撞在挡销上,碰弯挡销或拉断顶头 |
| | | 3 | 调整两侧支撑轮可调自动复位机构:<br>(1)拉起插销,把复位套的限位块转到弹簧架的前方,使支轮自动复位套的定位拉手向外,然后插入销子固定;<br>(2)拉开定位手柄,根据所弯钢管外径,选择不同的凹面,并面对被弯管件松开定位手柄使之插入孔内固定。两个支轮自动复位套要相对应 |
| | | 4 | 启动油泵电动机,将旋钮置到点动位置,按弯曲按钮,当被弯钢管达到所需要角度后,松开弯曲按钮,拧紧前行程开关座下螺母,按回位按钮,将油缸活塞杆退到后行程开关座后,将所弯钢管取出。根据熟练程度,也可将旋钮置到自动位置,批量弯制同一规格同一角度的钢管 |

续表

| 作业步骤 | 风险 | | 注意事项 |
|---|---|---|---|
| 使用过程注意事项 | 物体打击、机械伤害、触电 | 1 | 操作人员坚守工作岗位，弯管机开动时不得离开机床，因事要离开时须停机（关闭油泵电动机） |
| | | 2 | 弯制第一个弯时，应选用点动设置，确认弯曲和回位动作都正常后，再根据需要选择"自动"设置。弯曲时，操作人员思想要集中，禁止将手或其他物品放入工作区，如遇紧急情况，按急停按钮，再将转扭开关转至"点动"位置，用手动复位，若发生故障，及时报修 |
| | | 3 | 弯管机运转过程中，若出现不规则噪声、冲击、摆动等异常现象，应立即停机检查，排除后再继续工作 |
| | | 4 | 弯管机工作时，在管子弯度行程范围附近不准有人，并设立防护警示标志。撬管子时要站稳，防止被撬棒打滑击伤。操作人员只能站在外侧 |
| | | 5 | 两人同时工作时要密切配合，协调一致。应指定专人操作开关。操作时不准与旁人谈笑，以防误动作 |
| | | 6 | 更换或装配管子前，要将液压推杆回缩到位，模具和管壁要匹配并装配牢固，移动管子和模具时要两人配合作业，谨防挤伤手指 |
| | | 7 | 在弯管机使用过程中，应经常检查各传动机构和连接部位，保持无松动、无损坏；经常检查各润滑点供油情况 |
| | | 8 | 弯管机运转时，机门不得打开，以防触电。在长时间不弯管时应暂停油泵电动机 |
| 异常情况处理 | 机械伤害 | 1 | 工作中出现紧急情况，应快速按下操纵台上（或床身处）的紧急停止按钮并切断总电源 |
| | | 2 | 发现设备运转时有异常声响或其他异常情况，应立即停止作业，查找原因并排除故障，如故障无法排除，应及时报修进行故障排除 |
| 停机 | | 1 | 工作结束后，将液压推杆回缩到位，按"停止"按钮停止油泵电动机，再切断总电源开关 |
| | | 2 | 清理设备上及周边散落的氧化皮和杂物，整理工具、附件，清扫设备和工作现场，做到工完料净场地清 |
| 日常清理与维护 | | 1 | 清洁设备外观灰尘，保持油缸活塞杆清洁，无油污 |
| | | 2 | 经常检查各按钮、指示灯、限位开关动作可靠性，对电气与润滑系统进行检查和除尘，油路不得有渗漏油现象，确保设备状况良好 |
| | | 3 | 设备使用的液压工作油为HL32、HL46液压机床油。油液应保持清洁。加油时，油应经过滤网灌入，正常情况下半年换油一次，并同时清洗油箱和回油过滤器，液面不得低于140mm |

## 3.11 履带式起重机

| 作业步骤 | 风险 | | 注意事项 |
|---|---|---|---|
| 作业应具备的条件 | | 1 | 作业前，起重工应对吊装索具进行全面检查，检查内容包括但不限于完好程度、规格型号、产品合格证、数量及备用品是否齐全。如有损伤，应根据要求降低使用或报废 |
| | | 2 | 特种设备检验机构对履带起重机进行年检，应满足相关的技术要求，取得年检合格证后，履带起重机方可投入使用 |
| | | 3 | 履带起重机应配备适用的灭火器 |
| | | 4 | 应按照国家有关钢丝绳报废标准，经常检查钢丝绳的质量情况 |
| | | 5 | 雨天、雪天、夜间、大雾、风速大于或等于9.8m/s（五级）以上、气温小于或等于-20℃时，不应进行吊装作业。履带吊应将上机放在与履带纵向方向，机械背面向风，且把起重臂降至地面或者将吊钩落到地面封到物体上，锁紧回转制动 |
| 作业前检查 | | 1 | 吊装技术措施编写完成，经过审核、批准后实施 |
| | | 2 | 使用履带起重机前，必须详细检查履带起重机的限位开关是否完好、液压系统压力是否正常、力矩限制器输入的状态设定值必须符合起重机的实际工况。如发现缺陷，应维修好后再进行工作 |
| | | 3 | 在易燃、易爆危险物附近，注意易燃物远离排气管 |
| | | 4 | 吊装场地应平坦坚实，并与沟槽、基坑保持一定的安全距离。若地面松软或不平时，应夯实整平，铺设钢板或路基箱 |
| | | 5 | 吊装工作场所应有足够的空间，要注意周围及上方有无障碍物。履带起重机在架空输电线路一侧工作时，应保持足够的安全距离 |
| | | 6 | 检查起吊物是否绑扎牢固。所有索具和卡具应符合要求。发现有损坏情况时，不可勉强使用 |
| 作业准备 | | 1 | 所有参与人员参加安全技术交底会议，进行安全交底和技术交底 |
| | | 2 | 由安全部门、质量部门、生产部门、技术部门、施工队等相关单位对吊物和履带起重机进行联合检查确认合格后，方可开始吊装 |
| | | 3 | 由吊装总指挥签署起吊令 |
| 吊装作业 | 起重伤害、物体打击 | 1 | 吊装过程中，履带起重机驾驶员与指挥人员对起吊的物体必须保持视线清楚。指挥人员应面对起吊物并保证指挥信号能及时、准确传达，驾驶员应能清楚辨认指挥信号。如有障碍物应有专人传递信号。如指挥人员所发出的信号不够清楚或有误，吊车司机应拒绝执行，并立即通知指挥人员。不得盲目开车或起吊 |
| | | 2 | 严禁履带起重机超负荷运行 |
| | | 3 | 提升重物时，应先吊离地面100~200mm进行试吊，无问题后方可吊起。如遇特殊情况需夜间工作，应有足够的照明，保证起重机驾驶员、起重指挥视线清晰 |

续表

| 作业步骤 | 风险 | | 注意事项 |
|---|---|---|---|
| 吊装作业 | 起重伤害、物体打击 | 4 | 起吊物件应拉设溜绳，速度要均匀，操作要平稳，禁止忽快忽慢和突然刹车。进行换向操作时，必须待履带起重机停稳后再换向运转，禁止突然变换方向 |
| | | 5 | 起吊时，不许横拖物件或倾斜吊装，严禁吊拔埋在地下的情况不明的物件或凝结在地面、冻在冰上的物件 |
| | | 6 | 履带起重机吊重物回转时，应慢速进行，速度不应超过规定值。禁止在斜坡处吊重物回转 |
| | | 7 | 起吊重物时，禁止同时进行两种及以上的操作动作，变幅应符合安全要求方可操作 |
| | | 8 | （1）吊装物件就位必须行车时，道路应平整坚实，一般重物最好在履带侧前方，离地面尽可能低，并用溜绳拉住被吊物件，缓慢行驶；<br>（2）履带起重机负载行走时，吊物宜处于起重机正前（后）方，载荷不宜超过额定起重量的70%，吊物离地面高度不宜超过500mm，并拴好溜绳，还应有专人引导、监护；<br>（3）以慢挡速度启动、转动和制动，在行驶中，严禁操作其他动作，回转、卷扬的制动器必须处于制动位置 |
| | | 9 | 吊物上禁止站人，不得把履带起重机作为运送人员使用。起吊时严禁在吊臂或吊起的重物下站人 |
| | | 10 | 空负荷运行时，吊钩与地面间距不得少于2m，带负荷运行时，重物必须高于运行路线上最高障碍物0.5m以上 |
| | | 11 | 吊装重物时严禁自由下落 |
| | | 12 | 钢丝绳在卷筒上要排列整齐，当吊钩放在最低位置时，卷筒上至少应保留5圈钢丝绳。吊装过程中禁止用手触摸钢丝绳和滑轮 |
| | | 13 | 两机或多机抬吊时，必须有统一指挥，动作配合协调，吊装重量应分配合理，不得超过单机允许吊重的75% |
| 吊装作业结束 | 起重伤害 | | 工作完毕应将吊钩升起，臂杆放在操作说明书要求的停车角度，各制动器应锁止，操纵杆放在零位，锁好驾驶室门窗 |
| 紧急情况 | 起重伤害、火灾、触电 | 1 | 履带起重机在工作中发生故障时，必须及时放下吊物，停止运转后再进行排除。严禁在设备运转时进行保养和修理工作 |
| | | 2 | 如遇漏电、失火，应立即切断电源，并立即停车处理 |
| | | 3 | 若发生吊装事故，当事人应保护好事故现场，迅速采取措施抢救伤者及设备，并立即向承租单位及本单位应急部门报告事故经过和人员伤亡、财产损失基本情况。积极配合上级安全环保部门进行事故调查 |
| | | 4 | 事故的报告、调查、抢险、救援等执行公司事故管理办法相关要求 |

## 3.12 汽车式起重机

| 作业步骤 | 风险 | 注意事项 | |
|---|---|---|---|
| 作业应具备的条件 | | | （1）吊装应办理"吊装安全作业证"；<br>（2）吊装质量大于或等于40t的物体，应编制吊装施工方案、吊装作业方案、施工安全措施和应急救援预案。 |
| 作业前安全检查 | | 1 | 安全环保部对从事指挥和操作的人员已进行资质确认 |
| | | 2 | 作业单位进行有关安全事项的研究和讨论，对安全措施落实情况已进行确认 |
| | | 3 | 实施吊装作业单位的相关人员应对起重吊装机械和吊索具进行了安全检查确认，必须检查各操作装置是否正常，钢丝绳是否符合安全规定，制动器、液压装置和安全装置是否齐全和灵敏可靠，严禁机件带病运行 |
| | | 4 | 实施吊装作业单位使用汽车吊装机械，要确认安装有汽车防火罩 |
| | | 5 | 实施吊装作业单位的有关人员，应对吊装区域的安全状况进行检查（包括吊装区域的划定、标识、障碍）。警戒区域及吊装现场应设置安全警戒标志，并设定专人监护，非作业人员禁止入内 |
| | | 6 | 实施吊装作业单位的有关人员，应提前掌握、核实天气情况。室外作业遇到大雪、雷电、暴雨及六级以上大风时，严禁安排吊装作业 |
| 行车前安全检查 | 车辆伤害 | 1 | 吊车司机在行车途中必须严格遵守《道路交通管理条例》 |
| | | 2 | 行车前应检查行驶证、驾驶证等行车所必需的各种证件等，严禁无证驾车行驶 |
| | | 3 | 起步前应观察车辆四周情况，确认安全后（气压式制动的车辆待气压表读数达到规定的数值）鸣笛起步 |
| | | 4 | 有转向助力器装置的起重机，严禁熄火滑行，气压制动的起重机和运行吊车，在下长坡时不准熄火滑行 |
| | | 5 | 在进出作业现场或行驶途中，要注意上空有无障碍刮碰臂架。车上人员的头、手、脚等肢体不得伸出车外 |
| | | 6 | 在松软地面上工作的起重机，应在使用前将地面垫平、压实。机身必须固定平稳，支撑必须安放牢固，作业区内应有足够的空间和场地 |
| | | 7 | 汽车起重机不得在斜坡上横向运行，更不允许朝坡的下方转动起重臂。如必须运行或转动时，必须将机身先垫平 |
| | | 8 | 必须打支腿作业，支腿与支承面必须垂下，打支腿后回转支承处应水平，其倾斜度不得大于10° |
| 启动 | | 1 | 将各操纵杆放在空挡位置，手制动器应锁死，按正确步骤启动内燃机 |
| | | 2 | 启动后，应怠速运转，检查仪表各项指示值，运转正常后接合液压泵 |
| | | 3 | 待压力值达到规定值，油温超过30%时，方可开始作业 |

续表

| 作业步骤 | 风险 | | 注意事项 |
|---|---|---|---|
| 运行控制 | 起重伤害、物体打击 | 1 | 吊重作业中,不准扳动支腿手柄,如果要调整支腿,一定要先将所吊重物放落地面 |
| | | 2 | 当实际起重接近起重表所规定的起重量时,吊臂只能向后方起吊,左右回转不准超过45° |
| | | 3 | 当场地比较松软时,必须进行试吊(吊重离地高不大于30cm),检查各支腿有无松动或下陷,如发现有变动,不可起吊 |
| | | 4 | 吊钩(或提升滑轮组)提升时,与吊臂头部距离应不少于0.5m。吊钩下降至最低点时,卷筒应保留至少3圈以上的钢丝绳 |
| | | 5 | 当起重机以最大仰角进行卸载作业时,应先将重物放至地面,并保持钢丝绳拉紧状态,然后将吊臂放低一些再摘吊(防止吊机向后倾覆) |
| | | 6 | 负荷在空中未放下时,司机不准离开驾驶室,吊臂及重物下严禁站人和通过 |
| | | 7 | 起重机严禁超载使用,如用两台起重机同时起吊一件重物时,必须有专人统一指挥,两车的升降速度要保持相等,其物件的重量不得超过两车所允许的起重量总和的75%,绑扎吊索时要注意负荷的分配,每台车分担的负荷不能超过所允许的最大起重量的80% |
| | | 8 | 严禁在高压线下及附近进行作业,必须保持足够的安全距离 |
| | | 9 | 无论在停工或休息时,严禁将吊物悬挂在空中 |
| | | 10 | 吊装易滑脱物件时,吊钩、吊索应采取防滑措施 |
| | | 11 | 吊重后变幅应在起重表规定范围内,并尽量缓慢进行 |
| 紧急情况处理 | 起重伤害 | 1 | 吊装作业中,夜间应有足够的照明,室外作业遇到大雪、暴雨、大雾及六级以上大风时,应停止作业 |
| | | 2 | 吊装过程中,出现故障,应立即向指挥者报告,没有指挥令,任何人不得擅自离开岗位 |
| | | 3 | 起重机在运行中,如遇紧急危险情况,应立即拉离紧急开关停车 |
| | | 4 | 在降落重物过程中,如卷扬机制动器突然失灵,应采取紧急措施(即将重物稍微上升后再降落,再稍微上升,再降落,这样多次反复,将重物最后安全降落) |
| | | 5 | 起重机在停工、休息或中途停电时,应将重物卸下,不得悬在空中 |
| 停机 | 起重伤害 | 1 | 作业结束后,将起重臂全部缩回放在支架上,再收回支腿 |
| | | 2 | 吊钩用专业钢丝绳挂牢 |
| | | 3 | 将车架尾部两撑杆分别撑在尾部下方的支座内,并用螺母固定 |
| | | 4 | 将阻止机身旋转的销式制动器插入销孔,并将取力器操纵手柄放在脱开位置 |
| | | 5 | 锁住起重操作室门 |

续表

| 作业步骤 | 风险 | | 注意事项 |
|---|---|---|---|
| 清理与维护 | | 1 | 按规定的油脂和润滑点按期进行润滑 |
| | | 2 | 应先把注油口、润滑油杯等清扫干净，再进行注油 |
| | | 3 | 对衬套、轴和轴承注入润滑脂时，应灌注到能把旧润滑脂挤出外面为止 |
| | | 4 | （1）检查车辆外形的完好性；<br>（2）检查油、水是否充足，油管、气管、水管各接管处是否有渗漏现象；<br>（3）检查轮胎气压是否符合要求，轮胎是否损坏；<br>（4）检查蓄电池接线桩柱是否牢固可靠；<br>（5）检查各种仪表、灯光、信号、雨刮器工作是否正常；<br>（6）检查转向系统、制动系统各部件是否灵活、安全、可靠；<br>（7）检查传动轴万向节螺栓、钢板弹簧螺栓、轮毂螺栓紧固是否可靠，钢板弹簧有无断裂；<br>（8）检查各部分的润滑情况，应按规定加油，特别是液压油箱，应加到规定刻线；<br>（9）检查液压系统油路各泵、阀、缸、马达等有无渗漏现象；支腿、变幅、伸缩机构各软管连接是否松动；齿轮油泵传动连接部分是否紧固可靠 |
| | | 5 | 检查卷扬钢丝绳、吊臂伸缩用钢丝绳是否损坏严重，当钢丝绳出现下列情况之一时，应予更换：<br>（1）一股中的断丝超过10%；<br>（2）直径减小超过名义直径70%；<br>（3）钢丝绳出现扭结、显著松脱或严重锈蚀 |
| | | 6 | 各仪表、指示灯及安全装置是否正常，必要时应进行调整 |
| | | 7 | 各操纵手柄位置是否正确、灵活、可靠 |
| | | 8 | 由设备操作员将每日设备运行时间、工作内容、设备工作状态、交接班以及异常情况等记入"设备运转记录" |

## 3.13 塔吊

| 作业步骤 | 风险 | | 注意事项 |
|---|---|---|---|
| 作业应具备的条件 | | 1 | （1）本设备拆装过程中配备的起重机、运输汽车等辅助机械应状况良好，技术性能应保证拆装作业的需要；<br>（2）本设备的安全装置必须齐全，并应按程序进行调试合格；<br>（3）本设备安装完成后应及时做好设备绝缘接地；<br>（4）在未确认材料是否存在不明重量的大件、埋入地下或凝固在地面上的物品，不得使用本设备 |

续表

| 作业步骤 | 风险 | | 注意事项 |
|---|---|---|---|
| 作业应具备的条件 | | 2 | (1)当出现以下情况（包括但不限于）时必须经过书面确认和批准：<br>① 当塔吊确认使用准备进场时；<br>② 当拉运车辆、塔吊车辆路径距离道路边缘较近存在车辆伤害风险时；<br>③ 当塔吊安装前对起重人员、拆装人员、操作人员安全交底时；<br>④ 当作业环境条件受到限制时（如交叉作业、防爆区域、自然保护区等环境敏感区域）；<br>⑤ 不间断连续作业超过人体承受能力时；<br>⑥ 需其他吊装设备配合时；<br>⑦ 吊装的施工方案与实际吊装有偏差时。<br>(2)塔吊吊装作业时，需办理作业许可后方可作业 |
| | | 3 | (1)本设备宜在地面平整、坚实、空旷区域作业；<br>(2)雨雪天气、光线不足、风力达6级以上、吊区输电线路无安全距离等不良环境时不宜吊装 |
| 准备工作 | | 1 | 检查塔吊专项施工方案的交底及落实情况 |
| | | 2 | 检查塔吊设备的完整性、合规性、润滑情况、电源开关开启情况、用电设备接地情况 |
| | | 3 | 检查吊索具完整性、适用性及所吊材料处理情况、捆绑牢固情况 |
| | | 4 | 核对作业许可票证措施落实情况 |
| | | 5 | 检查周边作业环境是否存在不安全因素 |
| | | 6 | 检查指挥人员与操作人员是否配备可靠的实时通信装置 |
| 启动 | 起重伤害、机械伤害 | 1 | 开机后鸣笛示警，清除作业区域人员 |
| | | 2 | 作业前进行空载运转，试验各工作机构是否运转正常 |
| 运行控制 | 起重伤害、坍塌、物体打击、高处坠落 | 1 | 对起重司机、起重信号工、司索工等作业人员进行安全技术交底 |
| | | 2 | (1)吊装作业前对吊装区域进行警戒维护，无关人员禁止进入；<br>(2)起吊重物时，司索人员应与重物保持一定的安全距离 |
| | | 3 | (1)指挥人员需要先确定吊装捆绑安全可靠后方可下达操作指令；<br>(2)严禁用吊钩直接吊挂重物，吊钩必须用吊、索具吊挂重物；<br>(3)起吊短碎物料时，必须用强度足够的网、袋包装，不得直接捆扎起吊；<br>(4)起吊细长物料时，物料最少必须捆扎两处，并且有两个吊点吊运，在整个吊运过程中应使物料处于水平状态；<br>(5)起吊的重物在整个吊运过程中，不得摆动、旋转；<br>(6)不得吊运悬挂不稳的重物，吊运体积大的重物，应拉溜绳 |
| | | 4 | (1)严禁使用塔吊进行斜拉、斜吊和起吊地下埋设或凝结在地面上的重物；<br>(2)现场浇筑的混凝土构件或模板，必须全部松动后方可起吊 |

续表

| 作业步骤 | 风险 | | 注意事项 |
|---|---|---|---|
| 运行控制 | 起重伤害、坍塌、物体打击、高处坠落 | 5 | 操作中要听从指挥人员信号，信号不明或可能引起事故时，应暂停操作 |
| | | 6 | 严禁起吊重物长时间悬停在空中，操作人员不得离开岗位 |
| | | 7 | 重物提升和降落速度要均匀，严禁忽快忽慢和突然制动，禁止越级调速和高速时突然停车。 |
| | | 8 | （1）吊物运输到位前，应选择好安置位置，卸载不要挤压电气线路和其他管线，不要阻塞通道；<br>（2）针对不同吊物种类应采取不同措施加以支撑、垫稳、归类摆放，不得混码、互相挤压、悬空摆放 |
| | | 9 | （1）扶正就位：吊物下落到人员肩部高度以下时，操作人员方可靠近吊物 4m 范围以内扶正吊物就位；<br>（2）禁止手扶吊索具（特殊情况需要手扶吊索具时，手扶位置需离开吊索具与吊物的接触点，防止挤压伤），禁止手扶吊物下方 |
| | | 10 | （1）摘绳：落绳、停稳、支稳后方可放松吊绳；<br>（2）对易滚、易滑、易散的吊物，摘绳要用安全钩；<br>（3）司索人员不得站在吊物上面，如遇不易人工摘绳时，应选用其他机具辅助，严禁攀登吊物及绳索 |
| | | 11 | （1）抽绳：吊钩应与吊物重心保持垂直，缓慢起绳，不得斜拉、强拉、不得旋转吊臂抽绳；<br>（2）如遇吊绳被压，应立即停止抽绳，可采取提头试吊方法抽绳；<br>（3）吊运易损、易滚、易倒的吊物不得使用起重机抽绳 |
| 意外情况处置 | 触电、起重伤害、物体打击 | 1 | 作业中遇有下列情况应停止作业：<br>（1）恶劣气候：如大雨、大雪、大雾、超过允许工作风力等影响安全作业；<br>（2）起重机出现漏电现象；<br>（3）钢丝绳磨损严重、扭曲、断股、打结或出槽；<br>（4）安全保护装置失效；<br>（5）各传动机构出现异常现象和有异响；<br>（6）金属结构部分发生变形；<br>（7）起重机发生其他妨碍作业及影响安全的故障 |
| | | 2 | 一旦发生意外情况：<br>（1）确保塔吊的安全停机，操作员应立即切断电源，使用紧急制动装置使塔吊停止工作；<br>（2）确保塔吊的吊钩和吊臂处于安全位置，避免对人员和财物造成进一步伤害 |
| | | 3 | 发生塔吊倾覆、钢管坠落等紧急情况：<br>（1）迅速疏散施工作业区域内的所有人员，确保他们的安全；<br>（2）对于受伤或受困的人员，应立即启动救援预案，组织专业救援人员进行现场救援，并及时将受伤人员送往医疗机构治疗 |

续表

| 作业步骤 | 风险 | | 注意事项 |
|---|---|---|---|
| 意外情况处置 | 触电、起重伤害、物体打击 | 4 | 一旦发生塔吊作业事故：<br>（1）立即启动事故记录与报告制度；<br>（2）对事故进行详细记录，包括事故发生的时间、地点、原因、伤亡情况等；<br>（3）向公司及相关部门报告事故情况，积极配合事故调查处理工作 |
| | | 5 | 事故发生后：<br>（1）及时组织事故调查组进行调查，查明事故原因和责任；<br>（2）根据调查结果，制订相应的整改措施和预防措施，防止类似事故再次发生；<br>（3）对受伤人员进行妥善安置和补偿，维护他们的合法权益 |
| 完工 | 起重伤害、物体打击 | 1 | （1）塔吊作业完毕吊钩上严禁挂物，松开回转制动器，吊臂转到顺风方向，放松回转制动器，吊钩升至最高位置，小车停在起重臂中部，各部件置于非工作状态，控制开关置于零位，依次切断所有电源，只留塔帽和起重臂障碍红灯示警，锁好司机室方可离机；<br>（2）工件摆放整齐，场地及时清理，保持场地整洁，安全通道畅通；<br>（3）工具及设备归位，将产生的废弃物分类放入指定地点 |
| | | 2 | 填好当班相关记录，关闭作业许可 |

## 3.14 手动倒链

| 作业步骤 | 风险 | | 注意事项 |
|---|---|---|---|
| 作业应具备的条件 | 物体打击 | 1 | 倒链在正式使用前应做性能测试，性能测试主要包括：<br>（1）空载性能。在空载状态下，拉动手动链条，各机构应运转灵活，不应有卡阻或时松时紧的情况发生。<br>（2）轻载性能。手拉葫芦在轻载试验时，应按3%额定起重量的试验载荷加载，按规定的起升下降，要求载荷升降正常，制动器可靠。<br>（3）动载性能。手拉葫芦做动载性能试验时，应按1.25倍额定起重量的试验载荷加载，要求手链与轮盘咬合完好，制动器动作可靠，载荷无下滑现象。<br>（4）制动性能。手拉葫芦应以不同的重量进行载荷试验，试验中制动器应工作正常，制动可靠 |
| | | 2 | 以下情况作业前应办理相关作业许可或编制专项方案：<br>（1）当使用2台及2台以上倒链协同作业时；<br>（2）当作业或临时固定过程中倒链有可能承受冲击载荷时；<br>（3）当环境温度低于0℃时（须考虑机械润滑的影响），或低于－10℃时（须考虑倒链及重物材料脆性增加的影响）；<br>（4）当环境温度高于50℃时（须考虑倒链热膨胀的影响）；<br>（5）当无法直观判断倒链的系挂点受力情况或结构状态是否满足时；<br>（6）当用作吊装作业的索具用于调整角度或方向时；<br>（7）当倒链受力超过额定荷载70%～80%时；<br>（8）当用作吊装时，起吊重物重量超过10t时；<br>（9）当倒链作用的对象在作业前容易发生变形、位移时 |

续表

| 作业步骤 | 风险 | | 注意事项 |
|---|---|---|---|
| 作业应具备的条件 | 物体打击 | 3 | 严禁将倒链钩头取掉，降低倒链起吊能力，单链起吊 |
| | | 4 | 严禁将下吊钩回扣到起重链条上起吊重物。不允许抛掷倒链，不得私自改装倒链，更换的零部件必须达到原设计要求 |
| | | 5 | 当倒链和焊接二次线同时连接在一个钢结构上，此时严禁在吊装重物上进行焊接，防止发生回路 |
| 作业前准备 | | 1 | 检查询问作业人员是否知晓作业内容及倒链使用方法。严禁超负荷使用 |
| | | 2 | 检查作业人员是否按规定正确穿戴个人防护装备 |
| | | 3 | 检查倒链的吊钩、链条、轮轴、链盘等应无锈蚀、裂纹、损伤，传动部分及起重链条润滑良好，空转正常，否则严禁使用 |
| | | 4 | 使用前检查起重链条是否打扭。如有打扭现象，应调整好后方能使用 |
| | | 5 | 检查吊物是否绑扎牢靠，如是否存在零散部件、重心不稳等情况 |
| | | 6 | 检查吊索具、吊耳是否存在缺陷 |
| | | 7 | 检查作业点周围安全警戒区标识是否完整，应急是否设施齐全，通信设备是否正常 |
| 吊点选择 | 起重伤害、物体打击 | 1 | 倒链挂钩与吊点位置严禁钢对钢进行连接，可使用钢丝绳或吊装带进行连接 |
| | | 2 | 倒链吊点为固定式时，吊点位置则需要选择在重物的正上方位置。当固定式吊点为临时焊接吊点时，则需对吊点焊接位置做PT渗透检测，以保证吊点的牢固性 |
| | | 3 | 倒链吊点为移动式时，吊点可以选择在任意可以移动到重物正上方的位置 |
| | | 4 | 吊点必须可以承载倒链自重与吊物的重量之和，否则就有可能出现吊点超载的情况，而致使其变形或断裂，从而引发倒链下坠的危险情况发生 |
| | | 5 | 当使用两台或两台以上倒链进行起重作业时，所有吊点应均匀分布保证倒链受力均匀 |
| | | 6 | 严禁将有电缆通过的钢梁、水泥梁作为起重的承重点，不得在设备及楼板上焊接承重吊环，焊接吊环时必须牢固可靠，连接吊钩与工件的索具必须绑扎牢固 |
| | | 7 | 在机械设备安装精度要求较高时，为了保证安全顺利地安装就位，可采用选择辅助吊点配合简易吊具调节设备平衡的吊装法，通常采用倒链来调节设备的水平位置及平衡度 |
| | | 8 | 吊点选择完毕后，倒链应挂在吊点的正下方，起重链条不得扭转和打结，双行链倒链的下吊钩组件不得翻转 |

续表

| 作业步骤 | 风险 | | 注意事项 |
|---|---|---|---|
| 吊点选择 | 起重伤害、物体打击 | 9 | 吊钩应在重物重心的铅垂线上，严防重物倾斜、翻转 |
| 吊物绑扎 | 起重伤害 | 1 | 在吊运各种物体时，为避免物体的倾斜、翻倒、变形、损坏，应根据物体的形状特点、重心位置，正确选择捆绑点，使物体在吊运过程中有足够的稳定性，以免发生事故 |
| | | 2 | 当采用单根绳索起吊重物时，捆绑点应与重心同在一条铅垂线上。用两根或两根以上绳索捆绑起吊重物时，绳索的交汇处（吊钩位置）应与重心在同一条铅垂线上 |
| | | 3 | 有指定捆绑点（吊耳或吊环）的物体，吊点要采用原设计的吊点。装箱设备一般有明确的捆绑点标记，其箱底托板的斜角也可供起吊捆绑 |
| | | 4 | 没有指定捆绑点的物体，可在重心两侧四点捆绑吊索，并在根据被吊物体的具体情况，确定合适的捆绑点，使吊钩与物体的重心在同一条铅垂线上 |
| | | 5 | 捆绑用的吊索、卸扣等索具要按要求留有一定的安全余量，捆绑前必须进行严格检查 |
| | | 6 | 捆绑重物时，遇有尖锐角边处应加防护衬垫，绑扎薄壁物件时应采取加固措施，以免脱落造成事故 |
| 受力使用 | 起重伤害 | 1 | 起吊前再次确认上下吊钩是否挂牢。严禁将重物吊在尖端位置等错误操作。起重链条应垂直悬挂，不得有错扭的链环，双行链的下吊钩架不得翻转。开始之前确认拉链提升下降方向，再进行操作 |
| | | 2 | 操作者应站在与手链轮同一平面内拽动链条，使手链轮沿顺时针方向旋转，即可使重物上升 |
| | | 3 | 在起吊重物时，严禁人员在重物下做任何工作或行走，以免发生人身事故 |
| | | 4 | 在起吊过程中，无论重物上升或下降，拽动链条时，用力应均匀缓和，不要用力过猛，以免使链条跳动或卡环 |
| | | 5 | 起吊时先低点试吊，检查倒链工况、检查吊物平衡情况、检查吊点位置是否合适。确认无误后可继续起吊上升 |
| | | 6 | 如需多台倒链同时起吊时需检查各个倒链绑扎情况与工况，起重指挥与倒链操作员之间要明确沟通方式，如手势、哨子、旗语等 |
| | | 7 | 在作业过程中不得有冲击现象，且被吊物不宜在空中长时间停留。倒链起重量或起吊构件的重量不明时，只可一人拉动链条，如一人拉不动应查明原因，严禁两人或多人一起猛拉 |
| 临时固定、就位 | 起重伤害 | 1 | 吊起的重物如需在空中停留较长时间时，应将手拉链拴在起重链上，并在重物上加设保险绳。以防自锁失灵 |
| | | 2 | 当吊物从临时固定转为继续升降时，应先确认倒链手链的升降方向再进行操作 |

续表

| 作业步骤 | 风险 | | 注意事项 |
|---|---|---|---|
| 临时固定、就位 | 起重伤害 | 3 | 当吊物无特殊需要，不得长时间将重物悬吊在空中，在重物起吊停留空中时，操作人员不得离开现场 |
| | | 4 | 就位前应检查确认吊物与就位位置的匹配程度，防止吊物落下后与位置尺寸形式不匹配 |
| | | 5 | 起吊物落下的位置，必须用方木或其他材料进行支垫，确保物件落下后顺利抽取钢丝绳、吊带等 |
| | | 6 | 当使用辅助对重物调整时，调整重物的人员应与操控倒链人员密切合作，保证重物始终受力带紧，防止重物倾覆 |
| | | 7 | 吊物就位后临时固定前，不得松钩、解开吊装索具。吊物固定后，应检查连接牢固和稳定情况，当连接确定安全可靠，才可拆除临时固定工具和进行下步工序 |
| 卸力、作业结束 | 物体打击 | 1 | 待临时固定或加固已经做好后，可以摘除索具及倒链 |
| | | 2 | 倒链使用完后应拆卸清洗干净，重新上好润滑油，安装好送库房套上塑料罩，按规格挂好妥善保存。在储存期间，应避免与酸、碱及有机溶剂等腐蚀性物质接触 |
| 意外情况处置 | 起重伤害 | 1 | 作业时操作者如发现手拉力大于正常拉力时，应立即停止使用。查找原因后，再进行下一步工作 |
| | | 2 | 倒链在使用中如发生链条卡链情况，应将重物卸下垫好后方可进行检修。不可带吊物直接进行维修，防止吊物脱落伤人 |
| 完工 | 物体打击 | 1 | （1）工件摆放整齐，场地及时清理，保持场地整洁，安全通道畅通；（2）工具及设备归位，将产生的废弃物分类放入指定的回装地点 |
| | | 2 | 关闭作业许可 |

## 3.15 滚板机

| 作业步骤 | 风险 | | 注意事项 |
|---|---|---|---|
| 准备工作 | 触电、物体打击 | 1 | 检查设备床身及工作场地是否清洁，有无影响工作的物件；检查导轨及其他主要滑动面上有无障碍物、杂质和新的拉、研、碰伤；若出现新的拉、研、碰伤应及时分析原因和处理，并作好记录 |
| | | 2 | 检查各操作机构的手柄是否处于非工作位置上 |
| | | 3 | 检查各安全防护装置（防护罩、限位开关、限位挡铁、电气接地、保险装置等）是否齐全完好、安装是否正确可靠；配电箱（盒）门盖是否关闭 |
| | | 4 | 检查润滑部位（油池、油箱、油杯、导轨及其他滑动面）油量是否充足，检查各主要零部件及紧固件有无异常松动现象 |

续表

| 作业步骤 | 风险 | | 注意事项 |
|---|---|---|---|
| 启动 | | 1 | 打开电源开关，按"启动"按钮，电源指示灯亮，设备处于待机状态 |
| | | 2 | 进行空车运行，点动试运行各部动作，观察各传动零件及部位的运行是否正常；各操作装置、安全保险装置（制动、换向、联锁、限位、保险等）动作是否可靠；各指示仪表、指示灯等显示是否正常，若一切正常，可开始工作 |
| 运行控制 | 机械伤害、物体打击、起重伤害 | 1 | 设备在运行期间，密切注意各部位工作情况，若有异响、振动、温升、异味、烟雾、动作不协调、失灵等现象，应立即停机检查，排除后再继续工作 |
| | | 2 | 在机器运转过程中，滑动轴承温度不得超过70℃，滚动轴承温度不得超过80℃ |
| | | 3 | 在卷制或校平时，钢板应置于工作辊的中间部位，偏置时钢板的厚度相应减小；同时，在卷制过程中钢板与工作辊不得有打滑现象 |
| | | 4 | 严禁卷制或校平有突起焊缝或有切割毛边的钢板；卷制钢板上严禁站人 |
| | | 5 | 用垫块校平钢板时，垫块硬度不得高于工作辊硬度 |
| | | 6 | 操作人员与其他工作人员应密切配合，要有专人指挥 |
| 意外情况处置 | 机械伤害 | 1 | 工作中出现紧急情况，应快速按下操纵台上（或床身处）的"急停"按钮并切断总电源 |
| | | 2 | 发现设备运转时有异常声响或其他异常情况，应立即停止作业，查找原因并排除故障；如故障无法排除，应及时报修进行故障排除 |
| 完工 | 物体打击 | 1 | 工作结束，各操作装置应按规定放在非工作位置上，关闭总电源 |
| | | 2 | 整理工具、零件和工作场地；清扫设备上及周边工作场地杂物，擦拭各滑动面并涂油保护 |
| | | 3 | 日常清理与维护：<br>（1）每日工作结束后，清洁设备、整理现场，保持设备警示标识完整、清晰；<br>（2）每月对电气与润滑系统进行检查和除尘，及时更换失效元件；检查检查各紧固螺栓紧固情况；<br>（3）润滑油必须洁净，符合标准，不得让杂质混入；<br>（4）认真将作业中发现的机床问题，填到运转、交接班记录本上，做好交班工作；<br>（5）机器在连续工作情况下，人工润滑点8h/次，具体润滑视负荷运转情况而定；<br>（6）减速器箱体的润滑油，除日常补充不足部分外，至少半年换1次；定期检查各电动机接线、绝缘电阻、各控制接线，每半年1次。定期检查各按钮、指示灯、限位开关动作可靠性 |

## 3.16 液压剪板机

| 作业步骤 | 风险 | | 注意事项 |
|---|---|---|---|
| 作业应具备的条件 | | | （1）刀板刃口应保持锋利，如刃口变钝或有崩裂现象，应及时更换；<br>（2）剪切的板材不应是淬过火的高速钢、工具钢及铸铁等；<br>（3）禁止剪切有爆炸性的物品、棒料、过薄工件及非金属 |
| 准备工作 | 机械伤害、物体打击 | 1 | 做空运转试车前，先用人工盘车一个工作行程，确认正常后才能开动设备。刀板间的间隙应根据板料的厚度来调整，但不得大于板厚的1/30。刀板应紧固牢靠，上、下刀板面保持平行，调整后应用人工盘车检验，以免发生意外 |
| | | 2 | 根据剪切工件要求，松开定位挡料架螺栓，调整后定位挡料板尺寸位置，并加以坚固 |
| | | 3 | 工作前，应先将上下刀片进行对刀，其刀片间隙应根据剪切钢板厚度确定，一般为被剪板料的厚度5%～7%，每次间隙调整都应用手转动飞轮，使上下刀片往复运动一次，并用塞尺检查间隙是否合适 |
| | | 4 | 开机前将离合器脱开，电动机不准带负荷起动 |
| | | 5 | 检查储油箱油量应充足，启动油泵后检查阀门、管路是否有泄漏现象，压力应符合要求。打开放气阀将系统中的空气放掉 |
| 启动 | | 1 | 接通电源，打开操作面板上按钮后，电源指示灯亮 |
| | | 2 | 工作前应先空车试运转2～3次，确认润滑良好，运转无异常后方可正常剪板 |
| 运行控制 | 机械伤害、物体打击、触电 | 1 | 使用剪板机时，钢板应放置平稳，上剪未复位不可送料，手不得伸入压紧装置下方，应离开剪刀200mm以上 |
| | | 2 | 禁止用敲击的方法来松紧挡料装置或调整刀片间隙。禁止在工作运转过程中，手伸进剪切区或用手接料和捡料。工作台上不得放置其他物品，剪切时，压料装置应牢牢地压紧板料，不准在压不紧的状态下进行剪切。除节流阀外其他液压阀门不准私自调整 |
| | | 3 | 随时查看压力表值的变化和油箱油温情况，注意液压系统、电动机是否有异常声响，密切注意设备各部位润滑情况，检查油路有无泄漏和异常声响 |
| | | 4 | 对于剪切板料的厚度，应根据设备"板料极限强度与板厚关系曲线图"来确定。剪切不同厚度及不同材料板料时，压板弹簧的压力及刀片间隙应调整适当，防止弹簧崩断或损伤刃口。禁止操作者离开或托人代管开动着的设备 |
| | | 5 | 注意拉杆是否失灵，紧固螺钉是否牢固，送料时手指不能进入刀口。严禁2人在同机同时剪两件，剪床后不准站人。要经常注意夹紧机构及离合器、制动器有无异常失灵现象；剪切时应精力集中，若发现设备有异常现象，应立即停止剪切，切断电源，通知有关人员检修 |

续表

| 作业步骤 | 风险 | | 注意事项 |
|---|---|---|---|
| 紧急情况处置 | 机械伤害 | 1 | 发现设备运转时有异常声响，须立即停机，报告设备主管部门 |
| | | 2 | 其他紧急情况或不能确定的故障须立即停机后报告设备主管部门 |
| 完工 | | 1 | 先停止油泵电动机，再切断总电源 |
| | | 2 | 整理工具、零件和工作场地。清扫工作场地和设备上的杂物，擦拭设备各部位，各滑动面加油保护。填写设备运转及交接班记录 |
| | | 3 | 日常清理与维护：<br>（1）班前：<br>①按规定要求润滑各部位；<br>②检查限位及安全防护装置是否完好，电路及接地是否完好；<br>③检查各部位紧固件是否牢靠；<br>④检查各运转部位有无异物。<br>（2）班后：切断电源，检查各部机构有无异常，部件归位，清洁机床，清除一切下脚料及杂物，清扫工作场地 |

## 3.17 活塞空压机

| 作业步骤 | 风险 | | 注意事项 |
|---|---|---|---|
| 准备工作 | 机械伤害、物体打击 | 1 | 检查曲轴箱内润滑油是否在规定的高度范围内 |
| | | 2 | 维修装配后或长期停车后的首次开车必须用手转动大皮带轮，周转次数在1次以上，听其有无冲击和其他声音，是否异常沉重 |
| | | 3 | 检查皮带罩是否紧固，皮带轮防护罩是否完好，电源线绝缘是否完好，胶管是否完好，胶管与空压机连接处是否用管卡固定，空压机附近是否有其他杂物。空压机应选择空气清洁、通风良好、干燥的环境放置，放置平稳且保持周围300mm以上通风距离 |
| | | 4 | 外观检查电动机、电控部分及气管路是否完好 |
| 启动 | 物体打击、容器爆炸 | 1 | 将排气管路中的阀门打开，启动电动机进行空转3min以上（注意观察皮带回转方向是否正确） |
| | | 2 | 空运转无异常，关闭排气阀门，空压机储气罐存储气压，注意压力表压力上升至使用上限压力自动停机为正常 |
| | | 3 | 接通用气设备，打开排气阀门，试用用气设备观察压力表压力值下降至使用下限压力可自动运转时方可正式投入使用 |
| 运行控制 | 物体打击 | 1 | 在运行中随时注意压缩机运转情况，曲轴箱外壳温度过高（手触摸烫手）超过60℃时，应停机待曲轴箱外壳温度下降至约30℃左右，方可再启动压缩机使用 |
| | | 2 | 空压机在运转过程中每间隔30min检查1次，检查各运行部件是否有异声、冲击，检查滤清器工作是否正常 |

续表

| 作业步骤 | 风险 | | 注意事项 |
|---|---|---|---|
| 运行控制 | 物体打击 | 3 | 空压机上不得放置或悬挂任何物件 |
| | | 4 | 定期排放储气罐内存储的油水,每隔两班最少排放1次 |
| 意外情况处置 | | | 遇到异常情况,应立即停止作业,关机查找原因并排除故障;若故障无法排除,应报修进行故障排除 |
| 完工 | | 1 | 当班结束,断开电源使机器停止运转,放出储气罐中的存气,打开泄水阀排空罐内存水 |
| | | 2 | 若需长期停机时,须在机器各部位涂油,避免锈蚀 |
| | | 3 | 待设备冷却后(至少停机15min),清洁设备表面,打扫本岗位卫生 |
| | | 4 | 日常清理与维护:<br>(1)在设备停机、使用等状态勤查看各指示仪表,如压力表、油位、压力控制器;使用过程中勤观察机器各运转部件如气阀、活塞、曲轴、轴承等有无异常。<br>(2)在设备待机及运转状态下,要注意观察空压机各部件的温度变化和振动情况,如曲轴箱、气缸、排气管的温度及振动情况,及早发现不正常的温升和机件的紧固情况,检查过程中要注意安全。<br>(3)每月清洁或更换一次滤清器滤芯。<br>(4)正常工作情况下(每天工作7h)至少每间隔2个月更换1次曲轴箱油(100#压缩机油) |

## 3.18 发电机(移动式)

| 作业步骤 | 风险 | | 注意事项 |
|---|---|---|---|
| 准备工作 | | 1 | 外观清洁完好,周围无杂物,发电机无漏油、漏水等现象;发电机放置平稳、干燥位置,通风良好,有防雨措施,接地线良好 |
| | | 2 | 检查机油箱机油面高度是否符合机油标尺刻线 |
| | | 3 | 检查油箱里燃油是否充足,应在启动前加满 |
| | | 4 | 检查发电机传动部件及外表螺栓的紧固情况 |
| 启动 | 机械伤害 | 1 | 做好上述检查工作后,把油门、风门打到启动位置,方可启动 |
| | | 2 | 启动后空负荷低转速运行3~5min,然后逐渐将转速提高和加上负荷,严禁启动后立即高速负荷运转 |
| 运行控制 | 机械伤害<br>触电 | 1 | 移动式发电机运转时不准移动 |
| | | 2 | 要经常观察检查汽油发电机运转情况,观察发出的电压、电流是否正常 |
| | | 3 | 发电机启动后,要观察各种仪表是否正常、传动部件、外表螺栓是否紧固等情况 |

续表

| 作业步骤 | 风险 | | 注意事项 |
|---|---|---|---|
| 运行控制 | 机械伤害 触电 | 4 | 定时检查油箱的燃油是否足够,防止燃油用完时将空气吸入油路中,产生缺油停机;严禁在燃油发电机运行时添加燃油 |
| | | 5 | 要经常倾听发电机运行时有无不正常的响声,听到有异常声音时,应立即停机检查处理 |
| | | 6 | 经常检查发电机的温度及机油温度,发现过热应等异常立即停车检查 |
| 意外情况处置 | | 1 | 发现发电机运转时有异常声响或发出电压、电流不正常且调节不了时,须立即停机,报告设备主管部门 |
| | | 2 | 发现发电机的温度及机油温度过热应立即停车检查,查找故障原因 |
| | | 3 | 其他紧急情况或不能确定的故障,须立即停机后报告设备主管部门 |
| 完工 | | 1 | 暂时停机时,先关闭用电设备,再断开发电机上用电负荷开关,最后停机 |
| | | 2 | 若工作结束,还须断开用电设备总电源线缆 |
| | | 3 | 检查各操纵开关是否置于停机位置 |
| | | 4 | 日常清理与维护:<br>(1)每日工作结束后,清洁设备、整理现场,保持设备警示标识完整、清晰;<br>(2)维修维护时须停机、确认电源被切断并在电源处挂"禁止合闸"等标志;<br>(3)外观检查,每次使用前和使用后检查和清扫,设备停用保管时每周进行1次外观检查和清扫;<br>(4)定期润滑保养,每3个月1次,定期电气检查,每3个月1次;<br>(5)由设备操作员将每日设备运行时间、工作内容、设备工作状态、交接班及异常情况记入"设备运转记录" |

## 3.19 门式起重机

| 作业步骤 | 风险 | | 注意事项 |
|---|---|---|---|
| 作业应具备的条件 | | | (1)设备使用前检查确认是否在使用登记有效期内;<br>(2)使用本设备前应确认物料堆放无坍塌风险;<br>(3)使用遥控器操作门式起重机时,同时要遵守遥控器使用的相关规定;<br>(4)使用电动吸盘吊运物件时,同时要遵守电动吸盘使用的相关规定;<br>(5)风力达6级以上等恶劣环境时停止吊装;<br>(6)夜间作业时,必须有充足的照明 |
| 准备工作 | | 1 | 按照要求进行点检,填写点检表 |
| | | 2 | 每次上车使用前先目视观察起重机大车行走轨道及两侧附近是否有影响行走的物件及其他不安全因素(如行走区域有其他人员施工等) |

续表

| 作业步骤 | 风险 | | 注意事项 |
|---|---|---|---|
| 准备工作 | | 3 | 观察确认吊装作业现场（或区域）无不安全状况，才可合闸送电（若为遥控器操作则按启动按钮送电） |
| | | 4 | 检查各控制器是否在零位，然后再按操作台启动按钮启动起重机（若为遥控器操作则按启动按钮送电）；操纵起重机空车试运行大车、小车和吊钩等各动作是否正常，各电气限位是否可靠和灵敏 |
| 启动 | 起重伤害、物体打击 | 1 | 每次启动前必须鸣铃提示地面人员；吊运重物时，应鸣铃让人躲开或绕开，严禁从人头上越过 |
| | | 2 | 吊物件时先点动缓慢起钩，吊离地面后检查制动器是否灵活（不溜钩），确认可靠后，再进行正常作业 |
| | | 3 | 起钩速度由从低到高挡推进试吊，吊物离地 100～300mm |
| | | 4 | 确认试吊无问题后方可正式吊运物件 |
| 运行控制 | 起重伤害、物体打击 | 1 | 起吊物件速度均匀，操作要平稳 |
| | | 2 | 操作人员应精力集中，操作过程中不能看手机、接打电话等做与工作无关的事情。不得同时操作 3 个及以上机构 |
| | | 3 | 操作人员应听从起重人员的指挥。注意观察现场状况，如发现轨道上有人员、物品、吊索具存在隐患、人员站位不当等隐患，应立即告知起重指挥人员，同时立即停车 |
| | | 4 | 当视线被障碍物遮挡，看不到轨道状况时，应根据起重指挥的指挥行驶，避免撞到轨道上的人员或物体 |
| | | 5 | 起重机在运行过程中，任何人发出的紧急停车信号，设备操作人员必须立即服从 |
| | | 6 | 起重机在运行过程中，任何人不得上下起重机，必须与司机沟通，待起重机停稳后，方可上下 |
| | | 7 | 不许吊着重物在空中长时停留，吊着重物时，司机和指挥人员不得离开工作岗位 |
| | | 8 | 严格遵守起重作业"十不吊"的规定。严格执行"三不越过"：不从人头上越过；不从汽车上方越过；不从设备上越过 |
| | | 9 | 两台起重机同时起吊一物件时，要统一服从一人指挥，步调一致 |
| | | 10 | 当操作起重机各运行动作接近终点时，应降低速度（或点动运行），正常情况下禁止使用"急停"按钮及各运行机构限位开关停车 |
| | | 11 | 起重机停止（或暂停）作业时，严禁将物件或索具吊挂在空中，暂停作业时应将吊钩停放在接近上限位位置 |
| | | 12 | 起重机大、小车在正常作业中，严禁开反车制动停车；变换大、小车运动方向时，必须将手柄置于"零"位，使机构完全停止运转后，方能反向开车 |
| | | 13 | 有主、副两套起升机构的，不允许同时利用主、副钩工作（设计允许的专用起重机除外） |

续表

| 作业步骤 | 风险 | | 注意事项 |
|---|---|---|---|
| 运行控制 | 起重伤害、物体打击 | 14 | 使用者在遥控作业时,不得远距离遥控操作吊装、吊运物件,必须做到人随车行,以便做到对遥控设备的实时监控 |
| | | 15 | 遥控器必须配挂在胸前使用,使用时必须双手操作,严禁一手操作,一手摘挂被吊物件 |
| 意外情况处置 | 起重伤害、火灾、触电 | 1 | 设备出现故障应立即停止作业(将开关放置关闭位),查找原因并排除故障,如故障无法排除,应联系维修人员进行故障排除。如有重物悬在半空,还应设置警示区域,防止任何人进入危险区 |
| | | 2 | 突然断电时,要将主电路开关切断,将所有控制器手柄转至"零"位,在重新工作前应检查起重机动作是否正常 |
| | | 3 | 配电柜、电气线路等着火时,应立即切断电源,使用灭火器进行灭火。当火势较大,不能自行扑灭时,应立即撤离到地面,拨打电话报警 |
| | | 4 | 起升机构制动器在工作中突然失灵时,要沉着冷静,做慢速反复升降动作,同时开动大车,选择安全地点放下重物 |
| | | 5 | 发现异味、异响等异常情况或不能确定的故障,须立即停机并断开设备总电源开关并及时上报 |
| | | 6 | 如起重机运行过程中遥控器失灵,操作人员应大声呼喊,提醒相关人员避让,同时迅速断开地面配电柜内起重机电源 |
| 完工 | 高处坠落、触电 | 1 | 工作完毕,起重机应空钩停到属地规定位置,将小车停至靠近司机室侧,将吊钩起升到接近上限位位置,并断开起重机总电源开关 |
| | | 2 | 手操遥控器(如有)妥善保管或放置于指定位置 |
| | | 3 | 填写设备运转记录,锁好门窗 |
| | | 4 | 上下天车时,应扶好扶手,注意脚下,避免滑跌 |
| | | 5 | 将大车夹轨器锁紧 |
| | | 6 | 日常清理与维护:<br>(1)每日工作结束后,保持司机室内卫生清洁,各操纵及其他标识清晰、完整。起重人员整理作业现场,保持现场整洁。<br>(2)每周进行1次外观检查,检查电气部分是否完好,各传动部件及减速箱是否缺油,各运行机构紧固件是否紧固、牢靠、完好。上下步梯及到大车走台步梯所有焊点是否牢固。<br>(3)每月对设备至少1次全面清理和清扫,清理各走台、梯步、司机室内及配电箱(柜)内等不得有其他余留物件。同时检查各传动和结构紧固件紧固情况,不得有松动和缺失。临边作业、高处作业时,应佩戴好安全带,做好必要的防护措施。<br>(4)至少每月对灭火器进行1次检查和清洁,发现压力不足等情况立即更换。<br>(5)门式起重机检查、修理或保养时应切断电源,悬挂"有人检修,禁止合闸"警示牌,以免误开车造成重大事故。司机与维修人员要有效沟通,避免沟通不畅引发事故 |

## 3.20　履带式起重机组装拆除

| 作业步骤 | 风险 | 注意事项 | |
|---|---|---|---|
| 作业应具备的条件 | | （1）履带式起重机安装、板起、放倒条件检查确认。<br>（2）工作场地应选择宽度、水平度和坚实度等各方面均适合进行组装或拆除的场地；如果地面不够坚实，则需要在履带下面放置钢板。<br>（3）夜间、雨天、雪天、雾天、打雷及风力大于五级（9.8m/s）时，不得进行整体扳起、放倒吊臂作业；气温低于 -20℃ 等恶劣天气条件下，禁止进行安装拆除施工，不得进行整体扳起或放倒起重机吊臂作业 | |
| 扳起、放倒前检查 | 触电、物体打击 | 1 | 起重机是否水平 |
| | | 2 | 配重及超起配重是否符合扳起表要求 |
| | | 3 | 吊臂连接是否按工况表和操作手册进行 |
| | | 4 | 各处电气连接及限位开关是否连接好，功能是否正常 |
| | | 5 | 所有销子是否正确连接并上好保险卡子 |
| | | 6 | 起吊钢索是否正确放在钢索滑轮中并用定位杆固定好，以防止其跳出 |
| | | 7 | 吊臂或副臂上不得有松动的零件及遗留物品 |
| | | 8 | 防后倾油缸是否已伸出到位 |
| | | 9 | 力矩限制器是否已正确设定 |
| | | 10 | 危险区域内不得有人停留或穿越 |
| 组装 | 物体打击、高处坠落 | 1 | 将运载主机的拖车停放在水平坚实的地面上，连接并固定好四个液压支腿及底座进行主机卸车 |
| | | 2 | 安装好并升起 A 型架 |
| | | 3 | 通过 A 型架或者辅助起重机安装两侧履带总成 |
| | | 4 | 用辅助起重机依据作业性能及扳起表要求进行配重托盘、中心配重的安装 |
| | | 5 | 车体平台是用于在操作室及四周行走的劳动保护，按组装图要求依次完成车体平台安装 |
| | | 6 | 根据施工作业要求，按照安装手册组装直臂工况或塔式工况 |
| | | 7 | 按照操作手册规定的顺序，将吊臂及相应的拉筋安装到所需的长度，用销子连接好 |
| | | 8 | 严格按照操作手册规定连接液压油管、快钩头、过卷装置、风速仪、航空警示灯、电气连线及滑轮组穿绳等 |
| | | 9 | 检查臂杆、拉筋的连接是否正确 |
| | | 10 | 对各处限位开关、风速仪、航空警示灯的功能检查 |

续表

| 作业步骤 | 风险 | | 注意事项 |
|---|---|---|---|
| 吊臂扳起、放倒 | 起重伤害 | 1 | 必须检查确认后，按照扳起表和放倒表来扳起和放倒吊臂 |
| | | 2 | 按照操作手册和工况表设定力矩限制器，接通安装开关 |
| | | 3 | 向上变幅吊臂，直至头部从地面抬起 |
| | | 4 | 严格按照操作手册中的穿绳图要求，在吊臂头部滑轮组与吊钩滑轮组之间穿入起吊用钢索 |
| | | 5 | 连接起吊限位开关的重锤 |
| | | 6 | 将吊臂变幅至最低作业位置 |
| | | 7 | 达到最低作业位置后，要将安装开关关闭 |
| | | 8 | 将吊臂变幅至需要作业位置 |
| | | 9 | 最终检查符合要求后停车，清理组装现场 |
| 安全技术要求 | | 1 | 安装、拆除过程应在白天进行 |
| | | 2 | 确定起重机安装拆除作业范围内没有电缆线，机体旋转范围内无障碍物等 |
| | | 3 | 每次安装前检查钢索及拉筋等承载元件连接是否妥当 |
| | | 4 | 连接或拆开液压管路快速接头时，必须确保按照正确的工序进行 |
| | | 5 | 按照工况表和操作手册，安装好主副臂 |
| | | 6 | 正确设置好力矩限制器，连接好电气连线，确认各个限位开关的正常工作 |
| | | 7 | 保证所有销子正确连接并上好保险卡子 |
| | | 8 | 保证起吊钢索正确放在钢索滑轮中，并用定位杆固定好，以防止其跳出 |
| | | 9 | 危险区域内不得有人停留或穿越 |
| | | 10 | 吊臂或副臂上不得有松动的零件及遗留物品 |
| 起重机放倒拆除程序 | 起重伤害、高处坠落 | 1 | 起重机放倒拆除程序与安装程序相反 |
| | | 2 | 根据起重机工况及扳起和放倒表，确定上车配重和超起配重 |
| | | 3 | 检查确认后进行吊臂放倒作业 |
| | | 4 | 吊臂放倒后进行拆杆作业 |
| | | 5 | 拆除车体配重 |
| | | 6 | 拆除车身平台 |
| | | 7 | 拆除中心配重 |

续表

| 作业步骤 | 风险 | | 注意事项 |
|---|---|---|---|
| 起重机放倒拆除程序 | 起重伤害、高处坠落 | 8 | 安装好液压支腿,用 A 型架拆除两侧履带 |
| | | 9 | 根据运输需要降下或拆除 A 型架 |
| | | 10 | 清理现场,进行运输或存放 |

## 3.21 吊管机

| 作业步骤 | 风险 | | 注意事项 |
|---|---|---|---|
| 作业应具备的条件 | | 1 | 工作场选择宽度、水平度和坚实度符合要求的场地;如果地面不够坚实,则需要在吊管机下面铺设枕木或钢板 |
| | | 2 | 夜间、雨天、雪天、雾天、打雷、风力大于五级(9.8m/s),不得进行吊管作业;气温低于 -20℃ 等恶劣天气条件下,禁止进行吊管作业 |
| 启动 | 机械伤害 | 1 | 将启动钥匙由关(OFF)拨至启动(START)位置,发动机启动后立即松手,使其自动弹回到开(ON)位置。钥匙在启动位置的停留时间,不能超过 10s(当燃油用完,重新启动发动机前,应先加足燃油,然后用燃油充满燃油滤清器芯,排出燃油系统中的空气,再启动发动机) |
| | | 2 | 发动机启动后,应先低速运行,直到油压表指针进入绿色区域内;拉油门操纵杆,使发动机怠速运转 5min,直到水温表指针进入绿色范围内。检查各仪表是否正常,排气烟色是否正常,有无不正常的声音和振动 |
| 行驶 | 物体打击、车辆伤害、起重伤害 | 1 | 释放闭锁杆,拉油门操纵杆,增加发动机转速 |
| | | 2 | 按动按钮鸣号 |
| | | 3 | 起吊钢索是否正确放在钢索滑轮中并用定位杆固定好,以防止其跳出 |
| | | 4 | 将变速杆移到所需挡位,观察周围无障碍物时方可使吊管机起步 |
| | | 5 | 根据地形地貌选择行驶速度,不得急起步、急停车、急转弯、超速、蛇形和惯性行驶 |
| 操作 | 起重伤害 | 1 | 左侧手柄为提升机构控制杆,右侧手柄为变幅机构控制杆,起升控制杆向后拉为重物提升,向前推则为重物下降。变幅控制杆向后拉为吊臂向上仰起,向前推则为吊臂俯下 |
| | | 2 | 中间手柄为配重量收放控制杆,该控制杆向后拉为配重块向上及内侧收起,向前推则将配重向外侧展开,两机构的工作速度可由两种途径控制 |
| | | 3 | 自由落钩:当空钩时,先按下离合器手柄,吊钩会快速掉落,可以随意抬起或按压离合器手柄,使吊钩停在任意位置。当吊钩上挂有重物及司机预感到将要翻车时,应立即按下离合器手柄,将重物一甩到地,在这瞬间,司机不得操纵任何手柄,只有这样才能确保人机安全 |

续表

| 作业步骤 | 风险 | | 注意事项 |
|---|---|---|---|
| 停车 | 车辆伤害 | 1 | 将油门操纵杆后退，降低发动机转速 |
| | | 2 | 将变速杆放到空挡位置 |
| | | 3 | 踩下制动踏板 |
| | | 4 | 用闭锁杆锁定变速杆 |
| | | 5 | 怠速运转5min，待发动机冷却后，再停止发动机，停机后拔下钥匙 |
| 操作注意事项 | 起重伤害、物体打击 | 1 | 设备作业前须检查清理行驶通道 |
| | | 2 | 工作运行中遇到紧急情况应立即停车 |
| | | 3 | 地面指挥人员指挥应认真准确，不得撤离工作岗位 |
| | | 4 | 吊重物行驶时，应同时注意吊臂侧和配重侧，以防碰到障碍物，且前进后退或转弯的速度应平稳 |
| | | 5 | 重物未离开地面前设备不允许转弯，禁止从地面上横拖重物，禁止提拔埋在地下的物体 |
| | | 6 | 设备停止工作时，应将吊钩收起，将起重臂收至最小幅度的位置，各操纵手柄位置于空挡位置，停止发动机，方可离开本机 |
| | | 7 | 严禁在吊钩挂有重物时停止作业，以防止发生意外事故 |
| | | 8 | 吊管机吊装重物时严禁从人头上通过，起重臂下严禁站人 |
| | | 9 | 重物装卸时速度要均匀平稳，接近地面时要轻放 |
| | | 10 | 吊钩的中心要尽可能接近重物的重心，吊装绳索要牢固可靠，具有足够的承载能力，捆绑要牢靠。重物应尽量保持最低高度 |
| | | 11 | 带负荷起重臂下放时，应确保在额定载荷内 |
| 日常维护 | | 1 | 清洁机体，清除机体上的泥土及杂物 |
| | | 2 | 检查曲轴箱润滑油液面和燃油箱油量，按照标准加至规定范围 |
| | | 3 | 检查发动机有无漏油、漏水、漏电现象 |
| | | 4 | 检查吊钩、滑轮、钢丝绳等的保养情况 |
| | | 5 | 检查皮带是否松弛、有无打滑现象，需要时按照规定的张紧力进行调整 |
| | | 6 | 检查后传动箱内的润滑油位，不足时加补 |
| | | 7 | 检查电器、线路、接头、仪表有无短路或断路情况 |
| | | 8 | 检查吊钩、滑轮、轴销、钢丝绳及锁扣是否完好，安全可靠。并检查各部连接螺栓有无松动 |
| | | 9 | 检查变幅机构、起升机构、配重机构及卷扬电动机是否有渗漏情况，液压制动器是否灵敏有效 |
| | | 10 | 检查操作机构手柄是否连接牢固，灵敏有效 |

## 3.22 桥式起重机

| 作业步骤 | 风险 | | 注意事项 |
|---|---|---|---|
| 作业应具备的条件 | | | （1）设备使用前检查确认是否在使用登记有效期内；<br>（2）使用本设备前应确认物料堆放无坍塌风险；<br>（3）使用遥控器操作门式起重机时，同时要遵守遥控器使用的相关规定；<br>（4）使用电动吸盘吊运物件时，同时要遵守电动吸盘使用的相关规定；<br>（5）风力达6级以上等恶劣环境时停止吊装；<br>（6）夜间作业时，必须有充足的照明 |
| 准备工作 | | 1 | 按照要求进行点检，填写检查表 |
| | | 2 | 吊运前先检查起重机大车行走轨道行走区域无阻碍物，并检查照明情况、能见度确认安全后方可运行 |
| | | 3 | 观察确认吊装作业现场（或区域）有无不安全状况，然后再合闸送电（若为遥控器操作则按启动按钮送电） |
| | | 4 | 检查各控制器是否在零位，然后再按操作台启动按钮启动起重机（遥控状态按遥控器启动按钮送电）；操纵起重机空车试检查、运行大车、小车和吊钩等各动作是否正常，各电气限位是否可靠、灵敏及钢丝绳完好情况 |
| 启动 | 物体打击、起重伤害 | 1 | 每次启动前必须鸣铃提示地面人员；吊运重物时，应鸣铃让人躲开或绕开，严禁从人头上越过 |
| | | 2 | 吊物件时先点动缓慢起钩，吊离地面后检查制动器是否灵活（不溜钩），确认可靠后，再进行正常作业 |
| | | 3 | 起钩速度由从低到高挡推进试吊，吊物离地100~300mm |
| | | 4 | 确认试吊无问题后方可正式吊运物件 |
| 运行控制 | 起重伤害、物体打击 | 1 | 起吊物件速度均匀，操作要平稳 |
| | | 2 | 操作人员应精力集中，操作过程中不能看手机、接打电话等做与工作无关的事情。不得同时操作三个及以上机构 |
| | | 3 | 操作人员应听从起重人员的指挥。注意观察现场状况，如发现轨道上有人员、物品、吊索具存在隐患、人员站位不当等隐患，应立即告知起重指挥人员，同时立即停车 |
| | | 4 | 当视线被障碍物遮挡，看不到轨道状况时，应根据起重指挥的指挥行驶，避免撞到轨道上的人员或物体 |
| | | 5 | 起重机在运行过程中，任何人发出的紧急停车信号，设备操作人员必须立即服从 |
| | | 6 | 起重机在运行过程中，任何人不得上下起重机。必须与司机沟通，待起重机停稳后，方可上下 |
| | | 7 | 不许吊着重物在空中长时停留，吊着重物时，司机和指挥人员不得离开工作岗位 |

续表

| 作业步骤 | 风险 | | 注意事项 |
|---|---|---|---|
| 运行控制 | 起重伤害、物体打击 | 8 | 严格遵守起重作业"十不吊"的规定。严格执行"三不越过":不从人头上越过;不从汽车上方越过;不从设备上越过 |
| | | 9 | 两台起重机同时起吊一物件时,要统一服从一人指挥,步调一致 |
| | | 10 | 当操作起重机各运行动作接近终点时,应降低速度(或点动运行),正常情况下禁止使用"急停"按钮及各运行机构限位开关停车 |
| | | 11 | 起重机停止(或暂停)作业时,严禁将物件或索具吊挂在空中,暂停作业时应将吊钩停放在接近上限位位置 |
| | | 12 | 起重机大、小车在正常作业中,严禁开反车制动停车;变换大、小车运动方向时,必须将手柄置于"零"位,使机构完全停止运转后,方能反向开车 |
| | | 13 | 有主、副两套起升机构的,不允许同时利用主、副钩工作(设计允许的专用起重机除外) |
| | | 14 | 使用者在遥控作业时,不得远距离遥控操作吊装、吊运物件,必须做到人随车行,以便做到对遥控设备的实时监控 |
| | | 15 | 遥控器必须配挂在胸前使用,使用时必须双手操作,严禁一手操作,一手摘挂被吊物件 |
| 意外情况处置 | 起重伤害、火灾、触电 | 1 | 设备出现故障应立即停止作业(将开关放置关闭位),查找原因并排除故障,如故障无法排除,应联系维修人员进行故障排除。如有重物悬在半空,还应设置警示区域,防止任何人进入危险区 |
| | | 2 | 突然断电时,要将主电路开关切断,将所有控制器手柄转至"零"位,在重新工作前应检查起重机动作是否正常 |
| | | 3 | 配电柜、电气线路等着火时,应立即切断电源,使用灭火器进行灭火。当火势较大,不能自行扑灭时,应立即撤离到地面,拨打电话报警 |
| | | 4 | 起升机构制动器在工作中突然失灵时,要沉着冷静,做慢速反复升降动作,同时开动大车,选择安全地点放下重物 |
| | | 5 | 发现异味、异响等异常情况或不能确定的故障,须立即停机并断开设备总电源开关并及时上报 |
| | | 6 | 如起重机运行过程中遥控器失灵,操作人员应大声呼喊,提醒相关人员避让,同时迅速断开地面配电柜内起重机电源 |
| 完工 | 高处坠落、触电 | 1 | 工作完毕,起重机应空钩停到属地规定位置,将小车停至靠近司机室侧,将吊钩起升到接近上限位位置,并断开起重机总电源开关 |
| | | 2 | 手操遥控器(如有)妥善保管或放置于指定位置 |
| | | 3 | 填写设备运转记录,锁好门窗 |
| | | 4 | 上下天车时,应扶好扶手,注意脚下,避免滑跌 |

续表

| 作业步骤 | 风险 | | 注意事项 |
|---|---|---|---|
| 完工 | 高处坠落、触电 | 5 | 日常清理与维护：<br>（1）每日工作结束后，保持司机室内卫生清洁，各操纵及其他标识清晰、完整。起重人员整理作业现场，保持现场整洁。<br>（2）每周进行一次外观检查，检查电气部分是否完好，各传动部件及减速箱是否缺油，各运行机构紧固件是否紧固、牢靠、完好。上下步梯及到大车走台步梯所有焊点是否牢固。<br>（3）每月对设备至少一次全面清理和清扫，清理各走台、梯步、司机室内及配电箱（柜）内等不得有其他余留物件。同时检查各传动和结构紧固件紧固情况，不得有松动和缺失。临边作业、高处作业时，应佩戴好安全带，做好必要的防护措施。<br>（4）桥式起重机检查、修理或保养时应切断电源，悬挂"有人检修，禁止合闸"警示牌，以免误开车造成重大事故。司机与维修人员要有效沟通，避免沟通不畅引发事故 |

## 3.23　单梁门式起重机（电动葫芦）

| 作业步骤 | 风险 | | 注意事项 |
|---|---|---|---|
| 作业应具备的条件 | | | （1）设备使用前检查确认是否在使用登记有效期内；<br>（2）使用本设备前应确认物料堆放无坍塌风险；<br>（3）使用遥控器操作门式起重机时，同时要遵守遥控器使用的相关规定；<br>（4）使用电动吸盘吊运物件时，同时要遵守电动吸盘使用的相关规定；<br>（5）风力达6级以上等恶劣环境时停止吊装；<br>（6）夜间作业时，必须有充足的照明 |
| 准备工作 | | 1 | 使用前，检查起重机行走轨道及两侧附近是否有影响行走的物体，确认安全后方可运行 |
| | | 2 | 观察确认吊装作业现场（或区域）有无不安全状况，然后再合闸送电 |
| | | 3 | 按遥控器启动按钮启动起重机；操纵遥控器空车试运行大车、小车和吊钩等各动作是否正常，各个电气限位（小车无电气限位）是否动作、可靠和灵敏 |
| 启动 | 起重伤害、物体打击 | 1 | 每次起动前必须鸣铃提示地面人员；吊运重物时，应鸣铃让人躲开或绕开，严禁从人头上越过 |
| | | 2 | 吊物件时先点动缓慢起钩，吊离地面后检查制动器是否灵活（不溜钩），确认可靠后，再进行正常作业 |
| | | 3 | 起钩速度由从低到高挡推进试吊，吊物离地100~300mm |
| | | 4 | 确认试吊无问题后方可正式吊运物件 |
| 运行控制 | 起重伤害、物体打击 | 1 | 起吊物件速度均匀，操作要平稳 |
| | | 2 | 操作人员应精力集中，操作过程中不能看手机、接打电话等做与工作无关的事情。不得同时操作3个及以上机构 |

续表

| 作业步骤 | 风险 | | 注意事项 |
|---|---|---|---|
| 运行控制 | 起重伤害、物体打击 | 3 | 起重机在运行过程中，任何人发出的紧急停车信号，设备操作人员必须立即服从 |
| | | 4 | 不许吊着重物在空中长时停留，吊着重物时，司机和指挥人员不得离开工作岗位 |
| | | 5 | 严格遵守起重作业"十不吊"的规定。严格执行"三不越过"：不从人头上越过；不从汽车上方越过；不从设备上越过 |
| | | 6 | 两台起重机同时起吊一物件时，要统一服从一人指挥，步调一致 |
| | | 7 | 当操作起重机各运行动作接近终点时，应降低速度（或点动运行），正常情况下禁止使用"急停"按钮及各运行机构限位开关停车 |
| | | 8 | 起重机停止（或暂停）作业时，严禁将物件或索具吊挂在空中，暂停作业时应将吊钩停放在接近上限位位置 |
| | | 9 | 起重机大、小车在正常作业中，严禁开反车制动停车；变换大、小车运动方向时，必须将手柄置于"零"位，使机构完全停止运转后，方能反向开车 |
| | | 10 | 不得远距离遥控操作吊装、吊运物件，必须做到人随车行，以便做到对遥控设备的实时监控 |
| | | 11 | 遥控器必须配挂在胸前使用，使用时必须双手操作，严禁一手操作，一手摘挂被吊物件 |
| 意外情况处置 | 起重伤害 | 1 | 设备出现故障应立即停止作业（将开关放置关闭位），查找原因并排除故障，如故障无法排除，应联系维修人员进行故障排除。如有重物悬在半空，还应设置警示区域，防止任何人进入危险区 |
| | | 2 | 如起重机运行过程中遥控器失灵，操作人员应大声呼喊，提醒相关人员避让，同时迅速断开地面配电柜内起重机电源 |
| | | 3 | 其他异常情况或不能确定的故障，须立即停机，断开设备总电源开关并及时上报 |
| 完工 | 触电、物体打击 | 1 | 工作完毕，起重机应空钩停至属地规定位置，将吊钩起升至接近上限位位置，并最终断开起重机总电源开关 |
| | | 2 | 将大车夹轨器锁紧；手操遥控器妥善保管或放置于指定位置 |
| | | 3 | 日常清理与维护：<br>（1）每日工作结束后，保持设备各操作及其他标识清晰、完整。起重人员整理作业现场，保持现场整洁；<br>（2）每周进行1次外观检查，检查电气部分是否完好，各传动部件及减速箱是否缺油，各运行机构紧固件是否紧固、牢靠、完好；<br>（3）每月对设备至少1次全面清理和清扫，配电箱（柜）内和设备上不得有其他余留物件。同时检查各传动和结构紧固件紧固情况，不得有松动和缺失 |

## 3.24 叉车

| 作业步骤 | 风险 | 注意事项 | |
|---|---|---|---|
| 作业应具备的条件 | 火灾、其他爆炸 | | 当作业环境处于火灾、易燃易爆场时，严禁使用以内燃机为动力的叉车 |
| 准备工作 | | 1 | 检查燃油、机油、水、轮胎、气压、转动轴、螺栓等 |
| | | 2 | 检查刹车、润滑油，连接部位紧固无松动 |
| | | 3 | 打开电源，检查控制面板，各项信息是否正常 |
| | | 4 | 当发动机运转正常后，检查各仪表指示是否正常 |
| | | 5 | 检查灯光、转向、喇叭、各仪表工作是否正常 |
| | | 6 | 注意四周状况，确认叉车附近无人 |
| 启动 | 车辆伤害、物体打击 | 1 | 进入驾驶室，系好安全带 |
| | | 2 | 起步前观察四周，确认无妨碍行车安全的障碍后，先鸣笛，后起步 |
| | | 3 | 气压制动的车辆，制动气压表读数须达到规定值才可起步 |
| | | 4 | 起步时须缓慢平稳起步 |
| | | 5 | 被装物件重量应在该机允许载荷范围内，当物件重量不明时，应将该物件叉起离地 100mm 后检查机械的稳定性，确认无超载现象后，方可运送 |
| 运行控制 | 车辆伤害 | 1 | 严禁酒后驾驶，驾驶中严格按照行车规定执行，严禁抽烟、打电话等影响驾驶行为 |
| | | 2 | 严禁开带病车；严禁货叉上载人；驾驶室除规定的操作人员外，严禁其他任何人进入或在室外搭乘；严禁在升起的货叉下站立和经过，以防货物倾倒时发生意外伤害事故 |
| | | 3 | 装运货物时，应严格保持行车路线，如有问题应及时请示 |
| | | 4 | 不得单叉作业和使用货叉顶货或拉货；当装载超宽或超长的货物时注意保持货物平衡，并应在低位处理货物。切勿装载超过挡货架高度的货物 |
| | | 5 | 行驶中注意观察四周路面情况，按厂区道路标识行驶 |
| | | 6 | 叉车在接近货物、转弯、后退及通过狭窄通道、交叉路口、不平路面等情况下行驶时，应减速慢行；禁止在坡道上转弯，也不应横跨坡道行驶；载货下坡时，应倒退行驶，以防货物颠落 |
| | | 7 | 内燃叉车在下坡时严禁熄火滑行 |
| | | 8 | 当货叉处于高提升状况时，不得行驶叉车，行车时货物低点离地应在 300~400mm |

续表

| 作业步骤 | 风险 | 注意事项 | |
|---|---|---|---|
| 运行控制 | 车辆伤害 | 9 | 禁止货叉前倾时升降货物,当提升或行驶时,务必将门架后倾,以求货物稳固 |
| | | 10 | 两辆叉车同时装卸一辆货车时,应有专人指挥联系,保证安全作业 |
| 意外情况处置 | 车辆伤害 | 1 | 设备仪表不正常时,须立即停机,查找故障原因 |
| | | 2 | 车辆在运输过程中发现有异常声响,须立即停车查找原因,待问题处理后方可正式启动车辆继续工作 |
| | | 3 | 其他异常情况或不能确定的故障,须停止运输工作并上报进行维修 |
| 完工 | 车辆伤害 | 1 | 将车停放到指定位置,关闭电源,检查叉车各部位仪表 |
| | | 2 | 检查手刹制动是否锁好,操纵杆是否属于停机位置,防止滑车 |
| | | 3 | 按规定做好车辆的维护保养工作,并填写运转记录 |
| | | 4 | 日常清理与维护:<br>(1)每日工作结束后,清洁设备,整理现场,保证设备完整清洁。<br>(2)维修维护时,检查液压油位是否标准,各润滑部位是否良好。<br>(3)每周检查设备紧固件,是否紧固牢靠、完好;吹扫空气滤芯,清洁水箱散热片。<br>(4)每月进行一次全面检查:检查皮带、喇叭、灯光、仪表等是否正常;检查制动踏板、微动踏板、离合器踏板、手制动是否工作可靠;检查轮胎气压是否正常;检查转向器的可靠性、灵活性;重点检查货叉架及门架滑道、发电机及起动器、蓄电池电极叉柱、水箱等;检查柴油箱、机油箱等的渗漏情况 |

## 3.25 电动平车

| 作业步骤 | 风险 | 注意事项 | |
|---|---|---|---|
| 作业应具备的条件 | | (1)两侧轨道外延1m范围内和轨道中间无堆放任何物品;<br>(2)低压供电轨道之间有电势差,无导电材料的物体横放在两根轨道上 | |
| 准备工作 | | 1 | 车架车轴是否变形,皮带轮是否歪斜,各部螺栓是否松动 |
| | | 2 | 导电滑块与低压供电轨道应接触良好,各防撞装置完好,台面橡胶垫应良好且摆放正确 |
| 启动 | 车辆伤害 | 1 | 启动前,观察四周,确认无妨碍行车安全的障碍后起步运行 |
| | | 2 | 启动按钮时,注意平车运行的方向,避免按错方向,按钮力量要适中 |
| | | 3 | 空车前、后各运行一段距离,确认各动作及警示装置运行正常后才可加载运行、加载应平稳 |
| | | 4 | 新车空车往返10min以上,观察各部正常后,再逐步加至额定载荷 |

续表

| 作业步骤 | 风险 | | 注意事项 |
|---|---|---|---|
| 运行控制 | 车辆伤害、物体打击、触电、坍塌 | 1 | 装载的物料时需平稳轻放，稳固堆放；物料不超宽，重量分布均匀，严禁超规范、超负荷使用 |
| | | 2 | 装载物料需上、下平车及在平车台面上行走时，应注意脚下和身后，避免发生绊倒、踩空等意外情况 |
| | | 3 | 平车具有两种控制模式，可根据运输距离长短和实际情况进行选择和切换。点动模式：按下行走方向按钮启动行走，松开按钮断电停车。长动模式：按下行走方向按钮启动行走后，即使松开按钮也能行进，需按下停止按钮方可停车 |
| | | 4 | 平车启动或运行时，车上严禁有人员。操作人员要站在平车两侧或者侧后方随车行走，与车保持安全距离，且注意车上物料及周围情况，及时提醒前方及车两侧行人注意安全 |
| | | 5 | 平车在运行过程中，操作人员禁止离开或做其他事情，禁止接打电话等其他分散注意力的行为 |
| | | 6 | 使用过程中，操作人员要经常注意电动平车各部运转情况，经常查看导电滑块与供电轨道之间应接触良好 |
| | | 7 | 当平车与周边设施间距较小时，人员不得站在车与设施之间，避免被挤伤 |
| | | 8 | 正常运行情况下，停车应提前操作，使平车随惯性停止，严禁按相反方向按钮、依靠限位挡块或使用"急停"按钮进行强制制动 |
| | | 9 | 平车用正反停按钮随车操作，应当在停车后再反转；严禁快速调向 |
| | | 10 | 平车仅作为运输物料使用，所载物料应及时卸到使用地点，不得利用平车存放物料。禁止使用平车去顶、撞、拖、拉其他物件 |
| | | 11 | 停车后，手操控制器应放到设备指定放置盒内，严禁放在电动平车台面上或其他位置 |
| | | 12 | 平车不可用大于平车额定车速的其他车辆牵引，以免电动机超速运转 |
| 意外情况处置 | 车辆伤害 | | 如遇紧急情况，应立即按"急停"按钮，若按钮失效，应立即断开电平车控制柜的电源开关 |
| 完工 | 物体打击、坍塌、触电 | 1 | 物料卸完后，平车应停放到合适位置，不得影响车间正常生产和通行；若当班工作结束，还须断开设备总源开关 |
| | | 2 | 当班工作结束后应对平车台面进行清扫，保持平车台面清洁，无物品堆积 |
| | | 3 | 日常清理与维护：<br>（1）日常检查车体和台面有无变形、磕碰和砸坑现象，全车要保持整洁，台面无杂物，更换破损严重的橡胶垫；<br>（2）每周检查行走机构如电动机、联轴节、减速机（减速齿轮）等传动部件连接良好，紧固件无松动缺失现象；检查车轮接触轨道良好，转动灵活；<br>（3）每月检查各配电箱（总电源控制柜、变压器箱、随车电控箱）内电器有无松动或打火痕迹，箱内不得放置有其他物品 |

## 3.26 卷扬机

| 作业步骤 | 风险 | 注意事项 | |
|---|---|---|---|
| 作业应具备的条件 | | | 卷扬机的安装环境应该干燥、通风、无腐蚀性气体、视线良好和可靠的基础支撑 |
| 准备工作 | 机械伤害、物体打击、触电 | 1 | 卷扬机用专用地锚固定，地锚绳扣埋设后进行预拉，每个绳扣预拉力应不小于卷扬机额定负荷的70%，预拉后的绳扣与卷扬机支座固定孔连接后找正，以防卷扬机横向移动；地锚合理牢固并搭设防护棚，卷扬筒与滑轮中心线应垂直对中，卷扬机卷扬筒排绳器要完好，卷扬机距导向滑轮一般不少于15m，其操作位置应保证视线良好 |
| | | 2 | 检查齿轮、皮带等外露传动部件的防护罩是否完好，对电动机做绝缘测试 |
| | | 3 | 钢丝绳绳头应与卷筒牢固卡好，钢丝绳应在卷筒上排列整齐，不得有断股、断丝、扭劲、缠绕不紧等现象且润滑保养到位 |
| | | 4 | 制动操纵杆在最大操纵范围内不得触及地面或其他障碍物，且卷扬机应与建构筑物可靠连接固定，防止运转过程中晃动 |
| | | 5 | 卷扬机电器部分必须设置分开关，并安装在卷扬机和操作工附近；卷扬机接零或接地保护装置要良好，电缆不得有破裂、漏电现象 |
| | | 6 | 卷扬机工作前，必须确认机械传动部分、工作机构、防护设施、制动装置、电气系统、导向轮钢丝绳及润滑部位等完全合格后才能使用 |
| | | 7 | 设置警戒区域，严禁无关人员进入 |
| 启动 | | 1 | 空载状态下启动，测试卷扬机的正反旋转方向和启动控制器上的标志是否一致 |
| | | 2 | 启动后停止，测试卷扬机制动抱闸是否有打滑、失灵现象，若有则进行清洗和调整 |
| 运行控制 | 物体打击、机械伤害 | 1 | 作业中，任何人不得跨越钢丝绳，物体（物件）提升后，操作人员不得离开卷扬机 |
| | | 2 | 作业中，司机、信号员要同吊起物保持良好的可见度，司机与信号员应密切配合，服从信号统一指挥 |
| | | 3 | 使用多台卷扬机起吊设备时，选用的卷扬机型号和转速应相同，吊装作业时要统一指挥 |
| | | 4 | 严禁在转动中用手、脚去拉、踩钢丝绳，起重物放到底时须保证卷筒上有五圈钢丝绳 |
| | | 5 | 操作卷扬机时，严禁越挡操纵，应逐步加挡或减挡，禁止打反挡 |
| | | 6 | 不得直接吊装高温物体，对于有棱角的物体要在与钢丝绳之间加护板 |
| | | 7 | 当荷载变化第一次提升时，应先离地0.5m稍停，检查无问题时再继续上升 |

续表

| 作业步骤 | 风险 | | 注意事项 |
|---|---|---|---|
| 运行控制 | 物体打击、机械伤害 | 8 | 吊运重物需在空中停留时，除使用制动器外，并应用棘轮保险卡牢 |
| | | 9 | 工作中各部轴承温升不得超过40℃，最高温度不得大于70℃ |
| 意外情况处置 | 触电、物体打击、机械伤害 | 1 | 作业中随时注意减速箱、制动器、电动机、电气设备等有无异常失灵现象。若发现设备有异常现象，应立即停止作业，切断电源，设法将所吊重物降至地面，并通知有关人员检修 |
| | | 2 | 作业中若遇停电情况，应切断电源，将提升物降至地面 |
| | | 3 | 其他紧急情况或不能确定的故障，须立即停机后报告设备主管部门 |
| 完工 | 物体打击、机械伤害、触电 | 1 | 暂时停机时，除使用制动器外，还应用棘轮保险卡牢 |
| | | 2 | 作业完毕，应将料盘落地，所有操作手柄回到"零"位，切断电源锁好闸箱，做好运转记录，关好工作棚后才能离开 |
| | | 3 | 日常清理与维护：<br>（1）每日工作结束后，清洁设备、整理现场，保持设备警示标识完整、清晰。<br>（2）严禁在机械运转过程中进行设备的维修保养作业。维修维护时，须停机确认电源被切断并在电源处挂"禁止合闸"标志。<br>（3）应保证电动机在运行过程中具有良好的润滑。一般的电动机运行5000h左右，应补充或更换润滑脂，运行中发现轴承过热或润滑变质时，应及时换润滑脂。更换润滑脂时，应清除旧的润滑油，并用汽油洗净轴承及轴承盖的油槽，然后将ZL-3锂基脂填充轴承内外圈之间空腔的1/2（对2极）及2/3（对4、6、8极）。<br>（4）当轴承的寿命终了时，电动机运行的振动及噪声将明显增大，检查轴承的径向游隙超出正常范围时，即应更换轴承。<br>（5）拆卸电动机时，从轴伸端或非伸端取出转子均可。如果没有必要卸下风扇，建议从非轴伸端取出转子较为便利，从定子中抽出转子时，应防止损坏定子绕组或绝缘。<br>（6）更换绕组时必须记下原绕组的形式，尺寸及匝数、线规等，若丢失这些数据，应向制造厂索取。随意更改原设计绕组，常常使电动机某项或几项性能恶化，甚至于无法使用。<br>（7）每周对设备进行局部拆卸和检查，并按规定清洗、润滑、紧固、调整、防腐。检查电动机、减速箱及制动器。<br>（8）每周对卷扬机整体进行防腐维护，对减速箱齿轮间隙进行检查调整，及时更换齿轮油，对卷扬机开式齿轮、卷筒轴两端加油润滑，对卷扬机钢丝绳润滑。<br>（9）定期对卷扬机整体进行防腐维护，使用时环境应经常保持干燥。每次使用前电动机表面应保持清洁，进风口不应受尘土、纤维等阻碍。对电动机、电缆做好绝缘测试。<br>（10）设备操作员将每日设备运行时间、工作内容、设备工作状态、交接班以及异常情况记入"设备运转记录" |

## 3.27 机加工设备（普通车床）

| 作业步骤 | 风险 | | 注意事项 |
|---|---|---|---|
| 准备工作 | 触电、物体打击 | 1 | 润滑油系统应良好，定期按润滑表换油或加油，所有手工加油点按规定油品注入足够量的润滑油 |
| | | 2 | 检查电气设备外壳接地是否完好，防护、保险装置是否可靠 |
| | | 3 | 检查各传动装置的安全防护罩是否完好，各操纵手柄位置是否正确 |
| | | 4 | 检查机床及周围，保持通道通畅。主轴箱上无工具等物品 |
| 启动 | 机械伤害 | 1 | 工作前应慢车状态低速空转 2~3min，冬季使用前空转 10~15min，检查运转是否正常 |
| | | 2 | 工件和车刀必须夹牢，防止工件在卡盘高速运转时甩出；严禁用手扳卡盘刹车；严禁用手触摸加工中的工件或转动的主轴 |
| 运行控制 | 机械伤害、物体打击 | 1 | 机床主轴运转时，禁止操作变速手柄 |
| | | 2 | 在机床上装卸工件时，必须在主轴停止运动并切断机床电源情况下进行。装卸表面有油的工件时，要防止工件从手里滑落 |
| | | 3 | 主轴运转中，严禁找正工件。停车前，必须先退刀 |
| | | 4 | 加工中头部不准离工件太近。禁止戴手套操作车床。清除车刀上缠绕的铁屑时，必须停车进行 |
| | | 5 | 打磨抛光工件时，刀架要退到安全位置，防止衣袖触及工件或胳膊碰到卡盘，并把床鞍移到安全位置 |
| | | 6 | 操作机床时应精力集中，不准在机床运转中远离机床。对铁屑飞出方应设置防护板 |
| 意外情况处置 | 机械伤害 | 1 | 机床运转中如遇停电，应切断电源，退出刀具 |
| | | 2 | 其他异常及故障时应停止作业，查找原因并排除故障；若故障无法排除，应报修进行故障排除 |
| 完工 | 触电、物体打击 | 1 | 工作结束后，机床应清理干净，各手柄应放置零位（空挡），床鞍移至最右侧，然后关闭电源，对滑枕轨道表面涂一层润滑机油保养 |
| | | 2 | 清扫机床周围铁屑、杂物，保持现场清洁 |
| | | 3 | 日常清理与维护：<br>（1）每班前、后，检查机床表面，保证整齐整洁、无油污、无黄袍、无锈蚀、无脱漆现象；检查机床周围环境，保证清洁无杂物、无铁屑；检查机床各部位润滑情况，按机床的润滑要求及时注油。<br>（2）每周检查传动皮带的松紧要适度。<br>（3）每月检查电气部分，线缆外皮无老化破损，电气元件无松脱，接线无松动、过热等现象。<br>（4）每月检查和紧固机床各机械部件，并紧固螺栓 |

## 3.28 机加工设备（普通立式车床）

| 步骤 | 风险 | | 注意事项 |
|---|---|---|---|
| 准备工作 | 触电、物体打击 | 1 | 检查润滑油系统，保证其良好、油路畅通、润滑油清洁、转动部件灵活正常 |
| | | 2 | 检查开关是否正常，电气设备外壳接地是否完好，各防护、保险装置是否可靠 |
| | | 3 | 检查各操纵手柄的位置是否正常 |
| | | 4 | 检查工具及其他物品是否摆放有序、合理，工作通道是否通畅；检查劳动保护用品的穿戴是否符合要求；检查交接班记录本 |
| 启动 | 机械伤害 | 1 | 工作前应慢车状态低速空转2～3min，冬季使用前空转10～15min，检查运转是否正常 |
| | | 2 | 夹具、刀具及工件安装牢固。所用紧固工装如千斤顶、斜面垫板，垫块等应固定牢靠（经常检查以防工件松动）。使用的紧固扳手必须与螺母或螺栓相符。夹紧时，用力要适当 |
| | | 3 | 工件在未夹紧前，只能点动校正工件，操作人员要注意与旋转工件保持一定的距离，防止挂碰。严禁机床主轴运转时，进行变速操纵 |
| | | 4 | 对刀时必须缓速进行，快速进刀时，刀头距工件40～60mm时停止，再手动缓慢进给 |
| 运行控制 | 机械伤害、物体打击 | 1 | 切削过程中禁止测量工件、变换工作台转速及方向。严禁用手触摸或扶摸刀具、运动中的工件及机床运动部分 |
| | | 2 | 车床运转中，严禁进行找正和卡紧工件等作业；在切削过程中，刀具未退离工件前严禁停车 |
| | | 3 | 严禁隔着回转的工件取东西或清理铁屑。发现工件松动、机床运转异常、进刀过猛时应立即停车调整 |
| | | 4 | 在加工切削过程中操作人员应精力集中，不准在机床运转中远离或离开机床，必须离开时应待主轴电动机停止并关闭主电源后再离开。装卸工件时应切断机床电源。调整机床，装夹工件、夹具及擦拭机床时应在停车状态下进行 |
| | | 5 | 切削过程中操作人员严禁站在正对铁屑飞出方向及切削刀具进给方向。铁屑飞出方向应设置有防护板 |
| | | 6 | 切削过程中应严格按机床规定确定被加工工件规格及选择加工范围，严禁超负荷加工 |
| | | 7 | 清除车刀上缠绕的铁屑时，必须在停车状态下用刷子或专用钩。禁止用手拉、振动车刀、用嘴吹或用手擦拭等方式除屑 |
| 意外情况处置 | 机械伤害 | 1 | 机床运转中若停电，应切断电源并退出刀具；机床液压失灵时，应立即停车，避免造成设备事故 |

续表

| 步骤 | 风险 | | 注意事项 |
|---|---|---|---|
| 意外情况处置 | 机械伤害 | 2 | 其他异常及故障时应停止作业，查找原因并排除故障；如故障无法排除，应报修进行故障排除 |
| 完工 | 物体打击 | 1 | 工作结束后，机床应清理干净，各手柄应放置零位（空挡），各运转部件应移至规定位置，关闭电源并进行清扫工作 |
| | | 2 | 擦除导轨面上的铁屑及冷却液，丝杠、光杠上无黑油。清扫设备周围铁屑、杂物 |
| | | 3 | 日常清理与维护：<br>（1）每班检查机床内外表面，应整齐整洁、无油污、无黄袍、无锈蚀、无脱漆；检查机床周围环境，应清洁无杂物、无铁屑；机床床身的储油量，油位应保持油标红线位置，必须按机床的润滑要求如期换油和检查，定时检查机床各油杯油孔的储油情况。<br>（2）如出现异常情况应记入"设备运转记录"中备忘 |

## 3.29 机加工设备（数控立式车床）

| 作业步骤 | 风险 | | 注意事项 |
|---|---|---|---|
| 准备工作 | 触电、物体打击 | 1 | 检查开关是否正常，电气设备外壳接地是否完好，防护、保险装置是否可靠 |
| | | 2 | 检查传动装置安全防护罩是否完好；各操纵手柄的位置是否正常；夹具、刀具及工件是否卡牢固 |
| | | 3 | 检查润滑情况和油量。检查所有紧急停止按钮是否释放；检查电柜中电源开关是否在闭合位置；控制面板上钥匙开关是否处在闭合位置 |
| 启动 | 机械伤害 | 1 | 工作前应开慢车，状态正常后方可正式工作。低速空转 2～3min，冬季使用前空转 10～15min，检查运转是否正常 |
| | | 2 | 紧固工件、刀具，固定千斤顶、斜面垫板、垫块等，避免松动；使用的扳手必须与螺母或螺栓相符，夹紧时，用力适当，避免滑倒 |
| | | 3 | 在机床主轴运转时，禁止操作床头前的变速手柄；工件在未夹紧前，点动校正工件，与旋转体保持一定的距离，严禁站在旋转工作台上调整机床和操作按钮 |
| | | 4 | 对刀时缓速进行，自动对刀时，刀头距工件 40～60mm 时停止机动，手动进给 |
| 运行控制 | 机械伤害、物体打击 | 1 | 切削过程中禁止测量工件、变换工作台转速及方向；禁止用手触摸加工中的工件 |
| | | 2 | 车床运转中严禁找正和卡紧工件；在切削过程中刀具未退离工件前严禁停车 |

续表

| 作业步骤 | 风险 | | 注意事项 |
|---|---|---|---|
| 运行控制 | 机械伤害、物体打击 | 3 | 车床未停稳，禁止在车头上取工件或测量工件；更换刀具时，工作台严禁转动 |
| | | 4 | 严禁隔着回转的工件取东西或清理铁屑；发现工件松动、机床运转异常、进刀过猛时应立即停车调整；加工过程中机床不准离人。装卸工件要切断机床电源。调整机床，装夹工件、夹具及擦拭机床时必须停车进行。工作台换挡变速，应在工作台停止运行后，再进行换挡 |
| | | 5 | 车床工作时间不能随意离开工作岗位，操作时应精力集中，有事离开必须停机断电；操作者不准正对铁屑飞出方向及切削刀具进给方向站立 |
| 意外情况处置 | 机械伤害 | 1 | 机床运转中如遇停电，应切断电源，退出刀具；机床液压失灵时，应立即停车，避免造成设备事故 |
| | | 2 | 机床运行中若发生突发事件，应马上按动"急停"按钮，待问题处理后，方可重新启动机床 |
| 完工 | 机械伤害 | 1 | 停机前，各轴应低速运动，将移动部件运行至安全位，机床应清理干净，关闭电源并进行清扫工作，擦除导轨面上的铁屑及冷却液，丝杠、光杠上无黑油，清扫设备周围铁屑、杂物 |
| | | 2 | 日常清理与维护：<br>(1) 为了避免故障，减少停机时间必须每天把机床周围的铁屑清除干净；<br>(2) 每工作100h后，整机需要做一次彻底的清理；在使用过程中，如油位低于油标刻线位置时应及时加油；<br>(3) 机床开始使用后或每次更换润滑油时，应经常清洗滤油器；<br>(4) 由设备操作员将每日设备状态及异常情况记入"设备运转记录" |

## 3.30 机加工设备（平面磨床）

| 作业步骤 | 风险 | | 注意事项 |
|---|---|---|---|
| 准备工作 | 触电、机械伤害、物体打击 | 1 | 检查各润滑部位，加注润滑油，检查油路是否畅通 |
| | | 2 | 检查配电箱、安全灯、导线、接地线等是否安全可靠，配电箱盖一定要关闭 |
| | | 3 | 查看各部动作情况是否良好，声音是否正常，并使机床空转2～3min，发现下列情况，应立即关闭电源，通知车间设备员报修进行处理：<br>(1) 主轴轴承（包括电动机轴承）发热（超过70℃）；<br>(2) 工作台运动中不平稳，如速度快慢不均匀，发生微弱的跳动和冲击现象，工作台润滑油量不足；<br>(3) 砂轮座发生微弱的震动和速度快慢不均匀，砂轮发生摆动和振动；<br>(4) 操作机构失灵；<br>(5) 油路中的压力不够，齿轮油泵产生噪声；<br>(6) 冷却液不畅通 |

续表

| 作业步骤 | 风险 | | 注意事项 |
|---|---|---|---|
| 准备工作 | 触电、机械伤害、物体打击 | 4 | 卡装砂轮：<br>（1）砂轮在未装入主轴前应进行外观检查，不准有裂纹现象；<br>（2）砂轮内径与托盘之间必须留有 0.1～0.5mm 的间隙，并垫 0.5～1mm 的纸垫，防止托盘受热膨胀使砂轮破裂；<br>（3）砂轮的紧固螺帽须用专用扳手紧固，不准加套管拧紧，避免卡装过紧使砂轮破裂 |
| 启动 | 机械伤害 | | 砂轮装好后应进行空转试验，时间不得少于 5min |
| 运行控制 | 物体打击、机械伤害 | 1 | 若继续加工上一班工件，应检查工件的装卡情况，确认无问题时，方准开车进行磨削工作 |
| | | 2 | 在装卡工件前，必须彻底地清扫磁力平台；严禁在磁力平台上进行调直工作 |
| | | 3 | 确认工件装卡牢固可靠后，根据工件的磨削长度调整工作台往复换向挡铁位置，并予以紧固 |
| | | 4 | 及时检查砂轮片的磨损程度，磨损严重时及时更换；还应经常检查金刚石的磨损程度，严禁用钝化的金刚石修整砂轮；砂轮修整时必须使用冷却液 |
| | | 5 | 砂轮接近工件时，不准用机动进给；磨削时尤其注意冲击性进刀及工作物突出部分；工件与砂轮未离开时，不得中途停止运转 |
| | | 6 | 磁力盘吸附的工件必须牢固，磁力盘未断电时不得强行装卸工件；对较高或底面积较小的工件，必须增加适当靠板，防止工件歪倒 |
| | | 7 | 在磨削过程中，冷却液需要流到工件上，防止冷却液混入到油压系统内 |
| | | 8 | 若磁力平台不规整，需磨去一层时，必须通过车间设备员取得设备部门的同意方能磨削 |
| | | 9 | 操作人员离开机床，更换刀具、工件及调整时，必须将切削刀具退离工件并停车 |
| 意外情况处置 | 机械伤害 | 1 | 机床在工作中发生突然断电或控制系统发生故障失灵，应立即切断电源，防止意外启动或失控造成事故 |
| | | 2 | 出现其他异常及故障时应停止作业，查找原因并排除故障，若故障无法排除，应报修进行故障排除 |
| 完工 | 物体打击 | 1 | 当班工作结束后，将砂轮抬起退离工件，关闭冷却液泵 |
| | | 2 | 当班结束后，应清除铁屑，导轨面处加油保养并擦净机床，清扫工作现场，保持设备整洁 |
| | | 3 | 砂轮空转 3～5min，使其将冷却液甩干净，以免冷却液渗入砂轮内产生不平衡的现象 |

续表

| 作业步骤 | 风险 | | 注意事项 |
|---|---|---|---|
| 完工 | 物体打击 | 4 | 切断电源，停止电动机转动 |
| | | 5 | 清扫磁力平台和各滑动面、床身、冷却箱上的磨屑、油垢、冷却液，并将油箱盖封闭严密 |
| | | 6 | 按机床的润滑图表规定注油，注油后应将油杯的盖子盖好 |
| | | 7 | 打扫工作场地，保持设备和周边现场整洁、完好 |

## 3.31 机加工设备（万能升降台铣床）

| 作业步骤 | 风险 | | 注意事项 |
|---|---|---|---|
| 准备工作 | 触电、物体打击 | 1 | 将设备外露部分擦干净，清扫机床周围杂物，检查各部手柄是否齐全、完好，按变速、走刀指示牌，把各部手柄搬到规定的位置上 |
| | | 2 | 检查电开关是否灵活可靠，电气线路有无破损，保护零线是否紧固，机床各部润滑按机床润滑示意铭牌注油 |
| 启动 | 机械伤害 | | 合上机床电源开关，按下启动电钮使接触器吸合、电动机运转，让电动机低速空车运转1~2min，检查机床的运转情况，确认电动机运转正常后，方能开始工作 |
| 运行控制 | 物体打击、机械伤害 | 1 | 机床运转中，工作台和床身严禁放任何工具和量具 |
| | | 2 | 变速操纵（主轴变速）时，先使主轴停止转动后再进行变速，进给变速，允许在开车的情况下变速 |
| | | 3 | 机床运转时，操作人员不得远离机床，注意观察运转中的机床，发生不正常的噪声和运转不正常，应立即停车查找原因和处理 |
| | | 4 | 操纵快速时，必须松开夹紧机构，并脱离手动手轮；高速切削时不要急刹车，防止将轴切断 |
| | | 5 | 使用齿条分度器时，不准用纵向走刀，更不准用快速，必要时摘下一个齿轮方可进行 |
| | | 6 | 使用垂直进刀时，工件装卡要与工作台有一定距离，而且铣刀切出距离不能太长，避免铣坏工作台 |
| 意外情况处置 | 机械伤害 | 1 | 机床在工作中发生突然断电或控制系统发生故障失灵，应立即切断电源 |
| | | 2 | 出现其他异常及故障时应停止作业，查找原因并排除故障，如故障无法排除，应报修进行故障排除 |
| 完工 | 物体打击、触电 | 1 | 当班工作结束后，拉下刀闸，切断电源 |

续表

| 作业步骤 | 风险 | | 注意事项 |
|---|---|---|---|
| 完工 | 物体打击、触电 | 2 | 先用刷子去除机床上的切屑，然后擦净机床油污，清扫机床周边杂物，并将机床各润滑部位按需要加上润滑油，保持机床和周边现场整洁、完好 |
| | | 3 | 日常清理与维护：<br>（1）每周对机床进行外保养：清洗机床外表及罩盖，清洁各部丝杆、手柄、电动机外壳及各紧固螺栓、销子等，检查保险装置，保证内外清洁、无锈蚀、无黄袍、清洁完好无松动，各部润滑应充足，安全装置灵活可靠。<br>（2）每月保养传动系统：清洗各导轨面、斜铁、丝杠和丝母等，调整离合器、摩擦片和三角皮带。保证轨面清洁、无毛刺，各机械转动部件紧固情况良好，斜铁、丝杠、丝母清洁、间隙适中，摩擦片、三角皮带合适。<br>（3）每季度保养润滑、冷却系统：清洗油路、毛毡、油窗油质及滤油网。保证油路畅通，毛毡清洁，油窗明亮，油质良好，滤油网清洁完好。<br>（4）每半年检查电动机：检查电动机轴承运行工作是否正常，有无异常杂音，电动机运行速度是否正常，运行时有无剧烈振动，电动机是否过热（不超过 60℃），运行中有无杂音和其他异常现象 |

## 3.32 机加工设备（带锯床）

| 作业步骤 | 风险 | | 注意事项 |
|---|---|---|---|
| 准备工作 | 触电、机械伤害 | 1 | 检查设备各紧固螺钉有无松动；安全防护装置是否完整、可靠；机床电气设备必须接地良好；检查液压油位、冷却液位、减速机油位 |
| | | 2 | 根据材料直径，用扭力扳手选用适合胀紧力矩，胀紧锯带 |
| | | 3 | 接通电源、打开设备电源开关、指示灯亮；按液压启动按钮，检查液压系统有无漏油现象；按主机运转按钮，检查锯带运转方向及齿向是否正确；检查冷却水是否畅通，冲屑水是否有力 |
| 启动 | 机械伤害 | 1 | 调整钳口开距，钳口打开距离应比材料大 1～2mm 为宜；确定锯架升高位置，应比材料高 6～10mm 为宜。根据材料材质、直径，确定进刀量和压力 |
| | | 2 | 先进行点动试锯削，确认无误后，再启动联动（自动）运转，机床开始进行锯切工作 |
| 运行控制 | 机械伤害、物体打击 | 1 | 机床运转时，手部远离锯切区；严禁触摸虎钳夹紧部位；严禁打开锯轮防护盖 |
| | | 2 | 加工长度较短的工件时，确保其不在夹紧装置外摆动，以免发生意外 |
| | | 3 | 在材料即将锯断时，要加强观察，注意安全操作 |
| | | 4 | 暂时停机时，按下停机按钮（自动运行指示灯熄灭） |

续表

| 作业步骤 | 风险 | | 注意事项 |
|---|---|---|---|
| 意外情况处置 | 机械伤害 | 1 | 机床出现异常噪声时，必须立即停止工作，查明原因，排除故障 |
| | | 2 | 切削过程中，如果锯条被卡住，应立即按动"急停"按钮，若不能释放锯条，要慢慢松开夹紧装置，卸下工件并转动180°，同时检查锯条或锯齿是否损坏，若损坏必须更换锯条，再进行锯切工作 |
| 完工 | 触电、机械伤害 | 1 | 工作结束后，按下停机按钮，松弛锯条，关闭电源，清理金属屑 |
| | | 2 | 检查各阀门、操纵开关是否置于停机位置 |
| | | 3 | 日常清理与维护：<br>（1）每班工作结束后，清洁设备、整理现场，保持设备警示标识完整、清晰。<br>（2）维修维护时，须停机、确认电源被切断并在电源处挂"禁止合闸"标志。<br>（3）经常观察液压油油箱标的油面位置，如油面低于油标位置，应及时加油。<br>（4）经常检查冷却液面高度，当液面太低时，应及时添加冷却液，如冷却液被污染或变质，应及时更换。检查带锯条，确保其已被正确地胀紧。各机油润滑点、滑动配合面，应加油润滑。导套的加油处每天加注黄油一次。<br>（5）每周要全面清理机床一次，彻底清除前后带轮箱和锯带槽内的积屑，清理后擦干表面，必要处涂上润滑油，以免锈结。对以下部位加注润滑油脂：左右支架加油处；带锯条胀紧装置；锯架铰链轴；主、被动锯轮轴承；主传动蜗杆轴承。打开冷却液箱前门盖，清除滤槽内积屑和滤网上的污物 |

## 3.33 机加工设备（立式升降台铣床）

| 作业步骤 | 风险 | | 注意事项 |
|---|---|---|---|
| 准备工作 | 触电 | 1 | 检查铣床导轨、工作台面和主轴锥孔部分有无灰尘和加工废屑，检查导轨等部位的润滑情况。检查冷却液系统是否正常、清洁，应符合规定的要求 |
| | | 2 | 检查各部手柄是否齐全、完好，并搬到规定的位置上；检查保护零线是否连接紧固 |
| 启动 | 机械伤害 | | 合上机床电源开关，然后开低速空转2~3min观察情况，正常后方能进入加工状态。若是继续加工未完成的工件时，应认真检查工件及刀具装卡情况，确认正常后再进行工作 |
| 运行控制 | 机械伤害、物体打击 | 1 | 按照工件材质、铣削要求，选择合适的刀具。不得用机动对刀，对刀只能用手动进行 |

续表

| 作业步骤 | 风险 | | 注意事项 |
|---|---|---|---|
| 运行控制 | 机械伤害、物体打击 | 2 | 工件、夹具、工具及附件放上工作台面时，要注意轻放，严禁敲打和冲击工作台面。机床运转中严禁在工作台上放置杂物 |
| | | 3 | 在快速或自动进给铣刀时，在铣刀离工件约30~50mm处应停止，改用手动操作进刀 |
| | | 4 | 变速中禁止开车，变速时要将变速杆扳到规定的位置 |
| | | 5 | 严禁在铣刀切入工件的状况下停车。铣削过程中，刀具未退离工件前，不得停车，遇有紧急情况需停车时，应先将刀具退离工件 |
| | | 6 | 削平面时，必须使用有4个刀头以上的刀盘，选择合适的切削用量，防止机床在铣削过程中产生振动 |
| | | 7 | 测量工件尺寸、用手或棉纱直接清除刀刃上的铁沫、离开岗位等情况下，必须停车 |
| | | 8 | 机床运转时，严禁戴手套进行作业，并经常注意运转情况，保持各互锁、限位、进给等机构准确可靠 |
| 意外情况处置 | 机械伤害 | 1 | 机床在工作中出现断电，应立即切断电源开关，以免再作业时或机床自动开启造成不良后果 |
| | | 2 | 发生不正常的噪声和运转不正常或出现其他异常及故障时，应立即停车查找原因并排除故障，若故障无法排除，应报修进行故障排除 |
| 完工 | 触电、机械伤害 | 1 | 当班工作结束后，应使工作台面停在中间，升降落到最低位置，关闭铣床面板上的电源及总电源开关 |
| | | 2 | 将切屑和脏物从机床上清除掉，擦净机床各部油污，清扫机床周边杂物，并将机床各润滑部位按需要加上润滑油，保持机床和周边现场整洁、完好 |
| | | 3 | 日常清理与维护：<br>（1）每周对机床进行外保养：清洗机床外表及罩盖，清洁各部丝杆、手柄、电动机外壳及各紧固螺栓螺、销子等，检查保险装置，保证内外清洁、无锈蚀、无黄袍、清洁完好无松动，各部润滑应充足，安全装置灵活可靠；<br>（2）每月保养传动系统：清洗各导轨面、斜铁、丝杠和丝母等，保证轨面清洁、无毛刺，各机械转动部件紧固情况良好；<br>（3）每季度保养润滑、冷却系统：清洗油路、毛毡、油窗油质和滤油网。保证油路畅通，毛毡清洁，油窗明亮，油质良好，滤油网清洁完好；<br>（4）每半年检查电动机：检查电动机轴承运行工作是否正常，有无异常杂音，电动机运行速度是否正常，运行时有无剧烈振动，电动机是否过热（不超过60℃），运行中有无杂音和其他异常现象 |

## 3.34 机加工设备（牛头刨床）

| 作业步骤 | 风险 | | 注意事项 |
|---|---|---|---|
| 准备工作 | 物体打击 | 1 | 检查机床各部手柄位置是否在规定位置，操纵是否灵活；各运转部分及滑动面有无障碍物；按钮开关、限位装置是否完善、灵敏；保护接地是否牢固可靠；安全装置是否齐全、可靠 |
| | | 2 | 检查油箱、油杯中油量是否符合要求；擦净导轨面灰尘，按照润滑图表的规定做好润滑工作，保持油路畅通、油量适当、润滑良好 |
| | | 3 | 检查牛头定位螺钉和工件是否紧固，刨刀是否夹紧固，伸出量是否符合规定 |
| 启动 | 机械伤害 | | 接通机床电源开机启动。机床若停车 8h 以上，应先低速空车运转 3～5min，确认运转正常后，方可开始工作 |
| 运行控制 | 机械伤害、物体打击 | 1 | 机床运行中，任何人不得站在刨头往复运动的方向上（即溜板前后位置），避免刨头冲出伤人 |
| | | 2 | 用台钳卡工件时，钳口及垫铁应擦拭干净，装夹工件必须牢固；台钳必须在工作台中心位置，并且牢固；安装刀具伸出部分不宜太长 |
| | | 3 | 禁止在机床开动时对刀进行调整，在切削过程中，刀具未退离工件时不得停车 |
| | | 4 | 调整牛头冲程要使刀具不接触工件，用手摇动经历全行程进行试验，调整好后，随时将手柄取下；根据工件长度，调整滑枕行程，留适当进出刀距离，调整后滑枕上的紧固手柄必须旋紧 |
| | | 5 | 装卸工件、更换刀具、用手摸拭工件光洁度、测量工件、变速时必须停车，严禁在工作台面上随意敲打或校整工件 |
| | | 6 | 刨削时，选好进给量，以免进给量过大造成撞刀，严禁使用钝化的刀具进行刨削 |
| | | 7 | 刨削过程中，头、手不要伸到车头下检查，严禁用手指触摸产品和刀具，严禁用棉纱擦拭工件和机床转动部位。禁止在机床导轨面和油漆面上放置物品 |
| | | 8 | 清扫铁屑应使用毛刷，禁止用嘴吹；装卸较大工件和夹具时应请人帮助，防止滑落伤人 |
| | | 9 | 机床运行中，操作者不准擅自离开工作岗位或托人看管 |
| 意外情况处置 | 机械伤害 | 1 | 机床在工作中若出现断电，应立即切断电源开关，避免再作业时或机床自动开启造成不良后果 |
| | | 2 | 机床在工作中若出现异响或发生故障时，应立即关停，断开电源后方可进行机床调整或维修作业查找原因；若故障无法排除，应及时报修进行故障排除 |

续表

| 作业步骤 | 风险 | | 注意事项 |
|---|---|---|---|
| 完工 | 机械伤害、触电 | 1 | 当班工作结束后，将工作台移至中间位置，各操纵手柄置于"停机"位置，切断电源 |
| | | 2 | 及时清除机器上的铁屑和污物，润滑部位根据使用情况进行注油润滑，并在未涂漆的表面涂防锈油，以防锈蚀 |
| | | 3 | 日常清理与维护：<br>（1）每周对床身及外表进行保养：清洗机床表面、清除死角杂物、拆洗防护罩壳，做到漆见本色，铁面无锈斑；修光导轨磕痕、毛刺、配齐螺钉、螺帽；<br>（2）每月对以下部位进行检查和保养：<br>① 主变速箱：紧固各齿轮和拨叉顶丝，变速灵活，齿轮啮合正确；<br>② 走刀及摇杆：清洗各部件，调整冲程调节机构，使其运动平稳无冲撞，调整走刀机构灵活准确；<br>③ 滑枕及刀架：调整刀架、滑枕间隙适当，运动均匀；<br>④ 工作台：清洗走刀丝杠，调整工作台紧固螺钉，使得松紧适当；<br>⑤ 润滑：洗清各油孔、油毡，要求油路畅通无油污、杂质，油毡松软有效；<br>⑥ 电器（电源断开情况下进行）：清扫电器箱、电动机，接地良好，周围清洁 |

## 3.35 机加工设备（卧式双主轴数控深孔钻床）

| 作业步骤 | 风险 | | 注意事项 |
|---|---|---|---|
| 准备工作 | 触电、物体打击、机械伤害 | 1 | 检查供电线路是否完好和接线牢固；设备仪表是否能正常工作；每次主机运行前需启动自动润滑系统，对机床进行润滑操作 |
| | | 2 | 检查液压油箱、冷却油箱油位是否正常，各管路、阀和接头，有无松动、损坏和渗漏现象 |
| | | 3 | 检查各机械连接件的坚固情况，是否有松动和损伤等情况，特别注意联轴节、滚珠丝杠副等活动间隙是否适宜，应及时拧紧和调整。使用前先启动集中润滑系统，对各部件进行充分的润滑 |
| | | 4 | 装卡工件：<br>（1）装夹工件时，先将工件置于工作台支承座上，并使一个端面靠在弯板上的支承钉上，在相应的位置用压板将工件压紧固定；<br>（2）钻孔前用百分表测量工件端面与 $x$ 轴、$y$ 轴运动平面的平行度，并根据测量结果适当调整支承钉的高度；<br>（3）工件调整好之后，即可按顺时针的方式对工件进行压紧，工件后面垫块可以根据工件的厚度选择不同的高度，垫块上的支撑钉可以旋转调节高度，对工件的表面进行微调；<br>（4）用百分表对工件平面进行找正时，如果某点过低时，对该部位可调垫块进行调整，尽量不把高点往低点尺寸调整；<br>（5）根据图纸需要调整主轴间距，主轴间距调整参照机械部分说明书中图示部位和步骤调整 |

续表

| 作业步骤 | 风险 | | 注意事项 |
|---|---|---|---|
| 启动 | 机械伤害、物体打击 | 1 | 接通电源总开关观察有无报警故障，启动液压站、冷却站，观察油泵电动机转动方向是否正确，各液压组件是否正常工作，有无异常噪声或渗漏。确保钻柄牢固地夹紧在夹紧套中，钻头跟导套正确配合 |
| | | 2 | 开启操作台钥匙开关，数控系统开启数分钟后进入稳定状态。检查主轴进给量、转速等切削参数是否合适。检查所有防护装置是否正常，一切检查无误后方能进行钻削操作 |
| | | 3 | 钻削操作步骤：<br>（1）对 3 个数控轴进行回原点。检查图纸，刀具，程序的一致性。对应 CAD 图纸的基准点，找出工件在机床位置的相应位置 $xy$ 数值，填写在数控原点偏置里面；<br>（2）调整 $z$ 轴原点位置使工件离 $z$ 轴原点 8mm 左右。调整机头使钻头刚刚露出导套。对刀，用手轮摇动 $z$ 轴记下钻头最顶端到工件的距离（1mm 处）填写在 P100 里面，把 $z$ 轴推到 0 的位置。把各种切削数据填写到数控全局参数里；<br>（3）打开液压泵，打开排屑器，下面板开关打到自动位置，进入工件程序，这时面板自动指示灯应该点亮，按数控绿色执行按键就可执行自动加工程序 |
| 运行控制 | 机械伤害、物体打击 | 1 | 若需停止自动加工过程，按动红色停止按钮，机床停止进出并保持暂停状态，主轴保持旋转，冷却液压保持原状。此时按动复位键或者调整到手动位置，加工程序自动退出停止所有程序动作 |
| | | 2 | 当钻头停留在工件孔内的时候，切忌移动机床，以免损坏工件甚至机床的精度。当更换新工件且钻孔深度出现变化时，除应调整钻头快进转工进的位置外，还应调整钻头的工进行程，以免出现钻不透或钻到工件后面的弯板的情况 |
| | | 3 | 经常注意铁屑形态的变化。经常注意前端导向箱内的铁屑情况（使用枪钻时），如果出现堵塞情况，应及时停车进行清理 |
| | | 4 | 及时清除飞落在运动部件上的切屑，以免影响相关部件的运行 |
| 意外情况处置 | 机械伤害 | 1 | 在自动运行时有可能会出现报警，出现报警时机床停止自动运行并在数控系统最上端提示报警内容，根据报警内容查找和消除故障原因 |
| | | 2 | 在机床工作过程中，如出现紧急情况，立即按下"急停"按钮，待故障或事故隐患消除后，再解除急停状态，消除警报，重新恢复工作 |
| 完工 | 物体打击 | 1 | 每班作业后应关闭总电源及水、气阀门，将各附件头擦拭干净、盖好防护罩后，将所有手柄置于空挡位置，停放在各自固定位置 |
| | | 2 | 清扫机床周围环境，工件分类码放整齐 |

续表

| 作业步骤 | 风险 | | 注意事项 |
|---|---|---|---|
| 完工 | 物体打击 | 3 | 日常清理与维护：<br>（1）每班均应按照润滑系统说明书对各需润滑的部件进行检查和润滑（详见液压系统检查部件及周期）；<br>（2）每班前应检查各运动部件的配合间隙是否正常，各紧固件是否有松动，应及时拧紧与调整；<br>（3）每班前应检查液压系统油箱、油泵有无异常噪声、压力表指示是否正常，管路及各接头有无泄漏、工作油面高度是否正常；<br>（4）每班后应清扫设备各处的切屑，擦净各处灰尘，并对外露的光滑表面涂一层油膜，以防生锈；<br>（5）不定期（每月或每季）对设备进行1次全面检查，及时消除隐患 |

## 3.36 机加工设备（摇臂钻床）

| 作业步骤 | 风险 | | 注意事项 |
|---|---|---|---|
| 准备工作 | 触电 | 1 | 检查润滑油系统应良好，检查各电气开关是否正常，电气设备外壳接地是否完好 |
| | | 2 | 检查传动装置安全防护罩应完好，各操纵手柄的位置应正确。工件卡固牢靠 |
| 启动 | 机械伤害、物体打击 | 1 | 工作前应开慢车状态低速空转2~3min，冬季使用前空转10~15min，检查运转是否正常 |
| | | 2 | 夹具、钻头及工件安装牢固。使用的紧固扳手必须与螺母或螺栓相符。紧固用力要适当，以防滑倒 |
| 运行控制 | 机械伤害、物体打击 | 1 | 工件装夹必须牢固可靠。钻小件时，应用工具夹持，不准用手拿着钻 |
| | | 2 | 装卸工件要切断机床电源。调整机床、装夹工件及清除铁屑时应在停车状态下进行。装卸表面有油的工件时，要防止工件从手里滑落 |
| | | 3 | 按主轴启动按钮，扳动主轴变速正、反及空挡手柄、主轴即顺或逆时针或空挡转动 |
| | | 4 | 主轴进给有机动进给，手动进给，微动进给三种进给方式，根据实际情况选择不同进给方式 |
| | | 5 | 主轴箱和立柱的夹紧或松开既可同时进行，又可单独进行，摇臂的升降通过摇臂的上升和下降按钮进行调节 |
| | | 6 | 钻孔作业时应精力集中，不准在机床运转中远离机床 |
| | | 7 | 钻孔过程中摇臂必须锁紧 |
| | | 8 | 操作人员的头部不得靠近旋转部分，禁止用管子套在手柄上加力钻孔 |
| | | 9 | 清除钻头上缠绕的铁屑时需要用刷子或钩子清除铁屑 |

续表

| 作业步骤 | 风险 | | 注意事项 |
|---|---|---|---|
| 运行控制 | 机械伤害、物体打击 | 10 | 钻孔过程中严禁用手扶摸机床运动部件 |
| | | 11 | 翻转、卡压或测量工件时，需停机等待刀具停止 |
| | | 12 | 横臂和工作台上不准存放物件，被加工件必须按规定卡紧，以防工件移位造成重大人身伤害事故和设备事故 |
| 意外情况处置 | 机械伤害 | 1 | 机床运转中如遇停电，应切断电源，退出钻头。机床液压系统失灵时，应立即停车，以防造成设备事故 |
| | | 2 | 其他异常及故障时应停止作业，查找原因并排除故障，如故障无法排除，应报修进行故障排除 |
| 完工 | 物体打击 | 1 | 停止工作时应将钻头从卡具上卸下来，将摇臂提升到立柱中间位置，然后切断电源，清扫工作现场，检查并擦洗设备表面 |
| | | 2 | 清除工作台面上及四周的铁屑，且丝杠、光杠上无黑油 |
| | | 3 | 日常清理与维护：<br>（1）每周检查机床内外表面应整齐、整洁、无油污、无黄袍、无锈蚀、无脱漆，检查机床周围环境应清洁无杂物、无铁屑；<br>（2）每周检查各紧固螺栓紧固情况；<br>（3）每月检查机床的润滑，按润滑要求添加润滑油，检查机床润滑部位的油质、油量、油温等；<br>（4）机床在使用中按说明书的各项规定进行润滑，过滤网要定期清洗，各部指示的油位最高不得超过游标中心 |

## 3.37 机加工设备（数控落地铣镗床）

| 作业步骤 | 风险 | | 注意事项 |
|---|---|---|---|
| 准备工作 | 物体打击 | 1 | 开机前应先检查操作手柄、开关、旋钮、夹具机构、液压活塞的连接是否处在正确地位，安全装置是否齐全、可靠。检查机床各轴有效运行领域内是否有障碍物 |
| | | 2 | 机床启动前应注意周围是否整洁无杂物。镗轴、滑枕及移动部件停放位置是否合适 |
| | | 3 | 根据图纸、工艺规程等文件，检查工件的夹紧部位位置的高低，夹紧力的大小，确认移动部件移动无碰撞，工件已夹牢的情况下启动机床 |
| 启动 | | 1 | 主电动机启动后应先观察操作面板上有无报警信息，无报警证明机床工作正常才能启动主轴。机床启动时先接通主电源，再按操作面板上的 NC 按键，油泵启动后，输入相应的指令放松各轴的夹紧，然后使各轴返回原点，再以低、中速、正反向空运行约 5min |
| | | 2 | 各坐标手动回参考点（机床原点），若某轴在回参考点位置前已处在零点位置，必须先将该轴移到距原点 100mm 以外，再进行回参考点 |

续表

| 作业步骤 | 风险 | | 注意事项 |
|---|---|---|---|
| 运行控制 | 机械伤害、起重伤害、物体打击 | 1 | 试切削调试加工程序时，快速移动开关应置于最小位置，采用单步操作，并在每步程序前确认显示屏上各轴移动距离及方向与机床实际移动距离及方向相吻合后，方能执行下步程序 |
| | | 2 | 机床运转时，严禁用手触摸主轴及安装在主轴端部的刀具。禁止触碰旋转部件，操作者不得停留在机床的移动部件上。注意自己所处位置的正确性，以免被夹伤或挤伤，发生意外或紧急事件时，按下"急停"按钮 |
| | | 3 | 测量、检查加工面时，必须停车，严禁人头部、手部等靠近正在加工面观察加工情况。加工中，禁止用手直接清除铁屑，应用专门工具清扫 |
| | | 4 | 调换刀具时，注意检查拉钉、刀片等是否紧固，检查刀柄及锥孔是否干净，经确认后方可调换。加工中换刀，必须先停机，注意刀刃的伤害 |
| | | 5 | 运用附件头时，应先把镗杆退回至零位，检查附件头类型的是否正确，锥面、接触面无异物，然后手动更换相应的附件头。卸下附件头而不用其他附件时，应安装上滑枕保护盖方可继续加工 |
| | | 6 | 禁止踩踏设备的导轨面及油漆表面或在其上面放置物品。严禁在工作台上敲打或校直工件 |
| | | 7 | 装卸较重的工件时，必须根据工件重量和形状选用合理的吊具和吊装方法 |
| | | 8 | 主轴空运转时，主轴上必须装有锥柄，开关置于夹紧位置上，以免拉刀机构松动而损坏 |
| | | 9 | 镗轴返回坐标原点时，当较短刀柄刀具直径大于镗轴直径时，应卸下刀具再返回原点，以免刀具碰在铣轴及其端面键上而撞坏机床。机床运转时操作者不准擅自离开工作岗位或托人看管 |
| 意外情况处置 | 机械伤害 | 1 | 遇到人身安全受到危害或可能造成机床（工件）损坏等紧急情况下，应速按红色急停按钮，使机床瞬时停止运行 |
| | | 2 | 机床运行中出现异常现象及响声，应立即停机，查明原因，及时处理 |
| 完工 | 物体打击 | 1 | 停机前先将主轴箱降到低位，立柱移到一端（不要停在中间部位），镗轴和滑枕缩回到合适位置。然后退出操作系统，按"NC"停止，再关闭总电源。清扫卫生、整理现场、做好交接班记录 |
| | | 2 | 工作后应关闭总电源及水、气阀门，将各附件头擦拭干净、盖好防护罩后，将所有手柄置于空挡位置，停放在各自固定位置。清扫机床周围环境，工件分类码放整齐 |
| | | 3 | 日常清理与维护：<br>（1）将刀具、量具擦干净，确认其完好，放入工具柜内。做好必要的润滑后各部归位；<br>（2）滑动面保持光洁，油槽保持畅通，油润保持充分，每月检查一次发现问题及时处理。检查润滑油箱，油质是否符合要求，油量到位，箱内清洁无脏垢，油窗清晰，不渗漏 |

## 3.38 机加工设备（板料边缘刨床）

| 作业步骤 | 风险 | | 注意事项 |
|---|---|---|---|
| 准备工作 | 触电、机械伤害 | 1 | 检查机床工作区、工作台面和导轨是否有障碍物、铁屑、杂质，若有应清理、擦拭干净、上油。重点检查小车导轨有无新的拉、研、碰伤，若有应通知班组长或车间设备员查看，并作好记录 |
| | | 2 | 检查所有传动和紧固部分有无松动：<br>（1）齿轮与齿条啮合的情况，齿条是否松动；<br>（2）主传动箱主电动机的底座螺栓的紧固情况；<br>（3）主传动箱主电动机输出轴上的结合情况（轴向间隙、结合部位的磨损情况），并根据磨损情况报修或更换 |
| | | 3 | 检查电气柜及电控操作面板，紧固螺钉是否松动，按钮和开关是否松动、损坏 |
| | | 4 | 检查机械、液压、电控等操作手柄、阀门、开关等是否处于非工作的位置上，且灵活、可靠。检查各刀架是否处于非工作位置，且性能良好 |
| | | 5 | 检查安全防护、止动、联锁、夹紧机构、限位和换向等装置是否齐全完好 |
| 启动 | 机械伤害 | 1 | 使用前要空车运行，观察各传动零件及部位的运行是否正常，有无卡阻和异常声响 |
| | | 2 | 油泵启动后先观察油泵的运行是否正常，油泵压力是否在规定范围内 |
| 运行控制 | 机械伤害、物体打击 | 1 | 每次开动主轴箱进行刨削前，应先观察主轴箱行走区域，严禁有其他人员或物体 |
| | | 2 | 润滑分为手动和自动两种工作方式，由左侧操作面板上相应旋钮进行控制，在选择机床工作方式后应注意润滑方式是否选择正确 |
| | | 3 | 根据加工件长短调整主传动箱左右行程限位位置时，应留有空刀距离位置 |
| | | 4 | 按工艺规定进行加工。不准任意加大进刀量，刀架进刀量不得大于1mm |
| | | 5 | 校正刨削的钢板时，禁止将手放置液压千斤顶下面，在液压顶完全压紧钢板后，锁紧手动千斤顶。松开千斤顶时应先松开手动千斤顶，再松开液压千斤顶 |
| | | 6 | 点动方式移动主传动箱的距离严禁过长，避免研伤导轨面。必须点动工作时，应对导轨面手动供油，保持导轨的良好润滑 |
| | | 7 | 及时清除机床上的铁屑、油污，保持导轨面（重点清洁）、滑动面和工作台面清洁 |
| | | 8 | 经常检查主传动箱内置润滑泵是否运转正常，其供油设定的油压应为0.1~0.2MPa |
| 意外情况处置 | 机械伤害 | | 发现设备运转时有异常声响或其他异常情况，应立即停止作业，查找原因并排除故障；如故障无法排除，应及时报修进行故障排除 |

续表

| 作业步骤 | 风险 | | 注意事项 |
|---|---|---|---|
| 完工 | 机械伤害、触电 | 1 | 停机后检查各阀门、操纵开关是否置于停机位置 |
| | | 2 | 当班结束后,应清除铁屑,导轨面处加油保养并擦净机床,清扫工作现场,保持设备整洁 |
| | | 3 | 当班工作结束后,清洗主传动箱两端的挂屑板并检查磨损情况,若橡皮条破损应及时更换 |
| | | 4 | 日常清理与维护:<br>(1)每周对机床全面清理,清洁导轨、传动齿轮、齿条,清洗润滑滤油器(过滤网),更换或加注润滑油。<br>(2)每月检查:<br>① 检查所有滑板、调整块是否间隙过大、有无松动,检查齿轮与齿条啮合的情况,必要时加以调整和紧固。<br>② 检查电气柜及操作平台的各紧固螺钉是否松动,清理柜内灰尘。检查接线头是否松动,保持电气、限位联锁装置安全可靠。<br>(3)维修维护时,须停机并确认电源被切断,并在电源处挂"禁止合闸"标志,方可进行操作 |

## 3.39 高空作业车

| 作业步骤 | 风险 | | 注意事项 |
|---|---|---|---|
| 作业应具备的条件 | | | (1)工作平台内操作人员,应系安全带。<br>(2)作业过程必须配置专职监护人,监护人要经过专项培训。<br>(3)登高作业前,负责人应向操作人员进行技术和安全交底,内容应包括:<br>① 工作内容及要求;<br>② 安全注意事项及危险点;<br>③ 人员分工情况及责任范围。<br>(4)操作应选择结实平整的地面,若地基松软或起伏不平,应将地面做相应处理且(或)须用枕木或钢板垫实。<br>(5)风力达到6级以上或者高空作业车工作平台摆动超过±300mm时应停止作业 |
| 准备工作 | 机械伤害、车辆伤害 | 1 | 在操作前,认真检查设备状况,包括机械件的连接是否牢固正常,有无松动、断裂、缺失;附件是否齐全;各种油液是否足够,设备各部有无油液渗漏现象;线束有无裸露、破损,轮胎有无损伤;气压是否正常,制动系统有无异常等 |
| | | 2 | 操作前注意观察周围环境情况,确保作业车有足够的作业空间,检查升降平台的工作范围,清除妨碍作业平台回转及行走的障碍物 |
| | | 3 | 高空作业车操作人员在使用设备车前,必须先熟识该高空作业车车型的性能并实际操作演示后方可从事作业 |

续表

| 作业步骤 | 风险 | | 注意事项 |
|---|---|---|---|
| 准备工作 | 机械伤害、车辆伤害 | 4 | 高空作业范围区域内地面要用警戒带围起，并挂上"闲人免进"或"禁止通行"等警示牌 |
| | | 5 | 靠近电源（低压）线路作业前，确认停电后方可进行工作，禁止在高压线下作业 |
| | | 6 | 长期搁置封存的高空作业车在重新启用前需做全面测试，各项性能技术指标都合格后方能重新投入使用 |
| 启动 | | 1 | 进入高空作业车工作平台斗内，一定要正确锁好安全门，然后再发动车 |
| | | 2 | 空载检验各部位动作，以检查各部位动作的准确性和制动系统的灵敏性，以及排除液压系统中可能存留的空气，防止作业中产生振动或"爬行" |
| 运行控制 | 高处坠落、物体打击 | 1 | 严禁将高空作业平台车作为吊装、运输、载人车辆使用；作业平台严禁超重、超员，须按规定负荷工作 |
| | | 2 | 登高作业应由高空作业负责人进行指挥，指挥人员的指挥信号须清晰有效 |
| | | 3 | 折臂式升降工作平台一般应先起下臂，再起中臂，最后起上臂 |
| | | 4 | 在工作平台内，不准架设梯子或放置垫物加高作业，更不允许用长板等物伸出平台外以增加幅度，以防倾翻，严禁超出平台的额定载荷作业 |
| | | 5 | 高空作业车如果装有支腿，需在起升作业平台前，做好支撑调整。作业操作时，不允许用木板等物放置在工作平台栏杆上坐着驾驶 |
| | | 6 | 驾车平稳，换向、车体回转或作业时，臂杆回转范围内下方禁止站人，在升降平台回转操作过程中，必须在下臂起升一定高度后方可进行回转，回转应缓慢，同时注意保持设备与其他物体的安全距离 |
| | | 7 | 高空作业车严禁上下两人同时操作 |
| | | 8 | 高空作业车臂杆或工作平台严禁与任何物件碰撞，严禁用高空作业车来往载人、载物或推拉其他物件 |
| | | 9 | 高空作业所用的工具、零件、材料等必须装入工具袋或在作业平台上固定牢靠，防止作业时从平台上滑落。工作完毕应及时将工具、零星材料、零部件等一切易坠落物件清理干净，以防落下伤人，上下大型零件时，应采用可靠的起吊机具 |
| 意外情况处置 | 高处坠落、物体打击 | 1 | 作业中当倾斜警报响时，操作人员应示意作业人员立即停止作业，回收臂杆，不准做其他动作 |
| | | 2 | 高空作业车在作业中发现有异响或不正常现象，应马上停止作业，查找原因，严禁"带病"作业 |
| | | 3 | 紧急情况或其操作按钮失灵时按下"急停"按钮，并要做好自我保护；剪式作业车应有指挥或辅助人员在地面操作紧急开关降落作业平台 |

续表

| 作业步骤 | 风险 | | 注意事项 |
|---|---|---|---|
| 意外情况处置 | 高处坠落、物体打击 | 4 | 当平台上操作开关失灵时，操作人员不得试图从高空作业车的臂杆上爬下来；当作业车出现故障，且平台斗内有人时，不得进行检修，应采取措施先将平台斗内人员转移后，再进行检修 |
| | | 5 | 当平台被绊住，卡住或附件的其他物体阻碍其正常运转时，不要使用平台控制器释放平台。如果打算利用地面控制器释放平台，则需在所有人员离开平台之后方可操作 |
| 完工 | 车辆伤害 | 1 | 完工后，将车开到停车场或停放在安全的位置，停机或关闭电源 |
| | | 2 | 清理整顿作业现场，对车辆进行日常收车后检查保养 |
| | | 3 | 长时间不用的车辆要保养后封存好 |
| | | 4 | 日常清理与维护：<br>（1）日常维护：每天或每次设备使用前进行检查，以清洁、补充各种油液和安全检查为主，紧固各部位的连接螺栓。<br>① 检查发动机机油、燃油、冷却水、液压油是否充足有无变质，检查清理油水分离器、空气滤芯；<br>② 检查发动机运转是否正常，有无异响，发动机烟色是否正常；<br>③ 检查轮胎压力是否符合要求，轮胎有无裂纹、有无异常磨损；<br>④ 检查制动是否可靠，转向是否灵活，车架车身是否有异常；<br>⑤ 检查液压泵、阀体、油缸及其连接管路是否有渗漏油现象，工作是否正常；<br>⑥ 检查灯光、仪表、声音等信号部件是否工作正常；<br>⑦ 检查操纵与控制装置（手柄、踏板、按钮、仪表等）是否灵活可靠；<br>⑧ 检查电源接口及充电系统是否工作正常。<br>（2）一级维护：每3个月或累计工作300h进行1次。以润滑、调整、紧固为中心，结合日常维护，进行清洁、检查、润滑、紧固等维护，视需要更换部件，确保安全运行。<br>① 检查清洁发动机及附件有无漏水、漏电、漏气、漏油现象，检查机油、机油滤芯、柴油滤芯，吹扫空滤，视情况及时更换；<br>② 检视燃油泵、输油泵、液压油泵、水泵等总成的工作状况；<br>③ 检视发动机悬挂支撑垫的完好状况；<br>④ 检查调整发电机皮带挠度，检查、紧固固定螺栓；<br>⑤ 检查设备各润滑点进行润滑，视情况更换齿轮油；<br>⑥ 检查设备各连接件固定状况，紧固其螺栓，车身、车架有无变形、断裂、脱焊；<br>⑦ 检查照明、喇叭、各仪表及信号装置功能是否齐全、有效，符合规定；<br>⑧ 检查全车线路是否排列整齐、连接是否可靠、绝缘是否良好；<br>⑨ 检查制动系工作状态是否可靠；<br>⑩ 检查液压油油量是否充足，液压油是否变质，参照说明书推荐时间周期和油品标号更换液压油和液压油滤芯；<br>⑪ 检查液压系统动力和执行元件运行是否正常，必要时进行调整；<br>⑫ 检查液压管路及连接处是否有渗漏现象，是否损坏、老化 |

## 3.40 液氧站

| 作业步骤 | 风险 | | 注意事项 |
|---|---|---|---|
| 作业应具备的条件 | | 1 | 操作人员工作服不得有油污，以免与氧发生氧化反应；操作阀门、充装配合、故障处理时应佩戴液氧防冻手套 |
| | | 2 | 在站内从事动火、动土作业、管线打开等作业时必须制订方案并经过批准 |
| | | 3 | 未经允许无关人员禁止进入站内 |
| 配合充装 | 车辆伤害、火灾、其他爆炸、容器爆炸、中毒和窒息 | 1 | 监督液氧运输槽车，倒车时防止车辆撞损设备，车辆尾部距离充装管口应保持 3m 以上距离 |
| | | 2 | 监督充装人员正确劳保着装、作业行为符合安全要求，站区禁止抽烟 |
| | | 3 | 监督槽车在充装前必须做好接地、车辆熄火、做好掩车 |
| | | 4 | 监督压差计显示充装液面不能超过 64kPa |
| | | 5 | 充装过程中，操作人员应与充装点保持 4m 以上距离 |
| | | 6 | 充装之后，按顺序摘除充装管线、摘除接地，抽出掩木 |
| | | 7 | 液氧储罐充液后 24h 内应密切注意储罐内压力变化，一旦超过 1.5MPa，应立即打开 8# 排气阀 |
| 供气前准备 | 物体打击、其他伤害（冻伤） | 1 | 观察站内设施（储罐、管线等）是否完好 |
| | | 2 | 检查站内各阀门开闭状况：3# 出液阀应保持常开状态，4# 出液阀应处于关闭状态，减压阀组保持一组调节阀处于开启状态，流量计阀组保持一路为开启状态，所有压力表前阀门必须处于开启状态 |
| | | 3 | 观察液氧储罐压差计，数值应处于 20~64kPa 范围内。当数值降至接近 20kPa 时，通知液氧充装 |
| | | 4 | 观察液氧储罐压力表，数值应处于 0.8~1.5MPa 范围内。当压力值 <0.8MPa 时，缓慢打开 6# 增压阀进行增压，持续观测压力表数值，当压力升至 0.8MPa 时，关闭 6# 增压阀；当压力值 >1.5MPa 时，缓慢打开 8# 排气阀进行降压操作，当压力降至 1.2MPa 时，关闭 8# 排气阀 |
| 供气 | 物体打击、其他伤害（冻伤） | 1 | 打开 4# 出液阀，进行供气操作。阀门应避免开启到底 |
| | | 2 | 观察站内输出口压力表（0.65~0.8MPa）和温度计（不低于 20℃）。若出口压力超出范围，则通过操作减压阀组，调节至所需输出压力 |
| | | 3 | 目视检查空温式汽化器表面结冰情况，若结冰超过总面积的 2/3 时，应立即停止供气，或减少供气支路（即用氧量）。检查过程中注意保持安全距离，以免冻伤 |
| | | 4 | 在供气过程中，每小时巡检 1 次，观测并记录压力值 |

续表

| 作业步骤 | 风险 | | 注意事项 |
|---|---|---|---|
| 意外情况处置 | 物体打击、容器爆炸、中毒和窒息、其他伤害（冻伤） | 1 | 当站内任一安全阀（管路2个、储罐下方3个）动作起跳时，应立即打开8#排气阀，待压力回落至1.5MPa以下时，再关闭8#排气阀，并确认安全阀已恢复正常 |
| | | 2 | 当站内管路（不含储罐橇内管路）发生泄漏时，应立即关闭储罐橇的4#出液阀和3#出液阀，然后进行故障处理 |
| | | 3 | 当储罐橇内管路发生泄漏或安全阀爆破装置动作时，人员应当远离，避免冻伤及氧中毒，并立即通知厂家处理 |
| 完工 | 物体打击、容器爆炸、中毒和窒息 | 1 | 停气：<br>（1）关闭4#出液阀，进行停气操作；<br>（2）手动检查、并再次确认6#增压阀是否关闭严密；<br>（3）进行交接并填写设备运转记录 |
| | | 2 | 日常维护：<br>（1）当站内设施、管道、阀门结冰需要解冻时，只允许用70~80℃干净无油热空气或温水或热氮气进行融化解冻，严禁敲打、火烤或电加热。<br>（2）当储罐橇内压力表或差压计需要更换或校验、检修时，应停止供气作业。同时必须保证一组安全阀和爆破装置处于工作状态。<br>（3）每班：站内清扫，保持整洁，不得堆放杂物。<br>（4）每月：管线上过滤器清理一次；并检查消防和电气设施，应保持状态良好。<br>（5）每季度：全面检查站内设施，各零部件齐全、螺栓紧固、无泄漏等。<br>（6）每年：安全阀、压力表、温度计、差压计等校验1次。<br>（7）液氧储罐按照规定要求进行定期检验 |

## 3.41 杜瓦瓶

| 作业步骤 | 风险 | | 注意事项 |
|---|---|---|---|
| 作业应具备的条件 | | 1 | 杜瓦瓶使用机械车辆或推车运输，严禁人工抬运 |
| | | 2 | 杜瓦瓶在运输时应竖直放置，禁止倾斜和放倒；防止液体从安全阀排出，引起冻伤和损坏杜瓦瓶 |
| | | 3 | 在运输中严禁与乙炔气瓶混放运输 |
| 启动前检查 | 物体打击、火灾、其他爆炸 | 1 | 检查系统所有阀门、压力表、安全阀、杜瓦瓶使用阀卡具等均应齐全好用 |
| | | 2 | 氧气系统不得有油脂和泄漏情况 |
| | | 3 | 若系统为初次使用或检修后重新投用，应打开汇流排各阀门和用气终端阀门或气割枪嘴，用合格的氧气置换系统。吹扫5min后，关闭所有阀门待用 |

续表

| 作业步骤 | 风险 | | 注意事项 |
|---|---|---|---|
| 启动前检查 | 物体打击、火灾、其他爆炸 | 4 | 为了使杜瓦瓶供气系统连续、平稳、安全、节省地供气，杜瓦瓶供气系统使用时一般为2个杜瓦瓶或3个以上交替切换使用 |
| 启动 | 物体打击 | 1 | 打开1个杜瓦瓶的增压阀门给杜瓦瓶升压，待杜瓦瓶压力升压达到使用压力后，关小或关闭增压阀（一般杜瓦瓶压力范围在1.0~1.4MPa即可正常使用） |
| | | 2 | 打开汇流排上此杜瓦瓶之后的系统供气阀门，视系统用气量大小和压力高低打开杜瓦瓶用气阀并调整其开度，进一步调整增压阀（视系统压力状况决定是开或关或部分开启）开始为用气系统正常供气 |
| 运行控制 | 物体打击、容器爆炸 | 1 | 经常检查杜瓦瓶的压力，尽量做到每半小时检查一次，同时检查杜瓦瓶各个连接处（动、静密封点）是否漏气，在使用过程中结霜是正常现象，与杜瓦瓶漏气很容易混淆 |
| | | 2 | 当杜瓦瓶压力较低时应适当打开或开大系统增压阀，为系统增压；系统压力不得大于2.0MPa，当系统压力过高，关闭增压阀也无法控制时，应迅速打开放空阀为系统泄压，查找到原因后方可再次投用 |
| | | 3 | 观察液位计，如果液位计显示杜瓦瓶已用空，关闭用空了的杜瓦瓶之后的系统连接阀及此瓶杜瓦瓶上的所有阀门，尤其是增压阀必须关闭；卸下空杜瓦瓶，若杜瓦瓶的压力过高，可将此瓶推出操作室，打开放空阀，适当放空后关闭 |
| | | 4 | 将满瓶杜瓦瓶与汇流排连接，检查各个连接口是否漏气，检查合格后开启新投用的杜瓦瓶的供气阀门使之正常供气 |
| 紧急情况处理 | 物体打击、容器爆炸 | 1 | 如果遇到瓶内压力持续升高，并超过2.0MPa后仍持续升压时（当关闭增压阀仍不能阻止压力上升时），迅速关闭杜瓦瓶用气阀和增压阀 |
| | | 2 | 迅速打开汇流排放空阀 |
| | | 3 | 打开周围防护，保证杜瓦瓶周围通风 |
| 停用 | 物体打击 | 1 | 1个杜瓦瓶中的液体升压后尽量一次用完，当供气系统需要停止使用时（下班、检修等），关闭杜瓦瓶的增压阀，关闭杜瓦瓶上的使用阀，瞬间开启汇流排的放空阀，待压力稍稍降低后关闭（此时观察系统压力是否上升，如有上升现象需检查原因），杜瓦瓶可保持≤1.4MPa的压力而不需要泄压，如停用时间较长（超过8h）需泄压至1.0MPa以下（需经常检查杜瓦瓶压力，避免超压发生危险） |
| | | 2 | 卸下杜瓦瓶（若瓶中有残液或很快投用，可不卸） |
| 清理与维护 | 火灾、其他爆炸 | 1 | 保证杜瓦瓶瓶身干净整洁，无油污、油脂 |
| | | 2 | 远离动火点，按要求与动火点保持安全距离 |
| | | 3 | 设置专人进行操作管理，如果有人员交接，必须交代清楚，不得马虎，以防事故发生 |

## 3.42 源库管理

| 作业步骤 | 风险 | | 注意事项 |
|---|---|---|---|
| 作业应具备的条件 | 职业性放射疾病、放射源丢失被盗导致的辐射事故 | 1 | 源库应经环评验收合格，每年应委托有资质的机构进行职业病危害因素检测，并将检测结果在醒目位置公示 |
| | | 2 | 源库管理应执行双人双锁制度，2把钥匙应分开保管，源机安全锁钥匙不得直接系挂在源机上，且不得与源库钥匙存放在一起 |
| | | 3 | 源库管理人员应至少2人，并经生态环境部门组织的核技术利用辐射安全考核（γ射线探伤类别）合格 |
| | | 4 | 源库管理人员每2年应至少参加1次职业健康检查，确认无职业禁忌证，每季度进行个人剂量监测 |
| | | 5 | 源库安全报警系统、视频监控系统必须24h开启，并定期维护 |
| | | 6 | 源库内应配备固定式辐射剂量仪，人员进出时应携带便携式辐射剂量仪，并在检定有效期内 |
| | | 7 | 源库内应放置铅防护服、头盔、防护手套、防护眼镜、换源器、长柄钳等应急设施，并定期检查 |
| | | 8 | 源机必须在贮源坑内保存，应在每个贮源坑上方醒目位置标识源机编号和放射源编码，以防误放。贮源坑使用电动葫芦时，遥控器应单独存放，不得置于电动葫芦旁显著位置 |
| | | 9 | 源库守卫人员每2h应对源库周围进行巡检，发现隐患或视频监控异常应立即向企业辐射管理部门报告 |
| 人员进入源库 | 职业性放射疾病 | 1 | 源库管理人员进入源库须佩带个人剂量片，并打开便携式辐射剂量仪 |
| | | 2 | 进入源库必须由2名源库管理人员操作，先刷门禁，再打开双锁，随后打开固定式辐射剂量仪 |
| | | 3 | 打开配电盘上电动铅门、电动葫芦、照明送电开关 |
| | | 4 | 当便携式辐射剂量仪显示为本底剂量且固定式辐射剂量仪呈蓝色灯显示时，方可打开电动铅门，进入贮源室 |
| | | 5 | 任何人员进入源库，必须进行登记；当有外来人员需进入源库时，应经属地领导同意，接受风险告知，并由源库管理人员陪同，登记后方可进入 |
| 新源入库 | 职业性放射疾病 | 1 | 新源运抵源库后，源库管理人员应核验密封源放射证书和编码卡，确认放射源国家编码、标号的一致性 |
| | | 2 | 供方导源人员操作前，源库管理人员应核验换源器上源组件端部标号和放射源编码卡，确认源组件标号和放射源编码的一致性，并对源机和源台账进行更新，同时填写同位素放射源跟踪信息登记表 |
| 源机出库 | 起重伤害、职业性放射疾病 | 1 | 源机的领取由使用人提出申请，使用单位负责人批准后源库管理人员方可办理源机出库 |

续表

| 作业步骤 | 风险 | | 注意事项 |
|---|---|---|---|
| 源机出库 | 起重伤害、职业性放射疾病 | 2 | 操作电动葫芦吊起贮源坑盖板，放置平稳，再次使用电动葫芦将源机摆放架提起，取出源机，再将源机摆放架和贮源坑盖板复位 |
| | | 3 | 源库管理人员与领源人共同监测源机表面剂量，验证源组件是否在源机内，记录距离源机表面50mm处（出入库监测部位应相同，如源机铭牌位置、电离辐射警告标识位置等）的监测结果，并填写放射源出库、入库、使用与储存监测记录 |
| | | 4 | 源机出库时除主机外，如需随设备发放防护用品和随机附件，应填写发放记录，记载防护用品和随机附件的内容 |
| | | 5 | 领用人对源机及其附属装置、防护用品进行完整性检查，并在相应记录中签字确认 |
| 源机退库 | 起重伤害、职业性放射疾病 | 1 | 源库管理人员与退源人共同监测源机表面剂量，验证源组件是否在源机内，记录距离源机表面50mm处（出入库监测部位应相同）监测结果（监测结果应大于空源机的表面剂量，但不大于源机出库时的表面剂量），并填写"放射源出库、入库、使用与储存监测记录" |
| | | 2 | 源库管理人员对源机及其附属装置、防护用品进行完整性检查，并在相应记录中签字确认 |
| | | 3 | 操作电动葫芦吊起贮源坑盖板，放置平稳，再次使用电动葫芦将源机摆放架提起，放回源机，再将源机摆放架和贮源坑盖板复位 |
| 人员离开源库 | 职业性放射疾病 | 1 | 目视检查贮源坑盖板，应全部复位（通风、除潮除外） |
| | | 2 | 收好电动葫芦遥控开关 |
| | | 3 | 关闭电动铅门，关闭固定式辐射剂量仪 |
| | | 4 | 关闭配电盘上电动铅门、电动葫芦、照明送电开关 |
| | | 5 | 锁好源库防盗门双锁，并手动检查 |
| | | 6 | 锁好源库外铁门门锁并手动检查 |
| 意外情况处置 | 起重伤害、职业性放射疾病 | 1 | 电动葫芦行走、起吊等工作不正常时，应立即停止工作，查找故障原因 |
| | | 2 | 发生盖板和源机摆放架坠落、夹挤等伤害时，应当立即停止工作，对受伤部位处理后送往医疗机构 |
| | | 3 | 固定式辐射剂量仪红灯闪烁或便携式辐射剂量仪剂量异常时，应迅速停止工作，人员撤出源库，再次进入前应经主管领导批准后，身穿铅防护服后方可进入做进一步排查 |
| 日常维护 | | 1 | 源库应保持卫生清洁，不得存放易燃、易爆、腐蚀性物品 |
| | | 2 | 不同型号源机的驱动装置、控制缆、输源管应分开摆放，完好和待检查附属装置不得混在一起堆放 |

续表

| 作业步骤 | 风险 | | 注意事项 |
|---|---|---|---|
| 日常维护 | | 3 | 源库管理人员每季度至少应对源库进行一次职业病危害因素监测，并填写监测记录，监测点的选取可参考《工业探伤放射防护标准》（GBZ 117）的规定，发现周围剂量当量率超过 2.5μSv/h 时应向主管部门报告，以便采取后续措施 |
| | | 4 | 源库管理人员应经常关注安装在源机上的放射源移动在线监控系统终端电量情况，及时进行充电 |
| | | 5 | 源库管理人员每月应组织对源机的配件进行检查、维护，做到账物相符。每三个月应对源机的性能进行全面检查、维护，发现问题应及时维修，同时做好源机保养记录 |
| | | 6 | 当连续发生阴雨、潮湿天气时，应打开源坑盖板、开启储源室内排风扇进行通风，防止源机受潮受损 |

## 3.43　脚手架

| 作业步骤 | 风险 | | 注意事项 |
|---|---|---|---|
| 作业应具备的条件 | | 1 | （1）参与脚手架作业的人员须接受本规程及所使用的相关设备、劳动防护、急救规程培训和技术交底，内容包括但不限于：<br>① 作业区域、作业材料的特性、时间和工作内容及合格标准；<br>② 作业过程中可能受到的自然环境（如天气）、周边环境（如气体泄漏）变化影响及检测监测措施；<br>③ 作业过程可能涉及的相关方及其要求；<br>④ 异常情况的判定标准及应对措施；<br>⑤ 作业结束后的处理措施。<br>（2）严禁酒后上岗；严禁高血压、心脏病、癫痫病、恐高症等作业人员在脚手架上施工。<br>（3）参与脚手架使用的作业人员，应正确佩戴和使用劳动防护用品（安全帽、安全带、防滑鞋、生命线、防坠器等）；当脚手架<2m 高度时，可不佩戴安全带，但必须采取相应防护措施 |
| | | 2 | （1）所使用的脚手架应经过安全验收，验收合格后，不得随意变更和改动，如需改动须经过批准。<br>（2）脚手架上不应堆放物料，要随用随上，避免放置不当伤人。脚手架上安装作业过程中禁止放置大于脚手架承载力物品 |
| | | 3 | （1）如在夜间和受限空间内使用脚手架应保证照明充足。<br>（2）六级大风及恶劣天气应停止脚手架上作业；雨雪后应有防滑措施，清理脚手架上的积雪 |
| 准备工作 | | 1 | 检查作业人员是否按规定正确穿戴个人防护装备，并正确使用登高器具和设备 |
| | | 2 | 检查作业人员使用的工具，是否已采取防坠落措施。作业人员应佩带工具包，传递物品或上拉物品时掌握好重心，平稳作业，禁止抛、扔和把工具放在架子上，以防掉落伤人 |

续表

| 作业步骤 | 风险 | | 注意事项 |
|---|---|---|---|
| 准备工作 | | 3 | 脚手架使用前，对门架、交叉杆、连接件、脚踏板、安全围栏等进行检查，如发现锈蚀严重、变形、损伤，应立即停止作业，通知相关人员进行修改 |
| | | 4 | 检查脚手架是否存在不同产品的架杆与卡扣混合使用，如发现混合使用严禁使用脚手架，待调整重新验收后方可使用 |
| | | 5 | 检查脚手架搭设位置地面平整夯实，每根立杆的底部应设置垫板，垫板宜采用长度不少于两跨的木板或槽钢。且宜高于自然地坪50mm |
| | | 6 | 检查脚手架基础下是否有设备基础、管沟，在脚手架使用过程中不应开挖，否则必须采取加固措施 |
| | | 7 | 检查落地脚手架基础是否有可靠的排水措施，不可出现水源聚集情况 |
| | | 8 | 检查受限空间内及夜间作业前的照明情况。并使用气体检测仪器检查受限空间内气体含量情况 |
| | | 9 | 核对高处作业许可票和相应施工作业票措施落实情况 |
| | | 10 | 检查脚手架作业点周围防护及下方监护人员是否就位。作业点下方安全警戒区警戒线和标识、标语（非施工人员，禁止入内）是否完整，应急设施是否齐全。室内单层作业时可不设置警示区域 |
| | | 11 | 检查周边作业环境是否存在不安全因素 |
| 攀爬 | 高处坠落、物体打击、触电 | 1 | 作业人员攀爬过程中安全带应高挂低用，不得系挂在移动、不牢固的物件上或有尖锐棱角的部位，系挂后应检查安全带扣环是否扣牢，如牢固则继续向上攀爬 |
| | | 2 | 作业人员上下攀登时手中不得持物。所有物品应使用绳索或其他传送设施传递 |
| | | 3 | 对于攀爬较高的作业点时，作业人员不可在上下通道上休息，应转至牢固的中转平台进行休息，休息前应把安全带系挂在牢固的位置 |
| | | 4 | 攀爬时严禁接近电线，特别是高压线路。接近电线的距离建议根据不同电压等级进行明确<br>在建工程（含脚手架具）的周边与架空线路的边线之间的最小安全操作距离具体为：<br>（1）外电线路电压等级（kV）<1时，最小安全操作距离4m；<br>（2）外电线路电压等级（kV）1~10时，最小安全操作距离6m；<br>（3）外电线路电压等级（kV）35~110时，最小安全操作距离8m；<br>（4）外电线路电压等级（kV）220时，最小安全操作距离10m；<br>（5）外电线路电压等级（kV）330~500时，最小安全操作距离15m |
| | | 5 | 攀爬时同一架梯子只允许一个人在上面，不允许多人进行攀爬 |
| | | 6 | 冬季及雨雪天登高作业时，要有防滑措施。夜间攀爬要保障照明充足 |
| 系挂 | 高处坠落 | 1 | 到达脚手架作业平台后应先将安全带系挂在牢固位置，严禁将安全带挂在不牢固或带尖锐角的构件上或临时设施上 |

续表

| 作业步骤 | 风险 | | 注意事项 |
|---|---|---|---|
| 系挂 | 高处坠落 | 2 | 利用安全带进行悬挂作业时,不能将挂钩直接钩在安全带绳上,应钩在安全带绳的挂环上 |
| | | 3 | 作业人员应做到100%系挂安全带,不可违章作业 |
| 作业过程控制 | 高处坠落、物体打击、火灾、其他伤害 | 1 | 作业人员到达脚手架作业平台后,应先观察作业点周围环境情况,分析风险并对平台、栏杆、孔洞等防护措施的牢固性进行检查,检查合格后,做好安全防护后可开始施工 |
| | | 2 | 作业过程中,禁止随意拆除脚手架的基本构架管、整体性构件、连接紧固件、安全网和连墙件。确因作业情况而要临时拆除时,必须经主管人员同意,并采取相应加固措施后方可拆除,作业完成后,及时予以恢复 |
| | | 3 | 在脚手架上进行撬、拉、推、拔等操作时,要注意采取正确的姿势,站稳脚跟,或一手把持在稳固的位置,以免用力过猛时身体失去平衡或把东西甩出。在脚手架上拆除模板时,应采取必要的支托措施,以免拆下的模板材料掉落架外 |
| | | 4 | 在脚手架上进行电气焊作业时,要设置接火措施,防止火星掉落伤及他人或引燃易燃物 |
| | | 5 | 在受限空间内使用脚手架作业时,应先调整好照明方位,严禁正对眼部。并观察作业环境,确认排除风险后可以进行施工 |
| | | 6 | 作业人员在脚手架上,应注意自我安全和他人安全,避免发生碰撞。严禁在脚手架上戏闹和坐在架杆上休息 |
| | | 7 | 作业过程中严禁使用安全带来传递重物,防止使用不当造成人员高处坠落 |
| | | 8 | 作业过程中严禁将扳手等工具,放置在架杆中空部位,防止忘记拿走,掉落造成物体打击 |
| | | 9 | 作业人员对拆卸下来的废料及工具应摆放牢固可靠,严禁乱扔乱放,防止坠落对他人造成物体打击 |
| | | 10 | 施工过程中,地面人员避开物体可能坠落区域 |
| 转场位移 | 高处坠落 | 1 | 作业人员在脚手架上转场前,应先观察移动方向道路的牢固性,且是否有足够的落脚点,确认移动方向道路安全后方可进行转场 |
| | | 2 | 转移过程中必须保持安全带100%系挂 |
| 下至地面 | 高处坠落、物体打击 | 1 | 作业结束后作业人员清理作业现场,将作业使用的工具、拆卸下的物件、余料和废料进行固定后带回地面(如无法带走则须采取固定措施),严禁高空抛物 |
| | | 2 | 作业人员应按可靠的原路返回(途中系挂好安全带),不可另辟蹊径。返回按攀爬要求执行 |

续表

| 作业步骤 | 风险 | | 注意事项 |
|---|---|---|---|
| 意外情况处置 | 高处坠落、物体打击 | | 在脚手架上作业时，遇到恶劣天气且无法及时撤离时，人员应立即停止作业，固定好工具、材料、拆卸物件后，寻找可靠牢固位置把自己固定好（大型设备、结构或管道上），严禁固定在临时附属结构上。待天气情况转好，在注意安全的情况下进行撤离 |
| 完工 | | 1 | 清理作业现场，保持场地整洁；将作业使用的工具、拆卸下的物件、余料归位，产生的废料清理运走到指定地点 |
| | | 2 | 作业完毕后，由批准人（或授权委托人）现场核查确认后，在批准人、作业负责人留存的作业许可票证上签字予以关闭 |
| | | 3 | 定期检查脚手架情况，每次检查间隔不超过 7d |

## 3.44　管道带锯床

| 作业步骤 | 风险 | | 注意事项 |
|---|---|---|---|
| 作业应具备的条件 | | 1 | （1）操作工劳保着装整齐，佩戴安全帽，在操作设备时可不戴手套；<br>（2）操作小型行吊等其他设备的人员须经专业培训才能上岗；<br>（3）操作工应熟悉按钮盒和工控电脑功能 |
| | | 2 | 带锯床设备及附属部件应放置于干燥的场地上，露天作业需做好防雨、防潮措施，严禁在不采取防雨措施条件下使用 |
| | | 3 | 该设备适用于直径 DN50mm～DN800mm、长度不大于 12m，壁厚 5～80mm 的管材加工。严禁加工超过坡口机设备允许的直径、壁厚和重量的管子/管件 |
| | | 4 | （1）操作工应依据管工下料尺寸进行程序参数设置；<br>（2）操作带锯床设备时，操作工与带锯床应至少保持 500mm 距离；<br>（3）吊装作业时，在吊装设备的工作半径内不要站人，吊装管道轻放至带锯床及移动式管子升降支撑上，不可撞击设备 |
| | | 5 | 设备在维修保养时，应办理临时用电、高空作业等必要作业许可。作业许可的工作内容须接受培训或技术交底 |
| 准备工作 | 触电、机械伤害、物体打击、起重伤害 | 1 | 操作者必须在具有安全防护装置的条件下工作，并经常检查装置完好性，严禁任意拆除带锯床上的安全防护装置。必要时还应在机床周围设置防护栏 |
| | | 2 | 检查行吊性能是否可靠，对吊装索具的完整性检查 |
| | | 3 | 利用行吊等其他吊装设备将管道放置在工件轻放滚轮托架上 |
| | | 4 | 检查设备润滑油液位高度，对润滑系统是否完好进行检查 |
| | | 5 | 检查机械转动部位、仪表或其他零配件，如保险螺栓、销子不得有松动等 |

续表

| 作业步骤 | 风险 | | 注意事项 |
|---|---|---|---|
| 准备工作 | 触电、机械伤害、物体打击、起重伤害 | 6 | 检查设备的接地是否良好 |
| | | 7 | 检查设备的电缆线有无破损，接线端子是否存在松动及各种开关能否顺利开合 |
| | | 8 | 检查设备的各部分安装是否坚实牢固 |
| | | 9 | 检查冷却液箱内是否已注入了足够的高性能冷却液 |
| | | 10 | 检查漏电保护器等设备和工器具的完好性 |
| | | 11 | 检查带锯切割机主要部件：床身、升降油缸、液压系统、电气系统、夹紧虎钳、冷却系统、辅助立柱张紧系统、主传动系统、锯架主立柱、锯条导向及标尺等是否完好 |
| | | 12 | 根据材料厚度和材质合理选用锯带锯齿 |
| | | 13 | 根据材料直径，用扭力扳手选用适合张紧力矩，张紧锯带 |
| | | 14 | 根据材质，选用锯带线速度。在变挡时应检查挡位定位销、变速杆滑块等是否到位。变挡有困难时，可开机变挡，但严禁在锯削时随意变挡 |
| | | 15 | 将进入带锯数控切断中心管子/管件用卡钳自动夹紧 |
| | | 16 | 根据材料材质、直径，确定进刀量和压力 |
| | | 17 | 严禁拆卸设备的安全防护装置 |
| 启动 | 触电、机械伤害 | 1 | 确认安全正确后，打开设备电源，接通空压机的气源 |
| | | 2 | 根据管道直径调整管道托架高度，使管道中心与带锯床管道钳口中心一致 |
| | | 3 | 接通电源、打开设备电源开关、指示灯亮。按液压启动按钮，检查液压系统有无漏油现象。按主机运转按钮，检查锯带运转方向及齿向是否正确。检查冷却水是否畅通，冲屑水是否有力 |
| | | 4 | 调整钳口开距，钳口打开距离应比材料大 1~2mm 为宜 |
| | | 5 | 确定锯架升高位置，应比材料高 6~10mm 为宜 |
| | | 6 | 在触摸屏上将操作模式设定为"自动" |
| 运行控制 | 机械伤害、物体打击 | 1 | 先进行点动试锯削，确认无问题后，再启动联动（自动）运转，机床开始进行锯切工作 |
| | | 2 | 操作带锯机上的操作按钮，进行手动或自动的方式将管件切断 |
| | | 3 | 带锯机床工作时，严禁用手触摸运转中的锯条。不许拿被卡住或者已锯断的工件，防止挤压或剪切人身伤害 |
| | | 4 | 禁止超负荷（最大扭矩、最大功率、最大切削力、最大承重等）使用机床 |

续表

| 作业步骤 | 风险 | | 注意事项 |
|---|---|---|---|
| 运行控制 | 机械伤害、物体打击 | 5 | 加工非常短的工件时，确保其不要在夹紧装置外摆动，以免发生意外 |
| | | 6 | 带锯机床工作时，应确保工件在整个锯削循环中都处于夹紧状态，避免工件未夹紧而造成对机床的损伤和人员的伤害。应注意在切入和切出时确保稳妥地支撑长而重的工件，避免锯断的工件跌落和完成锯削后机床的倾覆 |
| | | 7 | 带锯床工作时，不许任意打开或移动其他安全防护装置 |
| | | 8 | 切削过程中，如果锯条被卡住，应立即按动紧急按钮，如不能释放锯条，要慢慢松开夹紧装置，卸下工件并转动180°，同时检查锯条或锯齿是否损坏，如损坏必须更换锯条，再进行切削工作 |
| | | 9 | 当设备在工作中出现异常或故障需立即停车，出现紧急情况下，请马上按急停按钮，避免更大事故发生。并联系专业维修人员进行维修。否则请告知主管领导 |
| | | 10 | 拆卸更换带锯条时，必须确保机床已停止运转后，方可打开锯轮防护罩，并检查防护罩的支撑是否牢固可靠。拆装锯条时必须戴防护手套，谨防扎伤或刺伤 |
| | | 11 | 严禁戴手套和穿宽松衣服操作和维修机床 |
| 工件移除 | 机械伤害、物体打击、起重伤害 | 1 | 操作带锯机上的操作按钮，将锯条上升到最高位置 |
| | | 2 | 液压夹紧装置松开管线/管件，将切割好的管线/管件经带锯管子滚轮托架输出 |
| | | 3 | 利用行吊等其他吊装设备将管子/管件放置调离滚轮托架 |
| 意外情况处置 | 触电、机械伤害 | 1 | 在切割过程中如突然发生停电故障，应立即按程序切断设备电源，退出刀架。电源正常后，重新设定程序和对刀，再行切割 |
| | | 2 | 设备如有漏电现象，应立即切断电源，通知电工检修 |
| 完工 | 触电、火灾、机械伤害 | 1 | 工作结束后关闭电控箱的电源，再关闭设备的供电电源 |
| | | 2 | 按照要求做好设备运转记录和维护保养记录，清理好现场 |
| | | 3 | 仔细检查工作场地周围，确认不会引起火灾后，方可离开现场 |
| | | 4 | 完工后作业许可须关闭 |
| | | 5 | 结束后及时清理切削区域的铁屑。清理带锯机本体，擦洗设备上的冷却液，清理工作现场的杂物，将坡口刀具拆下保养 |
| | | 6 | 施工现场必须做到5S管理 |
| | | 7 | 一周或累计运转50h进行1次，擦拭各个部位和加注润滑油，使设备经常保持完整、清洁、润滑、安全 |

## 3.45 管道数控相贯线切割机

| 作业步骤 | 风险 | | 注意事项 |
|---|---|---|---|
| 作业应具备的条件 | | 1 | （1）操作工应熟悉按钮盒和工控电脑功能；<br>（2）操作工依据下发下料要求和焊接工艺卡技术要求设置坡口切割参数和程序 |
| | | 2 | （1）该设备适用于直径 DN50mm～DN800mm、长度不大于 12m，壁厚 5～80mm 的管材加工。严禁加工超过切割机设备允许的直径、壁厚和重量的管子/管件。<br>（2）操作设备时，操作工与切割机保持 500mm 距离。<br>（3）吊装作业时，在吊装设备的工作半径内不要站人，吊装管道轻放至数控火焰/等离子切割机及移动式管子升降支撑上，不可撞击设备 |
| | | 3 | （1）乙炔瓶与氧气瓶、压缩空气等设备保持大于 5m 的距离，气瓶与动火点保持大于 10m 的距离；<br>（2）应在作业地点配备灭火器等消防器材；<br>（3）工作场地要保持干净、防尘，有良好通风；<br>（4）切割机设备及附属部件应放置于干燥的场地上，露天作业需做好防雨、防潮措施，严禁在不采取防雨措施条件下使用 |
| | | 4 | 设备在维修保养时，应办理临时用电、高空作业等必要作业许可。作业许可的工作内容须接受培训或技术交底 |
| 准备工作 | | 1 | 查验"点检"（日期、点检时间、点检人、设备运行情况等） |
| | | 2 | 检查割嘴情况是否正常，以防打炮或回火 |
| | | 3 | 擦除导轨上的烟尘等杂物，擦拭齿条，并加机油或润滑油，确保设备运行平稳 |
| | | 4 | 清扫电控柜和操作箱表面灰尘 |
| | | 5 | 检查气路系统是否漏气及不能正常使用的零部件，若有及时处理更换 |
| | | 6 | 检查漏电保护器等设备和工器具的完好性 |
| | | 7 | 检查各安全防护装置（如急停按钮、大小车行程限位、割枪防撞检测）是否完好可靠，设备接地是否可靠 |
| | | 8 | 检查大小车行走轨道、导轨、齿轮齿条、伺服电动机，确保无松动，无障碍物，润滑正常 |
| | | 9 | 检查气源（氧气、乙炔、压缩空气），确保各压力达到 0.83MPa 以上及纯度 99.5% 以上的使用要求，开关阀门灵活有效，压力表在检测有效期内并显示正常，气体无泄漏。检查拖链灵活无卡阻，检查切割工作台及水池，确保工作台无明显凸起物，水池水位略低于切割工作台 |
| | | 10 | 检查冷却水箱，确保冷却液水位正常，无泄漏。检查等离子电源，确保控制线、负极线、工作线、设备接地线接头牢固可靠，无破损。各项正常后，进入开机步骤 |
| | | 11 | 严禁拆卸设备的安全防护装置。数控火焰/等离子切割机工作时，不许任意打开或移动其他安全防护装置 |

续表

| 作业步骤 | 风险 | | 注意事项 |
|---|---|---|---|
| 启动 | 起重伤害、触电、火灾 | 1 | 利用行吊或其他吊装设备将管道轻放在"移动式管子升降支撑" |
| | | 2 | 根据管道直径调整管道托架高度，使管道中心与切割机管道钳口中心一致 |
| | | 3 | 手动方式点火、打开预热氧、手动方式打开切割氧或用于等离子切割时的手动起弧 |
| | | 4 | 开机顺序：总电源—稳压器—电源开关—伺服开关—电脑开关。电脑系统启动后把切割机的大小车移动到轨道一端，等待需加工管材上料 |
| | | 5 | 上料完成后，点击电脑屏幕的"等离子切割图"，在工艺选项中，选择材料类型、材料厚度、工艺电流等参数信息，点击"确定"输入 |
| | | 6 | 输入参数的电流要求，选定割嘴，进行割嘴确认（更换），切割前必须确认所用割嘴型号与选定电流相符，不能超范围使用割嘴 |
| | | 7 | 割嘴确定后，依次开启：气源阀门—气源控制箱开关（气源控制箱开关同时控制等离子电源及水箱） |
| | | 8 | 输入编制好的CNC切割程序或在触摸屏上编制简单程序。选定程序后，点击触摸屏幕的"预流"按钮，使切割系统的气体压力进行自检，此时可听到电磁阀动作及割枪处有气体流出，自检通过后，气体自动停止。自检不能通过时气源控制箱会报警指示，根据报警信息进行故障解决 |
| | | 9 | 自检通过后，手动移动大小车，使割嘴对准切割基准点。点击屏幕下方的"更改切割模式"，选择"预演"，按下操作面板的开始按钮，屏幕提示"准备切割？"，选择"是"，此时机器自动进行预演切割（预演走多少视情况由操作工而定）。预演结束后，点击屏幕左下角的"返回起点"，待机器自动重新找到起点后，等待正式切割 |
| 运行控制 | 起重伤害、机械伤害 | 1 | 把需要切割的钢管放到托架上，尽可能使钢管整体与轨道平行（大于1t的工件，尽量避免让单个托架承重） |
| | | 2 | 为保证切割的各种管件相贯样式正确，必须进行摆动头基准调试 |
| | | 3 | 切割前，观察枪头与管件的接触情况，严禁管件触碰枪头 |
| | | 4 | 注意机床运转中的振动和音响是否正常，若有异常，及时报修 |
| 工件移除 | 起重伤害、机械伤害 | 1 | 操作"工件紧/松"开关将管道松开 |
| | | 2 | 将加工好的管道经移动式管子升降支撑输出 |
| | | 3 | 利用行吊等其他吊装设备将管道调离"移动式管子升降支撑" |
| | | 4 | 按照下料要求或焊接工艺卡要求对加工的坡口进行自检合格 |
| 意外情况处置 | 机械伤害、触电 | 1 | 在切割过程中如突然发生停电故障，应立即按程序切断设备电源，退出割炬。电源正常后，重新设定程序和对中割炬，再行切割 |

续表

| 作业步骤 | 风险 | | 注意事项 |
|---|---|---|---|
| 意外情况处置 | 机械伤害、触电 | 2 | 当设备在工作中出现异常或故障需立即停车，出现紧急情况下，请马上按急停按钮，避免更大事故发生，并联系专业维修人员进行维修。否则请告知主管领导 |
| | | 3 | 设备如有漏电现象，应立即切断电源，通知电工检修 |
| 完工 | | 1 | 切割结束后，把等离子切割机移到轨道一端，依次关闭：气源控制箱—气体阀门—电脑主机—伺服驱动器—电源开关—稳压器—总电源 |
| | | 2 | 按照要求做好设备运转记录和维护保养记录。清理好现场 |
| | | 3 | 仔细检查工作场地周围，确认不会引起火灾后，方可离开现场 |
| | | 4 | 完工后作业许可须关闭 |
| | | 5 | 关闭后，及时清理周围切屑及切屑小车内的铁屑 |
| | | 6 | 施工现场必须做到5S管理 |
| | | 7 | 每班前后进行，由操作工重点检查（点检）、擦拭、润滑设备各部位，使设备保持整洁、安全和完好 |

## 3.46 管道自动焊（卡盘式）焊机

| 作业步骤 | 风险 | | 注意事项 |
|---|---|---|---|
| 作业应具备的条件 | | | （1）自动焊设备及附属部件应放置于干燥的场地上，露天作业需做好防雨、防潮措施；<br>（2）工作场地要保持干净、除烟、防尘、通风良好；<br>（3）施工前应清除附近的易燃、易爆物，搬不开的要采取有效防护措施，在焊接地点配备灭火器等消防器材；<br>（4）自动焊设备及附属部件使用场合应无严重影响焊机使用的气体、蒸气、化学性沉积、尘垢及其他爆炸性、腐蚀性介质，且不允许剧烈震动和颠簸；<br>（5）该设备适用于直径DN50mm～DN600mm（DN800mm），长度不大于12m，壁厚5～80mm的管材焊接；<br>（6）若用火焰加热器、电加热/中频加热器等对焊缝加热时，应设专人进行操作；<br>（7）在吊装设备的工作半径内不要站人，吊装管道轻放至自动焊设备压臂和移动式管子升降支撑上，不可撞击设备；<br>（8）操作设备时，操作工与自动焊设备机保持300mm距离 |
| 准备工作 | 物体打击、触电 | 1 | 控制箱、电源箱平时应处于关闭状态 |
| | | 2 | 焊接电源功能开关应正确设置 |
| | | 3 | 吊装或移入焊接管段至配套支撑小车上时，不可撞击要轻放在滚轮上 |
| | | 4 | 调整好焊机配套小车的放置位置和高度，保证焊接工件处于水平位置 |

续表

| 作业步骤 | 风险 | | 注意事项 |
|---|---|---|---|
| 准备工作 | 物体打击、触电 | 5 | 焊接工件通过卡盘夹紧后方可启动卡盘旋转；卡盘旋转时严禁直接用手清理滚三爪卡盘或管子上的杂物，如女士操作应绑好头发、戴好帽子，避免长发或衣物缠绕在滚轮或管子上 |
| | | 6 | 清理机座平台上的杂物前，应确认卡盘已停止转动，并无管子装夹在设备上 |
| | | 7 | 定期检查卡盘变速箱、三爪卡盘、操作机升降及前后移动滑轨的润滑情况并及时添加 |
| | | 8 | 自动焊设备等要做到一机一闸，焊接设备和电源柜要有有效的防雨措施 |
| | | 9 | 控制箱、电源箱平时应处于关闭状态 |
| | | 10 | 焊接电源功能开关应正确设置 |
| | | 11 | 机器用电为三相五线制（三根相线一根零线一根接地）。在接通系统电源前，必须确保所有连线正确无误，避免因供电电源错误或连线错误而造成财产损失 |
| | | 12 | 防止焊接电缆直接牵拉焊枪，注意保护各控制电缆，切勿接近焊接区、手砂轮等，防止损坏电缆 |
| | | 13 | 焊接二次线严禁通过机器本体连接导电，否则将损坏机器或造成人身伤害事故 |
| | | 14 | 开机前检查供气管路气压表压力值是否达到规定要求，在压力值没有达到规定要求时，不能焊接。焊接开始前，请核对气体和焊丝匹配，查看有无无关人员进入焊接区域 |
| | | 15 | 确认安全正确后，打开主机电源和所用焊机电源 |
| | | 16 | 打开悬臂上升按钮，上升至合适位置，预调节驱动变位机中心高至合适位置 |
| | | 17 | 用横向输送系统或其他吊装工具，将管段输送或吊装至焊机上 |
| | | 18 | 向左（右）旋转小车旋钮开关，向左（右）移动管段，使管段端部进入三爪（六爪）卡盘内 |
| | | 19 | 根据管段中心标高，调整三爪（六爪）卡盘中心标高。两者高度吻合后，用手工方式使单爪（六爪）卡盘夹紧管段，并慢速试运转，完成后夹上焊接二次线 |
| | | 20 | 按悬臂下降按钮，悬臂下降 |
| | | 21 | 调节悬臂横梁上伸缩臂至最佳焊接位置，按向前或向后选择焊枪，按控制面板上的上下按钮调节焊枪至合适高度 |
| | | 22 | 调节十字调节器使焊枪对中焊道 |

续表

| 作业步骤 | 风险 | | 注意事项 |
|---|---|---|---|
| 准备工作 | 物体打击、触电 | 23 | 将焊接电源、电压、滚轮转速旋钮调到工艺参数要求的刻度或数值 |
| | | 24 | 根据被焊工件的坡口宽度决定是否需要摆动（坡口宽，开启摆动电源开关并调节摆动速度与幅度、左右侧停留时间；坡口窄，可以不采用摆动焊接） |
| | | 25 | 根据焊接方向需要，将管子转动开关拨到相应正转或反转位置。打磨管段的点焊焊缝或者打底焊缝。调节旋钮以调节焊接速度 |
| 就位、焊接 | 物体打击、灼烫、火灾 | 1 | 按下控制箱操作面板上的横臂升降按钮，提升横臂及焊枪机构 |
| | | 2 | 将待焊工件（管段）从工位架抬入或吊上支撑小车，并用卡盘卡紧管子一端 |
| | | 3 | 调整管子的装夹水平度、同心度（同一规格的管子批量焊接前调整一次即可） |
| | | 4 | 按下控制箱操作面板上的操作机行走和横臂升降按钮，将焊机机头粗移至焊接位置 |
| | | 5 | 利用焊枪夹持调节器，调节焊枪角度；利用电动十字摆动机构对中焊道 |
| | | 6 | 将焊接电流、电压及滚轮转速旋钮转到工艺参数要求的刻度或数值 |
| | | 7 | 根据被焊工件的坡口宽度决定是否需要摆动（坡口宽，开启摆动电源开关并调节摆动速度与幅度、左右侧停留时间；坡口窄，可以不采用摆动焊接），并在人机界面中设定摆动宽度、摆动速度、停留时间等 |
| | | 8 | 根据工件大小和焊接方向将卡盘转速调整至合适的焊接速度 |
| | | 9 | 待卡盘转动至合适的焊接速度后按下起弧按钮 |
| | | 10 | 焊接过程中注意焊枪是否对准焊缝中心，若有偏离，应及时利用十字微调开关进行调节 |
| | | 11 | 焊接结束时提升操作机悬臂，卡盘松开管子，移走焊接完毕的管子 |
| | | 12 | 当需要多层焊时，重复步骤6~10 |
| 工件移除 | 物体打击、起重伤害 | 1 | 将加工好的管道经移动式管子升降支撑输出 |
| | | 2 | 清除焊渣、打磨焊道时，应戴防护眼镜、耳塞、面罩、防尘口罩 |
| | | 3 | 焊接结束松开变位机卡盘，松开焊接二次线 |
| | | 4 | 使用结束后，枪头收缩至合适位置 |
| | | 5 | 利用行吊等其他吊装设备将管道调离"移动式管子升降支撑" |
| 意外情况处置 | 触电 | 1 | 当设备在工作中出现异常或故障需立即停车，出现紧急情况下，请马上按急停按钮，避免更大事故发生。并联系专业维修人员进行维修。否则请告知主管领导 |
| | | 2 | 设备如有漏电现象，应立即切断电源，通知电工检修 |

续表

| 作业步骤 | 风险 | | 注意事项 |
|---|---|---|---|
| 完工 | 火灾 | 1 | 工作结束后，关闭焊接电源。关闭配电柜电源。关闭气瓶开关，按照要求做好设备运转记录和维护保养记录 |
| | | 2 | 按照要求做好设备运转记录和维护保养记录，清理好现场 |
| | | 3 | 仔细检查工作场地周围，确认不会引起火灾后，方可离开现场 |
| | | 4 | 完工后作业许可须关闭 |
| | | 5 | 焊丝头不得任意乱丢，应放入焊条桶回收。打磨的铁屑和焊渣应清理干净。焊剂要及时回收 |
| | | 6 | 施工现场必须做到5S管理 |
| | | 7 | 由操作工认真检查设备，擦拭各个部位和加注润滑油，保持设备整洁、完好，并认真填写运转记录 |
| | | 8 | 每工作三个月或累积运转500h进行1次。以操作工为主，维修工辅导，对设备进行局部拆卸、检查和清洁，调整设备各部位配合间隙，紧固设备各个部位 |
| | | 9 | 每半年或累积运转1500h进行1次。以维修工为主，对设备进行部分解体检查和修理，更换或修复磨损件，清洗，润滑，检查修理电气部分 |

## 3.47 管道自动焊（压臂式）焊机

| 作业步骤 | 风险 | 注意事项 |
|---|---|---|
| 作业应具备的条件 | | （1）自动焊设备及附属部件应放置于干燥的场地上，露天作业需做好防雨、防潮措施；<br>（2）工作场地要保持干净、除烟、防尘，通风良好；<br>（3）施工前应清除附近的易燃、易爆物，搬不开的要采取有效防护措施，在焊接地点配备灭火器等消防器材；<br>（4）自动焊设备及附属部件使用场合应无严重影响焊机使用的气体，蒸汽，化学性沉积，尘垢及其他爆炸性、腐蚀性介质，且不允许剧烈震动和颠簸；<br>（5）该设备适用于直径DN50mm～DN600mm（DN800mm）、长度不大于12m，壁厚5～80mm的管材焊接；<br>（6）若用火焰加热器、电加热/中频加热器等对焊缝加热时，应设专人进行操作；<br>（7）在吊装设备的工作半径内不要站人，吊装管道轻放至自动焊设备压臂和移动式管子升降支撑上，不可撞击设备；<br>（8）操作设备时，操作工与自动焊设备机保持300mm距离 |

续表

| 作业步骤 | 风险 | | 注意事项 |
|---|---|---|---|
| 准备工作 | 触电 | 1 | 自动焊设备等要做到一机一闸，焊接设备和电源柜要有有效的防雨措施 |
| | | 2 | 控制箱、电源箱平时应处于关闭状态 |
| | | 3 | 焊接电源功能开关应正确设置 |
| | | 4 | 机器用电为三相五线制（三根相线一根零线一根接地）。在接通系统电源前，必须确保所有连线正确无误，避免因供电电源错误或连线错误而造成财产损失 |
| | | 5 | 防止焊接电缆直接牵拉焊枪，注意保护各控制电缆，切勿接近焊接区、手砂轮等防止损坏电缆 |
| | | 6 | 焊接二次线严禁通过机器本体连接导电，否则将损坏机器或造成人身伤害事故 |
| | | 7 | 工作前应检查焊机及接地、漏电保护器等设备和工器具完好 |
| | | 8 | 开机前检查供气管路气压表压力值是否达到规定要求，在压力值没有达到规定要求时，不能焊接。焊接开始前，请核对气体和焊丝匹配，查看有无无关人员进入焊接区域 |
| | | 9 | 确认安全正确后，打开主机电源和所用焊机电源 |
| | | 10 | 按升降机下降按钮，横臂下降带动压紧轮压紧管子 |
| | | 11 | 调节悬臂横梁上伸缩臂至最佳焊接位置，按向前或向后选择焊枪，按控制面板上的上下按钮调节焊枪至合适高度 |
| | | 12 | 调节十字调节器使得焊枪对中焊缝 |
| | | 13 | 将焊接电源、电压、滚轮转速旋钮调到工艺参数要求的刻度或数值 |
| | | 14 | 根据被焊工件的坡口宽度决定是否需要摆动（坡口宽，开启摆动电源开关并调节摆动速度与幅度、左右侧停留时间；坡口窄，可以不采用摆动焊接） |
| | | 15 | 根据焊接方向需要，将管子转动开关拨到相应正转或反转位置。打磨管段的点焊焊缝或者打底焊缝。调节调节旋钮以调节焊接速度 |
| 就位、焊接 | 物体打击、灼烫、火灾 | 1 | 焊接工件应根据其管径大小调节滚轮间距至合适位置 |
| | | 2 | 利用行吊等其他吊装设备将焊接工件放置在工件滚轮托架上，并夹紧焊接二次线 |
| | | 3 | 焊机配套小车的放置位置和高度，应保证焊接工件处于水平状态 |
| | | 4 | 按照焊接工艺卡要求设置焊接工艺参数和程序 |

续表

| 作业步骤 | 风险 | | 注意事项 |
|---|---|---|---|
| 就位、焊接 | 物体打击、灼烫、火灾 | 5 | 先按工件转动开关 |
| | | 6 | 待工件转动后按下起弧按钮 |
| | | 7 | 焊接工件压紧后，方可启动滚轮运转 |
| | | 8 | 焊接过程中注意焊枪是否对准焊缝中心，若有偏离，应及时调节 |
| | | 9 | 焊接过程中注意焊层高度，根据需要随时调节工件转速、焊接电流、电压及送丝速度 |
| | | 10 | 当需要多层焊时，重复以上步骤 5 至步骤 9 |
| | | 11 | 当设备在工作中出现异常或故障需立即停车，出现紧急情况下，请马上按急停按钮，避免更大事故发生。并联系专业维修人员进行维修，否则请告知主管领导 |
| 工件移除 | 物体打击、起重伤害 | 1 | 将加工好的管道经移动式管子升降支撑输出 |
| | | 2 | 清除焊渣、打磨焊道时，应戴防护眼镜、耳塞、面罩、防尘口罩 |
| | | 3 | 焊接结束，松开压紧轮，转动压臂，松开焊接二次线 |
| | | 4 | 使用结束后，枪头收缩至合适位置 |
| | | 5 | 利用行吊等其他吊装设备将管道调离"移动式管子升降支撑" |
| 意外情况处置 | 触电 | 1 | 在焊接过程中如突然发生停电故障，应立即按程序切断设备电源。电源正常后，重新设定程序和调整机头，再行焊接 |
| | | 2 | 设备如有漏电现象，应立即切断电源，通知电工检修 |
| 完工 | 火灾 | 1 | 工作结束后，关闭焊接电源。关闭电柜电源。关闭气瓶开关，按照要求做好设备运转记录和维护保养记录 |
| | | 2 | 按照要求做好设备运转记录和维护保养记录。清理好现场 |
| | | 3 | 仔细检查工作场地周围，确认不会引起火灾后，方可离开现场 |
| | | 4 | 完工后作业许可须关闭 |
| | | 5 | 焊丝头不得任意乱丢，应放入焊条桶回收；打磨的铁屑和药皮应清理干净；焊剂要及时回收 |
| | | 6 | 施工现场必须做到 5S 管理 |
| | | 7 | 由操作工认真检查设备，擦拭各个部位和加注润滑油，保持设备整洁、完好，并认真填写运转记录 |

## 3.48 全位置气保自动焊机

| 作业步骤 | 风险 | 注意事项 |
|---|---|---|
| 作业应具备的条件 | | （1）自动焊设备及附属部件应放置于干燥的场地上，露天作业需做好防雨、防潮措施；<br>（2）工作场地要保持干净、除烟、防尘、通风良好；<br>（3）施工前应清除附近的易燃、易爆物，搬不开的要采取有效防护措施，在焊接地点配备灭火器等消防器材；<br>（4）自动焊设备及附属部件使用场合应无严重影响焊机使用的气体，蒸气，化学性沉积，尘垢及其他爆炸性、腐蚀性介质，且不允许剧烈震动和颠簸；<br>（5）该设备适用于直径 DN50mm～DN600mm（DN800mm），长度不大于 12m，壁厚 5～80mm 的管材焊接；<br>（6）若用火焰加热器、电加热/中频加热器等对焊缝加热时，应设专人进行操作；<br>（7）在吊装设备的工作半径内不要站人，吊装管道轻放至自动焊设备压臂和移动式管子升降支撑上，不可撞击设备；<br>（8）操作设备时，操作工与自动焊设备机保持 300mm 距离 |
| 准备工作 | 触电、火灾、其他爆炸 | 1　施焊前首先检查电焊机外壳必须接地良好，其电源的装拆应由电工进行 |
| | | 2　焊把线、地线禁止与钢丝绳接触，更不得用钢丝绳或机电设备代替零线，所有地线接头必须连接牢固 |
| | | 3　送电合闸，戴干燥手套，一只手拿好闸门，另一只手不准放在任何导电金属上 |
| | | 4　工作电压不准超过 80V，电焊机运转时不准超过 600℃ |
| | | 5　严禁在带压力的容器或管道上施焊，施焊带电的设备必须先切断电源 |
| | | 6　焊接贮存过易燃、易爆、有毒物品的容器或管道，必须清除干净，并将所有孔口打开 |
| | | 7　机器用电为三相五线制（三根相线一根零线一根接地）。在接通系统电源前，必须确保所有连线正确无误，避免因供电电源错误或连线错误而造成财产损失 |
| | | 8　机头连接电缆和气管应满足机头转动的需要 |
| | | 9　焊接易引发火灾，应在焊接地点配备灭火器等消防器材 |
| | | 10　焊接二次线严禁通过机器本体连接导电，否则将损坏机器或造成人身伤害事故 |
| | | 11　各种气瓶应放置稳定，安全可靠。各种压力表及气带完好无损 |
| | | 12　工作前应检查焊机及接地、漏电保护器等设备和工器具完好 |
| | | 13　自动焊轨道已正确安装完成 |

续表

| 作业步骤 | 风险 | | 注意事项 |
|---|---|---|---|
| 准备工作 | 触电、火灾、其他爆炸 | 14 | 开机前检查供气管路气压表压力值是否达到规定要求,在压力值没有达到规定要求时,不能焊接。焊接开始前,请核对气体和焊丝匹配,查看有无无关人员进入焊接区域 |
| | | 15 | 确认安全正确后,打开主机电源和所用焊机电源 |
| | | 16 | 调整机头到合适位置,对准焊缝中心 |
| | | 17 | 在手持遥控器上选择使用的焊接参数 |
| | | 18 | 根据被焊工件的坡口宽度决定是否需要摆动(坡口宽,开启摆动电源开关并调节摆动速度与幅度、左右侧停留时间;坡口窄,可以不采用摆动焊接) |
| 就位、焊接 | 物体打击、灼烫、火灾 | 1 | 将全位置管道自动焊机焊接小车放到管段或工件上并加上二次线 |
| | | 2 | 按下全位置管道自动焊机遥控盒操作面板上的下降按键,在焊枪离工件10~15mm后(一般为焊丝的10倍) |
| | | 3 | 按下遥控盒操作面板上的上下按键,焊枪上升或下降 |
| | | 4 | 按下遥控盒上的摆动按键,看焊枪在焊缝摆的宽度。如摆动宽度不够或者摆速左右定时不够,可按遥控盒上的摆速、摆宽、左时、右时的加减来进行调节 |
| | | 5 | 将焊接电流、电压及焊接小车转速调到工艺参数要求的数值 |
| | | 6 | 根据被焊工件的坡口宽度决定是否需要摆动(坡口宽,按下摆动按键后,调节摆速、摆宽、左右定时;坡口窄,可以调小摆动或者不摆动焊接) |
| | | 7 | 根据焊接方向按下遥控盒上正反转 |
| | | 8 | 待全位置管道自动焊机焊接小车转动后按下焊接按键 |
| | | 9 | 焊接前分三步:第一调好摆动参数和焊枪的高度,第二调好小车行走的参数并行走,第三调好电流电压再焊接 |
| | | 10 | 焊接过程中注意焊枪是否对准焊缝中心,若有偏离,应及时调节 |
| | | 11 | 如焊枪向左偏,按下遥控盒右键调节;向右偏,按下遥控盒左键调节(焊接小车反方向时,侧反调节) |
| | | 12 | 使用全位置管道自动焊机焊接完成后,移走焊接小车,清理焊缝表面 |
| 意外情况处置 | 触电 | 1 | 在焊接过程中如突然发生停电故障,应立即按程序切断设备电源。电源正常后,重新设定程序和调整机头,再进行焊接 |
| | | 2 | 设备如有漏电现象,应立即切断电源,通知电工检修 |

续表

| 作业步骤 | 风险 | | 注意事项 |
|---|---|---|---|
| 完工 | 火灾 | 1 | 工作结束后，关闭焊接电源，关闭电柜电源，关闭气瓶开关，按照要求做好设备运转记录和维护保养记录，清理好现场 |
| | | 2 | 仔细检查工作场地周围，确认不会引起火灾后，方可离开现场 |
| | | 3 | 完工后作业许可须关闭 |
| | | 4 | 焊丝头不得任意乱丢，应放入焊条桶回收。打磨的铁屑和药皮应清理干净 |
| | | 5 | 施工现场必须做到5S管理 |
| | | 6 | 一周或累计运转50h进行1次，清洁设备各部位，使设备经常保持整齐、清洁、安全，班中设备发生故障，及时予以排除 |

## 3.49 管道数控端面坡口机

| 作业步骤 | 风险 | | 注意事项 |
|---|---|---|---|
| 作业应具备的条件 | | | （1）工作场地要保持干净、防尘，有良好通风；<br>（2）雨雪天气、光线不足、风力达6级以上等不良环境时不宜吊装；<br>（3）本设备宜在地面平整、坚实、空旷区域作业；<br>（4）坡口机设备及附属部件应放置于干燥的场地上，露天作业需做好防雨、防潮措施；<br>（5）该设备适用于直径DN50～DN600（DN800）、长度不大于12m，壁厚5～80mm的管材加工；<br>（6）在吊装设备的工作半径内不要站人，吊装管道轻放至数控端面坡口机及移动式管子升降支撑上，不可撞击设备；<br>（7）操作设备时，操作工与坡口机保持500mm距离 |
| 准备工作 | 机械伤害、触电、起重伤害 | 1 | 检查并确保管道坡口机的电源已关闭，并切断电源 |
| | | 2 | 检查设备是否存在损坏和故障，如有发现应立即报告维修人员 |
| | | 3 | 确保安全防护装备齐全，并正确佩戴 |
| | | 4 | 检查工作区域是否清洁整齐，无滑倒、绊倒等危险物品 |
| | | 5 | 检查管道坡口机的切割刀具是否安装正确，刀具是否磨损或损坏 |
| | | 6 | 检查并调整管道坡口机的工作参数，如切割速度、切割角度等 |
| | | 7 | 根据实际工作需要，选择合适的切割刀具和辅助装置 |
| | | 8 | 确认工件的位置和夹持方式，以确保工件的稳定性和安全性 |
| | | 9 | 检查漏电保护器等设备和工器具完好 |

续表

| 作业步骤 | 风险 | | 注意事项 |
|---|---|---|---|
| 准备工作 | 机械伤害、触电、起重伤害 | 10 | 严禁拆卸设备的安全防护装置。数控端面坡口机工作时，不许任意打开或移动其他安全防护装置 |
| | | 11 | 利用行吊等其他吊装设备将管道放置在工件轻放滚轮托架上 |
| 就位启动 | 机械伤害 | 1 | 根据管道直径调整管道托架高度，使管道中心与坡口机管道钳口中心一致 |
| | | 2 | 确认安全正确后，打开设备电源 |
| | | 3 | 操作"工件紧/松"开关调整管道钳口的张开宽度，输送管件使管件超出卡盘100~150mm，夹紧工件，确保工件在加工过程中必须处于夹紧状态，避免工件未夹紧而造成刀具和机床的损伤 |
| | | 4 | 在触摸屏上设定好管子直径、材质、坡口型式，自动调用坡口参数和切削参数 |
| | | 5 | 操作"对刀开关"，刀具径向自动对刀。操作主机箱前后动作开关，完成刀具轴向对刀 |
| | | 6 | 在触摸屏上将操作模式设定为"自动" |
| 运行控制 | 机械伤害 | 1 | 打开管道坡口机的电源，确保设备正常启动 |
| | | 2 | 将待加工的管道放置在工作台上，并通过合适的夹持装置将其固定 |
| | | 3 | 调整切割刀具的位置和角度，使其与工件对齐 |
| | | 4 | 按下启动按钮，开始切割操作 |
| | | 5 | 在切割过程中，操作人员应始终保持警觉，注意观察切割状态和工件形状 |
| | | 6 | 切割结束后，及时关闭电源，将加工完毕的工件取下 |
| 工件移除 | 物体打击、起重伤害 | 1 | 操作"工件紧/松"开关将管道松开，管道后退掉头、再送入夹紧后进行另一端坡口 |
| | | 2 | 将加工好的管道经移动式管子升降支撑输出 |
| | | 3 | 利用行吊等其他吊装设备将管道调离"移动式管子升降支撑" |
| | | 4 | 操作工按照焊接工艺卡要求对加工的坡口进行自检 |
| 意外情况处置 | 触电、机械伤害 | 1 | 在切割过程中如突然发生停电故障，应立即按程序切断设备电源，手动退出刀架。电源正常后，重新设定程序和对刀，再行切割 |
| | | 2 | 设备如有漏电现象，应立即切断电源，通知电工检修 |
| 完工 | 物体打击 | 1 | 工作结束后关闭电控箱的电源，再关闭设备的供电电源 |
| | | 2 | 工作人员应按照要求做好每一次的设备运转记录和维护保养记录。清理好现场 |

续表

| 作业步骤 | 风险 | | 注意事项 |
|---|---|---|---|
| 完工 | 物体打击 | 3 | 仔细检查工作场地周围，确认不会引起火灾后，方可离开现场 |
| | | 4 | 完工后作业许可须关闭 |
| | | 5 | 坡口加工结束，应及时清理切削区域的铁屑，清理坡口机本体，擦洗设备上的冷却液，清理工作现场的杂物，将坡口刀具拆下保养 |
| | | 6 | 施工现场必须做到5S管理 |
| | | 7 | 一周或累计运转50h进行1次，擦拭各个部位和加注润滑油，使设备经常保持完整、清洁、润滑、安全 |

## 3.50 临时用电系统

| 作业步骤 | 风险 | | 注意事项 |
|---|---|---|---|
| 作业应具备的条件 | | 1 | 临时用电使用人员须经过本规程培训，要求定人、定机操作，穿戴绝缘手套、工作服及劳保鞋 |
| | | 2 | 凡是构成临时用电系统的配电箱、电缆、开关、漏电断路器等必须满足质量要求。使用的万用表、绝缘摇表等必须在计量检定有效期内，电工工具须保持完好，手柄绝缘无损坏、老化 |
| | | 3 | 用电设备、机具必须保证状况完好，接地、安全防护装置齐全。严禁带"病"运行。除遵守本规程外还要严格遵守其安全操作维护保养规程 |
| | | 4 | 以下情况须办理临时用电作业许可：<br>（1）用户设备接入的开关箱前端带电；<br>（2）防爆区域内使用非防爆电气设备；<br>（3）当用户设备工作可能会对其他设备运转造成负荷冲击时；<br>（4）恶劣天气工作环境 |
| 拆、接线操作 | 触电 | 1 | 用电动机具设备的接入和拆除必须由维护电工进行操作（快速插头连接的设备机具除外），严禁私拉乱接、"一闸多机"等 |
| | | 2 | 快速接头连接的设备机具接入或拆除前必须关闭设备自带的控制开关 |
| | | 3 | 拆接线作业前必须切断电源，并用验电笔验电确认，确保接线柱无电 |
| | | 4 | 接线时，先接接零保护线，再接工作零线、相线；拆线时，先拆相线、工作零线，后拆接零保护线 |
| | | 5 | 常用电动工具尽可能采用专用插套、插座。使用插座电源（380V，220V）必须使用专用的插套，严禁将导线直接插入孔内 |
| 使用前安全检查 | | 1 | 检查用电设备、机具的电源线绝缘、电源线接入设备机具端的橡胶保护套、手持电动设备或机具的手柄绝缘套、接线盒等是否完好、无破损、老化等现象，发现老化、裂纹时必须更换或截断重新接线 |

续表

| 作业步骤 | 风险 | | 注意事项 |
|---|---|---|---|
| 使用前安全检查 | | 2 | 检查用电设备、机具接零保护线是否连接牢固（手持式电动工具中的塑料外壳Ⅱ类工具和一般场所手持式电动工具中的Ⅲ类工具除外），无松动、脱落。运行时产生振动的设备（如电夯）的金属基座、外壳与PE线的连接点不少于2处 |
| | | 3 | 检查控制用电设备、机具的漏电断路器是否与负载侧的相数、极数一致，且动作灵活、正常有效 |
| | | 4 | 检查用电设备机具安全防护装置是否完好 |
| | | 5 | 用电设备机具的电源线禁止在地面、钢结构框架、脚手架及其他工作面上拖拉。电源线、电焊把线工作时不应盘在一起，以免产生涡流、发热。禁止电源线和钢丝绳、电焊把线、气带相互交织；禁止电源线、电焊把线搭在气瓶上或者气瓶压在电源线、电焊把线上；禁止配件、材料挤压电源线 |
| | | 6 | 跨越钢构、脚手架、楼层的电源线必须采取可靠的固定、防护措施；跨越道路的电缆、电源线架高度距离地面应保持在4.5m及以上，并设置醒目的双面的限高标志牌 |
| | | 7 | 电气设施设备和线路周围不得堆放易燃、易爆和强腐蚀物质，不得使用火源 |
| 启动 | | 1 | 用电设备、机具启闭必须使用设备的自带开关，不应使用设备电源接入端的漏电断路器 |
| | | 2 | 用电设备、机具启动应按照下列顺序操作：开关箱漏电断路器合闸→用电设备机具自带开关合闸 |
| | | 3 | 用电设备、机具在使用前做空载运行检查，运行正常后方可使用 |
| 使用 | 触电、物体打击、机械伤害 | 1 | 用电设备机具运行过程中随时注意声响、温升等，发生异常应立即停机检查。作业时间过长，温度升高应停机待自然冷却后再启动 |
| | | 2 | 潜水泵、振动棒、平板电动振动机等设备必须设置专用的非金属拖拉绳，电夯等移动设备机具的电源线必须设置专人收放、看护，以免设备移动过程中电源线发生卡、挂损伤。手持电动工具取、放、移动时，严禁手拎工具的电源线或手拎电源线在地面拖行 |
| | | 3 | 进入金属容器的电源线、电焊把线必须采取可靠的绝缘防护措施。使用220V及以上电压的金属平台、框架、容器必须设置可靠的接地装置，且接地电阻不高于10Ω |
| | | 4 | 无齿锯、砂轮机、手枪钻等电动设备、机具更换切割片、砂轮片、钻头前必须切断电源。移动用电设备的位置或维护保养时必须拉闸断电 |
| | | 5 | 一般作业场所的安全电压不得高于36V，潮湿环境使用的安全电压不得高于24V，特别潮湿、金属器壁或金属作业面使用的安全电压不得高于12V |

续表

| 作业步骤 | 风险 | 注意事项 | |
|---|---|---|---|
| 使用 | 触电、物体打击、机械伤害 | 6 | 阴雨天气露天使用的快速接头必须采取防水措施，严禁在积水的作业面上拖行 |
| | | 7 | 运行期间的用电设备、机具的开关箱箱门关闭即可，禁止上锁；工作途中休息、下班、停电应拉闸断电并给开关箱上锁。临时停用设备必须拉闸断电，锁好开关箱 |
| 意外情况处理 | 火灾、触电 | 1 | 当发生电气火灾时应立即切断电源，用干砂灭火或用二氧化碳、四氯化碳、1211干粉灭火器灭火 |
| | | 2 | 因电缆损坏时，维护电工要及时切断线路电源，对损坏线路进行修复。对于线路烧断、大负荷用电线路的接头松动或缺相引起的线路损坏，先用验电笔现场测试零线有无带电现象，再进行线路验电并修复损坏部位 |
| | | 3 | 漏电保护的异常的处理：<br>（1）电负荷较大时，漏电开关跳闸。更换最大允许工作电流较大的漏电开关；<br>（2）检查是否使用大功率、超额定负荷或绝缘损坏的电器设备，更换或维修用电设备；<br>（3）检查防爆快速插头是否漏电，及时清理插头杂物、烘干线路，提高电缆绝缘强度；<br>（4）检查线路是否短路 |
| | | 4 | 如果雨后或潮湿环境会造成部分线路或设备出现放电现象，应由维护电工对现场带电设备及线路进行检查，注意在靠近带电设备及线路作业防止电弧击伤害 |
| | | 5 | 发生触电事故，急救按第6.4节执行 |
| 关机 | | 1 | 用电设备、机具关机应按照下列顺序操作：用电设备机具自带开关关闭→开关箱漏电断路器关闭 |
| | | 2 | 移动设备机具的电源线、电焊把线应每天收放 |
| | | 3 | 停用设备先拆除供电接入端（配电箱或开关箱），拆除过程中必须由2名电工进行对供电端电缆进行拆除作业 |

# 4 危险作业活动 HSE 程序

本部分 HSE 程序是以石油石化工程建设项目全生命周期作业活动中常见的危险作业为基础,从两个方面对危险作业的风险管控提出了要求:

4.1 至 4.13 是从作业者的角度,对危险作业全过程如何实现 HSE 风险可控提出了要求。

4.14 至 4.26 是从作业许可管理的角度,涵盖作业许可管理全流程、以满足 HSE 风险可控为目的,对作业许可申请、批准、实施及关闭提出了要求。

(1)适用范围包括以下内容:

| 序号 | 名称 | 适用范围 |
| --- | --- | --- |
| 4.1 | 动火作业 | 适用于除固定动火区域[系指允许正常使用电气焊(割)、砂轮等及其他动火工具从事检修、加工设备及零部件的区域]外的,有一定危险性的动火作业活动 |
| 4.2 | 进入受限空间作业 | 适用于在进出口受限,通风不良,可能存在易燃易爆、有毒有害物质或缺氧,对进入人员的身体健康和生命安全构成威胁的封闭、半封闭的设施及场所进行的作业活动 |
| 4.3 | 高处作业 | 适用于在有可能坠落的高处进行的作业活动,不包含脚手架作业 |
| 4.4 | 管线/设备打开作业 | 适用于在生产、作业区域任何可能存有介质或能量的封闭管线/设备的打开作业活动 |
| 4.5 | 上锁挂牌作业 | 适用于防止动力系统意外启动、危险能量(如电、压缩空气、液压等)和物料意外释放所造成设备或人员伤害事故的设备调试、改造、装置保运及检维修等作业活动 |
| 4.6 | 临时用电安装与维护作业 | 适用于施工生产区域内临时用电系统的安装和使用期间的维护,临时用电是指:临时性使用非标准配置(除按照标准成套配置的插头、连线、插座、接线排和接线盘以外,所有用于临时用电的电缆、电线、电气开关、设备等电气线路)、220V/380V 三相四线制的低压电力系统、一般情况下使用期不超过 6 个月。不适用于拖拉焊等自发电设备 |
| 4.7 | 吊装作业 | 适用于利用移动式起重机(包括轮胎式起重机、履带式起重机、随车吊等)进行的吊装作业活动 |
| 4.8 | 夜间作业 | 适用于光线不能达到正常标准的条件下进行的夜间作业活动 |
| 4.9 | 挖掘动土作业 | 适用于在生产、作业区域挖土、打桩、钻探、坑探、地锚入土深度在 0.5m 以上,或者使用推土机、压路机等施工机械进行填土或者平整场地等可能对地下隐蔽设施产生影响的作业活动 |

续表

| 序号 | 名称 | 适用范围 |
|---|---|---|
| 4.10 | 吊篮作业 | 适用于利用悬挂装置架设于建筑物上,提升机通过钢丝绳驱动悬挂平台沿立面运行的非常设悬挂接近设备进行的作业活动 |
| 4.11 | 格栅作业 | 适用于进行格栅板安装和拆除的作业活动 |
| 4.12 | 临边作业 | 适用于在施工现场作业中工作面的边沿没有围护设施或围护高度低于0.8m时的作业,包括沟、坑、槽边,深基础周边,楼层周边,梯段侧边,结构平台或屋面边等位置进行的作业活动 |
| 4.13 | 管道/设备不停输堵漏维修作业 | 适用于管道/设备不停输堵漏维修作业活动 |
| 4.14 | 动火作业管理 | 适用于动火作业活动的安全管理要求 |
| 4.15 | 进入受限空间作业管理 | 适用于进入受限空间作业活动的安全管理要求 |
| 4.16 | 高处作业管理 | 适用于高处作业活动的安全管理要求 |
| 4.17 | 管线/设备打开作业管理 | 适用于管线/设备打开作业活动安全管理要求 |
| 4.18 | 上锁挂牌作业管理 | 适用于上锁挂牌作业活动安全管理要求 |
| 4.19 | 临时用电安装与维护作业管理 | 适用于临时用电系统的安装和维护作业安全管理要求 |
| 4.20 | 吊装作业管理 | 适用于吊装作业活动安全管理要求 |
| 4.21 | 射线作业管理 | 适用于射线作业活动安全管理要求 |
| 4.22 | 夜间作业管理 | 适用于夜间作业活动安全管理要求 |
| 4.23 | 挖掘动土作业管理 | 适用于挖掘动土作业活动安全管理要求 |
| 4.24 | 吊篮作业管理 | 适用于吊篮作业活动安全管理要求 |
| 4.25 | 格栅作业管理 | 适用于格栅作业活动安全管理要求 |
| 4.26 | 临边作业管理 | 适用于临边作业活动安全管理要求 |

(2)基本要求包括以下内容:

① 作业人员应参加入场安全教育培训并考试合格;正确佩戴和使用个人安全劳动防护用品;不得带病上岗、酒后上岗和存在岗位禁忌证。

② 须持证人员包括:特种作业人员、特种设备作业人员、其他须持证人员(如监护人、登高车操作人员等)。

③ 作业申请人应按照作业许可管理制度申办作业许可,参与安全措施落实情况的检查、作业监护及关闭作业许可。作业许可证在指定的地点和时间范围内使用,不得涂改、

代签，作业票证描述与现场作业内容相符。

④ 监护人员应熟悉作业内容、作业危害、安全措施要求，参与作业现场环境条件、安全措施的检查确认；对作业实施全过程现场监护，不得擅自离岗；对作业人员现场作业过程中的违章行为应当立即纠正和制止；掌握急救方法，熟悉应急预案，熟练使用其他应急器材。

⑤ 涉及危险性较大工程的须编制专项方案，并严格进行审核、审批，并对作业人员进行技术交底。

⑥ 涉及设备设施操作使用的，参照第 3 部分执行。

⑦ 作业人员须接受本次作业涉及规程的培训和技术交底，技术交底内容包括但不限于：

（a）作业区域、时间和工作内容及合格标准；

（b）作业过程中可能受到的自然环境（如天气）、周边环境（如气体泄漏）变化影响及检测监测措施；

（c）作业过程可能涉及的相关方及其要求；

（d）异常情况的判定标准及应对措施；

（e）作业结束后的处理措施。

## 4.1 动火作业

| 作业步骤 | 风险 | | 注意事项 |
|---|---|---|---|
| 必要条件 | | 1 | 动火方式包括但不限于：焊接、火焰切割或加热、热处理、切削打磨、连接临时电源、非防爆工具和电气设备的使用 |
| | | 2 | 以下情况（包括但不限于）未经过书面（专项方案或作业许可）确认和批准，禁止动火作业：<br>（1）在容积达到一定程度、储存可燃气体浓度可能达到爆炸极限的空间或区域；在带有可燃、有毒介质、因条件限制无法清洗、置换的设备或管道上；<br>（2）负压、高压设备或管道上；<br>（3）全密闭、介质不明的设备或管道；<br>（4）一旦发生泄漏，介质流量、流速不可控的设备或管道；<br>（5）防爆区域，或进入、临近工业下水井、污水池等环境中可能存在有达到爆炸极限气体的受限空间时；<br>（6）不能用盲板作为隔离，用水封或者关闭阀门代替盲板隔离的；<br>（7）动火点与危险源（如可燃物、危化品、运行装置）之间不能满足动火安全距离的；<br>（8）夜间、临近危险源或恶劣天气下的高处；<br>（9）处于干燥、枯萎期的林区、草原 |
| | | 3 | 检测仪器设备、消防器材的类型、数量和布局在专项方案或作业许可中予以明确 |

续表

| 作业步骤 | 风险 | | 注意事项 |
|---|---|---|---|
| 必要条件 | | 4 | 动火作业隔离警戒范围应不小于火源的影响范围或危险源的意外泄漏释放范围，隔离方式以防止或消减能量释放或保证人的安全为原则 |
| | | 5 | 遇有五级风以上（含五级风）天气应当停止一切露天动火作业，因生产确需动火，动火作业应当升级管理 |
| 准备工作 | | 1 | 提前向作业点属地单位提出动火作业申请，办理动火作业许可。所有的风险控制措施得到落实 |
| | | 2 | 检查个人安全劳动防护用品、应急救护装备和消防器材 |
| | | 3 | 检查动火作业使用工机具及安全附件的完整性、防爆性能，测量仪器器具的有效性 |
| | | 4 | 检查确认作业区域、作业对象（包括危险介质清洗置换质量）的符合性及周边环境的安全性，检测可燃气体浓度，周边不得存在可能引起火灾爆炸事故的其他作业 |
| | | 5 | 动火作业区域应当设置灭火器材和警戒，严禁与动火作业无关人员或者车辆进入作业区域。必要时，作业区域所在单位应当协调专职消防队在现场监护，并落实医疗救护设备和设施 |
| | | 6 | 气体检测设备应当由具备检测资质的单位检定合格且在有效期内，取样应当有代表性 |
| | | 7 | 检查上锁挂牌及隔离警戒的设置 |
| 点火 | 火灾爆炸 | 1 | 点火是指点燃火焰切割气、焊接引弧、电气设备通电、撞击等引起的明火、火花、发热、电火花等产生点火能的过程。点火过程应避免能量对人产生电击、触电、灼烫伤、烧伤等伤害 |
| | | 2 | 点火应注意避免朝向危险源的位置，避免在作业对象表面引弧或对已经热处理的设备进行二次加热、通电 |
| 用火 | 火灾爆炸 | 1 | 须按票证上批准的作业点范围作业，不得越界 |
| | | 2 | 作业期间，作业负责人和/或监护人不得擅自离岗，防止点火源与可燃物失去控制触发火灾或爆炸事故 |
| | | 3 | 作业过程中，须按票证上规定的频率和方式对环境保持监测 |
| | | 4 | 动火作业人员应当在动火点的上风向作业，并采取隔离措施控制火花飞溅；高处动火应当采取防止火花溅落措施 |
| | | 5 | 使用气焊、气割动火作业时，乙炔瓶应当直立放置，氧气瓶与之间距不应当小于5m，两者与作业地点间距不应当小于10m，并应当设置防晒和防倾倒设施、安装适用的回火防止器；在受限空间内实施焊割作业时，气瓶应当放置在受限空间外面；使用电焊时，电焊工具应当完好，电焊机外壳应当接地 |

续表

| 作业步骤 | 风险 | | 注意事项 |
|---|---|---|---|
| 用火 | 火灾爆炸 | 6 | 动火作业过程中，应当根据动火作业许可证或者作业方案中规定的气体检测时间、位置和频次进行检测，间隔不应当超过2h，记录检测时间和检测结果，结果不合格时应当立即停止作业。在生产运行状态下易燃易爆场所进行的特级动火作业和存在有毒有害气体场所进行的动火作业，以及有可燃气体产生或者溢出可能性的场所进行的动火作业，应当进行连续气体监测 |
| | | 7 | 高处动火作业使用的安全带、救生索等防护装备应当采用防火阻燃材料，需要时使用自动锁定连接 |
| | | 8 | 进入受限空间的动火作业应将内部物料清理干净，易燃易爆、有毒有害物料应当采取吹扫、置换、蒸煮等措施，打开通风口或者人孔，并采取空气对流或者采用机械强制通风换气；在有可燃物构件和使用可燃物做防腐内衬的设备内部进行动火作业时，应采取防火隔绝措施；作业前应当检测氧含量、易燃易爆气体和有毒有害气体浓度，合格后方可进行动火作业 |
| | | 9 | 处于运行状态的生产作业区域和罐区内，凡是可不动火的一律不动火，凡是能拆移下来的动火部件原则上应当拆移到安全场所动火 |
| | | 10 | 在带有易燃易爆、有毒有害介质的设备和管道上动火时，应当制订有效的作业方案及应急预案，采取可行的风险控制措施，经检测合格，达到安全动火条件后方可动火 |
| | | 11 | 装置在检（抢）修、维保、投产保运、动火连头等状态下进行焊接作业时，必须保证焊把线、二次线"双线到位"，严禁使用钢结构、管道作为焊接回路；介质不停输堵漏时必须保持微正压状态 |
| | | 12 | 紧急情况下的应急抢险所涉及的动火作业，遵循应急管理程序，确保风险控制措施落实到位 |
| 意外情况处置 | 火灾爆炸 | 1 | 当作业现场发生可燃物着火时，现场应立即停止作业，作业人员应保持镇静判断现场火情，如火势较小或初起火情，应及时使用现场灭火器、消防栓等进行灭火；当火势无法控制时，应当及时报火警，并向单位负责人报告 |
| | | 2 | 当作业现场发生乙炔、甲烷等可燃气瓶着火时，现场应立即停止作业，监护人应在乙炔瓶周围拉设警戒线，禁止无关人员靠近，待可燃气体燃烧完后再靠近处理 |
| 完工 | | 1 | 检查作业现场是否残留明火、高温等有可能成为点火源的情况 |
| | | 2 | 检查动火作业所使用的工具、设备是否采取能量隔离措施（如电、氧气、乙炔） |
| | | 3 | 由批准人（或授权委托人）现场核查确认后，在批准人、作业负责人留存的作业许可票证上签字予以关闭 |

## 4.2 进入受限空间作业

| 作业步骤 | 风险 | | 注意事项 |
|---|---|---|---|
| 必要条件 | | 1 | 以下情况（包括但不限于）未经过书面（专项方案或作业许可）确认和批准，禁止进入受限空间作业：<br>（1）在带有可燃、有毒有害介质且因条件限制无法彻底清洗、置换的设备内；<br>（2）对老旧设备内部情况了解不全面的；<br>（3）一旦发生泄漏，介质流量、流速不可控的设备内；<br>（4）进入、临近工业下水井、污水池等环境中可能存在达到爆炸极限气体的受限空间时；<br>（5）进入无法用盲板隔离，用水封或者关闭阀门代替盲板的受限空间时；<br>（6）受限空间内作业照明不足、脚手架或临时设施不完善时；<br>（7）在潮湿的受限空间环境，需要进行电气接电作业时；<br>（8）受限空间内进行动火作业、机械设备维修时；<br>（9）通风设备设施不满足要求时 |
| | | 2 | 受限空间的采样点应有代表性，取样应包括空间顶端、中部和底部。容积较大的受限空间应使用加长工具对其内部进行检测，严禁仅在人孔口处检测，作业人员应将便携式检测设备随身携带，作业中断超过30min应重新进行检测分析，情况异常时应立即停止作业，撤离作业人员 |
| | | 3 | 在受限空间内作业时应在受限空间外设置安全警示标识，且受限空间出入口应保持畅通，在现场实际情况允许的情况下建立逃生通道 |
| | | 4 | 特殊受限空间外应根据实际情况和需要配备：空气呼吸器（氧气呼吸器）、消防器材、救生绳和清水等应急物资 |
| | | 5 | 进入受限空间作业应指定专人监护，不得在无监护人的情况下作业。监护人员和作业人员应明确联络方式并始终保持有效的沟通。进入特别狭小空间作业，作业人员应系安全可靠的保护绳，监护人可通过系在作业人员身上的保护绳进行沟通联络 |
| | | 6 | 作业前后应清点人员和工器具数量，与登记表中所列数目对应；人员离开受限空间作业点时，应将工器具带出 |
| 准备工作 | | 1 | 提前向作业点属地单位提出进入受限空间作业申请，办理进入受限空间作业许可；所有的风险控制措施得到落实 |
| | | 2 | 个人安全劳动防护用品、空气呼吸器、防毒面具、急救箱等相应的应急物资和救援设备应配备到位 |
| | | 3 | 检查可能存在缺氧、富氧、有毒有害气体、易燃易爆气体、粉尘等可能的受限空间内部是否经过彻底的排空、清洗、置换、蒸煮等。如无法清理彻底则必须佩戴相应的防护用品（护目镜、空气呼吸器、防毒面具等）再进入 |
| | | 4 | 检查受限空间与正式系统隔离情况、通风设施运转情况、四合一检测仪等配备情况 |

续表

| 作业步骤 | 风险 | | 注意事项 |
|---|---|---|---|
| 准备工作 | | 5 | 在带有搅拌器等转动部件的受限空间作业时,检查电源是否切断,是否悬挂"有人作业、严禁合闸"警示牌,并设专人监护 |
| | | 6 | 进入受限空间作业照明应使用安全电压不大于24V的安全行灯。金属设备内和特别潮湿作业场所作业,其安全灯电压应为12V且绝缘良好。当受限空间原来是盛装爆炸性液体、气体等介质,应使用防爆电筒或电压不大于12V的防爆安全行灯,隔离变压器不应放在容器内或容器上。作业人员应穿戴防静电服装,使用防爆工具、机具 |
| | | 7 | 检查监护人员是否了解工作内容及其工作职责 |
| 进入受限空间 | 中毒和窒息、高处坠落 | 1 | 作业人员在配备好劳保防护用品后,有序进入受限空间内,监护人员及时登记进出人员信息 |
| | | 2 | 通过梯子进入罐、釜、井或坑内时,梯子只允许1个人在上面,不允许多人进行攀爬 |
| | | 3 | 进入特别狭小空间作业,作业人员应系安全可靠的保护绳,监护人可通过系在作业人员身上的保护绳进行沟通联络 |
| 受限空间作业 | 中毒和窒息、火灾爆炸、高处坠落、物体打击、触电 | 1 | 进入受限空间后,应先观察作业点周围环境情况,分析风险并对防护措施的牢固性进行检查,检查合格,做好安全防护后可开始施工 |
| | | 2 | 作业期间应持续佩戴便携式可燃气体检测仪和氧含量检测仪,实时监控受限空间内部气体情况 |
| | | 3 | 受限空间内可能会出现坠落或滑跌,应特别注意受限空间中的工作面(包括残留物、工作物料或设备)和到达工作面的路径,受限空间内高处作业应先系挂好安全带,确认防护措施牢固,才可进行施工。受限空间作业人员在高处作业转场前,应先观察移动方向道路的牢固性,且是否有足够的落脚点,确认移动方向道路安全后方可进行转场 |
| | | 4 | 受限空间内应保持照明良好,作业使用的材料与拆卸的材料不可随意摆放,防止磕碰绊倒,保证逃生路线畅通 |
| | | 5 | 受限空间内空气流通和人员呼吸需要,可采取自然通风,并尽可能抽取远离工作区域的新鲜空气;必要时应采取强制通风,严禁向受限空间通纯氧 |
| | | 6 | 在特殊情况下,作业人员应佩戴正压式空气呼吸器或长管呼吸器。佩戴长管呼吸器时,应仔细检查气密性,并防止通气长管被挤压。吸气口应置于新鲜空气的上风口,并有专人监护 |
| | | 7 | 受限空间作业,应通过合理的工序安排避免垂直交叉作业;如无法避免,应搭设能满足相应防护要求的隔离棚 |
| | | 8 | 受限空间外部监护人员应定时与内部人员进行联络,确认作业人员处于安全状态 |
| 意外情况处置 | 中毒和窒息、火灾爆炸、高处坠落 | 1 | 受限空间内发生停电时,作业人员应保持镇定,在脚手架上作业的人员保证站稳抓牢后,呼喊监护人员,查看停电原因。严禁作业人员在没有照明的情况下进行攀爬作业 |

续表

| 作业步骤 | 风险 | | 注意事项 |
|---|---|---|---|
| 意外情况处置 | 中毒和窒息、火灾爆炸、高处坠落 | 2 | 受限空间内如发现管道有不明液体溢出时,作业人员应立即报告监护人员并撤离作业点,待查清介质、流出原因并做好相应措施后,经业主方检查评估合格,方可返回继续施工 |
| | | 3 | 受限空间内如发现有特殊气味,应立即停止作业,人员迅速撤离,报告监护人和管理人员。待使用相应气体检测仪进行检测后且无异常方可继续施工。施工期间保证风机持续置换受限空间内部气体 |
| 完工 | | 1 | 受限空间作业结束后,班伙长按照进出登记表清点作业人员、工具和材料,清理作业现场,并有序撤离 |
| | | 2 | 由批准人(或授权委托人)现场核查确认后,在批准人、作业负责人留存的作业许可票证上签字予以关闭 |

## 4.3 高处作业

| 作业步骤 | 风险 | | 注意事项 |
|---|---|---|---|
| 必要条件 | | 1 | 高处作业主要包括临边、洞口、攀爬、悬空、交叉等5种基本类型。高处作业分为四级,其中:一级高处作业高度为2～5m;二级高处作业高度为5～15m;三级高处作业高度为15～30m;特级高处作业高度为30m以上 |
| | | 2 | 以下情况未编制相应控制措施或方案不允许进行高处作业,主要包括但不限于:<br>(1)在室外完全采用人工照明进行的夜间高处作业;<br>(2)在无立足点或无牢靠立足点的条件下进行的悬空高处作业;<br>(3)在接近或接触带电体条件下进行的带电高处作业;<br>(4)在易燃、易爆、易中毒、易灼烧的区域或转动设备附近进行高处作业;<br>(5)在无平台、无护栏的塔、炉、罐等化工容器、设备及架空管道上进行的高处作业;<br>(6)在塔、炉、罐等化工容器设备内进行高处作业;<br>(7)在排放有毒、有害气体、粉尘的排放口附近进行的高处作业;<br>(8)其他特殊高处作业 |
| | | 3 | 坠落防护应通过采取消除坠落危害、坠落预防和坠落控制等措施来实现。坠落防护措施的优先选择顺序如下:<br>(1)尽量选择在地面作业,避免高处作业;<br>(2)设置固定的楼梯、护栏、屏障和限制系统;<br>(3)使用工作平台,如脚手架或带升降的工作平台等;<br>(4)使用边缘限位安全绳,以避免作业人员的身体靠近高处作业的边缘;<br>(5)使用坠落保护装备,如配备缓冲装置的全身式安全带和安全绳;<br>(6)如果以上防护措施无法实施,不得进行高处作业 |

续表

| 作业步骤 | 风险 | | 注意事项 |
|---|---|---|---|
| 必要条件 | | 4 | 雨天和雪天进行高处作业时，应采取可靠的防滑、防寒和防冻措施，水、冰、霜、雪均应及时清除。暴风雪及台风暴雨后，应对高处作业安全设施逐一加以检查，发现有松动、变形、损坏或脱落等现象，应立即修理完善。对进行高处作业的高耸建筑物，应事先设置避雷设施 |
| | | 5 | 严禁在六级以上大风和雷电、暴雨、大雾等气象条件下及40℃及以上高温、-20℃及以下寒冷环境下从事高处作业，在30～40℃的高温环境下的高处作业应按《高温作业分级》（GB/T 4200—2008）的要求轮换作业 |
| 准备工作 | | 1 | 高处作业实施前应对高处作业人员明确作业风险和作业要求，作业人员应按照高处作业许可证的要求进行作业 |
| | | 2 | 检查作业人员是否按规定正确穿戴个人防护装备，并正确使用登高器具和设备 |
| | | 3 | 检查作业人员使用的工具、材料和杂物等，是否已采取防坠落措施，告知作业人员上下攀爬时手中不得持物 |
| | | 4 | 对作业点周围的围栏、孔洞、临时平台、梯子等的牢固性及安全防护措施进行检查 |
| | | 5 | 对高处作业人员上下攀爬过程中使用的脚手架、通道、电梯、吊笼、梯子等完好性进行检查 |
| | | 6 | 对作业点下方的防坠落措施的牢固性进行检查 |
| | | 7 | 对夜间高处作业的照明情况进行检查 |
| | | 8 | 作业点下方监护人员就位，作业点下方安全警戒区标识完整，应急设施齐全 |
| 攀爬 | 高处坠落、触电 | 1 | 作业人员攀爬过程中安全带应做到"一步一挂"，不得系挂在移动、不牢固的物件上或有尖锐棱角的部位，系挂后应检查安全带扣环是否扣牢，如牢固则继续向上攀爬 |
| | | 2 | 对于攀爬较高的作业点时，作业人员不可在上下通道上休息，应转至牢固的中转平台进行休息，休息前应把安全带系挂在牢固的位置 |
| | | 3 | 攀爬时严禁接近电线，特别是高压线路。在建工程（含脚手架具）的周边与架空线路的边线之间的最小安全操作距离具体为：<br>（1）外电线路电压等级（kV）<1时，最小安全操作距离4m；<br>（2）外电线路电压等级（kV）1～10时，最小安全操作距离6m；<br>（3）外电线路电压等级（kV）35～110时，最小安全操作距离8m；<br>（4）外电线路电压等级（kV）220时，最小安全操作距离10m；<br>（5）外电线路电压等级（kV）330～500时，最小安全操作距离15m |
| | | 4 | 攀爬时同一架梯子只允许1个人在上面，不允许多人同时进行攀爬 |
| | | 5 | 冬季及雨雪天登高作业时，要有防滑措施。夜间攀爬要保障照明充足 |

续表

| 作业步骤 | 风险 | | 注意事项 |
|---|---|---|---|
| 系挂 | 高处坠落 | 1 | 到达作业位置后应先将安全带系挂在牢固位置,严禁将安全带挂在不牢固或带尖锐角的构件上或临时设施上 |
| | | 2 | 利用安全带进行悬挂作业时,不能将挂钩直接勾在安全带绳上,应勾在安全带绳的挂环上 |
| | | 3 | 作业人员必须保持安全带100%系挂 |
| 作业过程 | 高处坠落 | 1 | 作业人员到达高处作业点后,应先观察作业点周围环境情况,分析风险并对平台、栏杆、孔洞等防护措施的牢固性进行检查,检查合格,做好安全防护后可开始施工 |
| | | 2 | 受限空间内高处作业,应先调整好照明方位,严禁正对眼部,并观察作业环境,确认排除风险后可以进行施工 |
| | | 3 | 使用梯子作业时同一架梯子只允许1个人在上面工作,严禁带人移动梯子 |
| | | 4 | 作业过程中严禁使用安全带来传递重物,防止使用不当造成人员高处坠落 |
| | | 5 | 作业人员对拆卸下来的废料及工具应摆放牢固可靠,严禁乱扔乱放,防止坠落对他人造成物体打击伤害 |
| 转场、移位 | 高处坠落 | 1 | 作业人员在高处作业转场前,应先观察移动方向通道的牢固性,且是否有足够的落脚点,确认移动方向通道安全后方可进行转场 |
| | | 2 | 转移过程中必须保持安全带100%系挂 |
| 意外情况处置 | 高处坠落、中毒和窒息 | 1 | 高处作业时,遇到恶劣天气且无法及时撤离时,人员应立即停止作业,固定好工具、材料、拆卸物件后,寻找可靠牢固位置把自己固定好(大型设备、结构或管道上),严禁固定在临时附属结构上。待天气情况转好,在注意安全的情况下进行撤离 |
| | | 2 | 高处作业时,如有特殊气味或有色气体泄漏时,应立即停止作业,在保证安全的情况下撤离作业点,并通知相关人员,待使用气体检测仪进行检测后且无异常方可继续施工 |
| 完工 | | 1 | 作业结束后作业人员清理作业现场,将作业使用的工具、拆卸下的物件、余料和废料进行固定后带回地面(如无法带走则须采取固定措施),严禁高空抛物。作业人员应按可靠的原路返回(途中系挂好安全带) |
| | | 2 | 由批准人(或授权委托人)现场核查确认后,在批准人、作业负责人留存的作业许可票证上签字予以关闭 |

## 4.4 管线/设备打开作业

| 作业步骤 | 风险 | | 注意事项 |
|---|---|---|---|
| 必要条件 | | 1 | 管线打开的方式（包括但不限于）：解开法兰；从法兰上去掉1个或多个螺栓；打开阀盖或拆除阀门；调换8字盲板；打开管线连接件；去掉盲板、盲法兰、堵头和管帽；断开仪表、润滑、控制系统管线，如引压管、润滑油管等；断开加料和卸料临时管线（包括任何连接方式的软管）；用机械方法或其他方法穿透管线；开启检查孔；微小调整（如更换阀门填料）等 |
| | | 2 | 管道（设备）隔离应满足以下要求（包括但不限于）：<br>（1）属地单位提供显示阀门开关状态、盲板、盲法兰位置的图表；<br>（2）所有盲板、盲法兰应挂牌；<br>（3）隔离系统内的所有阀门必须保持开启，并对管道进行清理，防止管道（设备）内留存介质；<br>（4）对于存在第二能源的管道（设备），在隔离时应考虑隔离的次序和步骤。对于采用凝固（固化）工艺进行隔离及存在加热后介质可能蒸发的情况应重点考虑；<br>（5）隔离方法的选择取决于隔离物料的危险性、管道系统的结构、管道打开的频率、因隔离（如吹扫、清洗等）产生可能泄漏的风险等。隔离方法优先采用阀门进行隔离；<br>（6）如果双重隔离不可行而采用单截止阀进行隔离时，应制订相应方案，并采取有效防护措施；<br>（7）应对所有隔离点进行有效隔断，并做警示标识 |
| | | 3 | 管道（设备）打开作业前，应与属地单位共同进行风险评估，根据风险评估的结果制订相应控制措施，并编制管道（设备）打开施工方案和应急预案。主要内容包括但不限于：<br>（1）明确管道（设备）打开位置、清洗置换计划，包括关闭的阀门、上锁点及盲板等的位置，必要时应提供示意图。明确排空点、排放方式、清理方式（如氮气置换、蒸汽蒸煮、水清洗等），涉及蒸汽蒸煮的应确定蒸煮方案；<br>（2）安全措施，包括管道（设备）打开过程中的冷却、可能残存介质的应对措施、高处作业坠落防护、作业平台的搭设、打开的方式、个人防护装备和必要的消防器材等；<br>（3）管道（设备）打开影响的区域，必要时设置隔离区，并控制人员进入；<br>（4）涉及热分接的管道（设备）打开，其作业步骤和方法应符合《在用设备的焊接或热分接程序》（SY/T 6554—2003）；<br>（5）应急、救援等措施及预备人员的职责 |
| | | 4 | 作业现场应设有临时冲淋设施，根据物料介质的特性，必要时进行冲淋。临时冲淋设施距作业点不超过20m，水量应能连续冲淋15min |
| | | 5 | 当有气体含量检测、监测时间和频率要求时，气体含量检测、监测需合格 |
| | | 6 | 当涉及有毒、有害、高温（介质温度＞200℃）、高压（介质压力≥10MPa）的管道（设备）打开作业时应提前做好应急演练，作业人员要熟悉应急预案，各类防护设施和应急物资到位 |

续表

| 作业步骤 | 风险 | | 注意事项 |
|---|---|---|---|
| 准备工作 | | 1 | 提前向作业点属地单位提出管道（设备）作业申请，办理相应作业许可；所有的风险控制措施得到落实 |
| | | 2 | 与作业人员沟通，以确保参加作业的人员清楚工作方案的重要环节，并了解各人员职责 |
| | | 3 | 检查个人安全劳动防护用品、应急救护装备和消防器材 |
| | | 4 | 检查管线/设备打开所需使用工机具及安全附件的完整性、防爆性能，测量仪器器具的有效性 |
| | | 5 | 检查确认作业区域、作业对象（包括危险介质清洗置换质量）的符合性及周边环境的安全性，检测可燃气体浓度，周边不得存在可能引起火灾、爆炸事故的其他作业 |
| | | 6 | 检查作业区域阀门开关、盲板位置、盲法兰位置是否按车间提供的盲板图、流程图进行了隔离 |
| | | 7 | 管道（设备）打开作业使用的脚手架、起重机械、电气焊用具、手持电动工具等各种工器具应符合作业安全要求；超过安全电压的手持式、移动式电动工器具应配有漏电保护装置；防爆区域须选用防爆工具 |
| | | 8 | 检查管道（设备）打开作业区域设置警戒围栏，现场设置警戒牌情况 |
| | | 9 | 检查作业现场安全冲淋设施是否可用 |
| 管线、设备打开 | 中毒和窒息、火灾爆炸、高处坠落 | 1 | 管道（设备）打开作业应先明确管线打开的具体位置，同时观察该系统上是否有排凝或放空，如有应先打开排凝或放空进行排放介质，不可直接打开管道，以便有效控制意外情况 |
| | | 2 | 拆卸螺栓时应由远到近，如果管道（设备）内部有意外的蓄压则可从远离人员的开口处喷出，而不致直接伤及作业人员 |
| | | 3 | 禁止在管道（设备）打开时同时拆除所有螺栓，以便在有意外泄漏时可以立即重新锁紧，必要时准备防护罩防止喷溅 |
| | | 4 | 人员避免站在打开时管道（设备）内物质可能喷出的"枪口"位置 |
| | | 5 | 特殊状况下管道内的残留物遇到空气会产生化学反应，可能产生可燃或有毒物质，管道打开后，在恢复前，应保持与大气相通，防止形成负压或者爆炸环境，且作业人员应做好相应防护措施 |
| | | 6 | 对于螺纹连接，打开时先送1/2丝，确认无残余压力和残液泄漏后，再小心分离 |
| | | 7 | 对于球阀或柱塞阀本体螺栓拆除时，因阀体结构会积存压力或者残液，要通过反复开关几次确保阀体内的残压及残液已完全排空 |
| | | 8 | 管道（设备）打开后，设置警戒区域，打开的管道（设备）应执行第4.18节的相关要求 |
| | | 9 | 禁止带压打开管线或带压敲击管线 |

续表

| 作业步骤 | 风险 | | 注意事项 |
|---|---|---|---|
| 管线、设备恢复 | 物体打击、高处坠落 | 1 | 恢复前应清点使用的工具和材料，防止遗落在管道（设备）内 |
| | | 2 | 恢复时当法兰螺栓已严重腐蚀时，应清理或更换同材质、同规格的螺栓后，再进行安装 |
| | | 3 | 恢复完成后应按照车间指示拆除临时盲板、安装正式阀门、导通正常工艺流程 |
| 意外情况处置 | 中毒和窒息、火灾爆炸 | 1 | 当管道（设备）打开有不明液体溢出或渗出时，作业人员立即撤离并通知相关部门进行检验检测。排除风险后可继续施工。发现不明液体溢出或渗漏时，如条件允许作业人员立即回装封堵或立即紧固螺栓，并告知相关部门，待确认内部介质种类、风险控制措施及作业许可批准后，才可继续施工 |
| | | 2 | 当管道（设备）打开因介质泄漏发生火灾时，立即停止作业，使用灭火器灭火，进行扑救工作，并报告现场负责人。不能立即扑灭，应立即拨打火灾报警电话。当火势无法控制时，迅速撤离现场，到紧急集合点集合，等待下一步安排 |
| | | 3 | 当管道（设备）打开有不明气体溢出时，作业人员立即撤离，通知相关负责人，并疏散周边其他作业人员。待使用气体检测仪检测，确认气体无毒无害时，作业人员方可返回进行作业 |
| | | 4 | 当法兰、阀门处等螺栓因锈蚀严重无法直接打开的，应优先采用冷切割法；当采用磨光机、火焰热切割方法时，应确认管线/设备内介质情况满足动火条件，并办理动火作业许可 |
| 完工 | | 1 | 管道（设备）恢复到安全生产状态后，将作业使用的工机具回收，将废弃物清理干净，关闭作业许可，人员撤离现场 |
| | | 2 | 由批准人（或授权委托人）现场核查确认后，在批准人、作业负责人留存的作业许可票证上签字予以关闭 |

## 4.5 上锁挂牌作业

| 作业步骤 | 风险 | | 注意事项 |
|---|---|---|---|
| 必要条件 | | 1 | 实施上锁挂牌，应按照以下步骤（包含但不限于）进行：<br>（1）上锁挂牌前，辨识所有危险能量（机械能、电能、化学能、热能、辐射能）和物料的来源，并编制相应的隔离方案；<br>（2）对辨识出的危险能量明确隔离点和类型；<br>（3）根据隔离清单选择合适的锁具和标牌，对各点进行上锁挂牌；<br>（4）检查确认现场所有危险物品已经被隔离或置换干净；<br>（5）验证测试隔离效果，并经业主、监理单位检查确认后方可作业 |

续表

| 作业步骤 | 风险 | | 注意事项 |
|---|---|---|---|
| 必要条件 | | 2 | 任何机械、电力、工艺流程、液压力和其他设施的能量隔离必须符合以下条件后才能执行后续作业（包含但不限于）：<br>（1）隔离和储存能量的释放方法必须得到同意并由有能力胜任该项工作的人员执行；<br>（2）所有储存的能量全部都已释放；<br>（3）在隔离处使用明显的锁定和标定系统；<br>（4）进行测试以确认隔离是否有效；<br>（5）定期对隔离的有效性进行检查 |
| | | 3 | 对具有电能的设备/设施进行安全隔离时，必须执行上锁/挂牌制度。对于无法上锁的装置（如电气开关、按钮等），在切断电源、挂警示牌后，进行作业时，必须配置监护人员，全程不得离岗。对于远程控制的设备/设施，应在电能及设备/设施两端分别挂牌和配置全程监控人员，并配备通信设施。对所有存在电气危害的，断电后应实施验电或放电接地检验 |
| | | 4 | 能量隔离作业时，应设置作业警戒，禁止无关人员进入作业区内。安全锁必须和安全警示牌同时使用。所有隔离装置的安全锁及警示牌必须由负责该项作业的技术人员进行上锁/挂牌，在作业结束需要解除上锁/挂牌时，必须由原负责该项作业的技术人员按程序操作 |
| 准备工作 | | 1 | 提前向作业点属地单位提出作业申请，办理作业许可。所有的风险控制措施得到落实 |
| | | 2 | 检查个人安全劳动防护用品、应急救护装备和消防器材 |
| | | 3 | 检查作业中使用的工机具及安全附件的完整性、防爆性能，测量仪器器具的有效性 |
| | | 4 | 检查确认作业区域、作业对象（包括危险介质清洗置换质量）的符合性及周边环境的安全性，检测可燃气体浓度，周边不得存在可能引起火灾、爆炸、中毒窒息事故的其他作业 |
| | | 5 | 检查上锁挂牌各个点位、检查锁具及标签色号及隔离警戒的设置 |
| 上锁挂牌 | | 1 | 单人作业单个隔离点上锁挂牌时，操作人员和作业人员用各自的个人锁对隔离点进行上锁挂牌。钥匙由自己保管，不可随意交给他人 |
| | | 2 | 用集体锁对所有隔离点进行上锁挂牌时，集体锁钥匙放置于锁箱内，所有作业人员和操作人员用个人锁对锁箱进行上锁挂牌 |
| | | 3 | 电气上锁应注意以下几点（包括但不限于）：<br>（1）主电源开关是电气驱动设备主要上锁点，附属的控制设备如现场启动/停止开关不可作为上锁点；<br>（2）若电压低于220V，拔掉电源插头可视为有效隔离，若插头不在作业人员视线范围内，应对插头上锁挂牌，以阻止他人误插；<br>（3）采用保险丝、继电器控制盘供电方式的回路，无法上锁时，应装上无保险丝的熔断器并加警示标牌； |

续表

| 作业步骤 | 风险 | | 注意事项 |
|---|---|---|---|
| 上锁挂牌 | | 3 | （4）若必须在裸露的电气导线或组件上工作时，上一级电气开关应由电气专业人员断开或目视确认开关已断开，若无法目视开关状态时，可以将保险丝拿掉或测电压或拆线来替代；<br>（5）具有远程控制功能的用电设备，不能仅依靠现场的启动按钮来测试确认电源是否断开，远程控制端必须置于"就地"或"断开"状态并上锁挂牌 |
| | | 4 | 锁具和标签必须有正确的色号，并使被授权人员易于识别。无特殊情况外每个锁具和标签都必须由使用该锁具和标签的被授权人员亲自从能量隔离装置上移除 |
| | | 5 | 个人锁和钥匙归个人保管并标明使用人姓名、日期、联络方式、地点、原因。集体锁应在锁箱的上锁清单上标明上锁的系统或设备名称、编号、日期、原因等信息，锁和钥匙应有唯一对应的编号，集体锁应集中保管，存放于便于取用的场所 |
| 解锁 | | 1 | 作业完成后，操作人员确认设备、系统符合运行要求，每个上锁挂牌的人员应亲自去解锁，他人不得替代 |
| | | 2 | 涉及多个作业人员的解锁，应在所有作业人员完成作业并解锁后，操作人员按照上锁清单逐一确认并解除集体锁及标牌 |
| | | 3 | 解除能量隔离装置、恢复能量前，要办理相关的能量恢复作业许可，并经业主及相关受影响单位负责人的书面审核批准后，方可进行操作 |
| 意外情况处置 | | | 特殊情况要打开上锁挂牌点且上锁挂牌人员不在时，拆锁应满足：<br>（1）与上锁挂牌人员取得联系并取得其核准；<br>（2）生产及施工单位主管双方确认上锁的理由、目前系统状态、相关设备情况、确认解除锁具是否安全等 |
| 完工 | | 1 | 作业结束后，清理作业现场，并对拆除的锁具进行回收处理，不可私自带走或随处丢弃 |
| | | 2 | 作业完毕后，由批准人（或授权委托人）现场核查确认后，在批准人、作业负责人留存的作业许可票证上签字予以关闭 |

## 4.6 临时用电安装与维护作业

| 作业步骤 | 风险 | | 注意事项 |
|---|---|---|---|
| 必要条件 | | 1 | 参与接线、测试、投电、维护、断电、电源端拆除时必须由至少2名持有低压电工特种作业证的电工操作，应穿戴绝缘手套、工作服及劳保鞋 |

续表

| 作业步骤 | 风险 | | 注意事项 |
|---|---|---|---|
| 必要条件 | | 2 | 电工使用的工具必须绝缘良好,使用的万用表、绝缘摇表、接地摇表、绝缘棒等量具必须经计量检定合格并在有效鉴定期内。凡是构成系统的配电箱、电缆、开关、漏电保护器等在采购时必须满足质量要求 |
| | | 3 | 施工现场临时用电设备在5台及以上或设备总容量在50kW及以上者,应编制临时用电组织设计。当存在以下情况时须办理作业许可:<br>(1)首次投电前;<br>(2)前端带电情况下接线或拆除时;<br>(3)恶劣天气下或潮湿环境中需要投电或断电时;<br>(4)仅有1名专业电工配合作业时 |
| | | 4 | 临时用电系统须遵循:<br>(1)三级配电。由总配电箱经分配电箱到开关箱逐级配电。<br>(2)两级保护。两级漏电保护系统(总配电箱、所有开关箱必须装设漏电断路器。总配电箱的漏电保护额定动作电流>30mA,额定动作时间>0.1s,但乘积≤30mA·s;开关箱的漏电保护动作电流≤30mA;动作时间≤0.1s)。<br>(3)TN-S接零保护系统。工作零线与保护零线分开设置的接零保护系统。<br>用户须做到"一机、一闸、一保护"(每台用电设备必须有各自专用的开关箱及漏电断路器,严禁用同1个开关箱直接控制2台及2台以上用电设备) |
| | | 5 | 临时用电还应建立临时用电安全技术档案,内容包括:<br>(1)用电组织设计的全部资料;<br>(2)修改用电组织设计的资料;<br>(3)用电技术交底资料;<br>(4)用电工程检查验收表;<br>(5)电气设备的试、检验凭单和调试记录;<br>(6)接地电阻、绝缘电阻和漏电保护器漏电动作参数测定记录;<br>(7)定期检查表;<br>(8)电工安装、巡检、维修、拆除、工作记录 |
| | | 6 | 须根据项目环境设计防雷装置(除临时用电工程考虑防雷设计外,施工现场高耸的构架、脚手架、塔器等安装就位后应立即安装防雷接地线) |
| | | 7 | 临时用电在安装、拆除与日常使用维护过程中应遵循如下原则:<br>(1)不能确定是否带电时,一律视作有电;<br>(2)一切绝缘皆有可能失效;<br>(3)所有开关皆有可能误操作;<br>(4)上锁挂牌必须自己动手 |
| 临时用电工程材料的选用 | | 1 | 一级配电箱必须选择使用三相四线漏电断路器。二级配电箱必须选择使用三相三线断路器。开关箱中漏电断路器的相数和线数必须与其负荷侧负荷的相数和线数一致 |

续表

| 作业步骤 | 风险 | | 注意事项 |
|---|---|---|---|
| 临时用电工程材料的选用 | | 2 | 一级配电箱、220V/380V 合用的二级配电箱必须选择使用五芯电缆，380V 专用的二级配电箱选用四芯电缆，开关箱使用的电缆根据用电设备的相数和线数选择 |
| | | 3 | 隔离开关应采用分断时具有可见分断点，能同时断开电源所有极的隔离电器，并应设置于电源进线端。当断路器是具有可见分断点时，可不另设隔离开关 |
| | | 4 | 配电箱、开关箱的金属箱体、金属电器安装板及电器正常不带电的金属底座、外壳等必须通过 PE 线端子板与 PE 线做电气连接，金属箱门与金属箱必须采用编织软铜线做电气连接。配电箱、开关箱内的连接线必须采用铜芯绝缘导线。在防爆场所必须选用防爆开关 |
| | | 5 | 电缆中必须包含全部工作芯线和用作保护零线或保护线的芯线。需要三相四线制配电的电缆线路必须采用五芯电缆。五芯电缆必须包含淡蓝、绿/黄 2 种颜色绝缘芯线。淡蓝色芯线必须用作 N 线；绿/黄双色芯线必须用作 PE 线，严禁混用 |
| | | 6 | 电缆类型应根据敷设方式、环境条件选择。埋地敷设宜选用铠装电缆；当选用无铠装电缆时，应能防水、防腐。架空敷设宜选用无铠装电缆 |
| | | 7 | 正、反向运转控制装置中的控制电器应采用接触器、继电器等自动控制电器，不得采用手动双向转换开关作为控制电器。手动开关电器只许用于直接控制照明电器和容量不大于 5.5kW 动力电路。容量大于 5.5kW 的动力电路应采用自动开关电器或降压启动装置控制 |
| 变压器、发电机的安装 | 触电 | 1 | 变压器、发电机配电室应靠近电源，并应设在灰尘少、潮气少、振动小、无腐蚀、易燃介质场所。配电室和控制室应能自然通风，并采取防止雨雪侵入和动物进入的措施。配电室的建筑物和构筑物的耐火等级不低于 3 级，室内配置砂箱和可用于扑灭电气火灾的灭火器；配电室的门向外开，并配锁、设置安全标志 |
| | | 2 | 发电机组的排烟管道必须伸出室外，且不宜放置在上风口、坑道、管沟边缘，防止有害气体聚集。贮油桶存放于安全区域 |
| | | 3 | 发电机组应采用电源中性点直接接地的三相四线制供电系统和独立设置 TN-S 接零保护系统，单台容量超过 100kV·A 或使用同一接地装置并联运行且总容量超过 100kV·A 的电力变压器或发电机的工作接地电阻值不得大于 4Ω；单台容量不超过 100kV·A 或使用同一接地装置并联运行且总容量不超过 100kV·A 的电力变压器或发电机的工作接地电阻值不得大于 10Ω |
| 配电箱、开关箱的安装 | 触电 | 1 | 配电箱与开关箱的距离原则上不超过 30m，各级箱的数量配比不宜超过 1:5，开关箱与其控制的固定式用电设备的水平距离不宜超过 3m，移动式设备不宜超过 10m。动力配电箱、仪表电源开关箱与照明配电箱宜分别设置，如合置在同一配电箱内，动力和照明线路应分路设置 |

续表

| 作业步骤 | 风险 | | 注意事项 |
|---|---|---|---|
| 配电箱、开关箱的安装 | 触电 | 2 | 配电箱、开关箱应装设端正、牢固。配电箱、开关箱外形结构应能防雨、防尘。固定式配电箱、开关箱的中心点与地面的垂直距离应为1.4~1.6m。移动式配电箱、开关箱应装设在坚固、稳定的支架上。其中心点与地面的垂直距离宜为0.8~1.6m。配电箱正门内张贴配电图。进出线设在箱体底部 |
| | | 3 | 箱体外观要有统一安全标志（电力符号），统一编号，配锁，以及维护电工的姓名、联系电话。各级配电箱配置干粉灭火器 |
| | | 4 | 配电箱、开关箱的进、出线口应配置固定线卡、加绝缘护套并成束卡在箱体上，不得与箱体直接接触 |
| 电缆敷设 | 触电、高处坠落 | 1 | 电缆线路应采用埋地或架空敷设，不宜沿地面明设，应避免机械损伤和介质腐蚀。埋地电缆路径应设方位标志 |
| | | 2 | 电缆直接埋地敷设的深度不应小于0.7m，并应在电缆紧邻上、下、左、右侧均匀敷设不小于50mm厚的细砂，然后覆盖砖或混凝土板等硬质保护层。在穿越建筑物、构筑物、道路、易受机械损伤、介质腐蚀场所及引出地面从2.0m高到地下0.2m处，必须加设防护套管，防护套管内径不应小于电缆外径的1.5倍。与其附近外电电缆和管沟的平行间距不得小于2m，交叉间距不得小于1m。接头应设在地面上的接线盒内，接线盒应能防水、防尘、防机械损伤，并应远离易燃、易爆、易腐蚀场所 |
| | | 3 | 架空电缆应沿电杆、支架或墙壁敷设，并采用绝缘子固定，绑扎线必须采用绝缘线，固定点间距应保证电缆能承受自重，合理选择敷设高度，但沿墙壁敷设时最大弧垂距地不得小于2.0m。严禁沿脚手架、树木或其他临时设施敷设 |
| | | 4 | 彩钢轻板等导电性能良好材质的办公室、休息室、库房等必须做接零保护，室内进线、布线必须采用绝缘材质的套管或线槽，所有插座的接地极必须和接零保护线连接 |
| 接线 | 触电 | 1 | 在接线前须对临时用电系统的主电缆进行电缆绝缘的测试 |
| | | 2 | 电缆头的制作质量须满足作业周期内接触良好、不发热、不脱落 |
| | | 3 | 盘柜接线的电阻测试：10kV电缆终端接头及中间接头制作要保证绝缘，接头处与最近的接地点不能小于125mm，并对电缆进行直流耐压试验及直流漏泄试验，10kV电缆在试验电压为37.5kV时，分别记录1min、5min、10min、15min的漏泄值。当漏泄值基本一致，且不大于30μA，电缆合格 |
| | | 4 | 漏电断路器、断路器接线结束后，相间绝缘隔板必须及时恢复；防爆快速插头接线前应将进线保护套套在电源线上，严禁丢弃不用 |
| | | 5 | 二级配电箱、开关箱预留的防爆快速插头或防爆插座必须和地面保持200mm及以上的距离 |

续表

| 作业步骤 | 风险 | | 注意事项 |
|---|---|---|---|
| 接线 | 触电 | 6 | 电源线的专用接零保护芯线的前端必须与开关箱内的接零保护端子板连接；后端必须和导电的设备基座或外壳连接牢固；实施接零保护的用电设备禁止再做接地保护 |
| 送、停电操作 | 触电 | 1 | 临时用电安装完成必须验收合格后方可投入使用 |
| | | 2 | 配电箱、开关箱必须由专业电工按照下列顺序操作：<br>（1）送电操作顺序为：总配电箱→分配电箱→开关箱；<br>（2）停电操作顺序为：开关箱→分配电箱→总配电箱 |
| | | 3 | 操作总配电箱时，电工须穿戴绝缘防护工作服及绝缘手套，人员应站立在绝缘物上方，身体任何部位不要接触盘柜表面 |
| 日常维护 | 触电 | 1 | 对电气设备要进行定期检查，凡不合格的电气设备、工具应停止使用。安装、维修或拆除临时用电设施，搬迁或移动用电设备，由专业电工切断电源后处理 |
| | | 2 | 配电箱、开关箱进行检查、维修时，将其前一级相应的电源开关分闸断电，并实施上锁挂牌，严禁带电作业 |
| | | 3 | 漏电保护器每天使用前启动漏电实验按钮试跳 1 次，试跳不正常时严禁继续使用 |
| | | 4 | 电工每天或雨后、复工前应对照明线路及动力线路和配电箱的完整性、接地、防雨防尘措施进行工作前的巡检，并及时记录 |
| | | 5 | 电工至少每月 1 次对接地电阻值和绝缘电阻值进行检查 |
| 意外情况处置 | 触电 | 1 | 当发生电气火灾时应立即切断电源，用干砂灭火或用二氧化碳、四氯化碳、1211 干粉灭火器灭火 |
| | | 2 | 因电缆损坏时，维护电工要及时切断线路电源，对损坏线路进行修复。对于线路烧断、大负荷用电线路的接头松动或缺相引起的线路损坏，先用验电笔现场测试零线有无带电现象，再进行线路验电并修复损坏部位 |
| | | 3 | 漏电保护的异常的处理：<br>（1）电负荷较大时，漏电开关跳闸。更换最大允许工作电流较大的漏电开关。<br>（2）检查是否使用大功率、超额定负荷或绝缘损坏的电器设备，更换或维修用电设备。<br>（3）检查防爆快速插头是否漏电，及时清理插头杂物、烘干线路，提高电缆绝缘强度。<br>（4）检查线路是否短路 |
| | | 4 | 如果雨后或潮湿环境会造成部分线路或设备出现放电现象，应由维护电工对现场带电设备及线路进行检查，注意在靠近带电设备及线路作业防止电弧击伤 |
| | | 5 | 发生触电事故，急救执行第 5.4 节的相关要求 |

续表

| 作业步骤 | 风险 | | 注意事项 |
|---|---|---|---|
| 系统拆除 | 触电 | 1 | 停用设备必须拉闸断电，上锁挂牌。先拆除供电接入端（一级总配电柜），必须由2名电工配合进行拆除作业 |
| | | 2 | 线路电缆在断电以后，电工要及时进行放电作业。先用电压等级相同的验电笔进行验电，再用放电棒进行放电（放电操作要先使用电阻端再使用另一端放电作业） |
| | | 3 | 线路拆除：<br>（1）核实电缆导线的相色、编号及位置正确无误；<br>（2）拆接地线时应先拆除导线端，后拆除接地端 |

## 4.7 吊装作业

| 作业步骤 | 风险 | | 注意事项 |
|---|---|---|---|
| 必要条件 | | 1 | 起重机械应有有效的安全检验合格证；吊索具应有质量证明文件，不得使用无质量证明文件或试验不合格的吊索具 |
| | | 2 | 起重机械和吊索具严禁超负荷使用；2台或2台以上起重机作为主吊抬吊同一设备，每台起重机的吊装载荷不应超过其额定载荷的75% |
| | | 3 | 吊装作业起重指挥人员必须持有效的特种作业证件上岗 |
| | | 4 | 吊装作业时应与周围其他物体或基坑、管线、架空输电线路等保持相应安全距离 |
| | | 5 | 起重机吊臂回转范围内应采用警戒带或其他方式隔离，并安排专人进行监护，无关人员不得进入该区域内 |
| | | 6 | 严禁流动式起重机带载行走。履带式起重机带载行走时，工件宜处于起重机正前（后）方，允许载荷应符合起重机使用说明书要求，且一般情况下载荷不宜超过额定起重量75%，且吊物离地面高度不宜超过300mm，并拴好溜绳，还应有专人引导、监护；起重臂仰卧角应限于30°~70°，以慢挡速度启动、转动和制动；在行驶中，严禁操作其他动作，回转、卷扬的制动器应处于制动位置。无论何人发出紧急停车信号，都应立即停车 |
| | | 7 | 起重吊装作业应严格遵守"十不吊"要求 |
| | | 8 | 室外作业时遇到大雪、暴雨、大雾及沙尘暴（能见度50m以内）、雷电、六级（风速10.8m/s）及以上大风，以及其他不可抗拒的自然灾害，如地震、冰雹、泥石流、洪水、滑坡等时应停止起吊作业 |
| 准备工作 | | 1 | 提前向作业区域属地单位提出作业申请，办理作业许可，所有的风险控制措施得到落实；作业许可有效期满后应重新办理 |
| | | 2 | 检查个人安全劳动防护用品、应急救护装备和消防器材是否配置到位 |

续表

| 作业步骤 | 风险 | | 注意事项 |
|---|---|---|---|
| 准备工作 | | 3 | 检查吊装作业使用的吊车、倒链、钢丝绳、吊带等车辆、工机具、锁具及安全附件的完整性 |
| | | 4 | 检查吊装是否属于大型吊装或关键性吊装项目，是否按照制订专项方案或关键性吊装作业计划，并执行安全技术交底 |
| | | 5 | 检查起重机操作员是否具备相应资质或能力、起重指挥是否持证上岗 |
| | | 6 | 检查起重指挥与起重机操作员是否清楚大型吊装或关键性吊装的吊装方式、方法、运行路线等 |
| | | 7 | 检查吊装环境是否满足吊装安全要求，包括障碍物、照明、吊装半径区域警戒隔离、警示标识牌设置等 |
| 支车、挂绳 | 物体打击、高处坠落 | 1 | 检查作业区域是否满足起重机械进出，检查地基是否满足行车和吊装要求，检查地下隐蔽设施加固情况 |
| | | 2 | 检查起重机械支腿是否完全伸出、机身是否处于水平状态 |
| | | 3 | 检查吊物是否绑扎牢固，索具和吊车运行轨迹上是否有障碍物，吊物上是否存在零散部件、重心不稳等情况 |
| | | 4 | 检查溜绳是否设置到位 |
| 试吊 | 起重伤害 | 1 | 将吊物吊离地面20~30cm，停留60s，起重指挥确认卷扬机、钢丝绳线路、滑轮、倒链、地基、起重机械、吊索具、吊物等整个吊装系统无异常或发出异常声响 |
| | | 2 | 试吊过程应利用溜绳控制吊物，严禁人员靠近、手扶吊物，吊臂、吊物下严禁人员停留或穿行 |
| 开始吊装 | 起重伤害 | 1 | 试吊平稳后，采用直接提升方法时，起重指挥指导起重司机操作起重机械缓慢起吊，按计划的吊运路线将吊物吊运至安装或放置位置 |
| | | 2 | 执行吊物翻转时，吊物不得离开地面过高（控制在300mm内），专业人员（起重指挥、起重技术员等）应确认吊物在各环节的固定情况 |
| | | 3 | 采用滑移法吊装时，底部尾排移送速度应与起重机提升速度相匹配，防止吊物出现意外脱落尾排 |
| | | 4 | 采用抬送法吊装时，应明确总指挥，指挥辅助起重机抬送速度与主起重机提升速度相匹配 |
| | | 5 | 起重机操作员应按规程进行操作，不宜同时进行2种及2种以上动作 |
| | | 6 | 整个过程严禁超负荷吊装，严禁作业人员将身体任何部位置于吊物下方或吊臂穿行、停留，严禁吊物碰触吊臂、勾挂脚手架等设施 |
| | | 7 | 提升吊物，吊钩不得碰触限位装置；卸放吊物，卷扬机上剩余的钢丝绳必须满足安全要求 |
| | | 8 | 被吊物件不宜在空中长时间悬空停留 |

续表

| 作业步骤 | 风险 | | 注意事项 |
|---|---|---|---|
| 吊装完成 | 物体打击、高处坠落 | 1 | 吊物卸放至作业面500mm范围内时，配合人员才可靠近吊物，进行吊物安装、固定工作 |
| | | 2 | 吊物卸放时，起重指挥应时刻掌握起重机、吊物、吊钩、钢丝绳状态 |
| | | 3 | 确认吊物固定稳妥或放置稳固后，防止出现倾倒、倾覆、滚动、坠落等风险，必要时应设置缆风绳加固后卸除起重机械载荷 |
| | | 4 | 摘除吊物上方吊索具应确保作业人员具备合格的工作平台；当使用吊篮摘钩的，吊篮应验收合格，且作业时应设置2根溜绳 |
| | | 5 | 回收吊臂、收起支腿、固定吊钩、回收枕木、路基箱等 |
| 意外情况处置 | 起重伤害 | 1 | 出现地基沉陷造成起重机械机身失去水平时，立即采取调整角度、臂长等方式降低起重载荷，将吊物迅速放置至稳固位置后，摘除吊索具、回收吊臂、收起支腿，对地基进行压实处理，并经专业人员（起重技术人员等）确认地基合格后重新实施吊装作业 |
| | | 2 | 出现支腿泄压等影响起重机械机身水平时，迅速将吊物放置至稳固位置，消除起重载荷，检查支腿泄压情况，待支腿泄压处理完成并经专业人员（起重工、起重技术人员等）检查合格后，重新实施吊装作业；否则应更换起重机械 |
| | | 3 | 出现吊臂、吊索具、吊物等勾挂脚手架、钢结构等设施时，立即停止动作，详细检查勾挂情况，专业人员（起重工、起重技术员等）研究制订措施（登高人工消除勾挂、缓慢操作起重机械或拆除勾挂的设施等），消除勾挂情况后，继续实施吊装作业 |
| | | 4 | 出现吊臂、吊索具、吊物等勾挂碰触高压线时，立即停止动作，作业人员迅速撤离，通知高压线管理部门配合实施断电后，才可进行起重机械收回吊臂等操作 |
| | | 5 | 出现吊索具发生异常声响、断裂等情况时，迅速将吊物放置至稳固位置，消除起重载荷，检查异常或断裂原因，专业人员（起重工、技术人员等）分析、制订措施或更换合格的吊索具后，重新实施吊装作业 |
| | | 6 | 出现吊物严重变形时，迅速将吊物放置至稳固位置，摘除吊索具，检查、分析变形原因，制订、实施吊物调整、加固措施，重新评估起重方法后，重新实施吊装作业 |
| | | 7 | 出现五级以上大风、沙尘暴、暴雨、雷电等恶劣天气时，迅速将吊物放置至稳固位置，消除起重载荷，收回吊臂，待恶劣天气过去后，重新实施吊装作业 |
| 完工 | | 1 | 起重机司机检查车辆状况、起重工检查吊索具回收情况，监护人检查作业现场，确认无隐患后，移出或调离起重机械 |
| | | 2 | 由批准人（或授权委托人）现场核查确认后，在批准人、作业负责人留存的作业许可票证上签字予以关闭 |

## 4.8 夜间作业

| 作业步骤 | 风险 | | 注意事项 |
|---|---|---|---|
| 必要条件 | | 1 | 夜间作业或行动必须2人或2人以上一起进行,禁止独自1人进行作业 |
| | | 2 | 参与夜间作业的人员应按照相应的作业类型,正确穿戴劳动防护用品、反光马甲或带有荧光标志的工作服 |
| | | 3 | 涉及夜间作业的设备和工机具的性能、使用范围应满足最大作业工况,并在作业前经过完整性检查;计量器具应在检定/校准有效期内;自制工机具或首次使用的设备和工机具在使用前应经过批准 |
| | | 4 | 夜间作业场所必须设置充足的证明,室外照明灯具应为防雨型,并有防水的电源线和插头,灯具高度应根据现场条件合理设置;易燃易爆场所必须使用符合等级要求的防爆型灯具;潮湿场所、金属容器内照明应使用符合规定的安全电压规定 |
| | | 5 | 夜间作业人员的安排必须提前安排,保证夜间作业人员白天休息充足,禁止夜间疲劳作业和连班作业 |
| | | 6 | 夜间不宜进行高处、进入受限空间及其他危险作业;必须在夜间进行的,应办理相应作业类型的作业许可证,并满足照明、专人监护的条件后方可进行 |
| | | 7 | 当出现如大雨、强风、雷电、下雪、浓雾等恶劣天气时,应停止夜间作业 |
| | | 8 | 确认夜间作业地点的照明、脚手架、工件材料位置、作业空间和电源等条件,以及管沟、基坑、地面物料等障碍物信息,必要时移除或选择能够避开障碍物的路线行走 |
| 作业准备 | | 1 | 操作前以下项目全部须经过现场检查确认,并验证作业许可票证的有效性:<br>(1)检查人员基本劳保着装是否正确佩戴;<br>(2)夜间作业检查头灯、手电等自用照明器具是否充电充足;<br>(3)检查夜间作业场所是否设置充足的照明,夜间作业照明以作业人员能清楚地看到作业环境、能顺利地进行安全操作为原则,照明光线不能从作业面下方向上照射,不能有较大面积的阴影区或照明盲区;<br>(4)如涉及进入受限空间作业必须做好隔离、通风、气体检测等措施;<br>(5)如涉及登高作业必须做好坠落防护;<br>(6)夜间作业期间,全体人员必须掌握现场应急预案流程,配备满足实际需要的应急物资 |
| | | 2 | 检查照明灯具及配件的完整性,电源开关开启情况、用电设备接地情况 |

续表

| 作业步骤 | 风险 | | 注意事项 |
|---|---|---|---|
| 作业准备 | | 3 | 对原材料、半成品、成品部件的检查：<br>（1）检查原材料、半成品、成品部件的稳定性；<br>（2）检查原材料、半成品、成品部件的保护情况；<br>（3）检查原材料、半成品、成品部件表面情况是否存在造成人身划伤的风险（如保温钉及在工件表面焊接的工卡具或其他尖锐物体等） |
| | | 4 | 对作业环境的检查：<br>（1）检查脚手架、梯子等涉及高处作业设施的完整性；<br>（2）检查受限空间作业条件（如气体监测、内部构件、照明、电气工艺隔离等）；<br>（3）检查周边作业环境是否有变化，作业场所通道是否畅通，提前踏勘行走路线；<br>（4）检查作业场所电缆线布置是否存在被异物砸伤的可能；<br>（5）核实作业场所其他单位进行对本单位作业人员造成伤害的作业活动 |
| 作业过程 | 物体打击、机械伤害、触电、高处坠落、坍塌、火灾 | 1 | 夜间作业期间，现场负责人，安全管理人员在现场全过程监督、检查 |
| | | 2 | 值班电工在现场随时处理用电和照明问题 |
| | | 3 | 高危作业区域不得出现照明死角，作业人员不得处在阴影部位 |
| | | 4 | 严禁任何人员到达与自己工作无关的区域逗留或从事其他作业 |
| | | 5 | 夜间作业需要进行道路交通控制时，作业场所应设置警示、警戒标识和指示标识。警告标志牌、路障标志应使用反光或荧光材料 |
| | | 6 | 机械设备/车辆的照明灯是上述照明的紧急补充，不可以取代现场正式照明 |
| | | 7 | 夜间高处作业应有充足的照明。高处作业人员应与地面保持联系，根据现场需要配备必要的联络工具，并指定专人负责联系 |
| 应急情况处置 | | 1 | 当设备或器具损坏或故障时，应立即停止工作，并报设备管理部门维修 |
| | | 2 | 发现事故隐患应及时消除或上报 |
| | | 3 | 发生事故如实报告，并采取控制措施，保护现场，配合事故调查 |
| 完工 | | 1 | 作业结束时，关闭所有设备电源、灯具，确认无安全隐患，并在离开前清点人员数量，确保人员安全出场 |
| | | 2 | 由批准人（或授权委托人）现场核查确认后，在批准人、作业负责人留存的作业许可票证上签字予以关闭 |

## 4.9 挖掘动土作业

| 作业步骤 | 风险 | | 注意事项 |
|---|---|---|---|
| 必要条件 | | 1 | 以下情况未编制专项方案或未经书面批准不允许进行挖掘动土作业，包括但不限于：<br>（1）开挖深度超过 3m（含 3m）或虽未超过 3m 但地质条件和周边环境复杂的基坑（槽）支护、降水工程；<br>（2）开挖深度超过 3m（含 3m）的基坑（槽）的土方开挖工程。<br>当土方开挖工程中涉及以下情况（包括但不限于）时，应编制专项方案，并组织专家论证：<br>（1）开挖深度超过 5m（含 5m）的基坑（槽）的土方开挖、支护、降水工程；<br>（2）开挖深度虽未超过 5m，但地质条件、周围环境和地下管线复杂，或影响毗邻建筑（构筑）物安全的基坑（槽）的土方开挖、支护、降水工程 |
| | | 2 | 动土工作开始前，应保证现场人员拥有最新的地下设施布置图，明确标注地下设施的位置、走向及可能存在的危害，必要时可采用探测设备或手工工具（铲子、锹）挖掘的方法进行探测以确认设施的正确位置和走向。在铁路路基 2m 内的动土作业，须经铁路管理部门审核同意 |
| | | 3 | 施工区域作业单位应指派 1 名监护人员，对作业人员行为、挖掘车辆操作是否规范、开挖处、邻近区域和保护系统进行检查，发现异常危险征兆，应立即停止作业 |
| | | 4 | 施工任务全部完工后，应根据要求及时回填并恢复地面设施。若地下隐蔽设施有变化，施工单位应将变化情况向作业区域所在单位通报，以完善地下设施布置图 |
| 准备工作 | | 1 | 检查作业和监护人员是否明确作业风险和作业要求 |
| | | 2 | 检查作业人员是否按规定正确穿戴个人防护装备，并会正确使用应急设备设施 |
| | | 3 | 检查挖掘机、铲车、翻斗车等工机具和设备（含安全附件）的完整性，机械性能是否完好，检查液压油、燃油、润滑油是否符合规定；操作人员持证情况等，指挥人员是否到位 |
| | | 4 | 检查机械设备行走路线基础是否可靠，如有开裂、下陷等情况，应做好相应对措施 |
| | | 5 | 在油气生产防爆区域挖掘时，必须使用防爆工具 |
| | | 6 | 核对作业许可票证办理及安全措施落实情况 |
| | | 7 | 检查周边作业环境是否存在不安全因素，如地下设施、脚手架、建（构）筑物基础、架空线路、管架等。如有建（构）筑物，应确定附近结构物是否需要临时支撑（必要时由专业人员对其基础进行评价并提供建议，如深度等于或大于 3m 的坑，通常需要安装临时支撑） |

续表

| 作业步骤 | 风险 | | 注意事项 |
|---|---|---|---|
| 测量放线 | | 1 | 根据设计交桩,进行开挖轴线及其控制点保护桩放样 |
| | | 2 | 根据开挖坡度和设施基础宽度、工作面,计算出开挖边线,并实地放样。在放样完成区域拉设警戒线,防止无关人员进入 |
| 开挖 | 坍塌、车辆伤害、机械伤害 | 1 | 作业人员在坑、沟槽内作业应正确穿戴安全帽、防护鞋、手套、警示马甲等个人防护装备;不应在坑、沟槽内休息 |
| | | 2 | 挖掘机工作时,回转半径内严禁有其他人员 |
| | | 3 | 挖掘机装载活动范围内,不得停留车辆和行人。若往汽车上卸料时,应等汽车停稳,驾驶员离开驾驶室后,方可回转铲斗,向车上卸料 |
| | | 4 | 挖掘应自上而下进行,不准采取挖地脚的方法(挖出的土方不得堵塞下水道、窨井及逃生应急通道和消防通道) |
| | | 5 | 根据土壤类型或方案要求,严格落实放坡、台阶、支撑和盾构等防止塌方的安全防护措施 |
| | | 6 | 在深度≥1.2m的坑内,应在合适的距离内设置梯子、台阶或坡道,用于安全进出;横向最大距离≥7m的任何坑、沟内,必须提供2个以上的安全通道 |
| | | 7 | 基坑应采取导流沟、挡水坝、井点降水等措施确保坑内没有积水,如果有积水或正在积水,不得进行挖掘作业;雷雨天气应停止挖掘作业 |
| | | 8 | 车辆必须保持离坑道3m的距离,为支撑车辆提供特别装置的除外 |
| | | 9 | 对开挖的区域应设置围栏和警示标志;在人员密集和生产区域内,如果坑、沟在夜间敞开,必须安装专用的警示灯,其他地区设置警戒线等设施,清理废料及工具后方可离开现场 |
| | | 10 | 对于需要人员或设备跨越坑、沟,必须搭设带扶手的通道 |
| | | 11 | 涉及断路时,应设置明显的警示和禁行标志,对于确需通行车辆的道路,应铺设临时通行设施,限制通行车辆吨位,由专人指挥车辆通行 |
| 土方倒运 | 车辆伤害 | 1 | 在基坑(槽)、管沟边沿1m范围内不应放置土石、材料及车辆、设备等。管沟开挖时,宜将挖出的土石方堆放到布管的对面一侧,管沟沟壁及距管沟边1m范围内不得有浮石,否则应采取防护措施。堆土高度不宜超过1.5m,粒径100mm以上的石块应稳固堆放 |
| | | 2 | 按规定标准进行装载,做到密闭运输、净车上路,严禁超载和"滴洒漏" |
| | | 3 | 土石方堆放上方应覆盖防尘网 |
| 回填、夯实 | 机械伤害、触电 | 1 | 拆除固壁支撑应自下而上进行,更换支撑时,应先装新的,后拆旧的 |
| | | 2 | 回填材料应符合设计要求,应确定回填料含水量控制范围、铺土厚度、压实遍数等施工参数 |

续表

| 作业步骤 | 风险 | | 注意事项 |
|---|---|---|---|
| 意外情况处置 | 坍塌、中毒、窒息 | 1 | 开挖过程当施工现场的监护人员发现土方或毗邻建筑物有裂纹、疏松、支撑折断、走位、塌方或发生异常声音时,应立即告知作业人员并停止作业,所有人员立即离开施工现场,并通知区域负责人。待情况排查及相应措施到位的情况下方可复工 |
| | | 2 | 开挖过程当施工现场出现管线、电力、通信、消防等公共设施时,应立即停止作业,待确定后续施工方案后方可复工 |
| | | 3 | 基坑开挖时或临边倒运土方,遇到地下管道泄漏、临边土石塌方时,人员及时躲避,并且大声呼喊撤离。基坑上方人员立即组织救援,救援过程中严禁车辆在基坑安全距离内停放,防止二次坍塌 |
| | | 4 | 在深基坑边缘开挖作业时,如有特殊气味从下方飘出,应立即停止作业,撤离作业点,并通知相关方检测,使用气体检测仪进行检测后且无异常方可继续施工。特殊情况须使用风机进行置换基坑内气体 |
| | | 5 | 作业人员进入大雨后基坑边缘作业时,如发现渗水、土石大规模掉落等情况,应立即撤离基坑边缘,待做好相应加固措施后,进行检查评估,确认无异常后方可返回继续施工 |
| 完工 | | 1 | 作业完毕后,作业人员应对基坑边缘土进行清理后,进行再加固,并清理废料及工具 |
| | | 2 | 由批准人(或授权委托人)现场核查确认后,在批准人、作业负责人留存的作业许可票证上签字予以关闭 |

## 4.10 吊篮作业

| 作业步骤 | 风险 | | 注意事项 |
|---|---|---|---|
| 必要条件 | | 1 | 吊篮必须为取得国家许可的生产制造厂家制造的合格产品,购买或租赁的吊篮要有材质证明书、产品合格证、使用说明书,并能满足实际使用要求;不得安装使用国家明令淘汰或者禁止使用的吊篮产品 |
| | | 2 | 吊篮底板必须铺满,不得有空隙,且坚实、牢固,并设置踢脚板,且高度为120~150mm;吊篮四周护栏高度1.2~1.3m,设置两道中间栏或全封闭 |
| | | 3 | 载人吊篮仅用于不超过2人的作业;门应向内开启,并有可靠的插销 |
| | | 4 | 作业时,吊篮操作应由专人负责,作业区域下方应设置警戒标志和围栏并设专人监护 |
| | | 5 | 遇雨、雾或五级(含五级)以上大风时,严禁进行吊篮作业 |

续表

| 作业步骤 | 风险 | | 注意事项 |
|---|---|---|---|
| 准备工作 | | 1 | 吊篮作业、安装必须编制专项施工方案，并应按相关规定履行审批手续 |
| | | 2 | 每次使用前必须检查吊篮，确保吊篮完好可靠，吊绳及安全绳处于安全状态；吊篮须每月1次定期检查，如实填写使用记录和检查记录 |
| 安装、移位、拆卸 | 高处坠落、物体打击、触电 | 1 | 吊篮的安装、移位和拆卸应由专业安装单位负责实施，严禁施工单位擅自移位作业；从事吊篮安装检验的检验机构应具备相应的资质和能力 |
| | | 2 | 安装、移位与拆卸前，作业人员应检查吊篮主要受力结构、钢丝绳、防坠落装置、提升机、电气控制系统及安全装置等，确认完好、齐全及配套 |
| | | 3 | 特殊情况下安装、移位与拆卸作业不能连续进行时，应将未安装或拆卸完成的部件固定牢固并确保处于安全状态，检查无安全隐患后，作业人员方可离开现场 |
| | | 4 | 配重应安装固定在配重架上，且应采取防止配重被擅自移除的构造措施 |
| | | 5 | 吊篮应安装上限位装置，上限位挡块应牢固地独立安装在产品使用说明书指定的钢丝绳上，且与钢丝绳固定点的安全距离应大于500mm。悬挂平台不能落至地面或建筑平台上时，应安装下限位装置 |
| | | 6 | 吊篮宜设置超载保护装置 |
| | | 7 | 安全绳的质量应符合现行国家标准规定。安全绳的设置应符合下列规定：<br>（1）应固定在建筑物或构筑物的承重结构构件上，不得结在吊篮任何部位。<br>（2）转角处应设置可靠保护措施。<br>（3）当安全绳受力后可能产生横向滑移时，应采取防止滑移的措施。<br>（4）安全绳尾部应垂放至地面，尾部宜设置重锤使安全绳适当张紧。安全绳不能保持基本垂直时，安全绳尾部应采取张紧措施。<br>（5）安全绳的使用期限不宜超过2年 |
| 检查、验收 | | 1 | 吊篮安装完毕自检合格后、吊篮停止使用超过3个月重新启用前，应委托检验机构对吊篮进行安装检验 |
| | | 2 | 检验合格后，应由施工单位组织，专业安装单位和监理单位对吊篮进行验收。吊篮验收合格后方可投入使用，并悬挂验收合格牌和核定载重量标识牌 |
| 使用 | 高处坠落、物体打击、触电 | 1 | 吊篮每日使用前，吊篮操作人员应对吊篮进行日常检查，每日检查不应少于1次 |
| | | 2 | 作业人员应佩戴及正确使用安全带，安全带自锁器应扣牢在独立悬挂的安全绳上，悬挂平台长度大于4m时，平台上每名操作人员应独立配备1根安全绳 |

续表

| 作业步骤 | 风险 | 注意事项 | |
|---|---|---|---|
| 使用 | 高处坠落、物体打击、触电 | 3 | 吊篮作业时，应设置不少于2根溜绳，由专人用双溜绳对吊篮加以固定，保证吊篮的稳固性 |
| | | 4 | 操作人员应从地面进出悬挂平台，严禁从建筑物顶部窗口及洞口处进出悬挂平台，不得在悬挂平台内使用梯子、凳子等增高工具，不得站立于防护栏上作业 |
| | | 5 | 不得擅自调整或拆除各限位开关和安全保护装置、防坠落装置、安全钢丝绳重锤等装置 |
| | | 6 | 悬挂平台材料放置或带料提升的载重量应按核定载重量的80%控制，严禁超载使用吊篮 |
| | | 7 | 不得将吊篮当作垂直运输设备 |
| | | 8 | 运行过程中，当发现悬挂平台明显倾斜时应及时调整，保持水平两边相差不超过15cm；放置部分材料时，应均匀分布，以防两端受力不匀和平台倾斜 |
| | | 9 | 吊篮不适用于酸碱液体、气体下使用；不得不用吊篮时，应将提升机、安全锁与腐蚀性气体、液体隔离，并小心使用 |
| | | 10 | 提升机的钢丝绳严禁有油污砂浆、杂物黏附，如发现开裂、乱丝、变形等现象必须立即更换，如提升机发现异常噪声，应立即停止使用 |
| | | 11 | 安全锁的钢丝绳不能弯曲、不能有污物、不能接触油类，严禁砂浆杂物进入安全锁，安全锁在使用过程中要定期检查，安全锁不得擅自拆封 |
| | | 12 | 操作人员不准酒后作业，严禁赤膊、赤脚进入篮内，并不得在篮内打闹、嬉戏 |
| | | 13 | 作业人员携带的小型工具和物品应放在工具袋内，防止坠物伤人 |
| | | 14 | 吊篮使用过程中重大修理和主要部件更换后，应由专业安装单位负责实施特殊检查，填写修理检查记录并存档 |
| 意外情况处置 | 高处坠落、触电 | 1 | 工作时断电，首先关闭电源，防止来电发生意外，如需平台下降回地面，则小心同时松开2个电磁制动器，使平台缓慢下降，直到地面；特殊情况无法放置地面时，应将吊篮与建筑物可靠固定，检修人员处理应符合吊装、高处作业等管理规定 |
| | | 2 | 工作时断绳，首先保持清醒冷静的头脑，在确保安全的情况下，撤离工作人员派专业人员进入吊篮内，先将断的钢丝绳从提升机内退出，再将上面送下的钢丝绳穿入提升机在安全锁不打开状态下向上升，看能否正常工作，然后小心松开安全锁，再开车下降到地面，严格检查后才允许重新使用。如钢丝绳不能退出，则用安全锁锁牢钢丝绳，并用加固钢丝绳固定好工作平台，再打开提升机进入 |

续表

| 作业步骤 | 风险 | | 注意事项 |
|---|---|---|---|
| 意外情况处置 | 高处坠落、触电 | 3 | 工作时出现提升机卡绳、悬挂装置晃动、悬挂平台运行异常、发生异常响声时，操作人员应立即停机、切断电源、撤离现场，并及时向施工现场安全管理人员和单位负责人报告 |
| | | 4 | 其他紧急情况或不能确定的故障须立即停机后报告设备主管部门 |
| 完工 | | 1 | 吊篮使用结束后，关闭控制箱及总电源，清洁设备、整理现场，保持设备警示标识完整、清晰 |
| | | 2 | 设备操作人员将每日设备运行时间、工作内容、设备工作状态、交接班及异常情况记入"设备运转记录" |
| | | 3 | 由批准人（或授权委托人）现场核查确认后，在批准人、作业负责人留存的作业许可票证上签字予以关闭 |

## 4.11 格栅作业

| 作业步骤 | 风险 | | 注意事项 |
|---|---|---|---|
| 必要条件 | | 1 | 常见的格栅作业包括但不仅限于：<br>（1）在新改扩建项目中平台、走道、楼梯、孔洞或沟渠上进行格栅板安装；<br>（2）为更换或修补钢格板自身而拆除格栅板；<br>（3）为安装设备、管道、阀门、仪表/电缆、保温材料或油漆修补而拆除格栅板 |
| | | 2 | 格栅作业区隔离警戒范围应不小于格栅板坠落的影响范围 |
| | | 3 | 不允许将设备等大型构件直接放置到格栅板上，以防对其造成损伤，同时严禁直接将格栅板作为吊点使用 |
| | | 4 | 在完工的格栅板上作业时，不允许随意拆除、改动格栅板（如需改动，必须经过批准）；不允许在格栅板上进行气割作业，以防损坏格栅板 |
| 准备工作 | | 1 | 提前向作业区域属地单位提出作业申请，办理作业许可，所有的风险控制措施得到落实；作业许可有效期满后应重新办理 |
| | | 2 | 检查个人安全劳动防护用品、应急救护装备和消防器材是否配置到位 |
| | | 3 | 检查格栅作业使用的吊车、倒链等工机具及安全附件的完整性 |
| | | 4 | 检查确认作业区域及周边环境的安全性，检查隔离警戒的设置 |
| | | 5 | 确定格栅板安装顺序 |

续表

| 作业步骤 | 风险 | | 注意事项 |
|---|---|---|---|
| 准备工作 | | 6 | 高处格栅作业无安全带系挂点时，应预先落实生命线或搭设脚手架等相关安全防护措施 |
| | | 7 | 塔器等设备平台扇形或其他不规则形状格栅安装不便于拉设生命线时，应考虑设置其他可靠措施系挂安全带或者提前地面预制安装 |
| 吊装 | 起重伤害、物体打击、高处坠落 | 1 | 作业人员在离基准面2m以上（含2m）从事格栅作业，安全带要100%系挂 |
| | | 2 | 在格栅作业下方区域，必须设置隔离措施，防止高处落物伤人 |
| | | 3 | 格栅严禁散片未固定吊运，应采用吊笼吊运或将各散片用钢丝绳（钢筋）穿起固定后吊运 |
| | | 4 | 当格栅形状不规则时应单片吊装或同类型一起吊装，严禁混合吊装 |
| | | 5 | 采用倒链提升、移动进行钢格栅安装、拆除的，应选择合适吊点，严禁将格栅直接作为吊点使用 |
| | | 6 | 不允许将格栅板集中堆放在钢梁上，在安装完的格栅板上堆积高度不得超过1.2m |
| 组对 | 物体打击、高处坠落 | 1 | 钢格栅安装应做到安装1块固定1块，暂时无法固定的，应采取临时防护措施，并设置警示标识，严禁人员在没有固定的格栅板上站立，且严禁随意拆除临时防护措施 |
| | | 2 | 禁止上下2层或多层同时垂直交叉铺设或拆除格栅板 |
| | | 3 | 搬、抬、撬、挪格栅板时要有防护措施，防止格栅板及作业人员发生意外坠落 |
| 焊接/拆除 | 触电、物体打击、高处坠落 | 1 | 焊接、火焰切割拆除钢格栅，应设置接火措施和防坠落措施，防止造成物体打击、烫伤、火灾等事故事件 |
| | | 2 | 作业人员在作业过程中要将小型工具放入工具袋内，不允许将小型工具及配件（手锤、扳手、撬棍、焊条等）直接放在格栅板上，防止坠物伤人 |
| | | 3 | 钢格栅因拆除、预留孔、洞、口等原因形成的孔洞应采取盖板、硬防护、警戒隔离等措施，防止造成人员和物体坠落导致意外伤害事故 |
| | | 4 | 作业人员在作业过程中不能将工具和切割下来的金属材料堆放在正在安装或拆除的格栅板开口附近，对边角余料要设置回收箱及时回收，防止坠落造成物体打击及烫伤 |
| | | 5 | 作业平台或通道格栅安装的同时，临边劳动保护应同步安装 |
| | | 6 | 作业期间，作业负责人和监护人不得擅自离岗 |

续表

| 作业步骤 | 风险 | | 注意事项 |
|---|---|---|---|
| 意外情况处置 | 中毒、物体打击、高处坠落 | 1 | 作业过程中发生五级以上大风、沙尘暴、暴雨、雷电等恶劣天气时，应立即停止作业，作业人员迅速撤离现场 |
| | | 2 | 作业过程中发生停电时，应对未完成焊接或固定的钢格栅采取临时防护措施，防止人员意外坠落，恢复电时应及时完善 |
| | | 3 | 作业过程中，周围生产装置发生有毒有害、易燃易爆气体泄漏时，应当及时切断电源，组织人员向逆风方向撤离到紧急集合点，并清点人数，待使用气体检测仪进行检测后且无异常方可继续施工 |
| 完工 | | 1 | 作业结束后作业人员清理作业现场，将作业使用的工具、拆卸下的物件、余料和废料进行固定后带回地面（如无法带走则须采取固定措施），检查孔洞防护是否完善、电源是否关闭、是否遗留火源等 |
| | | 2 | 由批准人（或授权委托人）现场核查确认后，在批准人、作业负责人留存的作业许可票证上签字予以关闭 |

## 4.12 临边作业

| 作业步骤 | 风险 | | 注意事项 |
|---|---|---|---|
| 必要条件 | | 1 | 以下情况未编制专项方案或未经书面批准不允许进行临边作业，包括但不限于：<br>（1）在框架平台上的孔洞未封堵、接料平台、未完工楼梯口和梯段边、电梯井等各种存在高处坠落风险的平台边缘未进行有效防护时；<br>（2）在易燃、易爆、易中毒、易灼烧的区域或附近时；<br>（3）在接近或接触带电体、转动设备时；<br>（4）在夜间照明不充足且防护措施不到位时；<br>（5）在深基坑没有放坡或支护、防护，或地质条件、周围环境、地下设施复杂，或存在水浸泡、基坑边缘堆放物资材料存在坍塌风险时；<br>（6）在排放有毒、有害气体、粉尘的排放口附近 |
| | | 2 | 高处临边作业须对所使用的工机具、材料进行固定防止坠落伤人；所有临边作业均须采取防坠落措施 |
| | | 3 | 临边作业区域应设置警示标识。对于存在高处坠落或坠物的高处临边应在下方最小坠落半径以外设置醒目的禁止进入标识；对于孔洞、基坑等临边区域应设置防止他人误入坠落的隔离警戒措施；白天未完工的或夜间进行的临边作业，所有的标识均需采用反光材料 |
| | | 4 | 严禁在六级以上大风和雷电、暴雨、大雾等气象条件下，以及40℃及以上高温、−20℃及以下寒冷环境下从事临边作业，在30～40℃的高温环境下的高处临边作业应按《高温作业分级》（GB/T 4200—2008）的要求轮换作业 |

续表

| 作业步骤 | 风险 | | 注意事项 |
|---|---|---|---|
| 准备工作 | | 1 | 检查作业人员是否正确穿戴个人防护装备，使用的工具、材料和杂物等，是否已采取防坠落措施 |
| | | 2 | 检查临边作业环境是否符合安全作业要求，重点检查防护设施、安全带系点、基坑的支护或防护措施牢固程度，受影响的区域周边隔离警戒设施设置情况，急救与逃生设施完好和配置情况 |
| | | 3 | 对坑、洞等受限空间进行气体检测并佩戴气体检测仪，必要时采取自然通风或机械通风 |
| | | 4 | 当夜间作业时，对照明情况进行检查；冬季及雨雪天气登高作业时，要检查防滑措施落实情况 |
| 进入临边区域、系挂、固定 | 高处坠落、触电 | 1 | 作业人员攀爬过程中安全带应严格执行"一步一挂"，不得系挂在移动、不牢固的物件上或有尖锐棱角的部位，系挂后应检查安全带扣环是否扣牢，如牢固则继续向上攀爬。攀爬过程中作业人员手中不得持物，作业工具应使用保险绳进行系挂，防止脱落 |
| | | 2 | 对于攀爬较高的作业点时，作业人员不可在上下通道上休息，应转至牢固的中转平台进行休息，休息前应把安全带系挂在牢固的位置，并检查安全防护是否可靠，严禁依靠安全防护进行休息 |
| | | 3 | 攀爬时严禁接近电线，特别是高压线路。在建工程（含脚手架具）的周边与架空线路的边线之间的最小安全操作距离具体为：<br>（1）外电线路电压等级（kV）<1时，最小安全操作距离4m；<br>（2）外电线路电压等级（kV）1～10时，最小安全操作距离6m；<br>（3）外电线路电压等级（kV）35～110时，最小安全操作距离8m；<br>（4）外电线路电压等级（kV）220时，最小安全操作距离10m；<br>（5）外电线路电压等级（kV）330～500时，最小安全操作距离15m |
| | | 4 | 攀爬时同1架梯子只允许1个人在上面，不允许多人进行攀爬 |
| | | 5 | 到达作业位置后应先将安全带系挂在牢固位置，严禁将安全带挂在带尖锐角的构件上或临时设施上 |
| | | 6 | 临边作业使用的工具、材料、废料在使用前后都应堆放固定在牢固位置，防止坠落 |
| | | 7 | 在进入坡度较大的临边作业区域时，作业人员首先要系挂好安全带，且安全带不宜过长，安全带长度应小于固定点与边缘的距离 |
| 临边作业过程与移动 | 高处坠落 | 1 | 作业人员到达高处临边作业点后，应先观察作业点周围环境情况，分析风险并对平台、栏杆、孔洞等防护措施的牢固性进行检查，检查合格，做好安全防护后可开始施工 |
| | | 2 | 受限空间内高处临边作业，应先调整好照明方位，严禁正对眼部。并观察作业环境，确认排除风险，系挂好安全带后可以进行施工 |
| | | 3 | 高处临边作业如须打开孔洞或临边防护栏杆时，应该先观察临边作业点周边情况，再寻找可靠牢固的安全带系挂点，系好安全带后可以拆除临时防护，严禁随意系挂安全带 |

续表

| 作业步骤 | 风险 | | 注意事项 |
|---|---|---|---|
| 临边作业过程与移动 | 高处坠落 | 4 | 使用梯子作业时同 1 架梯子只允许 1 个人在上面工作，不准带人移动梯子 |
| | | 5 | 作业过程中严禁使用安全带来传递重物，防止使用不当造成人员高处坠落 |
| | | 6 | 作业人员对拆卸下来的废料及工具应摆放牢固可靠，严禁乱扔乱放，防止坠落对他人造成物体打击 |
| | | 7 | 作业人员在高处临边作业转场前，应先观察移动方向道路的牢固性，且是否有足够的落脚点，确认移动方向道路安全后方可进行转场，转移到新的作业位置应先系挂好安全带再进行作业 |
| | | 8 | 开挖基坑（槽）按规定的尺寸合理确定开挖顺序和分层开挖深度，连续进行施工，尽快地完成，基坑边缘土方及时清理，高度不可超过 1.5m，距沟边不可低于 1m。深基坑内倒运土方，设置多层倒土平台，防止过高土方造成坍塌 |
| | | 9 | 安全距离内严禁机械在基坑边缘倒运土方，防止坍塌造成机械损坏人员伤亡 |
| 意外情况处置 | 高处坠落、中毒 | 1 | 高处临边作业，遇到恶劣天气且无法及时撤离时，作业人员应立即停止作业，固定好工具、材料、拆卸物件后，寻找可靠牢固位置把自己固定好（大型设备、结构或管道上），严禁固定在临时附属结构上。待天气情况转好，在注意安全的情况下进行撤离，或在条件允许且安全的情况下使用吊篮进行撤离 |
| | | 2 | 基坑开挖或临边倒运土方，遇到地下管道泄漏，临边土石塌方时，人员及时躲避，并且大声呼喊撤离。基坑上方人员立即组织救援，救援过程中严禁车辆在基坑安全距离内停放，防止二次坍塌 |
| | | 3 | 作业人员进入深基坑边缘作业时，如有特殊气味从下方飘出，应立即停止作业，撤离作业点，并通知相关方检测，使用气体检测仪进行检测后且无异常方可继续施工。特殊情况须使用风机进行置换基坑内气体 |
| | | 4 | 作业人员进入大雨后基坑边缘作业时，如发现渗水、土石大规模掉落等情况时，应立即撤离基坑边缘，待做好相应加固措施后，并检查评估。确认无异常后方可返回继续施工 |
| 完工 | | 1 | 作业结束后作业人员清理作业现场，将作业使用的工具、拆卸下的物件、余料和废料进行固定后带回地面（如无法带走则须采取固定措施），严禁高空抛物。作业人员应按可靠的原路返回（途中系挂好安全带），不可另辟蹊径 |
| | | 2 | 深基坑开挖作业结束后，作业人员应对基坑边缘土进行清理后，进行再加固，并清理废料及工具 |
| | | 3 | 由批准人（或授权委托人）现场核查确认后，在批准人、作业负责人留存的作业许可票证上签字予以关闭 |

## 4.13 管道设备不停输堵漏维修作业

| 作业步骤 | 风险 | | 注意事项 |
|---|---|---|---|
| 必要条件 | | 1 | 所有参与作业人员必须接受技术交底或参与风险分析,接受过维保及危险化学品抢险作业专项培训 |
| | | 2 | 特种作业和特种设备作业人员持有效证件 |
| | | 3 | 作业人员应按规定配备和使用个人防护装备 |
| | | 4 | 所有的检测、监测和测量仪器应在检定有效期内并完整 |
| | | 5 | 必须办理作业许可,并严格遵循作业许可的延期、关闭等管理要求 |
| | | 6 | 当确认装置运行平稳、工艺参数回归正常后,方可视作堵漏维修作业的正式结束 |
| | | 7 | 抢险现场必须设置1名明确的指挥人员,拥有现场作业的处置权。该人员应保持与装置工艺操作方和作业人员的双向沟通 |
| 现场准备 | | 1 | 发现泄漏后,应在确保人员安全的前提下完成泄漏部位的勘测。勘测内容包括但不限于:<br>(1)泄漏单位、装置、设备、位号、泄漏部位的准确名称;<br>(2)泄漏装置的生产特点及泄漏设备/管道的操作参数和波动情况;<br>(3)泄漏周围存在的危险源情况及泄漏缺陷周围可能影响作业的设备、管道、仪器仪表、平台、建筑物等具体位置;<br>(4)泄漏点是否处于高处作业,是否需要架设安全通道,观测堵漏作业的地点是否宽敞,是否具备至少应能容纳2人及以上作业的空间 |
| | | 2 | 方案制订。主要履行以下程序:<br>(1)风险分析,根据泄漏部位设备/管道本体介质特性、工作压力、工作温度等,结合装置平面布置图、PI&D图等,分析作业过程中可能会对人体、环境或装置运行产生的影响并评估影响程度;<br>(2)确定堵漏方案,根据风险分析的结果,确定维修方案;<br>(3)履行方案审批程序,依据风险程度的大小和审批权限,提交相关方批准方案 |
| | | 3 | 人员准备。作业人员、监护(监测)人员和装置区工艺操作人员必须全部到场 |
| | | 4 | 办理作业许可票证。确认工艺、电气隔离、上锁挂签及相关应急措施准备到位 |
| | | 5 | 工机具准备。确认工机具的防爆性能、接地及完整性等是否符合方案要求 |
| | | 6 | 作业平台准备。一般情况下须满足至少2人同时作业,并具有逃生通道 |
| | | 7 | 当可燃或有毒气体泄漏需要采取动火方式堵漏时,应首先将管线内介质降压(须保持正压),并且泄漏处引蒸汽保护 |
| | | 8 | 堵漏抢险作业时施工操作人员要站在泄漏处的上风口,或者用压缩空气或水蒸气将泄漏介质吹向一边,避免泄漏介质喷射到人员 |

续表

| 作业步骤 | 风险 | | 注意事项 |
|---|---|---|---|
| 表面清理 | 触电、物体打击、高处坠落、机械伤害、中毒和窒息、其他爆炸 | 1 | 拆除保温/保冷、支托架等影响堵漏作业的材料 |
| | | 2 | 清理缺陷周边待焊或固定卡具部位设备/管道表面浮锈、杂物,以满足焊接或卡具紧密接触为标准 |
| | | 3 | 表面清理应优先使用手动工具 |
| | | 4 | 采用目视或PT检测确认缺陷部位表面清除干净 |
| | | 5 | 确认泄漏部位与前期勘测及维修方案的一致性。当发现不一致时,应立即停止作业,重新制订方案 |
| 堵漏作业 | 触电、物体打击、高处坠落、机械伤害、中毒和窒息、其他爆炸 | 1 | 当采取焊接方式堵漏时,应注意以下事项:<br>(1)焊机回路二次线应接至距离泄漏点最近的位置,并确认接触良好。严禁跨系统或在结构或设备本体上随意搭接。<br>(2)焊接作业在严格遵循焊接工艺的前提下,应尽可能采取小电流焊接,并随时观察焊接部位变化,当出现缺陷部位扩张等情况时,应立即停止作业。<br>(3)焊接过程中须采取接火措施,将动火区域控制在最小的范围内。<br>(4)焊接结束后,应遵循焊接工艺进行缓冷、无损检测等后续工艺,并经检测确认合格 |
| | | 2 | 当采取卡具、注胶、缠绕或楔塞等非动火方式堵漏时,应注意以下事项:<br>(1)堵漏材料应经检查或检测合格;<br>(2)密封材料性能须满足设备/管道内介质特性,不会发生化学反应或高温失效;<br>(3)紧固方式和力度须考虑设备/管道运行期间的振动、窜动和间歇操作动载荷 |
| 意外情况处置 | 中毒和窒息、其他爆炸 | 1 | 堵漏检修过程中,一旦发现作业点附近出现了新的泄漏点或泄漏部位有扩大趋势、现有方案难以控制时,应立即停止作业并报告 |
| | | 2 | 堵漏检修过程中须保持内部存在正压,当出现设备/管道压力急剧下降时,应立即停止作业并迅速撤离 |
| | | 3 | 当出现天气变化时,在确保人员安全的前提下,应首先考虑采取影响堵漏质量的防护措施,直至作业完成方可撤离现场。 |
| 完工 | | 1 | 作业结束后作业人员清理作业现场,将作业使用的工具、材料、设备收回,检查确认上锁挂签的解除、检修电源关闭,现场清理完毕方可撤离现场 |
| | | 2 | 由批准人(或授权委托人)现场核查确认后,在批准人、作业负责人留存的作业许可票证上签字予以关闭 |
| | | 3 | 准确记录泄漏部位位置及堵漏方式方法,为后期原因分析和检修提供决策依据 |

## 4.14 动火作业管理

| 作业步骤 | 风险 | | 注意事项 |
|---|---|---|---|
| 申请（风险分析及拟采取措施） | | | 程序为：<br>（1）风险分析。通常情况下，动火作业易引起火灾、其他爆炸、中毒和窒息。火灾和其他爆炸须分析可燃物的数量和性能、动火点与可燃物的距离；其他爆炸存在于容器类设备或半开放式的受限空间内；中毒和窒息与动火作业对象的物料特性有关。<br>（2）风险分析结果的确认。<br>（3）风险控制措施。火灾和其他爆炸通常须考虑动火点与可燃物的距离，常采取隔离防护的方法。中毒和窒息常采取强制通风或加强劳动防护的做法。<br>（4）申请 |
| 批准（风险及采取措施的审核） | | | 批准人现场核查内容包括但不限于：<br>（1）动火点与周边可燃物、危险区域或危险物质可能的泄漏点之间的安全距离，区域隔离防护措施与票证的符合情况，系统隔离、置换、吹扫及气体检测情况；<br>（2）动火作业设施完整性、消防、急救等应急准备落实情况；<br>（3）核对动火作业对象的物料特性、数量 |
| 沟通（对内，培训；对外，告知相关方） | | 1 | 批准人签字后传递至相关方，相关方在留存的票证上签收确认，如果以电话、微信方式告知应有回复确认 |
| | | 2 | 票证批准后，由作业负责人张贴或放置在现场醒目位置，用于向外部人员提示风险和供内部作业人员查询 |
| 过程控制 | 火灾、爆炸 | 1 | 点火或工具使用前，作业负责人应再次确认环境的安全性、设施完整性 |
| | | 2 | 作业人员须按票证上批准的作业点范围作业，不得越界 |
| | | 3 | 作业期间，作业负责人和/或监护人不得擅自离岗，防止点火源与可燃物失去控制触发火灾或爆炸、中毒和窒息事故 |
| | | 4 | 作业过程中，须按票证上规定的频率和方式对环境保持监测 |
| | | 5 | 使用气焊、气割动火作业时，乙炔瓶应当直立放置，氧气瓶与之间距不应当小于5m，两者与作业地点间距不应当小于10m，并应当设置防晒和防倾倒设施、安装适用的回火防止器；在受限空间内实施焊割作业时，气瓶应当放置在受限空间外面；使用电焊时，电焊工具应当完好，电焊机外壳应当接地 |
| | | 6 | 高处动火作业使用的安全带、救生索等防护装备应当采用防火阻燃材料，需要时使用自动锁定连接；高处动火应当采取防止火花溅落措施 |
| | | 7 | 进入受限空间的动火作业应当将内部物料清理干净，易燃易爆、有毒有害物料应当采取吹扫、置换、蒸煮等措施，作业时打开通风口或者人孔，采取空气对流或者机械强制通风换气；在有可燃物构件和使用可燃物做防腐内衬的设备内部进行动火作业时，应采取防火隔离措施；作业前应当检测氧含量、易燃易爆气体和有毒有害气体浓度，合格后方可进行动火作业 |

续表

| 作业步骤 | 风险 | | 注意事项 |
|---|---|---|---|
| 过程控制 | 火灾、爆炸 | 8 | 处于运行状态的生产作业区域和罐区内,凡是可不动火的一律不动火,凡是能拆移下来的动火部件原则上应当拆移到安全场所动火 |
| | | 9 | 在带有易燃易爆、有毒有害介质的设备和管道上动火时,应当制订有效的作业方案及应急预案,采取可行的风险控制措施,经检测合格,达到安全动火条件后方可动火 |
| | | 10 | 装置在检(抢)修、维保、投产保运、动火连头等状态下进行焊接作业时,必须保证焊把线、二次线"双线到位",严禁使用钢结构、管道作为焊接回路;介质不停输堵漏时必须保持微正压状态 |
| 意外情况处置 | 火灾、爆炸 | 1 | 当作业现场发生可燃物着火时,现场应立即停止作业,作业人员应保持镇静判断现场火情,如火势较小或初起火情,应及时使用现场灭火器、消防栓等进行灭火;当火势无法控制时,应当及时报火警,并向单位负责人报告 |
| | | 2 | 当作业现场发生乙炔、甲烷等可燃气瓶着火时,现场应立即停止作业,监护人应在乙炔瓶周围拉设警戒线,禁止无关人员靠近,待可燃气体燃烧完后再靠近处理 |
| 完工 | | 1 | 检查作业现场是否残留明火、高温等有可能成为点火源的情况 |
| | | 2 | 检查动火作业所使用的工具、设备是否采取能量隔离措施(如电、氧气、乙炔) |
| | | 3 | 由批准人(或授权委托人)现场核查确认后,在批准人、作业负责人留存的作业许可票证上签字予以关闭 |

## 4.15 进入受限空间作业管理

| 作业步骤 | 风险 | 注意事项 |
|---|---|---|
| 申请(风险分析及拟采取措施) | | 程序为:<br>(1)风险分析。通常情况下,受限空间作业易出现中毒和窒息、爆炸、触电、物体打击、高处坠落和机械伤害。中毒和窒息、爆炸与受限空间内介质的特性有关,触电、物体打击、高处坠落和机械伤害与受限空间作业环境和条件限制有关。<br>(2)风险分析结果的确认。<br>(3)风险控制措施。防止中毒和窒息、爆炸常采取强制通风、进入前气体检测、工艺隔离和吹扫置换的做法,同时加强呼吸防护。防止触电采取加强电气设备设施完整性的检查、配备漏电保护器、使用安全电压和穿戴绝缘劳动防护用品的做法;防止物体打击、高处坠落和机械伤害,须加强照明。<br>(4)申请 |

续表

| 作业步骤 | 风险 | | 注意事项 |
|---|---|---|---|
| 批准（风险及采取措施的审核） | | | 现场核查内容包括但不限于：<br>（1）受限空间作业前应按照作业许可证或安全工作方案的要求进行气体检测，并在作业过程中应进行气体监测；<br>（2）受限空间内部作业设施完整性情况；<br>（3）检查受限空间内空气流通情况、检查受限空间内照明灯具功率是否符合内部环境；<br>（4）检查受限空间内拆除及无用工具设备摆放是否阻碍撤离路线 |
| 沟通（对内，培训；对外，告知相关方） | | 1 | 批准人签字后传递至相关方，相关方在留存的票证上签收确认，如果以电话、微信方式告知应有回复确认 |
| | | 2 | 票证批准后，由作业负责人张贴或放置在现场醒目位置，用于向外部人员提示风险和供内部作业人员查询 |
| 过程控制 | 中毒、窒息、火灾、爆炸、高处坠落、物体打击 | 1 | 进入受限空间前，应再次确认受限空间内部环境的安全性、设施完整性、人员劳保穿戴情况 |
| | | 2 | 作业人员进入受限空间内须按票证上批准的作业进行作业，不得越界 |
| | | 3 | 作业期间，作业负责人和/或监护人不得擅自离岗，监督并保持受限空间进出口通畅 |
| 意外情况处置 | 中毒、窒息、火灾、爆炸、高处坠落 | 1 | 受限空间内发生停电时，作业人员应保持镇定，在脚手架上作业的人员保证站稳抓牢后，呼喊监护人员，查看停电原因。严禁作业人员在没有照明的情况下进行攀爬作业 |
| | | 2 | 受限空间内如发现管道有不明液体溢出时，作业人员应立即报告监护人员并撤离作业点，待查清介质、流出原因并做好相应措施后，经业主方检查评估合格，方可返回继续施工 |
| | | 3 | 受限空间内如发现有特殊气味，应立即停止作业，人员迅速撤离，报告监护和管理人员。待使用相应气体检测仪进行检测后且无异常方可继续施工。施工期间保证风机持续置换受限空间内部气体 |
| 完工 | | 1 | 受限空间作业结束后，班伙长按照进出登记表清点作业人员、工具和材料，清理作业现场，并有序撤离 |
| | | 2 | 由批准人（或授权委托人）现场核查确认后，在批准人、作业负责人留存的作业许可票证上签字予以关闭 |

## 4.16 高处作业管理

| 作业步骤 | 存在风险 | 注意事项 |
|---|---|---|
| 申请（风险分析及拟采取措施） | | 程序为：<br>（1）风险分析。通常情况下，高处作业易引起高处坠落事故。高处坠落与防护围护及作业平台牢固程度有关。<br>（2）风险分析结果的确认。<br>（3）风险控制措施。高处作业须设置可靠的防坠落措施或临边围护措施，作业平台或作业面可靠，防止地下孔洞或坍塌等。<br>（4）申请 |

续表

| 作业步骤 | 存在风险 | | 注意事项 |
|---|---|---|---|
| 批准（风险及采取措施的审核） | | | 现场核查内容包括但不限于：<br>（1）检查作业点安全通道的畅通，通道上有可靠的防滑措施，不得有妨碍通行的障碍物及容易导致跌倒的杂物；<br>（2）检查高处作业环境是否符合安全作业要求，重点检查防护设施、安全带系点、基坑的支护或防护措施牢固程度，受影响的区域周边隔离警戒设施设置情况，急救与逃生设施配置情况和完好性；<br>（3）检查临边、孔洞、通道口、攀登、悬空是否搭设完整牢固的防护措施；<br>（4）对坑、洞等受限空间内高处作业，首先应进行气体检测并随身佩戴气体检测仪，采取自然通风，必要时采取机械强制通风 |
| 沟通（对内，培训；对外，告知相关方） | | 1 | 批准人签字后传递至相关方，相关方在留存的票证上签收确认，如果以电话、微信方式告知应有回复确认 |
| | | 2 | 票证批准后，由作业负责人张贴或放置在现场醒目位置，用于向外部人员提示风险和供内部作业人员查询 |
| 过程控制 | 高处坠落 | 1 | 作业人员攀爬过程中安全带应先固定再移动，不得系挂在移动、不牢固的物件上或有尖锐棱角的部位，系挂后应检查安全带扣环是否扣牢，如牢固则继续向上攀爬。攀爬过程中作业人员手中不得持物，作业工具应使用保险绳进行系挂，防止脱落 |
| | | 2 | 对于攀爬较高的作业点时，作业人员不可在上下通道上休息，应转至牢固的中转平台进行休息，休息前应把安全带系挂在牢固的位置，并检查安全防护是否可靠，严禁依靠安全防护进行休息 |
| | | 3 | 作业期间作业人员要看清脚下，正确系挂安全带，使用的工器具堆放平稳可靠 |
| | | 4 | 高处作业如须打开孔洞或临边防护栏杆时，应该先观察高处作业点周边情况，寻找可靠牢固的安全带系挂点，系好安全带后可以拆除临时防护，严禁随意系挂安全带 |
| 意外情况处置 | 高处坠落、中毒、窒息 | 1 | 高处作业时，遇到恶劣天气且无法及时撤离，人员应立即停止作业，固定好工具、材料、拆卸物件后，寻找可靠牢固位置把自己固定好（大型设备、结构或管道上），严禁固定在临时附属结构上。待天气情况转好，在注意安全的情况下进行撤离 |
| | | 2 | 高处作业时，如有特殊气味或有色气体泄漏，应立即停止作业，在保证安全的情况下撤离作业点，并通知相关人员，待使用气体检测仪进行检测后且无异常方可继续施工 |
| 完工 | | 1 | 作业结束后作业人员清理作业现场，将作业使用的工具、拆卸下的物件、余料和废料进行固定后带回地面（如无法带走则须采取固定措施），严禁高空抛物。作业人员应按可靠的原路返回（途中系挂好安全带） |
| | | 2 | 由批准人（或授权委托人）现场核查确认后，在批准人、作业负责人留存的作业许可票证上签字予以关闭 |

## 4.17 管线/设备打开作业管理

| 作业步骤 | 风险 | | 注意事项 |
|---|---|---|---|
| 申请(风险分析及拟采取措施) | | | 程序为:<br>(1)风险分析。通常情况下,管线(设备)打开作业易出现灼烫、中毒和窒息、火灾与爆炸及物体打击事故。事故的发生均与内存或残留介质的特性和工艺参数有关。<br>(2)风险分析结果的确认。<br>(3)风险控制措施。作业前须了解介质的特性和工艺参数,并采取针对性的个人劳动防护用品、工机具和打开方法。<br>(4)申请 |
| 批准(风险及采取措施的审核) | | | 现场核查内容包括但不限于:<br>(1)检查管线(设备)内部的介质是否已退料、泄压、降温,并经检测符合方案要求;<br>(2)检查管线(设备)内危害介质是否已采取物理、化学等方法稀释、置换、清除,并经检测符合方案要求;<br>(3)检查管线(设备)上下游有毒有害物料是否均已采取盲板隔离,采用阀门代替盲板的,是否已采取其他可靠措施防止料进入;<br>(4)检查作业人员是否佩戴符合要求的检测仪;<br>(5)检查废弃物(固、液)收集设施的设置;及警示措施、消防设施的设置 |
| 沟通(对内,培训;对外,告知相关方) | | 1 | 批准人签字后传递至相关方,相关方在留存的票证上签收确认,如果以电话、微信方式告知应有回复确认 |
| | | 2 | 票证批准后,由作业负责人张贴或放置在现场醒目位置,用于向外部人员提示风险和供内部作业人员查询 |
| 过程控制 | 中毒、窒息、火灾、爆炸、物体打击 | 1 | 管线(设备)打开前,监护人员应再次确认作业环境的安全性、设施完整性、人员劳保穿戴情况 |
| | | 2 | 作业人员作业必须按票证上批准的作业进行,不得越界,如有疑问则停止作业 |
| | | 3 | 作业期间,作业负责人和/或监护人不得擅自离岗 |
| | | 4 | 作业期间,管线(设备)打开时应避开能量释放区域 |
| | | 5 | 作业暂停时,对该区域进行封闭,并在该区域设置值守人员 |
| 意外情况处置 | 中毒、窒息、火灾、爆炸 | 1 | 当管道(设备)打开有不明液体溢出或渗出时,作业人员立即撤离并通知相关部门进行检验检测,排除风险后可继续施工。发现不明液体溢出或渗漏时,如条件允许下作业人员立即回装封堵或立即紧固螺栓,并告知相关部门,待确认内部介质种类、风险控制措施及作业许可批准后,才可继续施工 |
| | | 2 | 当管道(设备)打开因介质泄漏发生火灾时,立即停止作业,使用灭火器灭火,进行扑救工作,并报告现场负责人。不能立即扑灭,应立即拨打火灾报警电话。当火势无法控制时,迅速撤离现场,到紧急集合点集合,等待下一步安排 |

续表

| 作业步骤 | 风险 | | 注意事项 |
|---|---|---|---|
| 意外情况处置 | 中毒、窒息、火灾、爆炸 | 3 | 当管道（设备）打开有不明气体溢出时，作业人员立即撤离，通知相关负责人，并疏散周边其他作业人员。待使用气体检测仪检测，确认气体无毒无害时，作业人员方可返回进行作业 |
| | | 4 | 当法兰、阀门处等螺栓因锈蚀严重无法直接打开的，应优先采用冷切割法；当采用磨光机、火焰热切割方法时，应确认管线/设备内介质情况满足动火条件，并办理动火作业许可 |
| 完工 | | 1 | 管道（设备）恢复到安全生产状态后，将作业使用的工机具回收，将废弃物清理干净，关闭作业许可，人员撤离现场 |
| | | 2 | 由批准人（或授权委托人）现场核查确认后，在批准人、作业负责人留存的作业许可票证上签字予以关闭 |

## 4.18 上锁挂牌作业管理

| 作业步骤 | 风险 | | 注意事项 |
|---|---|---|---|
| 申请（风险分析及拟采取措施） | | | 程序为：<br>（1）风险分析。通常情况下，上锁挂牌因误操作易出现触电、物料泄漏、能量意外释放等事故。事故的发生均与规定的检查确认、执行偏差有关。<br>（2）风险分析结果的确认。<br>（3）风险控制措施。作业前须了解上锁挂牌的具体情况，严格执行能量隔离清单。<br>（4）申请 |
| 批准（风险及采取措施的审核） | | | 现场核查内容包括但不限于：<br>（1）检查是否编制能量隔离清单，提交业主批准；<br>（2）检查所有作业人员（尤其是新员工）是否掌握上锁挂牌具体位置和操作程序；<br>（3）检查安全锁及钥匙的管理是否符合要求；<br>（4）检查上锁挂牌的危险警示标牌是否按要求设置并符合要求 |
| 沟通（对内，培训；对外，告知相关方） | | 1 | 批准人签字后传递至相关方，相关方在留存的票证上签收确认，如果以电话、微信方式告知应有回复确认 |
| | | 2 | 票证批准后，由作业负责人张贴或放置在现场醒目位置，用于向外部人员提示风险和供内部作业人员查询 |
| 过程控制 | | 1 | 上锁、挂签顺序：依次按照电气、仪表、工艺的顺序进行。涉及电气隔离时，由电气维护专业人员实施上锁、挂标签，钥匙交属地单位负责人放在集中锁箱内 |
| | | 2 | 对于采用工艺隔离的工艺管线阀门、仪表的上锁、挂签：对于采取工艺盲板隔离的通常只需要挂盲板标识牌，可不实施上锁 |

续表

| 作业步骤 | 风险 | | 注意事项 |
|---|---|---|---|
| 过程控制 | | 3 | 电气上锁、挂签：属地单位项目负责人按照隔离方案办理作业许可，设备断电后，使用锁具将停电隔离的开关（柜）操作把手进行上锁、挂签，并将钥匙交属地单位项目负责人 |
| | | 4 | 确认：上锁、挂签后，属地单位项目负责人应和施工方项目负责人对现场情况进行交底确认，验证系统或设备隔离的有效性，对上锁、挂签要确认是在能量隔离示意图（盲板示意图）的隔离点和位置。当有一方对上锁、隔离的充分性、完整性有任何疑虑时，均可要求对所有的隔离再做1次检查。确认可采用但不限于以下方式：在释放或隔离能量前，应先观察压力表或液面计等仪表处于完好工作状态；通过观察压力表、视镜、液面计、低点导淋、高点放空等多种方式，综合确认贮存的能量已被彻底去除或已有效地隔离。在确认过程中，应避免产生其他的危害；目视确认连接件已断开、设备已停止转动；对存在电气危险的工作任务，应有明显的断开点，并经测试无电压存在 |
| | | 5 | 测试：<br>（1）有条件进行测试时，属地单位应在作业人员在场时对设备进行测试（如按下启动按钮或开关，确认设备不再运转）。测试时，应排除联锁装置或其他会妨碍验证有效性的因素；<br>（2）如果确认隔离无效，应由属地单位采取相应措施确保作业安全；<br>（3）在工作进行中临时启动设备的操作（如试运行、试验、试送电等），恢复作业前，属地单位测试人需要再次对能量隔离进行确认、测试，重新填写能量隔离清单，双方确认签字；<br>（4）工作进行中，若作业单位人员提出再测试确认要求时，须经属地单位项目负责人确认、批准后实施再测试 |
| | | 6 | 解锁、拆签按照先仪表、工艺后电气的解锁顺序：<br>（1）电气解锁、拆签：工艺设备检修完毕并且现场确认具备送电条件，由属地单位项目负责人将电气隔离钥匙交回电气维护人员，电气维护人员负责电气隔离设备的解锁、拆签；<br>（2）当作业部位处于应急状态下需解锁时，可以使用备用钥匙解锁；无法取得备用钥匙时，经属地单位负责人同意后，可以采用其他安全的方式解锁；<br>（3）解锁后设备或系统试运行不能满足要求时，再次作业前应重新按本规程要求进行能量隔离 |
| 意外情况处置 | | | 特殊情况要打开上锁挂牌点且上锁挂牌人员不在时，拆锁应满足：<br>（1）与上锁挂牌人员取得联系并取得其核准；<br>（2）生产及施工单位主管双方确认上锁的理由、目前系统状态、相关设备情况、确认解除锁具是否安全等 |
| 完工 | | 1 | 作业结束后，清理作业现场，并对拆除的锁具进行回收处理，不可私自带走或随处丢弃 |
| | | 2 | 作业完毕后，由批准人（或授权委托人）现场核查确认后，在批准人、作业负责人留存的作业许可票证上签字予以关闭 |

## 4.19 临时用电安装与维护作业管理

| 作业步骤 | 风险 | 注意事项 | |
|---|---|---|---|
| 申请（风险分析及拟采取措施） | | 程序为：<br>（1）风险分析。通常情况下，临时用电安装与维护作业易出现触电事故，事故的发生与是否规范作业及上锁挂签等相关作业制度的执行情况有关。<br>（2）风险分析结果的确认。<br>（3）风险控制措施。作业前进行危害因素辨识和风险评估，对相关人员进行交底，告知其作业风险及需采取的应对措施；严格执行上锁挂签、目视化管理相关要求；加强作业过程的监督检查。<br>（4）申请 | |
| 批准（风险及采取措施的审核） | | 1 | 安装、维护临时用电设备和线路，必须由电工完成，并应有人监护 |
| | | 2 | 电工必须经过按国家现行标准考核合格后，持证上岗工作，在外电线路上作业的电工还应持有与作业类别相适应的"电工进网作业许可证" |
| | | 3 | 使用电气设备前必须按规定穿戴和配备好相应的劳动防护用品，并应检查电气装置和保护设施，严禁设备带"缺陷"运转 |
| | | 4 | 移动电气设备时，必须经电工切断电源并做妥善处理后进行 |
| | | 5 | 电缆线路必须有短路保护和过载保护，短路保护和过载保护电器与电缆的选配应符合规范要求 |
| | | 6 | 施工现场的临时用电电力系统严禁利用大地做相线或零线 |
| 沟通（对内，培训；对外，告知相关方） | | 1 | 批准人签字后传递至相关方，相关方在留存的票证上签收确认，如果以电话、微信方式告知应有回复确认 |
| | | 2 | 票证批准后，由作业负责人张贴或放置在现场醒目位置，用于向外部人员提示风险和供内部作业人员查询 |
| 过程控制 | 触电 | 1 | 施工现场临时用电工程中，电源中性点直接接地的三相四线制低压电力系统应采用 TN-S 系统 |
| | | 2 | 电缆中必须包含全部工作芯线和用作保护零线或保护线的芯线。需要三相四线制配电的电缆线路必须采用五芯电缆 |
| | | 3 | 五芯电缆必须包含淡蓝、绿/黄 2 种颜色绝缘芯线。淡蓝色芯线必须用作 N 线；绿/黄双色芯线必须用作 PE 线，严禁混用 |
| | | 4 | 电缆线路应采用埋地或架空敷设，严禁沿地面明敷，并应避免机械损伤或介质腐蚀。埋地电缆路径应设方位标志 |
| | | 5 | 架空线路严禁沿脚手架、树木或其他设施敷设 |
| | | 6 | 每台用电设备必须有各自专用的开关箱，严禁用同 1 个开关箱直接控制 2 台及 2 台以上用电设备（含插座） |

续表

| 作业步骤 | 风险 | | 注意事项 |
|---|---|---|---|
| 过程控制 | 触电 | 7 | 动力配电箱与照明配电箱宜分别设置。当合并设置为同1个配电箱时，动力和照明应分路配电；动力开关箱与照明开关箱必须分设 |
| | | 8 | 配电箱的电器安装板上必须分设N线端子板和PE线端子板。N线端子板必须与金属电器安装板绝缘；PE线端子板必须与金属电器安装板做电气连接。进出线中的N线必须通过N线端子板连接；PE线必须通过PE线端子板连接 |
| | | 9 | 配电箱、开关箱的金属箱体、金属电器安装板及电器正常不带电的金属底座、外壳等必须通过PE线端子板与PE线做电气连接，金属箱门与金属箱体必须通过采用编织软铜线做电气连接 |
| | | 10 | 配电箱、开关箱外形结构应能防雨、防尘 |
| | | 11 | 配电箱、开关箱的电源进线端严禁采用插头和插座做活动连接 |
| | | 12 | 配电箱、开关箱箱门应配锁，并应由专人负责 |
| | | 13 | 配电箱、开关箱应定期检查、维修。检查、维修人员必须是专业电工。检查、维修时必须按规定穿戴绝缘鞋、手套，必须使用电工绝缘工具，并应做检查、维修工作记录 |
| | | 14 | 对配电箱、开关箱等临时用电设备进行维修时，电气维修人员不得少于2人，维修前应切断其前一级电源，拉开相应的隔离电器，并悬挂"禁止合闸、有人工作"警示牌，严禁带电作业 |
| 意外情况处置 | 触电、火灾 | 1 | 作业人员作业必须按票证上批准的作业进行，不得越界，如有疑问则停止作业 |
| | | 2 | 实际作业与作业计划的要求不符时，现场所有人员都有责任立即终止作业 |
| | | 3 | 作业安全控制措施无法实施时，现场所有人员都有责任立即终止作业 |
| | | 4 | 发生电气火灾时，应切断电源，采用干粉灭火器、二氧化碳灭火器或干沙土扑救 |
| | | 5 | 在大风、暴雨、沙尘暴等恶劣天气来临前，应对临时用电设备加以防护，并在使用前重新检查 |
| 完工 | | 1 | 作业结束后，监护人对照清单清点人员并对设备、工机具和材料、残留废弃物进行清理，解除相关隔离设施，确认现场没有遗留任何安全隐患 |
| | | 2 | 由批准人（或授权委托人）现场核查确认后，在批准人、作业负责人留存的作业许可票证上签字予以关闭 |

## 4.20 吊装作业管理

| 作业步骤 | 风险 | 注意事项 | |
|---|---|---|---|
| 申请（风险分析及拟采取措施） | | 程序为：<br>（1）风险分析。通常情况下，吊装作业易引起起重伤害事故，包括吊车倾覆、重物坠落、物体打击、触电、夹挤等。吊车倾覆主要与地基不稳、超载等有关，重物坠落与索具性能、捆扎方式有关，物体打击、夹挤与人员站位和重物捆扎方式有关，触电与吊装区域影响范围内的电缆布设有关。<br>（2）风险分析结果的确认。<br>（3）风险控制措施。起重机械和吊索具完好；做好场地平整、支垫道木或钢板；采用合格的绑扎方法；吊车与带电线路保持安全距离；人员合理站位，严禁置于吊物下方；严禁超载吊装。<br>（4）申请 | |
| 批准（风险及采取措施的审核） | | 现场核查内容包括但不限于：<br>（1）确认起重机各项性能合格，吊装作业应遵循制造厂家规定的最大负荷能力，以及最大吊臂长度限定要求；<br>（2）检查吊装作业车辆（包括但不限于吊钩、钢丝绳、环形链、滑轮组、卷筒、减速器、上升限位器、防碰撞装置、警报器等），吊装索具是否完好，严禁车辆带病上岗，索具破损程度达到报废程度的应严格执行报废程序；<br>（3）检查基础地面及地下土层承载力、作业环境等，确认支腿已按要求垫枕木；<br>（4）检查起重机吊臂或吊物与架空输电线路的安全距离是否符合规定；<br>（5）检查起重机与周围其他物体或基坑、管线等的安全距离是否符合要求；<br>（6）关键性吊装作业和大型设备吊装是否编制了专项方案，司机、起重指挥是否清晰方案流程；<br>（7）吊装作业现场应按规范要求设置安全警戒区、悬挂明显警戒标志 | |
| 沟通（对内，培训；对外，告知相关方） | | 1 | 批准人签字后传递至相关方，相关方在留存的票证上签收确认，如果以电话、微信方式告知应有回复确认 |
| | | 2 | 票证批准后，由作业负责人张贴或放置在现场醒目位置，用于向外部人员提示风险和供内部作业人员查询 |
| 过程控制 | 起重伤害 | 1 | 吊装作业前，安全监护人员应再次检查车辆、索具等完整性、人员劳保穿戴情况、起重指挥是否有"起重马甲"明确标识等 |
| | | 2 | 作业人员吊装作业时须按票证上批准的作业内容作业，不得越界 |
| | | 3 | 作业期间监控作业人员安全行为，及时制止和纠正违章指挥、强令冒险作业、违反操作规程和与票证措施内容不符的行为 |
| | | 4 | 监督无关人员严禁穿越警戒线进入吊装区域 |
| 意外情况处置 | 起重伤害 | 1 | 出现地基沉陷造成起重机械机身失去水平时，立即采取调整角度、臂长等方式降低起重载荷，将吊物迅速放置至稳固位置后，摘除吊索具、回收吊臂、收起支腿，对地基进行压实处理，并经专业人员（起重技术人员等）确认地基合格后重新实施吊装作业 |

续表

| 作业步骤 | 风险 | | 注意事项 |
|---|---|---|---|
| 意外情况处置 | 起重伤害 | 2 | 出现支腿泄压等影响起重机械机身水平时，迅速将吊物放置至稳固位置，消除起重载荷，检查支腿泄压情况，待支腿泄压处理完成并经专业人员（起重工、起重技术人员等）检查合格后，重新实施吊装作业；否则应更换起重机械 |
| | | 3 | 出现吊臂、吊索具、吊物等勾挂脚手架、钢结构等设施时，立即停止动作，详细检查勾挂情况，专业人员（起重工、起重技术人员等）研究制订措施（登高人工消除勾挂、缓慢操作起重机械或拆除勾挂的设施等），消除勾挂情况后，继续实施吊装作业 |
| | | 4 | 出现吊臂、吊索具、吊物等勾挂碰触高压线时，立即停止动作，作业人员迅速撤离，通知高压线管理部门配合实施断电后，才可进行起重机械收回吊臂等操作 |
| | | 5 | 出现吊索具发生异常声响、断裂等情况时，迅速将吊物放置至稳固位置，消除起重载荷，检查异常或断裂原因，专业人员（起重工、起重技术人员等）分析、制订措施或更换合格的吊索具后，重新实施吊装作业 |
| | | 6 | 出现吊物严重变形时，迅速将吊物放置至稳固位置，摘除吊索具，检查、分析变形原因，制订、实施吊物调整、加固措施，重新评估起重方法后，重新实施吊装作业 |
| | | 7 | 出现五级以上大风、沙尘暴、暴雨、雷电等恶劣天气时，迅速将吊物放置至稳固位置，消除起重载荷，收回吊臂，待恶劣天气过去后，重新实施吊装作业 |
| 完工 | | 1 | 起重机司机检查车辆状况，起重工检查吊索具回收情况，监护人检查作业现场，确认无隐患后，移出或调离起重机械 |
| | | 2 | 由批准人（或授权委托人）现场核查确认后，在批准人、作业负责人留存的作业许可票证上签字予以关闭 |

## 4.21 射线作业管理

| 作业步骤 | 风险 | 注意事项 |
|---|---|---|
| 申请（风险分析及拟采取措施） | | 程序为：<br>(1) 风险分析。通常情况下，射线作业易引起辐射伤害、高处坠落，夜间可能会产生扭伤、跌伤等其他伤害。辐射伤害包括对作业人员的伤害和对误入监督区内公众人员的伤害，对公众人员的辐射伤害可能会造成较大的经济损失和声誉影响，因操作不当引起的放射源失控会对相关方的工作造成严重影响并对公司的声誉造成严重影响，放射源丢失后会给企业造成毁灭性打击，放射源丢失回炼后会造成辐射污染。辐射伤害与作业人员行为及作业控制区域有关，高处坠落与作业环境和作业人员行为有关，扭伤、跌伤等其他伤害与现场物料摆放、环境照明有关。 |

续表

| 作业步骤 | 风险 | 注意事项 |
|---|---|---|
| 申请（风险分析及拟采取措施） | | （2）风险分析结果的确认。须有管理人员参与分析或对分析结果进行确认。<br>（3）风险控制措施。工作前认真检查设备和警戒牌、警戒带、警示灯、个人辐射报警器、辐射剂量仪、个人辐射剂量片等防护器具，确保设备能够正常使用、防护用品齐全；组织人力对安全区域内进行清场；根据工件及所用射线强度划分控制区和监督区；γ射线工作时，设专人在安全界线上进行巡逻警戒，严禁无关人员进入；射线作业中进行操作现场辐射巡测，围绕辐射控制区边界测量辐射水平。<br>（4）申请 |
| 批准（风险及采取措施的审核） | | 现场核查内容包括但不限于：<br>（1）参与作业人员资格能力、个人防护装备的配备情况是否相符，是否熟知风险及风险控制措施。<br>（2）检查各项安全措施落实情况，包括应规范要求设置安全警戒区、悬挂明显警戒标志（如警戒线、警示灯、警示牌）等。<br>（3）检查人员急救器材，是否制订应急计划，应确定责任到人，并熟悉伤员急救方法。<br>（4）如果涉及相关方的，由批准人负责安排告知相关方 |
| 沟通（对内，培训；对外，告知相关方） | | 1　批准人签字后传递至相关方，相关方在留存的票证上签收确认，如果以电话、微信方式告知应有回复确认<br>2　票证批准后，由作业负责人或项目管理人员张贴或放置在现场醒目位置，用于向外部人员提示风险和供内部作业人员查询 |
| 过程控制 | 职业性放射性疾病 | 1　作业过程中全程开启辐射剂量仪和个人报警器<br>2　监护人员应在作业过程中进行辐射巡测，围绕辐射控制区边界测量辐射水平，并对控制区和监督区实时调整<br>3　应至少保持2名操作人员同时在场，1人操作，1人贴片<br>4　待贴片人员撤到安全区后，方可送高压或出源曝光，预防射线误照，检测过程中接近机头或输源管曝光头之前，应确认高压已被切断或源组件已正确在源机内归位方可接近<br>5　发生意外情况时，作业负责人为应急处置总指挥 |
| 意外情况处置 | | 当发生下列任何1种情况时（包括但不限于），现场所有人员都有责任立即终止作业：<br>（1）作业人员的变化。限于票证上和接受技术交底的人员。<br>（2）作业环境的变化。如自然环境（天气的变化）、周边环境（气体发生泄漏）、无关人员进入（作业活动受到干扰）。<br>（3）作业条件的变化。如作业点范围扩大、实际作业与规范的要求发生重大偏离。<br>（4）设备故障。如γ源操作故障，无法收回。<br>（5）发现有可能发生危及生命的违章行为。<br>（6）现场作业人员发现重大安全隐患。<br>（7）作业许可证超过有效期限。<br>当需要重新恢复作业时，应重新申请办理射线作业许可证，原则上由原批准人批准（否则应实行升级审批） |

续表

| 作业步骤 | 风险 | | 注意事项 |
|---|---|---|---|
| 完工 | | 1 | 作业结束后，清理施工现场垃圾，检查使用设备、工具、材料是否遗漏 |
| | | 2 | 解除相关警戒隔离设施，确认现场没有遗留任何安全隐患 |
| | | 3 | 作业完毕后，由批准人（或授权委托人）现场核查确认后，在批准人、作业负责人留存的作业许可票证上签字予以关闭 |

## 4.22 夜间作业管理

| 作业步骤 | 风险 | 风险措施/注意事项 |
|---|---|---|
| 申请（风险分析及拟采取措施） | | 程序为：<br>（1）风险分析。通常情况下，夜间作业易引起施工人员的疲劳作业、习惯性违章增多、照明不足、现场监管不到位、夜间作业应急救援不能及时有效处理，造成各种事故事件的发生。疲劳作业使人的控制意志能力降低，注意力下降，反应迟钝，动作失调，无效动作增多等，从而易于导致事故的发生。施工人员在夜间作业普遍存在麻痹侥幸心理，投机取巧图省事，缺乏自我保护意识，出现习惯性违章现象，给安全生产留下了事故隐患。照明设施的好坏直接影响施工作业质量，会在一些临边、洞口、道路等位置留下盲区，安全标识、安全警戒观察不清楚，造成严重后果。夜间作业现场管理人员配备较白天不足，夜间施工安全巡查的频次减少，遇到违章作业不能及时进行制止，不能及时发现施工现场存在的安全隐患，增加了施工人员违章作业的空间。夜间作业在发生事故时，应急救援不能第一时间做出正确的应对，形成不必要的耽搁，造成事态扩大。<br>（2）风险分析结果的确认。须有管理人员参与分析或对分析结果进行确认。<br>（3）风险控制措施：员工身体健康状况良好，严禁带病上岗、严禁酒后上岗，防护用品要齐全、规范、完好；夜间不宜进行吊装、脚手架、高处、拆除及其他危险作业；实行科学合理的轮班制度，合理地安排人员休息，工作流程和施工任务安排要合理，降低工作强度；进行详细、有针对性的安全交底；确保施工现场及作业面照明有足够的亮度，在洞口、临边等位置增加照明或荧光安全标志和安全设施；加大巡查力度。<br>（4）申请 |
| 批准（风险及采取措施的审核） | | 现场核查内容包括但不限于：<br>（1）夜间作业人员是否接受了施工方案及施工安全要求的交底。<br>（2）作业场所设置的照明充足，满足夜间作业的需要。<br>（3）临时用电的可靠的绝缘保护，符合临时用电安全管理要求，易燃易爆场所必须使用符合等级要求的防爆型灯具。<br>（4）检查夜间作业应急人员、车辆，是否制订应急计划，确定了责任人，并熟悉伤员急救方法。<br>（5）夜间作业应设置的警示、警戒标识和指示标识是否到位，警告标志牌、路障标志应使用荧光材料 |

续表

| 作业步骤 | 风险 | | 风险措施/注意事项 |
|---|---|---|---|
| 沟通（对内，培训；对外，告知相关方） | | 1 | 批准人签字后传递至相关方，相关方在留存的票证上签收确认，如果以电话、微信方式告知应有回复确认 |
| | | 2 | 票证批准后，由作业负责人或项目管理人员张贴或放置在现场醒目位置，用于向外部人员提示风险和供内部作业人员查询 |
| 过程控制 | 高处坠落、物体打击、触电、起重伤害等 | 1 | 夜间作业期间，各单位现场负责人，安全管理人员和/或监护人在现场全过程监督、检查，不得擅自离岗；值班电工在现场随时处理用电和照明问题 |
| | | 2 | 各作业单位夜间作业进行某项活动时，必须确保不对其他工作、环境构成威胁和造成隐患，也不得乱动或损坏其他单位的原有机械和设施 |
| | | 3 | 夜间作业或行动必须2人或2人以上一起进行，禁止独自1人进行作业 |
| | | 4 | 严禁任何人员到达与自己工作无关的区域逗留或从事其他作业 |
| | | 5 | 夜间作业需要进行道路交通控制时，作业场所应设置警示、警戒标识和指示标识。警告标志牌、路障标志应使用荧光材料 |
| | | 6 | 夜间作业应充分考虑其他单位进行对本单位作业人员造成伤害的作业活动 |
| | | 7 | 作业过程中，须按票证上规定的频率和方式对环境保持监测 |
| | | 8 | 任何作业人员提出可能存在事故发生征兆，作业负责人应立即暂停作业，重新分析风险、排查隐患后方可继续作业 |
| | | 9 | 发生意外情况时，作业负责人为应急处置总指挥 |
| 意外情况处置 | | | 当发生下列任何一种情况时（包括但不限于），现场所有人员都有责任立即终止作业：<br>（1）作业内容的变化（如作业对象物料特性、数量的变化）。<br>（2）作业人员的变化。限于票证上和接受技术交底的人员。<br>（3）作业环境的变化。如自然环境（天气的变化）、周边环境（气体发生泄漏）、无关人员进入（作业活动受到干扰）。<br>（4）作业条件的变化。如作业点范围扩大或缩小、位置发生改变。<br>（5）发现有可能发生危及生命的违章行为。<br>（6）现场作业人员发现重大安全隐患。<br>（7）作业许可证超过有效期限。<br>当需要重新恢复作业时，应重新申请办理夜间作业许可证，原则上由原批准人批准 |
| 完工 | | | 作业完毕后，由批准人（或授权委托人）现场核查确认后，在批准人、作业负责人留存的作业许可票证上签字予以关闭。核查内容包括但不限于：<br>（1）确认现场是否存有残留明火、高温物体等，确认无安全隐患；<br>（2）关闭所有设备电源、灯具，确认无安全隐患；<br>（3）作业后现场清理情况，不应对后续工作产生影响；<br>（4）现场负责人应对夜间作业人员进行清点，确保人员安全出场；<br>（5）解除相关警戒隔离设施，确认现场没有遗留任何安全隐患 |

## 4.23 挖掘动土作业管理

| 作业步骤 | 风险 | 注意事项 |
|---|---|---|
| 申请（风险分析及拟采取措施） | | 程序为：<br>（1）风险分析。通常情况下，挖掘动土作业易出现土方坍塌、车辆伤害等事故。事故的发生均与土方性质、暴雨环境、外力震动、土方堆放不合格等有关。<br>（2）风险分析结果的确认。<br>（3）风险控制措施。作业前须了解土质的特性，并采取针对性的挖掘和防护方法。<br>（4）申请 |
| 批准（风险及采取措施的审核） | | 现场核查内容包括但不限于：<br>（1）检查挖掘工作开始前是否进行安全分析，对于危险性较大的作业，是否制订挖掘方案。<br>（2）检查现场相关人员是否拥有最新的地下设施布置图；地下存有设备设施的，是否通过人工开挖进行确认。<br>（3）检查坑、沟槽内作业人员是否正确穿戴安全帽、防护鞋、手套等个人防护装备，是否清楚开挖作业安全管理要求。<br>（4）检查挖掘机、铲车、翻斗车等工机具和设备（含安全附件）的完整性，机械性能是否完好。<br>（5）检查周边作业环境是否存在不安全因素，如脚手架、建（构）筑物基础、架空线路、管架等。如有建（构）筑物，应确定附近结构物是否需要临时支撑（必要时由专业人员对其基础进行评价并提供建议，如深度大于或等于3m的坑，通常需要安装临时支撑） |
| 沟通（对内，培训；对外，告知相关方） | | 1 | 批准人签字后传递至相关方，相关方在留存的票证上签收确认，如果以电话、微信方式告知应有回复确认 |
| | | 2 | 票证批准后，由作业负责人张贴或放置在现场醒目位置，用于向外部人员提示风险和供内部作业人员查询 |
| 过程控制 | 坍塌、机械伤害、车辆伤害 | 1 | 根据土壤类型或方案要求，严格落实放坡、台阶、支撑和盾构等防止坍塌的安全防护措施 |
| | | 2 | 在深度≥1.2m的坑内，应在合适的距离内设置梯子、台阶或坡道，用于人员安全进出；横向最大距离≥7m的任何坑、沟内，必须提供2个以上的安全通道 |
| | | 3 | 挖掘机装载活动范围内，不得停留车辆和行人。若往汽车上卸料时，应等汽车停稳，驾驶员离开驾驶室后，方可回转铲斗，向车上卸料 |
| | | 4 | 基坑应采取导流沟、挡水坝、井点降水等措施确保坑内没有积水，如果有积水或正在积水，不得进行挖掘作业；雷雨天气应停止挖掘作业 |
| | | 5 | 对开挖的区域应设置围栏和警示标志；在人员密集和生产区域内，如果坑、沟在夜间敞开，必须安装专用的警示灯，其他地区设置警戒线等设施，清理废料及工具后方可离开现场 |
| | | 6 | 涉及断路时，应设置明显的警示和禁行标志，对于确需通行车辆的道路，应铺设临时通行设施，限制通行车辆吨位，由专人指挥车辆通行 |

续表

| 作业步骤 | 风险 | | 注意事项 |
|---|---|---|---|
| 过程控制 | 坍塌、机械伤害、车辆伤害 | 7 | 在基坑（槽）、管沟边沿1m范围内不应放置土石、材料及车辆、设备等。管沟开挖时，宜将挖出的土石方堆放到布管的对面一侧，管沟壁及距管沟边1m范围内不得有浮石，否则应采取防护措施。堆土高度不宜超过1.5m，粒径100mm以上的石块应稳固堆放 |
| | | 8 | 拆除固壁支撑应自下而上进行，更换支撑时，应先装新的，后拆旧的 |
| | | 9 | 回填材料应符合设计要求，应确定回填料含水量控制范围、铺土厚度、压实遍数等施工参数 |
| 意外情况处置 | 坍塌、中毒、窒息 | 1 | 开挖过程当施工现场的监护人员发现土方或毗邻建筑物有裂纹、疏松、支撑折断、走位、塌方或发生异常声音时，应立即告知作业人员并停止作业，所有人员立即离开施工现场，并通知区域负责人。待情况排查及相应措施到位的情况下方可复工 |
| | | 2 | 开挖过程当施工现场出现管线、电力、通信、消防等公共设施时，应立即停止作业，待确定后续施工方案后方可复工 |
| | | 3 | 基坑开挖时或临边倒运土方，遇到地下管道泄漏、临边土石塌方时，人员及时躲避，并且大声呼喊撤离。基坑上方人员立即组织救援，救援过程中严禁车辆在基坑安全距离内停放，防止二次坍塌 |
| | | 4 | 在深基坑边缘开挖作业时，如有特殊气味从下方飘出，应立即停止作业，撤离作业点，并通知相关方检测，使用气体检测仪进行检测后且无异常方可继续施工。特殊情况须使用风机进行置换基坑内气体 |
| | | 5 | 作业人员进入大雨后基坑边缘作业时，如发现渗水、土石大规模掉落等情况，应立即撤离基坑边缘，待做好相应加固措施后，进行检查评估，确认无异常后方可返回继续施工 |
| 完工 | | 1 | 作业完毕后，作业人员应对基坑边缘土进行清理后，进行再加固，并清理废料及工具 |
| | | 2 | 由批准人（或授权委托人）现场核查确认后，在批准人、作业负责人留存的作业许可票证上签字予以关闭 |

## 4.24 吊篮作业管理

| 作业步骤 | 风险 | 注意事项 |
|---|---|---|
| 申请（风险分析及拟采取措施） | | 程序为：<br>（1）风险分析。通常情况下，吊篮作业易出现高处坠落、触电及物体打击事故。事故的发生均与操作失误、设备不完好、材料摆放过高等有关。<br>（2）风险分析结果的确认。<br>（3）风险控制措施。作业前操作人员须了解吊篮操作特性，规范操作，作业人员应正确使用个人劳动防护用品，吊篮安全设施完好等。<br>（4）申请 |

续表

| 作业步骤 | 风险 | 注意事项 | |
|---|---|---|---|
| 批准（风险及采取措施的审核） | | 现场核查内容包括但不限于：<br>（1）检查是否进行工作前安全分析，是否制订吊篮安装、使用专项方案并进行交底；<br>（2）检查吊篮设备是否取得安全检验报告，是否按要求进行日检；<br>（3）检查吊篮设备（含安全附件，如安全绳、限位器、超载保护等）的完整性，性能是否完好；<br>（4）检查作业人员是否正确穿戴安全带、安全帽、防护鞋、手套等个人防护装备，是否清楚吊篮作业安全管理要求；<br>（5）检查周边作业环境是否存在不安全因素，如大风、暴雨等恶劣天气 | |
| 沟通（对内，培训；对外，告知相关方） | | 1 | 批准人签字后传递至相关方，相关方在留存的票证上签收确认，如果以电话、微信方式告知应有回复确认 |
| | | 2 | 票证批准后，由作业负责人张贴或放置在现场醒目位置，用于向外部人员提示风险和供内部作业人员查询 |
| 过程控制 | 高处坠落、触电、物体打击 | 1 | 作业人员应佩戴及正确使用安全带，安全带自锁器应扣牢在独立悬挂的安全绳上 |
| | | 2 | 吊篮作业时，应设置不少于2根溜绳，由专人用双溜绳对吊篮加以固定，保证吊篮的稳固性 |
| | | 3 | 严禁人员从建筑物顶部窗口及洞口处进出悬挂平台，不得在悬挂平台内使用梯子、凳子等增高工具，不得站立于防护栏上作业 |
| | | 4 | 不得擅自调整或拆除各限位开关和安全保护装置、防坠落装置、安全钢丝绳重锤等装置 |
| | | 5 | 悬挂平台材料放置或带料提升的载重量应按核定载重量的80%控制，严禁超载使用吊篮 |
| | | 6 | 作业人员携带的小型工具和物品应放在工具袋内，防止坠物伤人 |
| | | 7 | 吊篮使用过程中重大修理和主要部件更换后，应由专业安装单位负责实施特殊检查，填写修理检查记录并存档 |
| 意外情况处置 | 高处坠落、触电 | 1 | 工作时断电，首先关闭电源，防止来电发生意外，如需平台下降回地面，则小心同时松开2个电磁制动器，使平台缓慢下降，直到地面；特殊情况无法放置地面时，应将吊篮与建筑物可靠固定，检修人员处理应符合吊装、高处作业等管理规定 |
| | | 2 | 工作时断绳，首先保持清醒冷静的头脑，在确保安全的情况下，撤离工作人员派专业人员进入吊篮内，先将断的钢丝绳从提升机内退出，再将上面送下的钢丝绳穿入提升机在安全锁不打开状态下向上升，看能否正常工作，然后小心松开安全锁，再开车下降到地面，严格检查后才允许重新使用。如钢丝绳不能退出，则用安全锁锁牢钢丝绳，并用加固钢丝绳固定好工作平台，再打开提升机进入 |

续表

| 作业步骤 | 风险 | | 注意事项 |
|---|---|---|---|
| 意外情况处置 | 高处坠落、触电 | 3 | 工作时出现提升机卡绳、悬挂装置晃动、悬挂平台运行异常、发生异常响声时，操作人员应立即停机、切断电源、撤离现场，并及时向施工现场安全管理人员和单位负责人报告 |
| | | 4 | 其他紧急情况或不能确定的故障须立即停机后报告设备主管部门 |
| 完工 | | 1 | 吊篮使用结束后，关闭控制箱及总电源，清洁设备、整理现场，保持设备警示标识完整、清晰 |
| | | 2 | 由批准人（或授权委托人）现场核查确认后，在批准人、作业负责人留存的作业许可票证上签字予以关闭 |

## 4.25 格栅作业管理

| 作业步骤 | 风险 | | 注意事项 |
|---|---|---|---|
| 申请（风险分析及拟采取措施） | | | 程序为：<br>（1）风险分析。通常情况下，格栅作业易出现高处坠落、物体打击及起重伤害事故。事故的发生均与操作失误、防护失效、未完成焊接或焊接不牢、吊装绑扎不牢等有关。<br>（2）风险分析结果的确认。<br>（3）风险控制措施。格栅作业须设置可靠的防坠落措施，如生命线，可靠的作业平台或作业面，如验收合格的脚手架。<br>（4）申请 |
| 批准（风险及采取措施的审核） | | | 现场核查内容包括但不限于：<br>（1）检查作业人员是否正确穿戴安全带、安全帽、防护鞋等个人防护装备，是否清楚格栅作业安全管理要求；<br>（2）检查作业点安全通道的畅通，通道上不得有妨碍通行的障碍物及容易导致跌倒的杂物；<br>（3）检查作业面是否符合安全作业要求，重点检查防护设施、安全带系挂点；<br>（4）检查格栅作业涉及设备（如吊车及其安全附件、登高车、滑轮等）的完整性，性能是否完好；<br>（5）检查格栅作业受影响的区域周边隔离警戒设施设置情况，急救与逃生设施配置情况和完好性；<br>（6）检查周边作业环境是否存在不安全因素，如大风、暴雨等恶劣天气 |
| 沟通（对内，培训；对外，告知相关方） | | 1 | 批准人签字后传递至相关方，相关方在留存的票证上签收确认，如果以电话、微信方式告知应有回复确认 |
| | | 2 | 票证批准后，由作业负责人张贴或放置在现场醒目位置，用于向外部人员提示风险和供内部作业人员查询 |

续表

| 作业步骤 | 风险 | | 注意事项 |
|---|---|---|---|
| 过程控制 | 高处坠落、物体打击、起重伤害 | 1 | 按照确定的格栅板安装顺序进行材料分类、吊装、摆放 |
| | | 2 | 钢格栅吊装时安全要求：<br>（1）格栅严禁散片未固定吊运，应采用吊笼吊运或将各散片用钢丝绳（吊带）穿起后吊运；<br>（2）当格栅形状不规则时应采用单片吊装法或同类型一起吊装，严禁混合吊装；<br>（3）当采用倒链提升、移动进行钢格栅安装、拆除的，应选择合适吊点，严禁将上方格栅直接作为吊点使用 |
| | | 3 | 不允许将格栅板集中堆放在未铺装格栅的钢梁上，在安装完的格栅板上堆积高度不得超过 1.2m |
| | | 4 | 禁止上下 2 层或多层同时垂直交叉铺设或拆除格栅板 |
| | | 5 | 作业平台或通道格栅安装的同时，劳动保护应同步安装，避免形成临边、孔洞等 |
| | | 6 | 钢格栅因拆除、预留孔等原因形成的孔洞应采取盖板、脚手架硬防护、警戒隔离等措施，以防止造成人员和物体坠落导致意外伤害事故 |
| | | 7 | 在已完工的格栅板上作业时，不允许随意拆除、改动格栅板（如需改动，必须经过批准）；不允许在格栅板上进行气割作业，以防损坏格栅板 |
| | | 8 | 作业期间，作业负责人和监护人不得擅自离岗 |
| 意外情况处置 | 高处坠落、物体打击、中毒 | 1 | 作业过程中发生五级以上大风、沙尘暴、暴雨、雷电等恶劣天气时，应立即停止作业，作业人员迅速撤离现场 |
| | | 2 | 作业过程中发生停电时，应对未完成焊接或固定的钢格栅采取临时防护措施，防止人员意外坠落，恢复电时应及时完善 |
| | | 3 | 作业过程中，周围生产装置发生有毒有害、易燃易爆气体泄漏时，应当及时切断电源，组织人员向逆风方向撤离到紧急集合点，并清点人数，待使用气体检测仪进行检测后且无异常方可继续施工 |
| 完工 | | 1 | 作业结束后作业人员清理作业现场，将作业使用的工具、拆卸下的物件、余料和废料进行固定后带回地面（如无法带走则须采取固定措施），检查孔洞防护是否完善、电源是否关闭、是否遗留火源等 |
| | | 2 | 由批准人（或授权委托人）现场核查确认后，在批准人、作业负责人留存的作业许可票证上签字予以关闭 |

## 4.26 临边作业管理

| 作业步骤 | 风险 | 注意事项 |
|---|---|---|
| 申请（风险分析及拟采取措施） | | 程序为：<br>（1）风险分析。通常情况下，临边作业易引起临边坠落事故。临边坠落与防护围护及作业平台牢固程度有关。<br>（2）风险分析结果的确认。<br>（3）风险控制措施。临边作业须设置可靠的防坠落措施或临边围护措施，作业平台或作业面可靠，防止地下孔洞或坍塌等。<br>（4）申请 |
| 批准（风险及采取措施的审核） | | 现场核查内容包括但不限于：<br>（1）检查作业点安全通道的畅通，通道上有可靠的防滑措施，不得有妨碍通行的障碍物及容易导致跌倒的杂物；<br>（2）检查临边、孔洞、通道口、攀登、悬空是否搭设完整牢固的防护措施；<br>（3）检查临边作业环境是否符合安全作业要求，重点检查防护设施、安全带系点、基坑的支护或防护措施牢固程度，受影响的区域周边隔离警戒设施设置情况，急救与逃生设施配置情况和完好性；<br>（4）对坑、洞等受限空间内临处作业，首先应进行气体检测并随身佩戴气体检测仪，采取自然通风，必要时采取机械强制通风 |
| 沟通（对内，培训；对外，告知相关方） | | 1 | 批准人签字后传递至相关方，相关方在留存的票证上签收确认，如果以电话、微信方式告知应有回复确认 |
| | | 2 | 票证批准后，由作业负责人张贴或放置在现场醒目位置，用于向外部人员提示风险和供内部作业人员查询 |
| 过程控制 | 高处坠落 | 1 | 作业人员攀爬过程中安全带应先固定再移动，不得系挂在移动、不牢固的物件上或有尖锐棱角的部位，系挂后应检查安全带扣环是否扣牢，如牢固则继续向上攀爬。攀爬过程中作业人员手中不得持物，作业工具应使用保险绳进行系挂，防止脱落 |
| | | 2 | 对于攀爬较高的作业点时，作业人员不可在上下通道上休息，应转至牢固的中转平台进行休息，休息前应把安全带系挂在牢固的位置，并检查安全防护是否可靠，严禁依靠安全防护进行休息 |
| | | 3 | 作业人员到达高处临边作业点后，应先观察作业点周围环境情况，分析风险并对平台、栏杆、孔洞等防护措施的牢固性进行检查，检查合格后，做好安全防护后可开始施工 |
| | | 4 | 受限空间内高处临边作业，应先调整好照明方位，严禁正对眼部。并观察作业环境，确认排除风险，系挂好安全带后可以进行施工 |
| | | 5 | 作业期间作业人员要看清脚下，正确系挂安全带，使用工具堆放平稳可靠 |
| | | 6 | 高处临边作业如须打开孔洞或临边防护栏杆时，应该先观察临边作业点周边情况，再寻找可靠牢固的安全带系挂点，系好安全带后可以拆除临时防护，严禁随意系挂安全带 |

续表

| 作业步骤 | 风险 | | 注意事项 |
|---|---|---|---|
| 过程控制 | 高处坠落 | 7 | 在进入坡度较大的临边作业区域时，作业人员首先要系挂好安全带，且安全带不宜过长，安全带长度应小于固定点与边缘的距离 |
| | | 8 | 临边作业使用的工具、材料、废料在使用前后都应堆放固定在牢固位置，并进行加固，防止坠落 |
| 意外情况处置 | 高处坠落、中毒、窒息 | 1 | 高处临边作业，遇到恶劣天气且无法及时撤离时，作业人员应立即停止作业，固定好工具、材料、拆卸物件后，寻找可靠牢固位置把自己固定好（大型设备、结构或管道上），严禁固定在临时附属结构上。待天气情况转好后，在注意安全的情况下进行撤离，或在条件允许且安全的情况下使用吊篮进行撤离 |
| | | 2 | 基坑开挖或临边倒运土方，遇到地下管道泄漏、临边土石塌方时，人员及时躲避，并且大声呼喊撤离。基坑上方人员立即组织救援，救援过程中严禁车辆在基坑安全距离内停放，防止二次坍塌 |
| | | 3 | 作业人员进入深基坑边缘作业时，如有特殊气味从下方飘出，应立即停止作业，撤离作业点，并通知相关方检测，使用气体检测仪进行检测后且无异常方可继续施工。特殊情况须使用风机进行置换基坑内气体 |
| | | 4 | 作业人员进入大雨后基坑边缘作业时，如发现渗水、土石大规模掉落等情况，应立即撤离基坑边缘，待做好相应加固措施后，进行检查评估，确认无异常后方可返回继续施工 |
| 完工 | | 1 | 作业结束后作业人员清理作业现场，将作业使用的工具、拆卸下的物件、余料和废料进行固定后带回地面（如无法带走则须采取固定措施），严禁高空抛物。作业人员应按可靠的原路返回（途中系挂好安全带） |
| | | 2 | 由批准人（或授权委托人）现场核查确认后，在批准人、作业负责人留存的作业许可票证上签字予以关闭 |

# 5 职业健康及劳动防护规程

本部分 HSE 规程规定了石油石化工程建设项目全生命周期作业过程中，常见的职业危害因素可能导致的人身伤害及防护要求。

（1）适用范围包括以下内容：

| 序号 | 名称 | 适用范围 |
| --- | --- | --- |
| 5.1 | 安全带使用 | 适用于高处作业过程中使用者体重及负重之和不大于 100kg 时所使用的安全带，不适用于体育活动、消防等行业所使用的安全带 |
| 5.2 | 安全帽使用 | 适用于需要使用安全帽来保护头部免受坠落物及其他特定因素引起伤害的作业场所 |
| 5.3 | 正压式呼吸器使用 | 适用于自给式正压空气呼吸器，不适用于医护行业所使用的正压氧气呼吸器 |
| 5.4 | 听力保护 | 适用于每工作日 8h A 计权等效声级≥80dB 的员工，或存在噪声强度≥85dB 的设备、作业场所的员工，为员工听力保护提供最低安全标准和基本要求 |
| 5.5 | 视力保护 | 适用于在职业眼面部防护中用于保护眼部或面部安全的防护具或部件 |
| 5.6 | 呼吸保护 | 适用于需要采取呼吸保护措施以阻断或减少职业性有害因素经呼吸道进入人体的工作场所和作业人员，如进入含有有害气体的受限空间作业、石化设备制造车间作业、喷砂除锈涂装作业、周边存在气体泄漏可能的运行装置区域作业。不适用于涉及生物有害因素的呼吸保护 |
| 5.7 | 手部保护 | 适用于工程建设和装备制造作业场所中，为预防作业过程中机械性物理性伤害和化学伤害手部而需要的防护措施 |

（2）基本要求包括以下内容：

① 使用单位应为员工选择经过国家认证检验合格的劳动防护用品。
② 应当优先考虑采用改善工艺、设备等技术措施对可能造成人身伤害的职业危害因素进行控制，其次采用相关工程措施对职业危害因素进行隔离。采用劳动防护用品为保护员工职业健康的最后一道防护措施。
③ 应对员工进行职业危害因素告知、劳动防护用品使用和维护相关知识的培训。
④ 禁止有职业禁忌的员工从事相关作业。
⑤ 应定期组织对接触职业危害因素的员工进行职业健康体检。
⑥ 在可能产生职业健康危害的场所中，员工应始终穿戴劳动防护用品。
⑦ 劳动防护用品的选择要适应相关作业需求。
⑧ 不允许随意改变劳动防护用品的任何结构，以免影响其原有的防护性能。

⑨ 劳动防护用品必须经常维护保养，并确保其在有效使用期限内。
⑩ 所有紧急情况和救援使用的劳动防护用品应保持待用状态，并置于适宜储存、便于管理、取用方便的地方，不得随意变更存放地点。

## 5.1 安全带使用

| 作业步骤 | 风险 | | 注意事项 |
|---|---|---|---|
| 安全带的选择 | | | 安全带主要由带、绳和金属配件组成，总称安全带。安全带产品在我国应符合《坠落防护 安全带》（GB 6095—2021）的要求。按照作业类别可分为以下三大类：<br>（1）围杆作业安全带。通过围绕在固定构造物上的绳或带将人体绑定在固定构造物附近，使作业人员的双手可以进行其他操作的个体坠落防护系统。适合于需要工作定位的各高处作业工种，如电线杆作业工、建筑工等。<br>（2）区域限制安全带。通过限制作业人员的活动范围，避免其到达可能发生坠落区域的个体坠落防护系统。此种类型的安全带是在没有坠落风险的前提下使用，可以是定位腰带，也可以是其他类型的安全带。<br>（3）坠落悬挂安全带。当作业人员发生坠落时，通过制动作用将作业人员安全悬挂的个体坠落防护系统。此类型的安全带必须是带有腿带和骨盆带的全身式安全带，适合于石油石化巡线人员、密闭空间作业人员、高楼外立面清洁人员等 |
| 穿戴 | | 1 | 穿戴人员应在每次使用前对安全带进行检查，查看标牌及合格证是否齐全，检查尼龙带有无裂纹，缝线处是否牢靠，金属件有无缺少、裂纹及锈蚀情况 |
| | | 2 | 安全带使用时要束紧腰带，腰扣件要系紧、系正。安全带应与相匹配的组件配合使用，不得随意改装安全带及连接环、挂钩等组件，不得将绳打结使用 |
| 安全带的使用 | 高处坠落、物体打击 | 1 | 安全带要高挂低用，不得采用低于腰部的系挂方式，系挂点下方应有足够的净空 |
| | | 2 | 应根据估算的坠落距离选择合适的挂点，挂点应在垂直于工作场所的上方位置且安全空间足够高、大，防止摆动和碰撞（钟摆效应）；安全带须挂在结实牢固的构件上并检查是否扣好，不得系挂在以下部位：<br>（1）移动、不牢固的物件上或有尖锐棱角的部位；<br>（2）正在检修的设备上；<br>（3）各种危险介质管道及设备（含电气）上 |
| | | 3 | 登高作业时，先把安全带2个挂钩挂在头部上方位置，当上到腰部位置时，摘下1个挂钩挂到头部上方位置。上到作业平台后，如需移动，先将1个挂钩摘下挂到左/右前方位置，再倒换另外1个挂钩 |
| | | 4 | 上下攀爬作业时，必须安装速差自控器（防坠器，高空作业防止意外坠落），保证作业过程中即使意外坠落也能在限定距离内快速制动锁定坠落人员。使用速差自控器只能在正下方或坠落半径范围内使用 |

续表

| 作业步骤 | 风险 | | 注意事项 |
|---|---|---|---|
| 安全带的检查 | | 1 | 相关部门应定期对安全带进行检查，发现异常应立即更换，不得继续使用。检查的内容包括但不限于：<br>（1）检查织带是否存在断裂或撕裂；<br>（2）检查扣件与缝线的磨损情况；<br>（3）检查D型环与安全带连接处是否磨损且D型环无生锈现象；<br>（4）检查细绳接头与支撑环整体情况；<br>（5）检查保险卡处是否能活动自如，弹簧必须完好无损；<br>（6）检查缓冲减震器是否有展开过迹象，编织袋环无损坏，绳环与编织袋连接处没有损坏；<br>（7）检查腰带上的衬垫磨损或开裂情况及检查带扣的变形情况 |
| | | 2 | 安全带应每年进行系带静态强度测试：将样品安全带连接点同加载装置连接，在5min内均匀加速至（15±0.3）kN，试验后检查是否有变形、破裂等情况，并做好试验记录，不合格的安全带应及时报废销毁 |
| 清洁与维护 | | 1 | 安全带在使用后，要注意维护和保管。要经常检查安全带缝制部分和挂钩部分，必须详细检查捻线是否发生断裂和残损等 |
| | | 2 | 安全带不使用时要妥善保管，不可接触高温、明火、强酸、强碱或尖锐物体，不要存放在潮湿的仓库中保管 |

## 5.2 安全帽使用

| 作业步骤 | 风险 | | 注意事项 |
|---|---|---|---|
| 安全帽的选择 | | 1 | 安全帽按用途分为一般作业类安全帽（Y类）和特殊作业类安全帽（T类）两大类，目前施工现场常见的是一般作业类安全帽，包括冬季施工使用的防寒安全帽 |
| | | 2 | 根据公司管理规定，安全帽的颜色根据使用者分为以下几类：<br>（1）白色，管理人员、外来人员；<br>（2）黄色，安全管理人员；<br>（3）红色，操作人员。<br>海外员工根据所在国家和工程公司规定，自行确定颜色。防寒安全帽统一外表面为黑色，帽衬、帽带、帽绒均为棕色 |
| | | 3 | 安全帽的帽箍对应前额的区域应有吸汗性织物或增加吸汗带，吸汗带宽度大于或等于帽箍的宽度。系带应采用软质纺织物，宽度不小于10mm的带或直径不小于5mm的绳 |
| 安全帽的使用 | | 1 | 必须正确佩戴安全帽才能发挥其防护性能：<br>（1）应将内衬圆周大小调节到对头部稍有约束感，转送帽体以基本不能转动，但不难受的程度，以低头时安全帽不会脱落为宜；<br>（2）安全帽的前沿要压至眉头之上，不能露出额头，帽檐必须与目视方向一致，不得歪戴、斜戴或反着戴；<br>（3）佩戴安全帽时必须系好下颚带，下颚带应紧贴下颚，以下颚有约束感但不难受为宜 |

续表

| 作业步骤 | 风险 | | 注意事项 |
|---|---|---|---|
| 安全帽的使用 | | 2 | 在使用安全帽前，必须检查外观是否完整无裂纹或损伤，无明显变形，内部的衬带、帽箍、缓冲垫、帽带和锁紧卡等附件是否完好无损。严禁使用受过重击、褪色、有裂纹、超过使用期限或基本技术性能不符合国家标准的安全帽 |
| 安全帽的储存和清洁 | | 1 | 安全帽不能在有酸、碱或化学品污染的环境中存放，不能放置于高温、日晒或潮湿的场所中，以免其老化变质 |
| | | 2 | 存放和搬运安全帽时应避免重物或尖锐物体的挤压或碰撞 |
| | | 3 | 安全帽的外壳和帽衬可使用中性的常温肥皂水清洗干净后用软布擦干，然后置于阴凉通风处自然晾干。不可放在阳光下暴晒或高温处烘干，以免外壳变形或老化 |
| 安全帽的报废 | | 1 | 应定期经高温、低温、浸水、紫外线照射预处理后，对安全帽进行基本技术性能测试，内容包括：<br>（1）冲击吸收性能。钢锤从1000mm±5mm下落冲击安全帽，帽壳不应有碎片脱落。<br>（2）耐穿刺性能。钢锥从1000mm±5mm自由下落，钢锥不应接触头模表面，帽壳不应有碎片脱落。<br>（3）下颚带的强度。下颚带发生损坏时的力值应为150~250N。<br>（4）阻燃性能。续燃时间不超过5s时，帽壳不应被烧穿。<br>（5）防静电性能。表面电阻率不大于$1×10^9\Omega$ |
| | | 2 | 安全帽的报废应从使用年限、产品缺陷及防护的有效性三个方面进行管理，当出现下列情况时，应当予以报废：<br>（1）所选用的安全帽不符合国家标准或行业标准；<br>（2）安全帽标识不符合产品要求或国家法律法规的要求；<br>（3）安全帽使用超过有效期；<br>（4）安全帽部件损坏、缺失或外壳破损、变形影响正常佩戴；<br>（5）安全帽遭受到严重冲击；<br>（6）安全帽经定期检验和基本技术性能测试后结果为不合格；<br>（7）达到使用说明书中规定的其他报废条件时 |

## 5.3 正压式呼吸器使用

| 作业步骤 | 风险 | | 注意事项 |
|---|---|---|---|
| 使用前检查 | | 1 | 检查气瓶各部件是否完好，部件之间连接是否紧密 |
| | | 2 | 呼吸器安装前要检查连接活帽处的"O"形密封圈是否在正确的位置，是否受损 |
| | | 3 | 呼吸器在使用前，气瓶内必须有足够的空气（气瓶压力应在28~30MPa范围内） |

续表

| 作业步骤 | 风险 | | 注意事项 |
|---|---|---|---|
| 使用前检查 | | 4 | 检查全面罩的镜面是否干净清洁，不能被酸度、碱度及油度比较大的有害物质污染镜面 |
| | | 5 | 检查吸气阀和呼气阀2个关键阀门的灵活度，供气导管是否有裂纹、漏气现象 |
| | | 6 | 进行气密性检查：按压供给阀的关闭开关使其处于关闭位置。慢慢地全部打开气瓶开关，使系统内充满压力，此时会听到一声短促的警报声响。关闭气瓶开关并观察压力指示值。5min内压力下降值不超过4MPa |
| | | 7 | 警报器警报试验：用手指挡住供给阀的出气口，按压保护帽的中心按钮，慢慢地移开手指以保持压力缓慢地降低。观察压力指示，当达到设定压力（4～6MPa）时，警报器应发出警报声响。完成警报器警报试验后，按压供给阀关闭开关使其关闭 |
| 佩戴 | | 1 | 佩戴时，先将快速接头断开（以防在佩戴时损坏全面罩），面向气瓶顶部（光头端），左手抓右带，右手抓左带，用力将气瓶背在背上（空气瓶开关在下方） |
| | | 2 | 扣上腰带扣，拉紧胸带，双手同时拉紧肩带，根据身材调节，以合身、牢靠、舒适为宜 |
| | | 3 | 把全面罩上的长系带套在脖子上，使用前全面罩置于胸前，以便随身佩戴，然后将快速接头接好 |
| | | 4 | 将供给阀的转换开关置于关闭位置，打开空气瓶开关；使呼吸器系统内充满空气，再次检查整机气密 |
| | | 5 | 展开面罩的头带或头网，把下巴置于面罩内下方的凹槽处，头带或头网罩于头部，头带或头网的中心带要置于头的后部 |
| | | 6 | 戴好全面罩（可不用系带）进行2～3次深呼吸，应感觉舒畅，屏气或呼气时，供给阀应停止供气，无"咝咝"的响声 |
| | | 7 | 用手按压供给阀的杠杆，检查其开启或关闭是否灵活。一切正常时，将全面罩系带收紧，收紧程度以既要保证气密又感觉舒适、无明显的压痛为宜 |
| | | 8 | 完全打开气瓶开关阀门，使呼吸器系统内充满气体，查看气瓶内的气体压力值 |
| 使用 | 中毒和窒息 | 1 | 应按照工作场所可能产生的有毒有害物质毒性程度的等级、浓度和工作环境等因素进行风险识别和安全评估，选配相应的空气呼吸器和便携式监测仪器 |
| | | 2 | 佩戴后产生不良生理或心理反应者在作业时应慎用空气呼吸器；佩戴者面部异常、毛发、胡须特征等影响面罩密封功能不得使用呼吸器 |
| | | 3 | 根据预判作业时间，备足备用气源。若连续工作时间较长，应采用气瓶组或其他型式空气呼吸器 |

续表

| 作业步骤 | 风险 | | 注意事项 |
|---|---|---|---|
| 使用 | 中毒和窒息 | 4 | 压力表应固定在肩带易观察的位置上，并随时观察，掌握作业时间；当压力表的指示值在4～6MPa范围时，应能听到警报声，此刻要以最快、最安全的方式撤离到安全区 |
| | | 5 | 使用空气呼吸器时应2人以上共同作业，相互监护 |
| | | 6 | 进入密闭环境或有限空间作业，应同时配备通信设备，保持与外部的联系。监护指挥人员要控制使用时间，及时提醒作业人员撤离工作现场 |
| | | 7 | 使用时气瓶开关一定要开到最大，最少也要开到2圈以上，避免瓶阀无意关闭而中断供气 |
| | | 8 | 使用呼吸器时，应注意周围工作环境，防止供气导管损伤、面罩脱落等零件损坏 |
| | | 9 | 如出现呼吸困难等其他不适症状应立即停止作业，以最快、最安全的方式撤离到安全区域 |
| 停止使用 | | 1 | 使用后放松面罩的头带或头网，然后将供气阀置于关闭状态 |
| | | 2 | 摘下面罩，关闭气瓶开关，排放出系统内的气体 |
| | | 3 | 解开腰带，将肩带放送，然后取下呼吸器，放到合适的地方，此时不要随意扔下呼吸器，以免出现损坏的意外情况 |
| 维护、储存与保养 | | 1 | 修理人员应接受制造商的专门培训，方可从事空气呼吸器修理工作 |
| | | 2 | 空气呼吸器每次使用后应及时清洁或消毒，并定期清洗。清洗和消毒应优先采用制造商指定或推荐的清洗方法，使用其推荐的清洗剂和消毒剂 |
| | | 3 | 按照说明书要求检查更换易损件。更换面罩、密封件、导管等零部件应使用原制造商指定的配件或在制造指导下进行 |
| | | 4 | 空气呼吸器不使用时，应放置在保管箱内或储存架上，存放时不能处于受压迫状态，保管室内温度应保持在5～30℃之间，相对湿度40%～80%，呼吸器距离取暖设备不小于1.5m，不能受到阳光暴晒和有毒有害气体及灰尘的侵蚀 |
| | | 5 | 气瓶内气体不应全部用尽，应保留不小于0.05MPa的余压 |
| | | 6 | 橡胶件制品长期不使用，应涂上一层滑石粉，使用后用清水洗净，放置呼吸器箱内，这样可增加使用寿命 |
| | | 7 | 气瓶充气应选干燥、清洁的气源，气瓶只能用纯净的空气，不能用氧气 |
| | | 8 | 在运输和储存时，气瓶必须有1个阀盖，对螺纹进行保护，防止外界污染或损坏 |

续表

| 作业步骤 | 风险 | | 注意事项 |
|---|---|---|---|
| 意外情况处置 | 中毒和窒息 | 1 | 使用中出现空气呼吸器报警、呼吸时感到有异味和咳嗽、刺激、憋气恶心等不适症状,以及安全泄放装置排气、部件损坏、压力表出现不明原因的快速下降等原因应立即撤离有害环境 |
| | | 2 | 紧急救援时,应佩戴可供2人或多人呼吸的空气呼吸器 |

## 5.4 听力保护

| 作业步骤 | 风险 | | 注意事项 |
|---|---|---|---|
| 噪声的伤害 | | 1 | 长期和重复接触或暴露在高噪声中,可能会导致的健康隐患主要有以下几方面:<br>(1)听力的永久丧失。丧失的速度决定于噪声的高低和接触暴露的时间长短,且具有积累性质。<br>(2)临时的听力丧失。当噪声能过度且具有连续性,就会造成临时的听力丧失,在人员离开噪声区的48h内通常都能恢复,其改变程度决定于噪声的强度、时间及噪声的组成频率。<br>(3)重听。<br>(4)耳鸣。<br>(5)高音补偿。受到影响的人通常会觉得在安静的环境进行交流要比在嘈杂的环境内进行交流的困难度更大 |
| | | 2 | 噪声会影响口头交流,可能导致员工不能对警告和叫喊声做出及时有效的反应,存在安全隐患 |
| | | 3 | 高噪声给身体带来压力,会导致一系列的心理影响、精神紧张和失眠等症状 |
| 噪声源的确定 | | 1 | 根据国家职业病场所危害因素检测要求,每年委托有资质的中介技术服务机构对作业场所监测点及岗位接触噪声强度进行1次测定。各单位每半年对作业场所监测点及岗位接触噪声强度进行1次测定,可根据生产经营实际确定具体检测时间 |
| | | 2 | 噪声应使用声级计(一种基本的噪声测量电子仪器)进行检测。施工现场应当进行评估以确定声级的设备包括但不限于:手提砂轮机、喷砂机、台锯、无齿锯、刨床、空压机、电焊机、机动设备 |
| | | 3 | 在作业场所噪声强度水平可能发生改变时,或初试噪声评估结果显示员工的噪声接触有可能等于或超过限制时,应及时监测变化情况 |
| 噪声的控制 | | 1 | 在新建、改建、扩建工程项目的安全设施"三同时"工作中,应加强对噪声源的工程控制,噪声控制设计应符合现行国家和行业标准的规定 |

续表

| 作业步骤 | 风险 | | 注意事项 |
|---|---|---|---|
| 噪声的控制 | | 2 | 对现有生产设备噪声水平≥85dB 的作业场所，应当优先考虑采用以下工程措施来降低作业场所的噪声：<br>（1）设置隔音监控室；<br>（2）对强噪声机组安装隔音罩；<br>（3）作业场所的吸音处理及在声源或声通路上装配消声器和对设备的隔振处理等 |
| | | 3 | 尽量选用低噪声设备、零部件和新工艺流程，替代高噪声设备、零部件和生产工艺 |
| 听力保护设备的使用 | | 1 | 进入噪声强度≥85dB 的作业场所的员工必须佩戴听力保护设备，根据生产实际，主要包含以下几种：<br>（1）耳塞。分为一次性耳塞和反复使用型耳塞，降噪能力可达 25dB，是目前适用范围最广的听力保护设备。<br>（2）耳罩。<br>（3）耳塞和耳罩混合使用。当噪声高于 100dB 时使用 |
| | | 2 | 员工佩戴听力保护设备后，其实际接受的等效声级应当保持在 80dB 以下 |
| | | 3 | 耳塞必须正确插入耳道，才能更好地达到听力保护的目的 |
| 听力测试与评定（职业健康体检） | | 1 | 首次在 85dB 作业场所中工作的员工，应当在 3 个月内接受听力测试，得出的听力图称为基础听力图 |
| | | 2 | 在 85dB 噪声作业场所工作的员工，应当每 2 年进行 1 次跟踪听力测定，在 100dB 噪声作业场所工作的员工，应当每 1 年进行 1 次跟踪听力测定。跟踪听力图与基础听力图进行对比，作为评定员工是否发生因职业性噪声危害引起高频标准听阈偏移的依据 |
| | | 3 | 对于已发生高频标准听阈偏移的员工，应当在接收到书面形式的测试结果通知时，立即采取相应的听力保护措施 |
| | | 4 | 听力测试应当采用纯音气导法，测试频率至少应当包括 500Hz、1000Hz、2000Hz、3000Hz、4000Hz 和 6000Hz。听力测试所使用的听力计应当符合国家标准的相关要求，听力测试人员应当受过有关专业培训 |
| | | 5 | 进行听力测试前必须有 14h 静息期，即被测员工在进行听力测试之前 14h 内，不得暴露于噪声作业场所和其他非职业噪声环境 |
| 听力保护设备的储存及保养 | | 1 | 听力保护设备必须保持清洁，耳罩和反复使用型耳塞可以用肥皂水清洗后，放置在通风处自然晾干，不可暴晒 |
| | | 2 | 一次性耳塞使用完毕后应及时废弃，反复使用型耳塞若出现破损或慢回弹时应当立即废弃 |
| | | 3 | 耳罩上的塑料如发生老化或耳罩头带松动后不能很好密合，需及时进行更换 |
| | | 4 | 听力保护设备应在清洁、干燥的环境中储存，避免阳光直晒 |

## 5.5 视力保护

| 作业步骤 | 风险 | | 注意事项 |
|---|---|---|---|
| 职业危害因素 | 物体打击、机械伤害、灼烫 | 1 | 在施工现场可能会引起职业性眼病的危害因素主要分为以下几类：<br>（1）热。包括热辐射、高温金属飞溅和热火花，主要产生于熔炉、熔融金属灌注及机械打磨等作业中。<br>（2）冲击物。主要产生于打磨、研磨、刮除、切、削、凿、吹扫和机加工等工艺中，机械作业产生的冲击物的冲击能量比手工作业高。<br>（3）化学物。主要产生于电镀、喷漆等化学物操作的作业中，可能产生的危害包括化学物飞溅、蒸气及刺激等。<br>（4）粉尘。指悬浮在空气中的固体颗粒，产生于固体物料的粉碎过程中。<br>（5）光辐射。包括弧光、射线和各种强度的有害光，主要存在于室外作业、各类型焊接作业、处理熔融金属及探伤作业等 |
| | | 2 | 常见的职业性眼部疾病有以下几种：<br>（1）化学性眼部灼伤。主要是由于工作中眼部直接接触碱性、酸性或其他化学物的气体、液体或固体所导致的眼组织的腐蚀破坏性损害。<br>（2）电光性眼炎也称紫外线眼伤，常发生于焊接作业中，以及使用弧光、水银灯、紫外灯的作业，其中以电焊工最多见。<br>（3）职业性白内障。由职业性化学、物理等有害因素引起的 |
| 视力危害因素的防护 | 物体打击、机械伤害、灼烫 | 1 | 眼部防护用品种类根据防护功能，大致分为以下几种：<br>（1）防护眼镜。施工现场较常见的眼部防护用具，抗低速粒子冲击，具有侧翼防护。主要应用于切割焊接、机械打磨、碎石等存在冲击作业的场所。<br>（2）防护眼罩。紧密贴合于佩戴者眼周，提供更多防护范围的同时，具备更佳的抗冲击能力，还可用来防护粉尘和液体飞溅，配合滤光片也可用于防护某些低能量焊接或切割，如气焊、气切割产生的光学辐射。<br>（3）激光护目镜。衰减或吸收激光能量，主要用于激光加工等作业。<br>（4）X射线防护眼镜。防X射线，主要用于X光焊缝探伤等作业 |
| | | 2 | 在某些工作环境中，使用安全防护眼镜眼罩可能仍然无法达到防护要求，需要更大的防护面积覆盖整个面部，同时根据情况需配合防护眼镜使用。常用的防护面罩分为以下几种：<br>（1）防护面屏。抗冲击能力更强，防护范围扩大至从眉骨一直延伸到下巴。为确保安全，佩戴面屏时需同时佩戴防护眼镜或眼罩。<br>（2）电焊面罩。通过特殊的滤光片，能有效防护焊接作业产生的强光及紫外、红外辐射对眼睛造成的伤害，使眼面部不受到火花、熔融金属和金属颗粒物飞溅的伤害。主要应用于融化与热切割作业。<br>（3）全面罩防毒面具。防冲击性危害与化学液体喷溅，防止化学气体或蒸气、粉尘等对眼睛的刺激。主要应用于同时需要呼吸及眼面部综合防护的场所 |

续表

| 作业步骤 | 风险 | | 注意事项 |
|---|---|---|---|
| 眼部防护用品的使用 | | 1 | 作业前应根据作业要求和作业现场环境特点，选择适当的眼部防护用品 |
| | | 2 | 使用前，应参照制造商的使用说明书，了解其佩戴方法及注意事项 |
| | | 3 | 眼部防护用品使用前，应对其功能性和完整性进行检查，如有缺陷应进行调整或更换，不得使用超过期限的眼部防护用品 |
| | | 4 | 佩戴眼部防护用品后，应检查是否稳固，在做弯腰、低头等动作时是否会脱落 |
| | | 5 | 为确保良好的防护效果和佩戴舒适度，要选择适合使用者脸型的护目镜（护目镜的宽窄和大小要合适、镜架的角度和长度可调节、头带可调节等） |
| | | 6 | 当镜片受到刮擦留下刮痕后影响佩戴者的视线时，或护目镜整体变形时需更换护目镜 |
| | | 7 | 焊接护目镜的滤光片和保护片要根据作业需要选用和更换，使用眼部防护用品时应考虑佩戴的眼护具与作业中使用的其他防护用品的匹配性 |
| | | 8 | 护目镜要专人使用，禁止混用，防止眼病传染，也便于报废管理 |
| | | 9 | 佩戴全面具应进行适合性检验，确保与面部密合良好 |
| 眼部防护用品的清洁保养与储存 | | 1 | 为避免传染性眼疾，不建议共用护目镜。必须共用时，使用前应进行消毒。消毒可用季铵类消毒剂或次氯酸钠消毒剂浸泡（7.5L 水配 30mL）消毒，或使用其他适用的消毒剂 |
| | | 2 | 不能用化学溶剂清洗镜片，可用洗洁精溶液清洗护目镜，如表面沾有油漆可用矿物油（煤油或柴油）清洗镜片表面 |
| | | 3 | 不能使用粗糙的纸或布擦拭镜面，不能使用刀或其他工具刮擦镜片 |
| | | 4 | 全面具的头带、阀片和垫圈是需要经常更换的配件。在每次使用后可将面罩浸泡在温度不超过 49℃ 的温水中，用软毛刷沾中性洗涤液清洗；不得使用含羊毛酯的洗涤剂 |
| | | 5 | 为防止镜片刮花，存放时应将镜片朝上放置，避免与粗糙表面接触 |
| | | 6 | 为防止眼镜变形，不要在眼镜上放置重物或过度挤压眼镜 |
| | | 7 | 眼部防护用品应保存在清洁、干燥的地方，防止日晒和雨淋。禁止与酸、碱及其他有害物接触 |
| | | 8 | 取用和搬运时要轻拿轻放，防止破碎 |

## 5.6　呼吸保护

| 作业步骤 | 风险 | | 注意事项 |
|---|---|---|---|
| 职业危害因素 | 中毒和窒息 | 1 | 在施工现场可能会出现危害的物质主要包括以下几种：<br>（1）粉尘。产生于固体物料的粉碎过程中，如磨料喷砂作业。<br>（2）烟。悬浮在空气中的微小液体颗粒，在金属、塑料或聚合物处于高温时产生，如焊接与热切割作业。<br>（3）雾。悬浮在空气中的微小液体颗粒，通常由液体喷洒产生，如喷漆作业产生的漆雾等。<br>（4）气体。常温、常压下以气体形态存在的有害物，如一氧化碳、硫化氢和二氧化碳等。<br>（5）蒸气。常温、常压下以液态或固态存在的物质蒸发产生的气体，如苯、汽油等 |
| | | 2 | 有害物质对人体的危害主要分为以下几类：<br>（1）粉尘、烟和雾统称颗粒物，或叫气溶胶。颗粒越小，在空气中浮的时间越长，被吸入的可能性越大，最终导致各种尘肺病。<br>（2）气体和蒸气都是气态的物质，能直接进入肺泡，通过气体交换进入血液循环系统，危害健康。<br>（3）缺氧，是指氧浓度低于18%的环境，可直接威胁生命 |
| 呼吸防护用品的选择 | | 1 | 常用的呼吸防护用品主要分为过滤式和隔绝式两类。<br>（1）过滤式呼吸防护用品主要由过滤部件和面罩两部分组成，分为以下几种：<br>① 防尘口罩，简易式防尘口罩由过滤材料构成面罩本体，防尘口罩适用于可能产生粉尘、烟雾等颗粒物的作业场所，如岩土破碎、喷砂除锈、喷漆等。<br>② 防毒半面罩。适用于短时间、低浓度的有毒有害气体或酸雾作业场所，可根据不同气体更换滤盒，也可作防尘使用，严禁用于应急抢险。如检修作业清理催化剂。<br>③ 过滤式防毒面具，也称防毒全面罩。适用于非立即威胁生命和健康的浓度环境且危害因数小于100的环境，如气体报警后的巡视或逃生、法兰的密封面、丝堵或螺纹的连接处存在的微小泄漏处理，严禁用于应急抢险。<br>（2）隔绝式呼吸防护用品是将使用者呼吸器官与有害空气环境隔绝，靠本身携带的气源或导气管引入作业环境以外的洁净空气呼吸，分为以下几种：<br>① 全面罩正压式空气呼吸器。适用于立即威胁生命和健康的浓度环境，用于应急抢险、未知的危险气体作业环境、缺氧环境。具体操作使用见第5.3节。<br>② 长管式空气呼吸器。用于已知的危险气体作业环境、缺氧环境，严禁用于应急抢险 |
| | | 2 | （1）根据空气污染物种类选择呼吸防护用品，分为以下几种：<br>① 颗粒物的防护。根据颗粒物的分散度可选择防尘口罩，若颗粒物为液态或可挥发物应选择带过滤元件的防护用品，如防毒半面罩。<br>② 有毒气体或蒸气的防护。应选择隔绝式如长管式呼吸器，或过滤式如防毒半面罩、过滤式防毒面具。 |

续表

| 作业步骤 | 风险 | | 注意事项 |
|---|---|---|---|
| 呼吸防护用品的选择 | | 2 | （2）根据作业状况选择呼吸防护用品分为以下几种：<br>① 若空气污染物同时刺激眼睛或皮肤，或可经皮肤吸收，或对皮肤有腐蚀性，应选择滤式防毒面具；<br>② 若有害环境为爆炸性环境，应选择空气呼吸器，不允许使用氧气呼吸器 |
| 呼吸防护用品的使用 | 中毒和窒息 | 1 | 使用前应检查呼吸防护用品的完整性、过滤元件的适用性、电池电量、气瓶储气量等，消除不符合有关规定的现象后才允许使用 |
| | | 2 | 进入有害环境前，应先佩戴好呼吸防护用品。对于密合型面罩，应做配备气密性检查，以确认密合 |
| | | 3 | 不允许单独使用逃生型呼吸防护用品进入有害环境，只允许从中离开 |
| | | 4 | 当使用中出现异味、咳嗽、刺激、恶心、呼吸困难，或自我感觉不适等症状时，应立即离开有害环境，并应检查呼吸防护用品，确定并排除故障后方可重新进入有害环境。若无故障存在，应更换有效的过滤元件。严禁在有毒有害区域内摘掉面罩 |
| | | 5 | 在塔罐容器等密闭设备内禁止使用过滤式防毒面具，应使用自吸长管式空气呼吸器。<br>注意：一定要防止人员踩踏呼吸管 |
| | | 6 | 除通用部件外，在未得到呼吸防护用品生产者认可的前提下，不应将不同品牌的呼吸防护用品部件拼装或组合使用 |
| | | 7 | 所有使用呼吸防护用品的人员应定期进行体检，由相关部门定期评价员工使用呼吸防护用品的能力 |
| | | 8 | 供气式呼吸防护用品的使用要注意以下几点：<br>（1）使用前应检查供气气源质量，气源不应缺氧，空气污染物浓度不应超过国家有关的职业卫生标准或有关的供气空气质量标准；<br>（2）供气管接头需专用并上锁挂牌，防止与作业场所其他气体导管接头混淆；<br>（3）使用中应避免供气管与作业现场其他移动物体互相干扰，避免碾压供气管 |
| | | 9 | 在低温环境下呼吸防护用品的使用要注意以下几点：<br>（1）全面罩镜片应具有防雾或防霜的能力；<br>（2）供气式呼吸防护用品或SCBA（自给式呼吸器）使用的压缩空气或氧气应干燥 |
| 使用过程中的维护 | | 1 | 应对呼吸防护用品做定期检查和保养。1个月不少于1次，重点检查气瓶压力、口罩防尘防潮措施 |
| | | 2 | 受到使用频率、过滤元件规格、环境因素等影响，出现下述情况时，应及时更换或废弃过滤式呼吸防护用品：<br>（1）简易式防尘口罩应在使用完毕后及时废弃，不得重复、多人使用。 |

续表

| 作业步骤 | 风险 | 注意事项 | |
|---|---|---|---|
| 使用过程中的维护 | | 2 | （2）颗粒物在防尘过滤元件富集，使用者感到呼吸阻力明显增加时。<br>（3）使用电动、手动送风过滤式防尘呼吸防护用品的使用者感到送风阻力明显增加时。<br>（4）当使用者感觉呼吸阻力明显增大，存在刺激性味道时，应立即更换防毒过滤元件 |
| | | 3 | SCBA使用后应立即更换用完的或部分使用的气瓶或呼吸气体发生器，并更换其他过滤部件。更换气瓶时不允许将空气瓶和氧气瓶互换。按照相关规定，应在具有相应压力容器检测资格的机构定期检测空气瓶或氧气瓶 |
| | | 4 | 不允许使用者自行重新装填过滤式呼吸防护用品滤毒罐或滤毒盒内的吸附过滤材料，也不允许采取任何方法自行延长已经失效的过滤元件的使用寿命。不允许清洗过滤元件。对可更换过滤元件的过滤式呼吸防护用品，清洗前应将过滤元件取下 |
| | | 5 | 个人专用的呼吸防护用品应定期清洗和消毒，非个人专用的每次使用完毕后都应清洗和消毒。若需使用广谱消毒剂消毒，应特别注意消毒剂的使用说明，如稀释比例、温度和消毒时间等。清洗面罩时，应按使用说明书要求拆卸有关部件，使用软毛刷在温水中清洗，或在温水中加入适量中性洗涤剂清洗，清水冲洗干净后在清洁场所蔽日风干 |
| | | 6 | 呼吸防护用品应保存在清洁、干燥、无油污、无阳光直射和无腐蚀性气体的地方 |
| | | 7 | 若呼吸防护用品不经常使用，建议将呼吸防护用品放入密封袋内储存。储存时应避免面罩变形 |
| | | 8 | 防毒过滤元件不应敞口储存 |
| 意外情况处置 | 其他爆炸、中毒和窒息 | 1 | 需注意当生产经营场所产生的有毒有害物质符合以下条件时，有爆炸的风险应首先考虑控制爆炸风险：<br>（1）当产生的气体处于爆炸极限范围之内时。<br>（2）粉尘爆炸的条件：<br>① 该固体物质未被分割状态下是可燃的。<br>② 粉尘的分布必须相当均匀。<br>③ 颗粒必须小于400μm。<br>④ 颗粒浓度必须处于某一范围之内。通常情况下，爆炸下限介于$20\sim60g/m^3$，上限介于$2\sim6kg/m^3$。<br>⑤ 最低点火温度为300～500℃ |
| | | 2 | 以下情况未经批准不得作业：<br>（1）当环境有毒有害气体、粉尘、烟雾、颗粒物浓度超标或浓度存在发生变化的可能时；<br>（2）进入受限空间内作业，无监护人时；<br>（3）应急物资及装备准备不充分时；<br>（4）环境情况不明确、未进行气体分析检测时 |

## 5.7 手部保护

| 工作步骤 | 风险 | | 注意事项 |
|---|---|---|---|
| 职业健康危害因素 | 物体打击、机械伤害、触电、灼烫、其他伤害 | 1 | 作业场所可能造成手部损伤的危险源主要包括：<br>（1）夹伤点。可能存在于吊装作业、移动中的设备和零件、输送装置等。<br>（2）移动或转动的部位。如卷扬机、钻床等设备旋转和转动、传动部位。<br>（3）锋利的部位。如切割下来的金属边角料、刀片、钻头、锯条等。<br>（4）化学品接触。如生产过程的清洗剂、乳化液、除锈剂等。<br>（5）热接触。如焊接与热切割作业等。<br>（6）触电和电灼伤。如使用电动工具、接触配电柜/箱、电线等 |
| | | 2 | 作业场所常见的手部伤害种类主要分为以下几类：<br>（1）摩擦伤。可由转锯、飞轮、磨轮、皮带和滚筒引起，或者粗糙的材料造成。<br>（2）刺伤。由钉子、螺丝刀、碎片、铁丝、订书针、玻璃或者齿状工具引起。<br>（3）切割伤。切割伤一般发生在使用刀具等进行切割时，或者2个表面在切线方向接触时。<br>（4）骨折。经常发生在轮子、滚轮或向内旋转的齿轮上，或者手部猛烈地拍打在硬物上。<br>（5）压榨伤。一般由重型机器的2个固件突然靠近所引起，也可以因高空坠落的重物和车门挤压伤导致。<br>（6）腐蚀皮肤。接触油漆、稀料、油料等化学品或从事有关设备维护、注油作业 |
| 防范措施 | | | （1）针对可能造成伤害的危险源和机械设备进行培训，增强员工辨识风险的能力，提高安全意识。<br>（2）在设计、制造设备及工具时，要从安全防护角度予以充分的考虑，配备较完备的防护措施。例如对设备的危险部件加装防护罩，对热源和辐射设置屏蔽，配备手柄等合理的手工工具。<br>（3）根据不同的作业环境选择使用不同的手部防护用品，在操作转动机械作业时，禁止使用编织类防护手套。<br>（4）通过培训和交底等，使员工充分了解掌握所使用各类机械设备的操作规程，杜绝违章作业。<br>（5）加强5S管理，确保作业区域整洁有序 |
| 手部防护用品的选择 | | 1 | 手部防护用品种类根据防护功能，大致分为以下几种：<br>（1）帆布手套、线手套。施工现场较常见的手部防护用具，可防护脏污、摩擦、碰撞等造成的伤害，主要应用于搬运、铸造等作业。<br>（2）防振手套。通过减振措施来减少伤害，主要应用于手持振动工具或振动的设备设施。<br>（3）电工胶手套。也称绝缘手套，带电作业时使用，防止手部电击伤。<br>（4）焊工防护手套。用于防御焊接时的高温、熔融金属、火花烧（灼）手，并配有18cm长的帆布或皮革制的袖筒。<br>（5）防割手套。带有金属网孔，能有效地保护手部不被刀具等利刃割伤，同时具备防滑和耐磨性。<br>（6）防静电手套。用于存在易燃可燃气体、粉尘场所作业 |

续表

| 工作步骤 | 风险 | | 注意事项 |
|---|---|---|---|
| 手部防护用品的选择 | | 2 | 在某些特殊作业环境中，应使用不同的手部防护用品：<br>（1）防寒手套。主要用于低温车间、寒冷室外作业等。<br>（2）耐高温手套。应用于铸造、锻压、热处理、部分焊接等作业。<br>（3）耐油手套。具有抗油性和抗溶性，主要用于石化及石油提炼、腐蚀性和溶剂类物质处理的相关作业。注意，只适用于弱酸、浓度不高的硫酸、盐酸等，不得接触硝酸等强氧化酸。<br>（4）防X射线手套。用于需要X射线进行检测的相关作业 |
| 使用及维护 | | 1 | 作业前应根据作业要求和作业现场环境特点，选择适当的手部防护用品。使用前，应仔细阅读使用说明书或制造商提供的信息 |
| | | 2 | 使用前，使用者应检查手部防护用品有无不安全迹象，外观缺陷检查应包括以下内容：<br>（1）帆布手套、焊工防护手套、防振手套等一般防护用手套，不应有明显的破损、掉线等缺陷；<br>（2）绝缘手套、防静电手套、耐油手套等表面不应有任何破损，可用"封气法"进行检查，即向手套内吹气，用手捏紧套口，观察是否漏气 |
| | | 3 | 使用手部防护用品作业应注意：<br>（1）作业前修剪过长的指甲，摘除可能影响作业安全的手部饰品；<br>（2）如有伤口应包扎伤口，或采取避免细菌和化学物质侵入的措施；<br>（3）根据使用者手部尺寸选择适用长度的手套，也可佩戴手臂防护用品增加长度；<br>（4）正确摘取手套，防止手套上沾染的有害物质接触到皮肤和衣物，造成二次污染 |
| | | 4 | 绝缘手套应定期检验电绝缘性，不符合规定的不能使用 |
| | | 5 | 应将接触过有毒有害物质的手套进行单独的妥善保管 |
| | | 6 | 应根据产品说明书对防护手套进行适当的清洗和保养，清洗后应自然风干保存在清洁、干燥通风、无油污、无热源或阳光直射、无腐蚀性气体的地方。橡胶、塑料等防护手套保存时宜在手套上撒上滑石粉以防黏连 |
| | | 7 | 作业结束后对手部防护用品进行外观检查，如出现渗透、裂痕、缝合处开裂、严重磨损、变形、烧焦、融化或发泡、僵硬、洞眼、发黏或发脆等情况时，应予以报废处理。或进行定期检验后，防护性能不符合国家现行标准要求的防护手套，应予以报废处理 |
| | | 8 | 防护手套超过产品说明书规定的有效使用期限、存储期限或出现使用说明书中规定的其他报废条件时，应予以报废处理 |

续表

| 工作步骤 | 风险 | 注意事项 |
|---|---|---|
| 意外情况处置 | 机械伤害、灼烫、其他伤害 | 作业场所常见的手部伤害和相应的急救措施有：<br>（1）切割伤。如创面不大，可用"指压法"（手指压迫出血伤口近心端动脉）进行止血，如创面较大，用干净的纱布或毛巾，紧紧缠绕绷带加压止血。<br>（2）骨折。用木板、硬纸板或其他可以保持手部不动的设备将受伤部位制动，避免造成进一步损伤，并及时就医。<br>（3）扭伤。及时用冰块外敷或凉水冲洗受伤部位，可以有效缓解伤势。<br>（4）化学烧伤和热烧伤：立即将手放到自来水下至少15min，稀释化学物质，防止组织烧伤进一步发展，缓解疼痛，并及时就医。注意，有的化学物质遇水可以反应。仔细阅读容器上的标签，遵守急救规则 |

# 6 HSE 应急处置规程

本部分 HSE 应急处置规程规定了石油石化工程建设项目过程中常见的人身伤害突发事件的处置要求。

（1）适用范围：

| 序号 | 名称 | 适用范围 |
| --- | --- | --- |
| 6.1 | 创伤急救 | 适用于经初步判断有生还可能的人员急救，施工现场常见的创伤：损伤部位出血（擦伤、切割伤、刺伤、砸伤、挤压伤）、骨折、扭伤、挫伤等 |
| 6.2 | 烧伤急救 | 适用于经初步判断有生还可能的人员急救，用于热力烧伤（最为常见的有火焰烧伤和热液、蒸汽烫伤）的现场处置及急救事项，不适用于电烧伤、化学品灼伤等 |
| 6.3 | 化学灼伤急救 | 适用于经初步判断有生还可能的、意外化学品灼伤事件的现场处置及急救事项 |
| 6.4 | 触电急救 | 适用于触电后经初步判断有生还可能的现场处置及急救事项 |
| 6.5 | 食物中毒急救 | 适用于典型的食物中毒症状的现场急救。施救者为非专业救护人员 |
| 6.6 | 中暑急救 | 适用于热辐射、高温作业（高温强热辐射作业、高温高湿作业、夏季露天作业）场所劳动一定时间后出现的中暑事件现场处置和急救事项 |
| 6.7 | 心肺复苏急救 | 适用于经判断还有生还可能或处于假死状态的现场急救 |
| 6.8 | 有毒有害气体中毒急救 | 适用于人员遭受吸入式有毒有害气体伤害的急性中毒的现场急救 |
| 6.9 | 火灾应急处置 | 适用于新建装置、项目生活营地、办公设施、仓储设施初期火灾的现场处置，不包括公司科培楼、检维修装置火灾事故的处置。当属地管理方有健全的消防责任制和完善的消防设施时，应遵循属地管理方的要求 |
| 6.10 | 交通意外应急处置 | 适用于施工项目公务用车时，突发意外道路交通事故事件的应急处置 |
| 6.11 | 源机失控、丢失应急处置 | 适用于γ射线探伤机的源组件在输源管外脱落、丢失及含源探伤机在源库、运输途中、使用间歇发生被盗、遗失或其他失去控制情况的应急处置，不适用于在检测操作过程中出现故障情况的应急处置 |
| 6.12 | 源机故障应急处置 | 适用于γ射线探伤机在检测操作过程中出现故障情况的应急处置，不适用于源组件在输源管外脱落、丢失及含源探伤机在源库、运输途中、使用间歇发生被盗、遗失或其他失去控制情况的应急处置 |

（2）基本要求：

① 应遵循"先救命后治伤""先救人后保财产"的原则。首先应确保施救者自身安全，施救者在迅速对周边环境危险因素及伤患情况进行判断之后，应使伤者脱离危险区、避免二次伤害。

② 应遵循"现场急救处置与联系医疗机构尽可能同步"的原则。当发现人员受伤严重时，应大声呼救，拨打救援电话，报告内容包括但不限于发现时间、地点和部位、受伤人数、正在采取或已采取的措施。

③ 最大程度上稳定伤员的伤、病情，维持伤病员的最基本的生命体征，如呼吸、脉搏、血压等。

④ 施救者为非专业救护人员，应具备以下基本知识：

（a）能够对事态及伤病员的病情进行初步判断；

（b）接受急救知识培训，必要时取得急救证；

（c）事故事件报告基本知识。

## 6.1 创伤急救

| 作业步骤 | | 注意事项 |
|---|---|---|
| 基本要求 | 1 | 现场急救原则：<br>（1）应遵循四个步骤：<br>① 先止血后包扎，先固定后搬运；<br>② 止血应优先大创口（大出血）后小创口；<br>③ 对于穿刺物应交由专业医疗机构处置；<br>④ 致命性创伤，应先复后固，即当伤员心跳、呼吸骤停又有骨折者，应首先恢复心跳呼吸，再骨折固定。<br>（2）区分伤口的致因，正确采取冷敷或热敷（活血）的方式。当受到外力且无伤口、存在淤血的可能时，通常采取热敷；当扭伤存在肿胀的可能或有伤口出血时，应首先采取冷敷 |
| | 2 | 施救者应具备以下基本知识：<br>（1）能够对伤病员的病情进行初步判断；<br>（2）掌握判断动静脉、心脏、脾胃、骨骼位置等基本生理常识；<br>（3）接受急救知识培训、掌握止血包扎的方法 |
| | 3 | 工程建设项目现场应储备的基本急救物资包括但不限于创可贴、纱布、绷带、酒精等，并每月检查防止出现污染、损坏、过度消耗或其他影响使用等情况 |
| 伤情的判断 | 1 | 首先判断伤员的生命体征是否平稳。如果平稳应检查是否有外伤出血，或询问伤者痛处，外伤出血常见于擦伤、切割伤、刺伤、砸伤、挤压伤等。如无外伤或伤员生命体征不平稳，应考虑骨折、挫伤、扭伤、内出血等可能性，内出血的皮肤没有伤口，常见于脑出血、内脏出血等 |

续表

| 作业步骤 | | 注意事项 |
|---|---|---|
| 伤情的判断 | 2 | 骨折有以下症状：<br>（1）伤处肿胀明显有严重皮下淤血、青紫，出现外观畸形及功能性障碍，应考虑为骨折。<br>（2）根据受伤时用力大小或姿势，一般用力大更容易造成骨折；受伤时姿势，如滑倒手会不由自主先着地，易造成手臂骨折；遭受物体打击时易发生骨折。<br>（3）局部可以出现骨擦音和骨擦感。骨折断端移位，局部骨质发生碰撞，造成的杂音就是骨擦音，触摸以后可以产生的一种骨头折了的感觉，即骨擦感。<br>（4）凡有骨折可疑的伤员，均应按骨折处理 |
| | 3 | 挫伤有以下症状：<br>（1）四肢软组织挫伤：局部红、肿胀、淤血、压疼，活动不便；<br>（2）内脏挫伤：腹部挫伤出现面色苍白、口渴、出冷汗、脉搏快而细弱 |
| | 4 | 扭伤的症状：伤员损伤部位疼痛、肿胀、青紫和关节活动受限，而无骨折、脱臼、皮肉破损等 |
| 出血救治 | 1 | 外部出血：<br>（1）止血：出血部位流速慢的可用清洁敷料压迫在出血部位止血。流速快的应使用止血带止血，但每隔 30min 须放松 1 次，每次 30～60s，以防肢体缺血坏死。<br>（2）包扎：须用消毒纱布或干净布进行包扎，不可直接用棉花、卫生纸等，以防伤口被污染。伤口表面的异物要去掉，外露的骨折端切勿推入伤口，以免污染深层组织。<br>（3）小而深的伤口不宜马上包扎，特别是锈钉扎伤、切割伤、刺伤等，应及时进行清理，再送往医院进行清创并注射破伤风抗毒素 |
| | 2 | 内部出血（脑出血、内脏出血）：<br>（1）保持伤员安静：让伤员平躺在平坦的表面上，避免挪动伤员，以免加重出血。<br>（2）保持呼吸道通畅：将伤员的头部偏向一侧，以防止有呕吐物或分泌物堵塞呼吸道。<br>（3）提供基本急救支持：如果伤员失去意识，可进行心肺复苏，直到急救人员到达。<br>注意：避免给伤员喂食或饮水 |
| 骨折救治 | | 骨折固定方法应简单而有效，可就地取材。目的是固定折断部位、减少继续损伤，便于伤员的搬运和转送。<br>（1）颈椎固定：伤员平卧，头部中立位，头两侧置支撑物，用布带固定，勿使头转动。<br>（2）胸腰椎骨折：平卧在木板上，躯干用 2～3 根布带固定在担架上。<br>（3）骨盆骨折：平卧在木板上，用宽布带横跨两侧髂嵴固定在担架上。<br>（4）股骨骨折：要用一块长木板固定，上段固定到腰部下段固定到踝关节。<br>（5）小腿骨折：用长度由足跟至大腿中部的两块夹板，分别置于小腿内外侧，再用三角巾或绷带固定；也可将伤员伤肢固定在健肢上。<br>（6）肱骨固定：手臂呈屈肘状，用两块夹板固定，一块放于上臂内侧，另一块放在外侧，用绷带固定。如只有一块夹板，则夹板放在外侧加以固定，用三角巾悬吊伤肢。<br>（7）前臂骨折：将夹板置于前臂外侧，然后固定腕关节，用三角巾将前臂屈曲悬吊胸前，用另一三角巾将伤肢固定于胸廓。<br>（8）手指固定：相邻指（趾）都受伤时包扎要分开，不要把相邻的伤趾（指）捆在一起。不要扎得太紧，以免影响血运 |

续表

| 作业步骤 | | 注意事项 |
|---|---|---|
| 挫伤、扭伤救治 | 1 | 挫伤的一般处理：<br>（1）四肢软组织挫伤：只需局部制动、冷敷、抬高患肢。<br>（2）对胸腹部挫伤及头部挫伤，应考虑有无深部血肿或内脏损伤出血，密切观察，及时送医 |
| | 2 | 扭伤的一般处理：<br>（1）安定伤员情绪，用冷湿布敷盖患处。<br>（2）颈部、腰部扭伤者在搬运时不可移动患部 |
| 搬运送医 | | 病员搬运：应根据受伤情况采用不同的搬运方法，同时根据季节采取保暖、防暑措施。随时观察伤员意识、呼吸、心跳的变化，且禁止给需手术的伤病员饮水或进食，以免麻醉时因呕吐造成窒息或吸入性肺炎。对于间断抽搐的伤员，用纱布、手绢包裹木棍垫在上下牙之间，防止咬伤。<br>（1）脊柱损伤：硬担架，3～4人同时搬运，固定颈部不能前屈、后伸、扭曲。<br>（2）颅脑损伤：半卧位或侧卧位。<br>（3）胸部损伤：半卧位或坐位。<br>（4）腹部损伤：仰卧位，屈曲下肢。<br>（5）呼吸困难：坐位。<br>（6）昏迷：除脊柱骨折外，应采用平卧、头转向一侧或侧卧位。对于佩戴假牙者，取出假牙，防止因舌根后坠或呕吐物造成窒息。<br>（7）休克：平卧位，不用枕头头部略低，脚抬高，以保证大脑血液和氧气供应 |

## 6.2 烧伤急救

| 作业步骤 | | 注意事项 |
|---|---|---|
| 基本要求 | 1 | 现场急救原则：<br>（1）应遵循烧伤急救原则：迅速脱离热源、立即冷疗、就近急救和转运。烧伤若救治及时可以减轻烧伤深度，减少并发症，降低死亡率等。<br>（2）烧伤很难得到根治且治疗周期漫长，所以应遵循"预防为主"的原则，在工作前采取有效措施防止热量对人体的伤害 |
| | 2 | 施救者应懂得烧伤的急救措施 |
| | 3 | 所有可能发生烧伤、烫伤伤害的作业活动前，人员必须穿戴全身防护的隔热服，或采取空间隔离措施，防止伤害的发生 |
| 事件的判断 | 1 | 一度烧伤：表面红斑状、红肿、干燥、有烧灼感，无皮肤破损。3～5d愈合，短期内局部皮肤颜色较深，一般不留瘢痕 |
| | 2 | 浅二度烧伤：出现大小不一的水疱，局部红肿比较明显。去除水泡皮后创面基底潮红、疼痛明显，创面皮肤温度较高。如不发生感染，约1～2周愈合。短期内局部皮肤颜色较深，一般不留瘢痕 |
| | 3 | 深二度烧伤：出现小水疱，去除水疱皮后创面基底呈红白相间或猩红色。患者痛觉较迟钝、皮肤温度较低。如无感染，约3～4周愈合，但常伴有瘢痕增生 |

续表

| 作业步骤 | | 注意事项 |
|---|---|---|
| 事件的判断 | 4 | 三度及四度烧伤：创面无水疱，因致病原因不同痂皮可呈焦黄、焦黑或蜡白等颜色，甚至碳化，触之如皮革，创面干燥、发凉、痛觉消失 |
| | 5 | 伴随症状：吸入性损伤，可出现呼吸困难或吸入性窒息（常见于火灾）全身中毒症状。烧伤面积较大没有及时接受复苏治疗时，会出现休克表现 |
| 现场救治 | 1 | 迅速脱离热源：<br>（1）火焰烧伤：衣服着火，应迅速脱去燃烧的衣服，或就地卧倒打滚压灭火焰，或以水浇，或用衣、被等物扑盖灭火。切勿直立奔跑、呼喊以免助长燃烧引起呼吸道烧伤，也不要用双手扑火。<br>（2）热液、蒸汽烫伤：应立即将被热液浸湿的衣服脱去 |
| | 2 | 冷疗：就地寻找冷水源，可用自来水、井水、矿泉水、冰水等湿敷、冲洗或浸泡伤区，时间不少于30min。手足烧伤的剧痛，常可用冷浸泡减轻 |
| | 3 | 烧伤创面的保护：防止再次污染，可用纱布敷料或清洁衣服、被单等简单包扎或覆盖创面。现场急救时，创面尽量不要涂抹任何外用药物，尤其是油性的或带有颜色的药物（如汞溴红、甲紫等），以免影响后续治疗中对烧伤创面深度的判断和清创。对二度烧伤的水疱和浮动的水疱表皮最好不要处理 |
| | 4 | 当伤员还存在可危及生命的合并伤，如呼吸困难、窒息、昏迷、骨折、大出血等情况，应先进行紧急处理，维持伤员的基本生命体征 |
| | 5 | 送医过程中或等待救护车过来期间，应保持伤处向上以免受压，保持环境清洁、空气流通 |

## 6.3 化学灼伤急救

| 作业步骤 | | 注意事项 |
|---|---|---|
| 基本要求 | 1 | 现场急救原则：<br>（1）应遵循三个步骤：<br>① 使身体任一部位脱离化学品的直接接触；<br>② 使已接触部位表面或内部降低化学品浓度或含量；<br>③ 交由专业医疗机构处置。<br>现场救治应首先确保第一步，争取第二步，为第三步赢得时间。<br>（2）应遵循"施救者与伤者身体部位和化学品两不接触"的原则。<br>（3）化学灼伤很难得到根治，管理者应对每类化学品的特性及所能导致的伤害提前进行全面评估，采取有效的预防措施避免员工受到伤害，制订针对性的急救措施减轻员工的伤害 |
| | 2 | 施救者应具备以下基本知识：<br>（1）能够对导致患者的化学品及化学灼伤症状进行初步判断；<br>（2）掌握危险化学品MSDS相关信息、洗眼器等急救设施的位置；<br>（3）掌握化学灼伤基本处置方法 |

续表

| 作业步骤 | | 注意事项 |
|---|---|---|
| 基本要求 | 3 | 存在危险化学品的工程项目现场须配备基本的应急物资包括但不限于酒精、生理盐水、纱布、绷带、担架、氧气袋、正压式呼吸器等。并每月检查防止出现污染、损坏、过度消耗或其他影响使用等情况 |
| | 4 | 经风险评估，对可能发生急性职业损伤的有毒、有害工作场所，配置现场急救用品、冲洗设备、应急撤离通道和避险区，并在醒目位置设置清晰的标识 |
| 事件的判断 | 1 | 根据周围环境或伤者自述初步判断化学性灼伤的致伤因素 |
| | 2 | 根据化学品灼伤部位可分以下三类：<br>（1）体表化学灼伤：急性皮肤损害有红斑、水疱、焦痂，与烧伤类似。<br>（2）呼吸道化学灼伤：伤员有咽喉疼痛、吞咽困难、流涎、张口困难等；喉部损伤者有声音嘶哑及呼吸困难或发生肺水肿等。<br>（3）眼部化学灼伤：眼红、眼痛、灼热感或异物感、流泪等 |
| 初步处置 | | （1）体表化学灼伤，应立即撤离现场，迅速脱去被化学物污染衣服、鞋袜等。<br>（2）呼吸道化学灼伤，应保持呼吸道通畅，鼓励伤员咳嗽及深呼吸，清除鼻、口腔、咽喉及气管、支气管内的分泌物。<br>（3）眼部化学性灼伤，应迅速在现场用流动清水冲洗，冲洗时眼皮一定要掰开。如无冲洗设备，可把头埋在清洁盆水中，掰开眼皮，转动眼球冲洗。不能用手揉眼睛，或用手帕擦眼，以免加重伤情 |
| 现场处置 | | （1）体表化学灼伤，应用大量清水冲洗创面30min以上，冬季注意保暖。生石灰烧伤应先用干布擦净生石灰粉粒，再用水冲洗，以免生石灰遇水产热，加重烧伤。<br>（2）呼吸道化学灼伤，有条件的可用吸氧袋进行吸氧，吸氧可减轻化学物的中毒，改善代谢，降低血管渗透性。<br>（3）眼部化学性灼伤，应把整个面部泡在清水里，连续做睁眼和闭眼的动作，及早就医 |
| 意外情况处置 | | （1）当施救者与患者身体部位和/或化学品意外接触时，应按上述方法采取自救措施，不能凭主观判断是否受到间接伤害；<br>（2）当患者可能遭受体表化学品灼伤时，无论是否有疼痛感要避免采取热敷的方式；<br>（3）当患者同时遭受体表化学灼伤和创伤时，应首先脱离化学品接触，再采用清水迅速冲洗创面，然后止血包扎 |

## 6.4 触电急救

| 作业步骤 | | 注意事项 |
|---|---|---|
| 基本要求 | 1 | 现场急救原则：<br>（1）采用"心肺复苏法"把握"黄金时间"4～6min。触电伤害的死亡概率非常高、急救成功率低，故所有人员须严格执行第3.50节，本规程为事故状态下的一项被动措施。<br>（2）遵循避免伤者双手或单手单脚与电压形成电流回路的原则。<br>（3）坚持"一切绝缘皆有可能失效"的原则，尤其是阴雨天或潮湿环境、工具破损等情况。<br>（4）高压触电且不能确定是否或无法断开电源情况下，禁止盲目施救 |

续表

| 作业步骤 | | 注意事项 |
|---|---|---|
| 基本要求 | 2 | 施救者须掌握以下知识和技能：<br>（1）安全用电基本知识、触电伤害基本知识；<br>（2）电源及开关位置等现场环境（当不熟悉环境时，不应盲目施救）；<br>（3）心肺复苏法（经过专业医师培训或事后可提供相关证明。经风险评估，当本单位存在触电风险较大时，应配置一定数量的掌握心肺复苏法的人员） |
| | 3 | 工程建设项目现场应储备的基本急救物资包括但不限于酒精、纱布、生理盐水等，并每周检查防止出现污染、损坏、过度消耗或其他影响使用等情况 |
| 事件的判断 | 1 | 判断伤员是否触电应满足两个基本条件：<br>（1）周边存在电源或存在电压的条件（包括但不限于电缆电线、雷电、电气设备）；<br>（2）有症状人员处于电场影响区域内 |
| | 2 | 伤员触电症状分为电击伤和电灼伤。对于电击伤有以下症状：<br>（1）伤员出现惊吓、呆滞、面色苍白；<br>（2）当伤员自述皮肤灼伤处疼痛，或有头晕、心动过速和全身乏力；<br>（3）伤员出现发抖、昏迷、持续抽搐或呼吸停止、休克时。<br>对于电灼伤有以下症状：<br>（1）伤员局部表现有不同程度的烧伤、出血、焦黑等；<br>（2）伤员烧伤区与正常组织界线清楚；<br>（3）伤员出现全身机能障碍，如休克、呼吸心跳停止 |
| 初步处置 | 1 | 判断伤员周围环境是否安全：<br>（1）首先判断是否属于跨步电压触电。若附近有高压电线垂落，地面有积水、导电地板、甲板等情况应考虑处于跨步电压。发现人员应向反方向单脚或双脚并拢跳跃逃离，至少20m以外。<br>（2）当发现伤员附近有电线电缆时，应首先确认最近的电源开关是否处于闭合状态，伤员未脱离电线电缆前，为非安全状态，禁止双方皮肤接触。<br>（3）当不能确定电源是否闭合且环境潮湿或处于水环境时，为非安全状态，不应盲目施救 |
| | 2 | 当确认为跨步电压时，施救者应在安全区域外迅速采取双脚绝缘措施。如果发现垂落电线：佩戴绝缘手套、手持5m以上长柄绝缘工具，尽可能小跨步奔向垂落电线，抡击电源线使其远离伤者方向，双手拉起伤者双手、抱起伤者，迅速向二次垂落电线反方向脱离至安全区域。<br>如果为积水或导电地板环境，施救者应佩戴绝缘手套、穿干燥防护服、尽可能小跨步奔向伤者，双手拉起伤者双手、抱起伤者，迅速向反方向脱离至安全区域 |
| | | 当不能确定电源（不超过380V）是否闭合时，将触电者脱离电源应遵循以下方法：<br>（1）应迅速用绝缘完好的钢丝钳或断线钳剪断电线，以断开电源。<br>（2）导线绝缘损坏造成的触电，施救人员可用绝缘工具或干燥的木棍等将电线挑开。<br>（3）不直接接触触电者，佩戴绝缘手套或使用绝缘工具、器材将伤者拖离电线 |

续表

| 作业步骤 | | 注意事项 |
|---|---|---|
| 现场救治 | 1 | 将脱离电源的触电者迅速移至通风、干燥处,将其仰卧,松开上衣和裤袋。遣散无关人员,保持环境安静 |
| | 2 | 触电伤员出现惊吓、呆滞、头晕、心悸、面色苍白、四肢软弱、全身乏力、神志清醒、呼吸心跳均自主,应让伤员就地平卧,严密观察,暂时不要站立或走动,防止继发休克或心衰 |
| | 3 | 触电伤员出现发抖、持续抽搐时(多数是电击伤):<br>(1)将伤员平放于地面,头偏向一侧,松开上衣和裤带;<br>(2)迅速清除口鼻咽喉分泌物与呕吐物,保证呼吸道通畅和防止牙齿咬伤舌头,应该用纱布或布条包绕的木棍放在上下牙齿之间;<br>(3)用手指掐人中穴和合谷穴。<br>动作要迅速,防止病人在剧烈抽搐与周围硬物碰撞造成伤害,但绝对不可以强力把抽搐的肢体压住,以免骨折 |
| | 4 | 触电伤员昏迷、休克,可针刺或掐人中穴位。触电伤员出现呼吸心跳都停止的,应马上进行心肺复苏术,切勿轻易放弃 |
| | 5 | 皮肤明显出现烧伤、出血、焦黑(多数是电灼伤):先用压迫止血法止血,再用生理盐水冲洗,最后用纱布或干净布包扎好。施救者不得用手直接触摸伤口,也不准在伤口上随便用药 |
| | 6 | 送医过程中或等待救护车期间,应保持伤员平躺、环境空气流通 |
| 意外情况处置 | | 当施救过程中发现施救者本人触电时,应中止施救,检查器材、工具或防护用品的绝缘性能,并纠正以后方可继续施救。未发现问题前不得继续施救 |

## 6.5 食物中毒急救

| 作业步骤 | | 注意事项 |
|---|---|---|
| 基本要求 | 1 | 现场急救原则:<br>(1)应遵循食物中毒一般急救措施:催吐、导泻、解毒、留样、保护现场。<br>(2)最大程度上稳定伤员的伤、病情,维持伤病员的最基本的生命体征,如呼吸、脉搏、血压等 |
| | 2 | 施救者应懂得食物中毒的急救措施 |
| 事件的判断 | | 食物中毒既有个体中毒,也有群体中毒。<br>(1)若个体有恶心、呕吐、腹痛、腹泻等症状,可稍做观察,如发现病情恶化(吐泻严重的、发生脱水的、酸中毒,甚至休克、昏迷等症状)应立即送往医院救治;<br>(2)若群体出现中毒,应立即拨打120急救电话,报告中毒时间、地点、中毒人数及采取的措施等 |

续表

| 作业步骤 | | 注意事项 |
|---|---|---|
| 现场处置 | 1 | 呕吐者应侧卧，便于吐出，防止呕吐物堵塞气道；在呕吐中，不要让病人喝水或吃食物，但在呕吐停止后马上给补充水分 |
| | 2 | 腹痛剧烈，可采取仰卧姿势并将双膝弯曲，有助于缓解腹肌紧张；腹部盖毯子保暖，有助于血液循环 |
| | 3 | 当出现脸色发青、冒冷汗、脉搏虚弱时，要马上送医院，谨防休克症状 |
| | 4 | 出现抽搐、痉挛症状时，马上将病人移至周围没危险物品的地方，并取来筷子，用手帕或衣物缠好塞入病人口中，以防止咬破舌头 |
| | 5 | 催吐：中毒不久而无明显呕吐者，可先用手指、筷子等刺激其舌根部的方法催吐，或让中毒者大量饮用温开水并反复自行催吐，以减少毒素的吸收。如经大量温水催吐后，呕吐物已为较澄清液体时，可适量饮用牛奶以保护胃黏膜。如在呕吐物中发现血性液体，则提示可能出现了消化道或咽部出血，应暂时停止催吐 |
| | 6 | 导泻：如果病人吃下去的中毒食物时间较长（如超过2h），而且精神较好，可采用服用泻药的方式，促使有毒食物排出体外。用大黄、番泻叶煎服或用开水冲服，都能达到导泻的目的 |
| | 7 | 解毒：如果是因吃了变质的鱼、虾、蟹等引起的食物中毒，可取食醋100mL，加水200mL，稀释后一次服下。此外，还可采用紫苏30g、生甘草10g一次煎服。若是误食了变质的防腐剂或饮料，好的急救方法是用鲜牛奶或其他含蛋白质的饮料灌服 |
| | 8 | 留样：<br>（1）保留导致中毒的食物，以便医生确定中毒物质。<br>（2）留取呕吐物和大便样本，给医生检查 |
| | 9 | 保护好现场：<br>封存一切剩余可疑食物及原料、工具、设备，保护好中毒现场和食品留样，无关人员不允许到操作间或留样处。防止人为地破坏现场，等候卫生执法部门处理 |

## 6.6 中暑急救

| 作业步骤 | | 注意事项 |
|---|---|---|
| 基本要求 | 1 | 中暑急救五步骤：阴凉、脱衣、散热、喝水、送医等 |
| | 2 | 施救者应具备以下基本知识：<br>（1）能够对中暑症状进行初步判断；<br>（2）能够应用急救知识和最简单的急救技术进行现场初级救治；<br>（3）心肺复苏法（经过专业医师培训或事后可提供相关证明） |
| | 3 | 中暑的严重后果可导致人员死亡，如非必要，尽可能避免长时间高温作业。如果需要在高温环境下作业，应尽可能为员工提供足够的含盐清凉饮料或绿豆汤，配备必要的应急药品（预防性使用，藿香正气液、人丹、清凉油；救治使用，人丹、十滴水） |

续表

| 作业步骤 | | 注意事项 |
|---|---|---|
| 事件的判断 | 1 | 先兆中暑：主要表现为高温环境下出现大汗、口渴、无力、头晕、眼花、耳鸣、注意力不集中、四肢发麻等 |
| | 2 | 轻症中暑：除上述症状外，体温升高至38℃以上，伴有面色潮红、大量出汗、皮肤灼热，或出现四肢湿冷、面色苍白、血压下降、脉搏增快等表现 |
| | 3 | 重症中暑包括热痉挛、热衰竭和热射病：<br>（1）热痉挛：大量出汗后只饮入大量的水，而未补充食盐，血液中钠及氯降低，血液中钾亦可降低。患者口渴，尿少，肌肉痉挛及疼痛，体温正常。<br>（2）热衰竭：由于大量出汗发生水及盐类丢失引起血容量不足。临床表现为面色苍白、皮肤湿冷、脉搏细弱、血压降低、呼吸快而浅、神志不清、腋温低、肛温在38.5℃左右。<br>（3）日射病：因过强阳光照射头部，大量紫外线进入颅内，引起颅内温度升高（可达41～42℃），出现脑及脑膜水肿、充血。因此会发生剧烈头痛、恶心、呕吐、耳鸣、眼花、烦躁不安、意识障碍，严重者发生抽搐昏迷，体温可轻度升高。<br>（4）热射病：人在高温环境中从事体力劳动的时间较长，身体产热过多，而散热不足，导致体温急剧升高。发病早期有大量冷汗，继而无汗，呼吸浅快、脉搏细速、躁动不安、神志模糊、血压下降，逐渐向昏迷伴四肢抽搐发展；严重者可产生脑水肿、肺水肿、心力衰竭等。<br>上述情况有时可以合并出现 |
| 现场救治 | 1 | 将患者迅速带离高温环境，转移至阴凉通风处平卧，松开衣服，对头部或前胸部做冷敷 |
| | 2 | 若体温过高，需进行物理降温。用风扇、冷水、冰水或酒精擦身，直至皮肤发红。有必要时可在额头、腋下放置冰袋 |
| | 3 | 可给予清凉含盐饮料或冰盐水或含有盐分的冰饮料 |
| | 4 | 重症中暑时病人若已失去知觉，可指掐人中穴，使其苏醒。若呼吸停止，应立即实施人工呼吸 |
| | 5 | 对于重症中暑病人，必须立即送医院诊治。搬运病人时，应用担架运送，不可使患者步行，同时运送途中要注意，尽可能地用冰袋敷于病人额头、枕后、胸口、肘窝及大腿根部，积极进行物理降温，以保护大脑、心肺等重要脏器 |

## 6.7 心肺复苏急救

| 作业步骤 | | 注意事项 |
|---|---|---|
| 基本要求 | 1 | 心肺复苏的黄金时间为4～6min，时间是生命，速度是关键 |
| | 2 | 施救者必须了解心肺复苏的知识并接受专业医师的培训和专门的训练，或在专业医师的直接指导下才可以为他人实施心肺复苏（经过专业医师培训或事后可提供相关证明） |

续表

| 作业步骤 | | 注意事项 |
|---|---|---|
| 基本要求 | 3 | 简易呼吸囊：结构简单，操作方便，可用于进行长时间的人工呼吸 |
| | 4 | 当有AED（自动体外除颤仪）设备时应优先采用AED设备，再进行心肺复苏 |
| 事件的判断 | 1 | 拍摇伤员并大声询问，手指掐压人中穴约5s，如无反应表示意识丧失 |
| | 2 | 检查呼吸是否停止，将已经丧失意识的患者，使其水平仰卧，松解衣领和裤带，清除口腔异物，仰头抬颏，用耳贴近口鼻，如未感到气流或胸部无起伏，则表示已无呼吸 |
| | 3 | 检查心脏是否跳动，最简易、最可靠的方法是检查颈动脉。用2~3个手指放在患者气管与颈部肌肉间轻轻按压，判断时间5s以上、10s以下 |
| | 4 | 心跳、呼吸都停止时，应立即进行心肺复苏术来抢救。心肺复苏即清理呼吸道、人工呼吸、胸外按压 |
| 操作方法 | 1 | 对"有心跳而呼吸停止"的伤员，应采用"人工呼吸法"进行急救。<br>（1）口对口人工呼吸法：在保持患者仰头抬颏前提下，施救者用一只手捏闭伤员的鼻孔，把伤员的嘴撑开，然后深吸一大口气，迅速用力向伤员口内吹气，然后松开鼻孔，使吹入其肺部的气体自然排出，照此每5s反复1次，直到恢复自主呼吸或专业抢救人员的到来。但要注意，吹气力量需适中，不要过猛，以免吹破肺泡。<br>（2）口对鼻人工呼吸法：口对鼻吹气法与口对口吹气法基本相同。在伤员牙关紧闭，不能做口对口吹气法时，可用此方法。具体方法是，施救者用一只手捏闭病人嘴唇，对准鼻孔吹气，吹气的力量要稍大，吹的时间要稍长 |
| | 2 | 对"有呼吸而心跳停止"的伤员，应采用"胸外按压法"进行抢救。<br>（1）施救者应握紧拳头，拳眼向上，快速有力猛击伤员胸骨正中下段一次。此举有可能使伤员心脏复跳，如一次不成功可按上述要求再次叩击一次。如心脏不能复跳，就要通过胸外按压，使心脏和大血管血液产生流动。以维持心、脑等主要器官最低血液需要量。<br>（2）施救者站在或跪在伤员一侧，左手掌根置于两乳头连线中点（胸骨中下1/3处），右手掌根重叠于左手的手背上，左手五指翘起，双臂伸直，按压力量经手根而向下，以冲击动作压迫胸骨，对中等体重的成人使下压深度为3~4cm，然后解除压力，让胸廓自行复位，如此有节奏地反复进行，按压频率为100次/min |
| | 3 | 对"呼吸和心跳都已停止"的触电者，应同时采用"心肺复苏法"进行急救。<br>单人/双人心脏按压30次，人工呼吸2次，交替进行。进行人工呼吸或胸外按压法要及时和坚持不懈。统计材料表明，触电后1min开始抢救，救活率可达90%；触电后6min开始抢救，救活率只有10%。要坚持不懈，是因为有抢救近5h而使触电者得救的实例 |
| | 4 | 心肺复苏的体征：<br>（1）观察颈动脉搏动，有效时每次按压后就可触到一次搏动。若停止按压后搏动停止，表明应继续进行按压。如停止按压后搏动继续存在，说明病人自主心搏已恢复，可以停止胸外心脏按压。<br>（2）若无自主呼吸，人工呼吸应继续进行，或自主呼吸很微弱时仍应坚持人工呼吸。<br>（3）复苏有效时，可见伤员有眼球活动，口唇、甲床转红，甚至脚可动；观察瞳孔时，可由大变小，并有对光反射 |

续表

| 作业步骤 | 注意事项 |
|---|---|
| 意外情况处置 | 当有下列情况可考虑终止复苏：<br>（1）心肺复苏持续 30min 以上，仍无心搏及自主呼吸，现场又无进一步救治和送治条件，可考虑终止复苏；<br>（2）脑死亡，如深度昏迷、瞳孔固定、角膜反射消失，将患者头向两侧转动，眼球由来位置不变等，如无进一步救治和送治条件，现场可考虑停止复苏；<br>（3）当现场危险威胁到施救人员安全（如坍塌）时及医学专业人员认为病人死亡，无救治指征时 |

## 6.8 有毒有害气体中毒急救

| 作业步骤 | | 注意事项 |
|---|---|---|
| 基本要求 | 1 | 现场急救原则：<br>（1）首先应确保施救者自身安全，遵循"先脱离、后切断、再救治"的原则。在不明气体来源的情况下，须佩戴正压式呼吸器，严禁盲目施救。<br>（2）除氧气、空气外的任何气体，在自有理化特性之外对人员均具有窒息特性，在救治过程中须预判是否有窒息风险（通常存在空气不易流通场所且气体量或浓度足够）。<br>（3）中毒和窒息事故具有突发性、有效抢救时间短等特点，应遵循"隐患险于明火，防范胜于救灾，责任重于泰山"的原则，做好预防工作 |
| | 2 | 施救者应具备以下基本知识：<br>（1）掌握危险化学品基本知识，具有对中毒和窒息事故的初步判断能力；<br>（2）会正确使用正压式呼吸器；<br>（3）心肺复苏法（经过专业医师培训或事后可提供相关证明） |
| | 3 | 存在有毒有害气体泄漏风险的工作场所应配备必要的应急物资包括但不限于正压式呼吸器、氧气袋、防毒口罩、气体检测仪等。经常对应急物资的完整性与有效性进行检查 |
| 事件的判断 | 1 | 刺激性气体中毒常见的症状有流泪、畏光、眼部灼痛、咽部不适、咳嗽、胸闷、呼吸困难、头晕、头疼、窒息等 |
| | 2 | 窒息性气体中毒常见的症状有呼吸困难、四肢乏力、脸色发绀、窒息等 |
| 现场处置 | 1 | 现场第一发现人应大声呼救及时报警，示意其他人员捂住口鼻迅速反方向或向高处逃离，制止不具备条件的盲目施救 |
| | 2 | 救护者应穿戴正压式呼吸器之后方可参与救治。不允许以手捂毛巾、过滤式口罩等方式代替呼吸器 |
| | 3 | 若清楚有毒有害气体来源，应采取有效的切断或控制措施，如关闭泄漏管道阀门、堵塞设备泄漏处、停止输送物料等方法。对于已经泄漏出来的有毒气体或蒸气，应迅速启动通风排毒设施或打开门窗 |
| | 4 | 应立即将接触者脱离接触环境，移至通风良好、空气新鲜处、注意保暖；在抢救抬运过程中，不宜强拖硬拉以防造成外伤 |

续表

| 作业步骤 | | 注意事项 |
|---|---|---|
| 场外救治 | 1 | 眼睛直接接触刺激性气体或其溶液后，立即用大量水冲洗眼睛，冲洗时要翻开上下眼睑，并立即就医 |
| | 2 | 皮肤直接接触到刺激性的气体或其溶液后，要迅速将污染衣服脱除，并立即用水冲洗污染皮肤，并迅速就医 |
| | 3 | 如果呼吸停止或者心脏骤停，应立即施行心肺复苏术。当有毒气体造成肺部吸入式伤害时（如硫化氢、二氧化硫）严禁直接口对口进行人工呼吸 |

## 6.9 火灾应急处置

| 作业步骤 | | 注意事项 |
|---|---|---|
| 基本要求 | 1 | 现场急救原则：<br>（1）应遵循"先救人后保财产"的原则。<br>（2）大型火灾应遵循"现场急救处置与联系应急消防机构尽可能同步"的原则。大型火灾的界定由属地单位负责人组织在风险分析的基础上结合可燃物的量与点火源的性质综合确定。<br>（3）危险化学品发生火灾事故，严禁盲目施救，未经批准严禁使用消防水灭火。<br>（4）任何火灾事故的发生后果难以预料，应遵循"隐患险于明火，防范胜于救灾，责任重于泰山"的原则 |
| | 2 | 按照《动火作业规程》要求，严格执行用火审批程序。火灾事故的风险主要来源于火焰烧伤，可燃物燃烧后的烟气窒息、中毒和环境污染，结构物遇火之后的坍塌，着火引起的爆炸等 |
| | 3 | 施救者应具备以下基本知识：<br>（1）会正确判断着火原因、可燃物及火势，掌握火灾事故的危害及基本特征；<br>（2）会正确选择和使用灭火器材；<br>（3）掌握火灾事故应对自救知识，会组织人员逃生 |
| | 4 | 一般作业人员或管理人员应掌握以下基本知识：<br>（1）掌握火灾事故的发生原理，了解工作场所存在的可燃物、点火源；<br>（2）熟知逃生通道，掌握自救和互救知识；<br>（3）会正确选择和使用灭火器材 |
| | 5 | 灭火器材应设置在明显和便于取用的地点，且不得影响安全疏散。定期（每月1次）做好消防器材的检查、维护与更新工作，保证始终处于完好状态 |
| | 6 | 始终保持安全通道畅通，便于紧急时刻快速逃生 |
| 火情判断 | | 任何员工一旦发现火情，应从以下两个方面进行初步判断：<br>（1）可燃物的性质、数量或分布。可燃物分为固体、液体、气体，其中气体风险最高。<br>（2）点火源的性质及点火方式。可分为明火、高温、电源、静电、摩擦火星、自燃、雷击等。<br>对于无法判断可燃物或点火源的，应按最危险的后果考虑，先远离着火点避免自身受到伤害 |

| 作业步骤 | | 注意事项 |
|---|---|---|
| 初期处置 | 1 | 当火场存在电气电力设施时，首先要切断电源 |
| | 2 | 对于较小的火灾，可采取的扑救方法包括但不限于：<br>（1）冷却：利用现场的消防给水系统、灭火器、水桶等进行灭火。<br>（2）窒息：油锅着火时，立即盖上锅盖；将毯子、棉被、麻袋等浸湿后覆盖在燃烧物表面；对忌水物质，必须采用干燥沙、土扑救。<br>（3）隔离：将燃烧点附近可能成为火势蔓延的可燃物移走；切断流向燃烧点的可燃气体和液体；采用泥土、黄砂筑堤等方法，阻止流淌的可燃液体流向燃烧点 |
| | 3 | 判断火势的大小，当存在包括但不限于以下情况时，应报火警同时采取自救互救措施：<br>（1）消防器材数量难以控制火势蔓延，或消防水源不足或缺水；<br>（2）有人员被困的可能；<br>（3）无法判断可燃物数量、性质或无法切断可燃物料介质时；<br>（4）距离人员密集场所较近时或运行装置较近时 |
| 自救互救 | | 火场人员逃生注意事项：<br>（1）在充满烟雾的房间和走廊时，应用毛巾、手帕、衣物遮掩口鼻，放低身体姿势，浅呼吸，快速、有序地向安全出口撤离。尽量避免大声喊叫，防止有毒烟雾进入呼吸道。<br>（2）衣服着火，应迅速脱去燃烧的衣服，或就地卧倒打滚压灭火焰，或以水浇，或用衣、被等物扑盖灭火。切忌站立喊叫或奔跑呼救，以防增加头面部及呼吸道损伤。<br>（3）生活区、办公区着火时，可利用普通楼梯进行逃生；多层楼可利用房间床单等物连接起来，把一端捆扎在牢固的固定物件上，顺另一端落到地面逃生 |
| 人员撤离 | | （1）撤离时严禁乘坐电梯；<br>（2）撤离时应少带或不带贵重物品；<br>（3）尽可能沿逆风向撤离；<br>（4）群体撤离时应遵循"有序、快速"的原则 |
| 后期处置 | | （1）清点人数，发现有缺少人员的情况时，立即向领导汇报。<br>（2）发现有人员受伤，立即送往医院或拨打救护电话。对构成危及生命的伤情，应充分利用现场条件，予以紧急救治，使伤情稳定或好转，为转送医院创造条件。<br>（3）在事故调查部门未查清火灾原因前注意保护现场 |

## 6.10 交通意外应急处置

| 作业步骤 | | 注意事项 |
|---|---|---|
| 基本要求 | 1 | （1）自救原则：在车祸现场不能消极等待，要积极采取"自救、互救"措施，充分利用就便器材以赢得救援时间。<br>（2）救护原则：确保自身安全，在迅速对周边环境危险因素及伤患情况进行判断之后，应使伤者脱离危险区、避免二次伤害、避免财产损失再次扩大。<br>（3）高速公路上遇到车辆故障或交通事故应遵循"车靠边、人撤离、即报警"的原则 |

续表

| 作业步骤 | | 注意事项 |
|---|---|---|
| 基本要求 | 2 | 车辆驾驶员应具备以下基本知识：<br>（1）熟悉路况，娴熟的驾驶技能；<br>（2）会报警、会自救、会使用灭火器；<br>（3）持证上岗 |
| | 3 | 乘车人员会使用安全锤、灭火器等 |
| | 4 | 项目公务车辆内须配备基本的应急物资，包括但不限于：反光三角警示牌、车载灭火器、千斤顶、行车记录仪、安全锤等，并定期检查，保证始终处于完好状态 |
| 事故事件分类 | 1 | 高速公路交通事故，分两类：车辆能行驶、车辆无法行驶 |
| | 2 | 道路交通事故，分两类：有人员受伤、无人员受伤 |
| | 3 | 乡间小道、崎岖山路发生交通事故 |
| 现场处置 | 1 | 高速公路上发生交通事故后：<br>（1）车辆无法继续行驶时，首先要打开双闪灯，尽量把车停到高速最外侧，在来车方向设置警示标志，白天距来车方向150m外放置反光三角警示牌；夜间或遇雨、雪、雾等低能见度气象条件时，在距离来车方向200m处放置反光三角警示牌。人员要撤离到高速公路右侧护栏外安全位置。<br>（2）如果车辆可以继续行驶的，在确保安全的情况下，采用摄像、拍照、标画事故位置或其他方法固定事故现场证据，然后迅速把车辆驶离主车道，不妨碍交通的地点或开到下一个高速收费站，耐心等待救援和交警处理，避免与别人发生冲突 |
| | 2 | 发生道路交通事故后：<br>（1）立即停车，打开双闪灯，在距现场100m放置反光三角警示牌，同时拨打电话报警。在交警部门人员未到现场前应做好其他车辆疏导。<br>（2）如发现有人员受伤，应当立即对受伤严重、流血不止的人员实施现场救护并拨打急救电话，或迅速送往附近医院 |
| | 3 | 乡间小道或崎岖山路发生交通事故后，第一时间报警，等待救援的同时要自救。以下是几种自救方法：<br>（1）被卡车内：如车门打不开，可尝试按下车窗找机会逃离；如伤势严重出血量大，可用力按压出血点止血。<br>（2）撞击失火：司机应立即熄火停车，切断油路、电源，让车内人员有秩序下车。若车辆碰撞变形，车门无法打开，可从前后挡风玻璃或车窗处脱身。万一身上着火，可下车后倒地滚动，边滚边脱衣服。切记不要张嘴深呼吸或高声呼喊，以免烟火灼伤上呼吸道。<br>（3）下沟翻车：车辆倾翻时，司机应抓紧方向盘，两脚钩住踏板，随车体旋转。车内乘客应趴到座椅上，抓住车内固定物，使身体夹在座椅中稳住身体。翻车时，应向车辆翻转相反方向跳跃。落地时应双手抱头顺势向惯性方向滚动或奔跑一段距离，避免二次受伤。<br>（4）车辆落水：先深呼吸再开车门，若水较浅，未全部淹没车辆，设法从门窗处离开车辆；若水较深，不急于打开车门与车窗玻璃，此时车厢内氧气可供司机和乘客维持几分钟。车内人员将头部伸入水面，迅速用力推开车门或玻璃，再浮出水面。<br>（5）车辆追尾：当碰撞主要方位不在司机一侧时，司机应双手紧握方向盘，两腿向前蹬直，身体后倾，保持身体平衡，以免在车辆撞击时头部撞到挡风玻璃；如碰撞主要方位临近司机或撞击力度过大，司机应迅速躲离方向盘，并将两脚抬起，以免受到挤压 |

## 6.11 源机失控、丢失应急处置

| 作业步骤 | 风险 | | 注意事项 |
|---|---|---|---|
| 必备条件 | | 1 | 所有从事放射作业人员（包括源机操作人员、辐射安全员及保管人员）均应掌握本规程，并按本规程每年至少接受一次培训 |
| | | 2 | 从事放射作业必须储备的应急物资包括但不限于：防护服、辐射剂量仪、绳索、槽钢、铅板、储源罐、长柄钳、组合工具，属地负责人每月应组织对应急物资至少进行一次检查 |
| | | 3 | 本规程为事故发生后的被动应对措施，按规程操作、避免事故的发生是每位员工的首要选择。以下行为对事故应对有重要作用，须认真遵守：<br>（1）做好源库的管理，加强安全监控、巡检等设施投入和管理力度；<br>（2）所有人员应按规程操作，不得逾越程序作业；<br>（3）做好出入库登记，源机运输须按规定至少 2 人押运、装入专用箱中；<br>（4）源机在使用过程中必须有人值守，不得存在脱岗、睡岗行为，源机不得脱离操作人员的控制范围；<br>（5）属地负责人必须知晓企业应急办公室或主管领导、业主相关方、当地环保、公安及卫生行政主管部门的联系方式 |
| 判断 | | 1 | 操作过程中发现源组件与驱动缆钢丝脱扣并在输源管外脱落 |
| | | 2 | 收源后、出库、入库过程中发现源机表面剂量值接近空源机的表面剂量，表明源组件已经丢失 |
| | | 3 | 源机在源库、运输途中、使用间歇发生被盗、遗失或其他失去控制的情况 |
| 报告 | | 1 | 发现立即向属地负责人报告 |
| | | 2 | 属地负责人第一时间内向企业应急办公室或主管领导口头报告事故发生时间、地点、作业人、简要过程及周边环境 |
| | | 3 | 接应急办公室或主管领导口头指示后再依次向相关方和所在地环保、公安部门报告，造成或可能造成人员超剂量照射的，还应向当地卫生行政部门报告 |
| | | 4 | 当发现源机或源组件丢失时，即使未得到领导指示也须立即向相关方和政府主管部门报告 |
| 决策 | | 1 | 如果源组件脱落可以确定大致位置时，属地负责人在向企业主管领导和/或相关方、政府主管部门报告后，应安排以下事宜：<br>（1）安排人员按不小于监督区范围进行警戒，区域内所有非搜救人员均应被疏散；<br>（2）安排人员准备源回收所需防护用品和专用工具；<br>（3）判断不能短时间内回收时立即报告企业主管领导决策 |

续表

| 作业步骤 | 风险 | | 注意事项 |
|---|---|---|---|
| 决策 | | 2 | 如果源机丢失或发现源组件脱落后但不能确定源组件大致范围时，属地负责人在向企业主管领导和/或相关方、政府主管部门报告后，应安排以下事宜：<br>（1）安排人员对库房或丢失地点进行值守，保护现场；<br>（2）安排人员准备相关的管理资料，作配合调查准备 |
| 处置 | 职业性放射疾病 | 1 | 对于源组件脱落（以下处置方法易造成参与处置人员遭受更大的伤害，处置前必须经过严格论证并经过批准，禁止盲目使用）：<br>（1）操作人员佩戴防护服和剂量仪，利用剂量变化情况从不同方向确定源组件的大致位置；<br>（2）根据源强和大致位置计算容许辐射时间，控制每名搜救人员参与搜索的时间；<br>（3）安排不同人次人员进入确定的大致范围，利用剂量仪和目视确定源组件的精确位置；<br>（4）使用长柄钳夹住源组件凹槽端，迅速放入准备好的回收储源罐，并盖好盖子；<br>（5）回收的储源罐移交专业机构处置 |
| | | 2 | 对于源机或源组件丢失，配合地方政府主管部门查找、侦破，尽快追回放射源 |
| | | 3 | 丢失的源机寻获后，对源机外观和表面剂量进行监测，确认完好后方可办理入库，否则应移交专业机构维修或回收 |
| 善后 | | 1 | 参与处置的所有人员进行职业健康检查，根据检查结果确定工作安排 |
| | | 2 | 所有参与的作业人员参加事故原因分析 |
| | | 3 | 事故现场调查结束后对现场进行清理 |

## 6.12　源机故障应急处置

| 作业步骤 | 风险 | | 注意事项 |
|---|---|---|---|
| 必备条件 | | 1 | 所有从事放射作业人员（包括源机操作人员、辐射安全员及保管人员）均应掌握本规程，并按本规程每年至少接受一次培训 |
| | | 2 | 从事放射作业必须储备的应急物资包括但不限于：防护服、辐射剂量仪、绳索、槽钢、铅板、储源罐、长柄钳、组合工具，属地负责人每月应组织对应急物资至少进行一次检查 |
| | | 3 | 本规程为事故发生后的被动应对措施，按规程操作、避免事故的发生是每位员工的首要选择。以下行为对事故应对有重要作用，须认真遵守：<br>（1）所有人员应按规程操作，不得逾越程序作业； |

续表

| 作业步骤 | 风险 | 注意事项 | |
|---|---|---|---|
| 必备条件 | | 3 | （2）强调作业许可的严肃性，并按要求向可能涉及的相关方进行有效告知；<br>（3）严格按批准的监督区和控制区设置警戒，作业期间辐射安全员不得擅自离岗；<br>（4）做好源机、驱动缆、输源管和驱动装置的日常维护与保养；<br>（5）操作过程中全程开启辐射剂量仪和个人报警器；<br>（6）属地负责人必须知晓企业应急办公室或主管领导，业主相关方，当地环保、公安及卫生行政主管部门的联系方式 |
| 判断 | | | 出源和收源过程中源组件不能到位或不能收回，具体表现在设定的操作圈数不足且摇动过程受阻，或圈数操作正常但剂量监测异常。操作过程中出现这些现象说明源机或其附属装置出现了故障 |
| 报告 | | 1 | 操作人立即向直线领导报告 |
| | | 2 | 现场负责人第一时间内向企业应急办公室或主管领导口头报告事故/事件发生时间、地点、作业人、简要过程及周边环境 |
| | | 3 | 接应急办公室或主管领导口头指示后再依次向相关方和所在地环保、公安部门报告，造成或可能造成人员超剂量照射的，还应向当地卫生行政部门报告 |
| | | 4 | 当可能会影响相关方或周边居民人身安全或装置运行时，即使未得到领导指示也须向相关方和政府主管部门报告 |
| 决策 | | | 现场负责人在向企业报告后，应安排以下事宜：<br>（1）安排人员对不小于监督区的范围进行警戒，严禁无关人员进入；<br>（2）安排人员尝试进行故障排除，不同故障排除的方式方法参见本表"处置"一栏中第1条至第6条；<br>（3）安排人员准备防护服、铅板、槽钢（或其他屏蔽物）、绳索、储源罐、长柄钳、组合工具、锯工或砂轮机等工具，必要时请求应急办公室协调 |
| 疏散 | | 1 | 控制区范围内禁止从事任何作业活动，所有检测人员应离开控制区 |
| | | 2 | 现场负责人（或临时处置指挥）负责组织人员向监督区外疏散 |
| | | 3 | 监督区内的作业活动将被限制，如果必须进行需经批准，且限制作业时间，再次进入控制区必须穿戴防护服 |
| 处置 | 职业性放射疾病 | | 以下所有操作均应进行有效的警戒、监护、剂量监测 |
| | | 1 | 出源受阻故障：<br>（1）记录出源受阻的摇动圈数。<br>（2）先将源组件收回至源机内，同时关注剂量仪显示的变化情况，待显示接近天然本底剂量时，再在源机表面进行剂量监测，确认源组件返回源机内。<br>（3）目视检查输源管的弯曲半径是否大于500mm，否则应将输源管顺直后再次进行出源操作。如输源管弯曲半径大于500mm或顺直后仍有受阻现象，应按以下步骤进行检查。 |

续表

| 作业步骤 | 风险 | 注意事项 | |
|---|---|---|---|
| 处置 | 职业性放射疾病 | 1 | ①拆除输源管后，目视、手触摸检查输源管是否有压扁、凹陷等损伤，如果发现损伤应更换，未发现损伤应对输源管进行清洁；<br>②打开驱动齿轮外壳，目视检查齿轮是否损坏，如有损坏应更换；<br>③目视检查驱动缆钢丝是否受损，如有损伤应更换，如无损伤应使用煤油清洁保养维护；<br>④将驱动缆和输源管对接空摇，确认输源管和驱动缆的完好性 |
| | | 2 | 收源受阻故障：<br>（1）记录收源受阻的摇动圈数；<br>（2）反复轻摇驱动手柄，如仍不能正常完成收源操作，打开齿轮，释放驱动钢丝，手动拖动钢丝进行收源操作；<br>（3）收源完成后按本表"处置"一栏中第1条第3款的要求进行检查，如仍不能完成收源，按本表"处置"一栏中第6条的第1款至第10款条处置后，将输源管与储源罐对接，进行出源操作，把源组件放于储源罐中；<br>（4）若驱动手柄卡死摇不动，不能进行收源操作。按本表"处置"一栏中第6条处置 |
| | | 3 | 源组件未正确归位故障：<br>（1）如摇动圈数正常，但安全锁锁不上或剂量监测异常，证明源组件未在源机中正确归位，人员应迅速离开源机；<br>（2）反复轻摇进行出源和收源操作，如能归位，应对驱动缆进行保养维护。如不能归位，拆除输源管源端子，将输源管与储源罐对接，进行出源操作，把源组件放于储源罐中；<br>（3）将源机和储源罐运回源库，使用空源组件对源机安全锁进行测试，根据结果确定源机是否返厂维修 |
| | | 4 | 齿轮空转故障：<br>（1）如出源和收源过程中出现齿轮空转的现象，打开齿轮，释放驱动钢丝，手动拖动钢丝进行收源操作；<br>（2）检查维护驱动装置，如不能完成驱动缆和输源管对接空摇，应进行更换 |
| | | 5 | 源组件脱扣故障：<br>（1）如在收源的过程中出现收源摇动圈数正常，但剂量监测异常大，再次进行出源和收源操作；<br>（2）如剂量监测依然异常大，证明源组件已经在输源管中脱扣，按本表"处置"一栏中第6条处置 |
| | | 6 | 卡源应急处置的处置方法易造成参与处置人员遭受更大的伤害，处置前必须经过严格论证并经过批准，禁止盲目使用：<br>（1）根据源强计算容许辐射时间，控制每名处置人员的处置时间及需要加盖铅板的张数；<br>（2）现场处置期间，操作人员必须全程穿戴好防护服、佩戴个人剂量片，高处作业时需系好安全带；<br>（3）专人负责指挥计时并保持警戒；<br>（4）拆除输源管源端子的固定措施，在源端子系上牵引绳索； |

续表

| 作业步骤 | 风险 | | 注意事项 |
|---|---|---|---|
| 处置 | 职业性放射疾病 | 6 | （5）使用绳索将输源管牵引至平稳可靠的平面（操作平台或地面），源机在高处放置时，需使用麻绳将源机牵引至同一平面；<br>（6）将准备好的槽钢扣置在输源管上，并尽量靠近源机输出端；<br>（7）将绳索系在源机把手处；<br>（8）在靠近摇把处通过绳索慢速拖动源机（尽量避免使用驱动揽拖动源机），并实时测量剂量，当剂量明显降低时表明源组件已经在槽钢下覆盖；<br>（9）根据计算结果，安排不同人次的人员迅速将准备好的铅板覆盖在槽钢上；<br>（10）需要覆盖的铅板全部就位后，在铅板表面测量剂量率值，确认符合要求后，方可进行下一步操作，否则应增加铅板的数量；<br>（11）操作人员在铅板侧面使用砂轮机或锯工操作，从两端截断输源管；<br>（12）使用长柄钳将被截断的输源管竖起，使源组件从输源管滑落；<br>（13）使用长柄钳夹住源组件凹槽端，迅速放入准备好的回收储源罐，并盖好盖子；<br>（14）将源机和储源罐运回源库，对源机及其附属机构检查，回收的储源罐移交专业机构处置；<br>（15）一旦按上述方法仍不能有效处置，经企业主要负责人同意后向政府主管部门和相关方报告，依托社会救援力量 |
| 善后 | | 1 | 参与处置的所有人员进行职业健康检查，根据检查结果确定工作安排 |
| | | 2 | 所有参与的作业人员参加原因分析 |
| | | 3 | 现场调查结束后对现场进行清理 |